RICHARD BR

ΤΕΧΝΟΛΟΓΙΑ ΜΟΥΣΙΚΗΣ

ΤΑ ΗΛΕΚΤΡΟΝΙΚΑ ΤΗΣ ΕΓΓΡΑΦΗΣ ΚΑΙ ΤΗΣ ΑΝΑΠΑΡΑΓΩΓΗΣ

Μετάφραση-Επιμέλεια:
ΕΚΔΟΣΕΙΣ ΤΖΙΟΛΑ

ΕΚΔΟΣΕΙΣ ΤΖΙΟΛΑ
ΘΕΣΣΑΛΟΝΙΚΗ

Τίτλος πρωτοτύπου: Music Engineering: The Electronics of Playihg and Recording, Richard Brice

Αποκλειστικότητα:
ΕΚΔΟΣΕΙΣ ΤΖΙΟΛΑ

Κεντρικό: Αρμενοπούλου 23, Τ.Κ. 54 635 Θεσσαλονίκη, Τηλ./Fax (031) 219.184
Φιλίππου 91, Τ.Κ. 54 635, Τηλ. (031) 247.887, Fax (031) 210.729
Βιβλιοπωλείο: Κων. Μελενίκου 3, Τ.Κ. 54 635, Τηλ.(031) 211.823,
Fax (031) 201.274

Internet:
e-mail: tziolas@the.forthnet.gr
http://www.tziola.gr

Κατάστημα Αθηνών:
Ένωση Εκδοτών Βιβλίου Θεσσαλονίκης
ΣΤΟΑ ΤΟΥ ΒΙΒΛΙΟΥ - Αρσάκειο Μέγαρο
105 64, Πεσμαζόγλου 5 (Πανεπιστημίου 39)
Κατάστημα 18,
Τηλ./Fax (01) 32.11.097

Newnes, An imprint of Butterworth-Heinemann

ISBN 960-8129-10-9

Περιεχόμενα

ΠΡΟΛΟΓΟΣ

Αν και περιέχει τεχνικά στοιχεία, η "ΤΕΧΝΟΛΟΓΙΑ ΜΟΥΣΙΚΗΣ", δεν απαιτεί βαθειά γνώση των πολύπλοκων αρχών της ηλεκτρονικής. Όπως σε όλα τα βιβλία που καλύπτουν μια μεγάλη περιοχή θεμάτων έτσι και εδώ, θεωρείται σα δεδομένο η γνώση των βασικών ηλεκτρονικών. Η γνώση αυτή είναι απαραίτητη ώστε να μην είναι αναγκαίες συχνές διακοπές για την εξήγηση των βασικών εννοιών, αφού αυτές θα ενοχλούσαν τους περισσότερο ενημερωμένους αναγνώστες. Όμως, παρά την ύπαρξη σημείων στο κείμενο, που απαιτούν τεχνικό υπόβαθρο, υπάρχουν πολλά δεδομένα και για τους αρχάριους. Σημαντικά τεχνικά θέματα, παρουσιάζονται οπου είναι απαραίτητο για την κατανόηση τους. Για παράδειγμα στο Κεφάλαιο 4, απαιτείται τεχνική κατανόηση των φαινομένων παραμόρφωσης πλάτους και των μηχανισμών τους. Αυτά λοιπόν προηγούνται από την περιγραφή των κυκλωμάτων με λυχνίες, που περιέχονται επίσης στο κεφάλαιο αυτό. Πιστεύω ότι για τους παραπάνω λόγους, το βιβλίο αυτό θα έχει μια απήχηση σε ένα ευρύ κοινό και θα έχει θέση στα ράφια των βιβλιοθηκών μαζί με τα βιβλία που σχετίζονται με τα μέσα ενημέρωσης (MIDI), την ηχογράφηση στο σπίτι (Home Recording) και την ενορχήστρωση (Orchestration), καθώς και με ογκώδεις τόμους σε βιβλιοθήκες μηχανικών.

Μια προειδοποίηση—υπάρχουν κάποια μαθηματικά στις πρώτες σελίδες! Οι εξισώσεις είναι σπουδαίες όταν μας αρέσουν και "κακά νέα" όταν δε μας αρέσουν. Όπου τις χρησιμοποίησα (και συνέβη πολύ σπάνια) ήταν για το κέρδος αυτού που θέλει να φτάσει στην ουσία των μηχανισμών της φύσης. Αν δε σας αρέσουν τα μαθηματικά και δεν έχετε την αίσθηση τους, δε θα χάσετε τίποτε προχωρώντας παρακάτω.

Ευχαριστίες

Όταν ήμουν έξη χρονών, ο πατέρας μου, μου κατασκεύασε ένα ραδιο—τρανζίστορ με ακουστικά. Ήμουν ενθουσιασμένος. Μερικές νύχτες αργότερα η μητέρα μου με βρήκε στο κρεβάτι να κλαίω. Όταν ρώτησε το λόγο, της απάντησα ότι η "Μιμή ήταν νεκρή". Είχα ακούσει όλο το έργο του Puccini "La Boheme". Δε θα ήταν πολύ απλοϊκό να ομολογήσω ότι το βιβλίο αυτό οφείλεται στην έμπνευση του πατέρα μου, αρχικά με το ραδιόφωνο αυτό—και πολλές φορές αργότερα, όταν με βοήθησε να σχεδιάσω και να κατασκευάσω τον πρώτο μου ενισχυτή για κιθάρα. Η αναγνώριση αυτή ίσως να τον αποζημιώνει λίγο που δεν τον ευχαρίστησα όσο ήταν καιρός. Ευχαριστώ επίσης τον φίλο μου Simon Nield. Οι νυχτερινές μας συζητήσεις, πάνω σε πολλά θέματα, που ήταν συνάμα γεμάτες οινόπνευμα, βοήθησαν τόσο στη γνώση και στην κατανόηση πολλών αντικειμένων, όσο έβλαψαν το συκώτι μου! Ευχαριστώ, επίσης αυτούς που με προμήθευσαν φωτογραφίες και πληροφορίες. Ιδιαίτερα τους Roland UK, Brad Coates του μουσικού κέντρου της Μελβούρνης, τον Jim Dowler της ADT και τον Andy Smith της BASF. Επίσης το προσωπικό της Butterworth-Heinemann για την βοήθεια τους στην προετοιμασία του βιβλίου αυτού.

Τεχνολογική σημείωση

Τελικά ο αναγνώστης περνώντας τις σελίδες θα παρατηρήσει ότι πολλά από τα παραδείγματα κυκλωμάτων είναι αναλογικά και όχι ψηφιακά. Υπάρχουν πολλοί λόγοι γι' αυτό. Πρώτον, ιδιαίτερα στην αγορά που απευθύνεται και αφορά στις οικιακές συσκευές και στα μηχανήματα των στούντιο της διαφήμισης ο εξοπλισμός είναι ακόμη αναλογικός (εξαίρεση αποτελούν τα μαγνητόφωνα και τα πικάπ).Δεύτερον και αυτός είναι ουσιαστικά ο σπουδαιότερος λόγος, δεν υπάρχουν ψηφιακά κυκλώματα για τις συσκευές επεξεργασίας σήματος που περιγράφονται! Αυτό σημαίνει ότι η συναρτησιακή σχέση εκτελείται στα ολοκληρωμένα κυκλώματα επεξεργασίας ψηφιακών σημάτων (DSP-Digital Signal Processing) τα οποία είναι προγραμματισμένα, όπως οι μικροεπεξεργαστές, να εκτελούν τις επιθυμητές λειτουργίες. Για το λόγο αυτόν η διαμόρφωση του μηχανικού μέρους του υπολογιστή μιας λύσης DSP δε διαφωτίζει καθόλου τη λειτουργία ενός κυκλώματος.

Βέβαια το σπουδαιότερο σημείο είναι η κατανόηση της τεχνικής και της λειτουργίας της συγκεκριμένης ακουστικής επεξεργασίας, αν δηλαδή θα είναι μόνη, με παρέμβαση, με μίξη ή συμπίεση κ.ο.κ.. Έτσι στα σημεία που πιστεύω ότι ένα αναλογικό κύκλωμα θα βοηθούσε στην κατανόηση, το επέλεξα. Σε άλλες περιπτώσεις χρησιμοποίησα λογικά διαγράμματα τα οποία μπορούν να θεωρηθούν σα μηχανικός εξοπλισμός ή σα λογισμική επεξεργασία

Richard Brice
Ave d'Iena, Paris
1998

ΚΕΦΑΛΑΙΟ 1

Επιστήμη και Συναίσθημα

Σε ποιούς απευθύνεται το βιβλίο αυτό

Το 1837, ο Dr Page από τη Μασσαχουσέτη των ΗΠΑ, δημιούργησε έναν τόνο σαν καμπάνα, χρησιμοποιώντας μια συσκευή με έναν πεταλοειδή μαγνήτη και ένα πηνίο με χάλκινο σύρμα. Ονόμασε το δημιούργημά του"γαλβανική μουσική". Αν και αυτή η συνεισφορά στον τομέα της ηλεκτρονικής μουσικής δεν αξίζει να αναφερθεί είτε σαν ανακάλυψη κάποιου σοβαρού οργάνου, είτε σαν συνεισφορά στην τέχνη της μουσικής, ωστόσο, παρουσιάζει τη δουλειά ενός πρωτότυπου πνεύματος, ενός πνεύματος που ζητά να σπάσει τα φράγματα της συμβατικής σκέψης και του συμβατικού πολιτισμού, ενός πνεύματος που ζητά να διασχίσει την έρημο που υπάρχει ανάμεσα στις τέχνες και τις επιστήμες. Ο Page ξεκίνησε το μονοπάτι που οδήγησε στο Theremin και στο μεγάφωνο, ένα μονοπάτι που διαπλατύνθηκε με την ηλεκτρική κιθάρα και το όργανο Hammond και έγινε φαρδύς δρόμος με το μαγνητόφωνο πολλών καναλιών και το synthesizer MINIMOOG. Ακόμη και σήμερα η μουσική και η ηλεκτρονική συμβαδίζουν σε πλατειές λεωφόρους.

Κάθε βήμα στο δρόμο αυτό φανερώνει τη δουλειά ενός ανήσυχου μυαλού, και ούτε οι τέχνες ούτε οι επιστήμες μπορούν να μονοπωλήσουν αυτήν την ανησυχία. Το καλύτερο παράδειγμα που μπορεί να αναφερθεί είναι των δύο ανδρών που έμειναν αθάνατοι δίνοντας τα ονόματά τους στις δύο πρώτες ηλεκτρικές κιθάρες, του Leo Fender, που ήταν ηλεκτρονικός και οδήγησε τις ικανότητές του σε μουσικά μονοπάτια και ανακάλυψε το Telecaster και του Les Paul που ήταν μουσικός και έστρεψε το παραγωγικό του μυαλό στην τεχνολογία. Τα ίδια κίνητρα, πολύ διαφορετικά άτομα, πολύ διαφορετικές κιθάρες. Το βιβλίο αυτό είναι γεμάτο από ανακαλύψεις παραγωγικών, επιχειρηματικών μυαλών και ελπίζω να είναι ενδιαφέρον για ηλεκτρονικούς και τεχνικούς, όπως ο Leo Fender, που έχουν στρέψει το ενδιαφέρον τους στη μουσική και για μουσικούς, όπως ο Les Paul, οι οποίοι έχουν μαγευτεί από την τεχνολογία της ηλεκτρικής και ηλεκτρονικής μουσικής και επιθυμούν να πλουτίσουν τις γνώσεις τους. Για όλα αυτά τα άτομα χρησιμοποιώ το συλλογικό όρο μουσικός-τεχνικός, τα δύο συνθετικά του οποίου ορίζουν τα άκρα του φάσματος των ανθρώπων, τους οποίους ελπίζω να συγκινήσει αυτό το βιβλίο.

Η μουσική και ο εικοστός αιώνας

Καθώς γράφω, μένουν πολύ λίγες μέρες για τον επόμενο αιώνα, για την επόμενη χιλιετία. Ποιός ξέρει ή μπορεί να ξέρει τι θα φέρει το μέλλον; Ομως, κάνοντας μια αναδρομή, κάθε συγγραφέας που διαλέγει να γράψει την ιστορία του κόσμου, οφείλει να αφιερώσει ένα μεγάλο Κεφάλαιο στα τελευταία εκατό χρόνια. Αυτό είναι και πολύ δύσκολο. Μέσα σε 14 χρόνια από την αρχή του αιώνα, οι μηχανικές μεγαλοφυΐες των προηγούμενων εκατό χρόνων, μπλέχτηκαν σε έναν πόλεμο απερίγραπτης φρίκης. Εναν πόλεμο που κράτησε (σύμφωνα με τη θεωρία ότι ο Δεύτερος Παγκόσμιος Πόλεμος αποτέλεσε την ανακύκλωση του Πρώτου Παγκόσμιου Πολέμου) σχεδόν πενήντα χρόνια. Εναν αιώνα όπου έχουμε έλθει πρόσωπο με πρόσωπο με τον κακό εαυτό μας. Από τα χημικά αέρια μέχρι τα στρατόπεδα εργασίας, από τις εκκαθαρίσεις εθνών μέχρι την ατομική βόμβα, οι "μετά τη Χιροσίμα" πολίτες του κόσμου έχουν ένα μοναδικό και "δυσάρεστο" όραμα, του τι σημαίνει άνθρωπος. Είναι ένας αιώνας, για να αναφερθούμε στον W. H. Auden, "που ο διάβολος αθέτησε το λόγο του". Είναι επίσης ένας αιώνας κατά τον οποίο εξαιτίας ενός "φαινομένου διαρροής" διαλύθηκαν τα φιλοσοφικά δεδομένα που κρατούσαν καθηλωμένη την κοινωνία για εκατοντάδες γενεών. Η διαδεδομένη πίστη στο Θεό και στο αμετάβλητο της δημιουργίας δεν υπάρχουν πια. Σε μια εποχή που η πολιτική έχει αποκτήσει τη δύναμη να καταστρέφει ολόκληρες πόλεις και τις οικογένειες που ζουν σε αυτές, μήπως αποτελεί απορία η κατάρριψη των δεδομένων που καθήλωσαν τις σταθερές κοινωνίες; Μέσα στον ανήσυχο αυτόν αιώνα η επιστήμη της ηλεκτρονικής μας χάρισε διφορούμενες ευλογίες, σαν ένας διφορούμενος άγγελος. Η τεχνολογία του αιώνα μας είναι η τεχνολογία της ηλεκτρονικής. Από το τηλέφωνο μάχης μέχρι την έξυπνη βόμβα, η ηλεκτρονική αποτελεί το σκοτεινό μας σύντροφο, και από την τηλεόραση μέχρι τις ακτίνες X, το φίλο μας. Επιπλέον, έκανε τον καθένα από εμάς μέρος ενός μεγαλύτερου κόσμου. Το παγκόσμιο χωριό είναι ένα πολύ βολικό όνομα για μια διχασμένη, μολυσμένη κοινωνία, που η μισή πεθαίνει από πείνα και της οποίας όλοι είμαστε μέλη που δεν μπορούμε να μην συνειδητοποιούμε τι συμβαίνει σ' αυτήν με όλα τα πλεονεκτήματα και μειονεκτήματα της.

Οι συνθέτες, στην προσπάθειά τους να αποδώσουν με τη μουσική, ένα μοναδικό όραμα αυτού του υπερβολικά μη συμβατικού αιώνα, αναζήτησαν μεθόδους για να σπάσουν τα συμβατικά δεσμά της μουσικής. Ο εικοστός αιώνας είναι αιώνας "κινημάτων" καθώς ομάδες μουσικών προσπάθησαν να εκφράσουν την εκστατική λιτανεία νέων εμπειριών που έφερε ο χρόνος. Αυτές είναι αναρίθμητες, ιδίως μετά το τέλος του Δευτέρου Παγκοσμίου Πολέμου. Η ολοκληρωμένη σειριακή μουσική (μια τάση που προσέλκυσε συνθέτες όπως οι Boulez, Berio και Nono) προσπάθησε να μεταβάλλει τις παραδοσιακές μουσικές ιδέες και σχέσεις, παίρνοντας τις ιδέες της σειριακής μουσικής [1] που αναπτύχθηκαν από τους Schoenberg, Berg και Webern και εφαρμόζοντας τις έννοιες αυτές σε όλα τα στοιχεία της μουσικής δομής, στο ρυθμό, στη δυναμική κοκ. Άλλες ομάδες, οι αλεατοριστές και οι οπαδοί του Fluxus, αναζήτησαν, εφαρμόζοντας την ακαθοριστία και την τύχη στις συνθέσεις τους, να επαναπροσδιορίσουν τι αποτελεί και τι δεν αποτελεί τέχνη. Πράγματι το σύνθημα του Fluxus ήταν "η τέχνη είναι ζωή και η ζωή είναι τέχνη". Αλλοι πάλι, όπως ο John Cage και ο LaMonte Young, φάνηκε να απαρνιούνται εντελώς τη διαδικασία της σύνθεσης! Αλλοι, ενώ διατήρησαν τα συμβατικά μουσικά όργανα, προσπάθησαν να εκμεταλλευτούν υπερβολικά περίεργες χρήσεις οργάνων, ενθαρύνοντας τη χρήση μισών φθόγγων στα χάλκινα και ξύλινα πνευστά ή έδωσαν έμφαση σε βοηθητικούς ήχους οργάνων, ήχους κλειδιών για παράδειγμα. Ευτυχώς όμως για μας και για τις μέλλουσες γενιές των φίλων των κοντσέρτων, όλοι οι συνθέτες δεν ακολούθησαν τη φιλοσοφία του Adorno (1958) που πίστευε ότι "η τέχνη μπορεί να ανταπεξέλθει σε μια κοινωνία που βρίσκεται σε σύγχυση μόνο μέσα από την δική της σύγχυση", αλλά ακολούθησαν ένα διαφορετικό μονοπάτι, το οποίο θα μας απασχολήσει στο βιβλίο αυτό. Επέλεξαν να ερευνήσουν τον νέο ηχητικό κόσμο μέσα από την ηλεκτρονική για να εξερευνήσουν και να εξηγήσουν το πνεύμα των καιρών.

Ισως δίνω την εντύπωση ότι το βιβλίο αυτό είναι επικεντρωμένο στην ονομαζόμενη έντεχνη μουσική. Θα αναφερθώ αμέσως στις προτιμήσεις μου: πιστεύω πως δε μπορεί να υπάρξει καλύτερος κόσμος ήχου για να περιγράψει την απαράμιλλη εποχή μας από τον ήχο που παράγεται ηλεκτρονικά. Ας ακούσουμε το soundtrack μιας κινηματογραφικής ταινίας, δε νομίζετε ότι ο βόμβος των κινητήρων μιας μοίρας βομβαρδιστικών ακούγεται σαν ηλεκτρονικός ήχος; Και ποιά ακουστική αίσθηση μπορεί να συμβολίσει καλύτερα τη διαλυόμενη κοσμική μας ναυαγωσωστική σχεδία, από το τρίξιμο της κακοφωνίας ενός συντονισμένου δέκτη βραχέων κυμάτων; Όμως οι ήχοι αυτοί δεν αποτελούν τη μοναδική περιοχή της υψηλής τέχνης. Μια από τις απογοητεύσεις του αδύνατου "αντικειμένου" της αισθητικής είναι ότι οι γνώμες μιας γενιάς περιγελώνται από την επόμενη. Οι καλλιτέχνες, συγγραφείς και μουσικοί που επαινούνται στον καιρό τους, συχνά περνούν απαρατήρητοι στην ιστορία, αφήνοντας στις επόμενες γενιές να ανακαλύψουν διανοουμένους που αγνοήθηκαν ή παρανοήθηκαν στον καιρό τους. Ποτέ μέσα από αυτή την ανικανότητα δεν μπορεί να υπολογιστεί η "ημιπερίοδος ζωής" της μουσικής με μεγαλύτερη ακρίβεια παρά σε εκείνες τις περιπτώσεις που η μουσική βγαίνει στην επιφάνεια για να σπάσει τους δεσμούς της ίδιας της σύλληψής της [2]. Στην εποχή μας, η δημοφιλής rock και η χορευτική μουσική, που πολλές φορές φαίνεται να αγνοεί το σήμερα, θα μπορούσε σε τελευταία ανάλυση να εκφράσει με ευφράδεια τα παραπάνω. Η ιστορία αποδεικνύει ότι η τέχνη δεν πρέπει να τύπτει τις συνειδήσεις μας για να μιλήσει στην καρδιά μας.

Ειρωνικά, τα παραδείγματα του ηλεκτρονικού ηχητικού κόσμου που ανακαλύφθηκαν από τους μεταπολεμικούς πρωτοποριακούς συνθέτες, παραμένουν σε μεγάλο ποσοστό άγνωστα και χωρίς αναγνώριση. Ισως η ιστορία να κρίνει αυτούς τους συνθέτες διαφορετικά, εγώ όμως έχω τις αμφιβολίες μου. Κατά πάσα πιθανότητα οι συνθέτες αυτοί προσπάθησαν πάρα πολύ να συλλάβουν τη σκληρή και απαιτητική πραγματικότητα των καιρών μας σε μουσική, που είναι πάρα πολύ τραχιά και απαιτητική. Ομως, και αυτό είναι το πιο κρίσιμο σημείο, η κληρονομιά που μας άφησαν βρήκε ζωτική θέση σε όλους τους τομείς της σημερινής βιομηχανίας μουσικής και, το πιο ουσιαστικό, μέσω αυτής της βιομηχανίας βρήκε θέση στις συνειδήσεις μας, ακριβώς λόγω της απήχησης που βρίσκει η ηλεκτρονική μουσική στις καρδιές και στην ψυχή μας. Η ιστορία, όπως πάντα, θα είναι ο κριτής, όμως εγώ πιστεύω ότι ο κάτοικος του Αρη του εικοστού πέμπτου αιώνα είναι πιθανότερο να θεωρεί σαν χαρακτηριστικό ήχο της εποχής μας την γυαλιστερή ηλεκτρική κιθάρα παρά την πιο σημαντική ανακάλυψη του δέκατου ένατου αιώνα, την ορχήστρα, καθώς θα είναι υποχρεωμένος να κτυπά, να ερεθίζει και, με άλλα λόγια, να κάνει κατάχρηση των μουσικών οργάνων του σε μια τραγελαφική παρωδία της τεχνικής της ορχήστρας. Αν με αυτά συνδυάσουμε το αδιαφιλονίκητο γεγονός ότι η ηλεκτρονική με την μορφή της τεχνολογίας ηχογράφησης και αναπαραγωγής, έχει φέρει επανάσταση στη διάδοση της μουσικής τότε η πολιτιστική σημασία του γεγονότος αυτού είναι σχεδόν πέρα από κατανόηση. Γιατί η ηλεκτρονική δεν είναι ο αγγελιαφόρος αλλά το ίδιο το μήνυμα.

Ο αγγελιοφόρος και το μήνυμα

Η ιδέα ότι η ηλεκτρονική είναι τόσο ο αγγελιαφόρος όσο και το μήνυμα δεν αποτελεί απλά μια ποιητική ρήση, γιατί υπονοεί, με κάποιο βαθμό ακριβείας, ότι το βιβλίο αυτό είναι δύο βιβλία σε ένα. Ενα βιβλίο που αφορά στην τεχνολογία ηχογράφησης (και, κατά συνέπεια, και αναπαραγωγής) και ένα βιβλίο που αφορά στα ηλεκτρονικά μουσικά όργανα και την τεχνολογία των εφφέ. Σίγουρα ένας καλά καταρτισμένος τεχνικός ηχογράφησης, τεχνικός σχεδίασης ή μουσικός-τεχνικός πρέπει να γνωρίζει και τα δύο αντικείμενα γιατί και τα δύο είναι απαραίτητα για ολοκλήρωση. Επιπλέον δεν είναι αυστηρά απαραίτητος ο διαχωρισμός των δύο κλάδων. Ομως η ομοιότητα που ξεχωρίζει μεταξύ αυτών των δύο τμημάτων της τεχνολογίας, φωτίζει το αντικείμενο με ένα νέο και ξεχωριστό τρόπο και επίσης ρίχνει φως σε συζητήσεις που κυμαίνονται από ενισχυτές με λυχνίες σε σύγκριση με ενισχυτές τρανζίστορ καταλήγοντας στη σχεδόν αιώνια διαμάχη "αναλογικό ή ψηφιακό". Εξηγεί για ποιό λόγο οι μουσικοί λατρεύουν παλαιά, εξασθενημένα όργανα Hammond αντί τα σύγχρονα "αντίστοιχά" τους με τεχνική δειγματοληψίας και άλλες αντικειμενικές παρά υποκειμενικές γνώμες όπου το "χειρότερο" θεωρείται "καλύτερο". Με λίγα λόγια εξηγεί γιατί οι μουσικοί βλέπουν επιτυχίες εκεί που οι τεχνικοί βλέπουν πολλές φορές αποτυχία.

Το πρότυπο αυτό αφορά στην αποδοχή ή απόρριψη παραδοσιακών αξιών της μηχανολογικής τελειότητας στα ηλεκτρικά κυκλώματα. Για παράδειγμα, η ηλεκτρονική ηχογράφηση δίνει παραδοσιακά μεγάλη έμφαση στην εσωτερική γραμμικότητα της συνάρτησης μεταφοράς. Οχι όμως και η ηλεκτρονική στη μουσική όπου, για δημιουργικούς και αισθητικούς λόγους, συχνά προτιμούνται ή επιδιώκονται κυκλώματα στα οποία είτε άθελα είτε σκόπιμα, υπεισέρχεται κάποια μορφή μη γραμμικότητας. Το πιο χαρακτηριστικό παράδειγμα αποτελεί ο μοχλός παραμόρφωσης στην κιθάρα, του οποίου η μοναδική λειτουργία είναι να εισάγει υπερβολική μη γραμμικότητα στη συνάρτηση μεταφοράς του συστήματος. Υπάρχουν όμως και πολλά λιγότερο φανερά παραδείγματα. Η δράση οπισθοφυλακής εναντίον της ψηφιακής επεξεργασίας και η πρόσφατη αναγέννηση στα μηχανήματα με λυχνίες, αποτελούν μάρτυρες του πραγματικού διαχωρισμού μεταξύ της ηλεκτρονικής του φορέα του μηνύματος και της ίδιας της δημιουργίας του μηνύματος. Στην ουσία όλες οι συζητήσεις στην ακουστική είναι απόρροια της αποτυχίας επαρκούς διαχωρισμού μεταξύ αυτών των δύο αντιθέτων φιλοσοφιών.

Αλλά ποιά είναι σωστή; Η απάντηση είναι: Καμμία, όμως φτάνει μια αλλαγή. Η παραδοσιακή σοφία υποστηρίζει ότι ο φορέας του μηνύματος πρέπει να "χαϊδεύει" ένα μουσικό σήμα, πρέπει να το δικαιώνει (ας σκεφτούμε τον όρο "πιστότητα" στο hi-fi). Η ίδια σοφία ποτέ δεν περιόρισε το σχεδιαστή ενισχυτών οργάνων και μεγαφώνων. Αυτός είχε πάντα την ελευθερία να ταιριάζει τις παραμέτρους της απόδοσης ανάλογα με τα γούστα του ελπίζοντας σε κέρδη από μουσικούς που είχαν την ίδια γνώμη (ή το ίδιο αυτί). Είναι ενδιαφέρουσα η πρόσφατη έρευνα στην ηχητική ηλεκτρονική και στην ψυχολογία της αντίληψης που προτείνει ότι η εποχή της τυφλής εμπιστοσύνης στις προδιαγραφές της "καθαρής μηχανολογίας" ίσως να μην είναι σε τελική ανάλυση το επιθυμητό. Οχι επειδή αυτά δεν έχουν αξία από μόνα τους αλλά επειδή η ανθρώπινη αντίληψη ίσως απαιτεί διαφορετικά ακούσματα και μια φιλοσοφία περισσότερο "φιλελεύθερη". Αν υπάρχει κάποιο δίδαγμα, αυτό είναι ότι πρέπει να το ακούσουν οι τεχνικοί. (Για το λόγο αυτό γίνεται αναφορά στην ψυχολογία των σχημάτων ακουστικής αντίληψης, ιδιαίτερα στα Κεφάλαια 2 και 11).

Ενα τέλειο παράδειγμα αυτής της περισσότερο φιλελεύθερης προσέγγισης αφορά στην διαφωνία μεταξύ αριστερού / δεξιού καναλιού. Για χρόνια η ελάττωση του φαινομένου αυτού απετέλεσε τον πρωταρχικό σκοπό των σχεδιαστών συστημάτων ηχογράφησης και ένας από τους θριάμβους της ψηφιακής ακουστικής ήταν η εξαφάνισή της. Δυστυχώς σήμερα γνωρίζουμε ότι υπάρχουν ευεργετικά φαινόμενα στη αριστερή / δεξιά διαφωνία. Ετσι, η διαφωνία, για μεγάλο χρονικό διάστημα ένα χαρακτηριστικό των αναλογικών συστημάτων ηχογράφησης, είχε παρεξηγηθεί σε μεγάλο βαθμό και τα επιβλαβή αποτελέσματα της απαλοιφής της σε ψηφιακά συστήματα είχαν, επίσης, τεθεί σε λανθασμένη βάση. Αυτό έδωσε τροφή σε συζητήσεις μεταξύ αναλογικών και ψηφιακών συστημάτων ηχογράφησης και εξηγεί πολλές από τις φανερές "ατέλειες" της ψηφιακής ηχογράφησης. (Αυτό το συγκεκριμένο θέμα εξετάζεται διεξοδικά στο Κεφάλαιο 11).

Νέες απειλές ...... νέες ευκαιρίες

Ο εικοστός αιώνας, σαν αιώνας μεγάλων αλλαγών απαιτούσε μια διαφορετική τέχνη για να τον περιγράψει. Πολλές περιπέτειες αφομοιώνονται σήμερα πνευματικά με τη βοήθεια της τέχνης. Για τους ανθρώπους που είναι αρκετά τυχεροί ώστε να αποτελούν τμήμα της μουσικής απασχόλησης το να συμπεριλαμβάνονται σ' αυτήν τη δημιουργική πράξη αποτελεί καθημερινή συγκίνηση, μια συγκίνηση που επιθυμούν πολλοί που δεν είχαν ακόμη την ευκαιρία. Ομως από την αγροτική επανάσταση μέχρι τον Pentium, η αλλαγή φέρνει νέες ευκαιρίες και νέες απειλές. Ζούμε στο μέσο μιας εποχής κοινωνικών και δημογραφικών μεταβολών που δε μπορεί κανείς να τις αρνηθεί. Η ψηφιακή τεχνολογία μεταβάλλει τη ζωή μας με τρόπους που δεν περιγράφονται, τόσο στον ελεύθερο χρόνο μας όπου οι αναπτυσσόμενες αγορές της τηλεόρασης, των παιχνιδιών με υπολογιστή και του Internet συναγωνίζονται για το ποιό θα τραβήξει την προσοχή μας, όσο και στη δουλειά μας, όπου οι νέες μεθοδολογίες πρέπει να εξελιχθούν λόγω νέων παγκόσμιων πιέσεων.

Το βιβλίο σκοπεύει να βοηθήσει σ΄ αυτό το σημείο εισάγοντας τη μεγάλη έκταση των ικανοτήτων που απαιτούνται από την παγκόσμια μουσική σκηνή που οδηγείται από τα πολυμέσα. Για το σκοπό αυτό στα επόμενα Κεφάλαια θα βρούμε τμήματα παραδοσιακά βασικών γνώσεων που απαιτούνται από το μουσικό—τεχνικό: την τεχνολογία μικροφώνων (Κεφάλαιο 3), των ηλεκτρικών και ηλεκτρονικών οργάνων (Κεφάλαια 5 και 7), των ηλεκτρονικών εφφέ (Κεφάλαιο 6), των χειριστηρίων, των ενισχυτών και μεγαφώνων (Κεφάλαια 12 και 14) και της εγγραφής ήχου (Κεφάλαιο 9), καθώς και τα τμήματα της νέας τεχνολογίας ακουστικών σταθμών εργασίας και δημιουργίας CD, ένα εκτεταμένο τμήμα για ψηφιακές έννοιες και ψηφιακές μονάδες διασύνδεσης (Κεφάλαιο 10), MIDI ακουστικής σε πολλά κανάλια και πολλές κατευθύνσεις (Κεφάλαια 8 και 11, αντίστοιχα) και ένα σημαντικό τελευταίο Κεφάλαιο για τον κόσμο της τηλεόρασης, έννοιες τηλεόρασης και θέματα συγχρονισμού.

Οπως πολύ συχνά συμβαίνει στην τεχνολογική επανάσταση, τα πολύ σπουδαία αρχίζουν πάντοτε από κάποιον που βρίσκεται έξω από το θέμα, για παράδειγμα ο Faraday ήταν τεχνικός εργαστηρίου και ο Einstein υπάλληλος σε γραφείο ευρεσιτεχνιών. Το ίδιο συμβαίνει και με τη μουσική και με την τεχνολογία εγγραφής. Πρέπει να κοιτάξουμε έξω από τη βιομηχανία για να δούμε τις δυνάμεις που θα μορφοποιήσουν την επόμενη χιλιετία. Κεντρική ιδέα του μέλλοντος (που από τον Nicholas Negreponte του MIT ονομάστηκε σύγκλιση) είναι ότι η ψηφιακή τεχνολογία καταρρίπτει τα σύνορα μεταξύ υπολογιστών και παραδοσιακών μέσων. Η δραματική ανάπτυξη της παγκόσμιας αγοράς μέσων διασκέδασης, όπως προβλέπουν οι αλλαγές αυτές, αποτελεί πραγματική πρόκληση τόσο για τους μουσικούς όσο και για τους τεχνικούς. Το μοντέλο γι' αυτόν τον "Γενναίο Νέο Κόσμο" μπορούμε να το πάρουμε από ένα άλλο μέσο, την έκδοση εφημερίδων. Σήμερα η έκδοση βιβλίων και περιοδικών δεν είναι μια κεντρική συγκεντρωτική εργασία που βασίζεται στο κεφάλαιο, αλλά μια δικτυωμένη επιχείρηση ανεξάρτητη από γεωγραφικά όρια όπου συγγραφείς, σκιτσογράφοι, εκδότες, τυπογράφοι και τεχνικοί εργάζονται απομακρυσμένοι μεταξύ τους με PC και modem. Για να πούμε κάτι εντυπωσιακό, αν η μοντέρνα παραγωγή βιβλίου πραγματοποιείται κάπου, αυτό γίνεται μέσα στον κυβερνοχώρο. Οι εξελίξεις αυτές υποδηλώνουν ότι στο μέλλον η μουσική παραγωγή θα είναι ένα ποικίλο δίκτυο μεγάλης εμβέλειας. Ενα μέλλον ανάλογο με το παρόν της έκδοσης εφημερίδων, με μόνη διαφορά το εύρος ζώνης συχνοτήτων. Η μουσική βιομηχανία είναι όπως κάθε άλλη, όπου αν θέλεις να επιζήσεις σε ένα κόσμο αυξημένου ανταγωνισμού, θα πρέπει να στηρίζεσαι σε μεγαλύτερη παραγωγικότητα και, το πιο σπουδαίο από όλα, σε νέες ικανότητες. Τα καλά νέα είναι ότι με τις κατάλληλες ικανότητες, οι αλλαγές αυτές σημαίνουν περισσότερες ευκαιρίες για όλους μας.

Βιβλιογραφία

Adorno, T.W. (1958) *Philosophy of New Music (Philosophie der neuen Musik)*, Ullstein Bucher.

Σημειώσεις

1. Η σειριακή μουσική ξεκινά από μια ακολουθία των 12 δυνατών χρωματικών τόνων σε πιάνο (που αποτελούν όλες τις λευκές και μαύρες νότες σε μια οκτάβα) η οποία έχει συντεθεί εκ των προτέρων. Το βασικό κύτταρο σύνθεσης μπορεί να χρησιμοποιηθεί προς τα πίσω ή με διάφορες αντιμεταθέσεις και αναστροφές, αλλά πάντοτε καθορίζει την επιλογή από νότες που χρησιμοποιούνται σε κάθε στιγμή, μερικές φορές μελωδικά, μερικές φορές αρμονικά.
2. Ας φανταστούμε τον Beethoven. Η μουσική του μιλά τόσο γλαφυρά σε έργα που ηρωϊκά ξεπερνούν την δυστυχία του.

ΚΕΦΑΛΑΙΟ 2

Η φύση του ήχου

Η Φυσική του ήχου

Τα ηχητικά κύματα είναι μεταβολές πίεσης στην φυσική ατμόσφαιρα. Όταν μιλάμε, ο ήχος που κάνουμε δημιουργεί μια σειρά από πυκνώματα και αραιώματα στον αέρα που μας περιβάλλει. Αυτά απομακρύνονται με ταχύτητα περίπου 300 μέτρων ανά δευτερόλεπτο (700 mph) με την μορφή κυμάτων που απλώνουν, σαν κύματα στην επιφάνεια μιας λίμνης. Αν μιλάμε μόνοι μας (κάτι που δεν το συνιστούμε), τα κύματα αυτά κτυπάνε σε τοίχους, καρέκλες, τραπέζια, σε οτιδήποτε, και το μετακινούν ελάχιστα. Ετσι τα κύματα μετατρέπονται σε θερμότητα και "εξαφανίζονται". Αν υπάρχει κάποιος που μας ακούει, το τμήμα των κυμάτων που φτάνουν στο εξωτερικό τμήμα του αυτιού του κινούνται μέσα στον ακουστικό πόρο του και θέτουν το τύμπανό σε ελαφρά κίνηση. Θα εξετάσουμε τι συμβαίνει μετά αργότερα σε αυτό το Κεφάλαιο. Αυτό που έχει σημασία στο σημείο αυτό είναι ότι ο ήχος μόλις γίνει δεκτός, γίνεται αντιληπτός από τον ακροατή.

Οταν ακούμε τη φωνή ενός φίλου, την αναγνωρίζουμε αμέσως. Παρόμοια, αν είμαστε μουσικοί, μπορούμε να αναγνωρίσουμε τον ήχο ενός συγκεκριμένου μουσικού οργάνου. (Μερικοί άνθρωποι αναγνωρίζουν ακόμη και την ταυτότητα του μουσικού μόνο από τον ήχο.) Είναι λοιπόν φανερό ότι ο ήχος από αυτούς τους ανθρώπους και τα όργανα πρέπει να είναι διαφορετικός. Υπάρχει απεριόριστος αριθμός όρων που περιγράφουν τον τόνο της φωνής κάποιου ανθρώπου: πλούσιος, σφυρικτός, παράφωνος, λιγωμένος, ελκυστικός, κοκ. Και οι μουσικοί έχουν τα επίθετά τους, που όμως είναι περισσότερο ποιητικά παρά ακριβή. Για μεγάλη τύχη των τεχνικών, οι φυσικοί και οι μαθηματικοί προσφέρουν ένα ακριβή τρόπο χαρακτηρισμού κάθε ήχου, όταν και όποτε παραχθεί.

Μια ιδιότητα όλων των μουσικών πηγών που μπορεί να φανεί είναι η ταλάντωση: το επιστόμιο ενός όμποε δονείται ελάχιστα εμπρος-πίσω όταν το φυσήξουμε, ο αέρας μέσα στο φλάουτο πυκνώνει και αραιώνει εξίσου καθώς αυτό παίζει, η χορδή μιας κιθάρας πηγαινοέρχεται. Κάθε δόνηση ορίζεται σαν μια περίοδος. Κάθε επαναλαμβανόμενη μορφή μπορεί να θεωρηθεί σαν μια περίοδος και κάθε μουσικός ήχος, ή μάλλον κάθε μουσικό σήμα, αποτελείται από πολλές από αυτές τις περιόδους. Κάθε ήχος ξεκινά από το τίποτα και αναπτύσσεται προς μια κατεύθυνση, φτάνει σε ένα μέγιστο και μηδενίζεται πάλι στη θέση ηρεμίας, μέχρι να αρχίσει πάλι όλη την ακολουθία. Συχνά οι τεχνικοί ορίζουν τις αντίθετες κατευθύνσεις, σαν θετική και αρνητική για να τις ξεχωρίζουν. Ο απλούστερος μουσικός ήχος δημιουργείται όταν ένα αντικείμενο που παράγει τόνους κινηθεί εμπρός και πίσω και εμφανίζει αυτό που οι φυσικοί ονομάζουν απλή αρμονική κίνηση. Οταν ένα αντικείμενο ταλαντώνεται με τον τρόπο αυτό ακολουθεί τη διαδρομή που φαίνεται στο Σχ. 2.1. Η κίνηση αυτή είναι γνωστή σαν ημιτονοειδής και το ίχνος της ονομάζεται ημιτονοειδές κύμα. Επειδή η σχεδίαση του κύματος ακολουθεί το σχήμα ή την μορφή του ήχου, ονομάζουμε αυτό το σχήμα κυματομορφή. Οπως ακριβώς ένα μεγάλο παλάτι χτίζεται από μικρά τούβλα, έτσι και όλη η επιστήμη των ηχητικών κυμάτων, και γενικά των ηλεκτρικών σημάτων, χτίζεται από αυτά τα τουβλάκια που ονομάζουμε ημιτονοειδή κύματα.

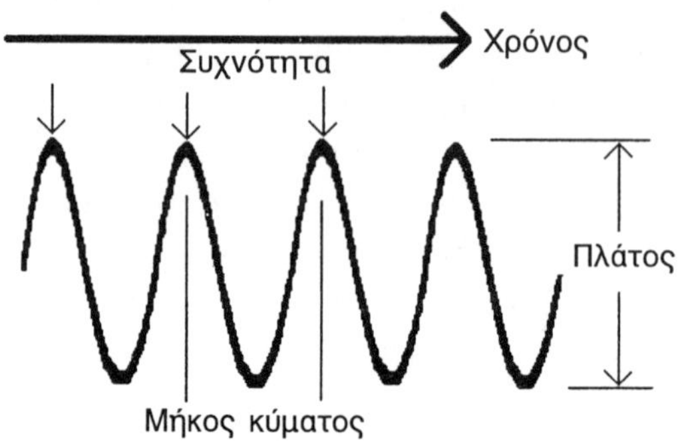

Σχ. 2.1 *Ημιτονοειδές κύμα*

Ενας τέτοιος καθαρός τόνος, όπως στο σχήμα, στην πραγματικότητα ηχεί μάλλον θαμπός και χωρίς χαρακτήρα. Μπορούμε όμως να τροποποιήσουμε έναν τέτοιο ήχο με δύο σπουδαίους τρόπους. Πρώτο, μπορούμε να τροποποιήσουμε το πλήθος των περιόδων ταλάντωσης ανά δευτερόλεπτο. Οι μουσικοί ονομάζουν αυτή την μεταβλητή τονικότητα, οι φυσικοί την ονομάζουν συχνότητα. Η μεταβλητή της συχνότητας εκφράζεται σε hertz (Hz), που σημαίνει τον αριθμό των περιόδων ανά δευτερόλεπτο. Δεύτερο, μπορούμε να μεταβάλουμε την ηχηρότητά του, πράγμα που έχει σχέση με το μέγεθος και όχι με την γρηγοράδα της ταλάντωσης. Γενική αρχή είναι ότι αντικείμενα που δονούνται βίαια παράγουν ήχους μεγάλης έντασης. Η μεταβλητή αυτή είναι γνωστή σαν πλάτος του σήματος.

Δυστυχώς, η μουσική που θα αποτελούνταν αποκλειστικά από ημιτονοειδείς τόνους θα ήταν πολύ βαρετή παρά το γεγονός ότι θα μπορούσαμε να μεταβάλλουμε την τονικότητα και την ηχηρότητά τους. Στο Σχ. 2.2 φαίνεται η κυματομορφή ήχου κιθάρας.

Όπως βλέπουμε, η κυματομορφή κιθάρας, έχει μια θεμελιώδη περιοδικότητα όπως το ημιτονοειδές κύμα αλλά υπάρχουν πολλά περισσότερα. Αν παίζαμε και καταγράφαμε την κυματομορφή άλλων οργάνων που το καθένα παίζει νότα της ίδιας τονικό-

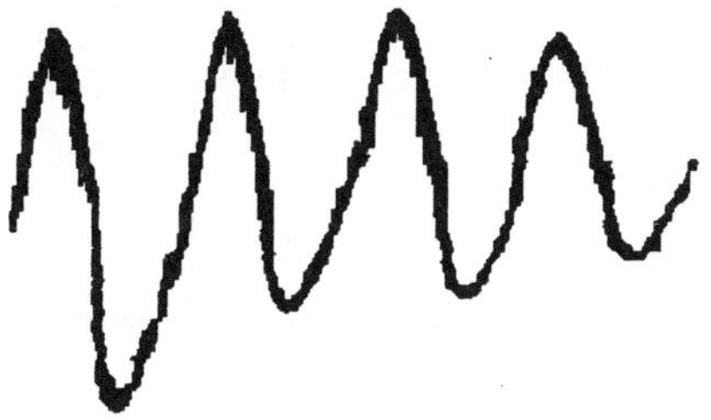

Σχ. 2.2 *Κυματομορφή κιθάρας*

τητας, θα παρατηρούσαμε ένα παρόμοιο αλλά διαφορετικό σχήμα. Η περιοδικότητά της θα παρέμενε ίδια αλλά οι επιπλέον μικρές, υπερτιθέμενες κινήσεις θα ήταν διαφορετικές. Ο όρος που χρησιμοποιούμε για την περιγραφή του χαρακτήρα του ήχου ονομάζεται χροιά και η χροιά έχει σχέση με τις επί πλέον κινήσεις που υπερτίθενται στη θεμελιώδη ημιτονοειδή κίνηση που καθορίζει τη βασική τονικότητα της μουσικής νότας. Ευτυχώς αυτές οι επιπλέον κινήσεις μπορούν επίσης να αναλυθούν, με αρκετά εντυπωσιακό τρόπο.

Fourier

Τον δέκατο όγδοο αιώνα, ο J.B.Fourier, γιός ενός φτωχού ράφτη που τελικά έφτασε να γίνει επιστημονικός σύμβουλος του Ναπολέοντα, έδειξε ότι οποιοδήποτε παραγόμενο σήμα, μπορεί να εκφραστεί με διαφορετικό τρόπο και σαν άθροισμα ημιτονοειδών διαφόρων συχνοτήτων. Με αυτό το συμπέρασμα έδωσε στον κόσμο έναν εντελώς νέο τρόπο αντίληψης των κυματομορφών, οι οποίες προηγούμενα γίνονταν αντιληπτές μόνο σαν χρονικά φαινόμενα. Ο Fourier μας έδωσε τη δυνατότητα να δούμε το κύμα με διαφορετική ματιά. Αντί να θεωρούμε τις κυματομορφές με βάση τον χρόνο (ή στην περιοχή χρόνου) όπως εμφανίζονται σε παλμογράφο, μπορούμε να τις θεωρήσουμε με βάση την συχνότητα (ή στην περιοχή συχνοτήτων) να αποτελούνται από άθροισμα διαφόρων ημιτονοειδών κυμάτων με διαφορετικά πλάτη και διαφορετική συχνότητα [1]. Αργότερα οι τεχνικοί μας έδωσαν τα εργαλεία ώστε να “βλέπουμε” τις κυματομορφές εκφρασμένες στην περιοχή συχνοτήτων. Αυτά είναι γνωστά σαν αναλυτές φάσματος ή, με άλλο όνομα, σαν αναλυτές Fourier (βλ. Σχ. 2.3). Το αντικείμενο του μετασχηματισμού Fourier που μας δίνει τη δυνατότητα να μετακινούμαστε μεταξύ αυτών των δύο τρόπων περιγραφής, είναι τόσο σημαντικό σε πολλές από τις εφαρμογές που εξετάζονται στη συνέχεια, ώστε μια γρήγορη επανάληψη του μετασχηματισμού Fourier να είναι χρήσιμη σε ορισμένους αναγνώστες. Ισως είναι από ανάγκη μερικά μαθηματικά. Δεν πρέπει, όμως να στεναχωριόμαστε αν δεν μας αρέσουν τα μαθηματικά. Αν ξεπεράσουμε αυτό το τμήμα, το βιβλίο θα είναι εξίσου αντιληπτό.

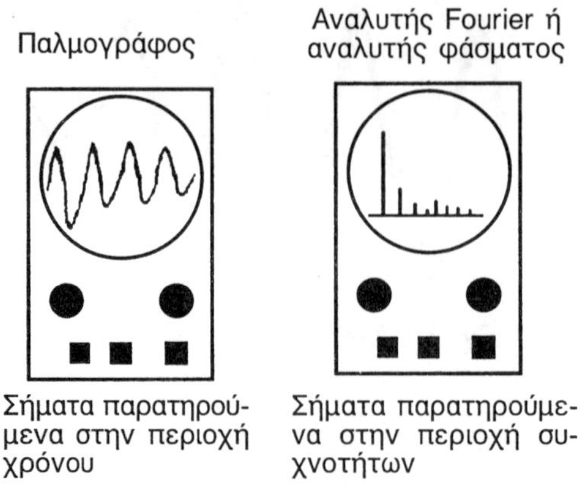

Σχ. 2.3 *Σύγκριση αναλυτή Fourier με παλμογράφο*

Ο Μετασχηματισμός Fourier

Ο μετασχηματισμός Fourier υπάρχει επειδή ένα ηλεκτρικό σήμα μπορεί να περιγραφεί με την ίδια ακρίβεια με δύο διαφορετικούς τρόπους: στην περιοχή συχνοτήτων και στην περιοχή χρόνου. Σε πολλούς πρακτικούς τομείς, τα σήματα συχνότερα αναφέρονται στην περιοχή χρόνου αντί στην περιοχή συχνοτήτων, και σαν δύο καλά παράδειγμα έχουμε τα ηχητικά σήματα και τα σήματα τηλεόρασης. Αλλά με ποιό τρόπο μπορούμε να πάμε από την περιοχή χρόνου (για παράδειγμα, μιας ημιτονοειδούς συνάρτησης) σε περιγραφή σε περιοχή συχνοτήτων; Η διαδικασία είναι πολύ απλή, αν και απαιτείται κάποια εργασία. Ο ευκολότερος τρόπος για να το φανταστούμε είναι να εξετάσουμε τον τρόπο λειτουργίας του αναλυτή φάσματος.

Θεωρούμε ότι έχουμε την απλούστερη κυματομορφή εισόδου, ένα απλό, καθαρό, ημιτονοειδές κύμα. Οταν το σήμα αυτό εφαρμοστεί στην είσοδο ενός αναλυτή φάσματος, μέσα στην μονάδα πολλαπλασιάζεται με ένα άλλο ημιτονοειδές σήμα μεταβλητής συχνότητας. Αυτό το δεύτερο σήμα παράγεται μέσα στον αναλυτή φάσματος και είναι γνωστό σαν συνάρτηση βάσης. Σαν αποτέλεσμα του πολλαπλασιασμού παράγονται νέες κυματομορφές. Στο Σχ 2.4 φαίνονται μερικές από τις κυματομορφές αυτές.

Τα σήματα που προκύπτουν φιλτράρονται διαδοχικά από χαμηλοπερατά φίλτρα (ας σημειωθεί ότι αυτό είναι το ίδιο με το να πούμε ότι υπολογίζεται το ολοκλήρωμα χρόνου) και η προκύπτουσα σταθερή τάση χρησιμοποιείται για να οδηγεί κάποια μορφή συσκευής απεικόνισης. Η αρχή λειτουργίας μπορεί να εκτιμηθεί χωρίς δύσκολα μαθηματικά, πρέπει όμως να να γίνει κατανοητό ένα αξίωμα: όταν πολλαπλασιάζονται δύο ημιτονοειδή κύματα, το αποτέλεσμα περιέχει μόνο τις συχνότητες αθροίσματος και διαφοράς των δύο αρχικών κυμάτων. Ή αν αυτό το θέσουμε με μαθηματικό τρόπο:

$$\sin A \text{ x } \sin B = 1/2\{\cos(A - B) - \cos(A + B)\}$$

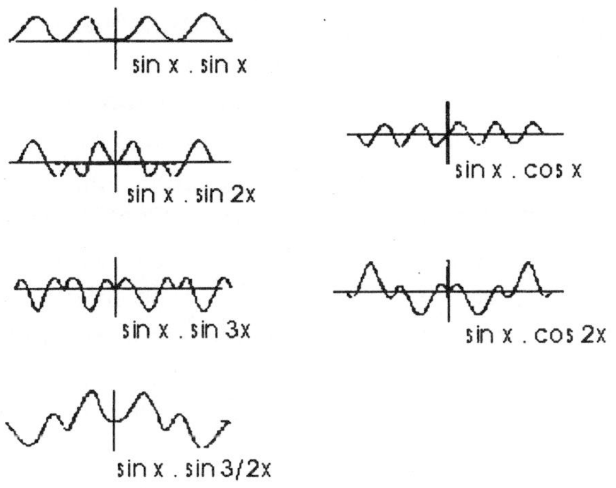

Σχ. 2.4

Μέσα στον αναλυτή φάσματος, επειδή η έξοδός της βαθμίδας πολλαπλασιασμού φιλτράρεται από χαμηλοπερατό φίλτρο, για όλες πρακτικά τις συχνότητες, εξαφανίζονται οι συχνότητες αθροίσματος και παραμένει μόνο η συχνότητα διαφοράς. Και αυτή θα είναι μόνο ένα σταθερό σήμα DC (A-B = 0 Hz) όταν οι δύο συχνότητες (το σήμα εισόδου ή σήμα στόχος, και η συχνότητα αναζήτησης ή συνάρτηση βάσης) είναι ακριβώς ίδιες. Αυτό φαίνεται στο Σχ. 2.4. Μόνο το $(\sin x) \times (\sin x)$ έχει σαν αποτέλεσμα κυματομορφή που είναι ασύμμετρη ως προς τον άξονα x. Με αυτόν τον τρόπο, μπορούν να απαλειφούν οι απλές συνιστώσες ημιτονοειδείς συχνότητες μιάς πολύπλοκης κυματομορφής εισόδου, με επιλογή διαφορετικών συναρτήσεων βάσης και να καταγραφεί η τάση DC που είναι αποτέλεσμα της τάσης πολλαπλασιασμού που ακολουθείται από χαμηλοπερατό φιλτράρισμα.[2]

Στην πραγματικότητα ο τρόπος λειτουργίας που περιγράφεται μέχρι τώρα, αν και αντιπροσωπεύει όλο το σύστημα μέσα σε έναν αναλυτή φάσματος, δε μας δίνει όλες τις πληροφορίες που χρειαζόμαστε για την κυματομορφή στην περιοχή συχνοτήτων. Μέχρι τώρα έχουμε μόνο ένα μέτρο του μεγέθους κάθε μιάς από τις συχνότητες του ημιτονοειδούς σήματος που υπάρχουν στο σήμα εισόδου. Για να ξαναφτιάξουμε μια κυματομορφή από την περιγραφή περιοχής συχνοτήτων θα πρέπει να γνωρίζουμε τις φάσεις της κάθε συχνότητας μέσα στο αρχικό σήμα. Αυτό είναι δυνατό να γίνει με κατασκευή κάποιας μορφής βαθμονομημένης διάταξης μετατόπισης φάσης και ρυθμίζοντας για μέγιστη έξοδο στα 0 Hz, εφόσον έχει βρεθεί, με χρήση της παραπάνω τεχνικής. Η καταγραφή της τιμής της φάσης θα δώσει όλες τις πληροφορίες που χρειάζονται για πλήρη περιγραφή της περιοχής συχνοτήτων. Αυτό, όμως, δε γίνεται. Αντίθετα, χρησιμοποιείται μιά τεχνική όπου πολλαπλασιάζεται το σήμα εισόδου με μια συνάρτηση βάσης ημιτόνου και με μια συνάρτηση βάσης συνημιτόνου. Μπορεί να θεωρηθεί ότι αυτές οι δύο συναρτήσεις έχουν διαφορά φάσης 90°. Αν παρατηρήσουμε πάλι το Σχ. 2.4, παρατηρούμε ότι το (sin *x*) × (sin *x*) δημιουργεί μια συνεχή μετατόπιση ενώ το (sin *x*) × (cos *x*) όχι. Οποια και αν είναι η φάση του σήματος εισόδου, θα δώσει ένα αποτέλεσμα από τη μια ή από την άλλη (ή και από τις δύο) διαδικασίες πολλαπλασιασμού. Γνωρίζοντας την τιμή και των δύο πολλαπλασιασμών επί ημίτονο και συνημίτονο, μπορούμε να υπολογίσουμε την πραγματική τιμή του αρχικού σήματος συνιστώσας συχνότητας με υπολογισμό της τετραγωνικής ρίζας του αθροίσματος των τετραγώνων των δύο αποτελεσμάτων και της φάσης του, επειδή η εφαπτομένη της γωνίας φάσης είναι αποτέλεσμα1/ αποτέλεσμα2. Εχοντας υπόψη αυτή την εξήγηση, ας δούμε και τα μαθηματικά!

Η περιγραφή του σήματος με την περιοχή συχνοτήτων το καθορίζει πλήρως σαν συνάρτηση του πλάτους και των φάσεων των διαφόρων ημιτονοειδών συνιστωσών συχνότητας.

Κάθε σήμα $x(t)$, εκφρασμένο σαν συνάρτηση χρόνου, στην επονομαζόμενη περιοχή χρόνου μπορεί να εκφραστεί και στην περιοχή συχνοτήτων $x(\omega)$, σαν συνάρτηση του φάσματος συχνοτήτων του. Το ολοκλήρωμα Fourier συνεχούς χρόνου, παρέχει τον τρόπο λήψης της παράστασης σήματος σε περιοχή συχνοτήτων από την παράστασή του σε περιοχή χρόνου και αντίστροφα. Οι παραστάσεις αυτές γράφονται όπως παρακάτω:

Μετασχηματισμός Fourier

$$x(\omega) = \int_{-\infty}^{+\infty} x(t)e^{-j\omega t}\,dt$$

Αντίστροφος Μετασχηματισμός Fourier

$$x(t) = \frac{1}{2\pi}\int_{-\infty}^{+\infty} x(\omega)e^{-j\omega t}\,d\omega$$

όπου $x(t)$ είναι σήμα στην περιοχή χρόνου, $x(\omega)$ είναι το μιγαδικό φάσμα Fourier του σήματος και (ω) είναι η μεταβλητή συχνότητας. Ισως αυτά να φαίνονται πολύπλοκα, αλλά πρέπει να έχουμε θάρρος. Η παραπάνω εκθετική μορφή του ολοκληρώματος Fourier εξάγεται από τον τύπο του Euler

$$exp\,jA = cos\,A + j\,sin\,A$$

η άλλη μορφή βρίσκεται αν αντικαταστήσουμε το A με το $-A$,

$$exp(-jA) = cos\,(-A) + j\,sin(-A)$$

που είναι ισοδύναμη με την

$$exp(-jA) = cos\,A - j\,sin\,A$$

που, στην πραγματικότητα, είναι μια συντομογραφία της διαδικασίας πολλαπλασιασμού με ημιτονοειδείς και συνημιτονοειδείς συναρτήσεις βάσης και εκτέλεσης της ολοκλήρωσης που παριστάνει στη συνέχεια τη διαδικασία του χαμηλοπερατού φιλτραρίσματος που αναφέραμε παραπάνω.

Μια σπουδαία διαφορά μεταξύ αναλογικής και ψηφιακής πραγματοποίησης είναι ότι στην πρώτη, η συνάρτηση αναζήτησης (βάσης) είναι συνήθως με τη μορφή σάρωσης συχνότητας. Το μόνο που χρειάζεται η ψηφιακή έκδοση, επειδή έχουμε σύστημα με δειγματοληψία, είναι η συνάρτηση βάσης να λειτουργεί σε μερικές διάκριτες συχνότητες. Γι' αυτό είναι γνωστή σαν διάκριτος μετασχηματισμός Fourier ή DFT (Discrete Fourier Transform). Ο ταχύς ή γρήγορος μετασχηματισμός Fourier είναι απλά μια συντόμευση του πλήρους DFT. Ενα ευκαιριακό πλεονέκτημα του DFT είναι ότι τα μαθηματικά είναι ευκολότερα κατανοητά. Επειδή στο ψηφιακό σύστημα ο χρόνος θεωρείται διάκριτος (ή μη συνεχής) μπορεί να αποφευχθεί ο υπολογισμός θεωρητικών ολοκληρωμάτων από την αρχή ως το τέλος του χρόνου ή από άπειρα αρνητικές συχνότητες μέχρι άπειρα μεγάλες συχνότητες! Αντίθετα η διεργασία μετατρέπεται σε διεργασία διάκριτης πρόσθεσης. Ετσι αν έχουμε ένα ψηφιακό σήμα και επιθυμούμε να βρούμε τα πλάτη και τις φάσεις των συχνοτήτων που αποτελούν σήμα σε περιοχή χρόνου $x[n]$, μπορούμε να το υπολογίσουμε ως εξής:

$$a_k = \sum_{N=0}^{N-1} x[n]e^{(-j2\pi kn/N)}$$

όπου α_k η φασματική συνιστώσα τάξης k και N το πλήθος των τιμών δειγματοληψίας σε κάθε περίοδο.

Παροδικές πληροφορίες

Ο τρόπος με τον οποίο αρχίζει μια μουσική νότα έχει ιδιαίτερη σημασία για την ικανότητά μας να αναγνωρίζουμε το όργανο στο οποίο παίζεται. Οσο περισσότερο χαρακτηριστική και οξεία είναι η αρχή μιας νότας, τόσο ταχύτερα μπορούμε να καθορίσουμε το όργανο από το οποίο προέρχεται. Αυτή η προκατάληψη ως προς τις παροδικές πληροφορίες είναι φανερή ακόμη και στην καθομιλούμενη Αγγλική γλώσσα όπου χρησιμοποιούμε 16 ήχους μεγάλης διάρκειας (γνωστούς σαν φωνήματα) και 27 ήχους μικρής διάρκειας. Ας εξετάσουμε τις παροδικές πληροφορίες σε ένα φωνητικό κατάλογο λέξεων που λήγουν με τον ίδιο τρόπο: Για παράδειγμα coat, boat, dote, throat, note, wrote, tote και vote! Είναι σημαντικό ότι και οι παροδικές πληροφορίες μπορούν να αναλυθούν σαν συνάρτηση συνδυασμού ημιτονοειδών διαφορετικών πλατών και φάσεων με χρήση του ολοκληρώματος Fourrier όπως περιγράφεται παραπάνω.

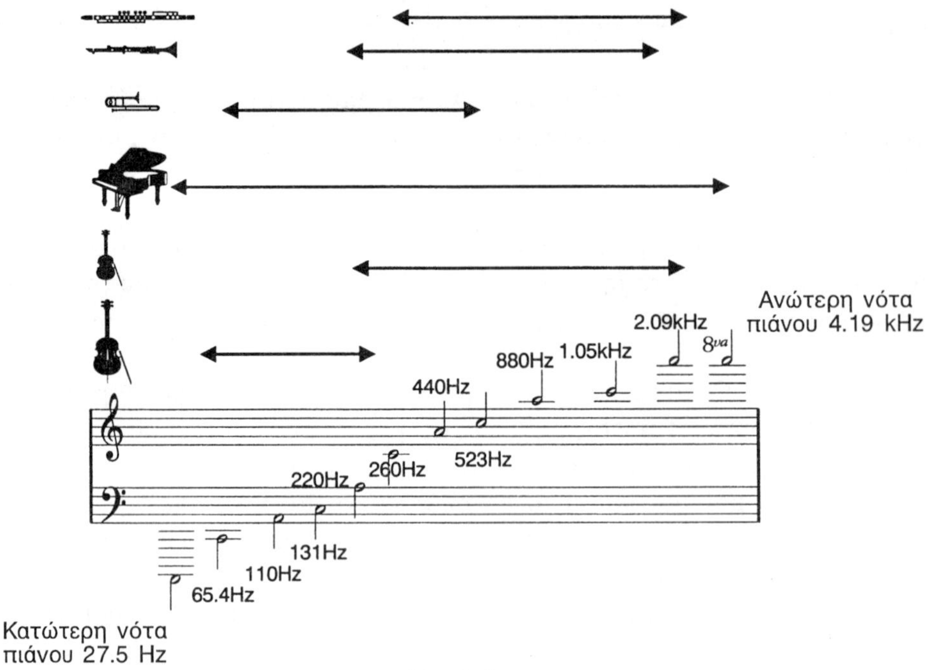

Σχ. 2.5

Μουσικές περιοχές

Στο Σχ. 2.5 φαίνεται η σχέση μεταξύ γραπτής μουσικής τονικότητας (στο πεντάγραμμο) και συχνότητας (σε hertz). Ας προσέξουμε και τις υποδείξεις πάνω στο διάγραμμα που δείχνουν την κατώτερη και ανώτερη ακραία τιμή συχνότητας των συγκεκριμένων οργάνων. Ας θυμηθούμε ότι οι συνιστώσες συχνότητας του ήχου που παράγεται από κάθε ένα από αυτά τα όργανα εκτείνονται σε πολύ μεγαλύτερη τιμή από το θεμελιώδη τόνο. Ας πάρουμε για παράδειγμα την ανώτερη νότα σε μεγάλο πιάνο. Η θεμελιώδης του είναι περίπου στα 4.19 kHz αλλά η τέταρτη αρμονική αυτής της νότας, που φαίνεται σίγουρα ότι υπάρχει αν ο ήχος αυτού του τόνου αναλυθεί σε αναλυτή φάσματος, είναι πολύ πάνω από τα 16 kHz. Στον Πίνακα 2.1 φαίνονται οι περιοχές συχνοτήτων διαφόρων μουσικών οργάνων.

Μουσικές κλίμακες και ιδιοσυγκρασίες

Αν μια νότα ορισμένης τονικότητας επιλεγεί τυχαία, είναι δυνατό από το αυτί να επιλεγούν άλλες νότες σαν από διαίσθηση να σχετίζονται με την αρχική νότα. Η σχέση που έχουν αυτές οι “συγγενικές” νότες μελετήθηκε πρώτη φορά από τον Πυθαγόρα το 500 πΧ. Αυτός έδειξε, πειραματικά, ότι δύο νότες που ακούγονται να έχουν σχέση συνδέονται και με μια απλή σχέση δύο μικρών ακεραίων αριθμών,

Πίνακας 2.1

Όργανο	Κατώτερο όριο συχνότητας	Ανώτατο όριο συχνότητας
Χορωδία	82 Hz**	880 kHz**
Πιάνο	27.5 Hz	4.19 kHz
Βιολί	196 Hz	2.6 kHz
Βιόλα	131 Hz	1.05 kHz
Τσέλο	65.4 Hz	780 Hz
Φλάουτο	260 Hz	2.09 kHz
Πίκολο	532 Hz	4.19 kHz
Κιθάρα (ηλεκτρική)	82.4 Hz	2.09 kHz*
Κιθάρα (μπάσσο)	41.2 Hz	220 Hz*

* Τιμή κατά προσέγγιση. Εξαρτάται από το είδος του οργάνου.
** Αυτή η περιοχή επεκτείνεται ανάλογα με τον τραγουδιστή.

Πίνακας 2.2

Διάστημα	Αναλογία συχνότητας
Οκτάβα	2:1
Πέμπτη	3:2 (1.5)
Τετάρτη	4:3 (1.333)
Μεγάλη τρίτη	5:4 (1.25)
Μικρή τρίτη	6:5 (1.2)
Μεγάλη έκτη	5:3 (1.667)
Μικρή έκτη	8:5 (1.6)

όπου η απλούστερη σχέση είναι η οκτάβα στην οποία η μια νότα σχετίζεται με την άλλη με λόγο 2:1. Ζεύγος από δύο νότες που έχει σχέση με τον τρόπο αυτό ονομάζεται μουσικό διάστημα. Στον Πίνακα 2.2 ορίζονται άλλα μουσικά διαστήματα σε σχέση με την απλή αριθμητική τους αναλογία.

Οταν οι μουσικές νότες σε αυτούς τους απλούς λόγους ακούγονται ταυτόχρονα, ο ήχος είναι πάντοτε ευχάριστος ή σύμφωνος. Σχέσεις που ξεφεύγουν από αυτούς τους ακέραιους λόγους έχουν την τάση να ακούγονται τραχείες ή ασύμφωνες (παράφωνες). Γιατί όμως θεωρούμε μερικούς συνδυασμούς τόνων ευχάριστους και άλλους δυσάρεστους; Οπωσδήποτε η καλλιέργεια σε νεαρή ηλικία αναπόφευκτα παίζει κάποιο ρόλο, υπάρχει και κάποια ένδειξη ότι προτιμούμε ζεύγη τόνων για τα οποία υπάρχει κάποια ομοιότητα στις χρονικές μορφές της νευρικής εκκένωσης των ακουστικών νευρώνων (Moore 1989). Με άλλα λόγια, η βάση της αρμονίας και της δυσαρμονίας φαίνεται ότι έχει κάποιο φυσιολογικό υπόβαθρο και δεν αποκτάται μόνο με έκθεση στην μουσική και μάθηση. Βέβαια η εργασία του Πυθαγόρα υποδηλώνει ότι η αντίληψη θα πρέπει να έχει προηγηθεί της θεωρίας.

Η δύναμη της επίδρασης του Πυθαγόρα είναι τόσο μεγάλη που οι μουσικές κλίμακες που αποτελούν την σύγχρονη μουσική κατασκευάζονται από τα διαστήματα που προήλθαν από τις έρευνές του σε σύμφωνα διαστήματα. Η κληρονομιά που μας άφησε μπορεί να γίνει κατανοητή εύκολα αν εξετάσουμε τις λευκές νότες ενός πιάνου. Το Ελληνικό μουσικό σύστημα, έχοντας δημιουργήσει τις μικρές σχέσεις ακέραιων αριθμών μεταξύ κάθε μιας από αυτές τις νότες, έφτασε σε πλήρη ωριμότητα όταν "σχεδιάστηκαν" επτά διαφορετικές φυσικές κλίμακες ή τρόποι από αυτές τις επτά βασικές νότες (και τις μεταφορές τους σε οκτάβα). Κάθε μουσικός τρόπος αρχίζει με διαφορετική νότα, ως εξής:

Do-Do	Λυδικός
Re-Re	Φρυγικός
Mi-Mi	Δωρικός
Fa-Fa	Υπολυδικός
Sol-Sol	Υποφρυγικός
La-La	Υποδωρικός ή Αιολικός
Si-Si	Μικτολυδικός

Οι μελωδικές και εκφραστικές ιδιότητες που μπορούν να ληφθούν από το Ελληνικό σύστημα των μουσικών κλιμάκων ήταν σημαντικές. Πράγματι, οι Ελληνες έδωσαν μεγάλη σημασία στην ευγενική επίδραση της μελέτης και παρουσίασης της μουσικής. Ολοι αυτοί οι τρόποι (και πολύ περισσότεροι ακόμη πιο πολύπλοκοι, που περιέχουν ημιτόνια και τέταρτα τόνων) διατηρούνται στη μουσική μη Δυτικών πολιτισμών. Ινδοί και Πέρσες μουσικοί ανέπτυξαν ιδιαίτερα πολύπλοκα συστήματα. Στην Χριστανοσύνη, ωστόσο, η κατάσταση άρχισε να αποκρυσταλλώνεται με το χρόνο, έτσι ώστε τον τέταρτο αιώνα μΧ να αναγνωρίζονται και να έχουν κωδικοποιηθεί απο την Χριστιανική εκκλησία μόνον τέσσερις από τις επτά αρχικές Ελληνικές κλίμακες (Wood 1944).

Η ανάπτυξη της πολυφωνίας (ο ήχος δύο ταυτόχρονων μελωδιών τραγουδισμένων μαζί) και η συνακόλουθη ανάπτυξη της αρμονίας, δυσκόλεψαν και άλλο την κατάσταση, έτσι ώστε στο τέλος της Αναγέννησης να έχουν μείνει σε κοινή χρήση μόνο δυό τρόποι, οι οποίοι και απετέλεσαν τη βάση του Δυτικού συστήματος μουσικών κλιμάκων. Αυτοί οι τελευταίοι δύο τρόποι, ο Ελληνικός Λυδικός και ο Ελληνικός Υποδωρικός ή Αιολικός, ισοδυναμούν με τις σύγχρονες κλίμακες Do μείζονα και La ελάσσονα, αντίστοιχα. Μελωδίες και αρμονίες που δημιουργούνται με χρήση αυτών των κλιμάκων έχουν σαφώς διαφορετικούς χαρακτήρες. Λέμε ότι η σύνθεσή τους έχει γίνει μέσα σε μείζον ή έλασσον κλειδί.

Πολλοί συνθέτες, για να δείξουν καλύτερα την αντίθεση της φύσης των δύο τρόπων που εξάγεται από αυτές τις κλίμακες, θέλησαν να κατασκευάσουν μια ελάσσονα κλίμακα που θα αρχίζε με το Do σαν βασική της νότα (αντί του La). Με τον τρόπο αυτό ένα μουσικό κομάτι θα μπορούσε να κινηθεί ομαλά (και άρα με την φαντασία) από την βαρύτερη ατμόσφαιρα της ελάσσονος κλίμακας στην ελαφρότερη, περισσότερο ρωμαλέα φύση του μείζονος κλειδιού.

Δυστυχώς, μια τέτοια διεργασία εμφανίζει πρόβλημα επειδή η τρίτη νότα της ελάσσονος κλίμακας (το διάστημα της μικρής τρίτης) δεν εμφανίζεται σε κλίμακα με επτά νότες που έχει δημιουργηθεί με το Do σαν ρίζα της χωρίς την προσθήκη μιας επιπλέον νότας ακριβώς κάτω από το Mi., τη νότα που σήμερα γνωρίζουμε σαν Mi - ύφεση (E *b*). Με τον ίδιο συλλογισμό πρέπει να προστεθούν και οι νότες La. Η διεργασία αυτή καταγραφής για τις επτά νότες της μείζονος και ελάσσονος κλιμάκων σε διαφορετικές βασικές νότες (μια διεργασία που ονομάζεται μετατόπιση) είχε σαν αποτέλεσμα την εφεύρεση για δύο επιπλέον νότες, τη Re-ύφεση και Sol-ύφεση. Η αντίστοιχη διεργασία μετατόπισης της μείζονος κλίμακας ώστε να αρχίζει από μια άλλη βασική νότα, για παράδειγμα από τη La, έχει σαν αποτέλεσμα την ανάγκη εφεύρεσης για τρεις επιπλέον νότες ακριβώς πάνω από την Do (γνωστής σαν Do-δίεση ή Do #), ακριβώς πάνω από τη Fa και πάνω από τη Sol (γνωστές σαν Fa-δίεση και Sol-δίεση, αντίστοιχα).

Δυστυχώς, η νότα που δημιουργήθηκε με τη διεργασία αυτή ακριβώς πάνω από τη Sol (Sol-δίεση) δεν είναι ισοδύναμη με τη νότα που παράγεται ακριβώς κάτω από τη La (La-ύφεση) και η οποία δημιουργήθηκε στην πράξη της μετατόπισης της ελάσσονας κλίμακας έτσι ώστε να αρχίζει με τη Do σαν βασική νότα! Το ίδιο ισχύει για τη Do-δίεση και Re-ύφεση, για την Fa -δίεση και Sol-ύφεση, κοκ. Σε κάθε περίπτωση οι νότες είναι παρόμοιες όχι όμως εντελώς ίδιες. Η περιπλοκή αυτή δημιούργησε μια πολύ αινιγματική κατάσταση για 300 χρόνια και που, σε κάποιο βαθμό, διατηρείται μέχρι και σήμερα. Η (μερική) λύση της αφορά στο ριζικό βήμα του χειρισμού κάθε μη ισοδύναμου ζεύγους από νότες σαν ίσου και στην εγκατάλειψη μιας κλίμακας που βασίζεται σε φυσικους λόγους εκτός από τη σχέση της οκτάβας. Ετσι, όπως φαίνεται στον Πίνακα 2.3 δημιουργήθηκαν 12 νέες νότες σε σειρά .

Η νέα αυτή σειρά είναι γνωστή σαν η χρωματική κλίμακα με ίσους συγκερασμούς. Κάθε νότα αυτής της σειράς έχει συχνότητα περίπου1.0595 φορές μεγαλύτερη από την συχνότητα της νότας κάτω απ' αυτήν. Αν συγκρίνουμε τις τιμές του Πίνακα 2.3 με τις τιμές του Πίνακα 2.2, αυτές οι "νέες" νότες εμφανίζουν ενδιαφέρουσες σχέσεις με τις νότες της φυσικής κλίμακας που κωδικοποιήθηκε από τον Πυθαγόρα. Ας σημειωθεί ιδιαίτερα, ότι η τέλεια τετάρτη και η τέλεια πέμπτη εμφανίζουν σφάλμα μόνο 0.1% ως προς τις αντίστοιχες φυσικές τους, γεγονός που έχει μεγάλη σημασία στην τονική μουσική, εξαιτίας της στενής σχέσης που έχουν αυτές στις νότες. Ωστόσο, η μικρή και μεγάλη τρίτες, η μεγάλη έκτη και η μικρή εβδόμη εμφανίζουν σφάλμα σχεδόν 1% !

Παρά τους συμβιβασμούς συντονισμού, η ανάπτυξη αυτής της μεθόδου κλιμάκων και συντονισμών, επέτρεψε στους συνθέτες, αρχίζοντας από οποιαδήποτε νότα, να εκμεταλλευτούν και τα 24 ελάσσονα και μείζονα κλειδιά (Αιολικός και Λυδικός τρόποι), ένα γεγονός που αξιοποιήθηκε από τον J.S Bach στον κύκλο από πρελούδια και φούγκες που είναι γνωστά σαν το "Καλοσυγκερασμένο κλαβιέ" (24 συνολι-

Πίνακας 2.3

Νότα	Διάστημα	Συχνότητα (όχι τυποποιημένη)	Λόγος του α	Λόγος του b
Do	ομοφωνία	100	100α	0.5b
Do # (Re *b*)	μικρή δεύτερη	105.95	1.0595α	0.52975b
Re	μεγάλη δεύτερη	112.25	1.1225α	0.52975b
Re # (Mi *b*)	μικρή τρίτη	118.92	1.1892α	0.56125b
Mi	μεγάλη τρίτη	125.99	1.25599α	0.62995b
Fa	κανονική τετάρτη	133.48	1.3348α	0.6674b
Fa # (Sol *b)*	αυξημένη τετάρτη	141.42	1.4142α	0.7271b
Sol	κανονική πέμπτη	149.83	1.4983α	0.74915b
Sol # (La *b*)	μικρή έκτη	158.74	1.5874α	0.7937b
La	μεγάλη έκτη	168.18	1.6818α	0.8409b
La δίεση (Si *b*)	μικρή εβδόμη	178.18	1.7818α	0.8909b
Si	μεγάλη εβδόμη	188.77	1.8877α	0.94385b
Do	οκτάβα	200.00	2.00α	1.00b

κά, ένα για κάθε δυνατό κλειδί). Αφού είχε γίνει η εφεύρεση του συντονισμού με ίσους συγκερασμούς ήταν ανοιχτός ο δρόμος για την άνθηση της κλασσικής Δυτικής έντεχνης μουσικής, μιας μορφής μουσικής που δίνει μεγάλη σημασία στην ικανότητα κίνησης μεταξύ διαφορετικών κλειδιών για να επιτύχει έκφραση και δραματικό τόνο.

Είναι αξιοσημείωτο ότι οι φυσικές κλίμακες και οι τρόποι του Πυθαγόρα υπάρχουν σήμερα στη μουσική jazz, rock και στην κλασσική μουσική του εικοστού αιώνα. Επιπλέον, ενώ η χρήση του χρωματικού συντονισμού με ίσο συγκερασμό είναι υποχρεωτική για πιάνο, εκκλησιαστικό όργανο και άλλα πολυφωνικά όργανα, δεν είναι υποχρεωτική για όργανα που δεν μπορούν να παράγουν ταυτόχρονες νότες διαφορετικής τονικότητας (τα επονομαζόμενα μονοφωνικά όργανα) και για όργανα που μπορούν να μεταβάλουν την τονικότητα τους συνεχώς από την επίδραση του παίκτη. Ολα τα έγχορδα ορχήστρας είναι αυτού του τύπου, καθώς και το τρομπόνι και πολλά άλλα στα οποία, αν και έχουν πλήκτρα, ο παίκτης μπορεί να δώσει γύρω από μια συγκεκριμένη νότα μια ομάδα από διάφορες τονικότητες. Παρά την ευκολία την οποία προσφέρει ο ίσος συγκερασμός, μπορεί να παρατηρηθεί, για παράδειγμα, ότι τραγουδιστές και μουσικοί που παίζουν όργανα συνεχώς μεταβαλλόμενης τονικότητας, επιμένουν να παίζουν τη μικρή έκτη στο κλειδί της Do ελάσσονος (τη νότα La ύφεση) υψηλότερα (οξύτερα) από την τονικότητα που δίνουν στη μεγάλη τρίτη στο κλειδί της Mi μείζονος (τη νότα Sol δίεση). Με άλλα λόγια τείνουν να αναστρέφουν τις φυσικές κλίμακες, αυτό το βρίσκουν από διαίσθηση "σωστότερο". Το Δυτικό σύστημα μουσικής και μουσικής γραφής αναγνωρίζει αυτό το φαινόμενο στη συνέχιση του συστήματος των υφέσεων και των διέσεων, μια μέθοδο που αποδίδει δύο ονόματα στην ίδια νότα και η οποία έχει μπερδέψει και δυσκολέψει πολλούς νέους σπουδαστές μουσικής!

Η αρμονική σειρά

Στο Σχ. 2.6a φαίνεται μια τεντωμένη χορδή, στερεωμένη σταθερά και από τα δύο άκρα της. Αν αυτή η χορδή τραβηχθεί από το μέσο της θ' αρχίσει να πάλλεται έντονα όπως φαίνεται στο Σχ. 2.6b. Αν ακουμπήσουμε απαλά τη χορδή στο μέσο της και την τραβήξουμε προς το ένα ή προς το άλλο άκρο, θα πάλλεται όπως στο Σχ. 2.6c. Τέλος, αν την ακουμπήσουμε στο σημείο q και την τραβήξουμε και πάλι προς το ένα άκρο θα πάλλεται όπως φαίνεται στο Σχ. 2.6d. Τα παραπάνω θεωρητικά μπορούν να

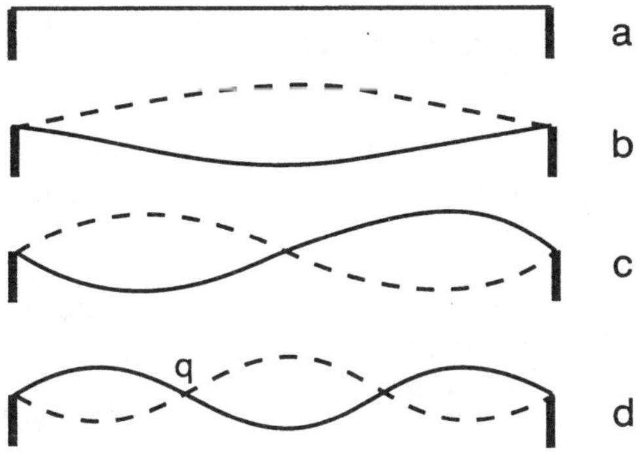

Σχ. 2.6 *Αρμονικές σε χορδή*

γίνονται επ΄ άπειρο και κάθε φορά η μορφή κύματος στη χορδή κερδίζει ένα επιπλέον μισό μήκος κύματος. Αν υποθέσουμε ότι η δόνηση της ανοικτής χορδής (όπως φαίνεται στο Σχ. 2.6b) έδωσε την μουσική νότα Do, τρεις οκτάβες πιο χαμηλά από τη μεσαία Do. Οι επόμενες νότες θα ακολουθούν μια διάκριτη και επαναλαμβανόμενη μορφή μουσικών διαστημάτων πάνω από τη νότα της ανοικτής χορδής. Οι νότες αυτές φαίνονται στον Πίνακα 2.4.

Ή σε μουσικό συμβολισμό:

Σχ. 2.7 *Η αρμονική σειρά*

Και ονομάζονται αρμονική σειρά. (Μάλιστα, η παρουσία αυτών των επιπλέον αρμονικών είναι εκείνη που ξεχωρίζει την κυματομορφή της κιθάρας από τον καθαρό

Πίνακας 2.4

Αρμονικοί	Μουσική νότα	Σχόλιο
Θεμελιώδης	Do	
$2^{ος}$ ($1^{ος}$ αρμονικός)	Do	οκτάβα
$3^{ος}$	Sol	δωδέκατη (οκτάβα + πέμπτη)
$4^{ος}$	Do′	δέκατη πέμπτη (δύο οκτάβες)
$5^{ος}$	Mi′	δέκατη εβδόμη (δύο οκτάβες+μεγάλη τρίτη)
$6^{ος}$	Sol′	δέκατη ένατη (δύο οκτάβες+κανονική πέμπτη)
$7^{ος}$	Si-ύφεση	ασύμφωνη, όχι σε φυσική κλίμακα
	(η πλησιέστερη νότα)	
$8^{ος}$	Do″	τρείς οκτάβες
$9^{ος}$	Re″	$23^{η}$ μεγάλη (τρεις οκτάβες+δεύτερη)
$10^{ος}$	Mi″	$24^{η}$ μεγάλη (τρεις οκτάβες+τρίτη)
$11^{ος}$	Fa″	ασύμφωνη, όχι σε φυσική κλίμακα
	(η πλησιέστερη νότα)	
$12^{ος}$	Sol″	$26^{η}$ μεγάλη (τρεις οκτάβες+πέμπτη)
$13^{ος}$	La″	ασύμφωνη, όχι σε φυσική κλίμακα
	(η πλησιέστερη νότα)	
$14^{ος}$	Si-ύφεση″	ασύμφωνη, όχι σε φυσική κλίμακα
$15^{ος}$	Si″	$28^{η}$ μεγάλη
$16^{ος}$	Do‴	τέσσερεις οκτάβες
$17^{ος}$	Do#‴	ασύμφωνη, όχι σε φυσική κλίμακα
$18^{ος}$	Re‴	$30^{η}$ μεγάλη
$19^{ος}$	Re#‴	ασύμφωνη, όχι σε φυσική κλίμακα
$20^{ος}$	Mi‴	$31^{η}$ μεγάλη

ημιτονοειδή τόνο που φαίνεται παραπάνω. Επειδή είναι αδύνατο όταν τεντώσουμε μια χορδή να μη εμφανιστούν κάποιοι τρόποι ταλάντωσης των αρμονικών καθώς και ο τρόπος δόνησης της θεμελιώδους). Ανάλογη μορφή λαμβάνεται όταν διεγερθεί ο αέρας μέσα σε σωλήνα, είτε φυσώντας στο ένα άκρο του σωλήνα, όπως συμβαίνει στα περισσότερα χάλκινα όργανα, είτε με διέγερση του αέρα μέσα στο σωλήνα με τη βοήθεια σχισμής που παράγει στροβιλισμό, όπως συμβαίνει στα εκκλησιαστικά όργανα με αυλούς, είτε με τη βοήθεια δονούμενης γλωσσίδας, όπως συμβαίνει στο όμποε και στο κλαρινέττο. Σε κάθε περίπτωση διαφέρει η Φυσική παραγωγής ήχου, αλλά η αρμονική σειρά είναι πάντα η ίδια. Ας προσέξουμε για λίγο την αρμονική σειρά και ας προσπαθήσουμε να πάρουμε μια αίσθηση των μουσικών σχέσεων μεταξύ της θεμελιώδους νότας και των αρμονικών της. Αν έχουμε πιάνο, καλό θα ήταν να παίξουμε τη σειρά αυτή για τον εαυτό μας ώστε να εξοικιωθούμε με τον ήχο ή με την αίσθηση του καθενός από τους αρμονικούς και της σχέσης τους με τη θεμελιώδη. Τα περισσότερα από αυτά που ακολουθούν συσχετίζουν πολλές φορές τον χρόνο με τη σειρά αυτή και με τη φυσική, ακουστική και ψυχολογική της σημασία, έτσι ώστε να μη υποτιμούμε τη σπουδαιότητα της στην δουλειά μας. Θα μπορούσαμε να ισχυριστούμε ότι η σειρά αυτή αποτελεί για το μουσικό–τεχνικό ότι ο Περιοδικός Πίνακας για τον Χημικό! Ωστόσο υπάρχει μια προειδοποίηση και αυτή αφορά στη διαφορετική ονοματολογία που έχει υιοθετηθεί από τους ηλεκτρονικούς μηχανικούς και μουσικούς όταν περιγράφουν τους όρους της σειράς αυτής. Θα δούμε αργότερα ότι αυτή η ίδια σειρά παράγεται σαν αποτέλεσμα της μη γραμμικότητας πλάτους στα ηλεκτρικά κυκλώματα και ονομάζεται αρμονική παραμόρφωση. Ομως οι τεχνικοί ονομάζουν τη δεύτερη νότα της σειράς δεύτερη αρμονική. Για παράδειγμα, ο τεχνικός θα πει ότι η παρουσία της φανερώνει την παραμόρφωση δεύτερης αρμονικής. Αντίθετα, ο μουσικός θα αναφερθεί στη νότα αυτή σαν την πρώτη αρμονική στη σειρά. Η πρώτη νότα ονομάζεται θεμελιώδης.

Μέτρηση ήχου

To decibel

Το decibel χρησιμοποιείται πολύ στην ηλεκτρική και ηλεκτρονική μηχανολογία. Βασικά το decibel ή dB (που ονομάστηκε έτσι από τον Alexander Graham Bell, τον εφευρέτη του τηλεφώνου) χρησιμοποιείται για να εκφράσει ένα λόγο τάσης ή ρεύματος ή ισχύος. Για παράδειγμα, δυό τάσεις AC V_α και V_b έχουν σχέση πλάτους:

$$20.\log(V_a/V_b) \quad (\text{dB})$$

Δύο σήματα ρεύματος AC I_α και I_b έχουν σχέση πλάτους:

$$20.\log(I_a/I_b) \quad (\text{dB})$$

Και δύο ισχείς (P_α, P_b) έχουν την σχέση:

$$10.\log(P_a/P_b) \quad (\text{dB})$$

Το ουσιώδες που πρέπει να θυμόμαστε για την χρήση των decibel είναι ότι μπορούν να χρησιμοποιηθούν μόνο όταν εκφράζουν λόγο. Δεν έχει έννοια, όπως μερικές φορές βλέπουμε στον λαϊκό τύπο, να αναφερόμαστε σε πηγή ήχου 100 dB. Στην πραγματικότητα όποτε βλέπουμε dB θα πρέπει να αναρωτιόμαστε "dB σε σχέση με τι;" Στο βιβλίο αυτό οι λόγοι decibel (dB) είναι κοινοί σε σχέση με μια περιορισμένη ομάδα πρότυπων ποσοτήτων οι οποίες αναφέρονται παρακάτω. Ας σημειωθεί ότι μια καλή συνήθεια είναι η πρόσθεση γράμματος (ή γραμμάτων) στον όρο dB για να φαίνεται το πρότυπο στο οποίο αναφέρεται ο λόγος.

dBSPL: Λόγος ισχύων που χρησιμοποιείται για την έκφραση της στάθμης του ήχου σε σχέση με τα 10^{-12} watts ανά τετραγωνικό μέτρο (W/m^2) ή λόγος πιέσεων σε σχέση με την ισοδύναμη πίεση 20 μPa (20 micropascals). Αυτή η ισχύς (και πίεση) λαμβάνεται σαν το απόλυτο κατώτερο κατώφλιο ακοής για ήχο ημιτονοειδούς κύματος 1 kHz. Με άλλα λόγια, σήμα 0 dBSPL είναι μόλις ακουστό.

dBFS: Στάθμη έντασης (ή αριθμητική σχέση) σήματος που προορίζεται για μετατροπή στην, ή από την, ψηφιακή περιοχή σε σχέση με τον μέγιστο κώδικα ή την τιμή πλήρους κλίμακας (FS)

dBm: Λόγος ισχύων ως προς 1 milliwatt. Ο όρος αυτός συχνά βρίσκει κακή χρήση, επειδή συνήθως αναφέρεται για την περιγραφή τάσης σε σχέση με 0.775 V RMS. Στην περίπτωση αυτή πρέπει να χρησιμοποιείται ο όρος dBm. Η σύγχυση οφείλεται στη σταδιακή εγκατάλειψη των σύνθετων αντιστάσεων τερματισμού 600 Ω ακουστικών γραμμών. Αρχικά οι στάθμες σημάτων αναφέρονταν σε σχέση με 1 mW. Και ένα σήμα 0,775 V RMS πράγματι παράγει ισχύ 1 mW σε φορτίο 600 Ω. Διπλάσιο σήμα (με όρους τάσης) θα έπρεπε να παράγει τέσσερεις φορές την ισχύ σε πρότυπο φορτίο, και άρα θα περιγραφόταν σαν

$$10 \log(4/1)$$

ή 6 dB μεγαλύτερης ισχύος από το πρότυπο σήμα, δηλαδή +6 dBm. Με τη σταδιακή εγκατάλειψη των γραμμών 600 Ω, τα σήματα συγκρίνονται συχνότερα με όρους τιμών τάσης, αλλά ο όρος dBm εξακολουθεί να εφαρμόζεται λανθασμένα όταν αναφέρεται απλά σε σύγκριση σημάτων τάσης.

dBu: Λόγος τάσεων σε σχέση με 0.775 V RMS (βλ. dBm)

dBV: Λόγος τάσεων εκφρασμένος σε σχέση με 1 V RMS

dB0VU: Λόγος ρευμάτων σχετικός με το ρεύμα που απαιτείται για τη διατήρηση σταθερής μηδενικής ένδειξης σε όργανο στάθμης VU (βλ. Κεφάλαιο 12 για περισσότερες πληροφορίες σχετικά με όργανα VU και στάθμες αναφοράς).

Το phon

Το phon χρησιμοποιείται για να εκφράζει ηχηρότητα, δηλαδή την αισθητή ένταση κάθε ήχου, όσο σύνθετου κι αν είναι. Αυτό επιτυγχάνεται με αναφορά του εξεταζόμενου ήχου σε πηγή ημιτονοειδούς κύματος γνωστής έντασης. Η διαδικασία είναι η εξής: ο ήχος παρουσιάζεται εναλλακτικά με πηγή ημιτονοειδούς κύματος 1 kHz. Ο ακροατής πρέπει να ρυθμίζει την στάθμη της πηγής ημιτονοειδούς κύματος έως ότου η ένταση που αντιλαμβανόμαστε να είναι ίδια με την στάθμη του σύνθετου ήχου. Η τιμή έντασης του τόνου 1 kHz χρησιμοποιείται στη συνέχεια απευθείας σαν τιμή σε phon. Ετσι, για παράδειγμα, αν ο ήχος διερχομένου αυτοκινήτου θεωρηθεί ότι γίνεται μέγιστος σε ισοδύναμη στάθμη με τόνο 80 dBSPL, λέμε ότι ο ήχος έχει ηχηρότητα 80 phon. Στον Πίνακα 2.5 δίνονται μερικές συνηθισμένες στάθμες ήχου.

Πίνακας 2.5

Phon	*Πηγές ήχου*
140	Βολή όπλου από μικρή απόσταση
120	Δυνατό κοντσέρτο ροκ μουσικής, απογείωση αεριωθούμενου
100	Κραυγή σε μικρή απόσταση, δρόμος μεγάλης κίνησης
90	Δρόμος πόλεως με κίνηση
70	Μέση συζήτηση
60	Τυπικό μικρό γραφείο ή εστιατόριο
50	Μέσο καθιστικό δωμάτιο, ήσυχη συζήτηση
40	Ησυχο καθιστικό δωμάτιο, στούντιο ηχογράφησης
30	Ήσυχο σπίτι στην εξοχή
20	Εξοχή τη νύχτα
0	Στάθμη αναφοράς

Το mel

Το mel είναι μονάδα τονικότητας ήχου. Η τονικότητα τόνου ημιτονοειδούς κύματος 1kHz (που δίνεται στα 40 dBSPL) είναι 1000 mel. Η τονικότητα ήχου που υπολογίζεται ότι είναι *n* φορές τόνου 1 mel ορίζεται σαν *n* mel.

Ακτινοβολία του ήχου

Συχνά γίνεται σύγκριση μεταξύ των ηχητικών κυμάτων που εξαπλώνονται στον αέρα με τον κυματισμό που κινείται στην επιφάνεια νερού. Και αυτό δικαιολογείται, επειδή η ομοιότητα είναι πολύ μεγάλη. Η ουσιώδης ομοιότητα είναι ότι η κατάσταση (κίνηση, ανύψωση και χαμήλωμα του κύματος) μεταδίδεται από σημείου σε σημείο με μέσο που αποτελείται από σωματίδια (μόρια αέρα ή νερού) που ταλαντώνονται αλλά που τελικά δε μετακινούνται από την αρχική τους θέση. Οπως λέει ο Wood (1944):

> Η ψευδαίσθηση ότι το νερό κινείται με τα κύματα μπορεί να είναι πολύ ισχυρή όταν το βλέπουμε, όμως κάθε κολυμβητής ξέρει ότι ενώ το νερό στην άκρη του κύματος κινείται με τα κύματα, το νερό στο βάθος κινείται αντίθετα από τα κύματα και ότι έτσι δεν υπάρχει κίνηση του νερού προς τα εμπρός σαν συνόλου.

Επιπλέον, τα ηχητικά κύματα παρουσιάζουν όλες τις ιδιότητες που παρατηρούνται εύκολα στα κύματα νερού: περίθλαση, συμβολή, ανάκλαση, διάθλαση κοκ. Κάθε μια από τις ιδιότητες αυτές δεν παρατηρείται εύκολα στα ηχητικά κύματα. Κατ' αρχήν το μέσο μέσα στο οποίο κινούνται είναι αόρατο! Δεύτερο, τα μήκη κύματος στην περίπτωση αυτή είναι συχνά πολύ μεγάλα. Πάντως, συχνά αντιλαμβανόμαστε τα φαινόμενα αυτά από μια κοινή παρατήρηση την οποία όμως ίσως από ένστικτο να μην αποδίδουμε σε κίνηση των κυμάτων. Η εξαίρεση, βέβαια, είναι η ηχώ που αποτελεί μια πολύ φανερή μορφή ανάκλασης, μιας ανάκλασης όπου η επιφάνεια ανάκλασης βρίσκεται σε σημαντική απόσταση. Ωστόσο, πραγματοποιείται ανάκλαση, σε μεγαλύτερη ή μικρότερη έκταση, όταν ένα ηχητικό κύμα φτάσει σε μια επιφάνεια (Σχ. 2.8). Σαν γενικός κανόνας αναφέρεται ότι, σκληρές, λείες επιφάνειες ανακλούν περισσότερο ενώ μαλακά πορώδη υλικά έχουν την μικρότερη ικανότητα ανάκλασης. Επειδή η σχεδίαση αιθουσών συναυλιών και στούντιο ηχογραφήσεων πρέπει συχνά να λαμβάνει υπόψη ενοχλητικές ανακλάσεις, οι παραπάνω επιφάνειες συχνά χρησιμοποιούνται επίτηδες, οπότε αναφέρονται σαν καλοί απορροφητές (ήχου). Με εξαίρεση όσα συμβαίνουν σε υπαίθριους χώρους, οι περισσότερες καθημερινές δραστηριότητες πραγματοποιούνται σε δωμάτια, μικρά ή μεγάλα, όπου συχνά υπάρχει σημαντικός βαθμός και πλήθος ακουστικών ανακλάσεων. Αυτά τα ακουστικά περιβάλλοντα ταξινομούνται σαν αντηχητικά και ένα δωμάτιο με περισσότερες ανακλάσεις εμφανίζει μεγαλύτερη αντήχηση από ένα δωμάτιο με λιγότερες ανακλάσεις. Ο χρόνος που απαιτείται για την απόσβεση αντήχησης δωματίου στο ένα εκατομμυριοστό της έντασης του αρχικού ήχου (-60 dB) είναι γνωστός σαν χρόνος αντήχησης.

Η διάθλαση του ήχου φαίνεται στο φαινόμενο όπου οι ήχοι διαδίδονται καλύτερα στην ησυχία του απογεύματος παρά στη ζέστη της μέρας. Αυτό συμβαίνει επειδή το απόγευμα, όταν ο αέρας κοντά στο έδαφος, είναι ψυχρότερος από τον αέρα που βρίσκεται υψηλότερα, τα ηχητικά κύματα καμπυλώνονται προς τη γή (επειδή ο ήχος ταξιδεύει ταχύτερα στον θερμό αέρα). Αντίθετα, κατά τη διάρκεια της ημέρας, όταν ο αέρας κοντά στο έδαφος είναι θερμότερος από τον αέρα που βρίσκεται υψηλότερα, τα ηχητικά κύματα καμπυλώνονται προς τα επάνω, μακριά από τα αυτιά μας.

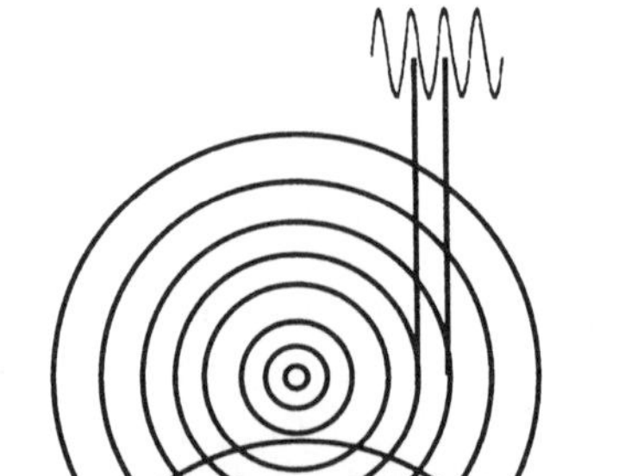

Σχήμα 2.8 Ανάκλαση ηχητικών κυμάτων

Η δημιουργική και καταστροφική συμβολή γίνεται αντιληπτή στο φαινόμενο που είναι γνωστό σαν διακροτήματα όπου δύο νότες σχεδόν ίσης τονικότητας ακούγονται ταυτόχρονα. Επειδή τα εναλλασσόμενα πυκνώματα και αραιώματα από κάθε μια από αυτές τις ηχητικές πηγές μετακινούνται βαθμιαία μεταξύ τους σε χρονική σχέση (φάση), τα ηχητικά κύματα περιοδικά προστίθενται (ενισχύονται) και αφαιρούνται (καταστροφική συμβολή) στον αέρα, και έτσι εμείς αντιλαμβανόμαστε μια αργή εναλλαγή ήχου και σιωπής.

Η περίθλαση (Σχ. 2.9) είναι ένα τόσο κοινό φαινόμενο που οι πιο πολλοί από εμάς θα το αντιλαμβανόμασταν μόνο αν ο ήχος δεν περιθλώνταν. Ο ευκολότερος τρόπος για να απεικονίσουμε την περίθλαση στην καθημερινή εμπειρία είναι να φανταστούμε έναν κόσμο όπου το φαινόμενο αυτό δε θα ήταν καθημερινή εμπειρία. (Αυτό θα συνέβαινε αν οι ήχοι που αντιλαμβανόμαστε είχαν πολύ μεγαλύτερη συχνότητα, και γι αυτό πολύ μικρότερο μήκος κύματος.) Σε έναν τέτοιο κόσμο, ο ήχος

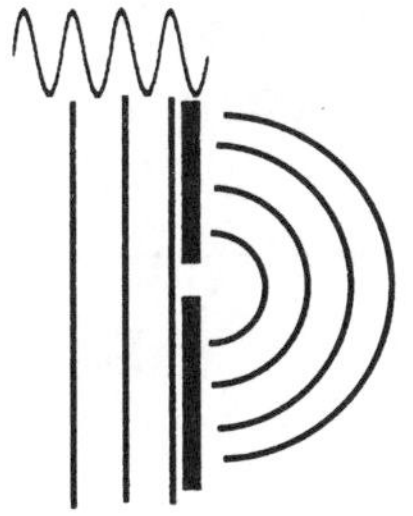

Σχ. 2.9 *Περίθλαση ηχητικών κυμάτων*

θα ταξίδευε σε ευθεία και δε θα περιθλώνταν από αντικείμενα καθημερινού μεγέθους (όπως ακριβώς συμβαίνει με το φως). Ετσι όταν θα ανοίγαμε την εξώπορτά μας, ο ήχος θα έμπαινε από έξω αλλά δεν θα "διασκορπιζόταν" ώστε να γεμίσει το χώρο. Οπως θα δούμε στο Κεφάλαιο 14 η ελεγχόμενη περίθλαση από σχισμή μερικές φορές χρησιμοποιείται στη σχεδίαση μεγαφώνων. Στην πραγματικότητα ο φανταστικός μου κόσμος δεν είναι πολύ διαφορετικός επειδή εκεί οι ήχοι χαμηλής συχνότητας περιθλώνται πολύ πιο εύκολα από ήχους μεγάλης συχνότητας. Αυτό οφείλεται στα μεγαλύτερά τους μήκη. Οι ήχοι μεγάλης συχνότητας έχουν την τάση να είναι κατευθυντικοί και αυτός είναι ο λόγος για τον οποίο τα μεγάφωνα φαίνεται να έχουν λιγότερα πρίμα όταν εγκαταλείπουμε το χώρο.

Το κοντινό και μακρινό πεδίο

Οταν συγκρίνουμε ένα ηχητικό κύμα με κυματισμό που απλώνεται σε λίμνη, πρέπει να κάνουμε μια διάκριση ανάμεσα στο χώρο που περιβάλλει άμεσα την ηχητική πηγή, το ονομαζόμενο κοντινό πεδίο, και το μακρινό πεδίο που βρίσκεται μακριά από την ηχητική πηγή. Στο κοντινό πεδίο, οι ηχητικές πιέσεις ίσως να μην είναι ευθέως ανάλογες με την ένταση του ήχου και η ταχύτητα των σωματιδίων στα μόρια του αέρα δεν ευθυγραμμίζεται πάντοτε με τη κατεύθυνση διάδοσης του κύματος. Με λίγα λόγια, η ίδια η ηχητική πηγή διαταράσσει τη φύση της διάδοσης του ήχου σε αυτήν την κοντινή περιοχή. Μόνο στο μακρινό πεδίο, πολύ μακριά από την ηχητική πηγή, μπορούμε να λέμε ότι η ακτινοβολία σημειακής ηχητικής πηγής (όπως είναι το μεγάφωνο) είναι σφαιρικά ηχητικά κύματα που απλώνονται στον ελεύθερο χώρο. Στο μακρινό πεδίο η ταχύτητα των σωματιδίων έχει πάντοτε την κατεύθυνση της διάδοσης (θεωρώντας πάντοτε ότι δεν υπάρχουν αντικείμενα που παρεμβάλλονται).

Ο διαχωρισμός μεταξύ κοντινού και μακρινού πεδίου είναι σημαντικός για την εποπτεία μεγαφώνων και μικροφώνων. Πάντως με αυτή την έννοια η σημασία είναι λίγο διαφορετική. Εδώ χρησιμοποιείται για διαχωρισμό της χρήσης των μεγαφώνων και μικροφώνων σε ακουστικές συνθήκες αντήχησης. Συνήθως όταν ακούμε ένα μεγάφωνο σε δωμάτιο βρισκόμαστε σε απόσταση πολλών μέτρων. Αυτός είναι ο λόγος για τον οποίο ακούμε συνδυασμό ήχων, τον ήχο απ' ευθείας από το μεγάφωνο και ανακλάσεις από τους τοίχους, τα παράθυρα, τα έπιπλα κοκ. Αυτό φαίνεται στο Σχ. 2.10. Η περίπτωση αυτή παρουσιάζει πολλά πλεονεκτήματα επειδή οι ανα-

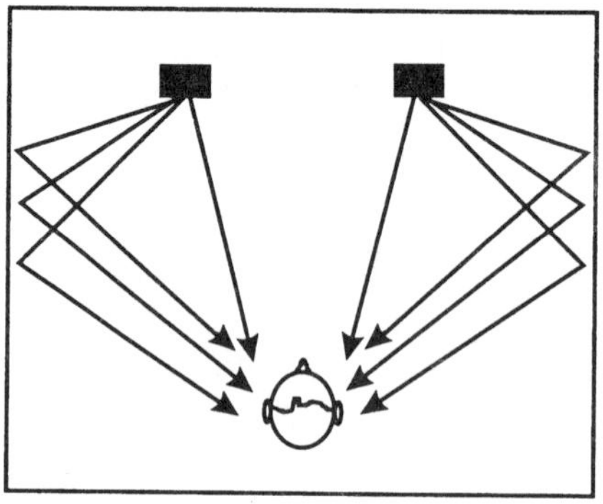

Σχ 2.10 *Ηχητικές πηγές ελεύθερου ή μακρινού πεδίου*

κλάσεις προστίθενται ώστε να δώσουν στον ακροατή μεγαλύτερη ένταση ήχου. Ωστόσο οι ανακλάσεις αυτές, παρά τις φαινομενικά επιπόλαιες, ευεργητικές ιδιότητές τους, έχουν σαν αποτέλεσμα τη "ρύπανση" ή το "λάσπωμα" των ήχων, επειδή φτάνουν αργότερα από τον αρχικό ήχο. Αυτό είναι αναπόφευκτο, εκτός και αν το δωμάτιο έχει σχεδιαστεί πολύ προσεκτικά ώστε να εμφανίζει μεγάλο βαθμό απορρόφησης του ήχου και κατά συνέπεια μικρό χρόνο αντήχησης. Η μετατροπή ή ο σχεδιασμός ενός δωματίου έτσι ώστε να έχει αυτές τις ιδιότητες έχει αναπόφευκτα μεγάλο κόστος. Ομως ο τεχνικός ήχου δεν έχει άλλη επιλογή από το να επιλέξει εκείνες τις συνθήκες ακρόασης που εξασφαλίζουν την καθαρότερη αναπαραγωγή έτσι ώστε να κάνει συνεπείς τεχνικές και καλλιτεχνικές κρίσεις. Ετσι, όταν χρειάζονται μεγάλα μεγάφωνα για εποπτεία, τα δωμάτια ελέγχου των στούντιο ηχογραφήσεων κατασκευάζονται με προσοχή έτσι ώστε οι ανακλάσεις να μην "παρεμβάλλονται" με τους ήχους από τα ίδια τα μακρυνά μεγάφωνα. Υπάρχει, ωστόσο, μια πιο φτηνή εναλλακτική λύση, γνωστή σαν εποπτεία κοντινού πεδίου, όπου τα μεγάφωνα τοποθετούνται κοντά στη θέση ακρόασης, συχνά επάνω στην γέφυρα οργάνων της κονσόλας. Η λογική που υπάρχει είναι ότι το σχετικά έντονο σήμα απευθείας από το μεγάφωνο επικρατεί επί του ανακλώμενου ήχου ο οποίος εξαναγκάζεται, με προσεκτική επιλογή της θέσης των μεγαφώνων, να κάνει μια έμμεση διαδρομή ως προς τη θέση ακρόασης. Αυτό φαίνεται στο Σχ. 2.11.

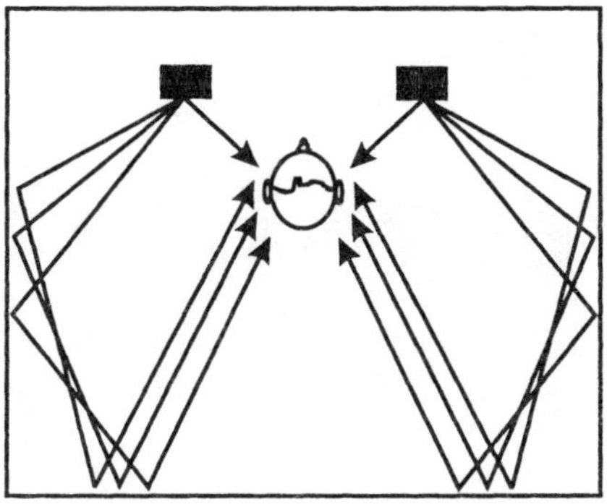

Σχ. 2.11 *Συνθήκες κοντινού πεδίου*

Η εποπτεία κοντινού πεδίου κερδίζει αποδοχή σαν προτιμούμενη τεχνική ηχογραφήσεων πρώτα επειδή είναι πιο φτηνή από την εναλλακτική λύση, αλλά και επειδή εξαιτίας του περιορισμένου χώρου και των μικρότερων χρόνων αντήχησης (εξαιτίας της παρουσίας μοκετών και μαλακών επιπλώσεων), οι συνθήκες ακρόασης στο σπίτι πλησιάζουν περισσότερο την περίπτωση κοντινού πεδίου.

Απόρροια της εποπτείας κοντινού πεδίου είναι η τεχνική μικροφώνου κοντινού πεδίου. Η ιδέα είναι και πάλι η απαλειφή της επίδρασης της ακουστικής του δωματίου στο σήμα: στην περίπτωση αυτή του σήματος που λαμβάνεται από το μικρόφωνο. Αυτό επιτυγχάνεται με την τοποθέτηση του μικροφώνου όσο το δυνατό πιο κοντά στην αρχική πηγή ήχου. Η κλασική τεχνική μικροφώνου έχει "επισκιαστεί" από τη μέθοδο αυτή και αυτός είναι ο λόγος που οι χώροι ηχογράφησης κλασσικής μουσικής πρέπει να επιλέγονται με μεγαλύτερη προσοχή από τους χώρους για ηχογραφήσεις μουσικής rock και pop όπου η τεχνική μικροφώνου σε κοντινό πεδίο αποτελεί τον κανόνα.

Η φυσιολογία της ακοής

Οι μελέτες της φυσιολογίας του αυτιού αποκαλύπτουν ότι η διαδικασία της ανάλυσης Fourier, στην οποία αναφερθήκαμε προηγουμένως, είναι κάτι πολύ περισσότερο από μια απλή μαθηματική ιδέα. Ανατομικές και ψυχοφυσιολογικές μελέτες αποκάλυψαν ότι το αυτί εκτελεί κάτι πολύ κοντά σε μηχανική ανάλυση Fourier στους ήχους που συλλέγει και μεταβιβάζει μια παράσταση περιοχής συχνοτήτων αυτών των ήχων σε υψηλότερα νευρικά κέντρα. Στο Σχ. 2.12 δίνεται μια σχεδίαση του ανθρώπινου αυτιού.

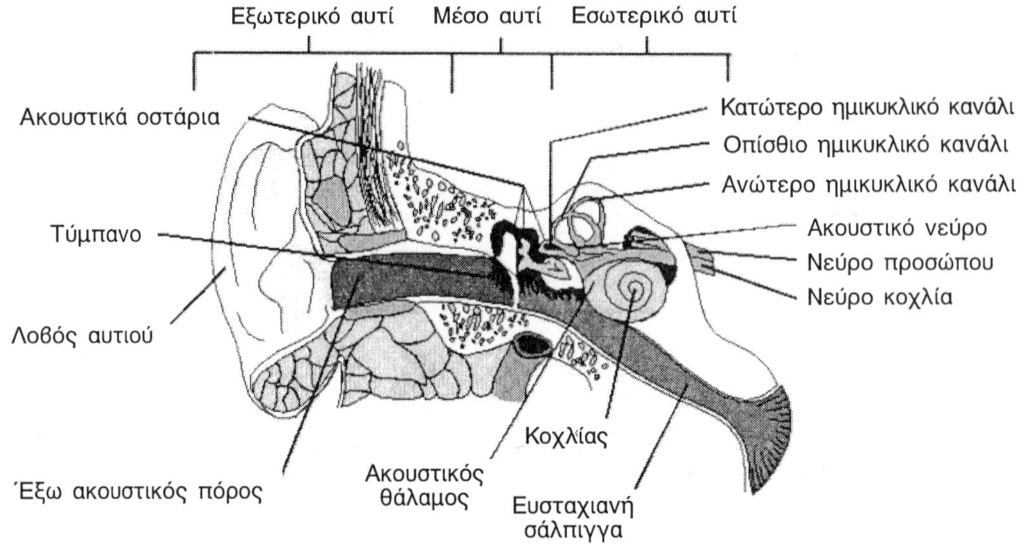

Σχ. 2.12 *Ανατομία του αυτιού*

Μετά την αλληλεπίδραση με το λοβό ή το πτερύγιο του αυτιού, τα ηχητικά κύματα κινούνται μέσα από τον ακουστικό πόρο στο τύμπανο. Η θέση του τυμπάνου ορίζει το σύνορο μεταξύ του εξωτερικού και μέσου αυτιού. Το μέσο αυτί είναι μια κοιλότητα γεμάτη αέρα που περιέχει τρία μικροσκοπικά οστά, τη σφύρα, τον άκμονα και τον αναβολέα. Τα τρία αυτά οστά μεταδίδουν τις δονήσεις του τυμπάνου στην ωοειδή θυρίδα στην επιφάνεια του εσωτερικού αυτιού. Ο τρόπος με τον οποίο κινούνται τα τρία αυτά οστά, και επιπλέον εξαιτίας του γεγονότος ότι η βάση της σφύρας είναι πλατύτερη από τη βάση του αναβολέα, έχει σαν αποτέλεσμα την ύπαρξη σημαντικού μηχανικού πλεονεκτήματος από το τύμπανο μέχρι το εσωτερικό αυτί. Υπάρχει ένας σωλήνας που ξεκινά από τη βάση του μέσου αυτιού και φτάνει στο φάρυγγα, και που είναι γνωστός σαν "Ευσταχιανή σάλπιγγα". Ρόλος της είναι να εξασφαλίζει ίση πίεση και από τις δύο πλευρές του τυμπάνου και επίσης να μένει ανοιχτή όταν καταπίνουμε. Το εσωτερικό αυτί αποτελείται από δύο τμήματα, τον κοχλία (την ελικοειδή κατασκευή που έχει μορφή κελύφους σαλιγκαριού) και από τρία ημικυκλικά κανάλια. Αυτές οι τελευταίες κατασκευές σχετίζονται με την αίσθηση της ισορροπίας και της κίνησης.

Ο αναβολέας είναι συνδεδεμένος σταθερά στη μεμβράνη η οποία καλύπτει το άνοιγμα της ωοειδούς θυρίδας του κοχλία. Ο κοχλίας είναι γεμάτος υγρό και χωρίζεται σε όλο το μήκος του με τη μεμβράνη του Reissner και με την βασική μεμβράνη επάνω στην οποία βρίσκεται το όργανο Corti. Ο αναβολέας, όταν κινείται, δρα σαν έμβολο στην ωοειδή θυρίδα και το γεγονός αυτό θέτει σε κίνηση το υγρό του κοχλία. Η κίνηση αυτή, παγιδευμένη μέσα στον κλειστό κοχλία δημιουργεί μια μορφή στάσιμου κύματος, και κατά συνέπεια και μια παραμόρφωση, στη βασική μεμβράνη. Είναι σημαντικό ότι οι ιδιότητες της βασικής μεμβράνης μεταβάλλονται σημαντικά κατά το μήκος της. Σαν αποτέλεσμα μεταβάλλεται η θέση κορυφής των κυμάτων ταλάντωσης ανάλογα με τη συχνότητα του ερεθισμού. Με τον τρόπο αυτό ο κοχλίας και τα εξαρτήματα του λειτουργούν σαν συσκευή μετατροπής της συχνότητας σε θέση. Εκεί όπου η απόκλιση της βασικής μεμβράνης είναι μεγαλύτερη υπάρχουν τα τριχοειδή κύτταρα του οργάνου Corti, που αποτελούν την διασύνδεση των προσαγωγών νευρώνων οι οποίοι μεταφέρουν σήματα στα υψηλότερα επίπεδα του ακουστικού συστήματος. Τα σήματα όταν εγκαταλείπουν το αυτί βρίσκονται κατά συνέπεια σε μορφή παράστασης περιοχής συχνοτήτων. Η ένταση κάθε περιοχής συχνοτήτων (η ακριβής φύση και έκταση αυτών των περιοχών εξετάζεται αργότερα) κωδικοποιείται μέσω διαμόρφωσης ταχύτητας παλμών.

Η ψυχολογία της ακοής

Η ψυχοακουστική είναι η μελέτη της ψυχολογίας της ακοής. Ας παρατηρήσουμε πάλι τον Πίνακα 2.5. Μας λέει κάτι αξιοσημείωτο.Μπορούμε να ακούμε χωρίς να υποστούμε βλάβη, ένα λόγο ακουστικών εντάσεων περίπου 1:1 000 000 000 000. Ο χαμηλότερος ψίθυρος που μπορούμε να ακούσουμε είναι το ένα δισεκατομμυριοστό της έντασης του ήχου ενός αεριωθουμένου που απογειώνεται σε κοντινή απόσταση. Με μηχανολογικούς όρους μπορούμε να πούμε ότι η ανθρώπινη ακουστική είναι ισοδύναμη με πραγματικό σύστημα 20 bit, δηλαδή 16 φορές καλύτερο από την επεξεργασία σήματος του CD player! Είναι ενδιαφέρον ότι ο ελάχιστος ήχος που μπορούμε να ακούσουμε πραγματοποιείται με κίνηση του τυμπάνου του αυτιού μας μικρότερη από τη διάμετρο ενός ατόμου υδρογόνου. Αν είχαμε ακόμη μεγαλύτερη ευαισθησία θα μέναμε άγρυπνοι από τον "ήχο" της τυχαίας κίνησης των μορίων αζώτου στον αέρα που μας περιβάλλει. Με άλλα λόγια, η δυναμική περιοχή της ακοής μας είναι τόσο πλατειά που φαίνεται σαν να αντιτίθεται σε θεμελιώδεις φυσικούς περιορισμούς. Μας λέει ακόμη, ότι μπορούμε να αντιληφθούμε τη κατεύθυνση (προέλευσης) του ήχου με ακρίβεια τόξου 1° (για ήχους σε πλαϊνό επίπεδο προς τα εμπρός). Δεν είναι, βέβαια, τόσο καλή όσο η όραση (που μπορεί να διαχωρίζει περίπου ένα πρώτο λεπτό τόξου) αλλά είναι καλύτερη από την αυταπάτη που έχουμε στη στερεοφωνία με δύο μεγάφωνα. Η ψυχοακουστική μας πληροφορεί ακόμη ότι η στερεοφωνία με δύο μεγάφωνα μπορεί να βελτιωθεί, και να δώσει ακριβέστερη παράσταση στο χώρο, με τεχνικές στερεοφωνικής επαύξησης (Στο Κεφάλαιο 10 θα δούμε πως μπορεί να γίνει αυτό).

Επικάλυψη

Ο κοχλίας και τα εξαρτήματά του λειτουργούν σαν συσκευή μετατροπής της συχνότητας σε θέση, όπου η θέση του μέγιστου στη μορφή δονήσεων της βασικής μεμβράνης εξαρτάται από τη συχνότητα διέγερσης. Δε χρειάζεται να ειπωθεί ότι η θέση αυτής της απόκλισης δε μπορεί να είναι εξαιρετικά μικρή, αλλά πρέπει να έχει κάποια διάσταση. Αυτό ίσως μας οδηγήσει να περιμένουμε ότι πρέπει να υπάρχει κάποιος βαθμός αβεβαιότητας στην αντίληψη της τονικότητας του ήχου και πράγματι υπάρχει, αν και στην πραγματικότητα είναι πολύ μικρός, ιδιαίτερα σε χαμηλές συχνότητες. Αυτό συμβαίνει επειδή οι προσαγωγοί νευρώνες που μεταφέρουν σήματα στα υψηλότερα επίπεδα του ακουστικού συστήματος "κλειδώνουν" και λειτουργούν ταυτόχρονα σε ένα συγκεκριμένο σημείο του κύκλου εκτροπής (το μέγιστο). Με άλλα λόγια βρίσκεται σε λειτουργία ένας διαχωριστής συχνοτήτων ανίχνευσης φάσης. Πρόκειται για ένα θαυμάσιο σύστημα που όμως έχει ένα μειονέκτημα. Εξαιτίας του φαινομένου κλειδώματος φάσης, τα ισχυρότερα σήματα επικρατούν ως προς τα ασθενέστερα και έτσι επικαλύπτουν έναν ασθενέστερο ήχο στην ίδια περιοχή συχνοτήτων. (Το ίδιο ακριβώς πράγμα συμβαίνει στο ραδιόφωνο FM όπου αυτό το φαινόμενο είναι γνωστό σαν φαινόμενο σύλληψης). Η περιοχή συχνοτήτων στην οποία ένας ήχος μπορεί να επικαλύπτει κάποιον άλλο είναι γνωστή σαν κρίσιμη ζώνη, μια ιδέα που οφείλεται στον Fletcher (αναφέρεται στο Moore 1989). Η επικάλυψη μας είναι ιδιαίτερα γνωστή στην καθημερινή μας ζωή. Για παράδειγμα, εξηγεί γιατί δε μπορούμε να ακούσουμε κάποιον που ψιθυρίζει όταν κάποιος άλλος φωνάζει. Το φαινόμενο επικάλυψης καθαρού τόνου μας δίνει μια περισσότερο κάθαρη ιδέα για το τι συμβαίνει. Στο Σχ. 2.13 φαίνεται η ασυνήθιστη καμπύλη που περιβάλλει τη στάθμη επικάλυψης σε παρουσία τόνου 85 dBSPL. Ολοι οι ήχοι κάτω από την καμπύλη ουσιαστικά δεν ακούγονται όταν υπάρχει ο

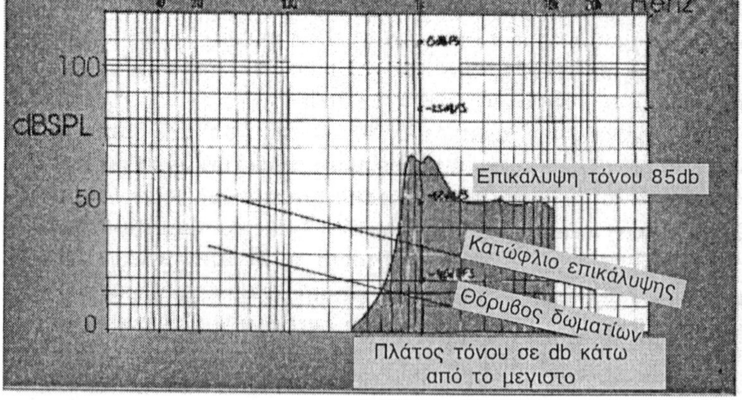

Σχ. 2.13 *Το φαινόμενο επικάλυψης*

τόνος! Ας σημειωθεί ότι ένας δυνατός, καθαρός ήχος επικαλύπτει έναν ασθενέστερο μόνον όταν ο ισχυρότερος ήχος έχει μικρότερη συχνότητα από τον ασθενέστερο και μόνο τότε όταν και τα δύο σήματα έχουν παραπλήσια συχνότητα. Ηχοι ευρείας ζώνης συχνοτήτων παρουσιάζουν αντίστοιχα ένα ευρύ φαινόμενο επικάλυψης. Και αυτό φαίνεται στο Σχ. 2.13 όπου μπορούμε να παρατηρήσουμε ότι η χαμηλότερη καμπύλη δείχνει τον θόρυβο δωματίου σε dBSPL σε σχέση με συχνότητα για ένα μέσο θόρυβο δωματίου 45 dBSPL. (Ας σημειωθεί ότι η στάθμη θορύβου έχει κυρίως χαμηλές συχνότητες, πράγμα που αποτελεί ένδειξη ότι η πλειοψηφία των θορύβων στη σύγχρονη ζωή είναι μηχανικής φύσης). Η σχεδόν παράλληλη γραμμή κάτω από αυτήν την καμπύλη θορύβου δωματίου δείχνει κατώφλιο επικάλυψης. Ουσιαστικά αυτό απεικονίζει τη στάθμη έντασης, σε dBSPL, στο οποίο θα έπρεπε να ανυψωθεί ένας τόνος της υποδεικνυόμενης συχνότητας, για να γίνει ακουστός. (Το φαινόμενο επικάλυψης είναι σημαντικό στην ψηφιακή ακουστική συμπίεση, βλ. Κεφάλαιο 10).

Βιβλιογραφία

Moore, B.C.J. (1989) *An Introduction to the Psychology of Hearing* (3rd edition). *Academic Press.*

Wood, A. (1944) *The Physics of Music.* Methuen & Co. Ltd

Σημειώσεις

1. Η φάση ταλάντωσης ημιτονοειδούς κύματος έχει σχέση με την θέση του, αναφορικά με κάποιο χρονικό σημείο.Επειδή μπορούμε να δούμε τα κύματα σαν περιόδους, μπορούμε να εκφράσουμε τα διάφορα σημεία κύματος με μια γωνία ως προς την αρχή του ημιτονοειδούς κύματος (στις 0°). Συνεπώς, η θετική διέλευση από το μηδέν θα είναι στις 0°, η πρώτη κορυφή στις 90° κλπ.
2. Είναι φανερό ότι η ίδια αρχή, αν και έχει εξηγηθεί με τάσεις, ισχύει και σε ψηφιακό σύστημα για συμβολικά αριθμητικά μεγέθη.

ΚΕΦΑΛΑΙΟ 3

Μικρόφωνα και εφαρμογές τους

Αρχές

Το μικρόφωνο είναι μια συσκευή μετατροπής της ακουστικής ενέργειας, με την μορφή ήχου, σε ηλεκτρική ενέργεια, λειτουργία ανάλογη με αυτήν που εκτελεί το αυτί. Ευτυχώς η διεργασία είναι πολύ απλούστερη από αυτήν που έχει περιγραφεί για το αυτί επειδή το μικρόφωνο, αντί να μετατρέπει τις δονήσεις του ήχου στην περιοχή συχνοτήτων και να κωδικοποιεί τις πληροφορίες έντασης και φάσης χαμηλής συχνότητας σε ακολουθία δυαδικών ψηφίων πυκνότητας παλμών, απλά μετατρέπει τις δονήσεις του αέρα σε αντίστοιχες ηλεκτρικές δονήσεις μέσα σε ηλεκτρικό κύκλωμα. Με τον τρόπο αυτό το σήμα αποτελεί ένα αντίστοιχο του αρχικού ήχου και τα κυκλώματα που επεξεργάζονται το σήμα με τον τρόπο αυτό ονομάζονται *αναλογικά κυκλώματα*. Μέχρι σήμερα, δεν υπάρχουν άμεσες μέθοδοι ψηφιακής μετατροπής μεταξύ ακουστικής και ηλεκτρικής ενέργειας και έτσι τα αναλογικά κυκλώματα και οι αναλογικές διεργασίες εξακολουθούν να παίζουν ακόμη σημαντικό ρόλο στην ενίσχυση και μετάδοση ακουστικών πληροφοριών.

Τα μικρόφωνα ταξινομούνται με πολλούς τρόπους. Πρώτα, με βάση τη φυσική ποσότητα που μετατρέπουν. Ενας τύπος μετατρέπει την πίεση του ηχητικού κύματος σε ηλεκτρική τάση, ένας δεύτερος τύπος μετατρέπει την ταχύτητα του ηχητικού κύματος σε ηλεκτρική τάση. Δεύτερο, μπορούν να ταξινομηθούν ανάλογα με τον τρόπο που μετατρέπουν μια μορφή ενέργειας σε άλλη. Στην κατηγορία αυτή ανήκουν δύο σημαντικές τάξεις: κινητού πηνίου και ηλεκτροστατικά.

Μικρόφωνα πίεσης

Ενα μικρόφωνο πίεσης μετατρέπει ακουστική πίεση σε ηλεκτρική ενέργεια. Επειδή η πίεση είναι αριθμητική ποσότητα, το μικρόφωνο πίεσης είναι θεωρητικά μη κατευθυντικό (πράγμα που σημαίνει ότι είναι το ίδιο ευαίσθητο σε ήχους που πέφτουν πάνω σ' αυτό από κάθε κατεύθυνση). Το μικρόφωνο πίεσης είναι κανονικά κατασκευασμένο με τέτοιον τρόπο ώστε ένα στοιχείο ευαίσθητο σε πίεση να είναι συζευγμένο με διάφραγμα που από τη μια πλευρά του είναι κλειστό στον αέρα και από την άλλη ανοιχτό. Με αυτό τον τρόπο μιμείται καθαρά τη μηχανική διάταξη του ανθρώπινου αυτιού. Πράγματι, και το αυτί είναι ένας μορφομετατροπέας ευαίσθητος στην πίεση. Στην πράξη, όχι μόνο δεν χρειάζεται η μετατροπή της συνολικής βαρομετρικής πίεσης (δηλαδή του σήματος 0 Hz), αλλά είναι ουσιώδες για τη σωστή λειτουργία του μικροφώνου να παραμένει ίδια η πίεση του περιβάλλοντος και από τις δύο πλευρές του διαφράγματος. Για το λόγο αυτό πίσω από το διάφραγμα ενός τέτοιου μικροφώνου πάντοτε υπάρχει ένα άνοιγμα εξισορρόπησης. Στην ουσία το ανθρώπινο ακουστικό σύστημα λειτουργεί με τον ίδιο τρόπο με τη βοήθεια της Ευσταχιανής σάλπιγγας, μέσω της οποίας η πίεση εξισορροπεί και από τις δύο πλευρές του τυμπάνου. Οπως και στο αυτί, η θεωρητικά μη κατευθυντική απόκριση κάθε πρακτικού μικροφώνου τροποποιείται από την αλληλεπίδραση του προσπίπτοντος ήχου με το φυσικό του στήριγμα. Η φύση προσπάθησε να μεγιστοποιήσει την αλληλεπίδραση αυτή μέσω του εξωτερικού αυτιού ή του πτερυγίου ενώ οι περισσότεροι σχεδιαστές μικροφώνων προσπαθούν να την ελαττώσουν στο ελάχιστο. Παρ' όλα αυτά το μικρόφωνο πίεσης χαρακτηρίζεται από πανκατευθυντική απόκριση η οποία είναι σχεδόν τέλεια σε χαμηλές συχνότητες και η οποία υποβαθμίζεται σε μεγάλες συχνότητες και γίνεται κατευθυντική.

Μικρόφωνα βαθμίδας πίεσης ή μικρόφωνα ταχύτητας

Το διάφραγμα ενός μικροφώνου βαθμίδας πίεσης ή ταχύτητας είναι ανοιχτό στον αέρα και από τις δύο πλευρές έτσι ώστε η δύναμη που ενεργεί επάνω του να είναι ευθέως ανάλογη της διαφοράς πίεσης. Ηχοι που πέφτουν στο διάφραγμα ακριβώς από μπροστά και ακριβώς από πίσω δημιουργούν το μεγαλύτερο ηλεκτρικό σήμα. Ηχοι που πέφτουν στο μικρόφωνο υπό γωνία μακριά από αυτόν τον άξονα προκαλούν βαθμιαία ελαττούμενα ηλεκτρικά σήματα μέχρι ένα σημείο όπου, αν στο διάφραγμα φτάσει ήχος υπό γωνία που είναι παράλληλη με τον άξονα του ίδιου του διαφράγματος, δεν θα παραχθεί ηλεκτρικό σήμα. Αυτη η ιδιότητα δύο λοβών είναι γνωστή σαν πολική απόκριση σχήματος οκτώ.

Παρά το γεγονός ότι τα πανκατευθυντικά μικρόφωνα που είναι ευαίσθητα σε πίεση και τα διπλοκατευθυντικά μικρόφωνα ευαίσθητα σε ταχύτητα προσφέρουν μια επιλογή κατευθυντικών χαρακτηριστικών, σε πολλές εφαρμογές κανένα από τα δύο δεν είναι εντελώς κατάλληλο. Συχνά αυτό που χρειάζεται είναι ένα μικρόφωνο με πανκατευθυντική απόκριση που να μπορεί να τοποθετηθεί για να μετατρέπει μια συγκεκριμένη και επιθυμητή ηχητική πηγή και θα ξεχωρίζει τις άλλες. Μια τέτοια απόκριση λαμβάνεται με συνδυασμό δύο μικροφώνων μέσα στο ίδιο περίβλημα, ενός μικροφώνου πιέσεως και ενός μικροφώνου ταχύτητας. Με ηλεκτρική πρόσθεση των εξόδων τους λαμβάνεται μονοκατευθυντική ή καρδιοειδής απόκριση. Τα επαγγελματικά μικρόφωνα που χρησιμοποιούνται στην τηλεόραση και στα πολυμέσα είναι συχνά αυτού του τύπου. Στο Σχ. 3.1 δείχνει ο τρόπος με τον οποίο μπορεί να καθοριστεί η κατευθυντική χαρακτηριστική μικροφώνου, με πολικό διάγραμμα και επίσης ο τρόπος με τον οποίο μπορεί να ληφθεί μονοκατευθυντική απόκριση με συνδυασμό πανκατευθυντικής απόκρισης και απόκρισης σχήματος οκτώ.

Μέθοδος μορφομετατροπής

Ο περισσότερο συνηθισμένος τύπος μικροφώνου είναι ο τύπος κινητού πηνίου που

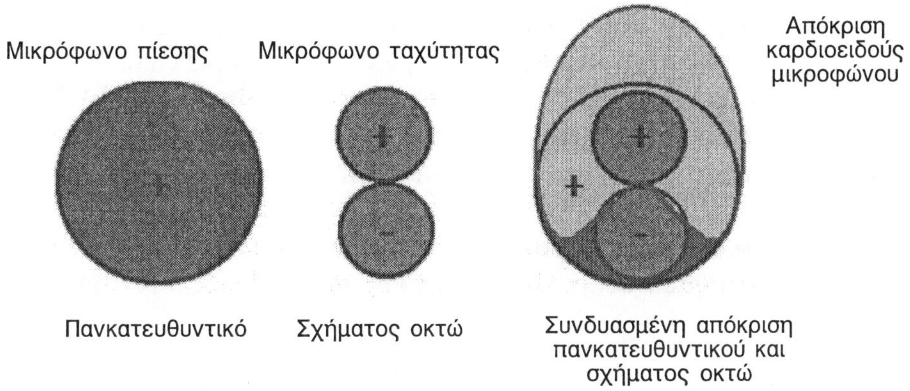

Σχ. 3.1 *Πολικά διαγράμματα μικροφώνου*

λειτουργεί ακριβώς αντίστροφα, με μικρό μεγάφωνο (βλ. Σχ. 3.2). Μέσα σε μικρόφωνο κινητού πηνίου, τα ηχητικά κύματα διεγείρουν μηχανικά ένα μικρό διάφραγμα και ένα συρμάτινο πηνίο, το οποίο είναι μηχανικά συζευγμένο με το διάφραγμα. Το πηνίο είναι σχεδιασμένο έτσι ώστε να βρίσκεται μέσα σε μαγνητικό πεδίο και, από την στιγμή που μπαίνει σε κίνηση, να εμφανίζεται στα άκρα του μια μικρή τάση. Η μικροσκοπική αυτή γεννήτρια τάσης έχει το πλεονέκτημα να έχει πολύ μικρή σύνθετη αντίσταση (λίγες περιελίξεις σύρματος σε ακουστικές συχνότητες) και γι' αυτό "ανυψώνεται" με χρήση μετασχηματιστή ο οποίος βρίσκεται, μέσα στη θήκη του μικροφώνου. Η τελική σύνθετη αντίσταση εξόδου βρίσκεται στην περιοχή των 600 Ω. Τα μικρόφωνα κινητού πηνίου είναι πολύ ανθεκτικά και είναι εξαιρετικά για γενική χρήση και χρήση στο χέρι.

Ο δεύτερος περισσότερο διαδεδομένος τύπος μικροφώνων είναι τα μικρόφωνα ηλεκτροστατικού τύπου, που συχνά απλά αναφέρονται σαν μικρόφωνα πυκνωτή ή, αναχρονιστικά, μικρόφωνα συμπυκνωτή. Σ' αυτό το είδος μικροφώνων, το διάφραγ-

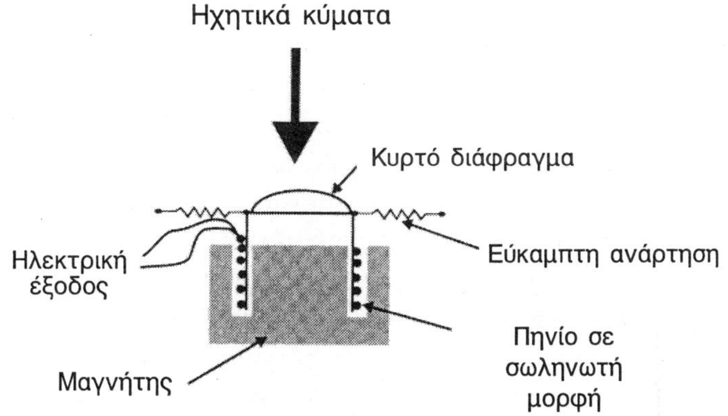

Σχ. 3.2 *Μικρόφωνο κινητού πηνίου*

μα, πάνω στο οποίο πέφτει ο ήχος, είναι στην πραγματικότητα η μια πλάκα οπλισμού πυκνωτή (βλ. Σχ. 3.3). Η τιμή της χωρητικότητας μπορεί να μεταβάλλεται υπό την επίδραση των ηχητικών κυμάτων με το να επιτρέπουμε την πολύ εύκολη κίνηση της πλάκας του οπλισμού. Εχοντας υπόψη την σχέση $Q = CV$ που γράφεται και $V = Q / C$ είναι δυνατόν να ανιχνεύσουμε μια μεταβολή τάσης στις πλάκες του οπλισμού μεταβλητής χωρητικότητας με την προϋπόθεση ότι υπάρχει κάποιος μηχανισμός που διατηρεί το φορτίο σταθερό. Η απαίτηση αυτή συνήθως επιτυγχάνεται με τη βοήθεια σταθερής μεγάλης τάσης πόλωσης που εφαρμόζεται στους οπλισμούς

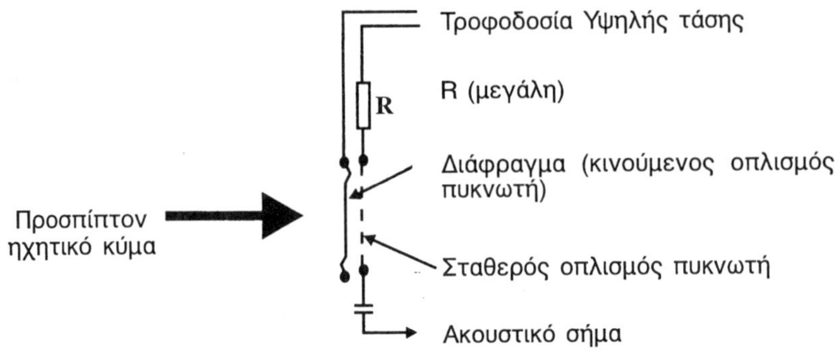

Σχ. 3.3 *Ηλεκτροστατικό μικρόφωνο*

του πυκνωτή, μέσω πολύ μεγάλης αντίστασης. Η μικρή τάση εναλλασσόμενου σήματος λαμβάνεται από την μια ή από την άλλη μεταλλική όψη του στοιχείου μέσω πυκνωτή απομόνωσης. Αντίθετα με την περίπτωση του μικροφώνου κινητού πηνίου, η τάση που φεύγει από τους οπλισμούς, δεν είναι μόνο πολύ μικρή αλλά και παράγεται στα άκρα μιας εξαιρετικά μεγάλης (θεωρητικά άπειρης) σύνθετης αντίστασης. Αυτό φυσικά αποκλείει τη χρήση μετασχηματιστή για ανύψωση της τάσης σε στάθμη κατάλληλη για μεταφορά στον μίκτη μικροφώνου μέσω καλωδίου. Αντίθετα, μέσα στη θήκη του μικροφώνου πρέπει να συμπεριληφθεί και ένας μικρός ενισχυτής τάσης, συνήθως με βαθμίδα εισόδου FET (ή περιστασιακά με λυχνία κενού) που εξασφαλίζει την απαραίτητη πολύ μεγάλη σύνθετη αντίσταση εισόδου. Οι δύο απαιτήσεις, για τροφοδοσία υψηλής τάσης που θα παρέχει την τάση πόλωσης των στοιχείων του πυκνωτή και τροφοδοσία, που να ενεργοποιεί τον προενισχυτή FET, εξηγούν για πιο λόγο τα μικρόφωνα πυκνωτή απαιτούν περισσότερο βοηθητικά εξοπλισμό από ότι τα μικρόφωνα κινητού πηνίου.

Παρόλα αυτά και παρά τα υπόλοιπα μειονεκτήματά τους, όπως είναι η μηχανική ευαισθησία, τα μικρόφωνα πυκνωτή κυριαρχούν στον επαγγελματικό χώρο ηχογραφήσεων εξαιτίας των γενικά ανώτερων ιδιοτήτων τους. Οι επαγγελματικοί μίκτες ηχογραφήσεων προσφέρουν την απαραίτητη ισχύ στα μικρόφωνα πυκνωτή, με τη μορφή κρυφής τροφοδοσίας 48 V που πηγαίνει στο μικρόφωνο μέσω του καλωδίου

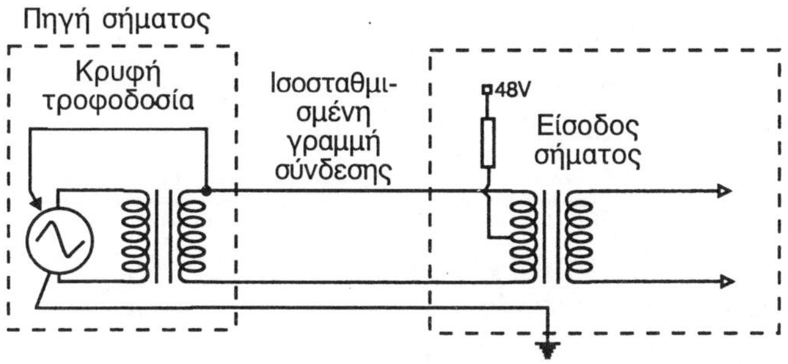

Σχ. 3.4 *Διάταξη κρυφής τροφοδοσίας*

σήματος ξεχωριστά από τα ηλεκτρονικά του σήματος με τη βοήθεια πυκνωτών ή μετασχηματιστών σήματος, όπως φαίνεται στο Σχ. 3.4.

Πρακτικά καρδιοειδή μικρόφωνα

Αν και είναι απόλυτα δυνατή η κατασκευή καρδιοειδούς μικροφώνου χρησιμοποιώντας συνδυασμό μικροφώνου πίεσης και ταχύτητας (και πολλά εμπορικά μικρόφωνα χρησιμοποιούν αυτή την τεχνική), οι πρακτικοί σχεδιαστές καρδιοειδών μικροφώνων τις περισσότερες φορές επιτυγχάνουν μονοκατευθυντική απόκριση με εφαρμογή μιας τεχνικής που είναι γνωστή σαν ακουστική καθυστέρηση. Η μέθοδος αυτή βασίζεται στην άφιξη του ήχου στο πίσω μέρος του διαφράγματος του μικροφώνου μετά την άφιξη του στο εμπρός τμήμα. Οπως φαίνεται στο Σχ. 3.5 αυτό είναι τόσο απλό όσο ένα άνοιγμα στο άκρο του σώματος του μικροφώνου. Αλλες σχεδιάσεις χρησιμοποιούν ακουστικά "παράθυρα" καλυμμένα με υλικό προσεκτικά επιλεγμένης μάζας και συμβατότητας έτσι ώστε να δημιουργείται μια γραμμή ακουστικής καθυστέρησης. Πάντως, σε όλες τις περιπτώσεις η λειτουργία είναι ίδια και αυτό φαίνεται επίσης στο Σχ. 3.5. Στην ουσία, οι ήχοι μεσαίων συχνοτήτων που φτάνουν από εμπρός αντιστρέφονται σε φάση λόγω της διαδρομής τους κατά μήκος του εξωτερικού σώματος και πίσω κατά μήκος του εσωτερικού σώματος του μικροφώνου

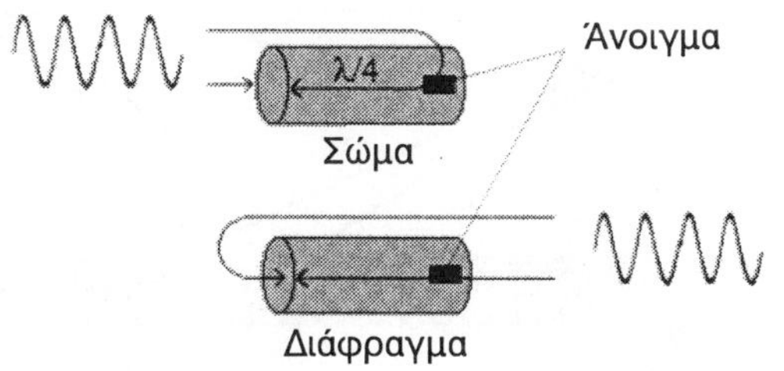

Σχ. 3.5 *Καρδιοειδή μικρόφωνα με καθυστέρηση*

με αποτελέσμα την ενίσχυση του ακουστικού σήματος που εμφανίζεται στο διάφραγμα. Από την άλλη πλευρά, ήχοι μέσων συχνοτήτων που φτάνουν στο μικρόφωνο από την πίσω πλευρά, διανύουν παρόμοιες αποστάσεις προς την εμπρός και πίσω πλευρά του διαφράγματος και έτσι αλληλοαναιρούνται με αποτέλεσμα την ελάχιστη ή μηδενική έξοδο. Μια τέτοια διάταξη δε μπορεί να χρησιμοποιηθεί για να πάρουμε μονοκατευθυντική απόκριση σε υψηλές συχνότητες αλλά, ευτυχώς, η αλληλεπίδραση αυτών των ήχων μικρού μήκους κύματος με τη θήκη του μικροφώνου είναι αρκετή για να πάρουμε κατευθυντική απόκριση σ' αυτήν την περιοχή απόκρισης. Σε χαμηλές συχνότητες, η απόκριση ενός τέτοιου μικροφώνου έχει την τάση να μοιάζει με την απόκριση ενός καθαρού μικροφώνου ταχύτητας.

Μικρόφωνα ζώνης πίεσης (PZM)

Σε πολλές εφαρμογές ηχογράφησης, το μικρόφωνο ηχογράφησης πρέπει, λόγω ανάγκης, να τοποθετηθεί κοντά σε σκληρή επιφάνεια που ανακλά τον ήχο. Δύο κλασσικά παραδείγματα είναι (α) μεγάφωνο που βρίσκεται πάνω σε αναλόγιο και (β) η ηχογράφηση πιάνου που το κάλυμμά του έχει ανασηκωθεί χωρίς όμως να αφαιρεθεί. Στις δυο αυτές περιπτώσεις (αλλά και σε πολλές άλλες), ο ήχος που φτάνει στο μικρόφωνο φτάνει μέσω δύο διαδρομών: απευθείας από την πηγή ήχου και από ανάκλαση από το αναλογίο ή από το κάλυμμα του πιάνου. Αυτό έχει σαν αποτέλεσμα μια σειρά από μέγιστα και ελάχιστα στην απόκριση συχνότητας (που ονομάζεται "χρωματισμός") εξαιτίας του μήκους της δεύτερης διαδρομής που επιλεκτικά είτε ενισχύει είτε αναιρεί τον άμεσο ήχο, ανάλογα με το μήκος κύματος. Στο Σχ. 3.6 φαίνεται αυτό το φαινόμενο και στο Σχ. 3.7 φαίνεται το πλεονέκτημα του μικροφώνου PZM σε μια τέτοια εφαρμογή. Το PZM (Pressure Zone Microphone, Μικρόφωνο Ζώνης Πίεσης) είναι μικρόφωνο σχεδιασμένο με τέτοιο τρόπο ώστε το διάφραγ-

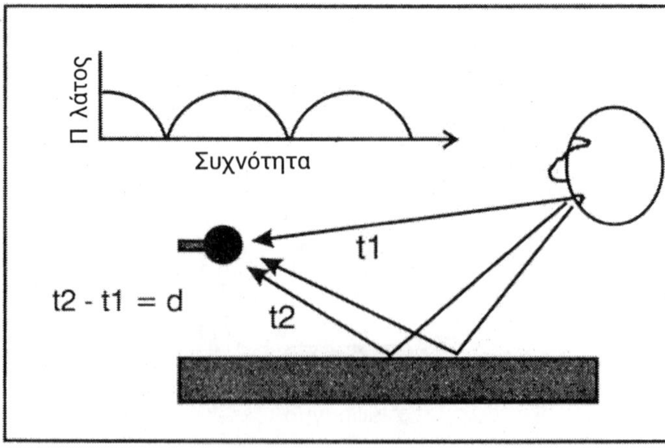

Σχ. 3.6 *Φαινόμενο χρωματισμού με φίλτρο χτένας*

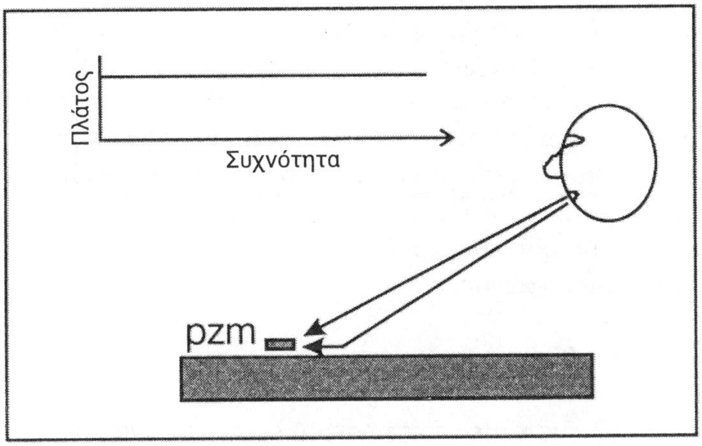

Σχ. 3.7 *Μικρόφωνο PZM σε λειτουργία*

μα ενός μικρού μικροφώνου πυκνωτή να είναι παράλληλο και πολύ κοντά στην επιφάνεια ανάκλασης του ήχου. Η διάταξη αυτή παρουσιάζει πολλά πλεονεκτήματα. Το πρώτο και σημαντικότερο είναι ότι ο απευθείας ήχος και ο ανακλώμενος ήχος δεν ενισχύονται και αναιρούνται εναλλακτικά αλλά, αντίθετα, βρίσκονται σε φάση και κατά συνέπεια ενισχύονται σε όλη την ακουστική ζώνη. Ετσι το PZM εξασφαλίζει μια ομαλή φυσική απόκριση συχνότητας σε μια τέτοια εφαρμογή. Επιπλέον υπάρχει μια αύξηση ευαισθησίας 6 dB, λόγω της σύμφωνης πρόσθεσης απευθείας ήχου και ανακλώμενου ήχου. Στο Σχ. 3.8 φαίνεται ένα μικρόφωνο PZM του εμπορίου.

Μικρόφωνα electret

Μια σημαντική υποκατηγορία του ηλεκτροστατικού μικροφώνου, τα μικρόφωνα

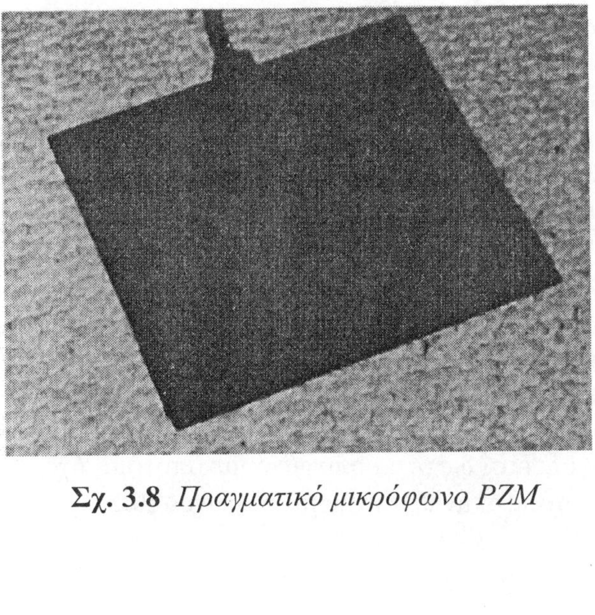

Σχ. 3.8 *Πραγματικό μικρόφωνο PZM*

electret, χρησιμοποιούν ένα πολύ λεπτό πλαστικό διάφραγμα το οποίο υπόκειται κατά την κατασκευή του σε πολύ ισχυρό ηλεκτροστατικό πεδίο και έτσι παραμένει μόνιμα φορτισμένο και με τον τρόπο αυτό προλαμβάνεται η απαίτηση για τάση πόλωσης. Πολλές σύγχρονες εκδοχές αυτού του τύπου, παρά τη χαμηλή τους τιμή, εμφανίζουν απόδοση που πλησιάζει την απόδοση των γνήσιων μικροφώνων πυκνωτή. Πάντως, εξακολουθεί να χρειάζεται προενισχυτής που πρέπει να ενεργοποιηθεί, συνήθως με τη βοήθεια μπαταρίας, η οποία σχεδιάζεται έτσι ώστε να τοποθετείται μέσα στο σώμα του μικροφώνου.

Χρήση μικροφώνου - βασικά θέματα

Η επιλογή μικροφώνου σε κάθε περίπτωση διέπεται από ένα πολύ απλό κανόνα:

> Ενα μικρόφωνο πρέπει να επιλέγεται και να τοποθετείται έτσι ώστε να λαμβάνεται επαρκής στάθμη σήματος από την επιθυμητή ακουστική πηγή, ενώ ταυτόχρονα να εξασφαλίζεται ότι η θέση και η επιλογή του μικροφώνου διαχωρίζουν, όσο το δυνατόν περισσότερο, ανεπιθύμητους θορύβους.

Σε κάθε εφαρμογή που απαιτείται παρουσία μικροφώνου, ισχύει αυτός ο κανόνας, όποια και αν είναι η ηχητική πηγή και ο ανεπιθύμητος ήχος. Για παράδειγμα, ας υποθέσουμε ότι πρόκειται να ηχογραφηθεί ένας αφηγητής μέσα σε μικρό δωμάτιο χωρίς μοκέττες. Σε μια τέτοια περίπτωση απαιτείται πολύ "ξερός" ήχος. Δηλαδή ποιότητα ήχου χωρίς αντήχηση. Στην περίπτωση αυτή, θέλουμε την φωνή του αφηγητή, και όχι τον "ήχο" του δωματίου. Επιπλέον, λόγω της έλλειψης μοκέττας, ίσως το δωμάτιο να έχει μια κούφια ακουστική που κουδουνίζει. Στην περίπτωση αυτή είναι στοιχειώδης η χρήση καρδιοειδούς μικροφώνου, τοποθετημένου κοντά στα χείλη του αφηγητή έτσι ώστε στην κονσόλα μίξης να επιστρέφει ένα επαρκές σήμα και να γίνεται διάκριση από τον ήχο του δωματίου. Οχι όμως τόσο κοντά ώστε οι κροτικοί ήχοι να μπορούν να δημιουργήσουν εκρηκτικό ή απότομο ήχο από το μικρόφωνο. (Κροτικοί ήχοι είναι τα p, b, d και t, που συνοδεύονται από ριπές αέρα καθώς τα χείλη διακόπτουν την σταθερή ροή αέρα από τους πνεύμονες. Κατά την παραγωγή αυτών των ήχων, που είναι γνωστοί σαν φωνητικές παύσεις, ξαναρχίζει απότομα η ροή του αέρα και αυτή η ριπή αέρα, αν επιτραπεί να φτάσει στο διάφραγμα του μικροφώνου, παράγει ένα "απότομο" θόρυβο ευρείας ζώνης.)

Αν, από την άλλη πλευρά, η φωνή που πρόκειται να ηχογραφηθεί είναι η φωνή τραγουδιστή μέσα σε ήσυχο παρεκκλήσι, η επιλογή μικροφώνου θα είναι εντελώς διαφορετική. Στην περίπτωση αυτή ο "ήχος" του ακουστικού περιβάλλοντος είναι ουσιώδης για την απαιτούμενη ποιότητα ήχου. Ετσι επιλέγεται ένα μικρόφωνο που έχει είτε απόκριση σχήματος οκτώ είτε πανκατευθυντική απόκριση. Αν και, για μια ακόμη φορά, ισχύει η πρακτική της τοποθέτησης του μικροφώνου σε κατάλληλη απόσταση λειτουργίας έτσι ώστε να αποφύγουμε απότομο ήχο. Πράγματι, η υιοθέτηση λογικής απόστασης στην θέση του μικροφώνου (0.5 έως 1 μέτρο) βοηθά πολύ στην ελάττωση του δυναμικού πεδίου ενός φωνητικού ήχου. Αν οι αποστάσεις λειτουργίας είναι πολύ μικρότερες από αυτήν, θα βρεθεί ότι ο λόγος των δυνατών φωνητικών τόνων προς τους ήπιους είναι πολύ έντονος, ιδιαίτερα στους ηθοποιούς οι οποίοι εκπαιδεύονται ώστε να διαμορφώνουν την έκφραση της φωνής τους. Αξίζει να σημειωθεί ότι οι τραγουδιστές rock και pop, τείνουν να χρησιμοποιούν μικρότερες αποστάσεις εργασίας έτσι ώστε να πετύχουν ένα πιο οικείο και αισθησιακό φωνητικό στιλ. Η πρακτική αυτή, αν και είναι απόλυτα δικαιολογημένη για καλλιτεχνικούς σκοπούς, παρουσιάζει ένα τυχαίο μειονέκτημα ότι οι δυναμικές αντιθέσεις είναι συχνά τόσο έντονες ώστε το σήμα να μη μπορεί να ηχογραφηθεί επαρκώς και να αναμιχθεί με τις εγγραφές των οργάνων χωρίς τη χρήση ηλεκτρονικού δυναμικού συμπιεστή που αυτόματα ελαττώνει το δυναμικό πεδίο του σήματος του μικροφώνου (Οι δυναμικοί συμπιεστές εξετάζονται στο Κεφάλαιο 6).

Φαινόμενο προσέγγισης ή ανατροπής μπάσσων

Ενα ακόμη πρόβλημα στην εργασία σε μικρές αποστάσεις (μερικές φορές είναι γνωστό σαν μικροφώνηση) είναι το φαινόμενο προσέγγισης ή ανατροπής μπάσσων. Είναι ένα φαινόμενο που έχει σχέση μόνο με κατευθυντικά μικρόφωνα (ταχύτητας ή καρδιοειδή) όταν αυτά χρησιμοποιούνται πολύ κοντά σε ηχητική πηγή όπου, καθώς ελαττώνεται η απόσταση μεταξύ μικροφώνου και πηγής, η αναλογία ήχων μικρών συχνοτήτων διογκώνεται σε σύγκριση με τις μέσες και μεγάλες συχνότητες. Αυτό οφείλεται σε κατάσταση όπου το μικρόφωνο χρησιμοποιείται στο κοντινό πεδίο (όπως περιγράφεται στο προηγούμενο Κεφάλαιο) όπου οι πιέσεις ήχου ίσως να μην είναι ευθέως ανάλογες με την ένταση του ήχου και η ταχύτητα των σωματιδίων των μορίων του αέρα δεν είναι πάντοτε ευθυγραμμισμένη με τη κατεύθυνση διάδοσης του κύματος. Στην περιοχή αυτή, η μετατροπή της ταχύτητας σε κατευθυντικό μικρόφωνο παράγει μια ανώμαλη, μπάσσα ποιότητα ήχου. Μερικές φορές εκμεταλλευόμαστε το φαινόμενο αυτό για καλλιτεχνικούς σκοπούς, αλλά το ίδιο συχνά βελτιώνεται με τη χρήση εξισορρόπησης χαμηλών συχνοτήτων, είτε στην κονσόλα μίξης είτε (αν ο κατασκευαστής έχει προνοήσει για διακόπτη εξασθένησης χαμηλών συχνοτήτων) μέσα στο ίδιο το μικρόφωνο.

Τεχνική μικροφώνου

Το τμήμα αυτό θα μπορούσε να αποτελέσει ένα ολόκληρο βιβλίο από μόνο του, επειδή η λειτουργία επιλογής και τοποθέτησης μικροφώνου, ενώ είναι επιστήμη, είναι επίσης και τέχνη. Με άλλα λόγια δεν υπάρχει απόλυτα σωστός τρόπος μικροφώνησης. Μερικοί από τους πιο μαγευτικούς δίσκους του κόσμου έχουν γίνει επειδή κάποιος μουσικός, κάποιος τεχνικός ή κάποιος παραγωγός είχαν το κουράγιο να παραβούν τους αυθαίρετους κανόνες κάποιου άλλου. Το όνομα του παιγνιδιού είναι πειραματισμός! Ωστόσο, υπάρχουν κάποια λογικά σημεία εκκίνησης και αυτά περιγράφονται παρακάτω. Η πρώτη ερώτηση που ρωτούμε στην ηχογράφηση μιας ομάδας τραγουδιστών και/ή μουσικών είναι "πρέπει να χρησιμοποιήσουμε λίγα ή πολλά μικρόφωνα;" Στην πραγματικότητα, η ερώτηση αυτή έχει απαντηθεί για μας, επειδή οι διάφορες τεχνικές εξασφαλίζουν ολόκληρες μουσικές κατηγορίες. Ανεξάρτητα από αυτά, ένας καλός τεχνικός ηχογράφησης πρέπει πάντα να έχει ανοικτό μυαλό.

Πολλά μικρόφωνα

Στην μουσική pop και rock, όπως και στις περισσότερες ηχογραφήσεις jazz, κάθε όργανο σχεδόν πάντα ηχογραφείται σε ξεχωριστό κανάλι μαγνητικής ταινίας πολλών καναλιών, και το αποτέλεσμα της "μίξης" όλων των οργάνων συνδυάζεται ηλεκτρικά μέσα στον ακουστικό μίκτη και καταγράφεται σε μια βασική (στερεοφωνική) ταινία δυό καναλιών για σκοπούς παραγωγής και αρχειοθέτησης. (Η διεργασία και η πρακτική ηχογράφησης πολλών καναλιών εξετάζεται με λεπτομέρειες στο Κεφάλαιο 12.) Παρόμοια στην περίπτωση ενίσχυσης του ήχου για μουσική rock και pop και συναυλίες jazz, κάθε συμμετέχων μουσικός μικροφωνείται ξεχωριστά και ο συνολικός ήχος μιγνύεται ηλεκτρικά. Σε κάθε περίπτωση, ο τεχνικός ηχογράφησης ή ισορρόπησης πρέπει να κάνει πολλές αισθητικές κρίσεις κατά την διεργασία της ηχογράφησης. Το κύριο του καθήκον είναι να κρίνει και να ρυθμίζει κάθε όργανο εξασθένησης απολαβής καναλιού και κατά συνέπεια την στάθμη κάθε συμμετέχοντα μέσα στη μίξη.

Ενα επιπλέον καθήκον, κατά την εκτέλεση στερεοφωνικής μίξης, είναι η δημιουργία στερεοφωνικής εικόνας ή μορφής με έλεγχο της σχετικής συνεισφοράς κάθε καναλιού εισόδου στους δύο στερεοφωνικούς ενισχυτές μίξης. Στις περιπτώσεις τόσο της μίξης πολλών καναλιών όσο και της μίξης πολλών μικροφώνων, η φαινόμενη θέση κάθε μουσικού στη στερεοφωνική εικόνα (μορφή) ελέγχεται με ένα ειδικό στερεοφωνικό πανοραμικό ποτενσιόμετρο, που σε σύντμηση ονομάζεται panpot. Οπως θα δούμε σε επόμενα Κεφάλαια, η στερεοφωνική αναπαραγωγή από μεγάφωνα απαιτεί ότι σε κάθε μια από αυτές τις περιπτώσεις η στερεοφωνική πληροφορία θα μεταφέρεται μόνο με διαφορές έντασης μεταξύ καναλιών, χωρίς να υπάρχει απαίτηση για διαφορές καθυστέρησης μεταξύ καναλιών. Κατά συνέπεια ο έλεγχος με panpot σταδιακά εξασθενεί ένα κανάλι ενώ σταδιακά δυναμώνει το άλλο, καθώς περιστρέφεται το πλήκτρο ρύθμισης, αφού η είσοδος διαμοιράζεται εξίσου στα δύο κανάλια όταν το πλήκτρο είναι στο κέντρο του.

Λίγα μικρόφωνα

Επειδή οι μουσικοί και οι παραγωγοί μουσικής rock εκτιμούν πολύ τη δημιουργία εντελώς τεχνητών (συνθετικών) ηχητικών κόσμων, προτιμάται η τεχνική με πολλά μικρόφωνα. Από την άλλη πλευρά, σε ηχογράφηση κλασσικής μουσικής, ενώ στην θεωρία είναι δυνατή η μικροφώνηση κάθε οργάνου της ορχήστρας και στη συνέχεια, με συνδυασμό ρυθμίσεων πολλών καναλιών και ηλεκτρονικών ρυθμίσεων, να δημιουργήσουμε μια στερεοφωνική εικόνα της ορχήστρας, αυτό συνήθως δε γίνεται, εν μέρει επειδή η τεχνική αυτή είναι πολυέξοδη και πολύπλοκη και εν μέρει επειδή αυτή η τεχνική "με πολλά μικρόφωνα" δεν ευνοείται από τους κριτικούς κλασσικής μουσικής, από τους οποίους όλοι συμφωνούν ότι δεν πετυχαίνει στο να προσφέρει αξιόπιστη απόδοση της πραγματικής εμπειρίας της ορχήστρας. Εξαίρεση αποτελεί η ηχογράφηση ορχήστρας για κινηματογραφικές ταινίες που συχνά υιοθετούν αυτή την τεχνική για να δημιουργήσουν έναν ήχο ορχήστρας "μεγαλύτερο από τη ζωή". Είναι φανερό ότι ορισμένες καταστάσεις διαχείρισης μετριάζουν τη χρήση της τεχνικής πολλών μικροφώνων. Δε χρειάζεται να ειπωθεί ότι η τεχνική αυτή δε θα λειτουργεί σε ηχογράφηση χωρωδίας! Σαν αποτέλεσμα, οι περισσότερες ηχογραφήσεις ορχηστρών και χωρωδιών εξαρτώνται σχεδόν αποκλειστικά από την εφαρμογή απλών ή "καθαρών" τεχνικών μικροφώνου όπου το μεγαλύτερο μέρος του σήματος που αποτυπώνεται στην κύρια ταινία προέρχεται από μόλις δύο (ή ίσως τρία) μικρόφωνα. Οσο και να φαίνεται απίθανο δεν υπάρχουν σταθεροί κανόνες για τον τρόπο διάταξης αυτών των κύριων μικροφώνων, αν και με τα χρόνια έχει αναπτυχθεί μερικές δημοφιλείς διευθετήσεις.

Σε κάποια έκταση, ο τρόπος διευθέτησης των μικροφώνων δίνει ορισμένο χαρακτήρα στον ήχο. Κάποτε προδίδει το "στυλ της εταιρίας". Για παράδειγμα η Deutsche Grammophon σήμερα χρησιμοποιεί δύο μικρόφωνα ζώνης πίεσης κολλημένα με αυτοκόλλητη ταινία σε πελώρια φύλλα από perspex (μια διάταξη που ουσιαστικά είναι ίδια με τα πανκατευθυντικά μικρόφωνα σε μεγάλη απόσταση μεταξύ τους που είναι πολύ αγαπητά σε Αμερικάνικες εταιρίες ηχογράφησης). Η τεχνική αυτή φαίνεται στο Σχ. 3.9. Κάθε πανκατευθυντικό μικρόφωνο (μικρόφωνο πίεσης) μετατρέπει μόνο είτε το σήμα του αριστερού είτε το σήμα του δεξιού καναλιού. Ας σημειωθεί ακόμη ότι η τεχνική αυτή προσδιορίζει τη θέση ενός συγκεκριμένου μουσικού μέσω των διαφορών χρόνου μεταξύ των σημάτων που φτάνουν στα μικρόφωνα.

Οι Βρετανικές δισκογραφικές εταιρίες έχουν αναπτύξει και αυτές τις δικές τους

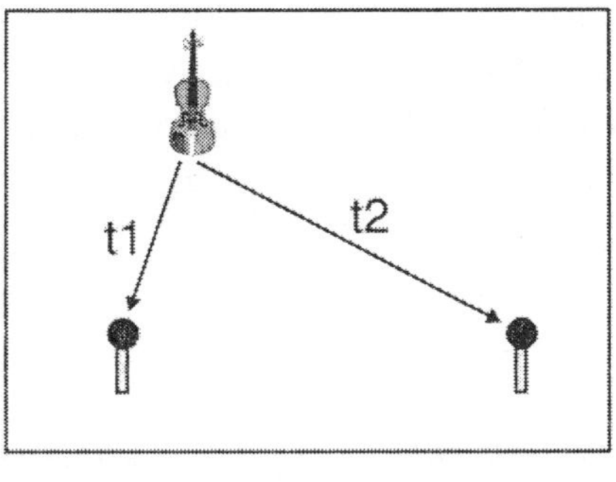

Σχ. 3.9 *Τεχνική πανκατευθυντικών μικροφώνων σε μεγάλη απόσταση*

διατάξεις και άρα και το στύλ των οίκων τους. Η Decca πρωτοπόρησε με το διάσημο Decca Tree, ενώ το BBC προσκολλήθηκε σχεδόν αποκλειστικά στα συμπίμπτοντα διασταυρούμενα ζεύγη (που μερικές φορές αναφέρονται σαν Blumlein stereo και φαίνονται στο Σχ. 3.10) σχεδόν μέχρι πρόσφατα. Αλλες εταιρίες, όπως πχ η Philips, χρησιμοποιούν συνδυασμό τεχνικών. Ας σημειωθεί ότι η τεχνική μικροφώνων σύμπτωσης κωδικοποιεί πληροφορίες θέσης μέσω κατευθυντικών μικροφώνων υπό γωνία που συλλαμβάνουν διαφορές έντασης αντί χρονικές διαφορές.

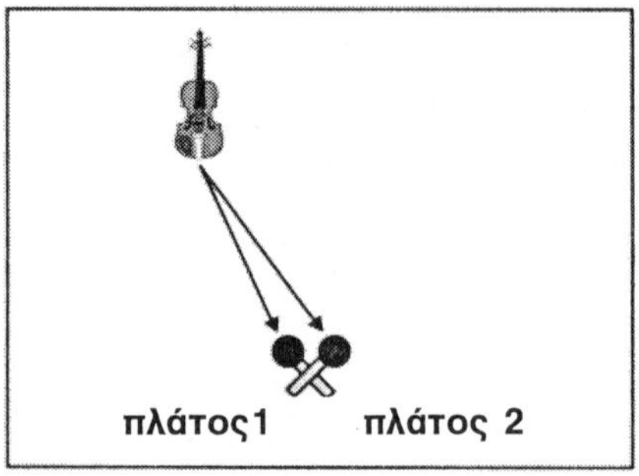

Σχ. 3.10 *Τεχνική μικροφώνων σύμπτωσης*

Το πρόβλημα με όλες αυτές τις διατάξεις μικροφώνων είναι ότι κάθε μια από αυτές αποτυγχάνει (με διάφορους τρόπους) να δώσει μιας απόλυτα ικανοποιητική απόδοση του ηχητικού πεδίου μέσα στο οποίο βρίσκονται τα μικρόφωνα όταν τα σήματα παίζονται από τα μεγάφωνα. Για παράδειγμα, η τεχνική διασταυρούμενων ζευγών ίσως παράγει την καθαρότερη εικόνα του χώρου, όμως πολλοί τεχνικοί ηχογραφήσεων προτιμούν τον λιγότερο ακριβή, αλλά περισσότερο φυσικό, ήχο των μικροφώνων σε απόσταση. Δυστυχώς, μέχρι πρόσφατα, φαίνονταν αναπόφευκτος ένας συμβιβασμός. Στην πορεία παραγωγής μιας οξείας και καλά προσδιορισμένης στερεοφωνικής εικόνας, τα μικρόφωνα σύμπτωσης απορρίπτουν τις χρονικές διαφορές που κάνουν τόσο πολλά για να μεταφέρουν στον ακροατή την ευχάριστη αίσθηση του χώρου που είναι αισθητή όταν χρησιμοποιούνται μικρόφωνα σε απόσταση, αν και οι διατάξεις σε απόσταση αποτυγχάνουν να δώσουν μια πλήρως εστιασμένη στερεοφωνική εικόνα. Ωστόσο, πρόσφατα έχουν αναπτυχθεί νέες τεχνικές μικροφώνων που έχουν σκοπό να συνδυάσουν τις αρετές των μικροφώνων σύμπτωσης και των μικροφώνων σε απόσταση (Brice 1997).

Βιβλιογραφία

Brice, R. (1997) *Multimedia and Virtual Reality Engineering. Newnes.*

ΚΕΦΑΛΑΙΟ 4

Τεχνολογία λυχνιών

Τι είναι ο "ήχος λυχνίας";

Το παγκόσμιο εμπόριο της βιομηχανίας λυχνιών υπολογίζεται στα 3 δις δολλάρια ΗΠΑ τον χρόνο, με τις περισσότερες εφαρμογές στον ακουστικό τομέα. Για ποιό λόγο, όμως, οι λυχνίες επιστρέφουν; Πολλοί πιστεύουν ότι η ψηφιακή μουσική παραγωγή και ηχογράφηση έχουν κάποια "στειρότητα" και η ενσωμάτωση κυκλωμάτων λυχνιών στην αλυσσίδα ηχογράφησης βοηθάει στον περιορισμό αυτής της ανεπιθύμητης ιδιότητας. Βέβαια, οι ιδιαιτερότητες του εξοπλισμού και των κυκλωμάτων λυχνιών ίσως επηρεάζουν τον τόνο του αναπαραγόμενου ήχου, είναι απαραίτητο, όμως, να λάβουμε υπόψη τη διάκριση, που είδαμε στο Κεφάλαιο 2, σχετικά με τις διαφορές μεταξύ ηλεκτρονικών συστημάτων μουσικής και εγγραφής / αναπαραγωγής. Ομως, χωρίς περιστροφές και παρά την διαδεδομένη λαϊκή πίστη για το αντίθετο, είναι εξαιρετικά απίθανο οι λυχνίες να φανερώσουν με μαγικό τρόπο λεπτομέρειες στη μουσική που κρύβονται από μυστηριώδης και μέχρι σήμερα κρυφούς μηχανισμούς παραμόρφωσης που υπάρχουν από την φύση τους στα ηλεκτρονικά κυκλώματα στερεάς κατάστασης. Μπορούμε, ωστόσο, να πούμε με βεβαιότητα, και ας μας το συγχωρέσει η ηλεκτροτεχνική επιστήμη, ότι οι λυχνίες εμφανίζουν μερικές ιδιότητες που ίσως (κάτω από ορισμένες ευνοϊκές περιστάσεις) αποδίδουν καλύτερα από κακοσχεδιασμένες ημιαγωγικές συσκευές ή με τρόπο που να ωραιοποιεί ή να δοξάζει τον αναπαραγόμενο ήχο.

Αρμονική παραμόρφωση

Η πρώτη, και πιο φανερή, ιδιαιτερότητα των κυκλωμάτων λυχνιών είναι η, από κατασκευής, μη γραμμικότητά τους. Σε εφαρμογές όπως οι ενισχυτές, το γεγονός αυτό είναι σχεδόν πλεονέκτημα, προσθέτοντας πλούτο και λαμπρότητα στον ήχο όπως τον αντιλαμβανόμαστε. Ενας απλός ενισχυτής τριόδου έχει καμπύλη χαρακτηριστική μεταφοράς, όπως αυτή που φαίνεται στο Σχ. 4.1.

Χαρακτηριστική μεταφοράς είναι ο όρος που δίνεται σε γραφική παράσταση που δίνει με λεπτομέρειες τη σχέση τάσης εισόδου με τάση εξόδου. Συνήθως ο άξονας X παριστάνει την είσοδο και ο άξονας Y παριστάνει την έξοδο. Ετσι, σύμφωνα με το Σχ. 4.1, μια συγκεκριμένη τάση a στην είσοδο έχει αποτέλεσμα μια άλλη τάση b στην έξοδο της ηλεκτρονικής συσκευής ή κυκλώματος. Ομοια, η τάση εισόδου c έχει αποτέλεσμα την τάση εξόδου d. Εχει μεγάλη σημασία να προσέξουμε ότι στην

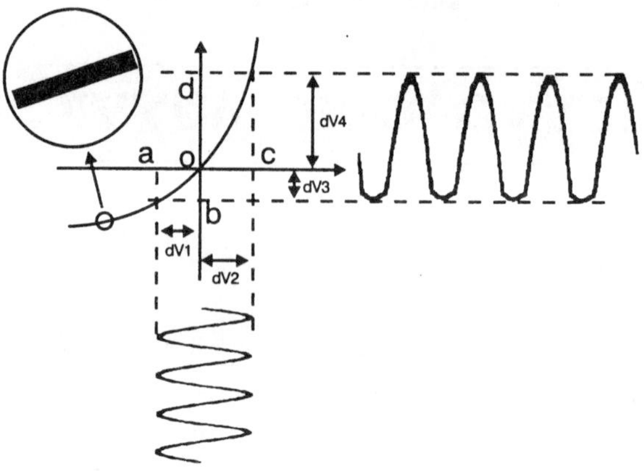

Σχ. 4.1 *Χαρακτηριστική μεταφοράς ενισχυτή με τρίοδο.*

βαθμίδα της τριόδου, ο λόγος dV_1/dV_2 δεν είναι ίδιος με τον λόγο dV_3/dV_4. Αυτό είναι και ο επίσημος ορισμός της παραμόρφωσης πλάτους σε όλα τα ηλεκτρονικά συστήματα και στο σχήμα φαίνεται η επίδραση που έχει η μη γραμμικότητα πάνω στην ημιτονοειδή κυματομορφή εισόδου.

Η χαρακτηριστική μεταφοράς της τριόδου οδηγεί στην δημιουργία μιας ομάδας άρτιων αρμονικών με γρήγορα ελαττούμενη ένταση, δηλ. κάποια τιμή της δεύτερης αρμονικής, μικρή τέταρτη, πολύ μικρή όγδοη κοκ. Αν θυμηθούμε αυτά που βρήκε ο Fourier, η παρουσία αυτών των νέων αρμονικών προκαλεί την αλλαγή της κυματομορφής όπως φαίνεται στο Σχ. 2.2. Από το Σχ. 2.7 του Κεφαλαίου 2, όλοι οι άρτιοι αρμονικοί είναι σύμφωνοι. Ετσι το αποτέλεσμα της τριόδου είναι "ήπια" μουσικότητα.

Η πέντοδος, από την άλλη πλευρά, έχει χαρακτηριστική μεταφοράς στην οποία η σε μεγάλο τμήμα γραμμική χαρακτηριστική τερματίζεται απότομα σε μη γραμμική περιοχή. Η διαφορά αυτή δεν είναι η αιτία για την οποία στην ενίσχυση υψηλής ποιότητας προτιμούνται οι τρίοδοι (όπου επιλέγονται επειδή έχουν λιγότερο θόρυβο), αλλά ίσως σ' αυτή οφείλεται η προτίμηση που έχουν οι κιθαρίστες για τις τριόδους στις βαθμίδες προενίσχυσης ενισχυτών κιθάρας όπου η μάλλον αργή μετάβαση της τριόδου σε υπερφόρτιση δίνει την δυνατότητα στον κιθαρίστα να εξερευνεί μια μεγαλύτερη περιοχή ακουστικών και εκφραστικών δυνατοτήτων στις μεταβολές της χροιάς που προκαλούνται από ευαίσθητη μέχρι δυνατή τεχνική τεντώματος της χορδής.

Ενώ η αρμονική παραμόρφωση ίσως έχει ορισμένα ειδικά πλεονεκτήματα σε μουσικές εφαρμογές, είναι απίθανο η προτίμηση σε λυχνίες σε εφαρμογές εγγραφής και αναπαραγωγής (εποπτείας ή hi-fi) να οφείλεται στη μη γραμμικότητα. Η μη γραμμική παραμόρφωση σύνθετων κυματομορφών έχει αποτέλεσμα την παραγωγή πλήθους μη αρμονικών συνιστωσών παραμόρφωσης που είναι γνωστές σαν παραμόρφωση ενδοδιαμόρφωσης η οποία, χωρίς εξαίρεση, ακούγεται δυσάρεστα, προσθέτοντας "θόλωμα" στο συνολικό ήχο.

Παραμόρφωση ενδοδιαμόρφωσης

Η παραμόρφωση ενδοδιαμόρφωσης οφείλεται και στην παρουσία περιπτώσεων μη γραμμικότητας σε ηλεκτρονικό σύστημα.[1] Ας πάρουμε για παράδειγμα τη χαρακτηριστική μεταφοράς της τριόδου που φαίνεται στο Σχ. 4.1. Η χαρακτηριστική αυτή είναι καμπύλη πράγμα που, για όσους γνωρίζουν μαθηματικά, δείχνει κάποια σχέση με δυνάμεις. Με απλά λόγια, μια σχέση με δυνάμεις είναι μια σχέση που δεν συνδέει μιά ομάδα τιμών (τάση εισόδου) με μια άλλη (τάση εξόδου) με μιά σταθερά η οποία θα έδινε γραμμική συσχέτιση, και με την ευκαιρία έναν ενισχυτή χωρίς παραμόρφωση, αλλά μια συνάρτηση που αποτελείται και από μια σταθερά και από ένα συντελεστή πολλαπλασιασμού που έχει σχέση με τον εαυτό του. Με διαφορετικό τρόπο, όχι έτσι:

$$E_0 = kE_i$$

όπου E_0 είναι η τάση εξόδου και E_i η τάση εισόδου, αλλά έτσι:

$$E_0 = kE_i^p$$

Στο σημείο αυτό η κρίσιμη έννοια είναι ο πολλαπλασιασμός. Η όρος με την δύναμη *p* στην παραπάνω έκφραση δείχνει ότι η E_i πολλαπλασιάζεται κάποιες φορές επί τον εαυτό της και, όπως γνωρίζουμε από το Κεφάλαιο 2, όταν πολλαπλασιάζονται δύο ημιτονοειδή κύματα έχουμε συχνότητες αθροισμάτων και διαφορών. Λέμε ότι οι δύο συχνότητες *ενδοδιαμορφώνονται* μεταξύ τους. Αν φανταστούμε ότι συνδέουμε ένα σήμα εισόδου που αποτελείται από δύο ημιτονοειδή κύματα σε ενισχυτή με μια τέτοια χαρακτηριστική, το αποτέλεσμα θα δείχνει την δημιουργία επιπλέον τόνων στην συχνότητα του αθροίσματος ($\sin A + \sin B$) και στην συχνότητα της διαφοράς ($\sin A - \sin B$). Αν θεωρήσουμε την απλή περίπτωση στην οποία δύο τέλειοι ημιτονοειδείς τόνοι που απέχουν μια μεγάλη τρίτη εφαρμοστούν σε ενισχυτή με χαρακτηριστική δευτέρου βαθμού, από τον Πίνακα 2.3 του Κεφαλαίου 2 βλέπουμε ότι είναι δυνατό να υπολογίσουμε ότι αυτό θα έχει σαν αποτέλεσμα δύο προϊόντα ενδοδιαμόρφωσης: πρώτο, μια μεγάλη ενάτη πάνω από τη ρίζα και δεύτερο, μια άλλη ενάτη δύο οκτάβες κάτω από τη ρίζα. Αυτό έχει σαν αποτέλεσμα την συγχορδία που φαίνεται στο Σχ. 4.2. Αν τώρα το φανταστούμε αυτό σε κάθε νότα μέσα σ' ένα

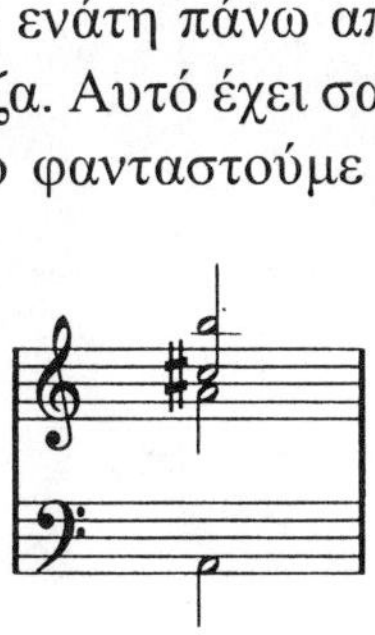

Σχ. 4.2

μουσικό ήχο και την αλληλεπίδραση με κάθε αρμονικό με κάθε τόνο και αρμονικό μέσα σ' αυτόν τον ήχο, τότε είναι σχεδόν φανερό ότι η παραμόρφωση δεν είναι ο πιθανός ύποπτος στην αναζήτηση της ηχητικής ευλογίας που εισάγεται με τον εξοπλισμό λυχνιών.

Περιθώρια

Ενα πλεονέκτημα που συνήθως προσφέρει ο εξοπλισμός με λυχνίες σε εφαρμογές υψηλής ποιότητας είναι η πολύ μεγάλη ισχύς. Ισως αυτό εξηγεί την αναβίωσή τους σε σχεδιάσεις προενισχυτών μικροφώνων που πρέπει να έχουν δυνατότητες πολύ μεγάλων ακουστικών ενεργειών, για παράδειγμα σε μικροφώνηση από μικρή απόσταση από θορυβώδεις τραγουδιστές ή σαξοφωνίστες, παρά τα τεχνικά προβλήματα που παρουσιάζει κάτι τέτοιο (στο Σχ. 4.3, όπου έχουμε ένα όμορφο σύγχρονο μικρόφωνο της Sony με λυχνίες στην διαδρομή του σήματος και ημιαγωγική τεχνολογία με την μορφή τεχνολογίας αντλίας θερμότητας Peltier, έτσι ώστε η μονάδα να διατηρείται ψυχρή και να εξασφαλίζεται απόδοση με μικρό θόρυβο). Από τεχνικής πλευράς οι ενισχυτές μικροφώνου με λυχνίες παρουσιάζουν πολλά κοινά με τον

Σχ. 4.3 *Μικρόφωνο C-800G της Sony*

ακουστικό προενισχυτή που φαίνεται στο Σχ. 4.10. (Η δικαιολογία ενός τέτοιου σχεδιασμού με λυχνίες είναι η ικανότητα χειρισμού σημάτων με μεγάλα μέγιστα.) Αλλά ακόμη και στην περίπτωση αυτή τα "πλεονεκτήματα" των λυχνιών είναι η περίπτωση "σύννεφου με ασημένιο περίγραμμα" επειδή οι λυχνίες μπορούν να χειριστούν σήματα με πολύ μεγάλα μέγιστα επειδή έχουν μεγάλη μη γραμμικότητα. Αυτό φαίνεται και από το Σχ. 4.1, στο μεγεθυμένο τμήμα της καμπύλης χαρακτηριστικής μεταφοράς ενισχυτή με τριόδο. Το μεγεθυμένο τμήμα είναι κατά προσέγγιση ευθεία γραμμή, δηλ. η ιδιότητα που χρειάζεται για ακριβή και χωρίς παραμορφώσεις λειτουργία. Δείχνει ότι για να έχουμε γραμμική λειτουργία λυχνίας, αυτή πρέπει να λειτουργεί σε ένα πολύ μικρό τμήμα της συνολικής χαρακτηριστικής της, και με τον τρόπο αυτό παρέχοντας (σχεδόν μόνη της) τεράστιο περιθώριο υπερφόρτισης.

Αλληλεπίδραση με μεγάφωνα

Μια ιδιότητα όλων των ενισχυτών ισχύος με λυχνίες (υψηλής ποιότητας και οργάνων) είναι ο μικρός βαθμός αρνητικής ανάδρασης. Ιδιαίτερα όταν γίνεται σύγκριση με σχεδιάσεις στερεάς κατάστασης. Οι ενισχυτές οργάνων, ιδιαίτερα, χρειάζονται πολύ μικρή συνολική ανάδραση ή και καθόλου. Επειδή το σήμα σε ενισχυτή με λυχνίες προέρχεται από το κύκλωμα ανόδου που έχει μεγάλη σύνθετη αντίσταση, ακόμη και η δράση του μετασχηματιστή εξόδου ισχύος[2] δεν αποτρέπει τους ενισχυτές με λυχνίες από το να έχουν σχετικά μεγάλη σύνθετη αντίσταση εξόδου. Το γεγονός αυτό παράγει, σε αλληλεπίδραση με το μηχανισμό του μεγαφώνου, μερικές ευχάριστες ηχητικές ιδιότητες που βεβαίως ωφελούν τον μουσικό που παίζει όργανο και οδηγούν σε ένα εύφωνη και ευχάριστη (αν και όχι ακριβή) απόκριση με υψηλής ποιότητας αποτέλεσμα.

Στο προηγούμενο κεφάλαιο αναφέραμε ότι τα μικρόφωνα και μεγάφωνα κινητού πηνίου λειτουργούν σύμφωνα με τις ίδιες αρχές που εφαρμόζονται αντίστροφα. Ετσι, στο εσωτερικό του μικροφώνου ένα πηνίο, όταν αναγκαστεί να κινηθεί μέσα σε ηλεκτρικό πεδίο από τα ηχητικά κύματα που πέφτουν πάνω του, δημιουργεί ένα μικρό ηλεκτρικό ρεύμα. Αντίστοιχα, στο μεγάφωνο, όταν ένα ακουστικό σήμα περάσει από το πηνίο, τα ηχητικά κύματα παράγονται από την διέγερση διαφράγματος που συνδέεται με πηνίο που βρίσκεται μέσα σε μαγνητικό πεδίο. Δεν πρέπει λοιπόν να αποτελέσει έκπληξη το γεγονός ότι μεγάφωνο, που διεγείρεται σε κίνηση, παράγει μια τάση στα άκρα του πηνίου οδήγησης. Μια από τις λειτουργίες τέλειου ενισχυτή ισχύος είναι ότι απορροφά αυτή την τάση (γνωστή σαν ΑΗΕΔ). Αν ο ενισχυτής κάνει κάτι τέτοιο αναγκάζει το ρεύμα που οφείλεται στην ΑΗΕΔ να επανακυκλοφορήσει μέσα στο πηνίο και αυτό αποσβένει οποιαδήποτε επόμενη κίνηση που το πηνίο θα προσπαθήσει να κάνει. Από την άλλη πλευρά, ένας ενισχυτής με λυχνίες, ιδιαίτερα ενισχυτής με μικρή αρνητική ανάδραση, έχει σχετικά μεγάλη σύνθετη αντίσταση εξόδου και γι' αυτό αποτυγχάνει να αποσβένει την φυσική κίνηση μεγαφώνου μετά από σύντομο παλμό διέγερσης. Το φαινόμενο αυτό φαίνεται στο

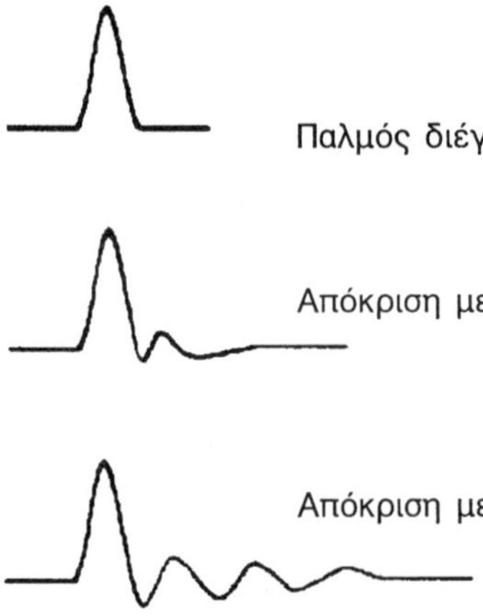

Σχ. 4.4 Απόσβεση μεγαφώνων

Σχ. 4.4. Επειδή πάντοτε η φυσική κίνηση του μεγαφώνου είναι στην συχνότητα συντονισμού του, που είναι πάντοτε πολύ μικρή, το αποτέλεσμα που αντιλαμβανόμαστε από ανεπαρκή απόσβεση είναι περισσότερα μπάσσα, που όμως είναι χωρίς "συντονισμό"! Σε μικρά δωμάτια, όπου δεν ευνοούνται οι χαμηλές συχνότητες και με μικρά μεγάφωνα το φαινόμενο αυτό μπορεί να οδηγήσει σε τεχνητά διογκωμένη απόκριση μπάσσων, πράγμα που μπορεί να είναι και επιθυμητό από ορισμένους.

Μείωση της παραμόρφωσης μεγαφώνου

Μια άλλη συνέπεια της μεγάλης σύνθετης αντίστασης εξόδου ενισχυτή με λυχνίες και ίσως το πλησιέστερο φαινόμενο μέχρι σήμερα σε ένα μυστήριο μηχανισμό παραμόρφωσης σε ημιαγωγούς, είναι η ελάττωση της παραμόρφωσης πλάτους σε μεγάφωνα μέσων συχνοτήτων. Αυτό οφείλεται στην αποσύνδεση της εξάρτησης της ταχύτητας κώνου από τις μεταβολές του μαγνητικού κυκλώματος και της συνολικής σύνθετης ηλεκτρικής αντίστασης. Στη σχέση της ταχύτητας κώνου με την τάση εξόδου του ενισχυτή αυτοί οι όροι υπάρχουν (και καθορίζονται από τη θέση του κώνου). Δεν υπάρχουν όμως στην σχέση ρεύματος εξόδου με την ταχύτητα κώνου. Κατά συνέπεια, η σχετικά μεγάλη σύνθετη αντίσταση εξόδου των ενισχυτών με λυχνίες παρουσιάζει κάποια πλεονεκτήματα με την εξασφάλιση ελάττωσης της αρμονικής παραμόρφωσης και της παραμόρφωσης ενδοδιοαμόρφωσης.

Θεωρία λυχνιών

Το φαινόμενο Edison

Οι ηλεκτρονικοί μουσικοί και οι τεχνικοί ήχου θεωρούν ότι ο Thomas Alva Edison είναι ο ιδιαίτερος "προστάτης άγιός " τους. Αυτό δεν δικαιολογείται επειδή ο Edison, που ίσως ήταν ο μεγαλύτερος εφευρέτης στην ιστορία, άλλαξε τη ζωή των ανθρώπων με τόσους πολλούς τρόπους, που αν τον περιορίσουμε στην μουσική και στον ήχο δεν θα λαμβάναμε υπόψη όλα τα άλλα επιτεύγματά του. Μεταξύ άλλων ο ηλεκτρικός φωτισμός, το σύγχρονο τηλέφωνο, η γραφομηχανή, η κινούμενη εικόνα, καθώς και η πατρότητα της σύγχρονης βιομηχανικής έρευνας ! Και όμως, ο Edison παραμέλησε να κάνει αίτηση για την ευρεσιτεχνία της ηλεκτρονικής διόδου λυχνίας και έτσι δεν καρπώθηκε τα πλεονεκτημάτα της πρώτης ηλεκτρονικής μάλλον, παρά ηλεκτρικής, ανακάλυψης. Το γεγονός γίνεται ακόμη περισσότερο εκπληκτικό με το ότι στην δεκαετία του 1880 πειραματίστηκε με λυχνία κενού δύο ακροδεκτών που σχηματιζόταν αν έθετε μια επιπλέον πλάκα στο επάνω τμήμα μιας λυχνίας φωτισμού, όπου το νήμα ήταν η κάθοδος και η πλάκα η άνοδος (στην Αμερική η άνοδος εξακολουθεί να ονομάζεται πλάκα). Ο Edison έκανε την βαθυστόχαστη παρατήρηση, σε μια τέτοια διάταξη, ότι το συμβατικό ρεύμα είχε κίνηση προς τη μια μόνο κατεύθυνση, προς την κάθοδο. Ωστόσο, και ίσως επειδή μέχρι τότε δεν είχε προταθεί ο μηχανισμός που το να δικαιολογεί (το ηλεκτρόνιο ανακαλύφθηκε το 1899), ο Edison δεν αντιλήφθηκε τι εφαρμογές θα μπορούσε να έχει ένα τέτοιο φαινόμενο.

Η εφεύρεση της διόδου

Λέγεται ότι ο Edison δε συγχώρησε ποτέ στον εαυτό του ότι δεν έδωσε σημασία, το 1904, στο όραμα που είδε ο J.A Flemming. Οτι δηλαδή το φαινόμενο που αυτός είχε παρατηρήσει είχε εμπορική εφαρμογή στην ανίχνευση των ασύρματων κυμάτων. Ο Flemming, στηριζόμενος στην ανακάλυψη του ηλεκτρονίου από τον J.J. Thompson το 1899, είδε τις δυνατότητες (στηριζόμενος σε υδραυλικά και αέρια αντίστοιχα) μιας "ηλεκτρονικής βαλβίδας" η οποία επέτρεπε την διέλευση του ρεύματος προς μια κατεύθυνση ενώ δεν επέτρεπε την ροή του προς την άλλη. Διεπίστωσε ότι η "βαλβίδα" του είχε εφαρμογή στους πρώτους ασυρμάτους, όπου οι πειραματικοί ερευνητές πάσχιζαν να ανακαλύψουν κάτι που θα αντιδρούσε στα πολύ μικρά εναλλασσόμενα δυναμικά που παράγονται στον δέκτη των ασυρμάτων κυμάτων. Η λυχία του Flemming επιτρέποντας τη ροή του ηλεκτρικού ρεύματος προς τη μία μόνο κατεύθυνση, παρήγε έξοδο DC από είσοδο ραδιοσυχνότητας AC, ενεργώντας έτσι σαν "ενδείκτης" ραδιοκυμάτων, αυτό που σήμερα ονομάζουμε φωρατή (ανιχνευτή).

Η εφεύρεση της τριόδου λυχνίας

Το 1907, ο Dr Lee de Forest πήρε ένα δίπλωμα ευρεσιτεχνίας στην Αμερική για μια λυχνία παρόμοια με τη λυχνία του Flemming, που όμως είχε και ένα τρίτο ηλεκτρόδιο, που αποτελούνταν από συρμάτινο πλέγμα τοποθετημένο μεταξύ ανόδου και καθόδου. Ο de Forest παρατήρησε ότι το δυναμικό αυτού του πλέγματος είχε αρκετά ισχυρό έλεγχο στο ανοδικό ρεύμα και, επιπλέον, είδε ότι το φαινόμενο αυτό αύξανε τρομακτικά τις δυνατότητες της λυχνίας επειδή μπορούσε να λειτουργεί σαν ανϊχνευτής και, το κυριώτερο, σαν ενισχυτής, και τέλος σαν γεννήτρια ταλαντώσεων ή ταλαντωτής. Με ποιό ακριβώς τρόπο, λοιπόν, λειτουργεί η τρίοδη λυχνία;

Θερμιονική εκπομπή και η θεωρία των ηλεκτρονικών λυχνιών

Η σύγχρονη θερμιονική τρίοδος λυχνία είναι μια ενισχυτική συσκευή με τρία ηλεκτρόδια, παρόμοια, τουλάχιστον στην λειτουργία, με το τρανζίστορ (βλ. Σχ. 4.5). Εξωτερικά η λυχνία αποτελείται από γυάλινο περίβλημα από το οποίο έχει αφαιρεθεί ο αέρας. Κάθε ηλεκτρόδιο αποτελείται από μέταλλο, και έτσι το καθένα είναι καλός αγωγός του ηλεκτρισμού. Στους ηλεκτρικούς αγωγούς όλα τα ελεύθερα ηλεκτρόνια κινούνται τυχαία. Οταν η λυχνία ενεργοποιηθεί, ένα από τα ηλεκτρόδια, η κάθοδος, θερμαίνεται (με τη βοήθεια αποκλειστικού θερμαντικού στοιχείου που πρέπει να έχει ιδιαίτερη τροφοδοσία) σε σημείο που αυτή η τυχαία κίνηση των ηλεκτρονίων να είναι αρκετά έντονη έτσι ώστε μερικά από αυτά να εγκαταλείπουν την επιφάνεια του μετάλλου. Το φαινόμενο αυτό είναι γνωστό σαν θερμιονική εκπομπή. Αν δεν υπάρχει εξωτερικό πεδίο που να επιδρά σε αυτά τα ηλεκτρόνια που έχουν διαφύγει, αυτά επιστρέφουν στην κάθοδο. Αν, όμως, κάποιο άλλο ηλεκτρόδιο

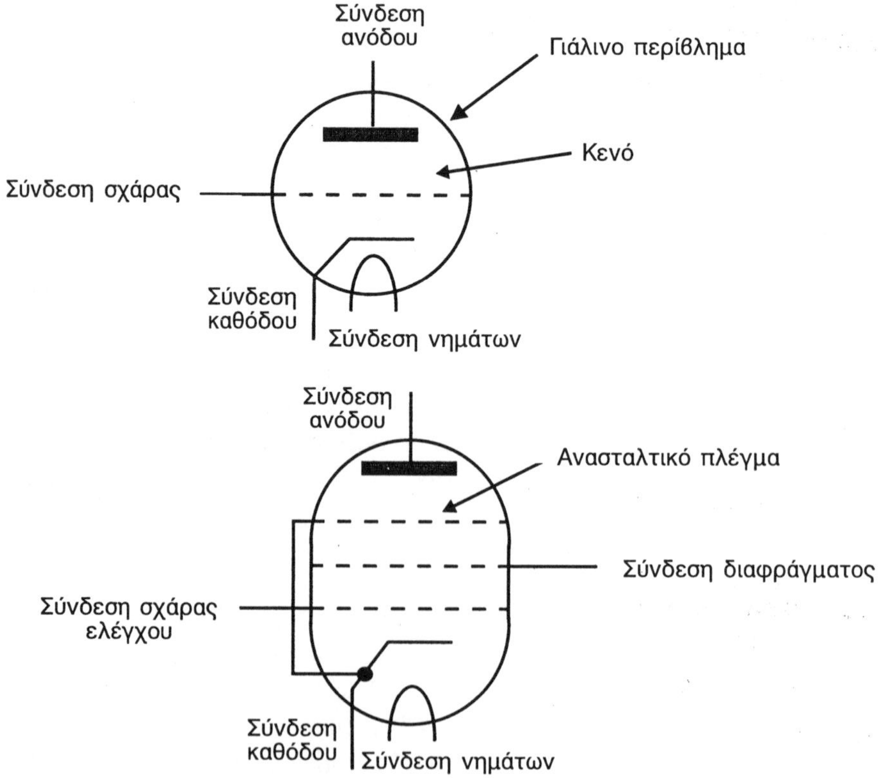

Σχ. 4.5 Τρίοδος λυχνίας και πέντοδος λυχνίας

μέσα στη λυχνία είναι συνδεδεμένο σε θετικό δυναμικό, τα ηλεκτρόνια που αφήνουν την κάθοδο δεν θα επιστρέψουν αλλά θα επιταχυνθούν προς το άλλο ηλεκτρόδιο. Αυτό το άλλο ηλεκτρόδιο ονομάζεται άνοδος. Η δίοδος των ηλεκτρονίων από την κάθοδο προς την άνοδο αποκαθιστά ένα ρεύμα που διέρχεται μεταξύ αυτών των δύο ηλεκτροδίων. (Φυσικά, συμβατικά λέμε ότι το ρεύμα κινείται αντίστροφα, από την άνοδο προς την κάθοδο.) Η λειτουργία του τρίτου ηλεκτροδίου, του πλέγματος (το οποίο κατασκευάζεται ακριβώς όπως το πρωτότυπο του de Forest, σαν συρμάτινο πλέγμα πολύ κοντά στην κάθοδο), είναι να ελέγχει το μέγεθος του ρεύματος των ηλεκτρονίων από την κάθοδο προς την άνοδο. Αυτό πραγματοποιείται με μεταβολή μιάς τάσης ελέγχου στο πλέγμα, έτσι ώστε όταν αυτό το δυναμικό γίνει σημαντικά αρνητικότερο από την κάθοδο, τα ηλεκτρόνια που εκπέμπονται με θερμιονική εκπομπή, να απωθούνται και να αμποδίζονται στην κανονική τους δίοδο προς την άνοδο και έτσι μέσα από την λυχνία να μη διέρχεται ρεύμα. Και όταν, αντίθετα, το πλέγμα αποκτήσει σχεδόν ίδιο δυναμικό με την κάθοδο, τα ηλεκτρόνια περνούν ανεμπόδιστα από το πλέγμα, και φτάνουν στην άνοδο,σαν να μην υπάρχει ανάμεσα κανένα ηλεκτρόδιο πλέγματος. Ανάμεσα σ' αυτές τις τιμές το ρεύμα μεταβάλλεται αναλογικά. Επειδή το πλέγμα πάντοτε διατηρείται αρνητικό σε σχέση με την κάθοδο, σ' αυτό το κύκλωμα ελέγχου δεν έχουμε ροή ρεύματος (αντίθετα απ' ότι συμβαίνει στα τρανζίστορ, αλλά πολύ περισσότερο όπως στα FET) και έτσι μια πολύ μικρή τάση ελέγχου μπορεί να ελέγχει ένα πολύ μεγαλύτερο ρεύμα, πράγμα που αποτελεί την ουσία κάθε βαθμίδας ενίσχυσης.

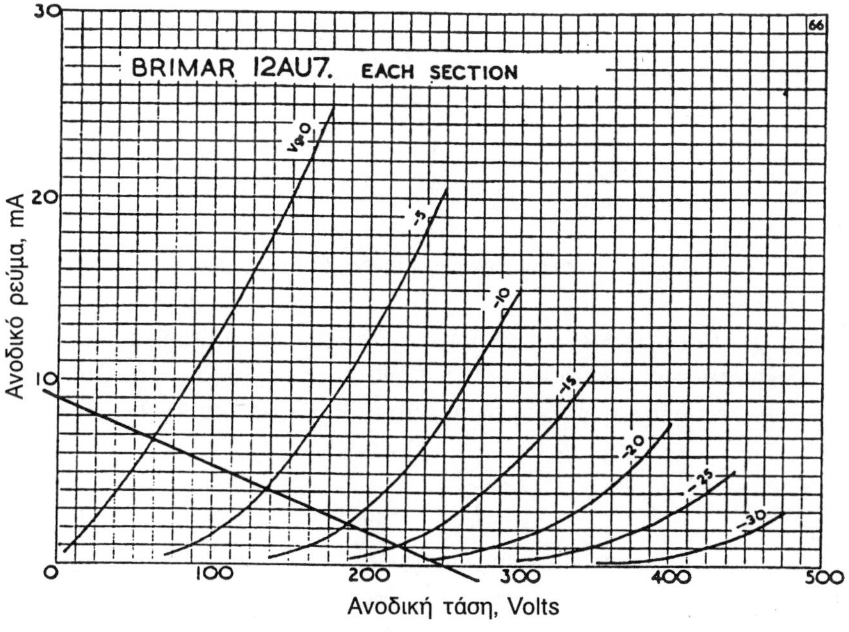

Σχ. 4.6 Χαρακτηριστικές καμπύλες τριόδου

Χαρακτηριστικές καμπύλες

Αν παραστήσουμε γραφικά το ανοδικό ρεύμα της τριόδου λυχνίας για διάφορες ανοδικές τάσεις και τάσεις πλέγματος, παίρνουμε μια οικογένεια καμπύλων όπως αυτές που φαίνονται στο Σχ. 4.6. Οι καμπύλες αυτές ονομάζονται χαρακτηριστικές καμπύλες. Ας σημειωθεί ότι κάθε καμπύλη δίνει την σχέση του ανοδικού ρεύματος προς την ανοδική τάση για συγκεκριμένη τάση πλέγματος, και στην περίπτωση αυτή για μια συγκεκριμένη τρίοδο λυχνία με αριθμό 12AU7. Ας σημειωθεί, ακόμη, ότι κάθε καμπύλη είναι σχετικά ευθεία, εκτός από κοντά στον άξονα συντεταγμένων όπου καμπυλώνεται. Ας δούμε, τώρα, την ευθεία που είναι σχεδιασμένη με κλίση αντίθετη από την κλίση των καμπύλων της λυχνίας. Ονομάζεται γραμμή φορτίου και παριστάνει τη σχέση ρεύματος / τάσης αντίστασης $R_α$ (φορτίου) που συνδέεται στο κύκλωμα της λυχνίας όπως φαίνεται στο Σχ. 4.7. Παρατηρούμε ότι όταν η ανοδική τάση είναι μηδέν, όλο το ρεύμα διέρχεται από την $R_α$, και, αν η ανοδική τάση είναι ίση με την τάση πλέγματος από την $R_α$ δεν διέρχεται ρεύμα, γι'αυτό έχουμε και αντίθετη κλίση. Επειδή οι τάσεις πλέγματος στα κυκλώματα λυχνιών είναι πολύ μεγαλύτερες από τις τάσεις στα κυκλώματα τρανζίστορ, η τροφοδοσία πλέγματος συχνά ονομάζεται τροφοδοσία HT (high tension). Το Σχ. 4.7 αποτελεί ένα απλό

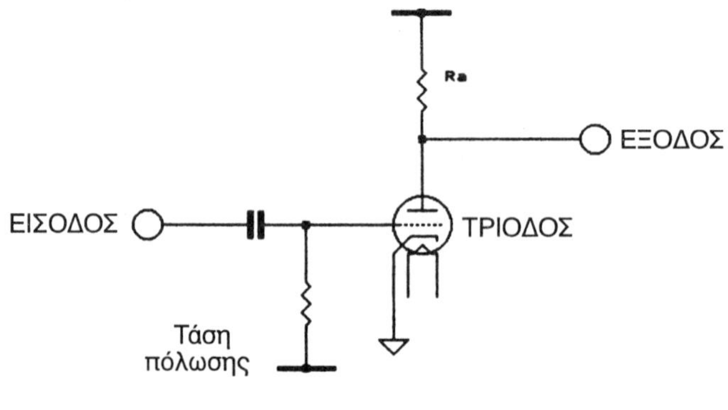

Σχ. 4.7 *Απλή βαθμίδα ενισχυτή με τρίοδο*

ενισχυτή με λυχνία και μπορούμε να υπολογίσουμε την απόδοσή του.Υπολογίζοντας τις ανοδικές τάσεις για τάσεις –10V (290 V στην άνοδο) και 0V (60 V στην άνοδο) μπορούμε να υπολογίσουμε ότι η απολαβή της βαθμίδας θα είναι:

(190 – 60)/10 = 13 φορές ή 22 dB

Αυτή είναι μια συνηθισμένη τιμή για ενισχυτή τριόδου με μια βαθμίδα και χωρίς αμφιβολία φαίνεται απελπιστικά μικρό σε όσους μεγάλωσαν με τα κυκλώματα τρανζίστορ. Ενα άλλο σημαντικό σημείο παρατήρησης όταν βλέπουμε τις καμπύλες στο Σχ. 4.6 είναι το τι γίνεται αν προσπαθήσουμε να αλλάξουμε τις κλίσεις της ευθείας φορτίου. Βλέπουμε ότι κάτι τέτοιο έχει πολύ μικρή επίδραση στην απολαβή της βαθμίδας, πράγμα που και πάλι είναι ασυνήθιστο αν είμαστε συνηθισμένοι σε κυκλώματα στερεάς κατάστασης. Αυτό συμβαίνει επειδή η τρίοδος έχει πολύ μικρή σύνθετη αντίσταση ανόδου και ο μηχανισμός γίνεται καλύτερα αντιληπτός αν εξετάσουμε το ισοδύναμο κύκλωμα ενισχυτή με τρίοδο, που φαίνεται στο Σχ. 4.8 και που ουσιαστικά είναι η επανασχεδίαση του Σχ. 4.7. (Θυμόμαστε ότι από πλευράς σήματος, το φορτίο επιστρέφει στην πλευρά της καθόδου μέσω της πολύ μικρής σύνθετης αντίστασης PSU.) Οπως βλέπουμε, η σύνθετη αντίσταση ανόδου (ή αντίσταση r_a) συνδέεται παράλληλα με την αντίσταση φορτίου και έτσι καταπνίγει την αντίσταση φορτίου που έχει μεγαλύτερη τιμή. Η απολαβή βαθμίδας ορίζεται σαν το γινόμενο της g_m (της αμοιβαίας αγωγιμότητας που είναι σταθερή και εξαρτάται από την σχεδίαση της συγκεκριμένης λυχνίας) από το φορτίο (R_α) που είναι συνδεδεμένο παράλληλα με την εσωτερική αντίσταση ανόδου (r_a). Ας σημειωθεί ότι η εσωτερική γεννήτρια ρεύματος έχει διαστάσεις ($-g_m.e_g$) όπου e_g είναι το δυναμικό πλέγματος.

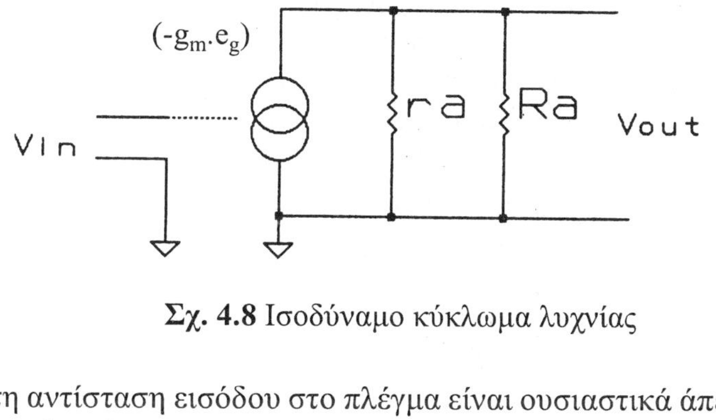

Σχ. 4.8 Ισοδύναμο κύκλωμα λυχνίας

Η σύνθετη αντίσταση εισόδου στο πλέγμα είναι ουσιαστικά άπειρη στο DC αλλά καλύπτεται βαθμιαία σε πολύ μεγάλες συχνότητες από την φυσική χωρητικότητα μεταξύ ανόδου και πλέγματος. Αυτό δε συμβαίνει απλά επειδή η χωρητικότητα υπάρχει αλλά επειδή (όπως συμβαίνει σε κυκλωματα στερεάς κατάστασης) η χωρητικότητα αυτή (που μερικές φορές ονομάζεται χωρητικότητα Miller) πολλαπλασιάζεται με την απολαβή βαθμίδας. Για ποιό λόγο; Επειδή η ανοδική τάση έχει φάση αντίθετη από το σήμα εισόδου εισόδου (βλέπουμε το αρνητικό πρόσημο στον τύπο της ενίσχυσης βαθμίδας) και έτσι η χωρητικότητα "δεσμεύεται" αποτελεσματικά από την δράση της ίδιας της λυχνίας.

Ανάπτυξη της πεντόδου και της τετρόδου δέσμης

Η ενοχλητική χωρητικότητα Miller (ιδιαίτερα σε ραδιοκυκλώματα όπου χρησιμοποιούνται μεγάλες συχνότητες) οδήγησε στην εφεύρεση της τετρόδου λυχνίας, στην οποία προστέθηκε ακόμη ένα ηλεκτρόδιο με σταθερή θετική τάση μεταξύ πλέγματος και ανόδου. Αυτό το επιπλέον πλέγμα (διάφραγμα) διατηρείται σε δυναμικό ίδιο ή κοντά με το δυναμικό του πλέγματος εξουδετερώνοντας έτσι την χωρητικότητα Miller εμποδίζοντας την επίδραση της ανόδου στο πλέγμα ελέγχου. Δυστυχώς, η απλή τέτροδος, ενώ από αυτή την πλευρά είναι επιτυχημένη (το δεύτερο πλέγμα ελαττώνει την επίδραση της χωρητικότητας Miller περίπου στο ένα εκατοστό της τιμής της στην τρίοδο!) έχει το πολύ μεγάλο μειονέκτημα ότι τα ηλεκτρόνια, όταν φτάνουν στην άνοδο αποσπούν από αυτήν επιπλέον ηλεκτρόνια, φαινόμενο που ονομάζεται δευτερεύουσα εκπομπή ηλεκτρονίων. Στην τρίοδο αυτά τα επιπλέον ηλεκτρόνια "σκουπίζονται" από την άνοδο, και έτσι δεν πειράζεται τίποτα. Αλλά σε απλή τέτροδο, ιδιαίτερα όταν η ανοδική τάση πέφτει κάτω από την τάση πλέγματος, το πλέγμα έλκει αυτά τα δευτερεύοντα ηλεκτρόνια και έτσι αυτά σπαταλιούνται. Στις πραγματικές τετρόδους, πρέπει να ληφθούν μέτρα για να αποτραπεί το φαινόμενο και αυτό επιτυγχάνεται με τη μορφοποίηση των πλεγμάτων, και στην πραγματικότητα όλης της λυχνίας, έτσι ώστε τα ηλεκτρόνια να κινούνται σε δέσμες μέσα και στις δύο κατασκευές , και η λυχνία που προκύπτει ονομάζεται τέτροδος δέσμης. Ολες οι σύγχρονες τέτροδοι είναι τέτροδες δέσμης. Η εναλλακτική λύση είναι η τοποθέτηση ενός ακόμη πλέγματος μεταξύ διαφράγματος και ανόδου που ονομάζεται ανασταλτικό πλέγμα, που διατηρείται στο ίδιο δυναμικό με κάθοδο και που συχνά συνδέεται εσωτερικά. Ετσι το σύνολο των εσωτερικών ηλεκτροδίων είναι πέντε και γι' αυτό η λυχνία είναι γνωστή σαν πέντοδος. Το μηδενικό (ή πολύ μικρό) δυναμικό του ανασταλτικού πλέγματος έχει αποτέλεσμα την επιστροφή των δευτερευόντων ηλεκτρονίων προς την άνοδο έτσι ώστε να μη χάνονται.

Η πρόσθεση του επιπλέον πλέγματος, στην περίπτωση της τετρόδου (ή των πλεγμάτων στην περίπτωση της πεντόδου), αν και αρχικά προορίζονταν για επέκταση της περιοχής συχνοτήτων της λυχνίας πέρα από την ακουστική περιοχή, έχει αξιοσημείωτο ενισχυτικό αποτέλεσμα στην απόδοση της λυχνίας. Αυτή ακριβώς η ενίσχυση και όχι η εξαιρετική απόδοση στα RF εξασφαλίζει την χρήση τους σε ακουστικές εφαρμογές.

Ποιά είναι η ουσία αυτής της ενίσχυσης; Το ισοδύναμο κύκλωμα που φαίνεται στο Σχ. 4.8 ισχύει εξίσου και για πέντοδο με την διαφορά ότι η τιμή της r_a αντί για τα 5 kΩ μέχρι 10 kΩ σε μικρή τρίοδο, είναι τώρα αρκετά MΩ. Ετσι η απολαβή βαθμίδας είναι ριζικά βελτιωμένη. Συνήθως μια μικρή πέντοδος λυχνία θα έχει απολαβή βαθμίδας 100 φορές (40 dB), δηλ. 10 φορές καλύτερη από βαθμίδα τριόδου. Οι λυχνίες ακουστικής εξόδου είναι συχνά είτε πέντοδοι είτε τέτροδοι δέσμης.

Συντελεστές λυχνιών

Η μέγιστη δυνατότητα ενίσχυσης τάσης μιας λυχνίας, κάτω από ιδανικές συνθήκες, ονομάζεται συντελεστής ενίσχυσης, και συνήθως συμβολίζεται με το γράμμα μ. Ο συντελεστής αυτός δεν είναι στην πραγματικότητα σταθερός σε όλες τις συνθήκες (εκτός σε θεωρητικά ιδανική λυχνία) και μεταβάλλεται ελαφρά με την τάση πόλωσης πλέγματος και με την ανοδική τάση.

Από τεχνικής πλευράς το μ ορίζεται ως εξής: Σαν λόγος, είναι η μεταβολή της αύξησης της ανοδικής τάσης προς τη μεταβολή της αύξησης της τάσης πλέγματος ελέγχου στην αντίθετη κατεύθυνση, με τη συνθήκη ότι το ανοδικό ρεύμα παραμένει σταθερό (δηλ. με πηγή ρεύματος για ανοδικό φορτίο) και σταθερές όλες τις άλλες τάσεις ηλεκτροδίων. Ετσι είναι:

$$\mu = -(dV_\alpha/dV_g)$$

Εχουμε, ήδη, συναντήσει τους δύο άλλους κύριους συντελεστές της λυχνίας, την αμοιβαία αγωγιμότητα και την αντίσταση ανόδου. Αν και παραπάνω τους εξετάσαμε σαν σταθερές, σε κάποιο βαθμό και οι δύο συντελεστές εξαρτώνται από τις τάσεις που εφαρμόζονται στα ηλεκτρόδια. Η αμοιβαία αγωγιμότητα (g_m) ορίζεται σαν:

$$g_m = dI_a/dV_g$$

δηλ. η μεταβολή του ανοδικού ρεύματος, για δεδομένη μεταβολή της τάσης πλέγματος, όταν όλες οι άλλες τάσεις παραμένουν ίδιες. Η αντίσταση ανόδου (r_a) ορίζεται σαν:

$$r_a = dV_a/dI_a$$

Υπάρχει ακριβής σχέση μεταξύ αυτών των τριών κύριων συντελεστών λυχνίας, με την προϋπόθεση ότι όλοι έχουν μετρηθεί στο ίδιο σημείο λειτουργίας:

$$\mu = g_m r_a$$

Μερικές φορές, ιδιαίτερα σε παλαιότερη βιβλιογραφία, βλέπουμε αναφορές σε αντίστροφα αυτών των συντελεστών. Για να είμαστε πλήρεις, αυτοί ορίζονται παρακάτω:

$1/\mu = D$, ο συντελεστής Durchgriff ή συντελεστής διείσδυσης

$1/r_a = g_a$, αγωγιμότητα ανόδου

Πραγματικά κυκλώματα λυχνιών

Η τεχνική γραφικής παράστασης που εξηγήθηκε στο προηγούμενο τμήμα αξίζει επειδή δίνει μια αίσθηση της σχεδίασης κυκλωμάτων λυχνιών. Αυτή η τεχνική, ωστόσο, είναι μάλλον δυσκίνητη και συνήθως δεν χρειάζεται για τις περισσότερες εργασίες απλής σχεδίασης. Επιπλέον, αφήνει αναπάντητες αρκετές ερωτήσεις, όπως ποιές είναι οι καλύτερες συνθήκες πόλωσης κλπ. Για την απάντηση, και ουσιαστικά για όλα τα άλλα που χρειάζεται να γνωρίζει ο πραγματικός σχεδιαστής, το σύνολο αυτών που χρειάζονται είναι οι πληροφορίες (data) κατασκευαστών. Ας πάρουμε για παράδειγμα τη λυχνία 12AU7 (ECC82) που συναντήσαμε στο προηγούμενο τμήμα. Με τη χρήση γραφικής παράστασης μπορέσαμε να εξακριβώσουμε ότι η απολαβή βαθμίδας αυτού του συγκεκριμένου κυκλώματος τριόδου λυχνίας θα ήταν περίπου 13 φορές, ή 22 dB. Εχουμε ήδη αναφέρει ότι η απολαβή βαθμίδας ενισχυτή με τρίοδο λυχνία εξαρτάται πολύ λίγο μόνο από την τιμή της αντίστασης ανόδου. Το φαινόμενο αυτό, που θα μπορούσαμε να ονομάσουμε φύση "εξάρτησης από συσκευή" της σχεδίασης λυχνιών, σίγουρα δεν συμβαδίζει με την εμπειρία των περισσότερων αναγνωστών σε βαθμίδες τρανζίστορ και ίσως χρειάζεται λίγο χρόνο για να το συνηθίσουν οι σύγχρονοι τεχνικοί. Αυτή η συνέπεια λειτουργίας κάνει δυνατή τη κατασκευή πινάκων με τις συνιστώμενες συνθήκες λειτουργίας για μια λυχνία με τρόπο που θα ήταν αδύνατος για κάθε ξεχωριστό τρανζίστορ. Συνήθως οι κατασκευαστές αναφέρουν μερικούς διαφορετικούς συνιστώμενους τρόπους λειτουργίας. Οι πληροφορίες για την 12AU7 (ECC82) είναι οι παρακάτω:

Λειτουργία σαν ενισχυτής σύζευξης αντίστασης		
Τάση τροφοδοσίας ανόδου	100	250 V
Αντίσταση φορτίου ανόδου	100	100 KΩ
Αντίσταση πόλωσης καθόδου	4	3 KΩ
Μέγιστη έξοδος	17	50 Volt
Απολαβή βαθμίδας	11	12

Το κύκλωμα που φαίνεται στο Σχ. 4.9 προέρχεται από συνθήκες σε πίνακες. Παρατηρούμε την πρόσθεση αρκετών επιπλέον εξαρτημάτων. Πρώτα, περιλαμβάνεται μιά αντίσταση στο κύκλωμα καθόδου. Δεύτερο, έχουν προστεθεί μια αντίσταση πόλωσης 1 MΩ και ένας πυκνωτής σύζευξης εισόδου C_{in}. Σχεδόν πάντοτε οι λυ-

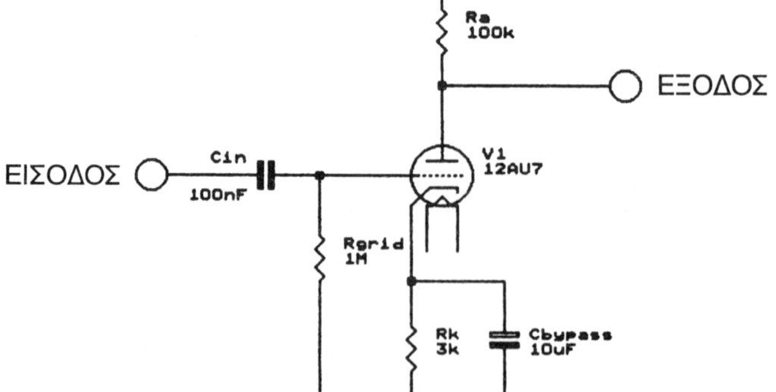

Σχ. 4.9 Πραγματική βαθμίδα ενισχυτή τριόδου

χνίες πολώνονται όπως φαίνεται στο σχήμα, με ένα θετικό δυναμικό στην κάθοδο (με μια αντίσταση σε σειρά μέσα από την οποία διέρχεται το ανοδικό ρεύμα) και το πλέγμα να συνδέεται με τη γη μέσα από μια αντίσταση πολύ μεγάλης τιμής. Αυτή η αντίσταση είναι απόλυτα απαραίτητη, επειδή αν και η λυχνία έχει ένα πολύ μικρό ρεύμα πόλωσης στο κύκλωμα πλέγματος, έχει εν τούτοις κάποιο ρεύμα, και η αντίσταση υπάρχει για να υπάρχει διαδρομή για το ρεύμα αυτό. Το πλεονέκτημα αυτού του τρόπου πόλωσης, γνωστού σαν πόλωσης καθόδου, είναι η από κατασκευής ευστάθεια. Αν το ρεύμα της λυχνίας αρχίσει να αυξάνει, το δυναμικό στην κάθοδο αυξάνει σε σχέση με το πλέγμα, και έτσι η πόλωση πλέγματος γίνεται περισσότερο αρνητική, πράγμα που περιορίζει το ανοδικό ρεύμα. Το μόνο μειονέκτημα αυτού του τρόπου λειτουργίας, σε πραγματικό ενισχυτή, είναι η δημιουργία τάσης σήματος με την ίδια φάση με το ανοδικό ρεύμα (και έτσι εκτός φάσης με την τάση του σήματος πλέγματος) που οφείλεται στο μεταβλητό ρεύμα πλέγματος στην αντίσταση πόλωσης καθόδου. Αν η αντίσταση αφεθεί χωρίς παράκαμψη, παράγει ένα σήμα αρνητικής ανάδρασης που αυξάνει τη σύνθετη αντίσταση εξόδου της βαθμίδας και ελαττώνει την απολαβή βαθμίδας. Για τον λόγο αυτό γίνεται και η τρίτη προσθήκη: τοποθετείται ο πυκνωτής μεγάλης τιμής στα άκρα της αντίστασης καθόδου που θα παρακάμπτει όλα τα ακουστικά σήματα προς τη γη στον κόμβο του καθοδικού κυκλώματος.

Η τιμή C_{in} επιλέγεται έτσι ώστε το σημείο αποκοπής χαμηλής συχνότητας να είναι κάτω από την ακουστική ζώνη. Είναι παράξενο ότι το δικτύωμα αυτό και η σύνθετη αντίσταση της τροφοδοσίας ανόδου έχουν σχέση: ένα από τα συνηθέστερα προβλήματα στην ενίσχυση με λυχνίες είναι οι ταλαντώσεις χαμηλής συχνότητας. Το γεγονός αυτό, που πάντοτε προκαλεί εκπληξη στους τεχνικούς που ασχολούνται με κυκλώματα τρανζίστορ και op-amp, είναι αποτέλεσμα της επικράτησης των βαθμίδων σύζευξης AC σε εξοπλισμό με λυχνίες. Οπως ακριβώς τα σημεία αποκοπής υψηλών συχνοτήτων προκαλούν αστάθεια σε πολύ υψηλές συχνότητες (υπερηχητικές) σε εξοπλισμό με τρανζίστορ, έτσι και η καθυστέρηση φάσης σε πολλά δικτυώματα προκαλεί μετατόπιση φάσης μέσα στον ενισχυτή ίση με 180° όταν η απολαβή είναι μεγαλύτερη και από 1. Η προπορεία φάσης, που οφείλεται σε φαινόμενα φιλτραρίσματος υψηλής διέλευσης σε πολλές βαθμίδες με σύζευξη AC, μπορεί να προκαλέσει αστάθεια σε πολύ μικρές (υποηχητικές) συχνότητες σε κυκλώματα με λυχνίες. Τα ακουστά φαινόμενα σ' αυτό το είδος αστάθειας είναι ανησυχητικά επειδή δημιουργούν θορύβους χαμηλής συχνότητας ή παλμούς. Στην πραγματικότητα τον ήχο που περιγράφεται θαυμάσια με λαϊκό τρόπο σαν βενζινακάτωση! Συνήθως οι ταλαντώσεις χαμηλών συχνοτήτων είναι αποτέλεσμα διάδοσης σήματος ανάδρασης μέσα από το τροφοδοτικό το οποίο (εξαιτίας των αυξημένων τάσεων στον εξοπλισμό με λυχνίες) δεν έχει τόσο μικρή σύνθετη αντίσταση όπως στον συνηθισμένο εξοπλισμό στερεάς κατάστασης. Οι σχεδιαστές εξοπλισμού με λυχνίες, για να μη γίνει αυτό, συνήθως αποζευγνύουν κάθε βαθμίδα ξεχωριστά. Ας δούμε, παρακάτω, μερικούς πραγματικούς ενισχυτές με λυχνίες, για να εφαρμόσουμε τις γνώσεις μας στα κυκλώματα με λυχνίες.

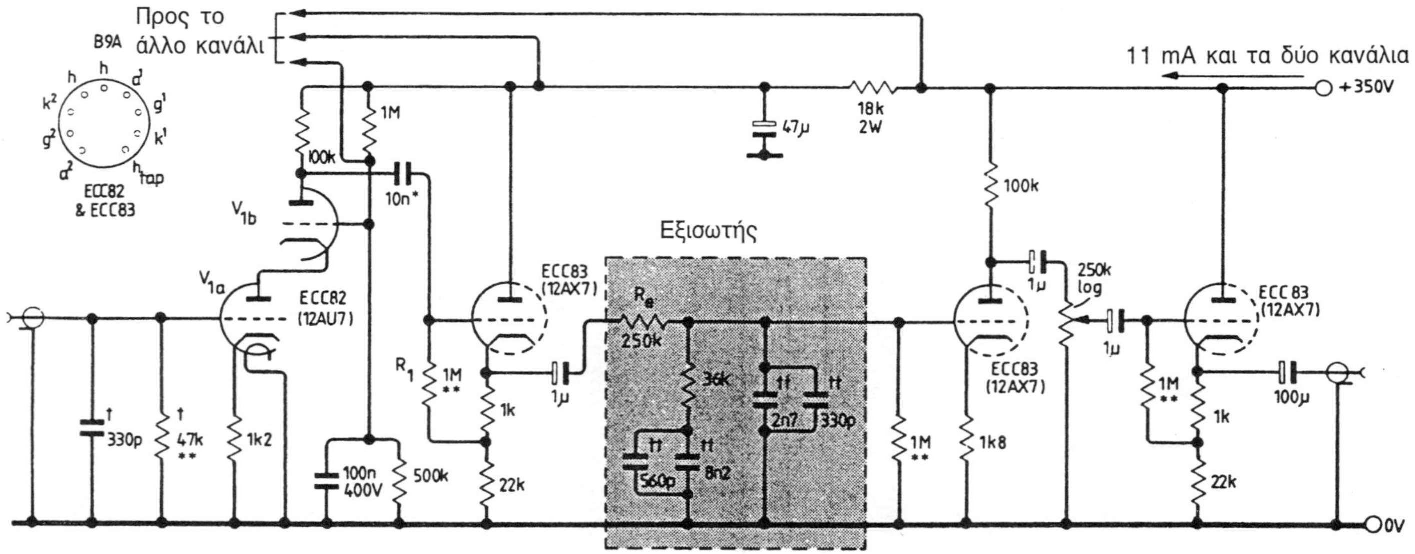

† ρύθμιση για την κατάλληλη κεφαλή του πικάπ
* με την R1 σχηματίζει IEC - 3dB
στα 20 Hz

Όλες οι αντιστάσεις εκτός από τις ** είναι ½
W οξειδίου μετάλλου, 2%
** 0.4 W οξειδίου μετάλλου, 1%
†† τύπου suflex, 2%

Σχ. 4.10 *Ακουστικός προενισχυτής*

Προενισχυτής με λυχνίες

Στο Σχ. 4.10 φαίνεται η σχεδίαση για προενισχυτή πικάπ δίσκων βινυλίου που είχα σχεδιάσει εγώ και που λειτούργησε για μερικά χρόνια στο δικό μου στερεοφωνικό σύστημα (Brice 1985). Είναι μια λίγο ασυνήθιστη σχεδίαση στο ότι δεν περιέχει συνολική αρνητική ανάδραση, περιέχει ισοστάθμιση RIAA και χρησιμοποιεί βαθμίδα εισόδου cascode.

Σε εξοπλισμό με τρανζίστορ, το πρόβλημα με την παθητική ισοστάθμιση είναι ο κίνδυνος της υπερφόρτωσης της πρώτης βαθμίδας (που αναγκαστικά έχει μεγάλη απολαβή) εξαιτίας των σημάτων μεγάλης συχνότητας που έχουν μεγάλη τιμή. Στις λυχνίες το πρόβλημα αυτό δεν παρουσιάζεται επειδή υπάρχει τεράστιο περιθώριο όταν χρησιμοποιούμε τροφοδοτικό μερικών εκατοντάδων Volt. Η συνηθισμένη επιλογή για βαθμίδα μεγάλης απολαβής με λυχνία είναι η πέντοδος, αλλά οι λυχνίες αυτές παράγουν περισσότερο θόρυβο κρούσης από τις τριόδους εξαιτίας της δράσης του καθοδικού ρεύματος καθώς αυτό μοιράζεται μεταξύ ανόδου και πλέγματος. Αντίθετα, χρησιμοποίησα κύκλωμα cascode. Το κύκλωμα αυτό, όπως συμβαίνει και σε τόσα άλλα κυκλώματα με λυχνίες, έχει την προέλευσή του σε κυκλώματα radio. Τα χαρακτηριστικά του είναι τέτοια ώστε ο συνολικός θόρυβος βαθμίδας να είναι ουσιαστικά ο θόρυβος της τριόδου V_{1a}. Η απολαβή, όμως, είναι χονδρικά το γινόμενο του φορτίου ανόδου της V_{1b} και της λειτουργούσης αμοιβαίας αγωγιμότητας της V_{1a}. Με άλλα λόγια λειτουργεί σαν πέντοδος αλλά με λιγότερο θόρυβο!

Στο σκιασμένο ορθογώνιο φαίνεται η ισοστάθμιση RIAA. Αυτό λέγεται για να αποσυσχετιστώ από αυτό το τμήμα του κυκλώματος. Οποιος έχει δικές του ιδέες για ισοστάθμιση RIAA, μπορεί να αντικαταστήσει την λύση μου με την δική του! Γενικά, διαφωνώ με όσους λένε ότι δεν υπάρχει χώρος για λυχνίες σε κυκλώματα χαμηλής ποιότητας. Η καλή σχεδίαση κυκλωμάτων λυχνιών δίνει εξαιρετικά αποτελέσματα. Μερικές φορές ο βόμβος είναι πρόβλημα. Στη σχεδίαση αυτή δεν άφησα τίποτα στην τύχη και έδωσα τροφοδοσία στα νήματα των λυχνιών από ρυθμισμένο τροφοδοτικό DC (Σχ. 4.11). Το κύκλωμα HT σταθεροποιήθηκε με παράλληλη σύν-

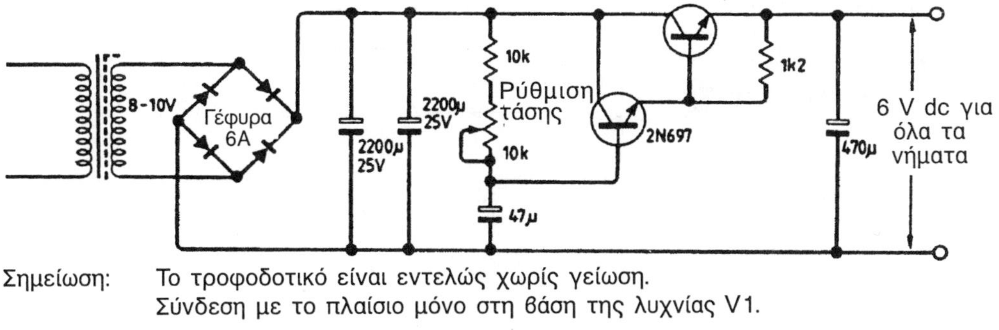

Σημείωση: Το τροφοδοτικό είναι εντελώς χωρίς γείωση.
Σύνδεση με το πλαίσιο μόνο στη βάση της λυχνίας V1.

Σχ. 4.11 *Τροφοδοτικό για ακουστικό ενισχυτή*

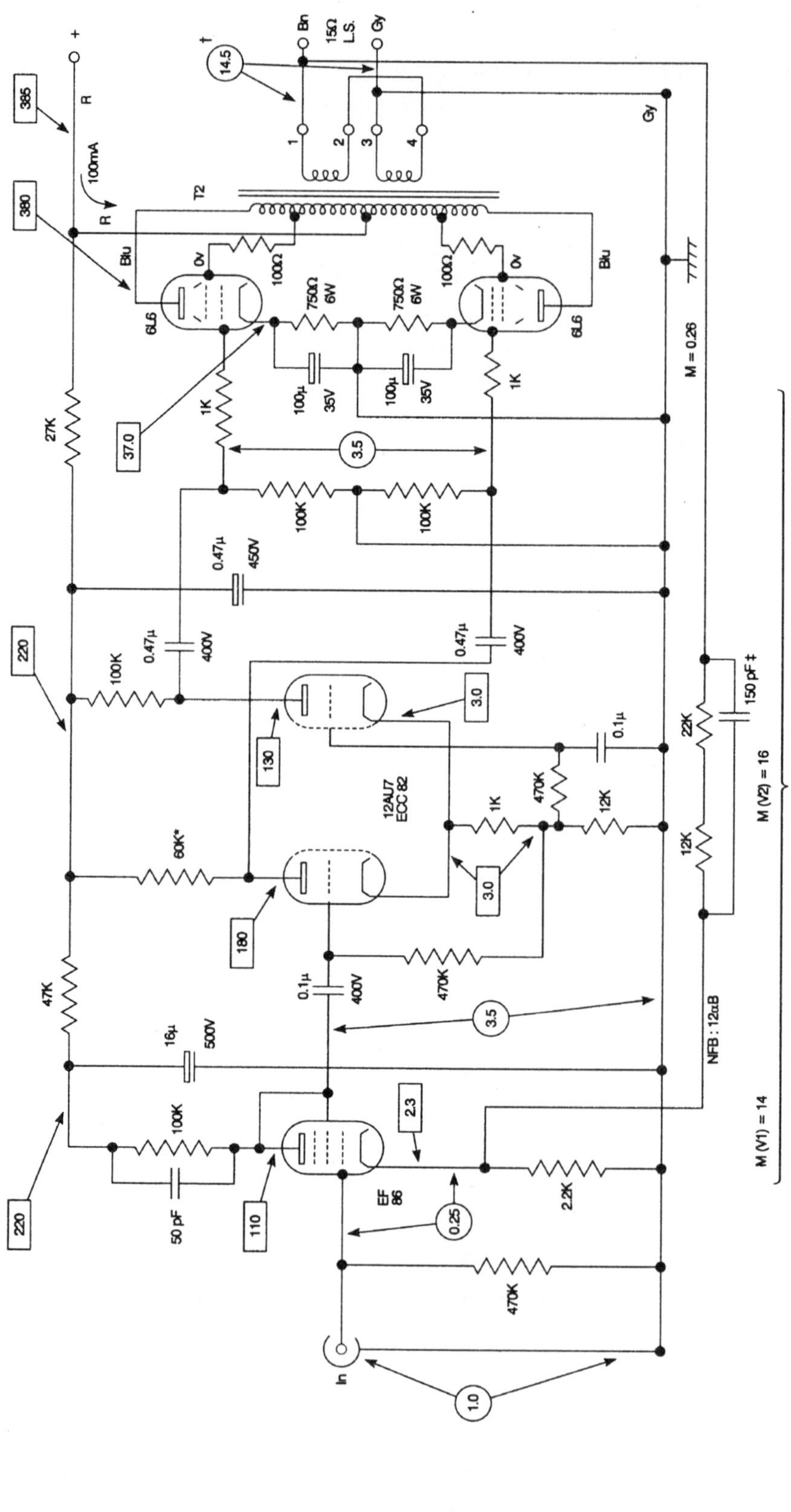

Σχ. **4.12** *Ενισχυτής 20 W τάξης A με τετρόδους δέσμης*

δεση με λυχνίες αίγλης ψυχράς καθόδου. Το τροφοδοτικά κατασκευάστηκαν σε ξεχωριστά σασσί. Η περισσότερο συνηθισμένη ECC83 θα ήταν κατάλληλη σαν λυχνία cascode πρώτης βαθμίδας εκτός από το ότι η ECC82 έχει περισσότερο στιβαρή κατασκευή και γι' αυτό μικροφωνίζει λιγότερο. Από πικρή εμπειρία έχω ανακαλύψει ότι δεν υπάρχει άλλη λύση από την επιλογή από τον καθένα λυχνιών μικρού θορύβου για τις λυχνίες της πρώτης βαθμίδας.

Ενισχυτής ισχύος

Στο Σχ. 4.12 φαίνεται ένα κυκλωματικό διάγραμμα πραγματικού ενισχυτή 20 W τάξης A με τετρόδους λυχνίες δέσμης. Ο ενισχυτής αυτός χρησιμοποιεί μια ισοσταθμισμένη βαθμίδα εξόδου (ή βαθμίδα push-pull) που χρησιμοποιεί δύο τέτροδες λυχνίες δέσμης 6L6. Ο ενισχυτής αυτός αποτελεί την συνηθέστερη μορφή διάταξης ακουστικού ενισχυτή. Για ποιό λόγο; Η απάντηση βρίσκεται στην ισορροπία. Οπως συμβαίνει σε τόσο πολλές άλλες πρακτικές μηχανολογικές λύσεις το θέλγητρο της συμμετρίας και της ισορροπίας θριαμβεύουν στο ανθρώπινο μυαλό. Στα Σχ. 4.13 και 4.14 έχουν σχεδιαστεί για σύγκριση μια μονοτερματική βαθμίδα εξόδου και μια ισοσταθμισμένη βαθμίδα εξόδου (push-pull). Η ισοσταθμισμένη έχει μερικά σημαντικά πλεονεκτήματα σε σχέση με την μονοτερματική.

Μαγνήτιση του μετασχηματιστή εξόδου

Ολοι οι ενισχυτές με λυχνίες, εκτός από πολύ λίγους ειδικούς, χρησιμοποιούν μετα-

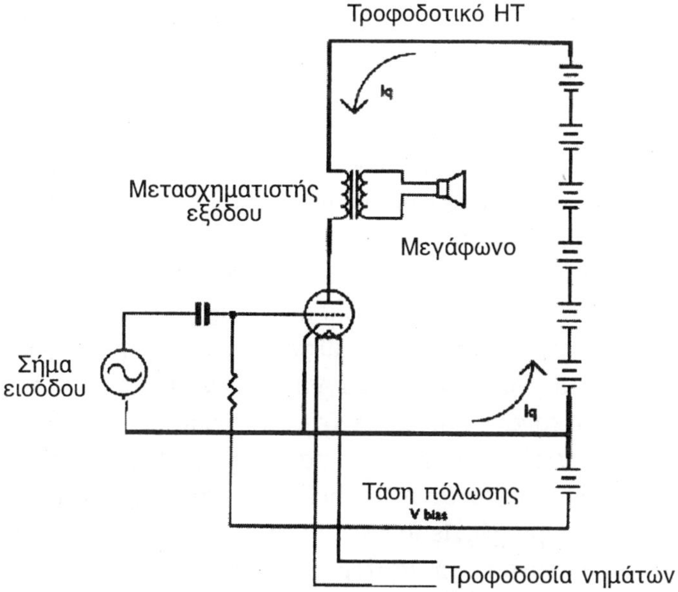

Σχ. 4.13 *Μονοτερματική βαθμίδα εξόδου*

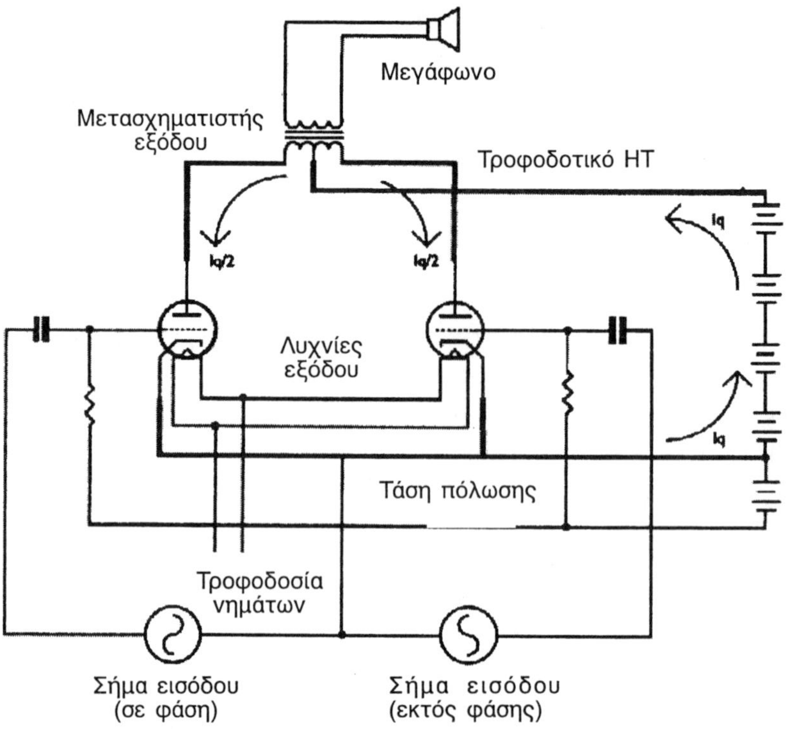

Σχ. 4.14 *Ισοσταθμισμένη βαθμίδα εξόδου*

σχηματιστή εξόδου. Αυτό το εξάρτημα μπορεί να θεωρηθεί σαν ηλεκτρικό κιβώτιο ταχυτήτων που πραγματοποιεί την σύζευξη μεταξύ λυχνιών εξόδου που έχουν μεγάλη σύνθετη αντίσταση με το μεγάφωνο που έχει μικρή σύνθετη αντίσταση. Οι μετασχηματιστές λειτουργούν με βάση την αρχή του ηλεκτρομαγνητισμού την οποία θυμόμαστε ότι εξετάζαμε στη Φυσική του σχολείου όπου ίσως δείξαμε ότι ήταν δυνατή η δημιουργία ηλεκτρομαγνήτη τυλίγοντας σύρμα σε σιδερένιο (ή ατσάλινο) καρφί και διοχετεύοντας ρεύμα στο σύρμα. Αν σ' εκείνο το σχολικό πείραμα μπορούσαμε να ελέγξουμε το ρεύμα που περνούσε από τον μαγνήτη και να μετρήσουμε την ισχύ του και την σχέση της με το ρεύμα (ίσως με το πόσους συνδετήρες χαρτιού σήκωνε), τότε μέχρι ένα σημείο θα βρίσκαμε μια γραμμική σχέση. Ο αριθμός των συνδετήρων θα ήταν ανάλογος με το ρεύμα, μέχρι κάποια τιμή του ρεύματος. Μετά, ωστόσο, από αυτή την τιμή ρεύματος ο μαγνήτης δεν θα σήκωνε περισσότερους συνδετήρες ανεξάρτητα από το πόσο αυξανόταν το ρεύμα. Απλά θα θέρμαινε τον μαγνήτη. Το φαινόμενο αυτό είναι γνωστό σαν μαγνητικός κορεσμός (και θα το συναντήσουμε πάλι στην μαγνητοταινία). Οφείλεται στο ότι χρησιμοποιούνται σταδιακά όλες οι μαγνητικές περιοχές μέσα στο καρφί. Μετά το σημείο εκείνο το καρφί απλά δεν μπορεί να μαγνητιστεί περισσότερο. Ακριβώς ο ίδιος περιορισμός ισχύει στους μετασχηματιστές εξόδου. Η διεργασία (όπως συμβαίνει σε όλους τους μετασχηματιστές που μετατρέπουν ηλεκτρισμό σε μαγνητισμό και αντίστροφα) δεν παρουσιάζει παραμόρφωση, για όσο διάστημα ο πυρήνας του μετασχηματιστή δεν κορένυτται. Οταν αρχίζει ο κορεσμός, η διεργασία γίνεται μη γραμμική και αρχίζει να παράγεται ακουστή παραμόρφωση.

Αν συγκρίνουμε τα Σχ. 4.13 και 4.14, θα παρατηρήσουμε, στην περίπτωση της μονοτερματικής βαθμίδας εξόδου, ότι από το τροφοδοτικό διέρχεται ένα συνεχές ρεύμα ηρεμίας (I_q), που περνά μέσα από τον μετασχηματιστή και την λυχνία και επιστρέφει στο τροφοδοτικό. Επειδή θεωρούμε (τουλάχιστον για σχεδιαστικούς λόγους) ότι τα ακουστικά σήματα είναι συμμετρικά, αυτό το ρεύμα πρέπει να είναι ίσο με το μισό του μεγίστου ρεύματος για το οποίο έχει σχεδιαστεί η λυχνία εξόδου. Ενας συνηθισμένος ενισχυτής με έξοδο 10 W θα χρειάζεται ανοδικό ρεύμα ηρεμίας περίπου 70 mA. Αυτό το ρεύμα θα δώσει πυκνότητα μαγνητικής ροής στο πυρήνα ίσως 5000 μέχρι 6000 gauss.

Ας εξετάσουμε τώρα το Σχ. 4.14. Εδώ το ρεύμα ηρεμίας κινείται από το τροφοδοτικό προς το κέντρο του μετασχηματιστή εξόδου. Από εκεί διαχωρίζεται και το ένα μισό προς την μια κατεύθυνση μπαίνει στη μια λυχνία εξόδου, ενώ το άλλο μισό προς την άλλη κατεύθυνση μπαίνει στην άλλη λυχνία εξόδου. Το ρεύμα που μοιράζονταν στις δύο λυχνίες, ενώνεται πάλι στο κοινό κύκλωμα καθόδου και επιστρέφει στο τροφοδοτικό. Το μεγάλο πλεονέκτημα αυτής της συνδεσμολογίας είναι ότι, επειδή το ρεύμα εισέρχεται στο μέσο του τυλίγματος του μετασχηματιστή και απομακρύνεται προς αντίθετες κατευθύνσεις, τα μαγνητικά φαινόμενα μέσα στον πυρήνα του μετασχηματιστή αλληλοαναιρούνται και έτσι σε ισοσταθμισμένη βαθμίδα δεν υπάρχει μαγνήτιση ηρεμίας του πυρήνα.

Ελάττωση των προϊόντων της παραμόρφωσης

Πιστεύεται σε μεγάλη έκταση (και λαθεμένα) ότι η λυχνίες είναι από κατασκευής πολύ γραμμικότερες από τα τρανζίστορ. Αυτό δεν συμβαίνει απόλυτα. Το τρανζίστορ είναι ένας αξιόλογος γραμμικός ενισχυτής ρεύματος. Από την άλλη πλευρά, η λυχνία είναι ένας σχετικά μη γραμμικός ενισχυτής τάσης! Για παράδειγμα, η λυχνία εξόδου 6L6, όταν χρησιμοποιείται σε μονοτερματική συνδεσμολογία όπως αυτή που φαίνεται σχηματικά στο Σχ. 4.13, δίνει σε βαθμονομημένη έξοδο συνολική αρμονική παραμόρφωση περίπου 12%. Αλλά το ισοσταθμισμένο κύκλωμα έχει από κατασκευής μια ικανότητα να ελαττώνει με πολύ κομψό τρόπο τα προϊόντα της παραμόρφωσης εξαιτίας της αμοιβαιότητάς του. Στην ουσία, κάθε λυχνία παράγει ένα ακουστικό σήμα που σε κάθε άνοδο έχει αντίθετη φάση. (Για να συμβεί αυτό πρέπει να τροφοδοτούνται από πηγή αντίθετων φάσεων, πράγμα που είναι ο ρόλο της βαθμίδας διαίρεσης φάσης, με την οποία θα ασχοληθούμε παρακάτω.) Αλλά τα προϊόντα τους παραμόρφωσης θα έχουν την ίδια φάση, επειδή εξαρτώνται από τις ίδιες τις λυχνίες. Και έτσι αυτά τα προϊόντα παραμόρφωσης, όπως συμβαίνει και με τη μαγνήτιση του μετασχηματιστή, θα αλληλοαναιρούνται στον μετασχηματιστή εξόδου! Αυτό συνάγεται εμπειρικά: Στον Πίνακα 4.1 φαίνονται οι μετρήσεις μου σε ενισχυτή 807 με τέτροδο δέσμης που χρησιμοποιείται σε απλή και ισοσταθμισμένη συνδεσμολογία. Οι αριθμοί μιλούν από μόνοι τους.

Πίνακας 4.1

Μονοτερματική βαθμίδα εξόδου			
V ανόδου (mA)	V πλέγματος	Ισχύς εξόδου W	Παραμόρφωση
500 (50)	200	11.5	12%
Ισοσταθμισμένη push-pull βαθμίδα εξόδου			
V ανόδου (mA)	V πλέγματος	Ισχύς εξόδου W	Παραμόρφωση
500 (50+50)	300	32.5	2.7%

Επιστρέφουμε στον πλήρη ενισχυτή που φαίνεται στο Σχ. 4.12 Παρατηρούμε ότι η πρώτη βαθμίδα δείχνει πραγματικό ενισχυτή πεντόδου. Η τροφοδοσία του ανασταλτικού πλέγματος της V1 γίνεται μέσω της R4 (2M2). Η αποσύζευξη πρέπει να γίνει όπως φαίνεται στο σχήμα. Το κατασταλτικό πλέγμα συνδέεται εσωτερικά και ακολουθείται από την βαθμίδα διαχωρισμού φάσης. Στον ενισχυτή του σχήματος, ο διαχωριστής φάσης είναι γνωστός σαν κατηγορίας σύζευξης καθόδου και είναι σχετικά γνωστός στους περισσότερους σύγχρονους τεχνικούς σαν βαθμίδα διαφορικού ενισχυτή. Το σήμα που φτάνει στο πλέγμα της αριστερής λυχνίας ενισχύεται εξίσου από τις δύο λυχνίες και εμφανίζεται στις δύο ανόδους με αντίθετη φάση. Στη συνέχεια τα σήματα αυτά τροφοδοτούν τα πλέγματα των λυχνιών εξόδου μέσω πυκνωτών σύζευξης. Ας σημειωθούν τα λίγο διαφορετικά φορτία ανόδου στο κάθε μισό του διαχωριστή φάσης, πράγμα που γίνεται για να υπάρχει τέλεια ισοστάθμιση μεταξύ των δύο μισών του κυκλώματος.

Βιβλιογραφία

Brice, R. (1985) Disc Preamplifier. *Electronics and Wireless World,* June

Σημειώσεις

1. Στην πραγματικότητα, η αρμονική παραμόρφωση αποτελεί ειδική κατηγορία παραμόρφωσης ενδοδιαμόρφωσης.
2. Το ανοδικό κύκλωμα λυχνίας είναι, από πολλές πλευρές, παρόμοιο με το κύκλωμα συλλέκτη σε τρανζίστορ (δηλ. πολύ μεγάλης σύνθετης αντίστασης). Μπορούμε να θεωρήσουμε τον μετασχηματιστή εξόδου λυχνίας σαν ηλεκτρικό κιβώτιο ταχυτήτων που πραγματοποιεί την σύζευξη μεταξύ λυχνιών εξόδου που έχουν μεγάλη σύνθετη αντίσταση με το μεγάφωνο που έχει μικρή σύνθετη αντίσταση.Βλ. παρακάτω.

ΚΕΦΑΛΑΙΟ 5

Ηλεκτρικά μουσικά όργανα

Εισαγωγή

Η ανακάλυψη του μικροφώνου, του μεγαφώνου και του ενισχυτή με ηλεκτρονικές λυχνίες, εκτός από την επίδραση στις τηλεπικοινωνίες, έφερε επανάσταση στην τέχνη της κατασκευής μουσικής. Μπορεί να γίνει, για αρκετούς αιώνες, καθαρή διάκριση μεταξύ μουσικής μεγάλης κλίμακας - ορχήστρες, εκκλησιαστικά όργανα, στρατιωτικές μπάντες, κοκ - και μουσικής για ιδιωτική διασκέδαση, ή μουσικής δωματίου. Η ικανότητα ενίσχυσης μουσικών οργάνων και μεμονωμένων φωνών σήμαινε ότι για πρώτη φορά η μουσική δωματίου θα μπορούσε να γίνει μουσική δραστηριότητα μεγάλης κλίμακας. Η πολιτιστική επανάσταση του rock-and-roll, και αργότερα της μουσικής rock, αφορά τόσο στον τρόπο δημιουργίας της μουσικής όσο και στην μουσικολογική σύνθεση των blues και της Αμερικανικής μουσικής country. Για πρώτη φορά στην ιστορία, και αυτό οφείλεται αποκλειστικά στην πρόοδο της ηλεκτρονικής, η εικόνα που είχαν για τον κόσμο μερικοί νέοι άνθρωποι (εκείνες τις μέρες ήταν απλά άνθρωποι) μπόρεσε να κατακτήσει τις καρδιές και το μυαλό εκατοντάδων, χιλιάδων, και με τη βοήθεια του ραδιοφώνου, εκατομμυρίων νέων ανθρώπων. Ετσι, δεν είναι να απορούμε ότι το κατεστημένο δεν είχε πάντοτε καλές σχέσεις με την μουσική rock! Από τεχνολογικής πλευράς, δίπλα στα πρώτα μικρόφωνα βρίσκεται το εικόνισμα της επανάστασης του rock-and-roll, η ηλεκτρική κιθάρα. Από την τραγουδιστή κιθάρα του Scotty Moore στους πρώτους δίσκους του Elvis μέχρι τις γεμάτες θυμό και βάσανα εκτελέσεις του Jimmy Hendrix, κανένα άλλο όργανο δεν χαρακτηρίζει καλύτερα τον έντονο ήχο του rock and roll από την ηλεκτρική κιθάρα. Γι' αυτό, μ' αυτή την συμβολική και πρωτογενή μουσική φωνή ξεκινάμε την περιήγησή μας στα ηλεκτρικά μουσικά όργανα.

Ηλεκτρικές κιθάρες

Στα Σχ. 5.1 και 5.2 φαίνεται μια σύγχρονη ηλεκτρική κιθάρα Στο διάγραμμα ονοματίζονται τα κυριώτερα εξαρτήματά της. Οι πρώτες ηλεκτρικές κιθάρες δημιουργούνταν με σύνδεση ενός μικροφώνου επαφής στην επάνω πλάκα μιάς συμβατικής ακουστικής κιθάρας, και το σήμα οδηγούνταν σε εξωτερικό ενισχυτή. Η σύγχρονη ηλεκτρική κιθάρα, ωστόσο, γεννήθηκε με την εφεύρεση της ηλεκτρομαγνητικής κεφαλής και στο Σχ. 5.3 φαίνεται διαγραμματικά μια τυπική διάταξη κεφαλής. Σαν αρχή, όλες οι ηλεκτρικές κεφαλές για κιθάρες κατασκευάζονται με τον τρόπο αυτό, όπου

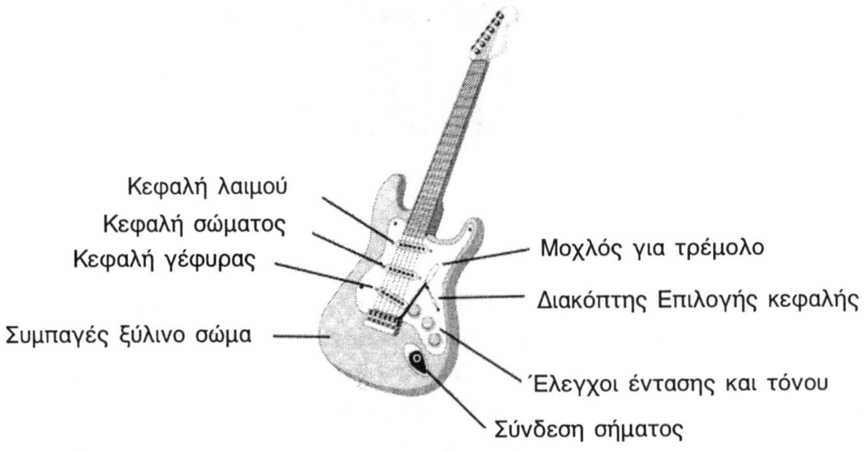

Σχ. 5.1 Διάγραμμα ηλεκτρικής κιθάρας

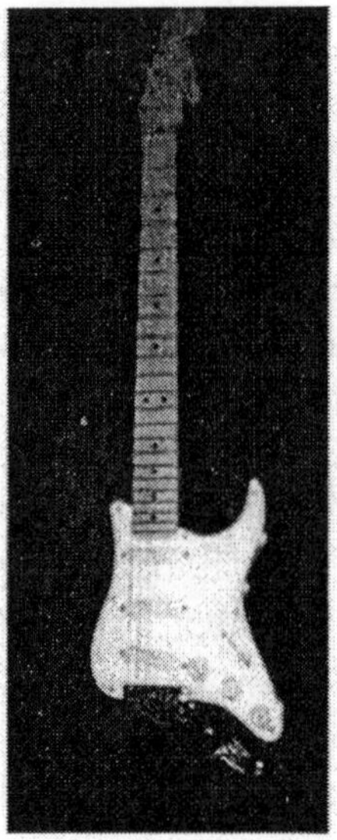

Σχ. 5.2 *Κιθάρα Fender Stratocaster*

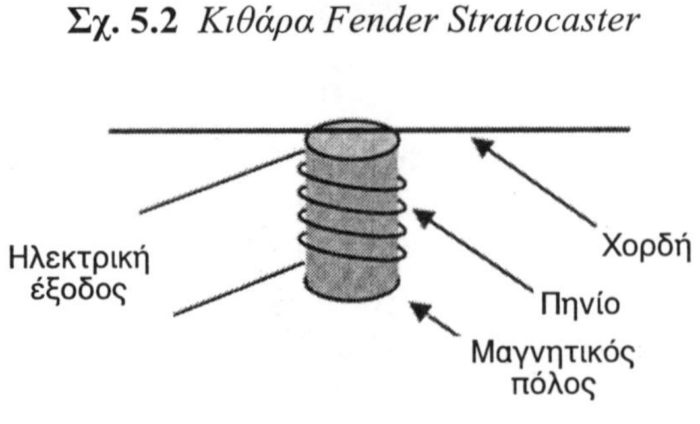

Σχ. 5.3 *Ηλεκτρομαγνητική κεφαλή*

ένα πηνίο περιτυλίγεται σε ράβδο μόνιμου μαγνήτη. Ο μαγνήτης τοποθετείται έτσι ώστε ο ένας του πόλος να δείχνει την χορδή. Καθώς η χορδή διεγείρεται από τον παίκτη, και πλησιάζει πολύ στο μαγνητικό κύκλωμα, διαταράσσεται η μαγνητική ροή στο κύκλωμα και έτσι επάγεται ένα μικρό ηλεκτρικό ρεύμα στο πηνίο. Οι πρώτες κεφαλές χρησιμοποιούσαν έναν μόνο μαγνήτη για όλες τις χορδές, αλλά τα κατοπινά μοντέλα χρησιμοποιούσαν ξεχωριστούς μαγνήτες ή ξεχωριστούς πόλους σε διαφορετικά ύψη ως προς τις χορδές, έτσι ώστε να αντισταθμίζεται η διαφορετική ευαισθησία της κεφαλής σε σχέση με κάθε μια από τις έξη ανοικτές χορδές μιας κιθάρας. Τα πηνία των κεφαλών για κιθάρες περιέχουν πάρα πολλές σπείρες (συχνά πολλές χιλιάδες) λεπτού σύρματος και με τον τρόπο αυτό είναι πολύ ευαίσθητες σε ελάχιστες κινήσεις των χορδών. Δυστυχώς, αυτό τις κάνει και πολύ ευαίσθητες σε ηλεκτρομαγνητικές παρεμβολές, και ιδιαίτερα ευαίσθητες σε επαγόμενους θορύβους που προέρχονται από τους μεγάλους μετασχηματιστές και που τρυπώνουν στα τροφοδοτικά των ενισχυτών κιθάρας! Ο Gibson, για να εξουδετερώσει αυτήν την κατάσταση, εισήγαγε τις κεφαλές humbucker. Αυτές αποτελούνται από δύο μαγνήτες και από δύο πηνία, που είναι τυλιγμένα σε σειρά, αλλά μαγνητικά αντίθετα, όπως φαίνεται στο Σχ. 5.4. Βέβαια, η ταλαντούμενη χορδή θα δημιουργήσει όμοιο σήμα και στα δύο αυτά πηνία και τα σήματα αυτά θα προστεθούν εξαιτίας της σύνδεσης σε σειρά. Ενα εξωτερικό πεδίο, όμως, θα επάγει σήμα με αντίθετη φάση σε κάθε πηνίο, και αυτά τα σήματα θα αλληλοαναιρεθούν εξαιτίας της σύνδεσης σε σειρά.

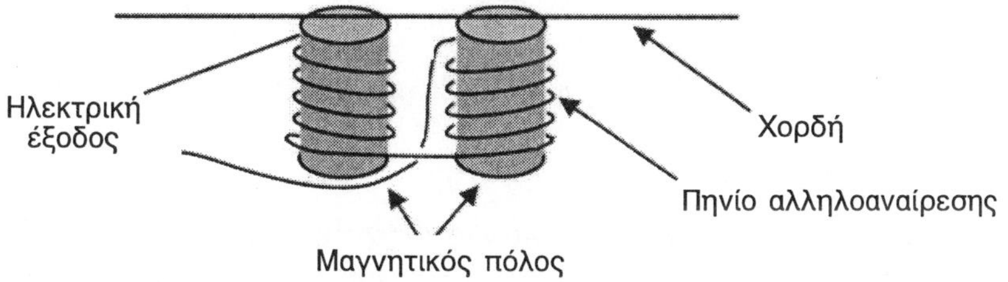

Σχ. 5.4 *Κεφαλή humbucker*

Οι περισσότερες κιθάρες έχουν πολλές κεφαλές και ένα επιλογικό διακόπτη έτσι ώστε ο παίκτης να μπορεί να επιλέξει τον αγαπημένο του ήχο. Οι κεφαλές που είναι κοντύτερα στη γέφυρα έχουν την τάση να ακούγονται περισσότερο "πρίμες" και ζωηρές. Αυτές που βρίσκονται πιο κοντά στην ταστίερα έχουν περισσότερο "βαρύ" ήχο. Επειδή οι κιθαρίστες αρέσουν να έχουν επιτόπιο έλεγχο της στάθμης ενίσχυσης και του χρώματος του τόνου, όλες οι κιθάρες διαθέτουν πλήκτρο ελέγχου έντασης ήχου και τόνου πάνω στη ίδια την κιθάρα. Οι κεφαλές έχουν σχετικά μεγάλη σύνθετη αντίσταση εξόδου, πράγμα που σημαίνει ότι είναι απαραίτητο να οδηγούν το σήμα σε μεγάλη σύνθετη αντίσταση. Για τον λόγο αυτό, τα περισσότερα ποτενσιόμετρα έντασης ήχου στις κιθάρες έχουν πολύ μεγάλη τιμή, 250k ή 500k. Παρόμοια, τα κυκλώματα ελέγχου τόνου λειτουργούν σε πολύ μεγάλη σύνθετη αντίσταση. Οπως ίσως έχουμε ήδη καταλάβει, εξαιτίας αυτών, τόσο το ίδιο το καλώδιο της κιθάρας όσο και η σύνθετη αντίσταση εισόδου του ενισχυτή έχουν ουσιαστική επίδραση στον συνολικό ήχο της εγκατάστασης της ηλεκτρικής κιθάρας. Αυτή η κατάσταση βοήθησε να τροφοδοτηθεί ο τεράστιος μύθος που περιβάλλει τις ηλεκτρικές κιθάρες, τις κεφαλές και τους αντίστοιχους ενισχυτές. Στο Σχ. 5.5 φαίνεται το σχηματικό κύκλωμα των εσωτερικών συνδέσεων της φημισμένης κιθάρας Fender Stratocaster.

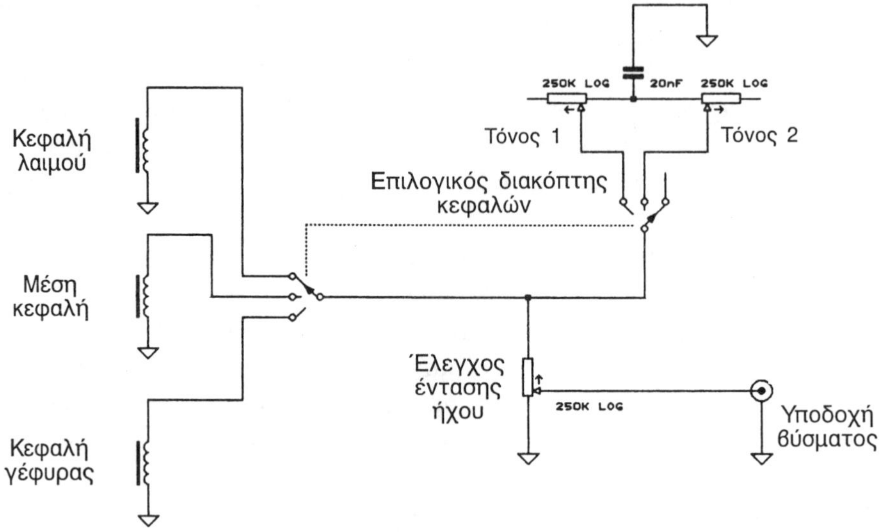

Σχ. 5.5 *Κύκλωμα Stratocaster*

Ηλεκτρικά όργανα

Τα όργανα με αυλούς, παρά την τεράστια τεχνική τους πολυπλοκότητα, έπαιξαν πρωτεύοντα ρόλο στην ανάπτυξη της Δυτικής μουσικής. Από το Μεσαίωνα οι κατασκευαστές μεγάλων οργάνων ανέπτυξαν θαυμαστή εφευρετικότητα και μαζί με την διαίσθηση τους γνώσης της αρμονικής ανάλυσης, κατασκεύασαν τα επιβλητικά όργανα σε εκκλησίες και καθεδρικούς ναούς. Δεν υπάρχει αμφιβολία ότι πολλοί κατασκευαστές μόχθησαν για να ενσωματώσουν στις δημιουργίες τους ήχους (παύσεις) που δεν είχαν ποτέ ακουστεί προηγουμένως. Τα θαυμάσια ονόματα των Open Diapason, Cornopean, Geigen Diapason είναι μάρτυρες των παραπάνω. Αλλά μόχθησαν για να μιμηθούν και υπάρχοντα όργανα. Για να το μάθουμε, δεν έχουμε παρά να δούμε και πάλι τα ονόματα των παύσεων, Viole d' Orchestre, Clarinet, Trumpet. Συχνά οι κατασκευαστές οργάνων σχεδίαζαν τα ακουστικά όργανα έτσι ώστε η πίεση των πλήκτρων να συνδέεται και οι αυλοί κατασκευάζονταν έτσι ώστε να ηχούν πάνω από τη νότα που παίζονταν, προσθέτοντας με τον τρόπο αυτό αρμονικό χρώμα.

Δυστυχώς τα μεγάλα όργανα με αυλούς δε συμπληρώνουν μόνο επιβλητικούς καθεδρικούς ναούς, αλλά χρειάζονται και καθεδρικοί ναοί για να τα στεγάσουν! Πολλά από τα μεγάλα όργανα σε καθεδρικούς ναούς της βόρειας Ευρώπης έχουν αυλούς μπάσσων με μήκους 10 μέτρα, πράγμα που είναι κρίμα αν μας αρέσει να παίζουμε όργανο στο σπίτι μας! Ετσι επινοήθηκαν τα πρώτα ηλεκτρικά όργανα, για ερασιτέχνες που ήθελαν να παίζουν όργανο στο σπίτι τους. Τα βρίσκουμε, όμως, όλο και περισσότερο αντί για τα όργανα με αυλούς σε εκκλησίες, όπου τα ακουστικά όργανα άρχισαν να βασανίζονται από προβλήματα ηλικίας εξαιτίας της κατασκευής τους από ξύλο, δέρμα ή άλλα αλλοιούμενα υλικά. Κάθε σχεδίαση ηλεκτρικού οργάνου ξεκινά με τους απλούς ηλεκτρονικούς ταλαντωτές.

Παραγωγή και σύνθεση θεμελιωδών ήχων

Στο Κεφάλαιο 2 αναφέρθηκε για πρώτη φορά η ιδέα ότι κάθε κυματομορφή μπορεί να συντεθεί με πρόσθεση κατάλληλου πλήθους ημιτονοειδών κυμάτων κατάλληλου πλάτους και φάσης, μιας τεχνικής που είναι γνωστή σαν προσθετική σύνθεση. Είναι, ωστόσο, ενδιαφέρον ότι μερικές από τις απλούστερες κυματομορφές όταν παρατηρούνται από πλευράς χρόνου είναι περισσότερο σύνθετες παρά αν παρατηρηθούν από πλευράς συχνότητας και έτσι είναι δυσκολότερο να συντεθούν με προσέγγιση σύνθεσης περιοχής συχνοτήτων. Ευτυχώς, μερικές από αυτές δημιουργούνται αμέσως με σύνθεση από πλευράς χρόνου. Ας δούμε πρώτα μερικά πραγματικά κυκλώματα για την παραγωγή του βασικότερου δομικού λίθου σύνθεσης κυματομορφών, δηλαδή του ημιτονοειδούς κύματος.

Στο Σχ. 5.6 φαίνονται δύο ταλαντωτές ημιτονοειδών κυμάτων. Ο ταλαντωτής συντονισμένου κυκλώματος LC είναι καταλληλότερος για την παραγωγή κυμάτων ραδιοσυχνότητας (100 kHz και πάνω). Το κύκλωμα του σχήματος είναι γνωστό σαν *τύπου συντονισμένου απαγωγού - συντονισμένης πύλης*. Η δράση του γίνεται κατα-

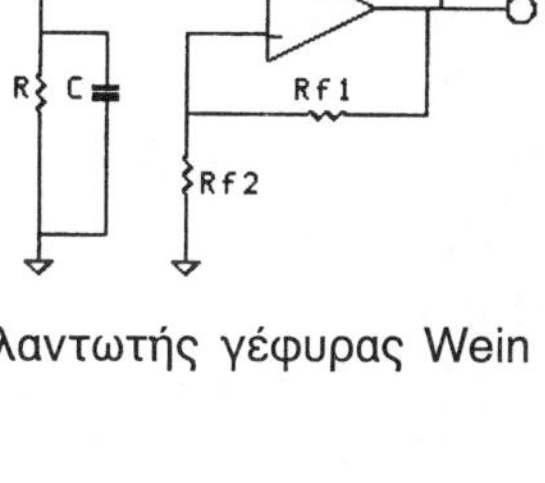

Ταλαντωτής γέφυρας Wein

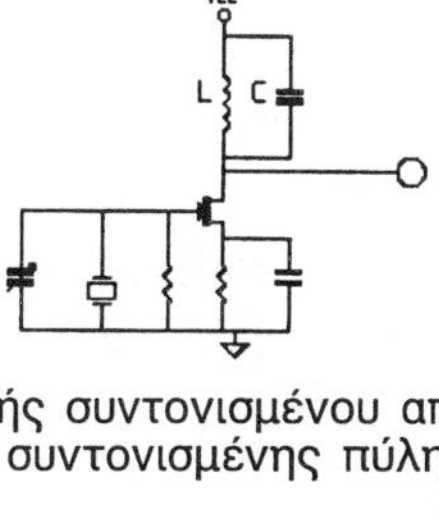

Ταλαντωτής συντονισμένου απαγωγού - συντονισμένης πύλης

Σχ. 5.6 *Ταλαντωτές ημιτονοειδούς κύματος*

νοητή αν εξετάσουμε την δράση της εσωτερικής χωρητικότητας Miller που συζευγνύει το συντονισμένο κύκλωμα στο κύκλωμα απαγωγού (θύρα εξόδου) με το συντονιζόμενο κύκλωμα στο κύκλωμα πύλης (θύρα εισόδου). Στην περίπτωση του κυκλώματος του σχήματος, η θύρα εισόδου συντονίζεται με κρύσταλλο. Η διαδρομή ανάδρασης, η ορθή απολαβή της βαθμίδας FET, και το αποτέλεσμα συντονισμού του κυκλώματος *LC* και κρυστάλλου αποτελούν τα τρία απαραίτητα συστατικά κάθε ηλεκτρονικού ταλαντωτή:

1 απολαβή
2 ανάδραση
3 συντονισμός.

Αυτός ο τύπος κυκλώματος είναι γνωστός για την σταθερότητα συχνότητάς του επειδή ο κρύσταλλος βρίσκεται σε συνθήκη πολύ μικρού φορτίου. Το δεύτερο κύκλωμα στο Σχ. 5.6 είναι γνωστό σαν ταλαντωτής γέφυρας Wein και σχηματίζεται γύρω από έναν τελεστικό ενισχυτή (op-amp) μαγάλης απολαβής. Και πάλι, ο op-amp με βαθμίδα εισόδου FET είναι ιδανικός εδώ εξαιτίας της πολύ μεγάλης σύνθετης αντίστασης εισόδου του που ουσιαστικά δεν επηρεάζει τα εξαρτήματα συντονισμού. Για κατανόηση του ταλαντωτή γέφυρας Wein, εξετάζουμε τον συνδυασμό του κυκλώματος σειράς RC και του παράλληλου κυκλώματος RC που ζευγνύει την θύρα εξόδου του op-amp με την θύρα εισόδου μη αντιστροφής. Το κύκλωμα αυτό παράγει μηδενική μετατόπιση φάσης (και άρα μέγιστη ανάδραση) όταν η τιμή της φανταστικής αντίστασης των πυκνωτών είναι ίση με την τιμή των ωμικών αντιστάσεων. Στη συχνότητα αυτή, το σήμα που εμφανίζεται στην είσοδο μη αντιστροφής του op-amp είναι το ένα τρίτο της τιμής του σήματος στην έξοδο του ενισχυτή. Ετσι, η βαθμίδα ενίσχυσης θα πρέπει να δίνει απολαβή ίση με τρία για αντισταθμίσει αυτή την απώλεια και να διατηρήσει την ταλάντωση. Ετσι η Rf_1 επιλέγεται ώστε να είναι διπλάσια της Rf_2. Βέβαια, αν η απολαβή αυξηθεί πέρα από το 3, τότε πολύ σύντομα ο ενισχυτής θα αρχίσει να υπερφορτώνεται και να καταστρέφει την καθαρότητα της κυματομορφής. Η Rf_2, για να διατηρηθεί η ημιτονοειδής καθαρότητα, μερικές φορές αποτελείται από μια μικρή λάμπα με νήμα η οποία, σε περίπτωση που η έξοδος αρχίσει να μεγαλώνει, θα φωτοβολεί περισσότερο, οπότε η αντίστασή της θα αυξάνει και έτσι θα ελαττώνει την απολαβή του ενισχυτή. Ο ταλαντωτής γέφυρας του Wein είναι κατάλληλος για την παραγωγή ημιτονοειδών κυμάτων σε ακουστικές συχνότητες.

Ας εξετάσουμε τώρα την πριονωτή κυματομορφή που φαίνεται σαν έξοδος του κυκλώματος στο Σχ. 5.7. Η κυματομορφή αυτή παριστάνει την απλούστερη δυνατή συνάρτηση χρόνου επειδή, στην περίοδο από $-\pi$ μέχρι $+\pi$, η κυματομορφή εκφραζόμενη σα συνάρτηση χρόνου είναι ο ίδιος ο χρόνος! Μιά τέτοια κυματομορφή θεωρητικά πραγματοποιείται με πρόσθεση άπειρου πλήθους ημιτονοειδών κυμάτων ως εξής:

$$f(t) = \sin t - \frac{1}{2}(\sin 2t) + \frac{1}{3}(\sin 3t) - \frac{1}{4}(\sin 4t) + \ldots\ldots\ldots$$

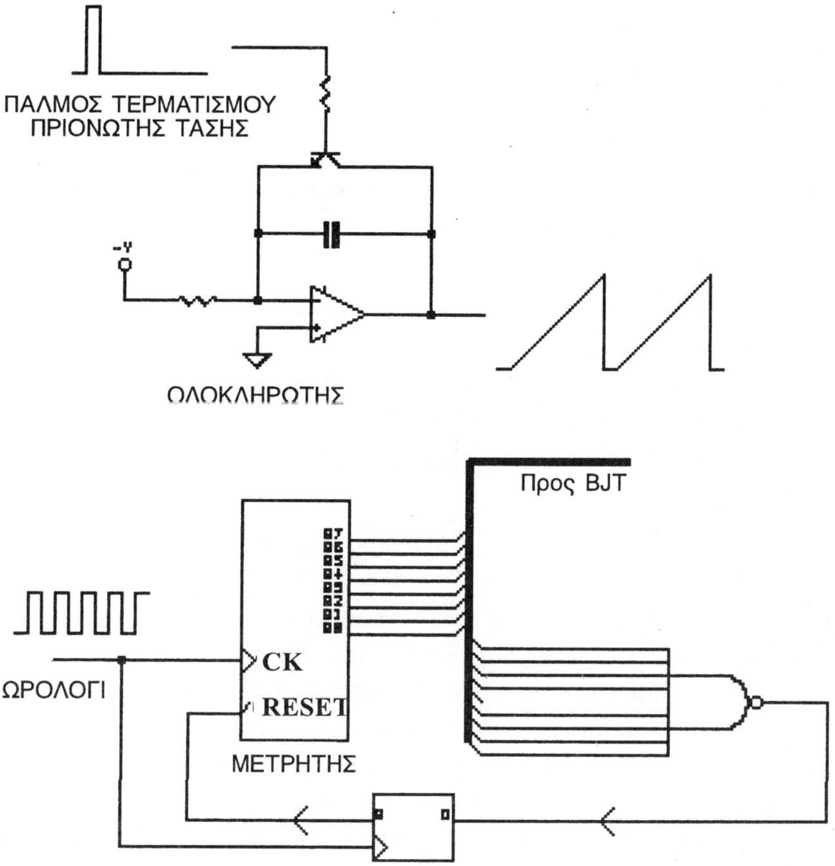

Σχ. 5.7 *Παραγωγή πριονωτής κυματομορφής*

Είναι, ωστόσο, φανερά ευκολότερο να πάρουμε αυτή την κυματομορφή αν κατασκευάσουμε ένα μηχανισμό που αναγκάζει μια ηλεκτρονική ποσότητα να αυξάνει γραμμικά με το χρόνο, για παράδειγμα την τάση στα άκρα πυκνωτή ο οποίος φορτίζεται με σταθερό ρεύμα. Στο σχήμα φαίνεται ακριβώς ένα τέτοιο κύκλωμα. Αυτό που χρειάζεται μόνο είναι η επιστροφή της τιμής της τάσης στην ελάχιστη τιμή της κατά την θεμελιώδη περιοδικότητα της κυματομορφής. Αυτό πετυχαίνεται με τη βοήθεια μιας μεταγόμενης διαδρομής εκφόρτισης μεγάλου ρεύματος που σχηματίζεται από το τρανζίστορ, όπου το τερματικό περιοδικό σήμα ενεργοποιεί επανειλημμένα το κύκλωμά του βάσης - εκπομπού. Στο ίδιο σχήμα υπάρχει και ένα πρακτικό κύκλωμα γεννήτριας ψηφιακού πριονωτού παλμού που δημιουργεί μια δυαδική ακέραια τιμή η οποία αυξάνει γραμμικά με τον χρόνο αυξάνοντας ένα κύκλωμα μετρητή με κανονικό σήμα ωρολογίου. Οπως θα δούμε η τεχνική αυτή έχει πολύ μεγάλη εφαρμογή.

Στο Σχ. 5.8. φαίνονται κυκλώματα παραγωγής παραβολικών κυματομορφών. Αυτό

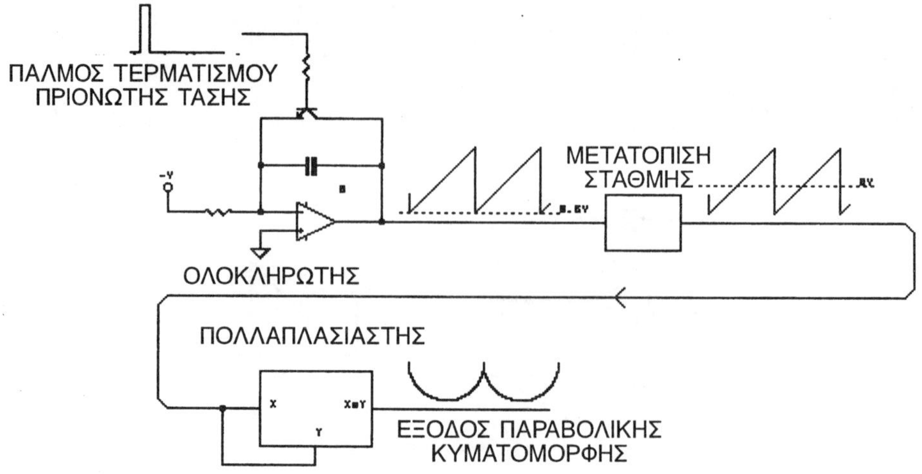

Σχ. 5.8 *Παραγωγή παραβολικού κύματος*

γίνεται παίρνοντας ένα πριονωτό σήμα και κάνοντάς το τετραγωνικό. Αν και αυτό μπορεί να γίνει και ψηφιακά, συνήθως λαμβάνεται μια άλλη ψηφιακή προσέγγιση. Στην περίπτωση αυτή χρησιμοποιείται ο αυξητικός μετρητής διευθυνσιοδότησης μιας EPROM. Μέσα στην συσκευή αυτή αποθηκεύεται ένας πίνακας τιμών που μπορεί να καθορίσει όποια κυματομορφή θέλουμε. Η τεχνική αυτή δείχνει την δύναμη και το πλεονέκτημα της ψηφιακής παραγωγής κυματομορφών. Ας σημειωθεί ότι οι μεγαλύτερες διευθύνσεις της EPROM χρησιμοποιούνται για την μεταγωγή μεταξύ διαφορετικών σελίδων διευθύνσεων. Με τον τρόπο αυτό επιλέγονται κατά βούληση πολλές κυματομορφές.

Στο Σχ. 5.9 φαίνονται τεχνικές παραγωγής τετραγωνικών κυμάτων. Το τετραγωνικό κύμα, όπως συμβαίνει και με το πριονωτό, μπορεί να συντεθεί από άπειρο πλήθος ημιτονοειδών κυμάτων ως εξής:

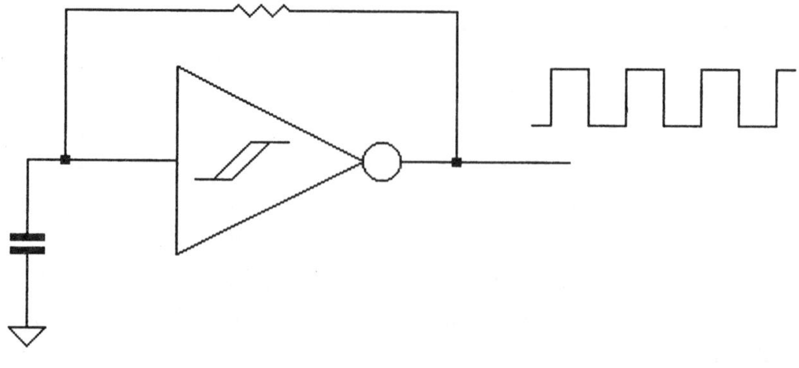

Σχ. 5.9 *Γεννήτρια πριονωτού κύματος*

$$f(t) = \sin t + \frac{1}{3}(\sin 3t) + \frac{1}{5}(\sin 5t) + \ldots\ldots\ldots$$

Επειδή, όμως, μπορεί να θεωρηθεί ότι η κυματομορφή μετάγεται στην περιοχή χρόνου μεταξύ δύο καταστάσεων ίσης χρονικής διάρκειας, είναι πολύ ευκολότερη η κατασκευή ενός κυκλώματος που θα κάνει ακριβώς αυτό, με τη μορφή που είναι γνωστή σαν ασταθής πολυδονητής.

Τα ηλεκτρικά όργανα πρέπει να μιμούνται τις διάφορες βασικές οικογένειες ομάδων τόνων (παύσεων στη γλώσσα των οργάνων). Υπάρχουν τέσσερις βασικές κατηγορίες τόνων οργάνων:

Τόνος φλάουτου
Τόνος διαπασών
Τόνος χορδής
Τόνος γλωσσίδας

Υπάρχουν δύο βασικοί τύποι ηλεκτρονικών οργάνων: τα όργανα διαίρεσης και τα όργανα ελεύθερης φάσης. Τα όργανα διαίρεσης χρησιμοποιούν μια ψηφιακή γεννήτρια ανώτερης οκτάβας (ένας ταλαντωτής για κάθε ημιτόνιο) και σειρές δισταθών διαίρεσης δια του 2 για τις χαμηλότερες οκτάβες. Αυτό έχει το διπλό πλεονέκτημα της απλότητας και του σύμφωνου συντονισμού κατά μήκος των οκτάβων. Η προσέγγιση, όμως, αυτή έχει και μερικά μειονεκτήματα. Πρώτο, επειδή οι γεννήτριες είναι ψηφιακές, όλες οι θεμελιώδεις νότες είναι τετραγωνικά κύματα και γι' αυτό περιέχουν μόνο περιττούς αρμονικούς, που είναι ιδανικοί σαν βάση τόνων γλωσσίδας αλλά άχρηστοι για την παραγωγή τόνου χορδής και διαπασών. Δεύτερο, επειδή όλες οι νότες κάθε οκτάβας είναι κλειδωμένες ως προς συχνότητα και φάση, δεν υπάρχει ο πλούτος του τόνου που σχετίζεται με το πραγματικό όργανο με αυλούς, ένα φαινόμενο που οφείλεται στον ελάχιστο κακό συντονισμό σε παρόμοιες νότες στις διαφορετικές οκτάβες σε πραγματικό όργανο, που ο καθένας παράγει μυριάδες διακροτήματα μεταξύ θεμελιωδών και αρμονικών. (Μάλιστα το μεγαλύτερο μέρος της εκφραστικότητας των ορχηστρικών τόνων εγχόρδων, ή των φωνητικών τόνων σε χορωδία, οφείλεται στο ίδιο φαινόμενο, στις ελάχιστες διαφορές τονικότητας μεταξύ κάθε παίκτη μουσικού οργάνου ή τραγουδιστή. Κατά την διάρκεια του ταξιδιού μας στην μουσική ηλεκτρονική θα επανέλθουμε πολλές φορές σ' αυτήν την παράλογη επιθυμία ελάχιστου μη συντονισμού). Πάντως, τα όργανα διαίρεσης έχουν την τάση να παράγουν ένα "στείρο" τόνο που δεν αρέσει στους μουσικούς.

Η εναλλακτική λύση είναι γνωστή σαν ηλεκτρονικό όργανο ελεύθερης φάσης. Θεωρητικά, το όργανο ελεύθερης φάσης έχει διαφορετικό ταλαντωτή για κάθε νότα του πληκτρολογίου. Αυτό είναι το ιδανικό, αλλά πρακτικοί λόγοι πολυπλοκότητας εξαναγκάζουν σε συμβιβασμό όπου ένας ταλαντωτής διαμοιράζεται μεταξύ γειτονικών ημιτονίων. Ο διακόπτης πληκτρολογίου έχει διπλό ρόλο και σαν πλήκτρο ήχησης του ταλαντωτή και σαν πλήκτρο διαχωρισμού τονικότητας μεταξύ, πχ, Sol και

Sol-δίεσης. Η λογική πίσω απ' αυτό βρίσκεται στη φύση της Δυτικής τονικής μουσικής η οποία σπάνια ζητά ταυτόχρονη ήχηση γειτονικών ημιτονίων. Οι σχεδιαστές έχουν δείξει αξιοσημείωτη εφευρετικότητα στην κατασκευή τέτοιων κυκλωμάτων. Στο παρελθόν οι κατασκευαστές μουσικών οργάνων είχαν την τάση να χρησιμοποιούν σε πραγματικές σχεδιάσεις ταλαντωτές *LC* αλλά, περισσότερο πρόσφατα, υπάρχει τάση προς τους ταλαντωτές Wein παρά τις σημαντικές δυσκολίες που εμφανίζονται στην πληκτρολόγηση ενός τέτοιου ταλαντωτή χωρίς να παράγεται ακουστό "κλικ" στην αρχή και στο τέλος της νότας και στην διάταξη όπου ο ταλαντωτής πρέπει να ακούγεται σε δύο διαφορές τονικότητες.

Σε κάθε περίπτωση η κυριαρχούσα ημιτονοειδής φύση κύματος του σήματος που παράγεται από ταλαντωτή *LC* ή Wein, είναι ιδανική σαν θεμελιώδης βάση του τόνου φλάουτου. Για την εξομοίωση των πολλών άλλων ήχων αυλού χρειάζονται κυματομορφές μεγαλύτερου αρμονικού περιεχομένου. Το απλούστερο κύκλωμα από αυτή την άποψη είναι ο ψαλλιδιστής με δίοδο που φαίνεται στο Σχ. 5.10. Αυτός "τετραγωνίζει" το εισερχόμενο ημιτονοειδές κύμα και παράγει ένα πρωτόγονο τόνο γλωσσίδας. Ας σημειωθεί ότι αυτό είναι το πρώτο παράδειγμα στο βιβλίο αυτό όπου χρησιμοποιείται μη γραμμικό κύκλωμα σε μουσική χρήση. Όπως αναφέρεται στο Κεφάλαιο 1, αυτή η ουσιώδης μη γραμμικότητα είναι η ουσία της μουσικής ηλεκτρονικής και την ξεχωρίζει από τα ηλεκτρονικά εγγραφής και αναπαραγωγής που βάζουν πάνω απ' όλα τη γραμμικότητα της απόκριση συχνότητας και της χαρακτηριστικής μεταφοράς.

Ενα ενδιαφέρον μη γραμμικό κύκλωμα φαίνεται στο Σχ. 5.11. Το κύκλωμα αυτό χρησιμοποιείται για την εισαγωγή δεύτερης και μεγαλύτερης τάξης άρτιων αρμονι-

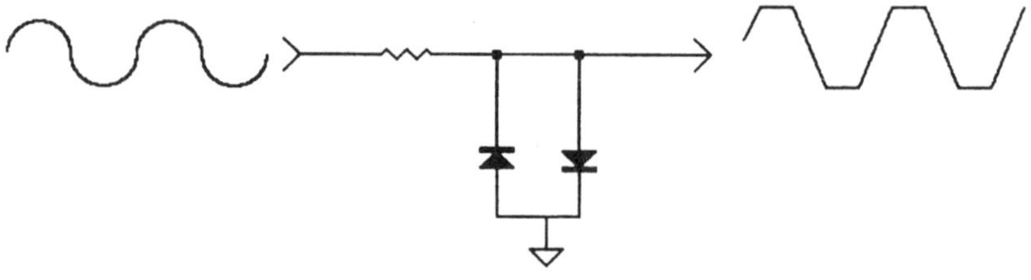

Σχ. 5.10 *Ψαλλιδιστής με δίοδο*

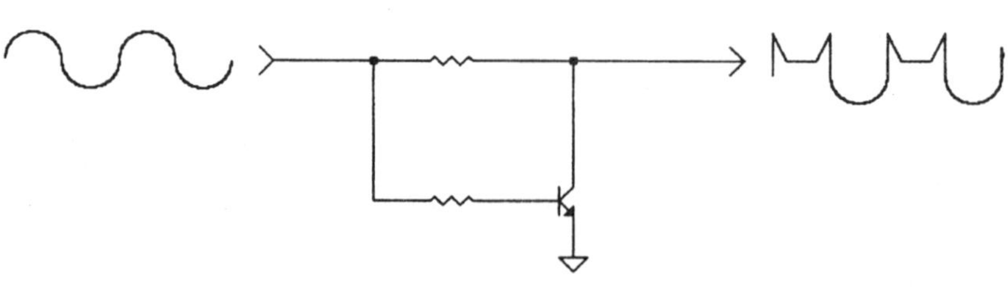

Σχ. 5.11 *Μη γραμμικό κύκλωμα παραγωγής σύνθετων τόνων*

κών. Στο σχήμα φαίνεται και η έξοδος του κυκλώματος. Αυτός ο τύπος κυκλώματος χρησιμοποιείται για την προσομείωση του ήχου ανοικτού διαπασών και, με τροποποιήσεις, μπορεί να χρησιμοποιηθεί για την παραγωγή μεγάλης ποικιλίας αποχρώσεων ήχου.

Οργανα Hammond και Compton

Αρχικά τα ηλεκτρονικά όργανα προσπαθούσαν να προσομοιώσουν τον τόνο του ακουστικού οργάνου, ένα κατόρθωμα που σήμερα πραγματοποιείται τόσο καλά που μόνο ειδήμονες μπορούν να πουν αν το όργανο σε μια εκκλησία είναι ηλεκτρονικό ή το πρωτότυπο ακουστικό όργανο. Πολύ σύντομα, όμως, οι σχεδιαστές αυτών των ηλεκτρονικών οργάνων άρχισαν να πειραματίζονται με αρμονικούς συνδυασμούς χάρις στην αυξημένη ευελιξία που τους έδινε η ηλεκτρονική, και όχι η μηχανική, σύζευξη. Ακριβώς μια τέτοια φιλοδοξία οδήγησε στην ανάπτυξη του κλασικού οργάνου Hammond B3.

Οι σχεδιαστές του οργάνου Hammond B3 (Σχ. 5.12) προβλέποντας, όπως αποδείχτηκε, την ανάπτυξη της ηλεκτρονικής στερεάς κατάστασης, σοφά απέφυγαν τη χρήση ηλεκτρονικών ταλαντωτών για να πάρουν τους θεμελιώδεις ημιτονοειδείς τόνους και, αντίθετα, επέλεξαν μια ηλεκτρομηχανική μέθοδο όπου περιστρεφόμενοι μηχανικοί δίσκοι με προεξέχουσες άκρες επηρέαζαν το μαγνητικό πεδίο ηλεκτρομαγνητών που είχαν περιελίξεις κοντά στην άκρη του δίσκου. Ετσι, αυτή η αρχή λειτουργίας, που φαίνεται στο Σχ. 5.13, είναι ένας ηλεκτρομηχανικός ταλαντωτής μεταβλητής μαγνητικής αντίστασης, μοναδικός στο είδος του. Αλλοι κατα-

Σχ. 5.12 *Όργανο Hammond B3*

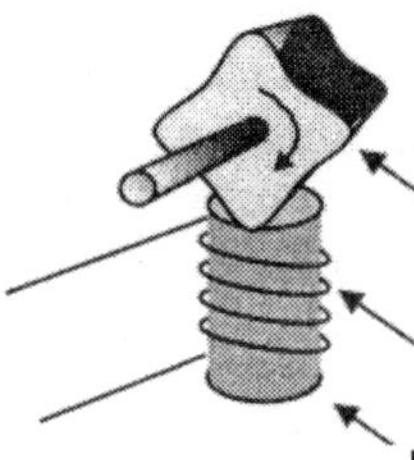

Σχ. 5.13 *Ταλαντωτής μεταβλητής μαγνητικής αντίστασης*

σκευαστές παρουσίασαν παρόμοιες σκέψεις. O Compton, επίσης, χρησιμοποίησε περιστροφικές γεννήτριες τόνων αλλά αυτές λειτουργούσαν με μια τεχνική μεταβλητής χωρητικότητας. Για κάθε νότα της κλίμακας χρησιμοποιούνταν παρόμοια ηλεκτρομηχανικά εξαρτήματα, όπου οι διαφορετικές τονικότητες επιτυγχάνονταν με την επιλογή λόγου τροχαλιών που οδηγούσαν τις γεννήτριες τόνου με κοινή μηχανική κίνηση.Οι φιλοδοξίες της Hammond προχωρούσαν πολύ πιο πέρα από την αναπαραγωγή ήχου εκκλησιαστικού οργάνου και σκόπευαν, αντίθετα, στην αναπαραγωγή ήχων άλλων οργάνων. Η τεχνική τους προσθετικής σύνθεσης αφορούσε στην ανάλυση ήχων πραγματικών οργάνων (με χρήση αναλυτή Fourier) και την αναδημιουργία τους μέσα από κατάλληλη επιλογή και πρόσθεση ημιτονοειδών κυμάτων τα οποία παράγονταν από την "τράπεζα" συνεχών ταλαντωτών. Συναρπαστικά, είναι δίκαιο να πούμε ότι η Hammond απέτυχε σχεδόν εντελώς να πετύχει αυτό που ξεκίνησε να κάνει με το όργανο Hammond, δηλαδή την προσομοίωση ήχων άλλων οργάνων! Κατάφεραν, όμως, με τον τρόπο αυτό να δημιουργήσουν ένα δικό της "κλασσικό" ήχο. Αυτό είναι ένα άλλο θέμα που θα ξανασυναντήσουμε πολλές φορές στις επόμενες σελίδες, δηλαδή η "πετυχημένη αποτυχία" και το ουσιώδες απρόβλεπτο της μουσικής ηλεκτρονικής.

Η προσθετική σύνθεση παρουσιάζει μια εντελώς λογική προσέγγιση, αλλά περιβάλλεται με πρακτικές δυσκολίες, όπως πχ ο αριθμός των ταλαντωτών! Μπορούμε να συμπεράνουμε από τα παραπάνω την πολυπλοκότητα του διπλού πληκτρολογίου ηλεκτρονικού οργάνου, αλλά ας θυμηθούμε ότι το χρώμα των τόνων του ήχου οργάνου με αυλούς είναι σχετικά απλό! Θα δούμε αργότερα, ότι οι σχεδιαστές αναγκάστηκαν να βρούν τρόπους εκτός από την προσθετική σύνθεση για να εξομειώσουν τους ήχους άλλων μουσικών οργάνων.

Theremin

Ενα από τα παλαιότερα ηλεκτρονικά όργανα, το μονοφωνικό (ενός τόνου) μελωδικό όργανο αναπτύχθηκε αρχικά στη Ρωσία γύρω στα 1920 από τον Lev Sergeyevich Termin. Οταν ο Termin μετανάστευσε στις ΗΠΑ άλλαξε το όνομά του σε Theremin και βελτίωσε και πήρε ευρεσιτεχνία για την αρχική του εφεύρεση. Το όργανό του, με την επωνυμία Theremin, κατασκευάστηκε σε μεγάλες ποσότητες από την RCA στην δεκαετία 1930. Αλλες εφευρέσεις του Theremin ήταν το Terpsitone (ένα Theremin που λειτουργούσε με τις κινήσεις του σώματος χορευτή), το Rhythmicon (ένα είδος πρώτης μηχανής αλληλουχίας κρουστών), μια πρώτη προσπάθεια έγχρωμης TV, και μια συσκευή παρακολούθησης για χρήση από την KGB! Το 1939, κάτω από μυστηριώδεις συνθήκες, ο Theremin επέστρεψε στη Σοβιετική Ενωση, χωρίς τη γυναίκα του που είχε γνωρίσει και παντρευτεί στην Αμερική. Εκεί έπεσε και σε εύνοια και σε δυσμένεια των αρχών, και στη συνέχεια εργάστηκε σε διάφορους εργοδότες, έτσι ώστε να μπορεί να εργάζεται στα μουσικά του όργανα στον ελεύθερό του χρόνο. Οταν έφτασε στα ογδόντα του, εξακολουθούσε να δουλεύει εβδομάδα 40 ωρών (και ζούσε σε ένα στενάχωρο δωμάτιο σε κοινόχρηστο διαμέρισμα). Για πολλές δεκαετίες, οι περισσότεροι στην Δύση θεωρούσαν ότι ο Theremin ήταν νεκρός. Οταν, τελικά, μαθεύτηκε ότι ζούσε, προσκλήθηκε σε διάφορα μουσικά φεστιβάλ στην Ευρώπη, και ύστερα, το 1991, στον εορτασμό της Εκατονταετίας του Stanford University όπου ήταν ο τιμώμενος καλεσμένος σε ένα κονσέρτο όπου παρευρίσκονταν ο Bob Moog, ο Tom Oberheim, ο Don Buchla, ο Dave Smith, ο Roger Linn και άλλα ιερά τέρατα της ηλεκτρικής μουσικής. Ο Theremin πέθανε το 1993 σε ηλικία 97 ετών.

Τα λόγια του ίδιου του Theremin (1924) περιγράφουν θαυμάσια τη φύση του οργάνου:

> Από ευρεία άποψη, ο τρόπος της εφεύρεσης περιλαμβάνει ένα ταλαντούμενο σύστημα, ικανό να παράγει ακουστούς ηχητικούς τόνους και προσαρμοσμένο έτσι ώστε να επηρεάζεται ή να θίγεται από αντικείμενο ή αντικείμενα, όπως τα χέρια ή τα δάχτυλα χειριστή που κινούνται σε σχέση γειτονίας με ένα στοιχείο, μαζί με αναπαραγωγέα ήχου που είναι συνδεδεμένος λειτουργικά με το παραπάνω σύστημα. Για να παραχθούν καθαρός ήχος ή μουσικοί τόνοι, και να επιτρέπεται εύκολος έλεγχος χρησιμοποιείται μια πληθώρα ταλαντωτών, με συχνότητα μεγαλύτερη της ακουστής περιοχής αλλά που αλληλεπιδρούν μεταξύ τους έτσι ώστε να παράγεται παρεμβολή ή νότες διακροτημάτων ακουστής συχνότητα. Η συχνότητα ενός ή περισσότερων ταλαντωτών ελέγχεται από το χειριστή έτσι ώστε να παράγονται νότες διακροτημάτων της επιθυμητής τονικότητας. Η συσκευή σε επιλεγμένη μορφή ενσωματώνει και τρόπους ελέγχου της έντασης και της χροιάς της μουσικής.

Τα κυκλωματικά διαγράμματα που συνοδεύουν την ευρεσιτεχνία του Theremin από το 1924 παρουσιάζονται απλά για ενδιαφέρον στο Σχ. 5.14, αλλά είναι μάλλον δύσκολο να διαβαστούν και έτσι η λειτουργία του Theremin φαίνεται σε σχηματική μορφή στο Σχ. 5.15. Στο Σχ. 5.16 φαίνεται το κυκλωματικό διάγραμμα μιας έκδοσης (που αποδίδεται στον Moog). Παρατηρούμε ότι το όργανο περιέχει τρεις γεννήτριες ραδιοσυχνότητας (που λειτουργούν στην περιοχή εκατοντάδων kHz). Οι ταλαντωτές 1 και 2 είναι προσυντονισμένοι ακριβώς στην ίδια συχνότητα. Φαίνεται

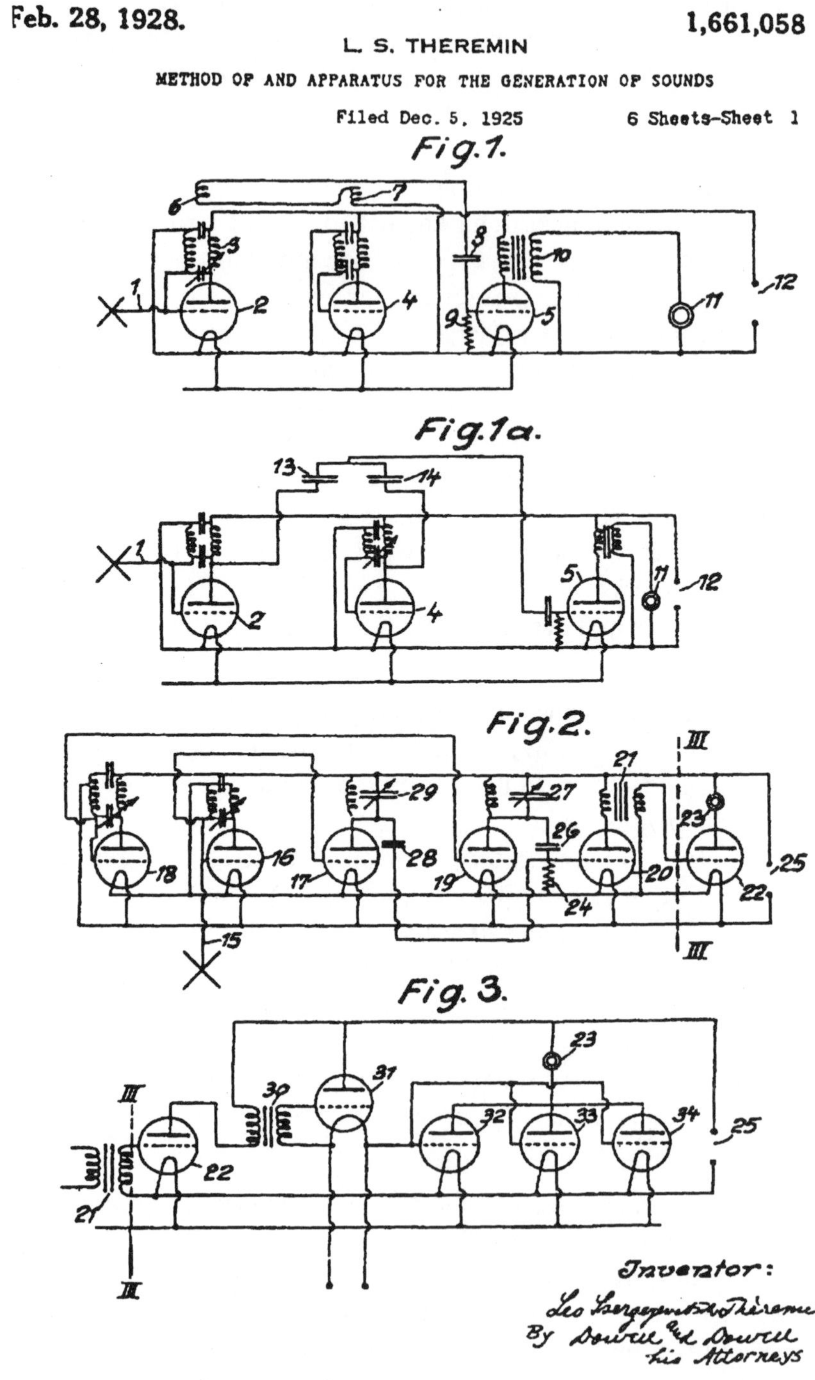

Σχ. 5.14 *Σχέδια της ευρεσιτεχνίας του Theremin*

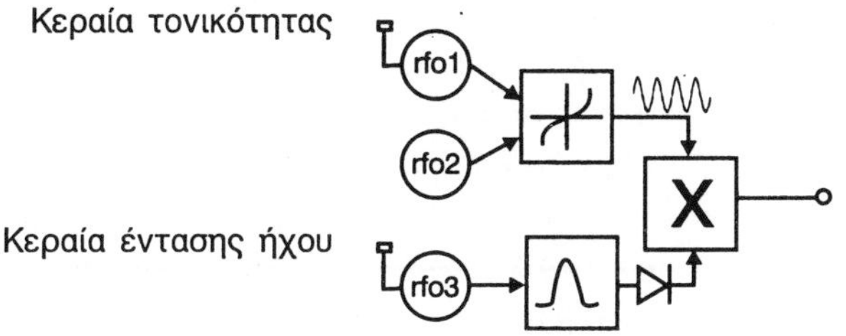

Σχ 5.15 *Σχηματικό διάγραμμα του Theremin*

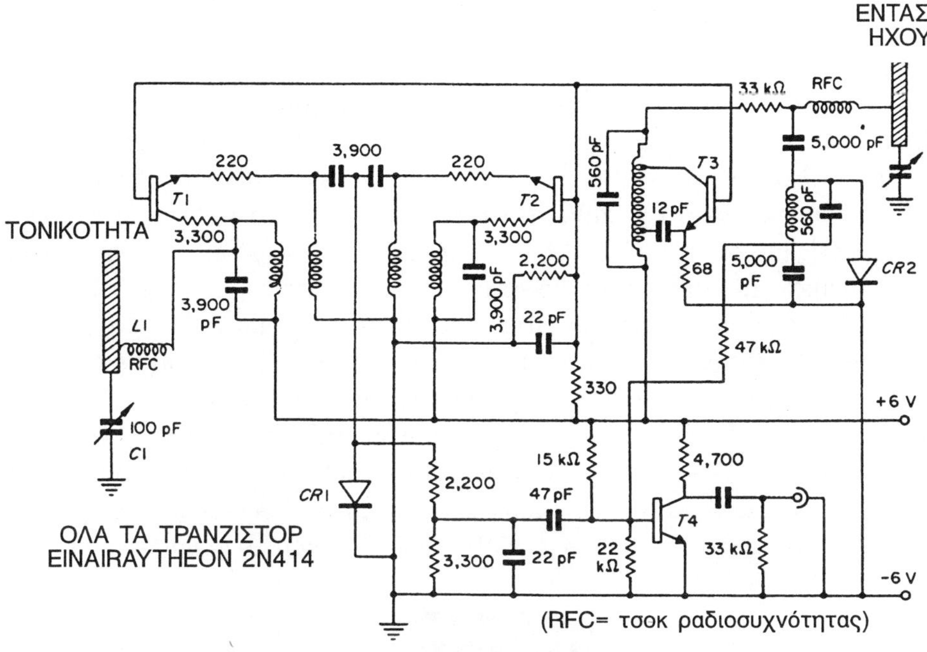

Σχ. 5.16 *Theremin με τρανζίστορ (αποδίδεται στον Moog)*

καθαρά ότι η προκύπτουσα έξοδος του μη γραμμικού κυκλώματος (του μίκτη RF) θα είναι το σήμα αθροίσματος και διαφοράς. Το άθροισμα φιλτράρεται στη συνέχεια, αφήνοντας μόνο το σήμα διαφοράς να περάσει στην επόμενη βαθμίδα του ενισχυτή. Ο ταλαντωτής 1 διαφέρει από τον ταλαντωτή 2 ως προς την πρόσθετη χωρητικότητα συντονισμού, στα άκρα του κύριου κυκλώματος συντονισμού, που σχηματίζεται από την μεταλλική κεραία και την αλληλεπίδρασή της με τη γη. Το μόνο που έχει να κάνει ο χειριστής είναι να φέρει τα χέρια ή το σώμα του σε μικρή απόσταση από την κεραία έτσι ώστε να υπάρξει μια μεταβολή της συχνότητας ταλάντωσης με αποτέλεσμα την παραγωγή ακουστού τόνου που προέρχεται από τη διεργασία πολλαπλασιασμού. Οσο πιο κοντά προς την πλάκα πλησιάζει ο χειριστής, τόσο περισσότερο θα συμπιέζεται η συχνότητα ταλάντωσης του ταλαντωτή 1 και τόσο μεγαλύτερη θα είναι η προκύπτουσα τονικότητα της εξόδου ακουστικής συχνότητας του Theremin. Ετσι, το Theremin, στην απλούστερη μορφή του, είναι ικανό να παράγει μια απεριόριστη περιοχή συχνοτήτων, από υπόηχους μέχρι τους μη ακουστούς ήχους υψηλής συχνότητας σε παρατεταμένη διατηρούμενη ολίσθηση.

Το εκφραστικό δυναμικό ενός τέτοιου συστήματος είναι αναπόφευκτα περιορισμένο, και γι' αυτό έχει προστεθεί ο τρίτος ταλαντωτής και τα κυκλώματα που έχουν σχέση μ' αυτόν. Αυτό το τρίτο κύκλωμα RF παράγει έξοδο που μπορεί να συντονιστεί, και πάλι μεταβλητή με την αλληλεπίδραση του σώματος του παίκτη όταν αυτό βρίσκεται κοντά σε μια άλλη μεταλλική κεραία ή ράβδο. Αλλά αυτός ο ταλαντωτής δεν αλληλεπιδρά με άλλο ταλαντωτή αλλά, αντίθετα, η έξοδός του τροφοδοτείται σε συντονισμένο κύκλωμα, που είναι συντονισμένο στο κάτω άκρο της περιοχής του μεταβλητού ταλαντωτή. Καθώς ο παίκτης πλησιάζει στην κεραία, η παραγόμενη συχνότητα πέφτει και αυξάνει η έξοδος στα άκρα του συντονισμένου φίλτρου. Το σήμα αυτό, κατάλληλα ανορθωμένο, γίνεται τάση ελέγχου που χρησιμοποιείται για να μεταβάλλει την απολαβή της τελικής ακουστικής βαθμίδας. Ετσι το πλήρες όργανο έχει την ικανότητα μεταβολής της τονικότητας και της έντασης ήχου και να παράγει σαφείς μουσικές φράσεις. Γενικά παίζεται με δύο χέρια, το ένα για να ρυθμίζει την τονικότητα και το άλλο για να ρυθμίζει την ένταση. Στο Σχ. 5.17 φαίνεται ένα σύγχρονο Theremin, της Big Briar, Inc (554-C Riverside Dr., Asheville, NC 28801, USA). Η Big Briar παράγει όμορφα, χειροποίητα Theremin σε τρία βασικά στυλ, δύο αρχικές σχεδιάσεις του Theremin και μια ενός σύγχρονου γλύπτη.

Παρά τη μεγάλη δυσκολία στο παίξιμο, το Theremin έχει καταφέρει να έχει περιορισμένη καλιτεχνική επιτυχία. Ακούγεται σε αρκετά ορχηστρικά κομμάτια όπως στα *Συμφωνικό Μυστήριο για Theremin και Ορχήστρα* (1924) του Andrei Paschenko, και στην *Πρώτη Αεροφωνική Σουίτα* (1929) του Schillinger. Το *Ecuatorial* του Varese,

Σχ. 5.17 *Theremin της Big Briar*

αρχικά ήταν γραμμένο για δύο Theremin. Ο Ρώσος συνθέτης Shnittke έχει γράψει έργα για Theremin, όπως και ο Percy Grainger. Οι χρήσεις σε μουσική pop περιλαμβάνουν το *Good Vibrations* των Beach Boys, και το όργανο έχει χρησιμοποιηθεί σε πολλές κινηματογραφικές ταινίες και στα πρώτα soundtrack της τηλεόρασης. Τα ηχητικά εφφέ της ταινίας *Lost Weekend* και άλλων μεγάλων κινηματογραφικών ταινιών εκτελέστηκαν από κάποιον Samuel Hofman, που, επίσης, έπαιξε Theremin σε ένα άλμπουμ του 1950 που ονομαζόταν *"Perfumes Set to Music"*. Εχει ενδιαφέρον το γεγονός ότι η πραγματική επιτυχία του Theremin είναι συμβολική, επειδή παραμένει το έμβλημα της πειραματικής ηλεκτρονικής μουσικής. Μια θέση που ίσως την απολαμβάνει επειδή είναι ένα από τα πολύ λίγα όργανα στη μουσική μνήμη που έχουν σχεδιαστεί για να χρησιμοποιούν μια πραγματικά νέα τεχνική εκτέλεσης μουσικής.

Το Univox

Το Univox (Σχ. 5.18), που σχεδιάστηκε το 1946 από τους Derek Underdown και Tom Jennings, και κατασκευάστηκε από τη JMI Company, ήταν ένα μικρό φορητό μονοφωνικό όργανο με λυχνίες με επιλεγόμενη περιοχή τόνων και εφφέ vibrato. Ο ήχος του Univox είναι γνωστός σε όλους από τον δίσκο single *Telstar* των Tornadoes το 1962. Ο Tom Jennings συνέχισε και ίδρυσε την VOX.

Το Clavinet της Hohner

Το Clavinet ήταν, από εμπορικής και καλλιτεχνικής πλευράς, το περισσότερο πετυ-

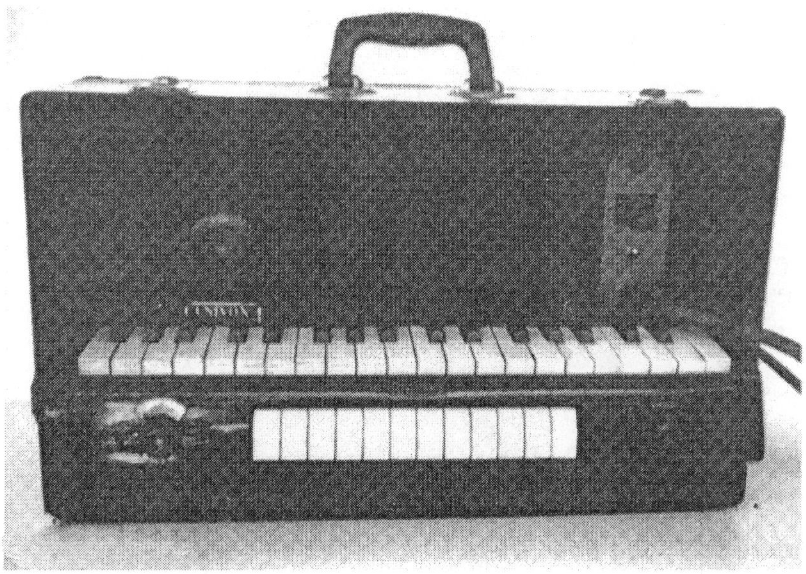

Σχ. 5.18 *Το Univox*

χημένο πληκτρολόγιο που παρήγαγε η Γερμανική εταιρεία Hohner, που το σχεδίασε έτσι ώστε να αναπαράγει τον ήχο του κλειδόχορδου (Σχ. 5.19). Διάφορα αρχικά μοντέλα κατέληξαν στο Clavinet "C". Αυτό, με τη σειρά του, βελτιώθηκε στο D6, που ήταν ένα φορητό πληκτρολόγιο με δυνατότητα ενίσχυσης. Είχε πλήρως δυναμικό πληκτρολόγιο, βλ. Σχ. 5.20, και έτσι όσο πιό δυνατό ήταν το χτύπημα του παίκτη στα πλήκτρα, τόσο εντονότεροι και περισσότερο παλόμενοι ήταν οι τόνοι που παράγονταν (Coates 1997). Η σχεδίαση αυτή εξασφάλιζε τον βαθμό χειροπιαστής ανάδρασης που τόσο πολύ χρειάζεται για πραγματικά "μουσική" εμπειρία και, χωρίς αμφιβολία, εξηγούσε την επιτυχία της σε μουσικούς που ηχογραφούσαν και ερμήνευαν, μεταξύ των οποίων ήταν γνωστό σαν "τρομερό πληκτρολόγιο". Οι διασημότερες ηχογραφήσεις του Clavinet περιλαμβάνουν το *Superstition* του Stevie Wonder και το *Nut Rocker* του Keith Emerson των Emerson, Lake και Palmer.

Σχ. 5.19 *Το Clavinet της Hohner*

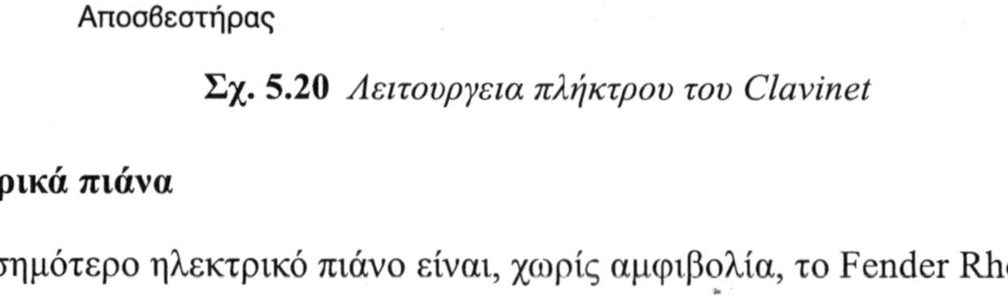

Σχ. 5.20 *Λειτουργεια πλήκτρου του Clavinet*

Ηλεκτρικά πιάνα

Το διασημότερο ηλεκτρικό πιάνο είναι, χωρίς αμφιβολία, το Fender Rhodes. Αυτό, και οι πολλές απομιμήσεις του, είναι στην πραγματικότητα περισσότερο ηλεκτρονικό μεταλλόφωνο (ή βιμπράφωνο) παρά ηλεκτρονικό πιάνο επειδή ο μηχανισμός παραγωγής ήχου αποτελείται από χτυπημένες μεταλλικές ράβδους, και όπου οι σφύρες ενεργοποιούνται με ένα μηχανισμό συμβατικού πληκτρολογίου.Το πιάνο Fender Rhodes χρονολογείται από της αρχές της δεκαετίας του 1940 όταν ο Harold Rhodes, ένας Αμερικανός στρατιώτης κατασκεύασε ένα “πιάνο μωρό” όπου οι μεταλλικές ράβδοι κρούονταν απευθείας από τα ίδια τα ξύλινα πλήκτρα. Η κατασκευή είχε μεγάλη επιτυχία στους άλλους στρατιώτες για τη διασκέδαση των οποίων είχε κατασκευαστεί και, συναρμολογήθηκαν εκατοντάδες. Αργότερα, μεγάλωσε η περιοχή τονικότητάς του και εφευρέθηκε ένας μηχανισμός απόσβεσης. Τέλος, προστέθηκε μια προσαρμογή της κεφαλής ηλεκτρικής κιθάρας έτσι ώστε το πιάνο να μπορεί να ενισχυθεί. Αυτή η μονάδα προσέλκυσε την προσοχή του κατασκευαστή κιθαρών Leo Fender και έτσι γεννήθηκε το Fender Rhodes, όπως το γνωρίζουμε σήμερα.

Η λειτουργία του Rhodes είναι απλή. Το ξύλινο πλήκτρο ενεργοποιεί μια σφύρα μέσω έκκεντρου. Οταν το πλήκτρο πιεστεί, ανυψώνονται οι αποσβεστήρες πάνω από τις ράβδους ήχησης οι οποίες κρούονται από τη σφύρα. Η ράβδος αυτή (γνωστή σαν δόντι) πάλλεται και διαταράσσει το μαγνητικό κύκλωμα που σχηματίζεται από τον μόνιμο μαγνήτη μέσα στην κεφαλή. Ετσι αυτή η κίνηση μετατρέπεται σε ηλεκτρικό ρεύμα. Το Σχ. 5.21 είναι μια παράσταση της λειτουργίας του Fender Rhodes (ibid.) και το Σχ. 5.22 δίνει λεπτομέρειες του μηχανισμού μετατροπής. Να γίνει σύγκριση αυτού του σχήματος με το σχήμα της κεφαλής κιθάρας και του μηχανι-

Λειτουργία του Rhodes
Λειτουργία πιάνου σε τομή

1. Συναρμολόγηση παραγωγής τόνων
2. Δόντι (Μέρος της συναρμολόγησης παραγωγής τόνων)
3. Ελατήριο χορδίσματος
4. Βίδα ρύθμισης των ράβδων τόνου
5. Βίδα ρύθμισης των ράβδων τόνου
6. Βίδα στήριξης γεννήτριας τόνου
7. Ράβδος τόνου
8. Συναρμολόγηση κεφαλής
9. Βίδες ρύθμισης κεφαλής
10. Τσόχα αποσβεστήρα
11. Συναρμολόγηση αποσβεστήρα
12. Βίδα στερέωσης αποσβεστήρα
13. Ακρο κεφαλή σφύρας
14. Συναρμολόγηση σφύρας
15. Λωρίδα χαλινού
16. Φλάντζα λαβής σφύρας
17. Τσόχα λειτουργίας
18. Πλήκτρο
19. Τσόχα πληκτρολογίου
20. Υποστήριγμα λειτουργίας
21. Στήριγμα λειτουργίας

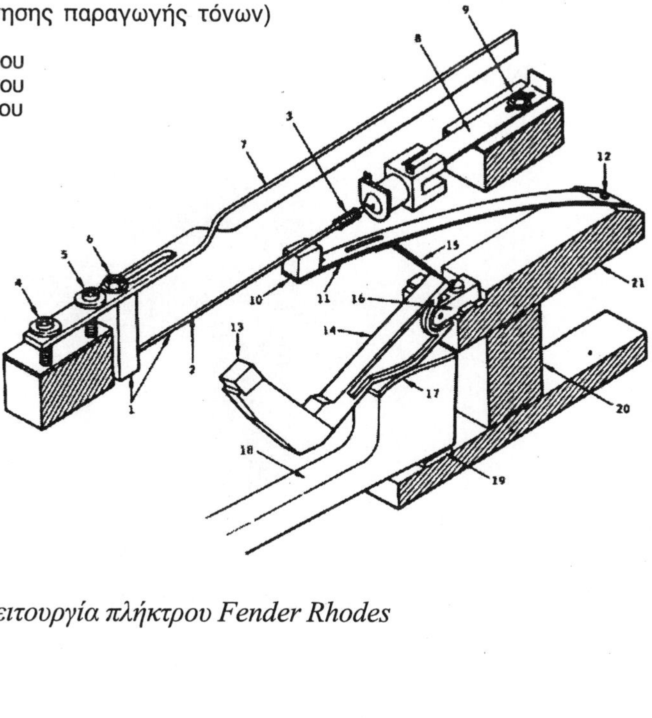

Σχ. 5.21 *Λειτουργία πλήκτρου Fender Rhodes*

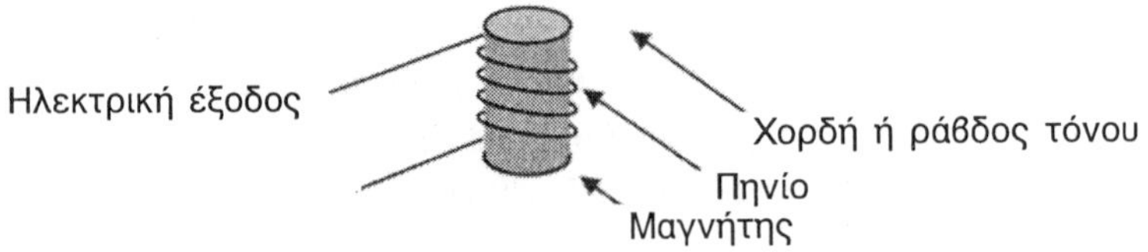

Σχ. 5.22 *Μηχανισμός μετατροπής Fender Rhodes*

σμού παραγωγής κυματομορφών του οργάνου Hammond. Το Fender Rhodes κατασκευάστηκε σε δύο τύπους: μοντέλο Stage που είναι εντελώς παθητικό, όπως μια κιθάρα, και το μοντέλο Suitcase που χρειάζεται τροφοδοσία με τάση για το ενσωματωμένο σύστημα ενίσχυσης (όπως αυτό που φαίνεται στο Σχ. 5.23). Εξαιτίας της φύσης του μηχανισμού, που επέτρεπε μεγάλη ποικιλία εκφραστικών τόνων χάρη στη δύναμη κρούσης του πλήκτρου, μαζί με την φυσική απεριόριστη πολυφωνία του πληκτρολογίου, το Rhodes εξασφάλισε και συνεχίζει να εξασφαλίζει ότι είναι ένα ευρέως χρησιμοποιούμενο όργανο. Στην πραγματικότητα το Fender Rhodes είναι τόσο ευρύτατα διαδεδομένο που είναι αδυνατόν να προσέξουμε μερικές συγκεκριμένες παραστάσεις.

Ηλεκτρονικά πιάνα

Ενα καλό ακουστικό πιάνο είναι μια πολύ επιθυμητή προσθήκη σε ένα μουσικό σπίτι. Είναι, όμως, δύσκολο να τοποθετηθεί ακόμη και το μικρότερο πιάνο συναυλιών στα σημερινά μικρά σπίτια, και ειδικότερα σε ανεπτυγμένες βιομηχανικά περιοχές όπου ο χώρος κοστίζει πολύ. Μια λύση είναι ένα καλό όρθιο πιάνο, αλλά (όπως γνωρίζουν όσοι προσπάθησαν να το μεταφέρουν) το βάρος του και η "μετακόμισή" του είναι πρόβλημα για όσους ζούν σε διαμερίσματα και είναι υποχρεωμέ-

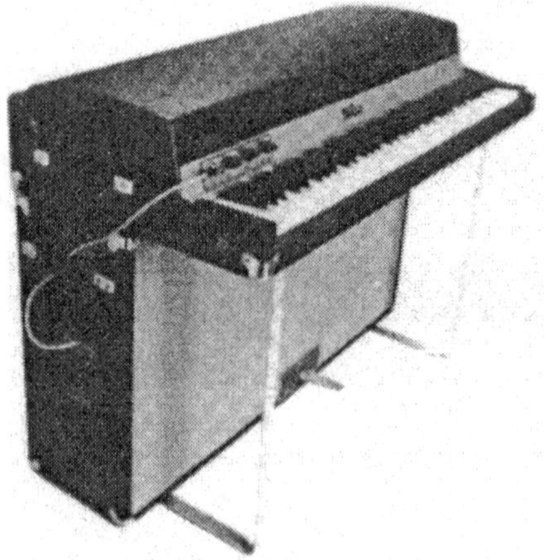

Σχ. 5.23 *Μοντέλο Suitcase του Rhodes*

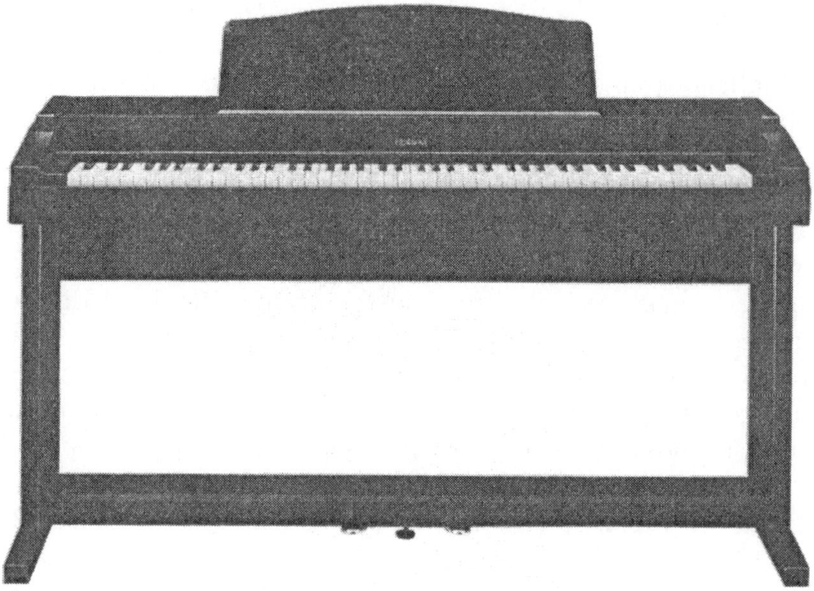

Σχ. 5.24 *Ηλεκτρονικό πιάνο Roland*

νοι να μετακομίζουν συχνά. Τα παραπάνω καθώς και άλλα θέματα έχουν εξασφαλίσει την αγορά των ηλεκτρονικών πιάνων που θα προσομοιώνουν την πραγματική "εμπειρία του πιάνου", και σαν ήχου και σαν φυσικής, απτής αίσθησης του πληκτρολογίου τους σε ένα μικρότερο και ελαφρύτερο (και φθηνότερο) πιάνο απ' ότι σε πραγματικό. Στο Σχ. 5.24. φαίνεται ένα παράδειγμα ηλεκτρονικού πιάνου της Roland. Το μοντέλο αυτό έχει πληκτρολόγιο πιάνου με 88 πλήκτρα όπου το κάθε πλήκτρο έχει ιδιαίτερη στάθμιση μέσω μηχανισμού απόσβεσης με λάδι έτσι ώστε να εξομοιώνει την ίδια αίσθηση και την απόκριση ενός καλού πιάνου συναυλιών. Το συγκεκριμένο μοντέλο έχει την Δομημένη Προσαρμοστική Σύνθεση (Structured Adaptive Synthesis, SAS) αποκλειστικότητας της Roland που είναι επιλεκτικό μείγμα από τεχνικές που δίνουν τον πλέον πραγματικό δυνατό ήχο. Αλλοι κατασκευαστές έχουν επιλέξει την δειγματοληψία (βλ. Κεφάλαιο 7) σαν βάση παραγωγής ήχων στα ηλεκτρονικά τους πιάνα. Η τεχνικές που χρησιμοποιούνται από τους σύγχρονους κατασκευαστές για την σχεδίαση και την κατασκευή αυτών των οργάνων είναι τόσο καλές που τα ηλεκτρονικά πιάνα εκπροσωπούν μια καλή εναλλακτική λύση για πιάνα στο σπίτι και στην εκπαίδευση. Προσφέρουν, ακόμη, πολύ σημαντικά πλεονεκτήματα στους τεχνικούς ήχου, επειδή το πιάνο είναι όργανο διάσημο για την δυσκολία του σε ηχογράφηση, και ένα κακό πιάνο είναι ουσιαστικά αδύνατο να ηχογραφηθεί καλά. Τα ηλεκτρονικά πιάνα, δεν έχουν μόνο εξόδους για ακουστικά που μπορούν να χρησιμοποιηθούν για ιδιωτική εξάσκηση αλλά όλα διαθέτουν εξόδους γραμμής (stereo) που μέσω άμεσης εισόδου (DI) μπορούν να οδηγηθούν στον ηχητικό μίκτη.

Το Martenot

Το Ondes Martenot (δηλ. Κύματα Martenot, στα Γαλλικά) εφευρέθηκε από τον Maurice Martenot, καθηγητή της Ecole Normale de Musique στο Παρίσι. Το πρώτο μοντέλο πήρε άδεια ευρεσιτεχνίας στις 2 Απριλίου 1928 με το όνομα Perfectionnements aux instruments de musique electriques (δηλ. βελτιώσεις ηλεκτρονικών μουσικών οργάνων). Τα πρώτα μοντέλα έμοιαζαν πολύ λίγο με τα κατοπινά μοντέλα παραγωγής που φαίνονται στο Σχ. 5.25. Οι αρχικές μονάδες έμοιαζαν πολύ με το Theremin και αποτελούνταν από δύο επιτραπέζιες μονάδες που τις έλεγχε ένας εκτελεστής ο οποίος χειρίζονταν μια χορδή συνδεδεμένη με δακτυλίδι στο δάκτυλό του, και χρησιμοποιούσε την χωρητικότητα του σώματος για να ελέγχει τα χαρακτηριστικά του ήχου με τρόπο πολύ παρόμοιο με τον τρόπο που αυτό γίνονταν στο Theremin. Η συσκευή αυτή αργότερα ενσωματώθηκε σε μια λωρίδα δακτύλων πάνω από ένα συνηθισμένο πληκτρολόγιο. Το Ondes Martenot παρουσιάστηκε αρχικά στο Παρίσι το 1928 και πήρε πρώτο βραβείο στην Διεθνή Εκθεση Τέχνης και Τεχνικής το 1937. Πολλοί από τους πρώτους συνθέτες που άκουσαν και χειρίστηκαν το όργανο γοητεύτηκαν από τους ήχους που παρήγαγε επειδή συνδύαζε θαυμάσια απόκριση στην αφή με απόκοσμους και αιθέριους ηλεκτρονικούς τόνους. Το όργανο έγινε δημοφιλές στα μέλη του Les Six στη Γαλλία (ιδιαίτερα από τους Milhaud και Honegger). Μια από τις πρώτες βιρτουόζες του Ondes ήταν η αδελφή του Martenot, η Ginette Martenot. Τα μεταγενέστερα όργανα είχαν και μια σειρά πλήκτρων έκφρασης που επέτρεπαν στον παίκτη να αλλάζει τη χροιά και το χαρακτήρα των ήχων. Μια έκδοση είχε ακόμη και μικροτονικό συντονισμό.

Ο σκοπός του Martenot, που ήταν η παραγωγή ενός ευέλικτου ηλεκτρονικού οργάνου με το οποίο θα εξοικιώνονταν αμέσως οι μουσικοί ορχήστρας, εκπληρώθη-

Σχ. 5.25 *Το Ondes Martenot*

κε επειδή το Ondes Martenot είναι ίσως το περισσότερο αποδεκτό από τα ηλεκτρονικά μουσικά όργανα στην κλασσική σκηνή. Για το λόγο αυτό το Ondes Martenot είχε ένα πρωτοφανές μεγάλο ρεπερτόριο, πολύ μεγαλύτερο από το ρεπερτόριο του Theremin. Διάσημοι συνθέτες έγραψαν έργα για το όργανο, μεταξύ άλλων οι Edgard Varese και Olivier Messien, όπου ο δεύτερος ενορχήστρωσε την *Turangalala Symphonie* και τις *Trois Petites Liturgies de la Presence Divine.* Αλλοι συνθέτες ήταν οι Maurice Jarre, Jolivet και Koechlin. Το Martenot άλλοτε χρησιμοποιείται σαν μεμονωμένο όργανο (όπως σε έργα όπως το *Jean de la Peur* του Marcel Landowski) είτε σαν ορχηστρικό όργανο που χρησιμοποιείται κατά διαστήματα μέσα σε ένα μουσικό θέμα για ορισμένα ειδικά εφφέ. Καλό παράδειγμα αυτής της χρήσης είναι ήχοι σαν κελαϊδίσματα και τρίλλιες που είναι χαρακτηριστικά του έργου του Olivier Messaien. Αλλοι συνθέτες γράψανε ομοφωνίες (ανσάμπλ) για το Ondes, μερικές φορές μέχρι και οκτώ ταυτόχρονα!

Το Mellotron

Παρά τις επιφυλάξεις του George Martin, παραγωγού των Beatles ότι αυτό το όργανο έμοιαζε σαν ένα πιάνο του Neanderthal να είχε μπει μέσα σε ένα πρωτόγονο ηλεκτρονικό πληκτρολόγιο και αυτός ο παραμορφωμένος, μπασμένος γόνος να είχε ονομαστεί "Mellotron" (Martin 1994), ωστόσο αυτό το αναλογικό όργανο δειγματοληψίας (αν και πρωτόγονο) είχε έντονη επίδραση στην τονική παλέττα της λαϊκής μουσικής της δεκαετίας του 1960. Λειτουργούσε με τη βοήθεια ενός κομματιού μαγνητικής ταινίας πάνω στην οποία υπήρχαν εγγραφές πραγματικών μουσικών οργάνων. Με την πίεση ενός πλήκτρου η ταινία περνούσε από μια κεφαλή αναπαραγωγής μέχρι να τελειώσει. Με τα λόγια του Martin, "εκείνη την στιγμή ένα ισχυρό ελατήριο την ξανάφερνε ακαριαία στην αρχή. Αυτό σήμαινε ότι αν το πλήκτρο μιας νότας πιεζόταν για περισσότερο από μερικά δευτερόλεπτα, η μηχανή έβγαζε ένα δυνατό ήχο σαν λόξυγγα που σταματούσε για όση ώρα ξανατυλίγονταν και ξανάρχιζε."

Το Mellotron ήταν η σύλληψη του Harry Chamberlin από την Καλιφόρνια, στα τέλη της δεκαετίας του 1940. Το αρχικό μοντέλο, σύμφωνα με την καταγωγή του σαν το πρώτο όργανο δειγματοληψίας στον κόσμο, είχε 14 βρόχους ταινίας με θέματα από κρουστά και προορίζονταν για την αγορά των οικιακών μουσικών οργάνων. Στα επόμενα δέκα χρόνια, ο Chamberlin σχεδίασε και κατασκεύασε μια σειρά από πληκτρολόγια με αποκορύφωμα μια μηχανή με διπλή κονσόλα 35 πλήκτρων, όπου η πρώτη κονσόλα ήταν για την "δειγματοληψία" ήχου οργάνων και η δεύτερη για ταινίες με ρυθμούς και ηχητικά εφφέ. Στην δεκαετία του 1960, ο Chamberlin προσέλαβε έναν πωλητή, ο οποίος, απογοητευμένος από την ανικανότητα του εφευρέτη να λύσει διάφορα τεχνικά προβλήματα, μετέφερε την ιδέα στην Bradmatic Ltd. στην Αγγλία, που προμήθευε τις κεφαλές μαγνητικής ταινίας για το Mellotron. Τους πρότεινε να κατασκευάσουν ένα νέο μοντέλο του Mellotron, πράγμα που έκαναν με συνέπεια. (Δυστυχώς , ο πωλητής δεν είπε στον Bradley ότι η ιδέα δεν ήταν δική του και, παρόμοια, δεν πληροφόρησε τον Chamberlin σχετικά με τη νέα "τακτοποίηση"!)

Το 1966 ο Chamberlin, μετά από πολλή δυσαρέσκεια, συμφώνησε να πωλήσει την τεχνολογία στους Bradley που μετονόμασαν την εταιρία τους Streetly Electronics και ξεκίνησαν την παραγωγή του ώριμου πλέον πληκτρολογίου Mellotron. (Ο Chamberlin συνέχισε σε παράλληλο δρόμο ανάπτυξης με μιά σειρά οργάνων που είναι γνωστά απλά σαν Chamberlin.) Το νέο πληκτρολόγιο Mellotron των Bradley τράβηξε την προσοχή των Βρεττανικών μουσικών συγκροτημάτων που αναζητούσαν νέες προσθήκες στην τονική τους παλέττα. Μεταξύ αυτών ήταν οι Beatles, οι Rolling Stones και οι Kinks. Το 1966 ο John Lennon συνέθεσε μια μικρή φράση που ο McCartney έπαιξε στο Mellotron, και που ήταν η αρχή του *Strawberry Fields Forever*. Και μόνο αυτή η φράση με τα τέσσερα χτυπήματα, που σχηματίζει το άνοιγμα ενός από τους περισσότερο νεωτεριστικούς δίσκους όλων των εποχών, εγγυάται στο Mellotron μια θέση στα χρονικά της ιστορίας των ήχων. Στα Σχ. 5.26 και 5.27 φαίνονται το εξωτερικό και το εσωτερικό, αντίστοιχα, ενός Mellotron της δεκαετίας του 1960.

Βιολί με δοξάρι μαγνητικής ταινίας

Κάτι παρόμοιο με το Mellotron είναι το βιολί με δοξάρι μαγνητικής ταινίας, μια

Σχ. 5.26 *Το Mellotron*

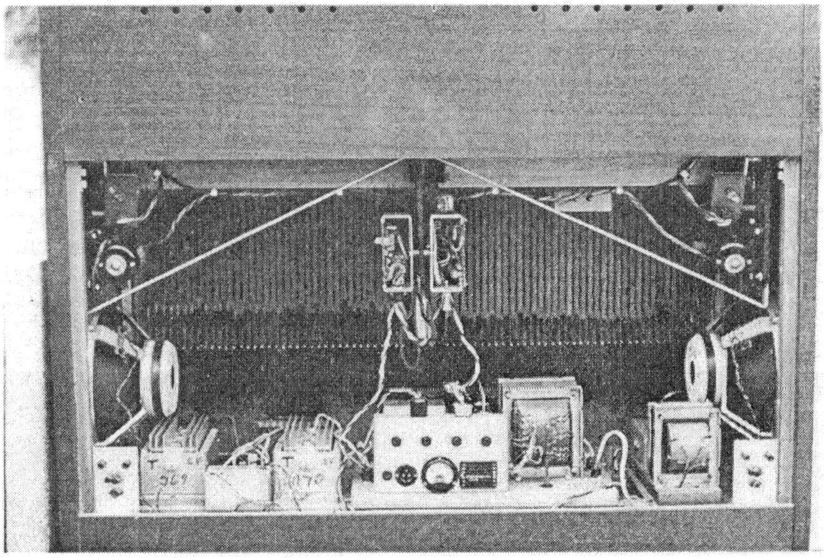

Σχ. 5.27. *Το εσωτερικό του Mellotron*

εφεύρεση της Laurie Anderson που γενήθηκε το 1948 στο Σικάγο του Illinois, ΗΠΑ. Η Anderson σπούδασε γλυπτική στο Columbia University και ασχολήθηκε με διάφορες καλλιτεχνικές παραστάσεις ενώ βρισκόταν στο κολλέγιο. Μετά την αποφοίτησή της παρέμεινε στη Νέα Υόρκη όπου γνώρισε τον Fillip Glass. Η Anderson, κατά τη διάρκεια της συνεργασίας της με ηλεκτρονικούς μουσικούς, σχεδίασε το βιολί με δοξάρι μαγνητικής ταινίας, ένα όργανο που είχε μαγνητική ταινία αντί για δοξάρι και κεφαλή αναπαραγωγής αντί για χορδές. Το μουσικό "δείγμα" που είχε καταγραφεί στο δοξάρι, μπορούσε να παιχτεί με το σύρσιμό του πάνω στην κεφαλή όπως στη συμβατική τεχνική βιολιού. Η δύναμη της εφεύρεσης έγκειται στο γεγονός ότι οι παραλλαγές στον τρόπο συρσίματος του δοξαριού δίνουν τη δυνατότητα πολύ ευέλικτης μεταχείρισης του δείγματος. Η Anderson είναι διάσημη για την μουσική της επιτυχία σε δίσκο single *O Superman* που ήταν ένα μικρό τμήμα της τεράστιας σειράς της United States I-IV. Η περισσότερο πρόσφατη δουλειά της Anderson αφορά σε συνεργασία με τους Brian Eno και Lou Reed.

Βιβλιογραφία

Coates, B. (1997) Melbourne Music Web Pages.

Martin, G. and Pearson, W. (1994) *Summer of Love—The Making of Stg. Pepper,* Macmillan

Theremin, L.S. (1925) US Patent: Method of and Apparatus for the Generation of Sound. Serial No. 73,529.

ΚΕΦΑΛΑΙΟ 6

Ηλεκτρονικά εφφέ

Ηχώ και αντήχηση

Η πραγματική ηχώ ακούγεται μόνο όταν ένας ανακλώμενος ήχος φτάσει μετά από ένα εικοστό του δευτερολέπτου ή αργότερα από την πρώτη άφιξη του άμεσου ήχου στα αυτιά μας. Ας συγκρίνουμε αυτό τον ήχο με τον ήχο που συνοδεύει τη φωνή ενός ιερέα ή μιας χωρωδίας καθώς το σκόρπισμά τους αναδεύει το βουητό της αντήχησης στην ατμόσφαιρα ενός αχανούς μεσαιωνικού καθεδρικού ναού. Και αυτή η αντήχηση αποτελείται από ηχώ, αλλά από μια μάζα ηχών που ακολουθούν ομαλότερα απ' ότι σε μια διάκριτη ηχώ. Είναι φανερό ότι τα περισσότερα στούντιο ηχογραφήσεων δεν είναι αρκετά μεγάλα ώστε η ηχώ να αποτελεί φυσικό επακόλουθο του σχεδιασμού τους. Ούτε τα περισσότερα είναι αρκετά σπηλαιώδη ώστε να έχουν την ακουστική ενός καθεδρικού ναού. Αυτό βέβαια είναι και πλεονέκτημα επειδή είναι πολύ ευκολότερο να προσθέσουμε τεχνητή αντήχηση και ηχώ παρά να απαλείψουμε τη φυσική ηχώ. Αυτή είναι και η φιλοσοφία στις περισσότερες σύγχρονες προσεγγίσεις στο σχεδιασμό μικρότερων στούντιο, να έχουμε σκοπό μια ξερή φυσική ακουστική και να την αυξάνουμε με τεχνητή αντήχηση, όταν χρειάζεται.

Αρχικά, η τεχνητή ηχώ επιτυγχάνονταν με μια συσκευή καθυστέρησης (της κίνησης) μαγνητικής ταινίας όπως φαίνεται στο Σχ. 6.1, όπου το σήμα τροφοδοτεί την

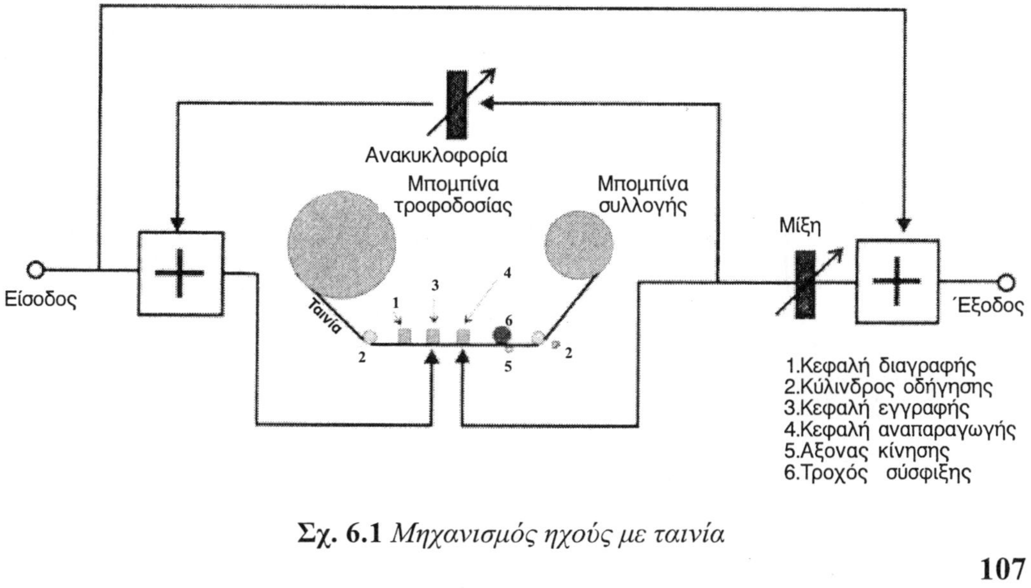

Σχ. 6.1 *Μηχανισμός ηχούς με ταινία*

κεφαλή εγγραφής και το σήμα ηχούς λαμβάνεται από μια κεφαλή αναπαραγωγής που είναι τοποθετημένη ξεχωριστά και "μετά" την κεφαλή εγγραφής. Η απόσταση μεταξύ των δύο κεφαλών και η ταχύτητα της ταινίας καθορίζουν την καθυστέρηση. Σε μονάδες του εμπορίου, συνήθως η ταχύτητα ταινίας κατασκευαζόταν έτσι ώστε να μεταβάλλεται συνεχώς και να επιτυγχάνονται διαφορετικοί χρόνοι καθυστέρησης. Είναι φανερό ότι αυτή η διάταξη έδινε μια μόνο ηχώ. Για να ξεπεραστεί αυτός ο περιορισμός, σ' αυτή την απλή συσκευή προσθέτονταν ένα κύκλωμα που επέτρεπε την ανατροφοδότηση και επανεγγραφή ενός τμήματος της εξόδου της κεφαλής αναπαραγωγής. Με τον τρόπο αυτό δημιουργούνταν ένα εφφέ άπειρα εξασθενούμενης ηχούς. Με μεταβολή της ανατροφοδότησης, που με την έννοια αυτή ονομάζεται επανακυκλοφορία, μπορούσαμε να πετύχουμε διαφορετικά "ίχνη" αντήχησης. Οπως ακριβώς τα πρώτα μικρόφωνα είχαν, στον καιρό τους, την πατρότητα του φωνητικού στιλ των μουρμουριστών τραγουδιών (επειδή η απόδοσή τους ήταν καλύτερη όταν συνελάμβαναν αδύναμους ήχους πολύ κοντά στο διάφραγμά τους), έτσι και η μονάδα ηχούς από ταινία γέννησε μια ολόκληρη φωνητική τεχνική.

Οι σύγχρονες συσκευές ψηφιακής καθυστέρησης έχουν απομακρυνθεί από τις τεχνικές με ταινία αλλά επιτυγχάνουν το ίδιο αποτέλεσμα καθυστερώντας κατάλληλα ψηφιακά ακουστικά σήματα (βλ. Κεφάλαιο 10) που γράφονται σε, και διαβάζονται από, μνήμη RAM (βλ. Σχ. 6.2). Με άλλο τρόπο, χρησιμοποιούνται υβριδικές ψηφιακές / αναλογικές τεχνικές που χρησιμοποιούν γραμμές καθυστέρησης άλλου τύπου. Και οι δύο αυτές τεχνικές έχουν το προφανές πλεονέκτημα ενός καθαρά ηλεκτρονικού συστήματος αντί για τον ηλεκτρομηχανικό τους πρόγονο. Με μια εξαίρεση. Οτι συχνά η μάλλον κακή ποιότητα του συστήματος κίνησης της ταινίας εισήγαγε ένα βαθμό τυχαίου (με τη μορφή wow and flutter, βλ. Κεφάλαιο 9) στο σύστημα αναπαραγωγής που βοηθά στη βελτίωση μιας "μηχανικής" ποιότητας που αλλιώς έχει ο ήχος αντήχησης που προκύπτει. Οι ψηφιακές συσκευές εμφανίζουν αυτή την ποιότητα αρκετά ευδιάκριτα και ιδιαίτερα σε χρόνους μικρής καθυστέρη-

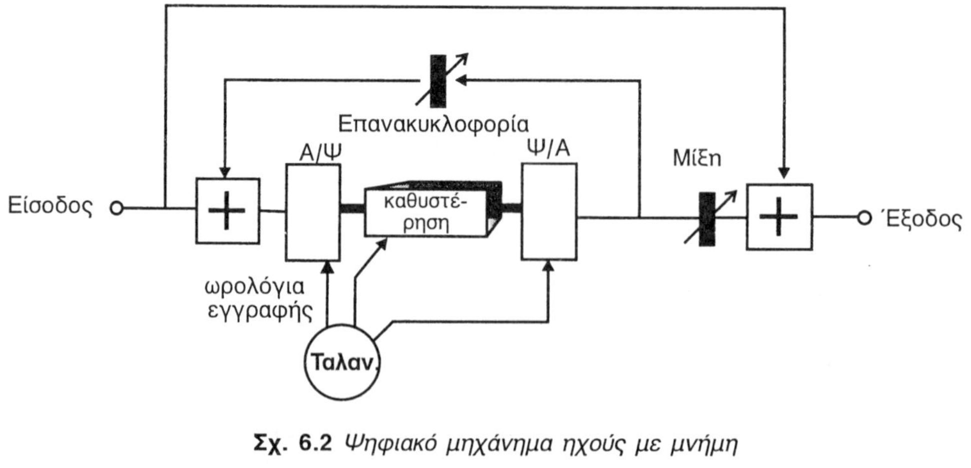

Σχ. 6.2 *Ψηφιακό μηχάνημα ηχούς με μνήμη*

σης όταν οι ουρές λαμβάνουν ένα χαρακτηριστικό "κουδούνισμα". Αυτό το ανεπιθύμητο αποτέλεσμα εμφανίζεται ακόμη καθαρότερα όταν η αρχική καθυστέρηση γίνεται μικρή όπως στην περίπτωση σύνθετης αντήχησης.

Οταν για τη σύνθεση ακουστικής αντήχησης χρησιμοποιείται απλή τεχνική καθυστέρησης και επανακυκλοφορίας, αυτή μπορεί να λάβει μια πολύ αφύσικη ποιότητα. Λαμβάνονται καλύτερα αποτελέσματα όταν χρησιμοποιούνται μερικά σημεία καθυστέρησης σε άνισα διαστήματα (taps) και αυτά τα ξεχωριστά σήματα ανατροφοδοτούνται σε διάφορες αναλογίες (βάρη) για επανακυκλοφορία. Οι μονάδες καθυστέρησης και τεχνητής αντήχησης υψηλής ποιότητας φτάνουν μέχρι την εισαγωγή ημιτυχαίων στοιχείων στην επιλογή taps καθυστέρησης και βαρών έτσι ώστε να καταστρέφουν οποιαδήποτε μορφή που θα εισήγαγε αφύσικη χροιά στην τεχνητή ακουστική. Ευτυχώς οι ψηφιακές τεχνικές έχουν προχωρήσει τόσο που λαμβάνονται λογικά αποτελέσματα με πολύ μικρό κόστος. Η τεχνητή καθυστέρηση και η αντήχηση είναι ενσωματωμένες σχεδόν πάντοτε στο ακουστικό σύστημα μέσω του εφφέ αποστολής και επιστροφής στις ακουστικές κονσόλες (Βλ.Κ εφάλαιο 10).

Fuzz

Ενα φαινόμενο από το οποίο συνήθως πρέπει να προφυλαγόμαστε και κατά την σχεδίαση και κατά την λειτουργία όλων των ακουστικών κυκλωμάτων είναι η μεγάλη παραμόρφωση πλάτους που είναι γνωστή σαν ψαλλιδισμός. Αυτή συνήθως προκαλείται από εφαρμογή σε κύκλωμα σήματος μεγάλου πλάτους και οδηγεί το κύκλωμα πέρα από το διαθέσιμο όριο τάσης. Ετσι η κυματομορφή "κλαδεύεται" στη θετική ή στην αρνητική ημιπερίοδο ή και στις δύο. Για τους κιθαρίστες το φαινόμενο αυτό είναι τμήμα των εργαλείων τους. (Τα τελευταία χρόνια ο Grunge έχει ξαναφέρει αυτό τον ήχο.) Ο τρόπος με τον οποίο υπερφορτώνεται το κύκλωμα, γνωστός με διάφορα ονόματα όπως fuzz, υπεροδήγηση ή απλή παραμόρφωση, γίνεται αναπόσπαστο τμήμα της χροιάς του ήχου. Αυτά τα λίγα, επειδή για τους κιθαρίστες, το αντικείμενο περιβάλλεται από ολόκληρη μυθολογία! Το πρώτο μηχάνημα του εμπορίου που προορίζονταν αποκλειστικά για παραγωγή έντονης παραμόρφωσης κυματομορφής (που είναι ακόμη μια μη γραμμική μουσική λειτουργία) ήταν το Gibson Maestro Fuzztone (1962). Αυτό ακριβώς το μηχάνημα χρησιμοποιήθηκε στο δίσκο των Rolling Stones *Satisfaction* το 1965, αν και το εφφέ ήταν γνωστό από πολλά χρόνια και επιτεύχθηκε απλά με υπεροδήγηση των ενισχυτών ή των μεγαφώνων ή και των δύο.

Στο εσωτερικό των ψηφιακών επεξεργαστών ήχου η παραμόρφωση ελέγχεται προσεκτικά με διέλευση του γραμμικού σήματος PCM μέσα από πίνακα μνήμης στην ROM που περιέχει κάθε επιθυμητή συνάρτηση μεταφοράς. Παρ' όλα αυτά συχνά επιλέγονται αναλογικές εναλλακτικές λύσεις που μπορεί να είναι εξαιρετικά απλές. Μια σχεδίαση που χρησιμοποιήθηκε για μερικά χρόνια, και που εμφανίστηκε σε πολλές επαγγελματικές ηχογραφήσεις φαίνεται στο Σχ. 6.3. Το ζεύγος τρανζί-

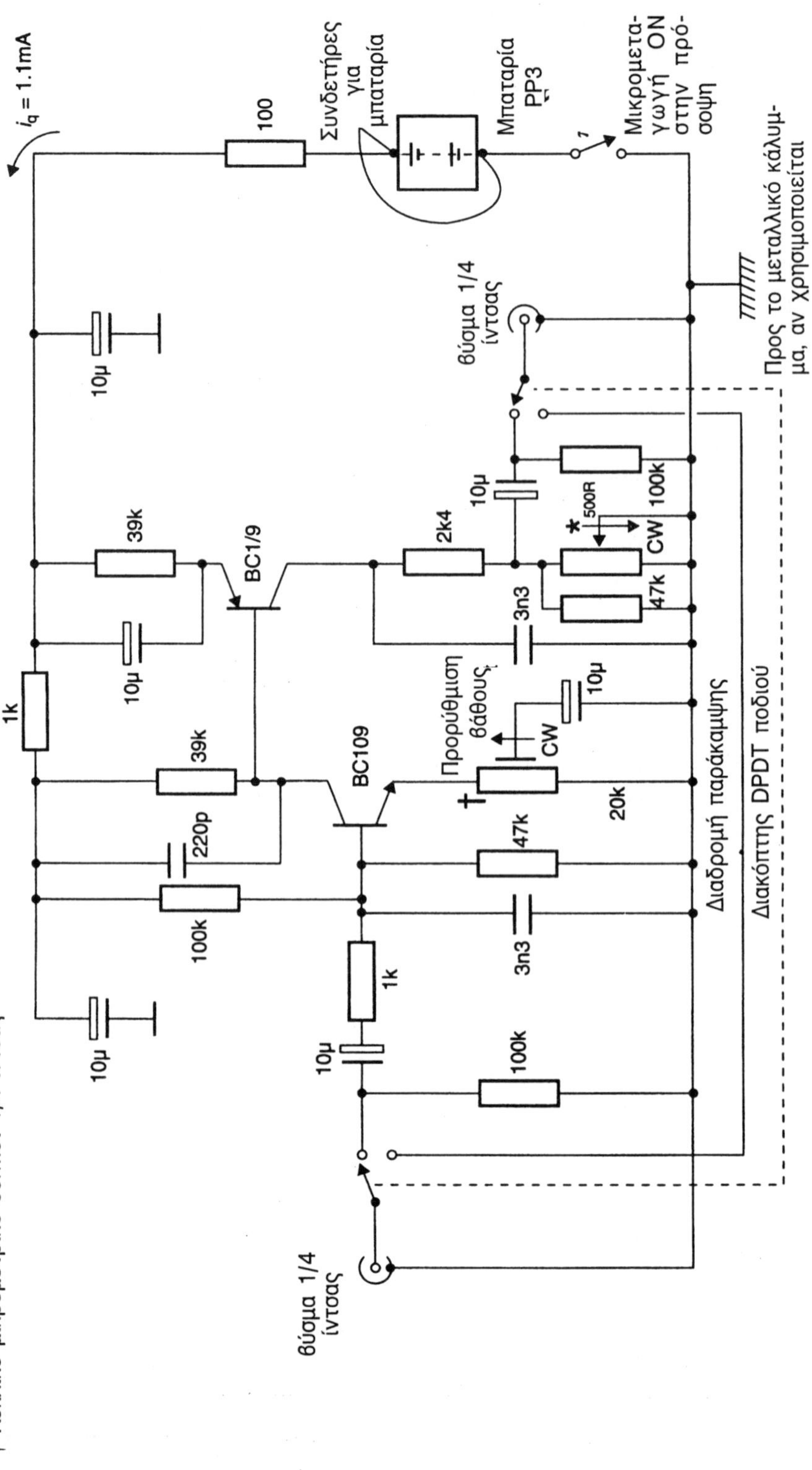

* έλεγχος στάθμης στην πρόσοψη
† Κυκλικό μικρομετρικό cermet 1/4 ίντσας

Σχ. 6.3 Πραγματικό κύκλωμα fuzz

στορ δημιουργεί έναν ενισχυτή μεγάλης απολαβής, ικανό να οδηγήσει το σήμα εξόδου πέρα από τις κανονικές τιμές. Το φορτίο συλλέκτη στη δεύτερη βαθμίδα διαμοιράζεται για να ελαττώσει την συνολική απολαβή ξανά πίσω περίπου σε 1, και για να δίνει σύνθετη αντίσταση εξόδου αρκετά μικρή. Ο έλεγχος του εκπομπού AC του πρώτου τρανζίστορ μεταβάλλει την απολαβή του ενισχυτή και γι' αυτό και το βάθος και τον χαρακτήρα της παραμορφωμένης εξόδου.

Wah-wah

Το wah-wah (γουά-γουά) είναι ένα εντυπωσιακό εφφέ που προέρχεται με τη διέλευση του σήματος της κεφαλής ηλεκτρικής κιθάρας μέσα από φίλτρο διέλευσης ζώνης μεγάλου Q, η συχνότητα του οποίου συνήθως ρυθμίζεται με τη βοήθεια πεντάλ ποδιού, όπως φαίνεται στο Σχ. 6.4. Ο παίκτης μπορεί να χρησιμοποιήσει συνδυασμό συνηθισμένων τεχνικών κιθάρας μαζί με αντίστοιχες κινήσεις του πεντάλ για παραγωγή πολλών χρωμάτων του οργάνου από μια σχεδόν κρουστική κακόηχη τεχνική μέχρι ένα στιλ κιθάρας τύπου λίντ (συνήθως σε συνδυασμό με το εφφέ fuzz) όπου η κιθάρα σχεδόν "κλαίει" με ανθρώπινη φωνή.

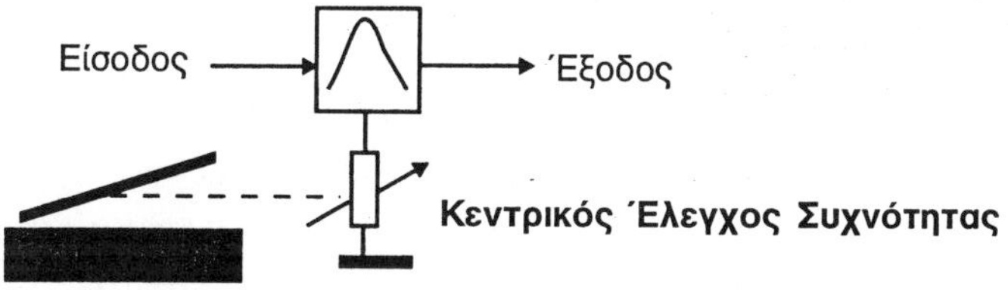

Σχ. 6.4 Πεντάλ wah-wah

Μετατοπιστής τονικότητας

Η μετατόπιση τονικότητας χρησιμοποιείται για πολλούς αισθητικούς λόγους, από τους οποίους ο περισσότερο συνηθισμένος είναι η δημιουργία "στιγμιαίας" αρμονίας.Οι απλοί μετατοπιστές τονικότητας δημιουργούν ένα σταθερό διάστημα πάνω ή κάτω από το σήμα εισόδου όπως η παρακάτω αρμονία σε μεγάλη τρίτη:

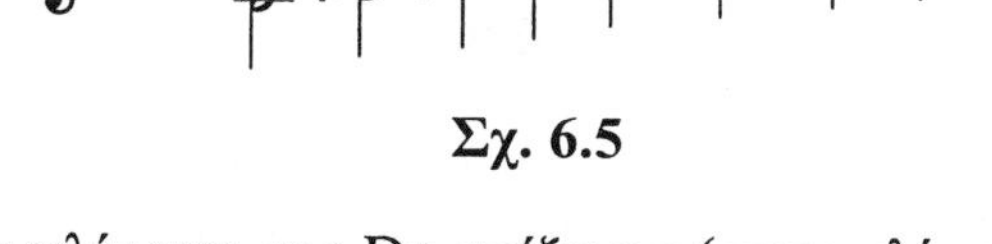

Σχ. 6.5

Όπως βλέπουμε, στην κλίμακα της Do μείζονος (στην κλίμακα πάνω στην οποία στηρίζεται το αρχικό τμήμα) υπάρχουν μόνο τρείς από τις νότες της μελωδίας ενώ οι υπόλοιπες είναι παράφωνες και ακατάλληλες όταν εναρμονίζονται από σχεδόν κάθε συγχορδία μέσα στην κλίμακα της Do μείζονος. Ισως νομίζουμε ότι ένας τέτοιος περιορισμός είναι καταστρεπτικός. Ομως, διάφορες αυτόματες ανακατατάξεις παράγουν λιγότερο καταστρεπτικά αποτελέσματα. Για παράδειγμα, μια αρμονία σε μια τέλεια πέμπτη δίνει την παρακάτω κλίμακα:

Σχ. 6.6

που μπορεί να χρησιμοποιηθεί εκτός από τη Fa δίεση. Μια εναρμόνιση σε κανονική τετάρτη είναι ακόμη καλύτερη επειδή:

Σχ. 6.7

έχει μόνο μια νότα που δεν παρουσιάζεται στο κλειδί της Do μείζονος όπως η εναρμόνιση στην τέλεια πέμπτη. Αλλά η νότα είναι Si-ύφεση που είναι μια προέχουσα νότα "μπλέ"΄(δηλ. κλίμακας των μπλέ) σε Do μείζονα. Γι΄ αυτό και είναι συνήθως αποδεκτό σε μουσική rock . Για το λόγο αυτό οι στιγμιαίες ανακατατάξεις της τέλειας τέταρτης προς τα πάνω (ή του ισοδυνάμου της σε χαμηλότερη οκτάβα, της τέλειας πέμπτης προς τα κάτω) είναι οι συνηθέστερες μετατοπίσεις που χρησιμοποιούνται στους απλούς μετατοπιστές τονικότητας (με την εξαίρεση των μετατοπίσεων οκτάβας). Ειδικότερα οι κιθαρίστες πολύ συχνά χρησιμοποιούν ένα μετατοπιστή τονικότητας στον ένα ή στον άλλο από αυτούς τους δύο ρόλους. Οι ευφυείς μετατοπιστές τονικότητας προγραμματίζονται έτσι ώστε να παράγουν μια αρμονία που έχει σχέση με επιλεγόμενο μουσικό κλειδί, έτσι ώστε να μπορεί να δημιουργηθεί μια μουσική αρμονία, όπως η παρακάτω αρμονία σε τρίτη:

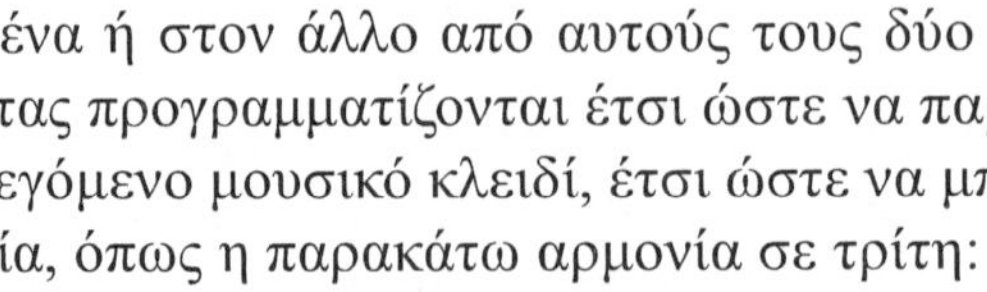

Σχ. 6.8

Από τεχνικής πλευράς, η μετατόπιση τονικότητας επιτυγχάνεται με μετατροπή του σήματος εισόδου σε ψηφιακό σήμα PCM, με εγγραφή των ακουστικών πληροφοριών σε προσωρινή μνήμη, και με νέα ανάγνωση με διαφορετική ταχύτητα δειγματοληψίας. Στη συνέχεια, το ψηφιακό σήμα PCM που προκύπτει μετατρέπεται πάλι σε αναλογικό σήμα. Επειδή η προσωρινή μνήμη χρησιμοποιείται επαναληπτικά πολλές φορές ονομάζεται κυκλική προσωρινή μνήμη, όπως φαίνεται στο Σχ. 6.9. Η μετατόπιση τονικότητας κατά διάφορα μουσικά διαστήματα πετυχαίνεται με ρύθμιση της αναλογίας των ωρολογίων εισόδου και εξόδου. Οι φυσικές αναλογίες προτιμούνται επειδή (όπως παρατήρησε ο Πυθαγόρας πριν από δυόμιση χιλιάδες χρόνια) έχουν σχέση απλών αριθμητικών αναλογιών (βλ. Κεφάλαιο 2). Ας σημειωθεί ότι οι περισσότεροι μετατοπιστές τονικότητας επιτρέπουν διαδρομή παράκαμψης έτσι ώστε ο αρχικός ήχος να μπορεί να υποστεί μίξη με την αρμονία επιθυμητής αναλογίας πριν το σήμα βγεί από το μηχάνημα.

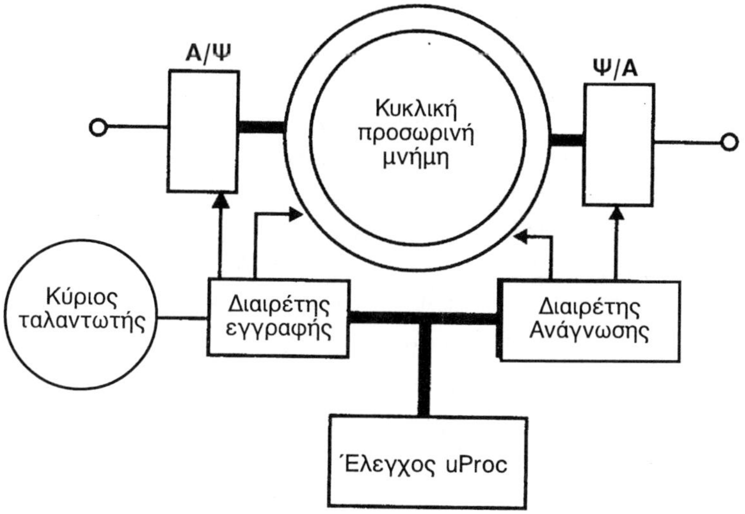

Σχ. 6.9 *Μετατόπιση τονικότητας με κυκλική προσωρινή μνήμη*

Flanging, phasing και chorus

Μια άλλη εφαρμογή της τεχνικής μετατόπισης τονικότητας που περιγράφεται στο προηγούμενο τμήμα είναι στη δημιουργία ακουστικών εφφέ τα οποία, σε όσους δεν το γνωρίζουν, ούτε μοιάζουν με μετατόπιση τονικότητας! Αντίθετα, εφφέ όπως το chorus, το flanging, κοκ, προσδίδουν μια περιστροφική, πυκνή υφή σε έναν ήχο. Αρχικά αυτές οι τεχνικές δημιουργήθηκαν με χρήση αναλογικών τεχνικών αλλά οι ψηφιακές εφαρμογές έχουν επικαλύψει εντελώς τις αναλογικές μεθόδους.

Ας θυμηθούμε το πρόβλημα το οποίο ξεκίνησε να βελτιώσει το μικρόφωνο PZM. Η χρήση αυτού του ειδικού μικροφώνου, με την εξάλειψη των πολλών διαδρομών μεταξύ ηχητικής πηγής και στοιχείου μικροφώνου, αποτρέπει φαινόμενο "φίλτρου τύπου χτένας" όπου, όπως φαίνεται στο Σχ. 3.6, διαδοχικές ζώνες συχνοτήτων ενδυναμώνονται και διαγράφονται. Στην πραγματικότητα, αν και ένα τέτοιο γεγονός είναι εξαιρετικά ανεπιθύμητο κατά την εγγραφή ήχων ομιλίας, το φαινόμενο παράγει ένα ενδιαφέρον ακουστικό φαινόμενο εφφέ, ένα είδος κούφιας αντήχησης. Ακόμα περισσότερο ενδιαφέρον είναι το αποτέλεσμα που δημιουργείται καθώς το μικρόφωνο κινείται σε σχέση με ηχητική πηγή και σώμα που ανακλά. Αυτό προκαλεί τη μεταβολή των ζωνών συχνότητας ενισχυμένης και εξασθενημένης εξόδου, αποδίδοντας στον δέσμιο ήχο μια παράξενη ρευστότητα, ένα είδος "στροβιλιζόμενης" αντήχησης. Φυσικά ένα τέτοιο φαινόμενο δεν είναι εφικτό στην πράξη με τη χρήση κινητών μικροφώνων,[1] αλλά αντίθετα βασίζεται στη χρήση ηλεκτρονικού (ή ηλεκτρομηχανικού) μέσου καθυστέρησης για την αναδημιουργία ακουστικής καθυστέρησης. Το φαινόμενο αυτό είναι γνωστό σαν flanging. Ο πρωτοπόρος παραγωγός των Beatles George Martin, ισχυρίζεται ότι η επινόηση του flanging οφείλεται στον Ken Townsend, τον τεχνικό της Abbey Road την εποχή του *Sgt.Pepper's Lonely Hearts Club Band* (Martin 1944). Εμφανίστηκε εξαιτίας μιάς μικρής έλλειψης συγχρονισμού μεταξύ δύο "κλειδωμένων" μαγνητοφώνων, μια τεχνική που ο Townsend ονόμασε ADT (Βλ. Κεφάλαιο 9). Ισως ακριβώς επειδή η ποιότητα ήχου ήταν τόσο ασυνήθιστη (οι τεχνικοί εγγραφής μόχθησαν να αποφύγουν το ακουστικό της ισοδύναμο), ο John Lenon χρησιμοποίησε το φαινόμενο αυτό σε φωνητικά για να αναπαραστήσει τις ονειρώδεις εμπειρίες της παιδικής ηλικίας.

Η σύγχρονη συσκευή flanging δεν έχει τον μηχανισμό μαγνητικής ταινίας αλλά, αντίθετα, σχεδόν πάντοτε χρησιμοποιείται ένα ψηφιακό κύκλωμα καθυστέρησης. Ο βραχίονας τριβής αντικαθίσταται από ταλαντωτή χαμηλών συχνοτήτων (LFO). Το πλάτος του σήματος LFO ελέγχει το μέγεθος του flanging. Αυτό είναι ισοδύναμο με μέγεθος "αποσυγχρονισμού" και ελέγχεται όπως φαίνεται στο Σχ. 6.10. Η ταχύτητα του flanging ελέγχει τη συχνότητα του LFO και ο βαθμός του εφφέ ελέγχεται σε βαθμίδα μίξης, όπως φαίνεται στο σχήμα. Προσπάθειες που έγιναν με αναλογικές τεχνικές χωρίς τη χρήση μαγνητοταινίας χρησιμοποιούσαν ρυθμιζόμενα, διαδοχικά

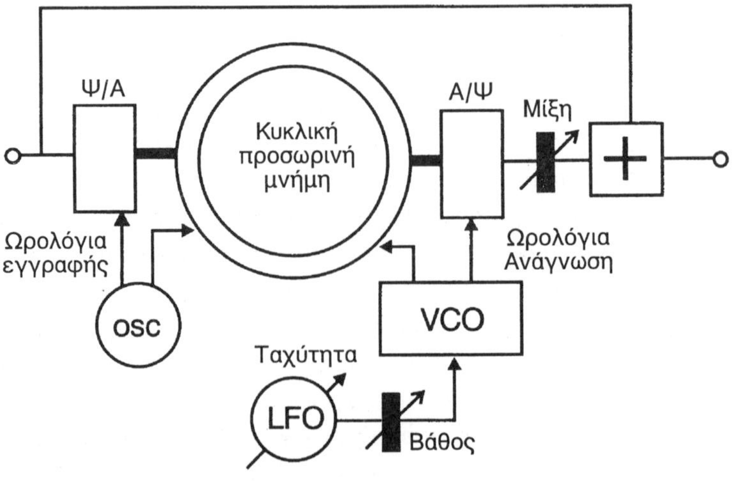

Σχ. 6.10 *Σύγχρονο ψηφιακό μηχάνημα flanging*

φίλτρα πλήρους διέλευσης που παρείχαν τα απαραίτητα στοιχεία καθυστέρησης. Τα κυκλώματα αυτά παράγουν πολύ μικρό ποσοστό καθυστέρησης μόνο ανά κύκλωμα και, ακόμη και με σχετικά πολλές διαδοχικές καθυστερήσεις, η καθυστέρηση ήταν μικρή σε σύγκριση με την καθυστέρηση που χρειάζεται για πλήρες εφφέ flanging. Ετσι, τα μηχανήματα αυτά παρήγαν ένα ιδιαίτερο, ήπιο εφφέ, που από ηχητική πλευρά απείχε από το προηγούμενο και που άξιζε το δικό του όνομα. Ονομάστηκε phasing, όρος που βασίστηκε στο γεγονός ότι τα κυκλώματα παράγουν μετατόπιση φάσης και όχι πλήρη καθυστέρηση. Σε σύγχρονο ψηφιακό επεξεργαστή, οι όροι phasing και flanging περιγράφουν στην πραγματικότητα το ίδιο εφφέ. Ο όρος phasing χρησιμοποιείται για να περιγράφει πολύ μικρό βαθμό flanging με καθυστερήσεις μέχρι περίπου 1 msec. Το flanging χρησιμοποιεί μεταβολές καθυστέρησης στην περιοχή από 1 msec μέχρι 7 msec. Στην ομάδα αυτή ο επόμενος όρος είναι ο chorus. Σε εφφέ chorus, το κλάσμα ανάδρασης και ο ελάχιστος χρόνος καθυστέρησης περιορίζονται τόσο ώστε να εξασφαλίζουν ότι το βάθος του φαινομένου φίλτρου χτένας θα είναι πολύ περισσότερο έντονο απ' ότι στο flanging ή στο phasing. Στο εφφέ chorus η καθυστέρηση ποικίλλει μεταξύ 20 και 40 msec. Τα phasing, flanging και chorus βρίσκουν το αποκορύφωμά τους στα χέρια των κιθαριστών ή καλύτερα στα πόδια τους, επειδή τις περισσότερες φορές αυτά τα εφφέ ενσωματώνονται σε πεντάλ. Αυτή η βελτίωση διευκολύνει την ενεργοποίηση και απενεργοποίηση των εφφέ χωρίς τα χέρια του κιθαρίστα να χρειάζεται να αφήσουν την κιθάρα. Στο Σχ. 6.11 φαίνεται μια συλλογή από μηχανήματα για εφφέ με πεντάλ.

Σχ. 6.11 *Πλήθος από μηχανήματα εφφέ με πεντάλ*

Διαμόρφωτής δακτυλίου

Στα πρώτα ηλεκτρονικά μουσικά στούντιο, ήταν πολύ της μόδας ένα εργαλείο ηλεκτρονικής επεξεργασίας γνωστό σαν διαμορφωτής δακτυλίου (Σχ. 6.12). Ο διαμορφωτής δακτυλίου είναι στην ουσία ενισχυτής ακουστικών σημάτων όπου το ένα σήμα λειτουργεί σαν πολλαπλασιαστέος και το άλλο σαν πολλαπλασιαστής. Όλα τα ηχητικά σήματα (όσο φαινομενικά πολύπλοκα και να είναι) αποτελούνται από συνδυασμούς ημιτονοειδών κυμάτων διαφόρων φάσεων και συχνοτήτων. Ετσι η λειτουργία του διαμορφωτή δακτυλίου γίνεται καλύτερα κατανοητή αν εξετάσουμε την απλούστερη δυνατή διεργασία, δηλ. την διεργασία πολλαπλασιασμού δύο ημιτονοειδών συναρτήσεων, η οποία (από το Κεφάλαιο 2) μπορεί να ανακαλυφθεί από την μαθηματική ταυτότητα:

$$\sin A . \sin B = 1/2(\cos A - B) - 1/2(\cos A + B)$$

η οποία δείχνει ότι το αποτέλεσμα ενός τέτοιου πολλαπλασιασμού περιέχει μια συνάρτηση συνημιτόνου του αθροίσματος και της διαφοράς των A και B. Είναι φανερό ότι η έξοδος του κυκλώματος διαμορφωτή δακτυλίου είναι, όπως συμβαίνει και με την έξοδο του κυκλώματος fuzz, πολύ πλούσια σε αρμονικούς. Ωστόσο, το αξιοπρόσεκτο χαρακτηριστικό του κυκλώματος του διαμορφωτή δακτυλίου είναι ότι η έξοδος περιέχει μόνο αρμονικούς (και υποαρμονικούς). Ολοι οι θεμελιώδεις τόνοι εξαφανίζονται. Εδώ έγκειται η μοναδική ιδιότητα αυτού του εφφέ οργάνων.

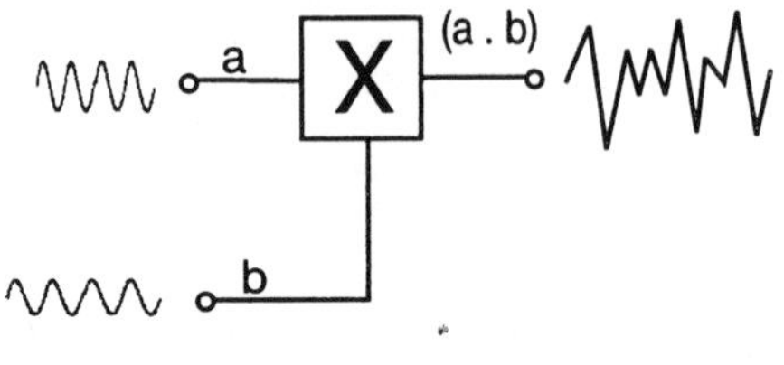

Σχ. 6.12 ***Διαμορφωτής δακτυλίου***

Δυναμικοί επεξεργαστές

Κάθε ηλεκτρονικό σύστημα (ψηφιακό ή αναλογικό) έχει μια καθορισμένη δυναμική περιοχή. Εστω ότι θέλουμε να μεταδώσουμε ή να αποθηκεύσουμε ένα σήμα αλλά η δυναμική του περιοχή ξεπερνά την περιοχή του ηλεκτρονικού συστήματος. Είτε τα ασθενέστερα μέρη του ακουστικού σήματος θα χαθούν μέσα στον θόρυβο, είτε τα εντονότερα μέρη θα παραμορφωθούν. Η περίπτωση δεν είναι καθόλου σπάνια. Ετσι για τεχνικούς λόγους συχνά θέλουμε να περιορίσουμε την δυναμική περιοχή σήματος ώστε να το “ζουλήξουμε” ή να το συμπιέσουμε στον διαθέσιμο χώρο του καναλιού. Το μηχάνημα του στούντιο για να καταφέρουμε αυτό τον άθλο ονομάζεται συμπιεστής. Στην ιδανική περίπτωση, αν είναι γνωστή η μαθηματική σχέση συμπίεσης, μπορεί να εκτελεστεί μια αντίστροφη διεργασία στο άκρο λήψης ή αναπαραγωγής και το σήμα να "διασταλλεί" στην αρχική του δυναμική περιοχή με τη χρήση κυκλώματος που είναι γνωστό σαν διαστολέας. Αυτή η συμπληρωματική προσέγγιση συστολοδιαστολής (συμπίεσης ακολουθούμενης από διαστολή) είναι αυτή που ακολουθείται σε όλες τις μορφές ψηφιακής συμπίεσης και αναλογικής συμπληρωματικής ελάττωσης θορύβου.

Η αρχή που έχει υιοθετηθεί σε όλες τις μορφές συμπίεσης και διαστολής είναι ο έλεγχος στοιχείου μεταβλητής απολαβής (πολλαπλασιαστή) του οποίου οι είσοδοι είναι (α) το ίδιο το ακουστικό σήμα και (β) ένας πολλαπλασιαστής που βασίζεται στην συνολική στάθμη μικρού τμήματος του σήματος στο (α). Επειδή και στις δύο περιπτώσεις, για τον χειρισμό της δυναμικής περιοχής του σήματος λειτουργούν ένας συμπιεστής και ένας διαστολέας, μερικές φορές ομαδοποιούνται και ονομάζονται δυναμικοί επεξεργαστές. Στο Σχ. 6.13 φαίνεται το αποτέλεσμα διαφόρων τύπων δυναμικών επεξεργαστών. Κάθε καμπύλη στο σχήμα αντιστοιχεί στην χαρακτηριστική εισόδου/εξόδου του συγκεκριμένου επεξεργαστή. Οι καμπύλες αυτές δεν πρέπει να συγχέονται με τις καμπύλες στιγμιαίας χαρακτηριστικής μεταφοράς που φαίνονται σε άλλο μέρος. Πρέπει να θυμόμαστε ότι οι καμπύλες αυτές απεικονίζουν τη σχέση εισόδου / εξόδου για μικρή χρονική περίοδο (από msec μέχρι μερικά δευτερόλεπτα). Η καμπύλη (A) εμφανίζει την σχέση ένα-προς-ένα που βρίσκουμε σε ενισχυτή. Η καμπύλη (B) δείχνει το αποτέλεσμα της διαστολής όπου τρ πλάτος του σήματος εξόδου αυξάνει ταχύτερα από το σήμα εισόδου. Βέβαια η διαστολή δε μπορεί να χρησιμοποιηθεί μόνη της χωρίς να προκαλέσει παραμόρφωση, και αυτό φαίνεται, επίσης, στην καμπύλη (B), με την επίπεδη περιοχή της καμπύλης μετά το σημείο υπερφόρτισης p. Οπως έχει ήδη αναφερθεί, η διαστολή μπορεί να

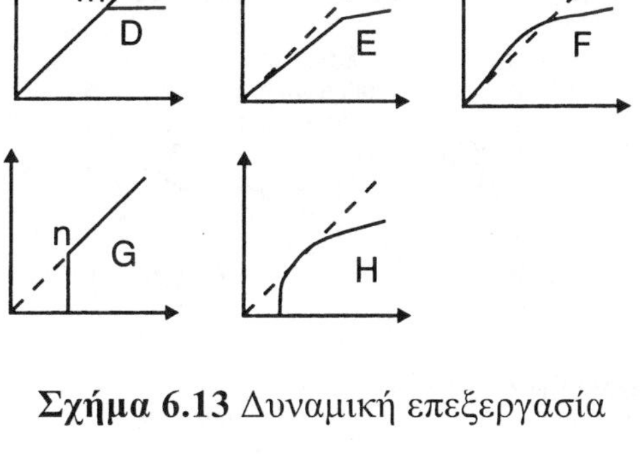

Σχήμα 6.13 Δυναμική επεξεργασία

χρησιμοποιηθεί μετά από αντίστροφο κύκλωμα συμπίεσης, και με την καμπύλη (C) φαίνεται το αποτέλεσμα ενός τέτοιου κυκλώματος. Ας σημειωθεί ότι οι καμπύλες (B) και (C) αντιπροσωπεύουν διεργασία γραμμικής συμπίεσης και διαστολής. Η διεργασία αυτή είναι χρήσιμη για μηχανολογικούς σκοπούς για την ελάττωση της συνολικής δυναμικής περιοχής σε περιοχή κατάλληλη για συγκεκριμένο κανάλι μετάδοσης. Αποτελεί μια εξαιρετική, ευρέως αποδεκτή τεχνική (που συνήθως λανθασμένα ονομάζεται ελάττωση θορύβου) αλλά έχει το μειονέκτημα ότι χρειάζονται προσεκτικά ελεγχόμενα συμπληρωματικά κυκλώματα και συνθήκες και στα δύο άκρα του καναλιού. Σίγουρα στον αναλογικό κόσμο αυτό προϋποθέτει εξοπλισμό ακριβείας και εξειδικευμένες δεξιότητες.

Για το λόγο αυτό, στις περισσότερες εκπομπές μουσικής και ομιλίας, δεν χρησιμοποιείται συμπληρωματική ελάττωση θορύβου. Αντίθετα, χρησιμοποιούνται γραμμικά κυκλώματα, και συνδυασμός εξισορρόπησης και ελεγχόμενης συμπίεσης, έτσι να υπάρχει η μέγιστη δυνατή δυναμική απόδοση για δεδομένη δυναμική περιοχή. Οι συμπιεστές σημάτων χρησιμοποιούνται και δημιουργικά, για να προστεθεί η αντιληπτή ένταση ήχου και η συνοχή σε φωνητική εκτέλεση ή εκτέλεση με όργανα. Στο Σχ. 6.14 φαίνεται η γενική μορφή κυκλώματος συμπιεστή / περιοριστή. Ο όρος περιοριστής χρησιμοποιείται σαν όνομα συσκευής που χρησιμοποιείται για εφαρμογή πολύ μεγάλου βαθμού συμπίεσης σε σήμα που βρίσκεται σε συγκεκριμένη στάθμη, συνήθως μερικά dB κάτω από την απόλυτη μέγιστη στάθμη διαμόρφωσης του συστήματος [βλ. Σχ. 6.13 (D)]. Για παράδειγμα, αυτός ο τύπος συσκευής τοποθετείται ακριβώς πριν από πομπό για την αποτροπή ανεπιθύμητης (και πιθανόν επικίνδυνης) υπερδιαμόρφωσης. Στο Σχ. 6.13(E) περιγράφεται η λειτουργία συμπιεστή και περιοριστή, όπου επίσης φαίνεται και η θεμελιώδης τους ομοιότητα. Σε περιοριστή, το γόνατο της καμπύλης συμπίεσης (το κατώφλι) βρίσκεται πολύ ψηλά στη συνάρτηση μεταφοράς, μετά το οποίο στο σήμα εισόδου επιβάλλεται πολύ μεγάλος βαθμός συμπίεσης. Σε συμπιεστή, επιβάλλεται πολύ μικρότερος βαθμός συμπίεσης (λόγος συμπίεσης) σε χαμηλότερο κατώφλι. Οι περισσότεροι συμπιεστές διαθέτουν ρυθμίσεις και του κατωφλίου συμπίεσης και του λόγου συμπίεσης και

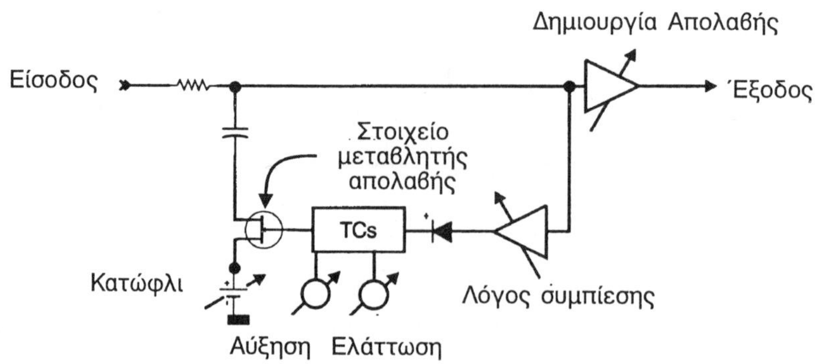

Σχ. 6.14 *Γενική μορφή συμπιεστή-περιοριστή ανάδρασης*

έτσι είναι λογικό να μιλάμε για τις μονάδες αυτές σαν συμπιεστές / περιοριστές επειδή μπορούν να εκτελούν και τις δύο λειτουργίες. Συχνά επιτυχημένοι συμπιεστές, και αυτό ισχύει ιδιαίτερα για συμπιεστές με λυχνίες, συνδυάζουν αυτές τις λειτουργίες σε μια συνολική ομαλή χαρακτηριστική, όπως φαίνεται στο Σχ. 6.13(F).

Κατά τη χρήση συμπιεστή, οι μέγιστες τιμές σήματος ελαττώνονται με τον τρόπο που φαίνεται στις καμπύλες του Σχ. 6.13. Προφανώς, αυτό θα είχε μικρή χρήση αν το σήμα (που τώρα έχει συμπιεσμένη δυναμική περιοχή) δεν ενισχύονταν για να εξασφαλίσει ότι οι μικρότερες μέγιστες τιμές θα εκμεταλλεύονταν πλήρως τις διαθέσιμες "δυνατότητες" των κυκλωμάτων που ακολουθούν. Για το λόγο αυτό, τοποθετείται μια βαθμίδα ενισχυτή μεταβλητής απολαβής μετά το κύκλωμα συμπίεσης για να αποκαταστήσει τις μέγιστες τιμές σήματος στην ονομαστική μέγιστη στάθμη του συστήματος (όπως φαίνεται στο Σχ. 6.14). Ας σημειωθεί ότι το αντιληπτό αποτέλεσμα του συμπιεστή, όταν ρυθμίζεται όπως περιγράψαμε, δεν είναι τόσο πολύ το να ελαττώσει την στάθμη του μέγιστου σήματος όσο το να ενισχύσει την στάθμη των σημάτων χαμηλής τιμής. Δυστυχώς, αυτό φέρνει και το συνακόλουθο μειονέκτημα ότι ο θόρυβος με μικρή τιμή, ηλεκτρικός και ακουστικός, ενισχύεται μαζί με το επιθυμητό σήμα. Η λύση είναι ένα πρωτόγονο κύκλωμα διαστολής γνωστό σαν πύλη θορύβου, αποτέλεσμα του οποίου είναι η κατάπνιξη όλων των σημάτων κάτω από δεδομένο κατώφλι και το "άνοιγμα" μόνο σε παρουσία επιθυμητής διαμόρφωσης. Στην καμπύλη (G) του Σχ. 6.13 φαίνεται το αποτέλεσμα αυτού του κυκλώματος. Παρατηρούμε ότι όλα τα σήματα κάτω από την τιμή κατωφλίου *n* "αποκόπτονται" με τη δράση της πύλης. Επειδή ο θόρυβος χαμηλής στάθμης είναι ένα πραγματικό πρόβλημα σε συμπιεσμένο σήμα, ένας καλός συμπιεστής / περιοριστής του εμπορίου συνήθως περιλαμβάνει και κύκλωμα πύλης θορύβου, και η συνολική χαρακτηριστική μεταφοράς του κυκλώματος παρουσιάζεται όπως φαίνεται στο Σχ. 6.13(H).

Η πλειοψηφία των συμπιεστών του εμπορίου εξακολουθούν να είναι αναλογικοί και για το λόγο αυτό έγινε η επιλογή αναλογικού στοιχείου συμπίεσης (FET) για το σχήμα του κυκλώματος. Ωστόσο, η συσκευή FET φαίνεται σα να σχηματίζει το κατώτερο σκέλος διαιρέτη τάσης κατά μήκος της διαδρομής σήματος. Κατά συνέπεια αποτελεί μια μορφή πολλαπλασιαστή. Πολλοί αναλογικοί συμπιεστές χρησιμοποιούν αναλογικά κυκλώματα πολλαπλασιασμού σαν στοιχείο συμπίεσης. Οι αναλογικές τεχνικές πολλαπλασιασμού αφορούν στη χρήση "καθοδήγησης" ρεύματος μέσω δύο εναλλακτικών κυκλωμάτων για να πετύχουν τον πολλαπλασιασμό αυτό.Το κύκλωμα στο Σχ.6.15 δείχνει τη γενική αρχή (αν και ένα πραγματικό κύκλωμα αυτού του τύπου δεν θα λειτουργούσε πολύ καλά). Ουσιαστικά το ακουστικό σήμα στη βάση του κατώτερου τρανζίστορ μετατρέπεται σε ρεύμα στο κύκλωμα συλλέκτη του ίδιου τρανζίστορ με το μηχανισμό διαγωγιμότητας του τρανζίστορ. Παρατηρούμε ότι στο κύκλωμα εκπομπού περιλαμβάνεται μια αντίσταση για να κάνει γραμμικό το ρεύμα. Αυτό το ρεύμα συλλέκτη διαμοιράζεται σε δύο κυκλώματα, μέσα από τα T1 και T2, όπου ο λόγος των ρευμάτων εξαρτάται από την τάση στη βάση του T1. Οταν αυτή έχει τιμή μεγαλύτερη από την τιμή του σήματος στη βάση

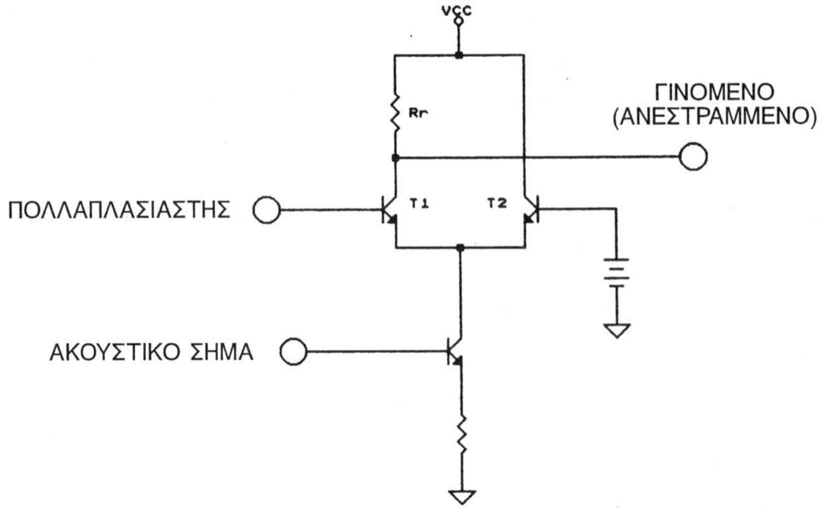

Σχ. 6.15 *Αναλογικό κύκλωμα πολλαπλασιασμού*

του T2 (V_k) τότε το ρεύμα θα περνά κυρίως από το T1 και θα εμφανίζεται σαν σήμα τάσης στην R_r. Οταν έχει τιμή μικρότερη από την τιμή του σήματος στη βάση του T2 τότε το ρεύμα θα περνά κυρίως από το T2. Μεταβάλλοντας την τιμή της τάσης στη βάση του T1, μπορούμε να ανακτήσουμε στα άκρα της R_r μια μεταβλητή αναλογία της τάσης του αρχικού σήματος (κατάλληλα ανεστραμμένου).

Ο ψηφιακός πολλαπλασιασμός μπορεί να πραγματοποιηθεί με πολλούς τρόπους, αλλά μια καλή τεχνική αφορά στη χρήση πίνακα μνήμης (Look-Up-Table, LUT). Στην ουσία, χρησιμοποιούνται μαζί πολλαπλασιαστέος και πολλαπλασιαστής, για διευθυνσιοδότηση μιας μοναδικής αναφοράς σε μνήμη ROM, όπου μπορούμε να βρούμε το αποτέλεσμα, όπως φαίνεται στο Σχ. 6.16. Σε ψηφιακό ακουστικό συμπιε-

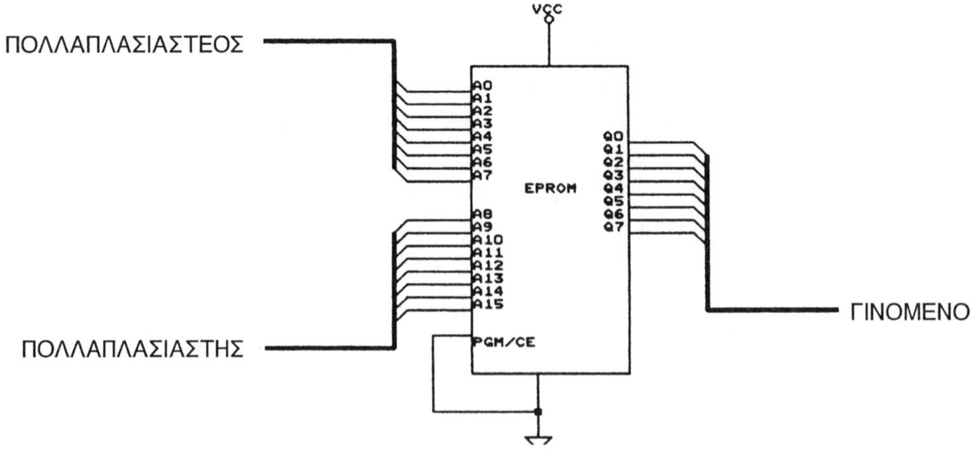

Σχ. 6.16 *Ψηφιακό κύκλωμα πολλαπλασιασμού*

στή το στοιχείο κυκλώματος θα μπορούσε να είναι διάκριτος πολλαπλασιαστής αλλά, το πιθανότερο, η λειτουργία του κυκλώματος θα εκτελεστεί σαν αλγόριθμος μέσα σε ολοκληρωμένο κύκλωμα DSP.

Συμπιεστές ορθής και ανάδρομης τροφοδοσίας

Στο κύκλωμα του σχήματος, το παράπλευρο κύκλωμα ελέγχου τροφοδοτείται από την πλευρά εξόδου της διαδρομής σήματος. Γι' αυτό είναι γνωστό σαν παράπλευρος συμπιεστής ανάδρασης. Ακόμη, είναι δυνατό να λάβουμε το σήμα ελέγχου σε οποιοδήποτε είδος δυναμικού επεξεργαστή προχωρώντας προς τα πίσω στο ίδιο το κύκλωμα συμπίεσης, οπότε έχουμε συμπιεστή ορθής τροφοδοσίας. Και τα δύο είδη έχουν τα πλεονεκτήματα και μειονεκτήματά τους.

Περιορισμός θορύβου

Στο Σχ. 6.17 φαίνεται το κύκλωμα ενός πραγματικού αναλογικού δυναμικού επεξεργαστή. Πρόκειται για ένα μονοτερματικό σύστημα ελάττωσης θορύβου. Αυτό το είδος μειωτή θορύβου συνηθίζεται πολύ σε στούντιο ηχογραφήσεων και μπορεί να ενσωματωθεί ακόμη μέσα στα ηλεκτρονικά κυκλώματα του μίκτη. Χρειάζεται να χρησιμοποιείται εκεί όπου στον μίκτη φτάνει σήμα με θόρυβο και πρέπει να διασταλλεί (για να διαχωριστεί το επιθυμητό σήμα από το επίπεδο θορύβου) χωρίς πρώτα να έχει υποστεί την ευεργετική διεργασία της συμπληρωματικής συμπίεσης.

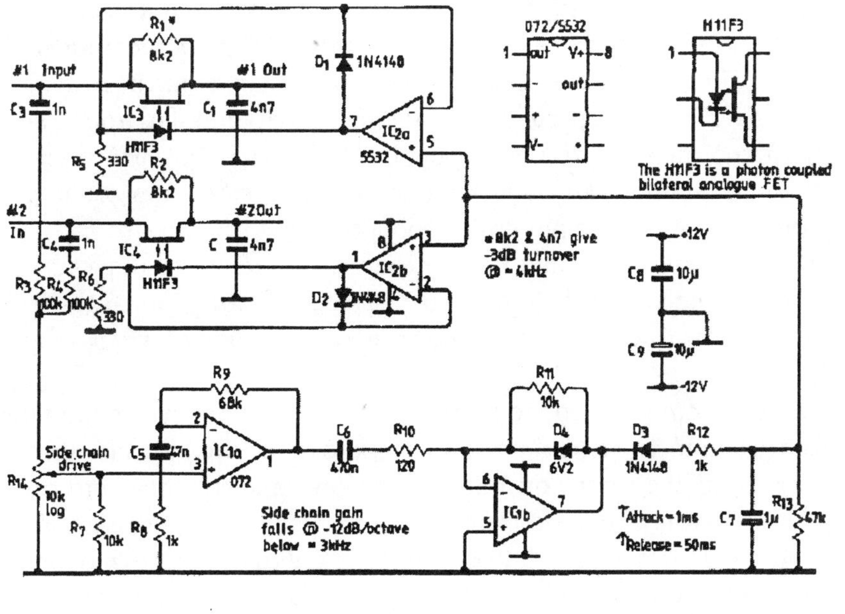

Σχ. 6.17 *Πρακτικό κύκλωμα περιοριστή θορύβου*

Από εδώ προέρχεται και ο όρος μονοτερματικός. Η μηχανολογική πρόκληση, που εμφανίζεται με μια δυναμική διεργασία αυτού του είδους, έγκειται στην παροχή ευεργετικής στάθμης ελάττωσης θορύβου χωρίς να εισάγει τις λεπτομέρειες που συχνά ταλαιπωρούν την ελάττωση θορύβου στην πράξη. Η συγκεκριμένη "υπογραφή θορύβου" ενός συστήματος διαστολής είναι αποτέλεσμα του σχετικά σταθερού θορύβου στο σήμα εισόδου ο οποίος, όταν διαμορφωθεί από την μεταβαλλόμενη απολαβή του διαστολέα, αποκτά μια μεταβαλλόμενη ποιότητα που περιγράφεται σαν "αναπνοή" ή "λαχάνιασμα". Όλες οι μορφές ελάττωσης θορύβου που χρησιμοποιούν ενίσχυση που εξαρτάται από το σήμα υποφέρουν σε μεγαλύτερο ή μικρότερο βαθμό από το φαινόμενο αυτό το οποίο θέτει ένα ανώτατο όριο στο πόσο πρέπει να είναι το μέγεθος του λόγου διαστολής έτσι ώστε τα αποτελέσματα να είναι αποδεκτά.

Ο περιοριστής θορύβου χρησιμοποιεί την τεχνική διαστολής όπου τα ακουστικά σήματα χαμηλής στάθμης ενισχύονται λιγότερο από τα ακουστικά σήματα υψηλής στάθμης. Ορίζεται ένα κατώφλι έτσι ώστε ο παραμένων θόρυβος του συστήματος να μην έχει αρκετή ενέργεια για να προκαλέσει την μεταβολή του ενισχυτή μεταβλητής απολαβής την περιοχή του μεγαλύτερης απολαβής. Ενα σπουδαίο γνώρισμα κάθε σχεδίασης είναι ότι πρέπει να εξασφαλίσει ότι η παρουσία χρήσιμου ακουστικού σήματος θα αυξήσει την απολαβή του ενισχυτή αρκετά γρήγορα έτσι ώστε η μεταβατική εκκίνηση του ακουστικού σήματος να μη καταστρέφεται και ότι η χρονική περίοδος κατά την οποία ο ενισχυτής παραμένει στην περιοχή υψηλής απολαβής από τη στιγμή που διακόπτεται το σήμα υψηλής στάθμης θα είναι κατάλληλη. Αν η χρονική περίοδος είναι πολύ μεγάλη ο ενισχυτής δεν θα μπορεί να επανέλθει στην κατάσταση χαμηλής απολαβής κατά τη διάρκεια των "διάκενων" μεταξύ επιθυμητών σημάτων. Αν η χρονική περίοδος είναι πολύ μικρή ο διαστολέας θα περικόψει το κομμάτι αντήχησης του ακουστικού σήματος. Μερικά συστήματα ελάττωσης θορύβου βασίζονται απλά σε διακόπτη που παραμένει ανοικτός όταν η στάθμη σήματος είναι κάτω από μια ορισμένη (προκαθορισμένη) τιμή και που κλείνει, όσο το δυνατό ταχύτερα, μόλις το σήμα υπερβεί αυτό το κατώφλι. Αυτό το είδος είναι γνωστό σαν πύλη θορύβου και συνήθως αυτό είναι το είδος που ενσωματώνεται μέσα στην τράπεζα μίξης. Ο περιοριστής θορύβου που φαίνεται στο Σχ. 6.17 είναι περισσότερο ικανός και έχει μερικά κοινά χαρακτηριστικά με τις μορφές ψηφιακής ακουστικής συμπίεσης που εξετάζουμε στο Κεφάλαιο 6, και γι' αυτό τον βλέπουμε εδώ. Στην υλοποίησή αυτή εκμεταλλευόμαστε το ψυχοακουστικό φαινόμενο της επικάλυψης.

Στο Κεφάλαιο 2 είδαμε τον τρόπο με τον οποίο η παρουσία ενός απλού καθαρού τόνου 60 dB πάνω από το κατώφλι αντίληψης προκαλεί την αποευαισθητοποίηση του αυτιού μέχρι και 20 dB στην οκτάβα και κατά ένα πέμπτο πάνω από τον αρχικό τόνο με τη "μετατόπιση κατωφλίου" να βρίσκεται μέχρι και 40 dB κοντά στη συχνότητα του τόνου. Η μουσική έχει πάρα πολλούς καθαρούς ταυτόχρονους τόνους αλλά, τον περισσότερο καιρό, το φαινόμενο επικάλυψής της λειτουργεί μόνο σε χαμηλές μέχρι μεσαίες συχνότητες. Αυτό συμβαίνει επειδή ο θόρυβος του συστήματος, είτε παράγεται από θερμική διέγερση είτε από σφάλματα κβαντοποίησης, έχει πολύ επίπεδη χαρακτηριστική καμπύλη στο διάγραμμα ενέργειας σαν συνάρτησης της συχνότητας. Από την άλλη πλευρά, η μουσική έχει μέση χαρακτηριστική καμπύλη ενέργειας σαν συνάρτησης της συχνότητας που πέφτει όταν αυξάνει η συχνότητα. Είναι φανερό ότι ένα σήμα που δεν έχει ομοιόμορφη χαρακτηριστική καμπύλη ενέργειας σαν συνάρτησης της συχνότητας όπως η μουσική, μερικές φορές δεν θα επικαλύπτει ένα σήμα που έχει, όπως είναι ο θόρυβος. Αυτό είναι ιδιαίτερα σημαντικό, επειδή το μουσικό σήμα δεν επικαλύπτει το θόρυβο στο τμήμα υψηλών συχνοτήτων της ακουστής περιοχής, όπου τα αυτιά μας είναι περισσότερο ευαίσθητα στην ανίχνευση του τμήματος θορύβου του σήματος.

Το κύκλωμα που φαίνεται στο Σχ. 6.17 λειτουργεί με αυτόματο έλεγχο της απόκρισης συχνότητας της διαδρομής του ορθού σήματος του περιοριστή θορύβου με χρήση πληροφοριών ελέγχου από το περιεχόμενο υψηλής συχνότητας του προγράμματος. Η αρχή λειτουργίας που χρησιμοποιείται σε μερικά εμπορικά συστήματα ελάττωσης θορύβου (πχ του συστήματος DNR), λειτουργεί σαν να μεταβάλλεται συνεχώς και γρήγορα το πλήκτρο των “πρίμων” προενισχυτή, έτσι ώστε σε απουσία μουσικού σήματος, το πλήκτρο να μένει εντελώς αριστερά, και με τον τρόπο αυτό να εξασθενίζει το θόρυβο του συστήματος στο τμήμα υψηλών συχνοτήτων του ακουστικού φάσματος όπου υποκειμενικά ενοχλεί περισσότερο, και να κινείται προς τα δεξιά μόνο όταν εμφανίζεται το επιθυμητό σήμα, που περιέχει υψηλές συχνότητες. Αυτό επιτυγχάνεται ως εξής:

Το στοιχείο ελέγχου απολαβής στον περιοριστή θορύβου είναι ένα αμφίπλευρο αναλογικό FET με φωτοσύζευξη όπου μια υπέρυθρη φωτοδίοδος (IED) αρσενικούχου γαλλίου είναι ενσωματωμένη με έναν συμμετρικό αμφίπλευρο φωτοανιχνευτή πυριτίου. Ο ανιχνευτής είναι ηλεκτρικά μονωμένος από την είσοδο ελέγχου και λειτουργεί σαν ιδανικό μεμονωμένο FET. Το στοιχείο είναι σχεδιασμένο για να ελέγχει αναλογικά σήματα AC και DC χαμηλής στάθμης και έχει χρόνο απόκρισης μικρότερο από 15 μsec. Μέσα σε ορισμένα όρια λειτουργίας, μπορούμε να θεωρήσουμε ότι η συσκευή είναι στοιχείο μεταβλητής αντίστασης, όπου η αντίστασή του ελέγχεται από το ρεύμα που περνά μέσα από την ολοκληρωμένη IED. Σε απουσία σήματος, η συχνότητα αναστροφής καθορίζεται από τα R1 και C1. Όταν δεν υπάρχει ρεύμα στην IED, το FET έχει πάρα πολύ μεγάλη αντίσταση. Η δράση αυτού του χαμηλοπερατού φίλτρου εξασφαλίζει την ελάττωση του θορύβου. Οταν το σήμα αυξηθεί πάνω από μια προκαθορισμένη τιμή και αρχίζει να περνά ρεύμα μέσα στην IED, τότε η συχνότητα παγίδευσης αυτού του χαμηλοπερατού φίλτρου γίνεται προοδευτικά όλο και μεγαλύτερη.

Γενικός κανόνας είναι ότι για στερεοφωνική δυναμική επεξεργασία χρειάζεται μόνο ένας πλευρικός κλάδος. Στην πράξη, εκτός από την περίπτωση όπου ο έλεγχος είναι κοινός και στα δύο κανάλια, η στερεοφωνική εικόνα μπορεί να εμφανιστεί σαν να “περιπλανιέται” καθώς η απολαβή των δύο καναλιών μεταβάλλεται ανεξάρτητα στο ένα από το άλλο. Ο πλευρικός κλάδος περιέχει τις αντιστάσεις μίξης R3 και R4 οι οποίες έχουν ίση αναλογία αριστερού και δεξιού σημάτων στον έλεγχο ευαισθησίας. Η R7 βοηθά έτσι ώστε ο έλεγχος της VR1 να είναι ευκολότερος. Το IC1A είναι μια απευθείας βαθμίδα απολαβής υψηλής συχνότητας. Το IC1B δίνει πολύ μεγάλη απολαβή μέχρις ότου η τάση εξόδου φτάσει στα μείον 6.2 V οπότε η Z1 άγει κατά zener και η απολαβή ελαττώνεται πολύ γρήγορα. Η έξοδος μπορεί να πάρει θετική τιμή μόνο περίπου στα 0.6 V όταν η δίοδος zener θα άγει κατά την ορθή φορά. Τα C6 και R10 μειώνουν την απολαβή τάσης κάτω από τα 2.8 kHz. Η βαθμίδα ICIB ουσιαστικά παρέχει την ανόρθωση που χρειάζεται για να πάρουμε σήμα ελέγχου, η D3 εξασφαλίζει ότι δεν εφαρμόζονται θετικά σήματα στον C7 που αποθηκεύει την τάση ελέγχου. Οι δύο σταθερές χρόνου που σχηματίζονται από τις R12 και R13 με τον C7 καθορίζουν τους χρόνους έναρξης και τέλους λειτουργίας του περιοριστή θορύβου. (Βλέποντάς το αυστηρά, ο πλευρικός κλάδος θα πρέπει να κάνει πλήρη ανόρθωση του ακουστικού σήματος επειδή οι τιμές του μέγιστου και του ελάχιστου σημάτων μπορεί να διαφέρουν μέχρι 8 dB.) Η τάση ελέγχου που αποθηκεύεται στον C7 οδηγεί τον διπλό τελεστικό ενισχυτή IC2. Οι IED συνδέονται με το βρόχο ανάδρασης των τελεστικών ενισχυτών, έτσι ώστε το ρεύμα που περνά μέσα απ' αυτές να ελέγχεται γραμμικά από την τάση στις εισόδους μη αναστροφής του IC και από τις τιμές των R5 και R6. Οι D1 και D2 περιλαμβάνονται στο κύκλωμα για να μη κορεστούν τα IC2A και IC2B στην απίθανη περίπτωση που θα δεχτούν είσοδο θετικής τάσης. Η τάση offset της IED αντισταθμίζεται συνεχώς από την δράση του βρόχου ανάδρασης των IC2A και IC2B και το γεγονός αυτό εγγυάται ότι η δυναμική απόκριση του κυκλώματος θα κυριαρχείται από τις σταθερές χρόνου που σχηματίζονται από τις R12, R13 και τον C7.

Το κύκλωμα που φαίνεται στο Σχ. 6.17 μπορεί να τροποποιηθεί εύκολα έτσι ώστε να προσφέρει συμπίεση υψηλών συχνοτήτων αντί για διαστολή. Ετσι το κύκλωμα θα μπορούσε να χρησιμοποιηθεί για συμπίεση πληροφοριών υψηλής συχνότητας πάνω από το επίπεδο θορύβου του συστήματος και κατόπιν να τις διαστείλλει. Μια τέτοια εφαρμογή, που μοιάζει με μορφές ψηφιακής συμπίεσης, έχει πολλά κοινά σημεία με αμφίπλευρες μορφές ελάττωσης θορύβου του εμπορίου όπως ο Dolby B των Εργαστηρίων Dolby.

Vocoder

Η ανθρώπινη φωνή δεν ήταν μόνο σχεδόν σίγουρα το πρώτο μουσικό όργανο αλλά σίγουρα εξακολουθεί να είναι το περισσότερο εκφραστικό. Και έχει την μοναδική ιδιότητα ότι, επειδή το τραγούδι αφορά γλώσσα μαζί με τονικότητα, μπορεί να εκφράζει ιδέες. Το Vocoder είναι μια συσκευή που επιτρέπει στην μοναδική έκφραση της ανθρώπινης φωνής να διαμορφώνει έναν ήχο από όργανο που μπορεί να είναι μονοφωνικός ή, συχνότερα, πολυφωνικός. Για να κατανοήσουμε το Vocoder, αξίζει τον κόπο να αφιερώσουμε μερικά λεπτά για να κατανοήσουμε την παραγωγής των φωνητικών ήχων.

Η θεμελιώδης ηχητική πηγή που εμπλέκεται σε παραγωγή φωνής είναι ένας πολύπλοκος τόνος μάλλον χαμηλής συχνότητας που παράγεται όταν αέρας από τους πνεύμονες ανεβαίνει από την τραχεία και διεγείρει τις φωνητικές πτυχώσεις στο λάρυγγα. Η πηγή της ηχητικής ενέργειας είναι γνωστή σαν η γλωττιδική πηγή επειδή ο χώρος μεταξύ των φωνητικών πτυχώσεων, και μεταξύ των οποίων εξαναγκάζεται να περάσει ο αέρας από τους πνεύμονες, είναι γνωστός σαν γλωττίδα. Το φάσμα αυτής της γλωττιδικής πηγής τροποποιείται στη συνέχεια από την φωνητική οδό που περιλαμβάνει τον φάρυγγα (λαιμό), από τη μύτη και τις ρινικές κοιλότητες και από το στόμα. Το σχήμα της φωνητικής οδού μπορεί να μεταβάλλεται σε μεγάλο βαθμό με την κίνηση της γλώσσας, των χειλέων και του σαγονιού. Με τον τρόπο αυτό, το φάσμα της γλωττιδικής πηγής μεταβάλλεται καθώς φιλτράρεται με τους διάφορους συντονισμούς που σχηματίζονται στα διάκριτα τμήματα της φωνητικής οδού. Κάθε ένας από αυτούς τους συντονισμούς είναι γνωστός σαν θεμελιώδης και ο καθένας αριθμείται. Ο θεμελιώδης με την μικρότερη συχνότητα ονομάζεται πρώτος θεμελιώδης, ο επόμενος δεύτερος κοκ.

Το κύριο χαρακτηριστικό του Vocoder είναι οι δύο του είσοδοι, η μια για μουσικό όργανο και η άλλη για μικρόφωνο. Στο Σχ. 6.18 φαίνεται το διάγραμμα block ενός απλού οργάνου. Η λειτουργία του Vocoder στηρίζεται στην περιβάλλουσα πλάτους των φωνητικών θεμελιωδών που διαμορφώνουν τις εισόδους των μουσικών οργάνων μέσω πολλαπλασιαστών ακουστικού σήματος (που σε αναλογικό Vocoder ονομάζονται VCA). Σε όρους ηλεκτρικού κυκλώματος αυτό σημαίνει διαχωρισμό του φωνητικού σήματος και του σήματος του μουσικού οργάνου σε πολλές ζώνες συχνοτήτων με τη βοήθεια ζωνοπερατών φίλτρων. Οσο περισσότερες είναι οι ζώνες, τόσο καλύτερη είναι η λειτουργία του Vocoder. (Σε ψηφιακό Vocoder, το φάσμα συχνοτήτων μπορεί να διαχωριστεί σε πάρα πολλές ζώνες με κυματικά φίλτρα, όπως αυτά που εξετάζονται στο Κεφάλαιο 10 σχετικά με τη συμπίεση ακουστικού σήματος.) Μετά τα φίλτρα διαίρεσης ζώνης, η διαδρομή του φωνητικού σήματος οδηγεί-

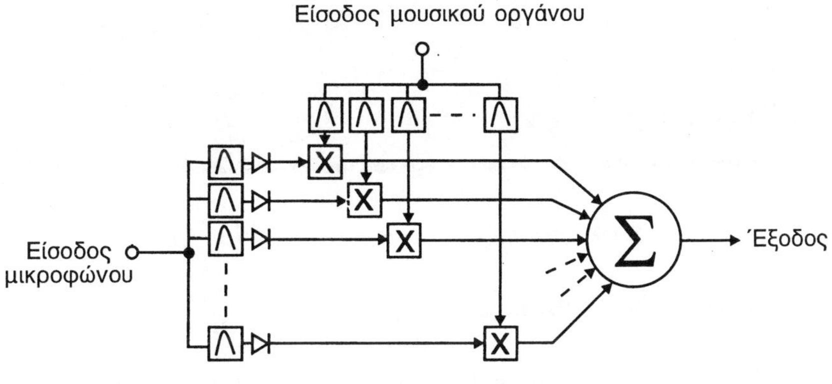

Σχ. 6.18 *To Vocoder*

ται σε μερικά κυκλώματα ανίχνευσης περιβάλλουσας πλάτους (που σε αναλογικό κύκλωμα είναι ανορθωτές μεγίστου). Αυτά τα σήματα περιβάλλουσας χρησιμοποιούνται στη συνέχεια σαν μεταβλητές που εφαρμόζονται στον κάθε πολλαπλασιαστή που υπάρχει μετά από κάθε φίλτρο διαχωρισμού ζώνης στη διαδρομή του σήματος μουσικών οργάνων. Με τον τρόπο αυτό, το φάσμα συχνοτήτων της ομιλίας "αποτυπώνεται" στον ήχο του μουσικού οργάνου. Μπορούμε να έχουμε ένα παραλληλισμό με την φυσιολογία αν πούμε ότι οι πνεύμονες και οι φωνητικές πτυχώσεις θα μπορούσαν να αντικατασταθούν από τον ήχο του μουσικού οργάνου ενώ η λειτουργία του λάρυγγα, του στόματος και των ρινικών κοιλοτήτων θα παρέμενε η ίδια.

Το Vocoder δεν έχει μόνο τη δυνατότητα δημιουργίας κάποιων εξωτικών χρωματικών εφφέ (όπως στο *O Superman* της Laurie Anderson) αλλά ίσως η αναλογία με την φυσιολογία μας δίνει και μια ιδέα για εφαρμογή όπου η είσοδος μουσικού οργάνου μπορεί να είναι τόνος που έχει συντεθεί, παρόμοιος με τον τόνο που παράγεται από τους πνεύμονες και τις φωνητικές πτυχώσεις. Αν αυτός ο τόνος, ή οι τόνοι, που έχει συντεθεί βρίσκεται κάτω από έλεγχο MIDI, τότε το Vocoder μπορεί να χρησιμοποιηθεί σαν τεχνητά ενισχυμένη φωνή, πάντοτε συντονισμένη και ικανή να τραγουδά σε τέλεια αρμονία με τον εαυτό της ! Η Digitech παράγει αρκετά προϊόντα ακριβώς αυτού του τύπου όπου συνδυάζεται αυτή η λειτουργία με ευφυή μετατόπιση τονικότητας έτσι ώστε να παράγεται μια ισχυρή, ευέλικτη συσκευή επεξεργασίας φωνής. Στο Σχ. 6.19 φαίνεται ο Σταθμός Εργασίας Vocalist της Digitech.

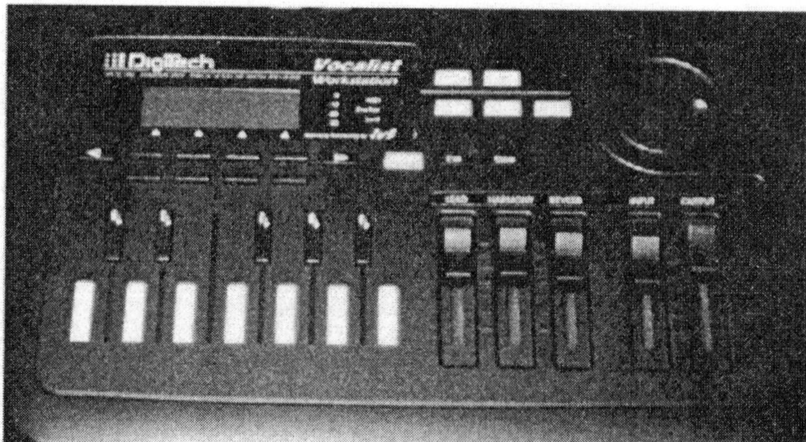

Σχ. 6.19 *Σταθμός Εργασίας Vocalist της Digitech*

Εφφέ κιθάρας με κιβώτιο ομιλίας

Κάπου μεταξύ του πεντάλ wah–wah και του Vocoder βρίσκεται το εφφέ κιθάρας με κιβώτιο ομιλίας. Εκμεταλλεύεται το μοναδικό και εκφραστικό ακουστικό φίλτρο που σχηματίζεται από τους διάφορους συντονισμούς στην φωνητική οδό και στο στόμα, έτσι ώστε για να τροποποιεί τον ήχο ηλεκτρικής κιθάρας. Αυτό πραγματοποιείται με οδήγηση ενός μικρού μεγαφώνου με ενισχυμένο σήμα κιθάρας περνώντας το από χοάνη και μέσα σε πλαστικό σωλήνα. Στη συνέχεια ο σωλήνας στερεώνεται στη βάση μικροφώνου έτσι ώστε να μπορεί να φτάνει στο στόμα του κιθαρίστα. Ο ήχος που προκύπτει καταγράφεται μέσω του μικροφώνου. Τα κιβώτια ομιλίας υπάρχουν, μεταξύ άλλων, στις ηχογραφήσεις των Aerosmith, Peter Frampton και Joe Walsh.

Βιβλιογραφία

Martin, G. and Pearson, W. (1994) *Summer of Love - The Making of Sgt. Pepper.* Macmillan

Σημείωση

1. Αν και πρακτικά είναι δυνατή η δημιουργία ενός παρόμοιου εφφέ με την κίνηση μεγαφώνων ως προς σταθερή θέση ακρόασης (ή μικροφώνου). Το μεγάφωνο Leslie λειτουργεί ακριβώς με αυτό τον τρόπο, όπως εξηγείται στο Κεφάλαιο 14.

ΚΕΦΑΛΑΙΟ 7

Ηλεκτρονική σύνθεση

Εισαγωγή

Η θεωρία των ηλεκτρονικών ταλαντωτών έχει καλυφθεί στο Κεφάλαιο 5. Εκεί βρήκαμε πολλά πρακτικά παραδείγματα από ταλαντωτές LC και ταλαντωτές γέφυρας Wein για την παραγωγή ημιτονοειδών κυμάτων, ασταθείς πολυδονητές για την παραγωγή τετραγωνικών κυμάτων καθώς και γεννήτριες ράμπας για την παραγωγή πριονωτών κυματομορφών. Παρατηρήσαμε ότι κάθε κυματομορφή είχε διαφορετική αρμονική δομή και, συνεπώς, διαφορετική χροιά όταν αναπαράγονταν από μεγάφωνο. Τα κυκλώματα αυτά αποτελούν τη βάση της αναλογικής δημιουργίας και σύνθεσης ήχου. Κατά κάποιο τρόπο, το Κεφάλαιο 5 προετοίμασε ένα μέρος του υλικού που θα μπορούσε να περιμένει μέχρι εδώ. Τι άλλο είναι ένα ηλεκτρικό εκκλησιαστικό όργανο παρά ένα όργανο συνθετικού ήχου με αυλούς; Στο τέλος του Κεφαλαίου θα επιστρέψουμε στο θέμα της μίμησης πραγματικών μουσικών οργάνων, που συχνά είναι ο παρεξηγημένος όρος για τη μουσική σύνθεση. Στο πρώτο μισό του Κεφαλαίου θα επικεντρώσουμε την προσοχή σας στην ανάπτυξη του αναλογικού synthesizer το οποίο οφείλει τη γέννησή του στον Robert Moog, τον εφευρέτη του πρώτου synthesizer του εμπορίου και στην καλλιτεχνική έμπνευση των συνθετών που εργάζονταν στα στούντιο ηλεκτρονικής μουσικής αμέσως μετά τον Δεύτερο Παγκόσμιο Πόλεμο, όπως συνθέτες του αναστήματος των Stockhausen, Eimert και Berio. Κάθε αναλογικό synthesizer περιέχει ορισμένα βασικά κομμάτια κυκλωμάτων που, στην αρχή, ανήκαν περισσότερο στα εργαστήρια παρά στα μουσικά στούντιο! Κάθε ένα από τα κομμάτια αυτά εξετάζεται εδώ με τη σειρά του.

Ταλαντωτής ελεγχόμενος από τάση (VCO)

Ο ελεγχόμενος από τάση ταλαντωτής ή VCO (voltage controlled oscillator) είναι στοιχείο κυκλώματος που ρυθμίζει την συχνότητα ταλάντωσής του σαν απόκριση σε μια τάση εισόδου. Η απλούστερη (και συνηθέστερη είσοδος ελέγχου) είναι ένα δυναμικό DC που προέρχεται από ένα ειδικό μουσικό πληκτρολόγιο που λειτουργεί μάλλον σαν πολύπλοκο μεταγόμενο ποτενσιόμετρο, όπου κάθε πλήκτρο κλείνει ένα διακόπτη σε ένα συνεχόμενο στοιχείο ωμικής αντίστασης. Ο σχεδιασμός ενός τέτοιου κυκλώματος δεν είναι εντελώς άμεσος επειδή ο ταλαντωτής πρέπει να κατασκευαστεί έτσι ώστε να περιφέρεται σε όλη την ακουστή περιοχή που περιλαμβάνει μια περιοχή συχνοτήτων με περίπου 11 οκτάβες. Συνήθως ο ταλαντωτής είναι γεννήτρια πριονωτών κυμάτων, όπως αυτός που φαίνεται στο Σχ. 7.1. Ας σημειωθεί ότι η ταχύτητα με την οποία φορτίζεται ο πυκνωτής ολοκλήρωσης στο βρόχο ανάδρασης του τελεστικού ενισχυτή είναι μεταβλητή μέσω της ρυθμιζόμενης πηγής ρεύματος. Εχει ενδιαφέρον η σύγκριση αυτού του μάλλον πολύπλοκου κυκλώματος με την γεννήτρια πριονωτής κυματομορφής που φαίνεται στο Σχ. 5.7 του Κεφαλαίου 5. Παρατηρούμε ότι, στο κύκλωμα του εδώ σχήματος, το κύκλωμα πρέπει το ίδιο να παράγει τον παλμό τερματισμού της τάσης ράμπας που στο κύκλωμα του Κεφαλαίου 5 φαίνεται ότι παρέχεται από έξω. Η εσωτερική παραγωγή του παλμού τερματισμού οφείλεται στην δράση του κυκλώματος σύγκρισης το οποίο στον θετικό του ακροδέκτη εισόδου έχει προτοποθετημένη αρνητική τάση. Από τη στιγμή που η τάση εξόδου του κυκλώματος ράμπας (που στο σχήμα φαίνεται ότι τροφοδοτεί την αρνητική είσοδο του κυκλώματος σύγκρισης) έχει φτάσει σ' αυτό το κατώφλι, το κύκλωμα σύγκρισης αλλάζει κατάσταση και κλείνει τον ηλεκτρονικό διακόπτη που στο σχήμα φαίνεται συνδεδεμένος στα άκρα του πυκνωτή ολοκλήρωσης. Ετσι ο πυκνωτής ολοκλήρωσης φορτίου βραχυκυκλώνεται και ο παλμός ράμπας τερματίζεται, πράγμα που επιτρέπει νέα έναρξη όλης της διεργασίας. Αξίζει να τονιστεί ότι δεν υπάρχει τίποτα για να σταματά την αποστολή εξωτερικού παλμού στον ταλαντωτή αυτό με τον τρόπο που φαίνεται στο Σχ. 7.1. Αυτό συνήθως γίνεται σε synthesizer του εμπορίου όπου η τεχνική ονομάζεται συγχρονισμός (synching) των ταλαντωτών. Αν θέσουμε τη φυσική ταλάντωση ενός ταλαντωτή σε διαφορετική συχνότητα από τη συχνότητα του εξωτερικού του παλμού συγχρονισμού, λαμβάνουμε μερικές εξαιρετικά πολύπλοκες κυματομορφές.

Μια σοβαρή περιπλοκή στον έλεγχο τάσης των synthesizer οφείλεται στην φύση της σχέσης μεταξύ τάσης ελέγχου και συχνότητας. Από τεχνικής πλευράς η ευκο-

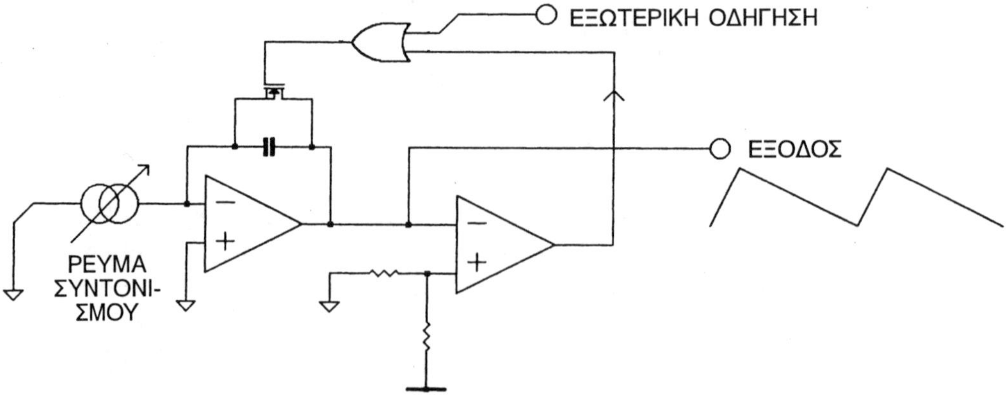

Σχ. 7.1 *Ταλαντωτής ελεγχόμενος από τάση*

λότερη σχέση παραγωγής ελέγχου είναι γραμμική, ή *V/F* = *k*, όπου η *k* είναι μια σταθερά. Στην πραγματικότητα, όμως, από μουσικής πλευράς, είναι πολύ καλύτερη μια σχέση μεταξύ σταθερής μεταβολής τονικότητας (συχνότητας) και σταθερής μεταβολής τάσης ελέγχου. Πρόκειται για λογαριθμική σχέση και, στα περισσότερα synthesizer, υπάρχει σημαντική δυσκολία για αλλαγή της σχέσης ελέγχου του VCO σε σχέση που θα είναι καταλληλότερη για μουσικές εφαρμογές.

Φίλτρα ελεγχόμενα από τάση (VCF)

Το ελεγχόμενο από τάση φίλτρο είναι κύκλωμα επιλογής συχνότητας που κατασκευάζεται έτσι ώστε η συχνότητα αποκοπής του να μπορεί να αλλάζει με έλεγχο εξωτερικά εφαρμοζόμενης τάσης. Η περισσότερο συνηθισμένη εφαρμογή σε synthesizer είναι το ελεγχόμενο από τάση χαμηλοπερατό φίλτρο, που έχει τις χρησιμότερες μουσικές εφαρμογές. Στο Σχ. 7.2 φαίνεται ένα απλοποιημένο σχηματικό διάγραμμα ενός VFO. Αυτό το ασυνήθιστο κύκλωμα λειτουργεί ως εξής: προγραμματίζεται η συχνότητα αποκοπής με τη βοήθεια της "ουράς" απαγωγής ρεύματος που μπορεί να μεταβάλλει το ρεύμα απαγωγής της με τρόπο όμοιο με την περίπτωση κανονικού κυκλώματος κατόπτρου ρεύματος. Το ρεύμα αυτό χωρίζεται στα δύο ζεύγη cascode και προχωρά στα φορτία συλλέκτη των T3 και T4, που είναι και αυτά άλλο ένα ζεύγος cascode. Σε πολύ μικρά ρεύματα απαγωγής, οι τιμές των φορτίων συλλέκτη (T1 και T2) θα είναι σχετικά μεγάλες επειδή η σύνθετη αντίσταση εξόδου από ακόλουθο εκπομπού, πράγμα που είναι τα φορτία αυτά, είναι αντίστροφα ανάλογη με το ρεύμα εκπομπού. Παρομοίως, η διαγωγιμότητα του διαφορικού ζεύγους θα είναι και αυτή πολύ μικρή. Γι' αυτό, η απολαβή της βαθμίδας θα είναι το γινόμε-

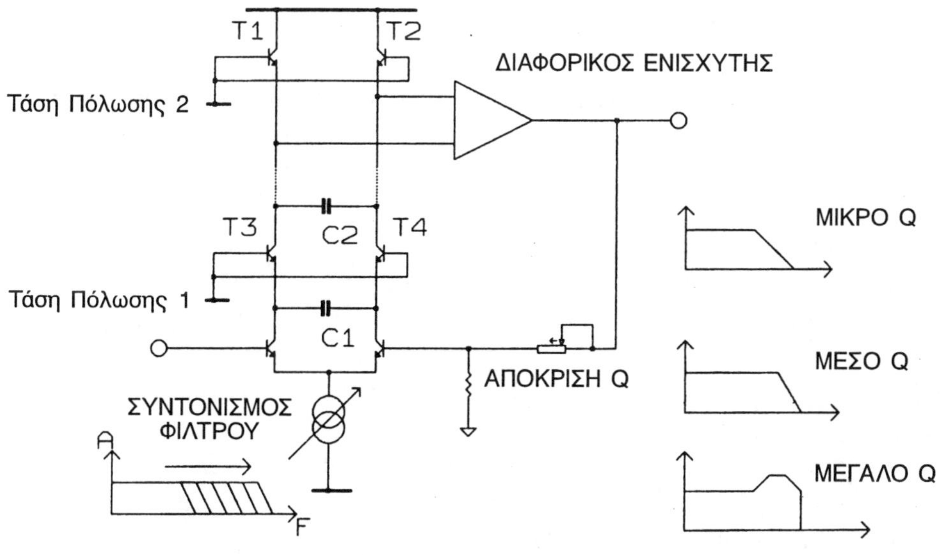

Σχ. 7.2 *Φίλτρο ελεγχόμενο από τάση*

νο της μικρής διαγωγιμότητας του ζεύγους επί την σχετικά μεγάλη αντίσταση των φορτίων συλλέκτη των T1 και T2. Σε μεγάλο ρεύμα ουράς, οι συνθήκες αυτές αλλάζουν έτσι ώστε η διαγωγιμότητα του διαφορικού ζεύγους cascode να είναι μεγάλη, ενώ η σύνθετη αντίσταση των φορτίων συλλέκτη, απ' όπου λαμβάνεται διαφορικά το σήμα, θα είναι μικρή. Με τον τρόπο αυτό, η συνολική απολαβή του κυκλώματος σε μικρές συχνότητες θα παραμένει σταθερή, άσχετα από τις αλλαγές στο ρεύμα ουράς. Αυτό, ωστόσο, που θα αλλάξει θα είναι το διαθέσιμο εύρος ζώνης συχνοτήτων του ενισχυτή που θα περιοριστεί υπερβολικά από την ικανότητα φόρτισης και εκφόρτισης των C1 και C2 σε μικρά ρεύματα. Πρόκειται για κατάσταση που θα βελτιωθεί, και άρα θα αυξηθεί το εύρος ζώνης συχνοτήτων του κυκλώματος, με μεγάλα ρεύματα. Μερικές φορές τα πραγματικά κυκλώματα επαναλαμβάνουν πολλές φορές την δομή cascode αυτού του κυκλώματος έτσι ώστε να αυξηθεί το πλήθος των πόλων στο φίλτρο, και με τον τρόπο αυτό το κύκλωμα παίρνει το όνομα φίλτρο κλίμακας. Μια ακόμη σημαντική λειτουργία του κυκλώματος είναι η δυνατότητα να ανατροφοδοτεί ένα μέρος του σήματος στην άλλη πλευρά του διαφορικού ζεύγους. Ας σημειωθεί ότι δεν πρόκειται για αρνητική ανάδραση αλλά θετική ανάδραση, πράγμα που έχει σαν αποτέλεσμα την αύξηση του Q του κυκλώματος, ιδίως κοντά στη συχνότητα αποκοπής. Με τον τρόπο αυτό είναι δυνατό να επιτευχθεί μια περιοχή αποκρίσεων όπως αυτών που φαίνονται στο Σχ. 7.2 και προσφέρουν μια γκάμα μουσικών εκφραστικών δυνατοτήτων επιτρέποντας την δυνατότητα αποτύπωσης θεμελιωδών μεγάλου Q στην θεμελιώδη κυματομορφή. Μερικές φορές αυτός ο έλεγχος του Q (όπως φαίνεται στο Σχ. 7.2) δίνει την δυνατότητα παραγωγής αστάθειας στα άκρα της περιοχής ελέγχου, οπότε το VCF μετατρέπεται σε έναν άλλο, κάπως απρόβλεπτο, VCO

Παραγωγή περιβάλλουσας

Οσο πολύπλοκοι και πλούσιοι και να είναι οι τόνοι που παράγονται με τα μέσα που αναφέραμε παραπάνω, κάθε νότα από το synthesizer θα ήταν ανιαρή αν δεν προσθέταμε τα κυκλώματα παραγωγής περιβάλλουσας. Τι είναι, όμως αυτά, και για ποιό λόγο τα έχουμε;

Κάθε μουσικός ήχος, εκτός από την τονικότητα και τη χροιά του, έχει μια δυναμική περιβάλλουσα. Στην πραγματικότητα, η δυναμική περιβάλλουσα είναι το κυριώτερο συστατικό "ανάπτυξης χαρακτήρα" ενός συγκεκριμένου ήχου! Εστω ότι ζητούμε από ένα παιδί να παρουσιάσει τον ήχο με τη μορφή ζωγραφιάς. Αν του ζητήσουμε να σχεδιάσει τον ήχο τύμπανου είναι πολύ πιθανό ότι θα αγνοήσει την περιγραφή της τονικότητας, ακόμη και της χροιάς. Αντίθετα, είναι πιθανό ότι θα ζωγραφίσει κάτι σαν κι αυτό που φαίνεται στο επάνω μέρος του Σχ. 7.3. Ομοια, αν του ζητήσουμε να σχεδιάσει τον ήχο νότας βιολιού που παίζεται με ηρεμία, τότε ίσως ζωγράφιζε κάτι που να μοιάζει αυτό που βρίσκεται κάτω από το σχήμα του ήχου του τυμπάνου. Και τι έχει σχεδιάσει; Στην πρώτη περίπτωση έχει παρουσιάσει

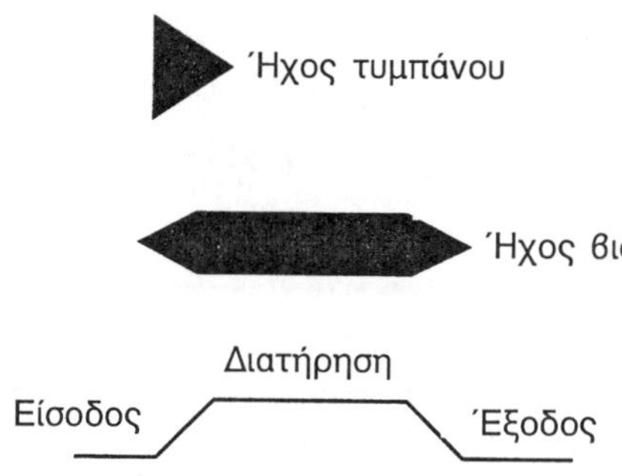

Σχ. 7.3 *Περιβάλλουσα ASR*

έναν δυνατό ήχο που ξεκίνησε γρήγορα, διατηρήθηκε για μικρό χρονικό διάστημα και μετά έσβυσε γρήγορα. Στη δεύτερη περίπτωση σχεδίασε ένα ήχο που ξεκίνησε από το τίποτα, αυξήθηκε αργά μέχρι μια μέση στάθμη, διατηρήθηκε στην ένταση αυτή για σχετικά μεγάλη χρονική περίοδο και ύστερα έσβυσε αργά. Είναι φανερό ότι αυτός ο δυναμικός χαρακτήρας έχει ζωτική σημασία για να εκτιμούμε διαφορετικά είδη μουσικού ήχου. Το κάτω τμήμα του Σχ. 7.3 τυποποιεί τα παιδικά σχέδια στις τρεις τυπικές θέσεις της σύντομης διάρκειας κάθε συνθετικού ήχου πάνω στη γη: την εισαγωγή, τη διατήρηση και την έξοδο (ή σβήσιμο).

Οι πραγματικοί μουσικοί ήχοι έχουν μια δυναμική περιβάλλουσα και η τροποποίηση μιάς πρωτόγονης συνθετικής μουσικής κυματομορφής σε χρησιμοποιήσιμο μουσικό ήχο αφορά στον χειρισμό που αποτυπώνει είσοδο, διατήρηση και έξοδο στην θεμελιώδη ηχητική πηγή. Αυτός ο χειρισμός είναι διπλός, και είναι μια ελεγχόμενη λειτουργία πολλαπλασιασμού. Η είσοδος είναι η ταχύτητα με την οποία ένα σήμα πολλαπλασιάζεται από το μηδέν (ησυχία) σε σταθερό μέγεθος (στάθμη διατήρησης) και η ταχύτητα με την οποία η στάθμη διατήρησης ελαττώνεται πίσω στο μηδέν (ελευθερώνεται ή σβύνει) με την ελευθέρωση του πλήκτρου του πληκτρολογίου. Η λειτουργία πολλαπλασιασμού εκτελείται από τον ενισχυτή που ελέγχεται από τάση ή VCA που είναι μια συσκευή πολλαπλασιασμού σήματος, όπως περιγράφηκε στο προηγούμενο Κεφάλαιο. (Το κύκλωμα στο Σχ. 6.14 έδειχνε την γενική αρχή λειτουργίας.) Το σήμα ελέγχου προέρχεται από κύκλωμα παραγωγής περιβάλλουσας που μερικές φορές είναι γνωστό σαν γεννήτρια ASR (attack-sustain-release, εισόδου-διατήρησης-εξόδου).

Γεννήτρια εισόδου – διατήρησης - εξόδου (ASR)

Στο Σχ. 7.4 φαίνεται μια γεννήτρια ASR. Οταν πιεστεί το πλήκτρο, η τάση ελέγχου, που τροφοδοτεί τον VCA, αυξάνει με ταχύτητα που προκαθορίζεται από τη θέση του VR1 και την αλληλεπίδρασή του με τον C1. Η τάση ελέγχου θα αυξηθεί τελικά μέχρι την τιμή που καθορίζεται από το VR2 η οποία προσδιορίζει τη στάθμη διατήρησης. Τελικά, αφού ελευθερωθεί το πλήκτρο, η τάση ελέγχου θα πέσει τόσο, όσο καθορίζεται από την τιμή των VR3 και C1.

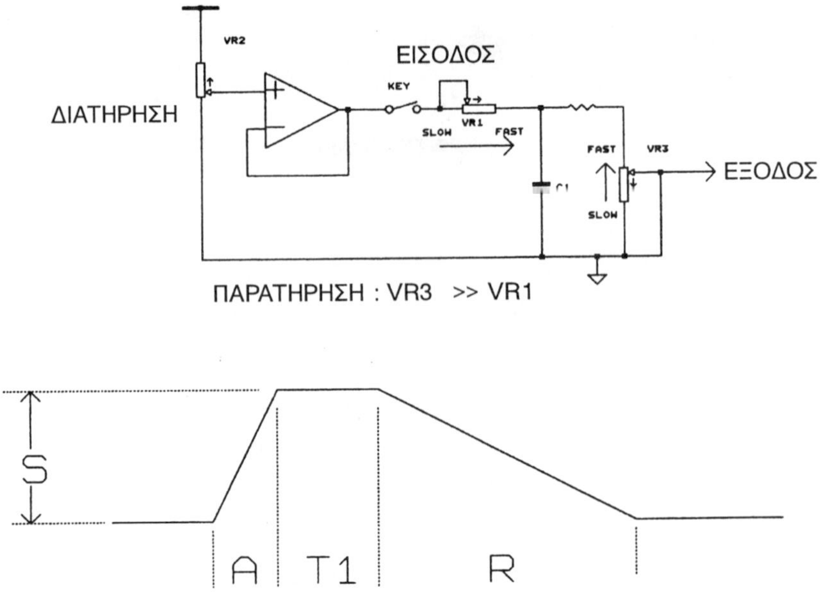

T1 = ΧΡΟΝΙΚΗ ΔΙΑΡΚΕΙΑ ΠΙΕΣΗΣ ΠΛΗΚΤΡΟΥ

Σχ. 7.4 *Κύκλωμα γεννήτριας ASR*

Ταλαντωτής χαμηλής συχνότητας (LFO)

Ο ταλαντωτής χαμηλής συχνότητας είναι συνήθως μια γεννήτρια ράμπας ή μερικές φορές γεννήτρια γέφυρας Wein. Σπάνια υπάρχει έλεγχος από εξωτερική τάση. Αντίθετα, η λειτουργία αυτού του ταλαντωτή είναι ο έλεγχος είτε του VCA είτε του VCO με σκοπό την παροχή tremolo ή vibrato, αντίστοιχα. Διαφορετικά, ο LFO χρησιμοποιείται συχνά για να ελέγχει κάποιο VCF με σκοπό τη λήψη πολύμορφης μουσικής χροιάς που είναι μια από τις μουσικές σφραγίδες της αναλογικής μουσικής σύνθεσης.

Γεννήτριες αναλογικού θορύβου

Ο θερμικός ήχος που παράγεται σε μια αντίσταση δίνεται από την έκφραση:

$$E^2 = 4kTBR$$

όπου E είναι η τιμή RMS της ΗΕΔ θορύβου σε κύκλωμα αντίστασης R σε θερμοκρασία T (Kelvin) με ενεργό εύρος ζώνης συχνοτήτων B. Η σχέση αυτή απλοποιείται (αν υποθέσουμε ότι έχουμε κανονική θερμοκρασία δωματίου και εύρος ζώνης συχνοτήτων 20 kHz) στην:

$$E = (1.6 \times 10{-}20.R){-}0.5$$

Από αυτή την άποψη, κάθε ηλεκτρονικό εξάρτημα αποτελεί γεννήτρια αναλογικού θορύβου. Οι περισσότερες μηχανολογικές εργασίες προσπαθούν να ελαχιστοποιούν τον θόρυβο και όχι να τον παράγουν. Για το λόγο αυτό, οι γεννήτριες αναλογικού θορύβου είναι σχετικά απλές, πολλές φορές τόσο απλές όσο μια αντίσταση που ακολουθείται από ενισχυτή μεγάλης απολαβής. Μια άλλη πηγή θορύβου είναι μια δίοδος ή δίοδος zener με ανάστροφη πόλωση που ακολουθείται από ενισχυτή μεγάλης απολαβής. Πρόκειται για μια καλή γεννήτρια θορύβου επειδή ο θόρυβος σε δίοδο είναι (σχετικά) μεγάλος εξαιτίας του φαινομένου χιονοστιβάδας καθώς ηλεκτρόνια μεγάλης ταχύτητας, που εισέρχονται στην περιοχή n από την περιοχή p, ελευθερώνουν άλλα στις στιβάδες σθένους της περιοχής n, μια διαδικασία που από τη φύση της έχει θόρυβο. Επιπλέον αποφεύγει το πρόβλημα που υπάρχει σε κύκλωμα αντίστασης όπου (προκειμένου να πάρουμε αρκετά μεγάλη τάση θορύβου) πρέπει να χρησιμοποιηθεί ωμική αντίσταση πολύ μεγάλης τιμής και το γεγονός αυτό προσφέρει την πιθανότητα ηλεκτροστατικής, ή ηλεκτρομαγνητικής, ζεύξης άλλων σημάτων στο κύκλωμα, που από την άποψη αυτή ο βόμβος θα είναι ιδιαίτερα προβληματικός. Από την άλλη πλευρά, η δίοδος παράγει μια σχετικά μεγάλη τάση θορύβου στα άκρα μικρής σύνθετης αντίστασης. Στο Σχ. 7.5 φαίνεται ένα κύκλωμα γεννήτριας αναλογικού θορύβου.

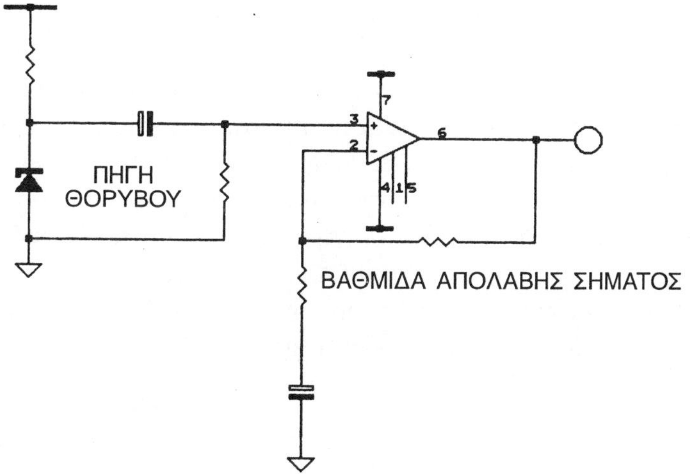

Σχ. 7.5 *Γεννήτρια αναλογικού θορύβου*

Χρώματα θορύβου

Ας σημειωθεί ότι το κύκλωμα στο Σχ. 7.5 είναι σχήμα γεννήτριας λευκού θορύβου επειδή υπάρχουν όλες οι συχνότητες (τουλάχιστον πιθανολογικά). Υπάρχει, γι' αυτό, αναλογία με το λευκό φως. Ωστόσο, εξαιτίας του τρόπου αντίληψης του ήχου, ο καθαρός θόρυβος, όπου περιέχονται εξίσου όλες οι συχνότητες, γίνεται αντιληπτός σαν να είναι ιδιαίτερα "σφυριχτός", δηλαδή η ενέργεια υψηλών συχνοτήτων να υπερέχει της ενέργειας χαμηλών συχνοτήτων. Αν και μια τέτοια ηχητική πηγή μπορεί σε μερικές περιπτώσεις να είναι χρήσιμη από καλλιτεχνικής πλευράς, συχνά οι συνθέτες χρειάζονται έναν ήχο που κατά κάποιο τρόπο είναι τροποποιημένος. Παραδείγματα είναι οι παραλλαγές φιλτραρισμένου χαμηλοπερατού ήχου που ονομάζεται ρόζ ή κόκκινος θόρυβος πάλι σε αναλογία με το φως (ο ροζ ή ο κόκκινος θόρυβος ακούγεται περισσότερο εκρηκτικός ή σαν τον ήχο της θάλασσας), καθώς και ο φιλτραρισμένος ζωνοπερατός θόρυβος ο οποίος, αν σαρωθεί με στενό ζωνοπερατό φίλτρο, μπορεί να ακούγεται σαν κυλιόμενα κύματα ή ίσως σαν άνεμος μέσα σε δέντρα. Οι γεννήτριες ψηφιακού θορύβου εξετάζονται στο Κεφάλαιο 10.

Αναλογικά synthesizer

Τα αναλογικά synthesizer ενσωματώνουν όλα τα παραπάνω εξαρτήματα, δηλ. VCO, VCF και γεννήτριες θορύβου καθώς και τους ενισχυτές που ελέγχονται από τάση και τις γεννήτριες ASR. Αλλά (για να δανειστούμε μια θεωρία από την μορφολογική ψυχολογία) το σύνολο είναι πολύ περισσότερα πράγματα από το άθροισμα των μερών. Η δύναμη τους έγκειται στην ικανότητά τους να προκαλούν την αλληλεπίδραση του καθενός από τα μέρη με εκπληκτικά πολύπλοκους τρόπους. Θεμελιώδης στην όλη ιδέα είναι ο ταλαντωτής που ελέγχεται από τάση. Αυτός μπορεί να ελέγχεται από μεταγόμενη σειρά ωμικών αντιστάσεων, ίσως μέσω συμβατικού μουσικού πληκτρολογίου, ή με την βοήθεια σταθερά μεταβλητής τάσης, προσφέροντας μια ηχητική πηγή με ατέλειωτη βαθμιαία μετάβαση από ένα μουσικό φθόγγο σε άλλο όπως το Ondes Martenot και το Theremin. Διαφορετικά, μπορεί να ελέγχεται από την έξοδο άλλου ταλαντωτή, με αποτέλεσμα μια πηγή κυματομορφών που η συχνότητά της διαμορφώνεται από άλλη πηγή. Και ίσως αυτή η προκύπτουσα κυματομορφή να μπορεί να διαμορφώνει μια άλλη πηγή! Με τον τρόπο αυτό είναι δυνατή η παραγωγή πολύ πλούσιων κυματομορφών και στο σημείο αυτό έγκειται η ουσιώδης έννοια πίσω από τα αναλογικά synthesizer.

Αλληλοσύνδεση

Για να δημιουργηθεί ένας πρακτικός, χρήσιμος μουσικός ήχος από ένα αναλογικό synthesizer, πρέπει να αλληλοσυνδεθούν μεταξύ τους τα κυκλωματικά κομμάτια που αναφέραμε παραπάνω. Στο Σχ. 7.6 φαίνεται μια απλή αλληλοσύνδεση (το όνομά που χρησιμοποιείται στα Αγγλικά για τον συγκεκριμένο τρόπο αλληλοσύνδεσης είναι patch). Παρατηρούμε ότι το πληκτρολόγιο ελέγχει δύο VCO (για παραγωγή τονικότητας). Το VCO ακολουθείται από το VCF έτσι ώστε αυτό να δώσει χαρακτήρα στην βασική ηχητική πηγή και αυτό οδηγείται από την έξοδο του LFO για δημιουργία μεταβαλλόμενης θεμελιώδους. Η έξοδος αυτών των μονάδων περνά στο κομμάτι VCA όπου το σήμα σκανδαλισμού από το πληκτρολόγιο (βλ. στο επόμενο κεφάλαιο) ελέγχει την γεννήτρια ASR. Στο Σχ. 7.6, ωστόσο, δεν φαίνεται παρά μόνο μια δυνατή αλληλοσύνδεση. Ας θυμηθούμε ότι η δύναμη του αναλογικού synthesizer έγκειται στο γεγονός ότι έχει την ικανότητα να προκαλεί την αλληλεπίδραση των διαφόρων ηχητικών πηγών και πηγών θορύβου που βρίσκονται μέσα του. Τα synthesizer του εμπορίου διαφέρουν πολύ μεταξύ τους ως προς την ευελίξία που προσφέρουν στον χρήστη από την άποψη ότι μπορούν να δρομολογούν τα διάφορα σήματα και κατά συνέπεια να μπορούν να ελέγχουν την μορφή των δυνατών αλληλεπιδράσεων. Μερικά synthesizer προσφέρουν πολύ περιορισμένες δυνατότητες επαναλληλοσύνδεσης, άλλα προσφέρουν ουσιαστικά απεριόριστη ευελιξία, έτσι ώστε στην πράξη να μπορεί να χρησιμοποιηθεί σαν παράμετρος ελέγχου κάποιας άλλης διεργασίας οποιοδήποτε σήμα. Από ηλεκτρικής πλευράς αυτή η λειτουργία μεταγωγής μπορεί να παρέχεται από μηχανικούς διακόπτες, από ηλεκτρονικούς διακόπτες, ή ακόμη και από παραδοσιακά τηλεφωνικά βύσματα!

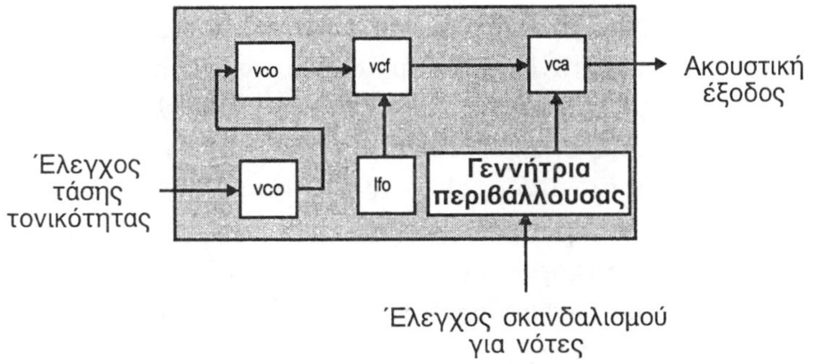

Σχ. 7.6 *Αλληλοσύνδεση σε αναλογικό synthesizer*

Το MINIMOOG της Moog

Το MINIMOOG της Moog είναι ένα από τα δημοφιλέστερα synthesizer όλων των εποχών και εξακολουθεί να χρησιμοποιείται και σήμερα σε χιλιάδες χορευτικών ηχογραφήσεων σε όλο τον κόσμο. Περιέχει τρείς ταλαντωτές, από τους οποίους ο τρίτος μπορεί να λειτουργήσει και σαν LFO για διαμόρφωση. Τα κυκλώματα αυτά ακολουθούνται από φίλτρα τόνου. Οι τρεις ταλαντωτές μπορούν να κατευθύνονται και να διαμορφώνονται μεταξύ τους και στο γεγονός αυτό έγκειται η ευελιξία του MINIMOOG. Επιπλέον, η ανοικτή διάταξη των κομβίων και διακοπτών ελέγχου (που φαίνονται στο Σχ. 7.7) διευκολύνουν τον συνθέτη ή τον εκτελεστή να πειραματίζεται και έτσι να ανακαλύπτει γρήγορα ήχους.

Το MINIMOOG ήταν όργανο δεύτερης γενιάς, εμπνευσμένο από μια σειρά οργάνων που ο Moog είχε σχεδιάσει για πειραματικούς μουσικούς. Κάθε ξεχωριστή μονάδα μπορούσε να εκτελεί μόνο ένα πράγμα για διαμόρφωση ή παραγωγή ήχου.

Σχ. 7.7 *Το MINIMOOG της Moog*

Αυτά τα πρώτα σπονδυλωτά όργανα έμοιαζαν περισσότερο με τηλεφωνικούς πίνακες παρά με μουσικά όργανα επειδή είχαν καλώδια σύνδεσης που συνέδεαν τα τμήματα μεταξύ τους ενώ στο MINIMOOG υπήρχε προκατασκευασμένη καλωδίωση. Ηταν αρκετά απλό και γρήγορο στη χρήση ώστε να μπορεί να χρησιμοποιηθεί στη σκηνή.

Η έμπνευση για τα πρώτα σπονδυλωτά όργανο του Moog ήρθε από τα πειράματα που έκαναν οι συνθέτες ηλεκτρονικής μουσικής μετά το τέλος του Δεύτερου Παγκοσμίου Πόλεμου. Συνθέτες όπως ο Karlheinz Stockausen και ο Herbert Eimert, και στη Γαλλία, στον ραδιοφωνικό σταθμό του Παρισιού, ο Pierre Schaeffer και ο Pierre Henry. Ο Moog ανταποκρίθηκε στις ανάγκες αυτών των συνθετών, που μέχρι τότε εξυπηρετούνταν με ότι μπορούσαν να βρούν από άλλους επιστημονικούς και τεχνικούς τομείς (χρησιμοποιώντας περισσεύματα μηχανημάτων του πολέμου και εργαστηριακό εξοπλισμό, οτιδήποτε θα μπορούσε να παράγει ή να τροποποιήσει ήχο με ηλεκτρονικό τρόπο). Αυτό που έκανε ο Moog ήταν να πάρει όλα όσα οι μουσικοί είχαν τότε βρεί χρήσιμα και να τα συνενώσει σε ένα κομψό σχήμα έτσι ώστε όλα τα διάφορα εξαρτήματα να συνενώνονται κατάλληλα. Αν και πολλοί από τους πρώτους πελάτες ήταν πειραματικοί μουσικοί, πολύ σύντομα τα διαφημιστικά γραφεία συνδέθηκαν με το MINIMOOG επειδή το synthesizer αποδείχτηκε ο τέλειος τρόπος γεφύρωσης του χάσματος μεταξύ ηχητικών εφφέ και μουσικής. Το MINIMOOG κατασκευάζονταν επί δέκα χρόνια, διάρκεια που αποτελεί πολύ μεγάλο χρονικό διάστημα για ηλεκτρονικό μουσικό όργανο, και ιδιαίτερα με τα σημερινά πρότυπα.

Σύνθεση ήχων FM

Ενα από τα μαθήματα που μας έδωσε η αναλογική σύνθεση, και ιδιαίτερα ο έλεγχος ενός ταλαντωτή από άλλον, ήταν ότι εξαιρετικά πολύπλοκες χροιές μπορούν να παραχθούν με σχετικά απλό τρόπο. Το 1967 ο Dr John Chowing, ένας μουσικός που είχε σπουδάσει με την Nadia Boulanger στο Παρίσι και στη συνέχεια δημιούργησε ένα πρόγραμμα μουσικής σύνθεσης στο Πανεπιστήμιο Stanford, συνειδητοποίησε τις δυνατότητες χρήσης διαμόρφωσης συχνότητας για μίμιση πολύπλοκων μουσικών ήχων. Ισως αυτή η προσέγγιση να φαίνεται περίπλοκη, αλλά ας εξετάσουμε το αντίθετο. Η προσθετική σύνθεση, όπως περιγράφεται στο Κεφάλαιο 5, είναι ενδιαφέρουσα από θεωρητικής πλευράς, αλλά στην πράξη το πλήθος των ξεχωριστών ταλαντωτών που χρειάζονται για παραγωγή σύνθετων μουσικών ήχων, και ιδιαίτερα των μεταβατικών, είναι απαγορευτικά μεγάλος. Από την άλλη πλευρά, η πολύπλοκη φύση των πλευρικών ζωνών FM φαινόταν σαν να συνιστούσε ότι είχαμε μια τεχνική με την οποία θα μπορούσαν να κατασκευαστούν πολύπλοκες δομές μουσικών τόνων με χρήση ενός ή δύο ταλαντωτών. Ο Chowning είχε δίκαιο, έπρεπε όμως να περιμένει μέχρι να έλθουν οι ψηφιακές τεχνικές που εξασφάλιζαν τις απαραίτητες ευστάθεια, προβλεψιμότητα και επαναληπτικότητα που χρειάζονται γι' αυτή την τεχνική σύνθεσης.

Θεωρία FM

Αρχικά, πιστεύονταν ότι ένα ραδιοφωνικό φέρον κύμα με διαμόρφωση πλάτους θα παρέμενε εκπομπή με μια μόνο συχνότητα. Στο κάτω-κάτω άλλαζε μόνο το πλάτος του κύματος, και συνεπώς με ποιό τρόπο θα μπορούσαν να υπάρχουν επιπλέον συχνότητες πλευρικών ζωνών; Πολλοί που ασχολούνταν με τη ραδιοφωνία συνέχισαν να το πιστεύουν, σε αντίθεση με τους μαθηματικούς που έδειξαν ότι αν ένα ημιτονοειδές κύμα διαμορφωθεί από ένα άλλο, παράγονται συχνότητες αθροίσματος και διαφοράς. Στην περίπτωση της διαμόρφωσης συχνότητας, ή FM, είναι περισσότερο φανερό ότι η εκπομπή θα καταλαμβάνει ένα δεδομένο εύρος ζώνης συχνοτήτων που θα έχει σχέση με την απόκλιση (δηλ. την ποσότητα μετατόπισης της φέρουσας συχνότητας από την διαμορφώνουσα συχνότητα). Σήμερα, βέβαια, είναι πολύ καλά γνωστό ότι η περίπτωση είναι πολύ περισσότερο πολύπλοκη. Οι συχνότητες πλευρικής ζώνης που παράγονται γύρω από μια φέρουσα με διαμόρφωση συχνότητας, έχουν σχέση όχι μόνο με την απόκλιση ανάλογα με την συχνότητα του διαμορφώνοντος κύματος (του επονομαζόμενου δείκτη διαμόρφωσης) αλλά και με όλους τους αρμονικούς της διαμορφώνουσας συχνότητας. Η δομή των πλευρικών ζωνών που προκύπτουν από όλες αυτές τις μεταβλητές καθορίζεται με μαθηματικές σχέσεις που είναι γνωστές σαν συναρτήσεις Bessel. Στο Σχ. 7.8 φαίνεται μια ομάδα συναρτήσεων Bessel πρώτης τάξης που δείχνουν το περιεχόμενο της διεργασίας FM σε αρμονικούς, όπου η τετμημένη παριστάνει τον δείκτη διαμόρφωσης (που είναι το πηλίκο της απόκλισης συχνότητας διά της συχνότητας διαμόρφωσης) και η τεταγμένη την τιμή του πλάτους της φέρουσας J0, καθώς και των πρώτων οκτώ αρμονικών, από J1 μέχρι J8, αντίστοιχα. Με τη διαίσθηση μπορούμε να δούμε ότι όταν ο δείκτης διαμόρφωσης είναι μηδέν (δηλ. όταν δεν έχουμε διαμόρφωση) όλη η ενέργεια στην προκύπτουσα έξοδο συγκεντρώνεται στη φέρουσα, δηλ. η J0 είναι ίση με τη μονάδα και όλες οι άλλες συναρτήσεις, από J1 μέχρι J7, είναι μηδεν.

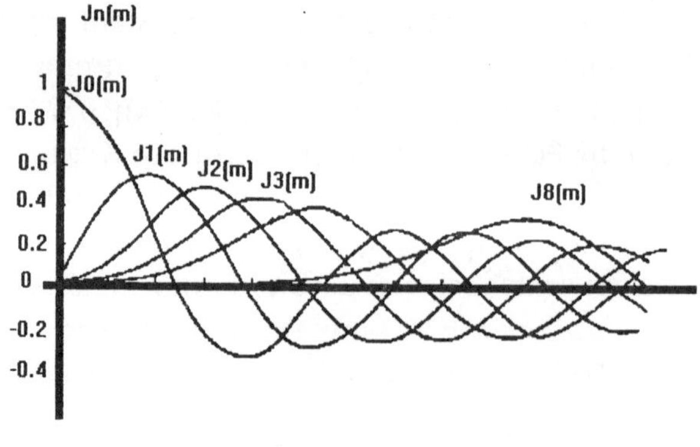

Σχ. 7.8 *Συναρτήσεις Bessel πρώτης τάξης*

Καθώς ο δείκτης διαμόρφωσης αυξάνει λίγο ελαττώνεται η J0 και αυξάνει η J1. Παρατηρούμε ότι οι J2, J3, J4 κλπ αυξάνουν πιο αργά. Αυτό δείχνει τον λόγο για τον οποίο ένας μικρός δείκτης διαμόρφωσης FM έχει φάσμα παρόμοιο με φάσμα AM, με πλευρικές ζώνες μόνο πρώτης τάξης. Και ότι σήμα διαμορφωμένο με πολύ μεγάλο δείκτη διαμόρφωσης θα έχει, πράγματι, πολύ πλούσιο φάσμα.

Η διαμόρφωση συχνότητας δημιουργεί πολύπλοκες δομές με αρμονική σχέση γύρω από μια φέρουσα, αλλά αυτό δεν σημαίνει ότι η φέρουσα θα πρέπει να είναι διαφορετική για κάθε νότα του πληκτρολογίου; Και τι συμβαίνει με τις κατώτερες πλευρικές ζώνες, μήπως αυτές δεν υπάρχουν κανονικά στην περίπτωση μουσικού ήχου; Η απάντηση είναι ότι η φέρουσα που χρησιμοποιείται σε σύνθεση FM είναι 0 Hz! Εκείνο που καθορίζει τον θεμελιώδη είναι το διαμορφώνον σήμα, και το βάθος διαμόρφωσης (ή ο δείκτης διαμόρφωσης), και το οποίο μπορεί να τροποποιηθεί ώστε να παράγει την δομή των αρμονικών πάνω από τον θεμελιώδη. Στο σχήμα των συναρτήσεων Bessel ας φανταστούμε ότι χρησιμοποιείται διαμορφώνουσα συχνότητα που αντιστοιχεί στη νότα μέση Do, 261 Hz. Εστω ότι επιλέγεται απόκλιση 261 Hz, δηλ. με δείκτη διαμόρφωσης 1. Από τις καμπύλες στο Σχ. 7.8, είναι φανερό ότι σε $m = 1$, η J1 είναι περίπου ίση με 0.45 και η J2 περίπου ίση με 0.1, και όλοι οι άλλοι αρμονικοί παραμένουν πολύ μικροί σε αυτό τον μικρό δείκτη. Ο ήχος που προκύπτει, αφού συντεθεί, ενισχυθεί και μετατραπεί κατάλληλα, θα είναι μια νότα μέσου Do με περιεχόμενο δεύτερου αρμονικού περίπου 22%. (Η φέρουσα 0 Hz, βέβαια, δε θα έχει ακουστή συνεισφορά.) Το γεγονός αυτό θα αποτελούσε κατάλληλο σημείο εκκίνησης για ήχο φλάουτου. Ας φανταστούμε τώρα ότι χρησιμοποιείται ένας πολύ μεγαλύτερος δείκτης διαμόρφωσης: $m = 3$, για παράδειγμα. Από τις καμπύλες φαίνεται ότι στην περίπτωση αυτή έχουμε J1 = 0.34, J2 = 0.49, J3 = 0.31 και J4 = 0.13. Είναι φανερό ότι αυτό θα δημιουργούσε πολύ πλουσιότερη μουσική χροιά.

Αν με το χρόνο αλλάζει ο δείκτης του διαμορφώνοντος σήματος, είναι δυνατή η δημιουργία μουσικών ήχων με εξαιρετικά πλούσιους μουσικούς μεταβατικούς, γεμάτους φασματική ενέργεια και οι οποίοι μετά ακολουθούν σε σχετικά απλή συνεχιζόμενη κίνηση της προκύπτουσας νότας. Με άλλα λόγια, οι συνθετικοί ήχοι δημιουργούνται όπως ακριβώς οι πραγματικοί μουσικοί ήχοι, όπου δημιουργείται ένας "παφλασμός" αρμονικών καθώς η σφύρα χτυπά την χορδή του πιάνου, ή καθώς το νύχι χτυπά την χορδή κιθάρας ή καθώς η πρώτη ριπή πνοής διεγείρει τον αέρα μέσα σε φλάουτο, και που όλα σβύνουν πολύ γρήγορα σε μια σχετικά απλή συνεχιζόμενη κίνηση. Ολα αυτά τα φαινόμενα μπορούν να συντεθούν με την δημιουργία διαμορφώνοντος σήματος που ξεκινά τη διαμόρφωση της φέρουσας με μεγάλη απόκλιση (δημιουργώντας έτσι ένα πλούσιο μεταβατικό τμήμα στον ήχο) η οποία στη συνέχεια σβύνει σε στάθμη όπου προκαλεί σχετικά μικρή μόνο απόκλιση, και παραγωγή σχετικά καθαρού συνεχιζόμενου ήχου.

Σαν αποτέλεσμα της επιλογής της φέρουσας μηδενικής συχνότητας προκύπτει μια περιπλοκή. Επειδή ακριβώς η φέρουσα είναι 0 Hz, δεν σταματά την ύπαρξη πλευρικών ζωνών στην περιοχή αρνητικών συχνοτήτων. Αυτές "αναδιπλώνονται" στην περιοχή θετικών συχνοτήτων και συμβάλλουν καταστρεπτικά ή ενισχύουν εποικοδομητικά τις πλευρικές ζώνες που ήδη υπάρχουν εκεί. Και αυτές πρέπει να ληφθούν υπόψη στη δημιουργία των αλγορίθμων σύνθεσης FM. Υπάρχουν, όμως, και άλλες περισσότερο ενδιαφέρουσες χρήσεις για τις κατώτερες πλευρικές ζώνες όπως η χρήση φέρουσας πάρα πολύ χαμηλής συχνότητας αντί φέρουσας μηδενικής συχνότητας. Οταν χρησιμοποιείται φέρουσα χαμηλής συχνότητας, οι πλευρικές ζώνες αρνητικής συχνότητας "αναδιπλώνονται" στην θετική περιοχή όπου πολυπλέκονται με τις πλευρικές ζώνες θετικής συχνότητας. Με αυτό τον τρόπο μπορούν να δημιουργηθούν ακόμη περισσότερο πολύπλοκες δομές χροιάς.

Η τεχνική της σύνθεσης FM χρησιμοποιήθηκε για πρώτη φορά εμπορικά στο όργανο με πλήκτρα DX7 της Yamaha και, τότε, προκάλεσε αίσθηση στη συνθετική μουσική. Η μέθοδος ήταν τόσο επιτυχημένη και τόσο θαυμάσια η υλοποίηση της Yamaha, που ο "ήχος" της σύνθεσης FM του DX7 επικράτησε στην δημοφιλή μουσική της δεκαετίας του 1980. Κυρίως από αυτό το γεγονός σήμερα το FM υποδηλώνει έναν μάλλον ξεπερασμένο αλγόριθμο. Η τεχνική FM είναι αξιόλογη στο ότι εκπροσωπεί την ακμή της δημιουργίας καθαρού, ηλεκτρονικού ήχου. Εξακολουθεί να παραμένει η τεχνική ήχου που χρησιμοποιείται στις φτηνότερες κάρτες ήχου των PC αν και σήμερα οι περισσότερες καλύτερες κάρτες δέχονται αναβάθμιση μέσω βύσματος για σύνθεση από πίνακες με κυματομορφές, τεχνική που χρησιμοποιεί ηχογραφημένους ήχους ή ήχους από δειγματοληψία.

Δειγματοληψία

Τα συστήματα ψηφιακής δειγματοληψίας στηρίζονται στην αποθήκευση πραγματικών ήχων ψηφιακών εγγραφών υψηλής ποιότητας και στην επανάληψη τους όταν χρειάζεται. Το κύριο πρόβλημα που προκαλεί η δειγματοληψία είναι η τεράστια μνήμη που χρειάζεται. Η δειγματοληψία είναι κατάλληλη στην περίπτωση επαναλαμβανόμενων ήχων (όπως στα τύμπανα και σε άλλα κρουστά όργανα) επειδή το δείγμα αποτελείται κυρίως από μια παροδική που ακολουθείται από μια σχετικά σύντομη περίοδο διατήρησης (sustain). Ετσι, το δείγμα μπορεί να χρησιμοποιείται συνέχεια ώστε να δομηθεί ένας ολόκληρο πέρασμα τυμπάνου από μόλις 5-6 δείγματα. Εμφανίζονται προβλήματα όταν χρειάζονται διατηρούμενες νότες με μεγάλη διάρκεια, όπως οι ήχοι που δημιουργούνται από τα έγχορδα ορχήστρας. Η μνήμη που θα χρειαζόταν για να αποθηκευθούν διατηρούμενες νότες μεγάλης διάρκειας θα ήταν εξαιρετικά μεγάλη. (Και είναι εξίσου απίθανο να γνωρίζουμε πόσο μεγάλη θα ήταν, αφού, πόσο μεγάλης διάρκειας είναι η μακρύτερη νότα που κάποιος θα ήθελε να παίξει;) Για να ξεπεραστεί ο περιορισμός της διαθεσιμότητας μιάς μη άπειρης μνήμης , τα αμιγή συστήματα σύνθεσης με δειγματοληψία βασίζονται στην "ανακύκλωση". Αλλά είναι δύσκολο να πετύχουμε μια ανακύκλωση χωρίς είτε να θυσιάσουμε την μεταβατική της νότας εκκίνησης είτε χωρίς να πρέπει να την επαναλαμβάνουμε συνέχεια καθώς επαναλαμβάνεται ο βρόχος ανακύκλωσης, με αποτέλεσμα κάτι σαν λόξυγγα.

Ενα απαραίτητο τμήμα της τεχνικής της δειγματοληψίας αφορά στη χρήση ενός ακουστικού δείγματος σε μια ομάδα από νότες, όπου το νέο παίξιμο του δείγματος στην κατάλληλη τονικότητα επιτυγχάνεται με την εφαρμόσιμη τροποποίηση της συχνότητας ωρολογίου ακριβώς με τον ίδιο τρόπο που είδαμε στη μετατόπιση τονικότητας στο Κεφάλαιο 6. Θεωρητικά, σε κάθε τονικότητα μπορεί να χρησιμοποιηθεί ένα δείγμα. Ωστόσο, εξαιτίας των χαρακτηριστικών θεμελιωδών που αποτυπώνονται στον ήχο από την αρχική φωνές ή από το αρχικό όργανο, το αποτέλεσμα μπορεί να είναι ένας αφύσικος ήχος αν η αντιμετάθεση προχωρήσει πολύ, ένα φαινόμενο γνωστό σαν Munchkinisation (που ονομάστηκε έτσι από το τραγούδι των Munchkin που ήταν ηχογραφημένο με μικρότερη ταχύτητα στο κινηματογραφικό έργο "Ο Μάγος του Οζ"). Το φαινόμενο αυτό βελτιώνεται με την ηχογράφηση πολλών δειγμάτων σε διαφορετικές τονικότητες και την αντιστοίχισή τους σε διάφορες περιοχές της αντιμετάθεσης. Επιπλέον, τα δείγματα ηχογραφούνται συνήθως σε διάφορες διαφορετικές δυναμικές στάθμες από πολύ ήσυχη (pianissimo ή pp) μέχρι πολύ θορυβώδη (fortissimo ή ff). Το μηχάνημα δειγματοληψίας χρησιμοποιεί αυτά τα διαφορετικά δείγματα και ένα μίγμα δειγμάτων σε διαφορετικά δυναμικά σημεία έτσι ώστε να πετύχει ευαίσθητη σε αφή δυναμική από το πληκτρολόγιο ελέγχου (βλ. επόμενο Κεφάλαιο). Κατά συνέπεια, η καλή τεχνική δειγματοληψίας αφορά σε κριτική επιλογή σημείου ανακύκλωσης, αντιστοίχιση αντιμεταθέσεων και αντιστοιχίσεις δυναμικής. Αυτό δεν είναι εύκολη δουλειά και οι επιτυχημένοι προγραμματιστές δειγματοληψίας είναι πολύ επιδέξιοι άνθρωποι. Στο Σχ. 7.9 φαίνεται ένα σύγ-

Σχ. 7.9 *Μηχάνημα δειγματοληψίας της AKAI*

χρονο μηχάνημα δειγματοληψίας. Ευτυχώς όσοι είναι λιγότερο επιδέξιοι έχουν πρόσβαση σε κυριολεκτικά χιλιάδες δείγματα σε CD-ROM (Σχ. 7.10). Συνήθως το μηχάνημα οδήγησης του CD-ROM διασυνδέεται με το μηχάνημα δειγματοληψίας μέσω διασύνδεσης SCSI (βλ.Κεφάλαιο 10).

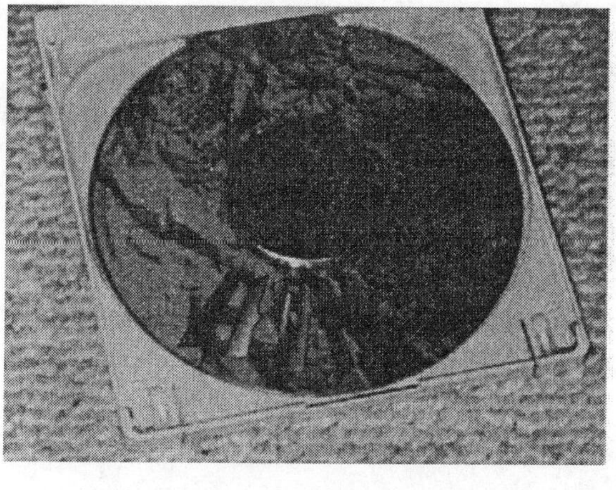

Σχ. 7.10 *CD-ROM δειγμάτων*

Σύνθεση με πίνακες κυματομορφών και άλλοι αποκλειστικοί αλγορίθμοι σύνθεσης

Η τεχνική που είναι γνωστή σαν σύνθεση με πίνακες κυματομορφών χρησιμοποιεί δείγματα ήχων σε συνδυασμό με μερικές ειδικές τεχνικές που περιέχουν σημεία ανακύκλωσης διορθωμένα προσεκτικά, μετατόπιση τονικότητας, παρεμβολή και ψηφιακό φιλτράρισμα έτσι ώστε να ελαττώνεται αυτή η απαγορευτική απαίτηση για μνήμη. Το σύστημα είναι γνωστό σαν πίνακας κυματομορφών επειδή το synthesizer χρησιμοποιεί μια ομάδα (πίνακα) διαφορετικών τμημάτων ήχων τους οποίους "αναζητεί" και χρησιμοποιεί ανάλογα με τις ανάγκες.
Αλλοι αλγόριθμοι σύνθεσης αποκλειστικής χρήσης είναι ο LS Sound Synthesis από τη Roland (που χρησιμοποιείται στην μονάδα ήχου που φαίνεται στο Σχ. 7.11) και ο Dynamic Vector Synthesis από τη Yamaha (βλ. Σχ. 7.12). Και οι δύο αυτές τεχνικές χρησιμοποιούν αυτό που θα μπορούσαμε να ονομάσουμε "εμπειρικές" τεχνικές σύνθεσης ήχου που, για να φτάσουν στο τελικό τους αποτέλεσμα, χρησιμοποιούν ένα μίγμα δειγματοληψίας και παραγωγής τόνων (με πρόσθεση σύνθεσης FM). Στην τελευταία λέξη της τεχνολογίας η σύνθεση ήχου έχει την τάση να είναι ένα πολύπλοκο αντικείμενο που βασίζεται στην υποκειμενική "αίσθηση" παρά στην μαθηματική ακρίβεια.

Σύγχρονες τάσεις στη σχεδίαση synthesizer

Η μέθοδος σύνθεσης που χρησιμοποιείται στο "κλασσικό" synthesizer με 3 VCO

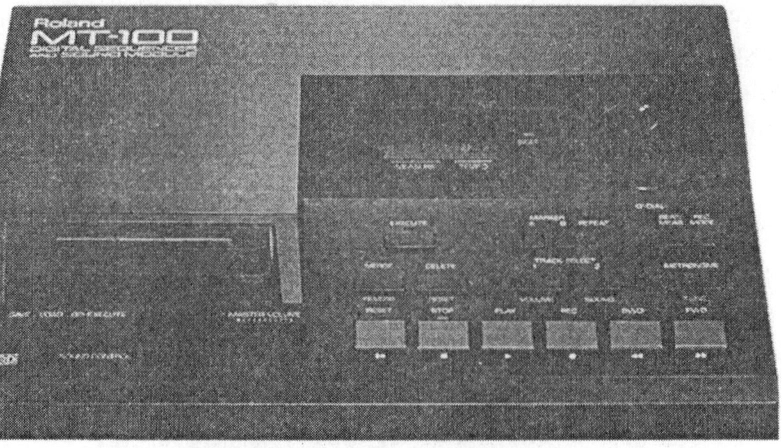

Σχ. 7.11 *Το MT-100 της Roland*

Σχ. 7.12 *Το TG33 της Yamaha*

και φίλτρο μερικές φορές ονομάζεται αφαιρετική σύνθεση. Στην πραγματικότητα ο όρος αυτός είναι κάπως παραπλανητικός, αλλά έχει σχέση με την περίπτωση όπου οι θεμελιώδεις τόνοι που παράγονται από τα VCO έχουν αρχικά πολύπλοκη αρμονική δομή και στη συνέχεια φιλτράρονται και τροποποιούνται στα κυκλώματα φίλτρου και περιβάλλουσας, απλοποιώντας με τον τρόπο αυτό την αρμονική δομή με "αφαίρεση" αρμονικών. Ακριβώς με τον ίδιο τρόπο, η φωνή μπορεί να θεωρηθεί αφαιρετικό synthesizer επειδή οι φωνητικές χορδές παράγουν έναν ακατέργαστο αλλά αρμονικά πολύπλοκο θεμελιώδη τόνο που "βουίζει" και που μπορεί να διαμορφωθεί μόνο κατά τονικότητα και στον οποίο μεταβιβάζονται οι θεμελιώδεις φίλτρου του στόματος και των ρινικών κοιλοτήτων. Η φύση, που είναι ένας φειδωλός αρχιτέκτονας, υιοθέτησε το σύστημα αυτό επειδή είναι αποτελεσματικό. Ωστόσο, ενώ η αφαιρετική σύνθεση είναι μια πολύ ισχυρή διάταξη, και οι τεχνικές FM και δειγματοληψίας προσφέρουν τα ιδιαίτερά τους πλεονεκτήματα, υπάρχει μια άλλη προσέγγιση που προσφέρει το τέλειο στην τεχνολογία της σύνθεσης. Την έχουμε συνατήσει παραπάνω και είναι γνωστή σαν προσθετική σύνθεση.

Προσθετική σύνθεση

Είδαμε την προσθετική σύνθεση προηγούμενα, όταν περιγράφαμε το κλασσικό όργανο Hammond με τον περιστρεφόμενο τροχό τόνων. Η εφαρμογή του Hammond θεωρείται προϊστορική σε σύγκριση με τα σημερινά πρότυπα σύνθεσης. Ωστόσο, παρά την χοντροκομμένη φύση των αλγορίθμων σύνθεσης (και αυτό απλά σημαίνει περιορισμένο αριθμό διαθέσιμων επιμέρους αρμονικών) η προσθετική σύνθεση αντιπροσωπεύει τον "τέλειο" αλγόριθμο σύνθεσης επειδή πρόκειται για ανάλυση Fourier στο ανάποδο! Βέβαια, οι μηχανικοί της Hammond δεν υιοθέτησαν λίγους επιμέρους αρμονικούς από επιλογή, αλλά εμποδίστηκαν από την τεχνολογία της εποχής τους. Τα ολοκληρωμένα κυκλώματα VLSI (πολύ μεγάλης κλίμακας ολοκλήρωσης) προσφέρουν τη δυνατότητα του, κυριολεκτικά, τεράστιου αριθμού ταλαντωτών που χρειάζονται για την δημιουργία πειστικών συνθετικών ήχων με τον τρόπο αυτό.

Η "αναλογική" διασύνδεση

Αλλες πρόσφατες τάσεις στη σχεδίαση synthesizer αφορούν στην αναθεώρηση μερικών από τις ιδιότητες αναλογικών synthesizer του παρελθόντος. Η τάση αυτή οδηγείται από τη μόδα για ήχους αναλογικών synthesizer, που εξακολουθούν να είναι του συρμού στην χορευτική μουσική. Σε μερικές περιπτώσεις, οι κατασκευαστές ανταποκρίθηκαν κοιτάζοντας πάλι τον τρόπο με τον οποίο δημιουργούνται οι ήχοι σε αναλογικά μηχανήματα. Στην πραγματικότητα, μερικά μοντέλα σύγχρονων synthesizer χρησιμοποιούν ψηφιακά τον "κλασσικό"ταλαντωτή Moog 3 και LFO. Αυτή, ωστόσο, δεν ήταν η σημαντικότερη αναλογική "επανανακάλυψη". Οπως συμβαίνει πολύ συχνά στα αναλογικά όργανα, τα ηχητικά ενδιαφέροντα αποτελέσματα μιάς συγκεκριμένης αναλογικής διεργασίας ανακαλύπτονται στην σχετική εναντιότητα που από τη φύση της υπάρχει στα αναλογικά κυκλώματα, δηλαδή στην ενδιαφέρουσα οριακή ευστάθεια και στην απρόβλεπτη αλληλεπίδραση. Μάλιστα, αυτά είναι το είδος φαινομένων που είναι πολύ δύσκολο να αντιγραφούν σε ψηφιακά κυκλώματα. Η καλή τεχνολογία δειγματοληψίας είναι συχνά περισσότερο αποδοτική.

Το περισσότερο ενδιαφέρον μακροχρόνιο αποτέλεσμα της αναγέννησης των αναλογικών synthesizer είναι η επανεξέταση της ενδιάμεσης μονάδας χρήστη. Σχεδόν πάντοτε τα ψηφιακά synthesizer περιλαμβάνουν προγραμματισμό αλλά συχνά αυτό απαιτεί αξιοσημείωτη υπομονή, εν μέρει επειδή η φύση των τεχνικών σύνθεσης συχνά αποκλείει την άμεση αλληλεπίδραση. Συχνότερα, αυτό οφείλεται απλά σε έλλειψη χρησιμοποιήσιμου ελέγχου παραμέτρων. Συχνά ένας καλός μουσικός αποθαρρύνεται από την αναζήτηση για νέους και ενδιαφέροντες ήχους από την ενοχλητική ανάγκη πληκτρολόγησης αριθμών σε ενδιάμεση μονάδα χρήστη που μοιάζει με λογιστικό φύλλο! Ακόμη και σε ένα σύγχρονο στούντιο με δειγματοληψία, ελεγχόμενο με MIDI, με κλείδωμα SMPTE, η μουσική αποτελεί μια φυσική, χειροπιαστή, αισθησιακή εμπειρία. Επιπλέον η "σμίλευση" νέων ήχων ζητά ζωντανή και άμεση ανάδραση. Τα αναλογικά synthesizer, σε αντίθεση με τα ψηφιακά τους εξαδέλφια, αποτελούν δείγματα αυτών των απαιτήσεων. Οι παράμετροι συνήθως ελέγχονται από σειρές ποτενσιομέτρων, πράγμα που ίσως φαίνεται πολύπλοκο αλλά όλα βρίσκονται σε απόσταση χεριού. Βέβαια, αυτό είναι σχετικά εύκολο να πραγματοποιηθεί σε ένα όργανο, άσχετα από την εσωτερική του τεχνολογία. Ακριβώς ένα τέτοιο όργανο φαίνεται στο Σχ. 7.13. Αυτό το ψηφιακό πληκτρολόγιο, της Roland, έχει έλεγχο από τον χρήστη με διάφορες παραμέτρους "αναλογικού τύπου" σε διάταξη με περιστρεφόμενα και ολισθαίνοντα "κουμπιά". Δεν χορταίνουμε αυτή την αναγέννηση χωρίς να σκεφτούμε ότι η αφαίρεση των σειρών περιστρεφόμενων πλήκτρων από τις σύγχρονες κονσόλες ηχογράφησης ίσως μας λείψει και "ανακαλυφθεί" πάλι σε μερικά χρόνια!

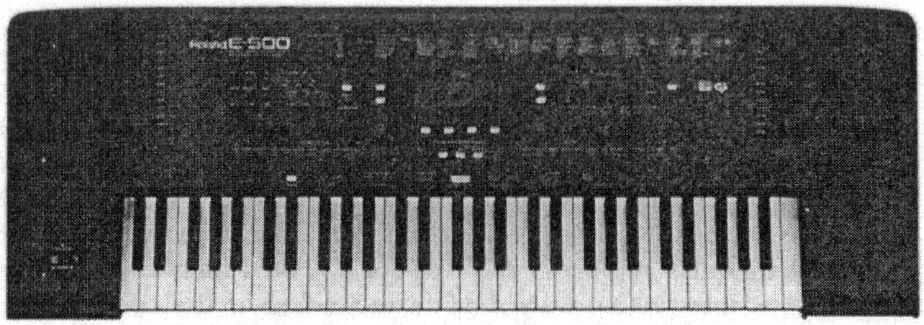

Σχ. 7.13 *Το E-500 της Roland*

Φυσικά πρότυπα

Κάποιοι που εργάζονται σε συνθετικό ήχο, αντί να επικεντρώνονται στα ίδια τα ηχητικά γεγονότα, έχουν επιλέξει ένα διαφορετικό δρόμο: την μαθηματική προτυποποίηση των αποτελεσμάτων φυσικού συστήματος. Με χρήση της τεχνική αυτής, ο ήχος κιθάρας προτυποποιείται σαν τεντωμένη χορδή, με ορισμένες ελαστικότητα, μάζα και τάση σε σύζευξη με συντονισμένο σύστημα που διεγείρεται να ηχήσει με τη βοήθεια συνάρτησης διέργεσης (που και αυτή έχει προτυποποιηθεί να παριστάνει τη δράση του χτυπήματος χορδής). Η διατύπωση ότι αυτή η τεχνική απαιτεί μεγάλη υπολογιστική ισχύ είναι μάλλον ευφημισμός. Εχει, όμως, ήδη αποδειχτεί ότι αποτελεί αποτελεσματική προσέγγιση για σύνθεση καθώς και ότι προσφέρει την δυνατότητα δημιουργίας προτύπων για νέους ήχους από ανύπαρκτα μουσικά όργανα, πράγμα ιδιαίτερα ενδιαφέρον σε συνθέτες που αναζητούν νέους ήχους στην περιοχή των μπάσσων και των υπομπάσσων.

ΚΕΦΑΛΑΙΟ 8

SEQUENCER και MIDI

Αναλογικά sequencer

Τα ψηφιακά synthesizer και το αντίστοιχο σύστημά τους ψηφιακού ελέγχου (MIDI) βρίσκονται σήμερα παντού και ίσως κάποιος να σκεφτόταν ότι ο έλεγχος των αναλογικών synthesizer είναι αντικείμενο με το οποίο δεν αξίζει να ασχοληθούμε. Και όμως, καθώς οι σύγχρονοι μουσικοί όλο και περισσότερο απαρνιούνται τα σύγχρονα ψηφιακά όργανα και επιστρέφουν στην αναλογική σύνθεση σε αναζήτηση νέας έμπνευσης και νέων εκφραστικών δυνατοτήτων, ο έξυπνος (και πραγματικά ικανός) τεχνικός ηχογράφησης πρέπει να είναι ενήμερος για τις παλαιότερες τεχνολογίες ελέγχου μουσικών οργάνων. Αυτές οι τεχνολογίες καλύπτονται εδώ με συντομία.

Ελεγχος CV και Πύλης

Τι σημαίνει πραγματικά το παρακάτω σχήμα;

Σχ. 8.1

Δείχνει ότι μια συγκεκριμένη νότα (η La πάνω από τη μέση Do) πρέπει να παίζεται για ένα μόνο χτύπημα, όπου η διάρκεια του χτυπήματος ορίζεται από την ένδειξη του μετρονόμου πάνω από το πεντάγραμμο. Μας λέει, ακόμη, πόσο δυνατά πρέπει να παίζεται αυτή η νότα. Στην πραγματικότητα, στην περίπτωση αυτή, λέει μόνο piano (ή απαλά στα Ιταλικά). Ομως το σύστημα ελέγχου που το ονομάζουμε μουσική σημειογραφία, είναι πολύ καλό, επειδή μεταφέρει πολλές πληροφορίες με τρόπο που εμείς, σαν άνθρωποι, μπορούμε να χρησιμοποιήσουμε γρήγορα και εύκολα. Οπως θα δούμε όταν μελετούμε το MIDI, το κάθε ένα από αυτά τα κομμάτια πληροφοριών μεταφέρεται και σε ένα μήνυμα MIDI, με τη μορφή ψηφιακού κώδικα.

Οπως η γραπτή μουσική είναι κατάλληλη για την ανθρώπινη μηχανή και ένας ψηφιακός κώδικας είναι κατάλληλος για ένα ψηφιακό synthesizer, δεν πρέπει να μας παραξενεύει το ότι ένα αναλογικό synthesizer περιμένει αναλογικές πληροφορίες ελέγχου. Οι πληροφορίες αυτές κινούνται σε αναλογικά μηχανήματα σε διασύνδεση που είναι γνωστή σαν διεπιφάνεια CV και Πύλης. Η διεπιφάνεια τάσης ελέγχου (CV) και πύλης έχει δύο θεμελιώδη συστατικά:

1. Μια τάση ελέγχου τονικότητας. Μια διαδεδομένη σχέση είναι 1 V ανά οκτάβα (ή 83.33 mV ανά ημιτόνιο).
2. Παλμούς ελέγχου για ηχητικό σκανδαλισμό. Υπάρχει πολύ μικρή τυποποίηση όσον αφορά στις απαιτήσεις παλμών πύλης αλλά το "πρότυπο" είναι παλμός 5 V για τη διάρκεια της νότας. Ωστόσο κάποια synthesizer δέχονται βραχυκύκλωση με τη γή (γείωση).

Ας σημειωθεί ότι η διεπιφάνεια CV και πύλης έχει μερικά πολύ σημαντικά μειονεκτήματα: δεν μεταδίδει δυναμικές πληροφορίες (πόσο δυνατή ή πόσο απαλή πρέπει να είναι μια νότα), δεν έχει προτυποποίηση όσο αφορά στην τάση ελέγχου και στην απόλυτη τονικότητα, και πολύ μικρή τυποποίηση όσο αφορά στις απαιτήσεις παλμών ή συνδέσμων. Τα παλαιότερα synthesizer CV / πύλης μπορούν να διασυνδέονται με συστήματα MIDI με χρήση κιβωτίων προσαρμογής διεπιφάνειας που υπάρχουν στο εμπόριο. Ακόμη, σήμερα κατασκευάζονται πάλι κάποια "κλασσικά" μουσικά όργανα που περιέχουν διεπιφάνειες MIDI.

MIDI

Για πολλούς μουσικούς, οι εξελείξεις των τελευταίων δέκα μέχρι δεκαπέντε χρόνων έχουν αλλάξει για πάντα την ηχογράφηση από την άποψη ότι δεν χρησιμοποιείται πλέον το μαγνητόφωνο πολλών καναλιών. Αντίθετα τα περισσότερα ορχηστρικά μέρη, μέρη με synthesizer και μέρη με τύμπανα μπορούν να παιχτούν σε συμβατικό πληκτρολόγιο πιάνου με συνδεδεμένους μεταξύ τους διάφορους synthesizer φωνής χρησιμοποιώντας το σύστημα Ψηφιακής Διεπιφάνειας Μουσικών Οργάνων ή MIDI (Musical Instrument Digital Interface) όπως φαίνεται στο Σχ. 8.2. Οι πληροφορίες που μεταδίδονται στη ζεύξη προσδιορίζουν όχι μόνο το ποιά νότα έχει παιχτεί, αλλά και την ταχύτητα με την οποία έχει πιεστεί το πλήκτρο, τη δύναμη με την οποία

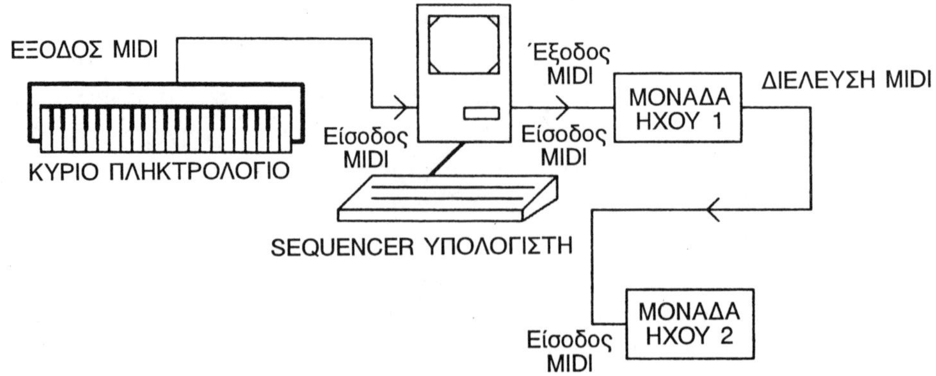

Σχ. 8.2 *Συνηθισμένη εγκατάσταση MIDI*

είναι πιεσμένο το πλήκτρο και τις θέσεις των πεντάλ. Για την επαναληφθεί η εκτέλεση χρειάζεται μόνο η εγγραφή των πληροφοριών MIDI και όχι τα ίδια τα ηχητικά σήματα. Υστερα αυτές μπορούν να μεταδοθούν πάλι από την ίδια ζεύξη MIDI και να χρησιμοποιηθούν για σκανδαλισμό των μονάδων πληκτρολογίων και ήχου. Ενα συμπτωματικό ώφελος αυτής της προσέγγισης είναι ότι ο μουσικός μπορεί να αλλάξει τις φωνές μετά την ηχογράφηση καθώς και την ταχύτητα εκτέλεσης με ταχύτερη ή βραδύτερη μετάδοση των γεγονότων MIDI απ' ότι είχαν όταν ηχογραφήθηκαν. Τα δεδομένα MIDI που περιέχουν πληροφορίες πίεσης πλήκτρων πάντοτε προηγούνται από τα δεδομένα που προσδιορίζουν το "κανάλι" στο οποίο γίνεται η λήψη των δεδομένων. Τα περισσότερα μουσικά όργανα που ελέγχονται από MIDI επιτρέπουν στον μουσικό να διαθέτει το συγκεκριμένο μουσικό όργανο σε συγκεκριμένο κανάλι έτσι ώστε να είναι δυνατή η ηχογράφηση πολλών μουσικών κομματιών με δημιουργία δεδομένων καταγραφής γεγονότων MIDI αντί καταγραφής των ίδιων των μουσικών ήχων. Η τεχνική αυτή έχει το όφελος ότι είναι δυνατή η τροποποίηση ξεχωριστών κομματιών η οποία, σε συμβατικό μαγνητόφωνο πολλών καναλιών, θα ήταν πολύ χρονοβόρα. Το άλλο όφελος είναι ότι η εκτέλεση παραμένει χωρίς παραμόρφωση, χωρίς wow, χωρίς flutter και χωρίς σφύριγμα ανεξάρτητα από το πόσες φορές χρειάζεται να εγγραφούν και να επανεγγραφούν τα ξεχωριστά μουσικά κομμάτια. Τα διάφορα διαθέσιμα προϊόντα που επιτρέπουν την εγγραφή αυτών των δεδομένων MIDI, και τη δημιουργία των τμημάτων ένα προς ένα, έχουν μεγάλες διαφορές από πακέττα λογισμικού για υπολογιστές IBM PC, Apple ή Atari μέχρι εξειδικευμένες μονάδες. Ο γενικός όρος για αυτές τις συσκευές είναι sequencer.

Η προδιαγραφή MIDI

Οπως συμβαίνει με τα πρότυπα για ψηφιακό video και ψηφιακό audio που εξηγούνται στο Κεφάλαιο 10, έτσι και το πρότυπο MIDI έχει δύο τμήματα, μια μηχανική και ηλεκτρική προδιαγραφή, και μια προδιαγραφή μορφοποίησης (format) δεδομένων. Ενα κομμάτι της επιτυχίας του προτύπου MIDI σίγουρα οφείλεται στη γέννηση από ένα κατασκευαστή, στο ότι σχεδιάστηκε για τεχνικούς σχεδιαστές από τεχνικούς σχεδιαστές. Κατά συνέπεια πρόκειται για πολύ πρακτική προδιαγραφή, ακόμη και μέχρι το γεγονός ότι συνιστά συγκεκριμένους αριθμούς κατασκευαστών και εξαρτημάτων για τα εξαρτήματα της διεπιφάνειας! Αφήνει λίγο χώρο για παρερμηνείες, ένα χαρακτηριστικό που δυστυχώς λείπει από πολλά διεθνή πρότυπα που δημιουργούνται από σώματα κατασκευής προτύπων.

Το MIDI είναι πρωτόκολλο σειριακής διεπιφάνειας που έχει μερικές ομοιότητες με το RS232 και άλλα πρωτόκολλα ελέγχου που χρησιμοποιούνται στους υπολογιστές. Αποτελεί σημαντικό χαρακτηριστικό της προδιαγραφής το γεγονός ότι, σε οποιαδήποτε εγκατάσταση MIDI, υπάρχει η πρόθεση ένα μόνο πληκτρολόγιο ή ελεγκτής sequencer (πομπός) να συμβάλλει στην διασύνδεση αν και δεν υπάρχει όριο στο πλήθος των δεκτών (δηλ. γεννητριών ήχου που ελέγχονται από MIDI) που κάνουν "ακρόαση" στην διεπιφάνεια.

Από μηχανικής πλευράς το πρότυπο MIDI καθορίζει υποδοχή 5 ακροδεκτών 180ο DIN για εκπομπή και λήψη δεδομένων MIDI. Τα καλώδια εκπομπής δεδομένων MIDI καθορίζονται συνεστραμμένου ζεύγους με συνολικό προστατευτικό πλέγμα που τερματίζουν στα δύο άκρα με βύσματα 5 ακροδεκτών 180° DIN. Το μέγιστο φυσικό μήκος αυτών των καλωδίων περιορίζεται (εξαιτίας ηλεκτρικών λόγων και λόγων κωδικοποίησης πληροφοριών) στα 15 μέτρα.

Από ηλεκτρικής πλευράς, το πρότυπο καθορίζει "βρόχο ρεύματος" για τη διαδρομή δεδομένων. Ετσι, ο πομπός έχει σχετικά μεγάλη σύνθετη αντίσταση εξόδου και ο δέκτης σχετικά μικρή σύνθετη αντίσταση εισόδου. Στο Σχ. 8.3 φαίνεται η πλήρης διαδρομή δεδομένων σε βρόχο ρεύματος MIDI. Το λογικό 0 ισοδυναμεί με ρεύμα ON.

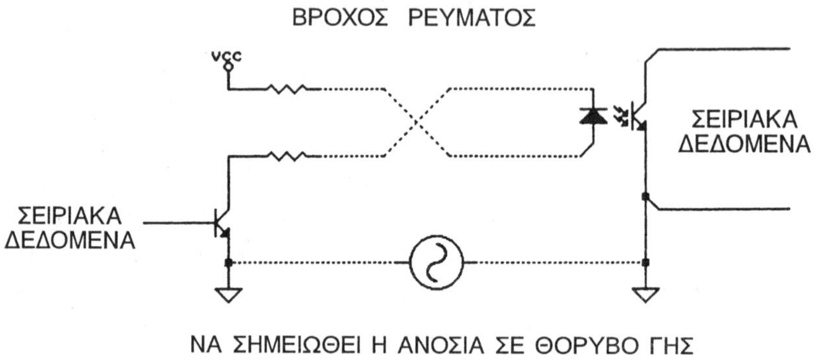

Σχ. 8.3 *Διαδρομή δεδομένων σε βρόχο ρεύματος MIDI*

Το σχήμα αυτό είναι θαυμάσιο κατά πολλούς τρόπους. Πρώτον επειδή έχει οπτική μόνωση και κατά συνέπεια προσφέρει διεπιφάνεια χωρίς διαδρομή γείωσης, που θα μπορούσε να δημιουργήσει πρόβλημα βρόχου βόμβου στην ακουστική εγκατάσταση, και δεύτερο επειδή η μεγάλη σύνθετη αντίσταση εξόδου MIDI OUT από τη φύση της προστατεύεται από βραχυκυκλώματα. Η διάταξη, ωστόσο, δημιουργεί την μικρή επιπλοκή ότι από τη στιγμή που ο ελεγκτής (MIDI OUT) έχει συνδεθεί με δέκτη (MIDI IN) δεν μπορούν από την ίδια γραμμή να οδηγούνται επιπλέον δέκτες MIDI. Αν αυτό συμβεί, το ρεύμα οδήγησης διαμοιράζεται στους δύο δέκτες με αποτέλεσμα αναξιόπιστη λήψη δεδομένων. Για το λόγο αυτό η προδιαγραφή συνιστά τη χρήση επιπλέον θύρας MIDI, γνωστής σαν θύρας THRU (διέλευσης). Η θύρα MIDI THRU είναι ουσιαστικά θύρα εξόδου που οδηγείται από αντίγραφο των δεδομένων που φτάνουν στην υποδοχή MIDI IN, όπως φαίνεται στο Σχ. 8.4. Ετσι οι δέκτες "στα άκρα της γραμμής" λαμβάνουν μια όμοια έκδοση των δεδομένων που λαμβάνονται στο προηγούμενο μουσικό όργανο ή στην προηγούμενη γεννήτρια ήχου. Η διεπιφάνεια MIDI είναι σχεδιασμένη για να χρησιμοποιεί ολοκληρωμένο κύκλωμα ασύγχρονου δέκτη πομπού (UART) γενικής χρήσης προτυποποιημένου στη

ΣΥΝΗΘΙΣΜΕΝΗ ΒΑΘΜΙΔΑ ΕΙΣΟΔΟΥ MIDI

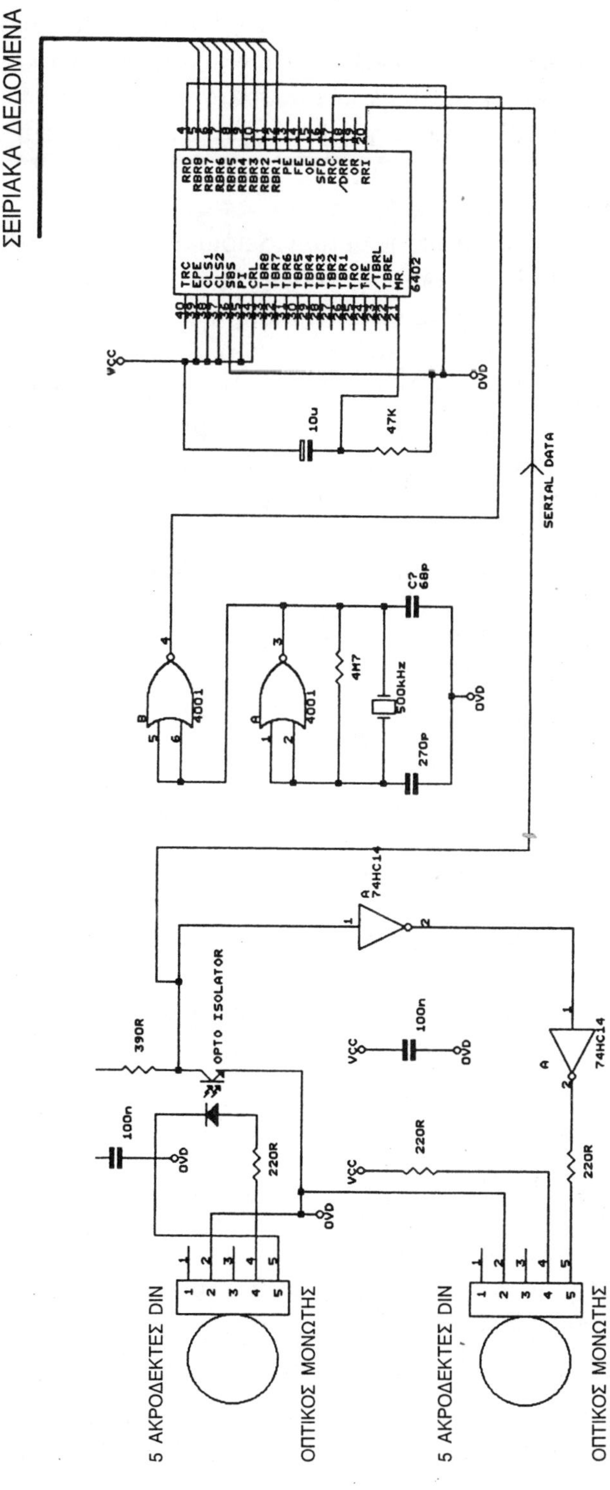

Σχ. 8.4 Θύρες MIDI

βιομηχανία. Συνήθως χρησιμοποιείται το CDP6402 της Harris Semiconductor, αλλά υπάρχουν και ισοδύναμα. Το CDP6402 είναι ένα UART MOS σχεδιασμένο για διασύνδεση υπολογιστών και μικροεπεξεργαστών με ασύγχρονα κανάλια σειριακών δεδομένων. Είναι επομένως ιδιαίτερα κατάλληλο για εφαρμογές που αφορούν στην δημιουργία δεδομένων MIDI από μικροϋπολογιστή και για λήψη αυτών των δεδομένων και για να ελέγχουν γεννήτριες ήχου και ηχητικές μονάδες. Το CDP6402 είναι σχεδιασμένο έτσι ώστε να προσφέρει όλες τις απαραίτητες μορφοποιήσεις και τον απαραίτητο έλεγχο διασύνδεσης μεταξύ σειριακών και παράλληλων καναλιών.
Ο δέκτης μετατρέπει τα bit σειριακής έναρξης (start), δεδομένων (data), ομοτιμίας (parity) (αν χρησιμοποιούνται) και ακινητοποίησης (stop) σε παράλληλα δεδομένα που επαληθεύουν τα bit σωστής μετάδοσης κώδικα, ομοτιμίας και ακινητοποίησης.
Ο πομπός μετατρέπει τα παράλληλα δεδομένα (μέσα στον sequencer ή στον ελεγκτή) σε σειριακή μορφή και αυτόματα προσθέτει bit έναρξης, ομοτιμίας και ακινητοποίησης. Η λέξη δεδομένων μπορεί να προγραμματιστεί έτσι ώστε να έχει μήκος 5, 6, 7, ή 8 bit. Η ομοτιμία μπορεί να είναι περιττή, άρτια ή απαγορευτική.
Η μορφοποίηση δεδομένων των δεδομένων MIDI καθορίζεται σε 1 bit εκκίνησης, 8 bit δεδομένων και 1 bit ακινητοποίησης χωρίς ομοτιμία. Η ταχύτητα σε baud καθορίζεται στα 31.250 bits/sec (± 1%). Στο Σχ. 8.5 φαίνεται η μορφοποίηση δεδομένων για ένα byte δεδομένων MIDI.

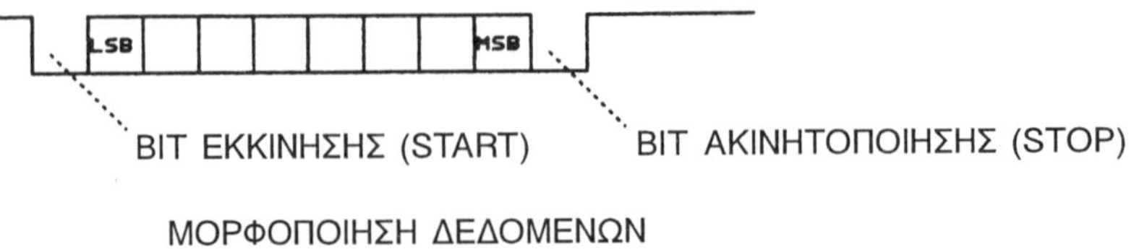

Σχ. 8.5 *Μορφοποίηση δεδομένων MIDI*

Τα περισσότερα μηνύματα που διέρχονται μέσα από ζεύξη MIDI στο στούντιο πολυμέσων έχουν τη μορφή “πακέτων” των δύο ή τριών byte. (Οι δύο εξαιρέσεις είναι το μηνύμα αποκλεισμού συστήματος και το μήνυμα πραγματικού χρόνου, με τα οποία θα ασχοληθούμε παρακάτω.) Η μορφοποίηση μηνύματος με πολλά byte είναι η εξής:

Byte 1 Byte κατάστασης, που δείχνει στον δέκτη τον τύπο πληροφορίας που θα σταλλεί στα επόμενα δύο byte δεδομένων. Το κατώτερο nibble (μισό byte) αυτού του byte αναφέρεται στο κανάλι του τρέχοντος μηνύματος.
Byte 2 Το πρώτο byte δεδομένων.
Byte 3 Το δεύτερο byte δεδομένων (όπου χρησιμοποιείται)

Ενα byte κατάστασης ξεχωρίζει από byte δεδομένων με την τιμή του περισσότερο σημαντικού του bit (MSB, Most Significant Bit). Ολα τα byte κατάστασης έχουν

MSB = 1. Ολα τα byte δεδομένων έχουν MSB = 0. Παρακάτω, τα μηνύματα χωρίζονται σε δύο ομάδες, στα μηνύματα καναλιού MIDI και στα μηνύματα συστήματος MIDI. Τα διαφορετικά byte κατάστασης αντικατοπτρίζουν αυτές τις διαφορετικές χρήσεις. Η μορφή και τα περισσότερο συνηθισμένα είδη byte κατάστασης μηνύματος καναλιού MIDI καταγράφονται σε πίνακα ως εξής:

Byte κατάστασης μηνύματος καναλιού MIDI

MSB	6	5	4	3 2 1 0	Είδος μηνύματος
1	0	0	0	ενός από 16	Χωρίς νότα
1	0	0	1	κανάλια αναγνώρισης	Με νότα
1	0	1	0	Nibble	Aftertouch (σε πολυφωνία)

Το nibble αναγνώρισης ενός από 16 κανάλια που σχηματίζει το τμήμα του κατώτερου nibble του byte κατάστασης δίνει τη δυνατότητα σε ένα πληκτρολόγιο ή σε ένα sequencer να ελέγχει ανεξάρτητα στην ίδια ζεύξη μέχρι και 16 μονάδες ήχου. Αυτή η δυνατότητα πολλών καναλιών αποτελεί ουσιώδες χαρακτηριστικό της προδιαγραφής MIDI και τη λυδία λίθο της υπεροχής του επί των παλαιότερων διεπιφανειών ελέγχου synthesizer, τις οποίες και έχει εκτοπίσει. Η ιδιότητα πολλών καναλιών της διασύνδεσης MIDI δίνει την δυνατότητα ακολουθιών που μπορούν να δομηθούν κανάλι προς κανάλι, αλλά, ωστόσο, να παιχτούν ταυτόχρονα, όπως ακριβώς μπορεί να γίνει σε πραγματικά μουσικά όργανα χρησιμοποιώντας μηχάνημα με ταινία πολλών track.

Άνοιγμα και κλείσιμο μελωδίας (note-on και note-off)

Δύο byte δεδομένων των 8 bit ακολουθούν τα byte κατάστασης note-on / note-off (τα bit MSB έχουν τιμή 0). Το πρώτο byte δεδομένων αναφέρεται στον αριθμό της νότας και το δεύτερο στην ταχύτητα. Η τιμή του αριθμού νότας έχει σχέση με την τονικότητα της νότας που θα παιχτεί. Οι τιμές για τις νότες βρίσκονται στην περιοχή από 0 μέχρι 127. Κάθε ακέραιος σχετίζεται με μια νότα, σε απόσταση ενός ημιτονίου. Με άλλα λόγια οι τιμές για τις νότες αντιστοιχούν άμεσα στο δωδεκάτονο διάστημα της χρωματικής κλίμακας. Η μέση Do ορίζεται σαν νότα 60 (στο δεκαδικό) ή 00111100 (στο δυαδικό).[1]

Το επόμενο, δεύτερο byte δεδομένων σχετίζεται με πληκτρολόγια αφής και ορίζει την δύναμη (ταχύτητα) με την οποία πιέζεται κάποιο πλήκτρο. Είναι γνωστό ότι όταν παίζουμε ένα πραγματικό μουσικό όργανο, η μαλακή ή σκληρή πίεση πλήκτρου στο πιάνο παράγει όχι μόνο διαφορετική ένταση ήχου αλλά και διαφορετική χροιά. Τα πληκτρολόγια (με ευαισθησία) αφής κωδικοποιούν αυτή την πληροφορία με τη μορφή του byte των 8 bit που ακολουθεί την εντολή "άνοιγμα μελωδίας". Οι μονάδες ήχου ερμηνεύουν την πληροφορία με πολλούς τρόπους. Μερικές εκφράζουν την μεταβολή απλά στο πλάτος της εξόδου ήχου. Αλλες περισσότερο εξελιγμένες προσπαθούν να αποδώσουν τις μεταβολές στη χροιά που θα περίμενε ο παίκτης από ένα ακουστικό μουσικό όργανο. Οι μικροί αριθμοί παριστάνουν μικρή ταχύτητα (πλήκτρο που πιέζεται ελαφρά) και οι μεγάλοι αριθμοί παριστάνουν μεγάλη ταχύτητα (πλήκτρο που πιέζεται έντονα). Μερικά πληκτρολόγια κάνουν ένα βήμα ακόμη και κωδικοποιούν τη δύναμη με την οποία κρατιέται πιεσμένο το πλήκτρο μετά το πάτημά του. Ενας πιανίστας, εξαιτίας της μηχανικής διάταξης μέσα στο ακουστικό πιάνο, δεν μπορεί να ελέγξει μια νότα από τη στιγμή που το πλήκτρο έχει πιεστεί. Αυτό δεν συμβαίνει με τον σαλπιγκτή ή με τον φλαουτίστα ή με τον παίκτη εγχόρδου που ο καθένας τους μπορεί να αλλάξει την ένταση νότας αφού αυτή έχει ξεκινήσει. Για να μπορέσει να αξιοποιηθεί ένα πληκτρολόγιο όπως του πιάνου έτσι ώστε να ελέγχει μονάδες ήχου που διαθέτουν ηχητική σύνθεση χάλκινων, πνευστών και έγχορδων, καλύτερα πληκτρολόγια κωδικοποιούν τη δύναμη με την οποία κρατιέται πιεσμένο το πλήκτρο, η οποία ονομάζεται aftertouch, έτσι ώστε να μιμούνται τις αποχρώσεις ήχου αληθινών παικτών και να στέλνουν την πληροφορία αυτή στην κατάλληλη γεννήτρια ήχου.

Ελεγκτές

Η έννοια της δυνατότητας κωδικοποίησης της έκφρασης ή της ερμηνείας μιας εκτέλεσης μέσα από ζεύξη MIDI καθώς και της απλής πίεσης και ελευθέρωσης πλήκτρων είναι η ιδιότητα που εξυψώνει τη χρησιμότητα του MIDI πάνω από τη χρησιμότητα κάποιου είδους ηλεκτρονικής πιανόλας! Υπάρχει, πάντως, ένας τεράστιος αριθμός ελεγκτών "εκφραστικότητας" που μπορούν να μεταδίδονται μέσω MIDI. Ποικίλλουν από τον έλεγχο του πεντάλ ομαλής απόσβεσης πιάνου και του πεντάλ διατήρησης πιάνου μέχρι τον έλεγχο του portamento και τον έλεγχο αναπνοής. Επειδή, από ανάγκη, τα byte περιορίζονται σε 3 bit στο περισσότερο σημαντικό nibble του byte κατάστασης, απλά δεν υπάρχουν αρκετά byte κατάστασης που θα δίνουν εντολή στις συσκευές λήψης για το ποιές παράμετροι έκφρασης πρόκειται να μεταβληθούν. Ετσι το είδος ελεγκτή κωδικοποιείται στα 7 bit του byte δεδομένων που ακολουθεί το byte κατάστασης. Τα περισσότερο συνηθισμένα αναγράφονται στον πίνακα της επόμενης σελίδας.

Στην περίπτωση συνεχών ελεγκτών, το byte που ακολουθεί το κατάλληλο byte αναγνώρισης δεδομένων είναι μια τιμή των 7 bit που συσχετίζει με το περισσότερο σημαντικό (MS) byte ή με το λιγότερο σημαντικό (LS) byte της λειτουργίας ελέγχου. Στην περίπτωση του πεντάλ απόσβεσης και του πεντάλ διατήρησης το επόμενο byte δεδομένων μπορεί να είναι μόνο OFF ή ON, τιμές στην περιοχή από 00000000 μέχρι 00111111 σημαίνουν πεντάλ εκτός λειτουργίας (OFF) και τιμές στην περιοχή από 01000000 μέχρι 01111111 σημαίνουν πεντάλ σε λειτουργία (ON).

Συνέχεια byte κατάστασης μηνύματος καναλιού MIDI

Byte αρχικής κατάστασης								
MSB	6	5	4	3	2	1	0	Είδος μηνήματος
1	0	1	1	Nibble αναγνώρισης καναλιού				Ελεγχος μεταβολής
Byte επόμενων δεδομένων								
0	0	0	0	0	0	0	1	MSByte τροχού διαμόρφωσης
0	0	0	0	0	0	1	0	MSByte ελεγκτή αναπνοής
0	0	0	0	0	1	0	0	MSByte ελεγκτή ποδιού
0	0	0	0	0	1	1	1	MSByte κύριας έντασης ήχου
0	0	1	0	0	0	0	1	LSByte τροχού διαμόρφωσης
0	0	1	0	0	0	1	0	LSByte ελεγκτή αναπνοής
0	0	1	0	0	1	0	0	LSByte ελεγκτή ποδιού
0	0	1	0	0	1	1	1	LSByte κύριας έντασης ήχου
0	1	0	0	0	0	0	0	Πεντάλ διατήρησης
0	1	0	0	0	0	1	1	Πεντάλ ομαλής απόσβεσης

Τρόποι λειτουργίας καναλιών

Το byte αρχικής κατάστασης 1011nnnn (όπου το κατώτερο nibble είναι, όπως συνήθως, το nibble αναγνώρισης ενός από 16), προηγείται, επίσης, μιάς σημαντικής ακολουθίας 2 byte που σχετίζεται με τους τρόπους λειτουργίας καναλιών. Τα μηνύματα τρόπου λειτουργίας καναλιών έχουν σχέση με τον τρόπο που κάθε γεννήτρια ήχου ερμηνεύει τις εντολές note-on / note-off. Μπορεί να ερμηνεύει τα μηνύματα καναλιών που δέχεται από τη ζεύξη MIDI κατά έναν από τέσσερεις τρόπους: είτε μπορεί να ενεργήσει σε όλες τις εντολές note-on / note-off που δέχεται (ανεξάρτητα από κανάλι) είτε όχι. Και μπορεί να ενεργήσει στις εντολές note-on / note-off μονοφωνικά ή πολυφωνικά. Στη μονοφωνική λειτουργία, μια μονάδα ήχου θα ηχεί μια μόνο νότα κάθε φορά (συνήθως την τελευταία που λαμβάνεται). Ετσι, αν ένας χειριστής πληκτρολογίου παίζει μια ομάδα από τρεις νότες με τη μορφή συγχορδίας, η μονάδα ήχου που έχει οριστεί να ηχεί μονοφωνικά θα παράγει μόνο μια νότα της συγχορδίας κάθε φορά ενώ η πολυφωνική μονάδα ήχου θα παράγει τον ήχο όλης της συγχορδίας.

Υπάρχουν τρία ακόμη μηνύματα καναλιού MIDI:

Byte αρχικής κατάστασης

MSB	6	5	4	3	2	1	0	Είδος μηνήματος
1	1	0	0	Nibble αναγνώρισης καναλιού				Αλλαγή προγράμματος
1	1	0	1					Aftertouch (κανάλι)
1	1	1	0					Τροχός τονικότητας

Το πρώτο από αυτά τα τρία μηνύματα καναλιού, η αλλαγή προγράμματος, ακολουθείται από ένα byte δεδομένων που πληροφορεί την μονάδα ήχου για το ποιά φωνή θα παράγει. (Ο όρος για το όνομα κάθε φωνής που παράγεται από γεννήτρια ήχου είναι patch – αλληλοσύνδεση.) Γι' αυτό υπάρχει ένα νέο πρότυπο γνωστό σαν Γενικό MIDI, που έχουν υιοθετήσει μερικά νεώτερα πληκτρολόγια και μουσικά όργανα. Υπάρχει ένα ανερχόμενο πρότυπο που είναι γνωστό σαν General MIDI, το οποίο έχει υιοθετηθεί από πολλά νέου τύπου πληκτρολόγια και όργανα. Επειδή οι μονάδες ήχου που έχουν υιοθετήσει τη μορφοποίηση είναι πολύ διαδεδομένες υπάρχουν σε μεγάλη κυκλοφορία *εκ των πραγμάτων* αρκετά τέτοια πρότυπα.) Στον Πίνακα 8.1 φαίνεται η πρότυπη αποτύπωση φωνής MIDI, στις 127 δυνατότητες φωνής που προσφέρονται από το byte δεδομένων αλλαγής προγράμματος.

Πίνακας 8.1

0 Πιάνο συναυλιών, 1 Ακουστικό πιάνο, 2 Ηλεκτρικό πιάνο, 3 Ηλεκτρονικό πιάνο, 4 Πιάνο Rhodes, 5 Πιάνο χορωδίας, 6 Harpsichord, 8 Celesta, 9 Glockenspiel, 10 Μουσικό κουτί, 11 Βιμπράφωνο, 12 Marimba, 13 Ξυλόφωνο, 14 Σωληνωτές καμπάνες, 15 Dulcimer, 16 Οργανο Hammond, 17 Κρουστό όργανο, 18 Οργανο rock, 19 Εκκλησιαστικό όργανο, 20 Οργανο γλωττίδας, 21 Ακκορντεόν, 22 Αρμόνικα, 23 Ακκορντεόν τανγκό, 24 Ακουστική κιθάρα (nylon), 25 Ακουστική κιθάρα (ατσάλινη), 26 Ηλεκτρική κιθάρα (jazz), 27 Ηλεκτρική κιθάρα , 28 Ηλεκττική κιθάρα (βωβή), 29 Overdriven guitar, 30 Κιθάρα παραμόρφωσης, 31 Αρμονικοί κιθάρας, 32 Ακουστικό μπάσσο, 33 Ηλεκτρικό μπάσσο(με δάκτυλα), 34 Ηλεκτρικό μπάσσο (με νύχι)), 35 Ξυλοκοπτικό μπάσσο, 36 Βροντερό μπάσσο 1, 37 Βροντερό μπάσσο 2, 38 Μπάσσο σύνθεσης 1, 39 Μπάσσο σύνθεσης 2, 40 Βιολί, 41 Βιόλα, 42 Τσέλλο, 43 Κοντραμπάσσο, 44 Τρέμολο, 45 Εγχορδα πιτσικάττο, 46 Ορχηστρική άρπα, 47 Τύμπανα, 48 Ανσάμπλ εγχόρδων 1, 49 Ανσάμπλ εγχόρδων 2, 50 Εγχορδα σύνθεσης 1, 51 Εγχορδα σύνθεσης 2, 52 "Αααα" χορωδίας, 53 Φωνητικά "Οooo", 54 Συνθετική φωνή, 55 Ορχηστρικό χτύπημα, 56 Τρομπέττα, 57 Τρομπόνι, 58 Τούμπα, 59 Βωβή τρομπέττα, 60 Γαλλικό κόρνο, 61 Τμήμα χάλκινου, 62 Συνθετικό χάλκινο 1, 63 Συνθετικό χάλκινο 2, 64 Σαξόφωνο σοπράνο, 65 Σαξόφωνο άλτο, 66 Σαξόφωνο τενόρου, 67 Βαρύτονο σαξόφωνο, 68 Ομποε, 69 Αγγλικό κόρνο, 70 Φαγκότο, 71 Κλαρινέττο, 72 Πίκκολο, 73 Φλάουτο, 74 Καταγραφικό, 75 Φλάουτο pan, 76 Φύσημα σε μπουκάλι, 77 Shakuhachi, 78 Σφυρίχτρα, 79 Οκαρίνα, 80 Square lead, 81 Sawtooth lead, 82 Caliope lead, 83 Chiff lead, 84 Charang lead, 85 Voice lead, 86 Fifths lead, 87 Brass and lead, 88 New age pad, 89 Warm pad, 90 Polysynth pad, 91 Choir pad, 92 Bowed pad, 93 Metallic pad, 94 Halo pad, 95 Sweep pad, 96 Rain FX, 97 Soundrack FX, 98 Crystal FX, 99 Atmosphere FX, 100 Brightness FX, 101 Goblins FX, 102 Echoes FX, 103 Sci-fi FX, 104 Σιτάρ, 105 Μπάντζο, 106 Σαμισέν, 107 Κότο, 108 Kalimba, 109 Bagpipe, 110 Fiddle, 111 Shanai, 112 Tinkle bell, 113 Agogo, 114 Ατσάλινα τύμπανα, 115 Woodblock, 116 Taiko drum, 117 Melodic tom, 118 Synth drum, 119 Αντίστροφο κύμβαλο, 120 Guitar fret noise, 121 Θόρυβος αναπνοής, 122 Sea shorw, 123 Τιτίβισμα πουλιού, 124 Κουδούνισμα τηλεφώνου, 125 Ελικόπτερο, 126 Χειροκρότημα, 127 Πυροβολισμός

Μηνύματα συστήματος

Το δεύτερο είδος μηνύματος MIDI είναι το μήνυμα συστήματος. Υπάρχουν τρία είδη: κοινού συστήματος, συστήματος πραγματικού χρόνου και αποκλειστικού συστήματος. Τα μηνύματα συστημάτων σχετίζονται με όλες τις συσκευές στην ζεύξη και, κατά συνέπεια, δεν έχουν κωδικοποιηθεί με αριθμούς καναλιού. Οι εντολές κοινού συστήματος περιλαμβάνουν τον Δείκτη Τραγουδιού (byte κατάστασης 11110010 που ακολουθείται από 2 byte που δείχνουν μια συγκεκριμένη θέση μέσα σε τραγούδι για ακρίβεια) και την Επιλογή Τραγουδιού (byte κατάστασης 11110011 που ακολουθείται από ένα byte που αναφέρεται σε 1 από 128 δυνατά τραγούδια). Και τα δύο αυτά μηνύματα κοινού συστήματος εκτελούνται όταν οι πληροφορίες ενός συστήματος MIDI πρόκειται να συγχρονιστούν με πληροφορίες άλλου. Το ίδιο συμβαίνει με τα μηνύματα πραγματικού χρόνου Ωρολόγι MIDI (byte μοναδικής δομής, 11111000 που στέλνεται 24 φορές κάθε μουσικό τέταρτο) και Χρονοκώδικας MIDI.

Χρονοκώδικας MIDI

Ο Χρονοκώδικας MIDI, που είναι σημαντικός για το συγχρονισμό των πληροφοριών MIDI με άλλες πηγές, έχει σπουδαίο ρόλο στο σύγχρονο στούντιο. Ο χρονοκώδικας χρησιμοποιείται σε περιβάλλον τηλεόρασης και video και αποτελεί το μέσο κωδικοποίησης κάποιου χρόνου σε ώρες, λεπτά και δευτερόλεπτα και των πλαισίων τηλεόρασης (25 ή 30 πλαίσια ανά δευτερόλεπτο) σε ειδικό κώδικα που καταγράφεται μαζί με το σήμα video και ήχου σε βιντεοταινία. Ο κώδικας αυτός ισχύει για την αναγνώριση ιδιαίτερων "πλάνων" τα οποία χρησιμοποιεί ο παραγωγός στην διαδικασία επεξεργασίας τηλεοπτικής παραγωγής. Καθώς συγκλίνουν οι κλάδοι των μέσων, η χρήση του χρονοκώδικα έχει διαδοθεί στις παραγωγές audio έτσι ώστε αυτές να μπορούν να συγχρονίζονται με video. Η εμφάνιση του χρονοκώδικα MIDI είναι ένδειξη της αυξανόμενης ισχύος αυτής της τάσης. Χρειάζονται οκτώ ξεχωριστά μηνύματα MIDI πραγματικού χρόνου των 2 byte για να τη μετάδοση της πλήρους θέσης του χρονοκώδικα, που σχηματίζεται από οκτώ εμφανίσεις ενός μοναδικού byte κατάστασης το οποίο ακολουθείται από byte δεδομένων όπου το ανώτατο nibble (MS) καθορίζει τις πληροφορίες που εμφανίζονται στο κατώτερο nibble (LS). Με άλλα λόγια, σε κάθε μήνυμα μεταφέρονται μόνο 4 bit δεδομένων.

Byte δεδομένων

Byte κατάστασης	Nibble MS	Nibble LS	
11110001	0000	nnnn	Πλαίσια LS
	0001	nnnn	Πλαίσιο MS
	0010	nnnn	Δευτερόλεπτα LS
	0011 κλπ		

Από αυτόν τον μικρό πίνακα είναι πολύ φανερή η πλήρης σειρά. Οπως συμβαίνει και με τη φύση, ο χρονοκώδικας επιτρέπει μόνο 24 δυνατές τιμές ωρών. Αυτό σημαίνει ότι τα 8 bits που αφιερώνονται γι' αυτές δεν χρειάζονται όλα, και τα 2 bit είναι ουσιαστικά "εφεδρικά". Αυτά τα 2 bit κωδικοποιούνται για να δείχνουν τι είδος χρονοκώδικα χρησιμοποιείται. Τα τέσσερα δυνατά είδη χρωστούν την ύπαρξή τους στα διαφορετικά μέσα με τα οποία ίσως ζητηθεί να συγχρονιστούν τα δεδομένα MIDI. Αυτά είναι: 24 πλαισίων (όταν γίνεται συγχρονισμός με κινηματογραφικές ταινίες), 25 πλαισίων (όταν γίνεται συγχρονισμός με τηλεοπτικές εικόνες PAL), 30 πλαισίων (όταν γίνεται συγχρονισμός με τηλεοπτικές εικόνες υψηλής ευκρίνειας και δεδομένα ψηφιακού audio) και 30 πλαισίων (όταν γίνεται συγχρονισμός με τηλεοπτικές εικόνες NTSC). Ο χρονοκώδικας στη μουσική για εφαρμογές τηλεόρασης καλύπτεται στο Κεφάλαιο 15.

Μηνύματα MIDI αποκλειστικού συστήματος

Το τελευταίο είδος μηνύματος MIDI είναι το μήνυμα αποκλειστικού συστήματος. Αυτό το μήνυμα στην πραγματικότητα αποτελεί "παραθυράκι" στο πρότυπο που επιτρέπει σχεδόν τα πάντα. Εχει σχεδιαστεί έτσι ώστε οι κατασκευαστές που θέλουν να χρησιμοποιήσουν τη ζεύξη MIDI να μπορούν να το κάνουν για τα δικά τους μηχανήματα! Κατά βάση, το μήνυμα αποκλειστικού συστήματος έχει στην αρχή, όπως συνήθως, ένα μοναδικό byte κατάστασης. Εδώ όμως τελειώνει η ομοιότητα, επειδή μετά από το byte αυτό μπορούν να υπάρχουν όσα byte δεδομένων θέλει ο κατασκευαστής. Το τέλος του μηνύματος αποκλειστικού συστήματος σηματοδοτείται με την εμφάνιση ενός άλλου μοναδικού byte κατάστασης:

MSB	6	5	4	3	2	1	0	Είδος μηνύματος
1	1	1	1	0	0	0	0	Εκκίνηση μηνύματος
1	1	1	1	0	1	1	1	Τέλος μηνύματος

Το πρώτο byte που ακολουθεί το μοναδικό byte κατάστασης "εκκίνηση του μηνύματος αποκλειστικού συστήματος" 11110000 είναι ένα byte αναγνώρισης του κατασκευαστή,[2] έτσι ώστε το μηχάνημα του κατασκευαστή να αναγνωρίζει ότι δέχεται πληροφορίες κατά τη διάρκεια μηνύματος αποκλειστικού συστήματος, και, ίσως ακόμη σημαντικότερο, τα μηχανήματα άλλων κατασκευαστών να αναγνωρίζουν ότι οι πληροφορίες δεν απευθύνονται σ' αυτά.

Sequencer MIDI

Για να ανακεφαλαιώσουμε, το MIDI (Musical Instrument Digital Interface) δίνει τη δυνατότητα σε synthesizer, σε μηχανήματα κρουστών και σε γεννήτριες ήχου να συνδέονται υπό τον έλεγχο ενός κύριου πληκτρολογίου. Τα δεδομένα που μεταδίδονται στη ζεύξη MIDI καθορίζουν όχι μόνο ποιά νότα έχει παιχτεί, αλλά και τον τρόπο με τον οποίο έχει παιχτεί, και με ποιά δύναμη. Για να καταγράψουμε και να επαναλάβουμε μια εκτέλεση, αντί για τα ίδια τα μουσικά σήματα χρειάζεται μόνο η καταγραφή των δεδομένων MIDI. Ύστερα, αυτά τα δεδομένα μπορούν να μεταδοθούν από την ίδια ζεύξη MIDI και να χρησιμοποιηθούν για το σκανδαλισμό πληκτρολογίων και μονάδων ήχου. Με την προϋπόθεση ότι όλα έχουν διαμορφωθεί όπως ήταν όταν έγινε η "εγγραφή", θα αναπαραχθεί ακριβώς η αρχική εκτέλεση. Το MIDI, μέσα από αυτή την προσέγγιση, προσφέρει τεράστια ευελιξία στον μουσικό επειδή αυτός μπορεί να άλλάξει τις φωνές μετά την εγγραφή καθώς και την ταχύτητα εκτέλεσης (χωρίς αλλαγή του κλειδιού) με το να μεταδίδει τα γεγονότα MIDI ταχύτερα ή βραδύτερα απ΄ότι εγγράφηκαν. Το sequencer MIDI είναι το όνομα που έχει δοθεί στο μηχάνημα που καταγράφει, αποθηκεύει και παίζει πάλι τα δεδομένα MIDI. Αρχικά τα sequencer ήταν μηχανήματα αλλά πρόσφατα σχεδόν πάντοτε είναι πακέττα λογισμικού που εκτελούνται σε επιτραπέζιους προσωπικούς υπολογιστές.

Προγράμματα sequencer

Υπάρχουν ομοιότητες μεταξύ του sequencer MIDI και του μαγνητοφώνου πολλών καναλιών ή του καταγραφικού πολλών καναλιών σε σκληρό δίσκο. Πρώτο, με τον ίδιο τρόπο που ένας μαγνητόφωνο πολλών καναλιών καταγράφει το σήμα στις υποδοχές εισόδου του, έτσι και ένα πρόγραμμα sequencer καταγράφει όλα τα γεγονότα MIDI που φτάνουν στην είσοδο MIDI IN του υπολογιστή. Οπως και το μαγνητόφωνο, αποθηκεύει με λεπτομέρεια κάθε γεγονός και τον χρόνο που αυτό συνέβη έτσι ώστε να μπορεί να ανακατασκευάσει αργότερα την ακριβή μορφή των γεγονότων και, όταν θα βρίσκεται σε λειτουργία εκτέλεσης, το πρόγραμμα να δώσει εντολή στον υπολογιστή να μεταδώσει αυτά τα δεδομένα από την υποδοχή του MIDI OUT. Δεύτερο, όλα τα sequencer έχουν δυνατότητα εγγραφής πολλών καναλιών, της διεργασίας κατά την οποία κανάλια εισόδου από διαφορετικές συνεισφορές μουσικών οργάνων που παίζονται σε σειρά να μπορούν να παιχτούν ταυτόχρονα και να δημιουργήσουν ένα ιδεατό σύνολο. Μια βασική διευθέτηση ηχογράφησης MIDI μπορεί να μοιάζει με αυτή που φαίνεται στο Σχ. 8.2. Ας σημειωθεί ότι το ίδιο το MIDI δεν "βγάζει" καθόλου ήχο, και άρα ουσιώδες μέρος της διευθέτησης είναι μια γεννήτρια ήχου, όπως φαίνεται στο σχήμα. Κατά την λειτουργία εγγραφής, ο υπολογιστής στέλνει ένα αντίγραφο των δεδομένων που δέχεται στην υποδοχή εξόδου MIDI. Αυτό ονομάζεται λογισμικό THRU. Χωρίς αυτό, ο μουσικός δε θα μπορούσε να ακούει τίποτα από αυτά που παίζονται κατά τη διάρκεια της ηχογράφησης. Αν, ωστόσο, το μόνο που θα μπορούσε να κάνει ένα πρόγραμμα sequencer ήταν να καταγράφει και να ξαναπαίζει δεδομένα με την ίδια μορφή, οι sequencer MIDI δεν θα είχαν επικρατήσει στην εγγραφή πολλών καναλιών, πράγμα που έχει γίνει. Η δύναμη του προγράμματος sequencer στηρίζεται στην ικανότητά του να τροποποιεί τις πληροφορίες μόλις αυτές καταγραφούν.

Η πρώτη, και περισσότερο φανερή, διαφορά μεταξύ μαγνητοφώνων πολλών εγγραφών ή καταγραφικών πολλών καναλιών σκληρού δίσκου και sequencer MIDI είναι ο αριθμός των διαθέσιμων καναλιών για δεδομένο κόστος. Εξαιτίας του φειδωλού τρόπου διάθεσης των δεδομένων MIDI, σε σύγκριση με τα δεδομένα ψηφιακού audio, είναι δυνατή η προσφορά πάρα πολλών καναλιών εγγραφής. (Στον Πίνακα 8.2 γίνεται σύγκριση τους μεγέθους διαφόρων αρχείων ήχου και αρχείων MIDI ανά λεπτό μουσικής.) Ανάλογα με το πρόγραμμα, αυτά είναι από 32 μέχρι 256. Πρέπει, όμως, να θυμόμαστε ότι το MIDI διαθέτει μόνο 16 κανάλια για μετάδοση δεδομένων και έτσι αυτός ο τεράστιος αριθμός καναλιών εγγραφής είναι κάτι σαν ψευδαίσθηση. Και όμως, η αφθονία αυτή είναι χρήσιμη για να ξεκαθαρίζουν τα πράγματα, για παράδειγμα με το διαχωρισμό του πληκτρολογίου πιάνου σε δύο κανάλια, του αριστερού χεριού σε ένα κανάλι, του αριστερού χεριού στο επόμενο κανάλι.

Πίνακας 8.2. Σύγκριση μεταξύ μεγεθών διαφόρων αρχείων στερεοφωνικού ήχου και αρχείων MIDI ανά λεπτό μουσικής. Οι αριθμοί μιλάνε από μόνοι τους!

Είδος αρχείου	Συχνότητα Δειγματοληψίας	Ανάλυση	Kbytes ανά λεπτό
WAV	22 kHz	8 bit	2640
WAV	44.1 kHz	16 bit	10560
MID	-	-	6

Διατηρώντας την αντιστοιχία με το μαγνητόφωνο, σχεδόν όλα τα προγράμματα swequencer ελέγχονται με πλήκτρα ελέγχου που μοιάζουν με πλήκτρα μαγνητοφώνου. Σ' αυτά μπορούμε να κάνουμε "κλικ" με το ποντίκι για να βάλουμε το sequencer σε λειτουργία παιξίματος, εγγραφής, γρήγορης περιέλιξης κοκ, όπως ακριβώς σε μαγνητόφωνο. Τα πλήκτρα αυτά παραμένουν κοινό χαρακτηριστικό όλων των οθονών προγράμματος. Φαίνονται καθαρά στο Σχ. 8.6 που δείχνει μια τυπική παρουσίαση οθόνης προγράμματος sequencer MIDI.

Στο Σχ. 8.6 φαίνεται, ακόμη, το παράθυρο track / measure (κανάλι / μέτρηση). Η αριστερή πλευρά αυτού του παραθύρου διατίθεται για πληροφορίες καναλιών. Ας σημειωθεί ο αντίστροφος φωτισμός οθόνης στο κανάλι 1. Κάθε κουτάκι στο τμήμα αυτό της οθόνης εμφανίζει πληροφορίες που αφορούν στις διάφορες παραμέτρους που επηρεάζουν το συγκεκριμένο κανάλι: αριθμό καναλιού, ονομασία φωνής, μουσική αντιμετάθεση, αντιστάθμιση ταχύτητας και χρόνου, κατανομή καναλιών MIDI, όνομα διασύνδεσης και πληροφορίες έντασης ήχου και εμφάνισης. Η δεξιά πλευρά του παράθυρου (που δεν φαίνεται) δηλώνει το κανάλι με μορφή μετρήσεων (ή ράβδων) Κάθε ράβδος φαίνεται με μια "κηλίδα" μέσα της αν κατά τη διάρκεια εκείνης της μέτρησης υπάρχουν πληροφορίες. Η απεικόνιση μετρήσεων είναι χρήσιμη για παρατήρηση ολόκληρων τραγουδιών. Το πρόγραμμα Cakewalk δίνει μερικές δια-

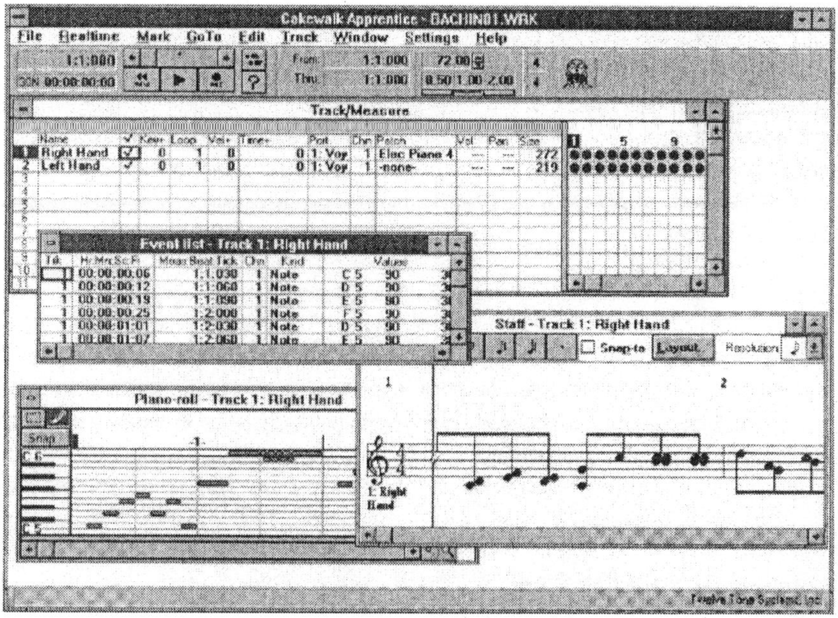

Σχ. 8.6 *Παρουσίαση οθόνης sequencer MIDI*

φορετικές οθόνες περισσότερο κατάλληλες για εκτίμηση ξεχωριστών μουσικών κομματιών, όπως άποψη roll πιάνου, μιά λίστα γεγονότων σε κείμενο, ακόμη και παράσταση του καναλιού με συμβατική μουσική γραφή. Στο Σχ. 8.6 φαίνονται ταυτόχρονα πολλές οθόνες. Και μόνο αυτό το σχήμα μπορεί να μας πείσει για την υπεροχή του sequencer σε σχέση με το μαγνητόφωνο! Κατά μήκος του επάνω μέρους της οθόνης εμφανίζεται η γνωστή ράβδος καταλόγου του Windows που επιτρέπει την πρόσβαση σε αρκετές διαφορετικές λειτουργίες. Δυστυχώς, εδώ είναι δυνατόν να καλυφθούν μόνο μερικές βασικές τεχνικές.

Εγγραφή σε sequencer

Από τη στιγμή που έχει επιλεγεί το κατάλληλο κανάλι, με πάτημα κλικ στον αριθμό καναλιού στο άκρο αριστερό μέρος του παραθύρου track / measure, αρχίζει η ηχογράφηση με κλικ στο πλήκτρο REC. Ολα τα sequencer δέχονται είσοδο εγγραφής σε οποιοδήποτε κανάλι, αλλά μεταβιβάζουν μέσω του προγράμματος τις πληροφορίες στο κανάλι που είναι φωτισμένο. Αυτό δίνει τη δυνατότητα σε κάθε κανάλι να παίζεται χωρίς να χρειάζεται κάθε φορά αλλαγή του καναλιού εξόδου του κύριου πληκτρολογίου.

Θεωρητικά, είναι δυνατή η εγγραφή ανεξάρτητα από το τέμπο του προγράμματος, από την μουσική υπογραφή και από τη δομή των μουσικών ράβδων. Προκειμένου, ωστόσο, να έχουμε το μεγαλύτερο όφελος από την εγγραφή του sequencer είναι πολύ καλύτερο να πούμε στο πρόγραμμα να συγκρίνει την εκτέλεσή μας σε σχέση με προκαθορισμένα τέμπο και δομή ράβδων. Αυτό σημαίνει να του "πούμε" το τέμπο και την χρονική υπογραφή του κομματιού που σκοπεύουμε να παίξουμε και ύστερα να παίξουμε πάλι το κλίκ του τέμπο που παράγει το πρόγραμμα. Αυτό μπορεί να φαίνεται δύσκολο και αφύσικο. Βοηθά αν φανταστούμε ότι το sequencer βρίσκεται κάπου μεταξύ μαγνητοφώνου και αντιγραφέα μουσικής. Το μαγνητόφωνο ηχογραφεί πραγματικά γεγονότα σε πραγματικό χρόνο χωρίς να επηρεάζεται από τη μουσική που παίζεται. Από την άλλη πλευρά, ο αντιγραφέας μουσικής καταγράφει συμβολικές αναφορές (μουσικά τέταρτα, όγδοα, ημίσεα) σε πλαίσια συμβολικού χρόνου με ράβδους, χρονικές υπογραφές και γραμμές ράβδων.

Από τη στιγμή που έχει πραγματοποιηθεί η εγγραφή γίνονται φανερά τα πλεονεκτήματα αυτής της προσέγγισης με το γεγονός ότι μπορούμε να χρησιμοποιούμε τους ευφυείς αλγορίθμους του sequencer, και τη συμβολική φύση των δεδομένων MIDI, για να ανακατατάσσουμε τις νότες μέσα στο χρονικό πλαίσιο. Για παράδειγμα, μπορούμε να τις κάνουμε ακριβέστερες σε σχέση με το μουσικό τέμπο και τη δομή χτυπημάτων, μια διεργασία γνωστή σαν κβαντοποίηση. Ή μπορούμε να ρυθμίσουμε την δύναμη με την οποία παίζεται κάθε κανάλι, ομάδα από νότες, ακόμα και ξεχωριστές νότες, προγραμματίζοντας αντισταθμίσεις ταχύτητας. Μπορεί να αλλάξει ακόμη και το κλειδί με το οποίο ηχογραφήθηκε η μουσική, προσθέτοντας ή αφαιρώντας κάποια αντιστάθμιση σε κάθε τιμή νότας. Από τη στιγμή που έχουν πραγματοποιηθεί οι επιθυμητές αλλαγές, το sequencer μπορεί να επιστρέψει στην αρχή του με χρήση του πλήκτρου fast rewind , και, για να ακούσουμε το κανάλι, να πατηθεί το πλήκτρο play. Η διεργασία μπορεί να συνεχιστεί μέχρι να ικανοποιηθεί ο μουσικός και χωρίς να υπάρχει φόβος φθοράς της ταινίας. Ακολούθως η διεργασία συνεχίζεται στο επόμενο κανάλι μέχρι να δομηθεί ολόκληρο το τραγούδι με πολλά κανάλια. Τα αρχεία τραγουδιών, αφού ολοκληρωθούν, μπορούν να αποθηκευθούν σε σκληρό δίσκο.

Σημειώσεις

1. Όπως είδαμε στο Κεφάλαιο 1, υπάρχει διαφορά, σε μουσικούς όρους, μεταξύ της νότας Re δίεση που χρησιμοποιείται στο κλειδί της μεγάλης Mi και της νότας Mi ύφεση που χρησιμοποιείται στο κλειδί της Si ύφεσης. Υπάρχει παρόμοια διάκριση ανάμεσα στις νότες Do δίεση και Re ύφεση, Fa δίεση και Sol ύφεση, Sol δίεση και La ύφεση, και La δίεση και Si ύφεση. Αν και αυτά τα "όχι γνήσια δίδυμα" έχουν σχέση με το ίδιο μηχανικό πλήκτρο σε πληκτρολόγιο πιάνου, οι βιολιστές και οι τραγουδιστές μπορούν να αποδίδουν αυτές τις νότες με πολύ μικρές διαφορές. Η σύμβαση στο MIDI είναι να αγνοούνται αυτές τις διαφορές όπως γίνεται στο χόρδισμα ακουστικού πιάνου.
2. Οι κατασκευαστές πρέπει να κάνουν αίτηση στο International MIDI Association για να πάρουν μια μοναδική τιμή "διεύθυνσης" για το byte αυτό. Για παράδειγμα, το byte αναγνώρισης της Roland είναι 01000001, της Korg 01000010, της Yamaha 01000011 και της Casio 01000100.

ΚΕΦΑΛΑΙΟ 9

Εγγραφή ήχου

Εισαγωγή

Η μαγνητική εγγραφή υποστηρίζει την απασχόληση της τεχνολογίας μουσικής. Η μουσική βιομηχανία, παρά τη "λάμψη" και την αίγλη της, στην περισσότερο βασική μορφή της, απασχολείται με μια απλή λειτουργία: την καταγραφή σημάτων μουσικής σε ταινία ή σε δίσκο με σκοπό την αναπαραγωγή και πώλησή τους. Πριν από την εξάπλωση των υπολογιστών, η τεχνολογία αυτή ήταν η μοναδική στη μουσική βιομηχανία. Ο περιορισμός αυτός, βέβαια, δεν έκανε τίποτα για να σταματήσει την εξάπλωσή της, και το κασετόφωνο ήταν το δεύτερο περισσότερο διαδεδομένο εξάρτημα τεχνολογίας μετά τη λάμπα πυρακτώσεως! Σήμερα, με τη μαζική επέκταση των προϊόντων καταγραφής δεδομένων, το audio, με τη μορφή ψηφιακού audio, αποτελεί απλά μια άλλη μορφή δεδομένων, που καταγράφεται με μορφοποιήσεις και διανέμεται μέσω αρτηριών που αρχικά προορίζονταν για άλλα μέσα. Το μακροχρόνιο πλεονέκτημα των εφαρμογών καταγραφής μουσικής είναι η ελάττωση της τιμής που επιτεύχθηκε με τη χρήση προϊόντων που παράγονται μαζικά σε εφαρμογές υψηλής απόδοσης που παλαιότερα χρειάζονταν τεχνολογία ακριβείας, κατά παραγγελία.

Μια εγγραφή ήχου μεταφέρεται σε μαγνητική ταινία με το πέρασμα της ταινίας μπροστά από κεφαλή εγγραφής με σταθερή ταχύτητα. Η κεφαλή εγγραφής (που στην ουσία είναι ένας ηλεκτρομαγνήτης) ενεργοποιείται από τον ενισχυτή εγγραφής του μαγνητοφώνου. Ο ηλεκτρομαγνήτης, που σχηματίζει την ίδια την κεφαλή, έχει ένα μικρό διάκενο έτσι ώστε η μαγνητική ροή που σχηματίζεται από τη δράση του ρεύματος στο πηνίο του ηλεκτρομαγνήτη να συγκεντρώνεται στο διάκενο αυτό. Η ταινία τοποθετείται με τρόπο ώστε να αγγίζει το διάκενο στην κεφαλή εγγραφής και να "κλείνει" αποτελεσματικά το μαγνητικό κύκλωμα, όπως φαίνεται στο Σχ. 9.1. Επειδή η ταινία μετακινείται και το σήμα ενεργοποίησης μεταβάλλεται με το χρόνο, σε κάθε χρονική στιγμή στην ταινία αποθηκεύεται μια "εγγραφή" της μαγνητικής ροής. Η αναπαραγωγή του περιεχομένου της μαγνητικής ταινίας έγκειται σε νέο πέρασμα της ταινίας εμπρός από παρόμοιο (ή μερικές φορές ίδιο) ηλεκτρομαγνήτη που ονομάζεται κεφαλή αναπαραγωγής. Η μεταβολή της μαγνητικής ροής που ανιχνεύεται στο μικροσκοπικό διάκενο της κεφαλής αναπαραγωγής προκαλεί ροή ρεύματος στο πηνίο της κεφαλής. Αυτό εφαρμόζεται σε έναν ενισχυτή για ανάκτηση των πληροφοριών που υπάρχουν στην ταινία.

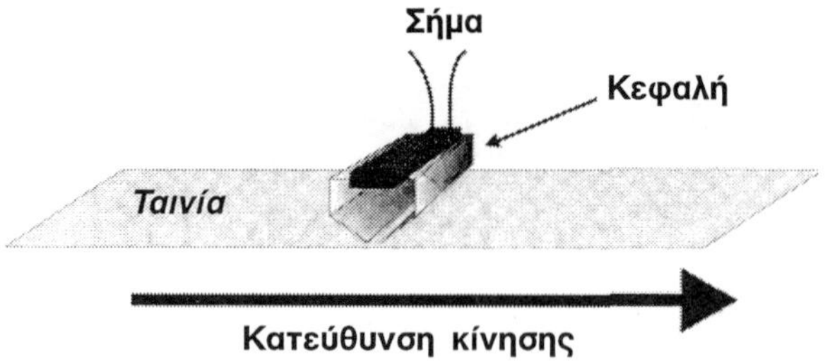

Σχ. 9.1 *Μαγνητική ταινία και το διάκενο κεφαλής*

Σε αναλογικό μαγνητόφωνο, η μορφή που είναι αποθηκευμένη στην ταινία είναι στην ουσία αποθηκευμένο αντίστοιχο (αντιστοιχία, βλ. Κεφάλαιο 10) της αρχικής ακουστικής κυματομορφής. Σε ψηφιακό μαγνητόφωνο η μαγνητική μορφή που είναι αποθηκευμένη στην ταινία είναι ένα κωδικοποιημένο σήμα που πρέπει να αποκωδικοποιηθεί με την λειτουργία των ηλεκτρονικών κυκλωμάτων αναπαραγωγής που ακολουθούν. Σε φυσική στάθμη, ωστόσο, οι αναλογικές και ψηφιακές εγγραφές με μαγνητική ταινία (ή δίσκους) είναι ακριβώς ίδιες.

Θεωρία Μαγνητισμού

Στο Σχ. 9.2 φαίνεται η διαδρομή μαγνητικής ταινίας μέσα από την κατασκευή κεφαλής σύγχρονου αναλογικού μαγνητοφώνου. Η ταινία που πρόκειται να γραφεί περνά από τη γεμάτη μπομπίνα εμπρός από μια κεφαλής αρχικής διαγραφής με τη βοήθεια του άξονα κίνησης και της τροχαλίας πίεσης. Σκοπός της κεφαλής διαγραφής είναι η απομάκρυνση κάθε ανεπιθύμητης προηγούμενης μαγνήτισης της ταινίας. Στη συνέχεια η ταινία περνά εμπρός από την κεφαλή εγγραφής, όπου αποτυπώνεται

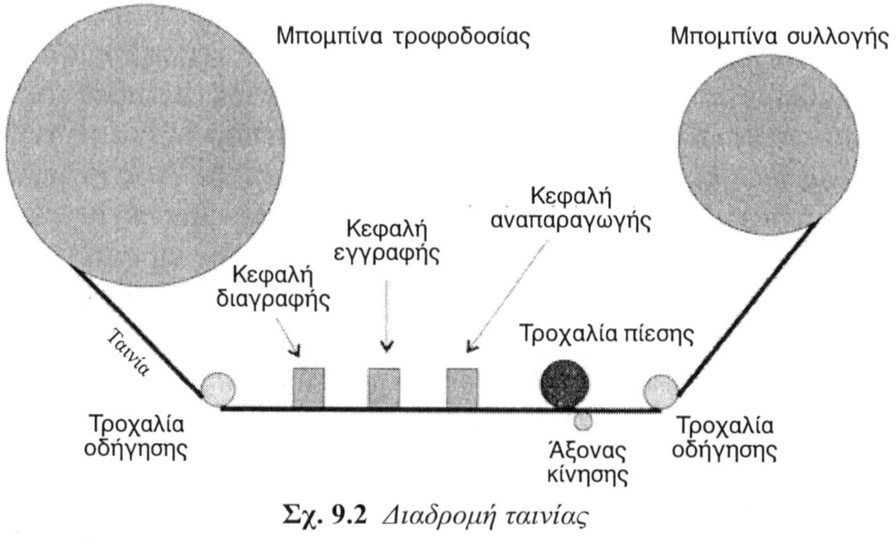

Σχ. 9.2 *Διαδρομή ταινίας*

πάνω της το ακουστικό σήμα, και εμπρός από την κεφαλή αναπαραγωγής, όπου οι μαγνητικές μορφές της ταινίας μετατρέπονται πάλι σε ακουστικό σήμα κατάλληλο για ενίσχυση, στη συνέχεια, και εφαρμογή στο μεγάφωνο. Στο τέλος, η ταινία τυλίγεται στην μπομπίνα συλλογής. Οταν το μηχάνημα βρίσκεται σε λειτουργία αναπαραγωγής, η κεφαλή διαγραφής και η κεφαλής εγγραφής δεν είναι ενεργοποιημένες. Αντίστοιχα, σε λειτουργία εγγραφής, η κεφαλή αναπαραγωγής χρησιμοποιείται για εποπτεία του σήματος εκτός ταινίας για εξασφάλιση ότι οι στάθμες εγγραφής κλπ είναι σωστές. Τα φτηνότερα κασετόφωνα συνδυάζουν την κεφαλή εγγραφής και την κεφαλή αναπαραγωγής σε ένα σύνθετο σύνολο, οπότε, στην περίπτωση αυτή, η εποπτεία εκτός ταινίας κατά τη διάρκεια της εγγραφής δεν είναι δυνατή.

Η Φυσική της μαγνητικής ταινίας

Σε εγγραφή ταινίας, τα ηχητικά σήματα καταγράφονται σαν μαγνητική μορφή κατά μήκος της ταινίας. Η ίδια η ταινία αποτελείται από πλαστικό υπόστρωμα τύπου πολυεστέρα, πάνω στο οποίο απλώνεται λεπτή επικάλυψη υλικού με μαγνητικές ιδιότητες. Η επικάλυψη αυτή συνήθως περιέχει μικροσκοπικά σωματίδια οξειδίων του σιδήρου (ταινίες σιδήρου) αν και ακριβότερες ταινίες χρησιμοποιούν σωματίδια διοξειδίου χρωμίου ή σωματίδια μεταλλικών κραμάτων που έχουν εξαιρετικές μαγνητικές ιδιότητες (ταινίες χρωμίου ή μετάλλου, αντίστοιχα).

Οι ιδιότητες των μαγνητικών υλικών εμφανίζονται σαν αποτέλεσμα μικροσκοπικών μαγνητικών περιοχών, που η κάθε μια είναι ένα μικροσκοπικός ραβδόμορφος μαγνήτης, μέσα στο υλικό. Σε μη μαγνητική κατάσταση οι περιοχές αυτές είναι διεσπαρμένες τυχαία έτσι ώστε το συνολικό, μακροσκοπικό εξωτερικό μαγνητικό πεδίο να είναι μηδενικό. Μόνο όταν το σιδηρούχο υλικό εκτεθεί σε εξωτερικό μαγνητικό πεδίο αυτές οι περιοχές αρχίζουν να προσανατολίζουν τον άξονά τους παράλληλα με τον άξονα του εφαρμοζόμενου πεδίου, οπότε το ποσοστό του συνολικού πλήθους των περιοχών που είναι προσανατολισμένες με τον τρόπο αυτό εξαρτάται από την ισχύ του εξωτερικά εφαρμοζόμενου πεδίου. Το σημαντικότερο είναι ότι, μετά την απομάκρυνση του εξωτερικού πεδίου, οι μικροσκοπικές περιοχές δεν επιστρέφουν όλες στην προηγούμενή τους κατάσταση και το υλικό σαν σύνολο παρουσιάζει εξωτερικούς μαγνητικούς πόλους.

Η σχέση μεταξύ του πεδίου μαγνήτισης (H) και της προκύπτουσας επαγωγής (B) σε δείγμα σιδήρου (που αρχικά υποθέτουμε ότι βρίσκεται σε κατάσταση πλήρους απομαγνήτισης) σχεδιάζεται όπως φαίνεται στο Σχ. 9.3. Ξεκινώντας από την αρχή συντεταγμένων, παρατηρούμε ότι το πρώτο τμήμα της κλειστής καμπύλης αρχικά αυξάνει αργά (μεταξύ O και B1), ύστερα ταχύτερα (μεταξύ B1 και B2), και, τέλος, όλο και περισσότερο αργά καθώς πλησιάζει στο σημείο όπου υπολείπονται μόνο μερικές μαγνητικές περιοχές για να προσανατολιστούν. Στο σημείο αυτό (B) λέμε ότι το σιδηρούχο υλικό έχει κορεστεί. Είναι σημαντικό το γεγονός ότι, όταν η δύναμη μαγνήτισης (H) ελαττωθεί, η μαγνητική επαγωγή (B) δεν επανέρχεται από την διαδρομή B3 – B2 - B1 – O, αλλά, αντίθετα, διαγράφει μια διαφορετική διαδρομή, την B3 – B4, όπου η δύναμη μαγνήτισης είναι και πάλι μηδέν, αλλά το σιδηρούχο υλικό παραμένει μαγνητισμένο με την παραμένουσα επαγωγή B4. Αυτή η παραμένουσα μαγνήτιση ονομάζεται υπόλειμμα. Για να μηδενιστεί αυτό το υπόλειμμα, πρέπει να εφαρμοστεί μια αντίθετη μαγνητική δύναμη, η οποία είναι η αιτία του υπόλοιπου της κλειστής καμπύλης στο Σχ. 9.3. Η τιμή της εφαρμοζόμενης μαγνητικής δύναμης που χρειάζεται για μηδενισμό του υπολείμματος ονομάζεται εξαναγκασμός (η ιδανική μαγνητική ταινία εμφανίζει μεγάλο υπόλειμμα και μεγάλο εξαναγκασμό).

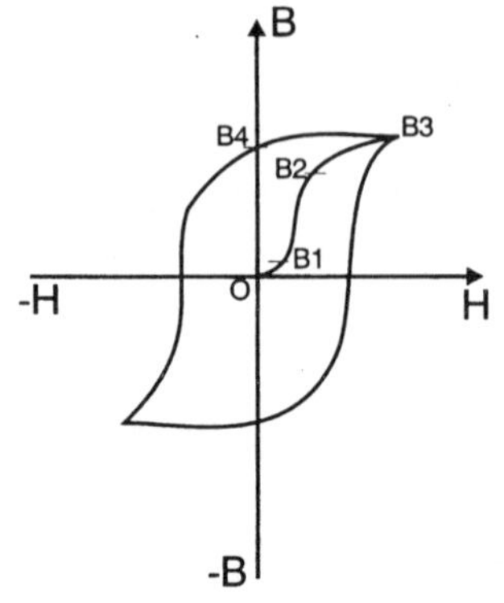

Σχ. 9.3 *Καμπύλη BH*

Πόλωση

Οπως είδαμε σε προηγούμενα Κεφάλαια, ένα σύστημα εγγραφής και αναπαραγωγής ήχου, για να λειτουργεί χωρίς να προσθέτει ευδιάκριτη παραμόρφωση, χρειάζεται μεγάλο βαθμό γραμμικότητας. Στην περίπτωση εγγραφής σε ταινία αυτό συνεπάγεται την ανάγκη άμεσης σχέσης μεταξύ της εφαρμοζόμενης μαγνητικής δύναμης και της προκύπτουσας επαγωγής στην ταινία. Αν δούμε πάλι το Σχ. 9.3, είναι φανερό ότι το μόνο γραμμικό τμήμα στο οποίο ισχύει αυτή η σχέση βρίσκεται μεταξύ B1 και B2, ενώ η σχέση είναι ιδιαίτερα μη γραμμική κοντά στην αρχή συντεταγμένων. Η περίπτωση μπορεί να συγκριθεί με ενισχυτή τρανζίστορ, ο οποίος παρουσιάζει υψηλή μη γραμμικότητα στην περιοχή κορεσμού και αποκοπής και ένα γραμμικό τμήμα στο ενδιάμεσο. Η ουσία της καλής σχεδίασης, στην περίπτωση της βαθμίδας τρανζίστορ, είναι η κατάλληλη πόλωση του ενισχυτή στην γραμική περιοχή του με τη βοήθεια σταθερού δυναμικού DC. Και αυτό συμβαίνει στη μαγνητική εγγραφή. Θεωρητικά, μπορεί να εφαρμοστεί μια σταθερή μαγνητική δύναμη, σε συνδυασμό με μεταβαλλόμενη δύναμη που εξαρτάται από το ακουστικό σήμα, πολώνοντας με τον τρόπο αυτό το τμήμα ακουστικού σήματος του συνολικού μαγνητικού φαινομένου στο αρχικό γραμμικό τμήμα του βρόχου *BH*. Στην πράξη, κάτι τέτοιο έχει μερικά πρακτικά μειονεκτήματα. Ετσι, χρησιμοποιείται ένα σύστημα υπερηχητικής πόλωσης AC που αναμιγνύει το ακουστικό σήμα με ρεύμα σήματος υψηλής συχνότητας. Αυτό το σήμα πόλωσης, όπως είναι γνωστό, δεν καταγράφεται επειδή το μήκος κύματος του σήματος είναι τόσο μικρό ώστε οι μαγνητικές περιοχές, που είναι αποτέλεσμά του, εξουδετερώνονται μόνες τους με φυσικό τρόπο. Ενεργεί μόνο για να εξασφαλίζει ότι η συνιστώσα ακουστικής διαμόρφωσης της συνολικής μαγνητικής δύναμης θα επηρεάζει την ταινία στην γραμμική περιοχή της. Στο Σχ. 9.4 φαίνεται ο μηχανισμός.

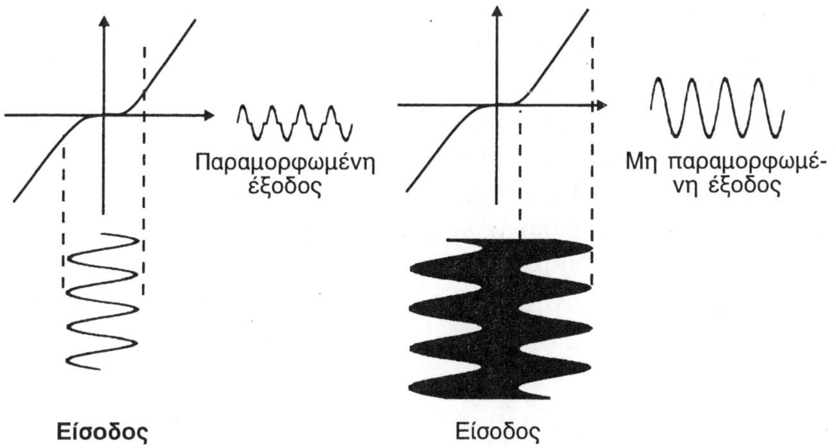

Σχ. 9.4 *Συμβολή της πόλωσης AC στη γραμμικότητα*

Δε μας παραξενεύει το γεγονός ότι το πλάτος του υπερτιθέμενου σήματος πόλωσης υψηλής συχνότητας είναι σημαντικό για να έχουμε την άριστη απόδοση από αναλογικό μαγνητόφωνο και δεδομένη ταινία. Αν το πλάτος είναι πολύ μεγάλο η απόκριση υψηλής συχνότητας πάσχει. Αν η τιμή είναι πολύ μικρή η παραμόρφωση αυξάνει υπερβολικά. Οι διάφορες συστάσεις ταινιών διαφέρουν ως προς τις ιδανικές απαιτήσεις πόλωσης, αν και η διεθνής προτυποποίηση (από την Διεθνή Ηλεκτροτεχνική Επιτροπή) δίνει συστάσεις για την σύσταση "τυποποιημένων" ταινιών.

Εξισορρόπηση

Για πολλούς λόγους, τόσο το σήμα που αποτυπώνεται πάνω στην ταινία με τη δράση του ρεύματος εγγραφής στην κεφαλή εγγραφής όσο και το σήμα που εμφανίζεται σαν συνέπεια του επαγόμενου ρεύματος στην κεφαλή αναπαραγωγής, είναι πολύ παραμορφωμένα ως προς τη συχνότητα και πρέπει να εξισορροπηθούν και τα δύο. Πρόκειται για τομέα όπου η προτυποποίηση μεταξύ διαφόρων κατασκευαστών είναι ιδιαίτερα σημαντική επειδή, χωρίς αυτήν, οι ταινίες που εγγράφονται σε ένα μηχάνημα δεν θα μπορούσαν να αναπαραχθούν σε άλλο.

Το παραπάνω, αυτό καθ' εαυτό, δεν θα αποτελούσε μεγάλο πρόβλημα αν δεν υπήρχε το γεγονός ότι, εξαιτίας διαφορών στο σχήμα και στην κατασκευή των κεφαλών, η ηλεκτρική εξισορρόπηση διαφέρει σημαντικά από κατασκευαστή σε κατασκευαστή. Η Διεθνής Ηλεκτροτεχνική Επιτροπή (IEC) προσέφερε μια έξυπνη λύση για εκτεταμένη τυποποίηση με την παροχή μιάς σειράς πρότυπων προεγγραμμένων ταινιών στις οποίες είναι γραμμένες σαρώσεις συχνότητας και σταθερές στάθμες. Η πρόθεση είναι αυτές να αναπαράγονται με επίπεδη χαρακτηριστική καμπύλη απόκρισης, και ο κάθε κατασκευαστής θα είναι υπεύθυνος να επιλέγει την κατάλλη ηλεκτρική εξισορρόπηση για την περίπτωση. Τα παραπάνω φαίνονται σαν να αφήνουν αόριστη την κατάσταση σχετικά με την εξισορρόπηση εγγραφής αλλά αυτό δεν συμβαίνει επειδή ο σκοπός είναι ο κατασκευαστής να επιλέγει καμπύλες εξισορρόπησης εγγραφής έτσι ώστε ταινίες που έχουν εγγραφεί σε οποιοδήποτε μηχάνημα να δίνουν επίπεδη απόκριση συχνότητας όταν παίζονται χρησιμοποιώντας την κατά IEC πρότυπη χαρακτηριστική εξισορρόπησης του κατασκευαστή.

Το θέμα της "φορητότητας" πρέπει να λαμβάνεται υπόψη και κάθε σοβαρό στούντιο που εξακολουθεί να στηρίζεται σε αναλογική εγγραφή θα πρέπει να εξασφαλίσει ότι ο εξοπλισμός του αναλογικών ταινιών συμβαδίζει (και συνεχίζει να συμβαδίζει, κάτι που αποτελεί καθήκον του τεχνικού συντήρησης) με τα σχετικά πρότυπα της IEC. Δυστυχώς, το γεγονός αυτό, κατ' ανάγκη αφορά στην αγορά των σχετικών πρότυπων ταινιών.

Ταχύτητα ταινιών

Είναι φανερό ότι ένα άλλο (στην πραγματικότητα, το πρώτο) υποψήφιο θέμα τυποποίησης ήταν η επιλογή της γραμμικής ταχύτητας της ταινίας στην διαδρομή της. Χωρίς αυτό τα σήματα που καταγράφονται σε ένα μηχάνημα παίζονται με διαφορετική τονικότητα σε άλλο. Αν και το θέμα προσφέρει σημαντικές καλλιτεχνικές δυνατότητες (βλ. παρακάτω στο Κεφάλαιο), είναι ξεκάθαρα ανεπιθύμητο στις περισσότερες περιστάσεις λειτουργίας. Στον Πίνακα 9.1 αναφέρονται οι πρότυπες ταχύ-

Πίνακας 9.1

Ταχύτητα ταινίας (ips)	*cm/sec*	*Εφαρμογή*
30	76	ανώτερη επαγγελματική ποιότητα
15	38	ανώτερη επαγγελματική ποιότητα
7.5	19	επαγγελματική ποιότητα (με περιορισμό θορύβου)
3.75	9.5	ημιεπαγγελματική ποιότητα (με περιορισμό θορύβου)
1.875	4.75	οικιακή ποιότητα (με περιορισμό θορύβου)

τητες ταινίας στο διεθνές σύστημα (σε εκατοστά ανά δευτερόλεπτο, cm / sec) και στο Βρεττανικό σύστημα (ίντσες ανά δευτερόλεπτο, ips) και οι πιθανές εφαρμογές τους.

Σταθερότητα ταχύτητας

Η ταχύτητα της ταινίας, από τη στιγμή που έχει προτυποποιηθεί πρέπει να παραμένει συμβατή και μακροχρόνια και βραχυχρόνια. Η αποτυχία διατήρησης έχει σαν αποτέλεσμα ακουστικά φαινόμενα γνωστά, αντίστοιχα, σαν wow και flutter. Αυτοί οι ηχοποίητοι όροι, ωστόσο, έχουν σχέση με συγκριτικά χονδρικά φαινόμενα. Εκείνο που συχνά εκτιμάται λιγότερο είναι η επίδραση της σταθερότητας ταχύτητας στην καθαρότητα των ακουστικών σημάτων, ένα γεγονός που εκτιμάται εύκολα αν η αστάθεια ταχύτητας θεωρηθεί σαν φαινόμενο διαμόρφωσης συχνότητας. Γνωρίζουμε (από το Κεφάλαιο 7) ότι η διαμόρφωση FM έχει σαν αποτέλεσμα άπειρες πλευρικές ζώνες γύρω από την κατά συχνότητα διαμορφωμένη φέρουσα. Η επίδραση της αστάθειας ταχύτητας σε αναλογικό μαγνητόφωνο εκτιμάται με αυτούς τους όρους αν δούμε την έξοδο καθαρού ημιτονοειδούς τόνου που έχει εγγραφεί και παιχτεί, αναλυμμένη σε αναλυτή φάσματος, όπως φαίνεται στο Σχ. 9.5. Παρατηρούμε ότι ο τόνος περιβάλλεται από ένα "ώμο" πλευρικών ζωνών γύρω από τον αρχικό τόνο.

Ευτυχώς, η εκτεταμένη υιοθέτηση της ψηφιακής εγγραφής έχει καταστήσει τα παραπάνω άχρηστα, και ιδιαίτερα σε κύριες ταινίες δύο καναλιών. Εκεί όπου τα αναλογικά μαγνητόφωνα εξακολουθούν να βρίσκονται παντού (για παράδειγμα, στην περίπτωση μαγνητοφώνων πολλών καναλιών) η μηχανολογική υπεροχή είναι απαραίτητη, καθώς και το αναπόφευκτο κόστος που συνεπάγεται. Επιπλέον, πρέπει να εκτελούνται σε κανονική βάση η ευθυγράμμιση και η βαθμονόμηση σύμφωνα με αναγνωρισμένα πρότυπα (καθώς και τακτικό καθάρισμα) έτσι ώστε να εξασφαλιστεί ότι οι ταινίες πολλών καναλιών θα μπορούν να εγγραφούν και να αναμιχθούν σε διαφορετικά στούντιο.

Μορφοποιήσεις εγγραφής – αναλογικά μηχανήματα

Τα πρώτα μαγνητόφωνα κατέγραφαν ένα μόνο ακουστικό κανάλι σε όλο το πλάτος

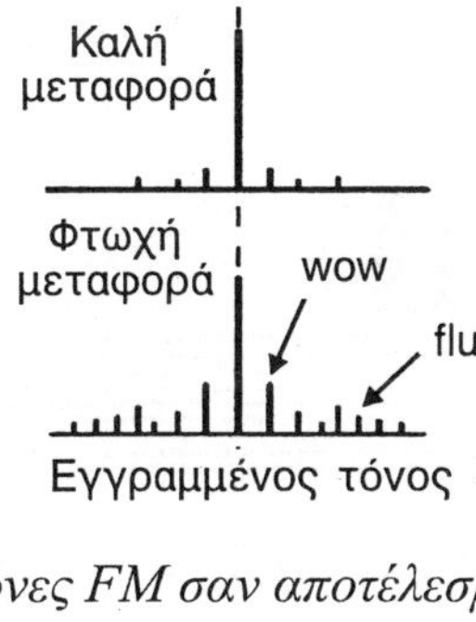

Σχ. 9.5 *Πλευρικές ζώνες FM σαν αποτέλεσμα αστάθειας ταχύτητας*

της ταινίας. Η πίεση για μείωση της χρήσης ακριβής ταινίας οδήγησαν στην ανάπτυξη της έννοιας της χρήσης "και των δύο πλευρών" ταινίας με εγγραφή του σήματος στο μισό πλάτος της ταινίας και ύστερα με γύρισμα της ταινίας για να εγγράψει το υπόλοιπο μη εγγραμμένο μισό προς την αντίθετη κατεύθυνση. Η έλευση του stereo αύξησε τον συνολικό αριθμό των ακουστικών καναλιών σε τέσσερα, δύο προς τη μία κατεύθυνση και δύο προς την άλλη. Η μορφοποίηση αυτή είναι τυποποιημένη στην γνωστή αναλογική κασέτα. Από το stereo αποτελεί μικρό βήμα στη σύλληψη (αν και πολύ μεγάλο στην πρακτικότητα) η εγγραφή τεσσάρων, οκτώ, δεκαέξη καναλιών ή περισσοτέρων σε όλο το πλάτος της ταινίας. Η εξέλιξη αυτή απαιτούσε διάφορους τεχνολογικούς νεωτερισμούς, ο πρώτος από τους οποίους ήταν η ανάπτυξη των σύνθετων πολλαπλών κεφαλών. Στο Σχ. 9.6 φαίνεται η γενική αρχή λειτουργίας. Με δεδομένες τις διαστάσεις, η κατασκευή κεφαλών υψηλής ποιότητας δεν ήταν μικρό επίτευγμα. Ο δεύτερος νεωτερισμός ήταν ο συνδυασμός των κεφαλών εγγραφής και αναπαραγωγής. Χωρίς αυτή την εξέλιξη, το σήμα "εκτός ταινίας" θα καθυστερούσε ως προς το σήμα που καταγράφονταν στην ταινία, ένας περιορισμός που θα έκανε αδύνατη την εγγραφή πολλών καναλιών. Στα πρώτα μηχανήματα η κεφαλή εγγραφής συχνά εκτελούσε προσωρινά καθήκοντα κεφαλής αναπαραγωγής κατά τα στάδια εγγραφής πολλών καναλιών, όπου η όχι τόσο τέλεια χαρακτηριστική απόκρισης ήταν αρκετή για βοηθητικό κανάλι ενδείξεων. Η αριστοποιημένη κεφαλή αναπαραγωγής κρατιόνταν σαν εφεδρική μόνο για μίξη.

Σε αντίθεση με τα παραπάνω, ο αριθμός τών καναλιών που μπορούν πρακτικά να εγγραφούν σε δεδομένο πλάτος ταινίας δεν καθορίζεται μόνο από περιορισμούς στην κατασκευή της κεφαλής, αλλά και από ζητήματα του λόγου σήματος προς θόρυβο. Οπως είδαμε προηγούμενα το σήμα που έχει καταγραφεί σε ταινία είναι αποτέλεσμα φυσικής διάταξης των μαγνητικών περιοχών. Χωρίς ακουστικό σήμα, αυτές οι περιοχές παραμένουν απομαγνητισμένες και διατηρούνται σε τυχαία κατάσταση. Προκαλούν θόρυβο όταν η ταινία παίζεται. Παρόμοια σε κάποιο σημείο, όταν εγγράφεται ένα ισχυρό σήμα, όλες οι περιοχές "χρησιμοποιούνται" και η ταινία είναι σε κορεσμό. Σε ακουστικές εφαρμογές ισχύει ένας απλός κανόνας: Οσο περισσότερες οι περιοχές πάνω στις οποίες αποτυπώνεται το σήμα, τόσο το καλύτερο, μέχρι το σημείο μόλις κάτω από τον κορεσμό. Αυτό πετυχαίνεται με διάφορους τρόπους. Κινώντας την ταινία ταχύτερα και με χρήση μεγαλύτερου πλάτους ταινίας για δεδομένο αριθμό καναλιών. Αυτό φαίνεται στο Σχ. 9.7 με παράσταση των επι-

Σχ. 9.6 *Πολλά κανάλια στο πλάτος ταινίας*

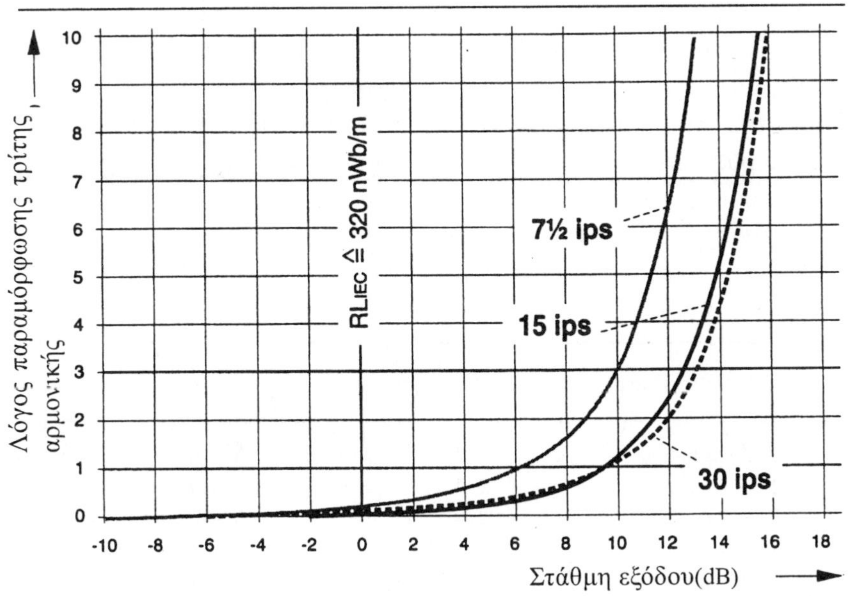

Η στάθμη εξόδου ως προς το λόγο παραμόρφωσης της τρίτης αρμονικής για συχνότητα 1 kHz και ταχύτητα ταινίας 30 ips (76.2 cm/s), 15 ips (38.1 cm/s) και 7.5 ips (19.05 cm/s). Βλέπε επίσης στις σημειώσεις, σημεία 2.1 και 2.5

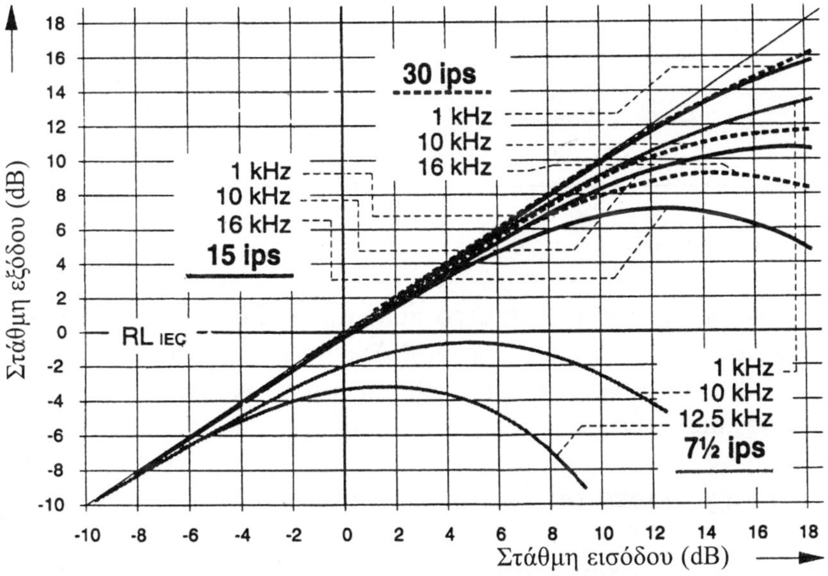

Στάθμη εισόδου ως προς την στάθμη εξόδου για συχνότητες 1 kHz, 10 kHz και 16 kHz (12.5 kHz στα 7.5 ips) και ταχύτητα ταινίας 30 ips (76.2cm/sec), 15 ips (38.1 cm/s) και 7.5 ips (19.05 cm/sec). Βλέπε επίσης σημειώσεις, σημείο 2.2

Σχ. 9.7 *Τα αποτελέσματα της ταχύτητας ταινίας στον κορεσμό και στην παραμόρφωση* πέδων πόλωσης ταινίας του εμπορίου σε διάφορες ταχύτητες. Αυτή η απλή αρχή λειτουργίας είναι η αιτία ύπαρξης των πολλών διαφορετικών μορφοποιήσεων ταινιών. Η κάθε μια αποτελεί προσπάθεια αναπροσδιορισμού της ισορροπίας μεταξύ πολυπλοκότητας, ποιότητας ήχου και κόστους ταινίας κατάλληλων για ορισμένο τομέα της αγοράς. Στον Πίνακα 9.2 φαίνονται μερικές από τις κυριώτερες μορφοποιήσεις αναλογικής εγγραφής. Παρατηρούμε ότι η μορφοποίηση ταινίας έχει σχέση με το πλάτος της εκφραζόμενο σε ίντσες.

Πίνακας 9.2

Κανάλια	Μορφοποίηση	Μέσο/ταχύτητα	Εφαρμογή
2	1/2" stereo	1/2" 7.5-30 ips	Mastering υψηλής ποιότητας
2	1/4" στέρεο	1/4" 7.5-30 ips	Mastering υψηλής ποιότητας
2	Κασέτα	1/8" 15/8 ips	Mastering μεσαίας ποιότητας
4	1/2" 4 καναλιών	1/2" 7.5-30 ips	Mastering υψηλής ποιότητας
4	Κασέτα	1/8" 3.75 ips	Ατομικά μαγνητόφωνα πολλών καναλιών
8	1/4" πολλών καναλιών	1/4" 7.5-15 ips	Ημιεπαγγελματικά πολλών καναλιών
16	1/2" πολλών καναλιών	1/2" 15-30 ips	Επαγγελματικά πολλών καναλιών
16	1" πολλών καναλιών	1" 30 ips	Υψηλής ποιότητας πολλών καναλιών
16-24	1" πολλών καναλιών	1" 30 ips	Υψηλής ποιότητας πολλών καναλιών

Αναλογικό mastering

Το αναλογικό mastering είναι σήμερα πολύ σπάνιο, επειδή αυτή η δραστηριότητα είναι αποκλειστική περιοχή της Ψηφιακής Ακουστικής Ταινίας ή DAT (Digital Audio Tape). Στο Σχ. 9.8 φαίνεται ένα συνηθισμένο μαγνητόφωνο mastering δύο καναλιών υψηλής ποιότητας.

Αναλογικά μηχανήματα ταινίας πολλών καναλιών

Οπως αναφέραμε παραπάνω, στα αναλογικά μηχανήματα πολλών καναλιών η ποιότητα εξαρτάται χονδρικά από το πλάτος της χρησιμοποιούμενης ταινίας για δεδομένο αριθμό καναλιών. Ετσι, ένα μαγνητόφωνο 2 ιντσών, 24 καναλιών που χρησιμοποιεί ταινία πλάτους 2 ιντσών η οποία κινείται κατά μήκος 24 παραλλήλων κεφαλών είναι καλύτερο από μαγνητόφωνο 1 ίντσας , 24 καναλιών. Οχι, όμως, απαραίτητα καλύτερο από μαγνητόφωνο ½ ίντσας, δύο καναλιών! Η μεγαλύτερη επιφά-

Σχ. 9.8 *Μαγνητόφωνο αναλογικού mastering*

νεια επαφής κεφαλής – ταινίας όχι μόνο εγγυάται καλύτερο λόγο σήματος προς θόρυβο στην ταινία (δηλ. περισσότερες μαγνητισμένες περιοχές) αλλά εξασφαλίζει και μικρότερη απόρριψη ταινίας. Η απόρριψη είναι ένα φαινόμενο κατά το οποίο διακόπτεται μικροσκοπικά η επαφή μεταξύ ταινίας και κεφαλής για μικρή χρονική περίοδο κατά την διάρκεια της οποίας η στάθμη του σήματος πέφτει σημαντικά. Μερικές φορές η απόρριψη οφείλεται σε ανωμαλίες στην ταινία, ή στην είσοδο μικροσκοπικών σωματιδίων σκόνης. Οποια και να είναι η περίπτωση, όσο περισσότερη ταινία περνά εμπρός από κάθε κεφαλή εγγραφής ή αναπαραγωγής, τόσο λιγότερες είναι οι πιθανότητες να εμφανίζεται συχνά απόρριψη. Τα αναλογικά μηχανήματα ταινίας σταδιακά εξαφανίζονται σε ηχογραφήσεις πολλών καναλιών. Ομως, ο τεράστιος εγκατεστημένος αριθμός αυτών των μηχανημάτων σημαίνει ότι θα αποτελούν τμήμα της εγγραφής ήχου για πολλά επόμενα χρόνια.

Εγγραφή πολλών καναλιών σε κασέτα

Στο Σχ. 9.9 φαίνεται μια συνηθισμένη περίπτωση συνδυασμού αναλογικού φορητού κασετοφώνου με μίκτη. Αυτό το είδος "στούντιο εγγραφής σε κουτί" συχνά ονομάζεται Portastudio και οι μονάδες αυτές έχουν μεγάλη διάδοση σαν προσωπικά "σημειωματάρια" ηχογράφησης. Συνήθως διατίθενται τέσσερα κανάλια που εγγράφονται σε όλο το πλάτος της ταινίας της κασέτας τεσσάρων ιχνών, και η εγγραφή γίνεται κατά μήκος όλου του πλάτους της κασέτας (η οποία προορίζεται για εγγραφή μόνο προς μια κατεύθυνση). Η ταινία της κασέτας συνήθως κινείται με ταχύτητα διπλάσια από την κανονική, 3.75 ips. Κάθε προϊόν διαφέρει αλλά ο μίκτης της μο-

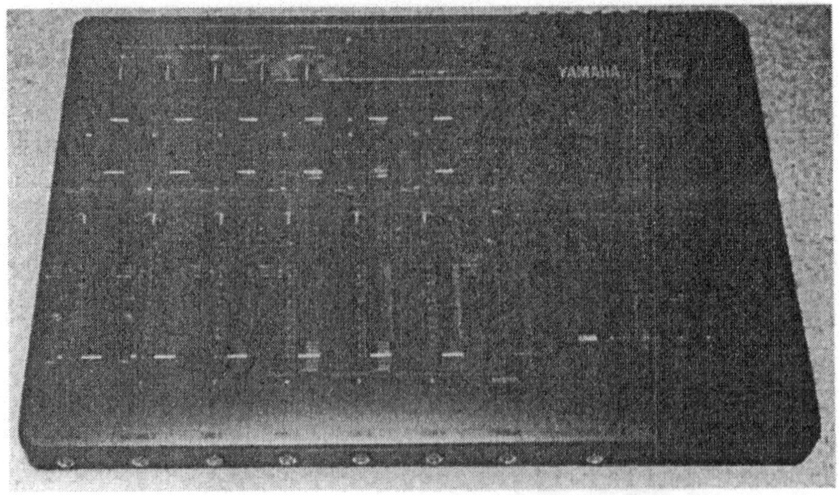

Σχ. 9.9 *"Σημειωματάριο" κασέτας πολλών καναλιών*

νάδας που φαίνεται στο Σχ. 9.9 διαθέτει δύο εισόδους μικροφώνου (μη ισοσταθμισμένες) και επιπλέον τέσσερεις εισόδους σε στάθμη γραμμής, από τις οποίες μόνο δύο κατευθύνονται στα κανάλια της ταινίας. Η κάθε μία από τις πρώτες τέσσερεις εισόδους μπορεί να μετάγεται μεταξύ των θέσεων INPUT, OFF και TAPE (επιστροφή). Η επιλογή της θέσης INPUT (όταν το πλήκτρο εγγραφής είναι εμπλεγμένο με τα πλήκτρα κίνησης ταινίας) θα μετάγει το κανάλι για εγγραφή. Ο μίκτης έχει, επίσης, ενσωματωμένους δύο βρόχους εκπομπής – επιστροφής και τις επιπλέον εισόδους στάθμης γραμμής που αναφέραμε παραπάνω. Πρόσθετα, διατίθεται ένας επιπλέον μίκτης εποπτείας, του οποίου η έξοδος επιλέγεται μέσω της εξόδου εποπτείας. Ετσι αποτελεί μια μικροσκοπική χωρισμένη κονσόλα πολλών καναλιών (βλ. Κεφάλαιο 12). Παρά τις αναπόφευκτες υποχωρήσεις που είναι φυσικές σε τέτοια μηχανήματα αρκετές φορητές μονάδες πολλών καναλιών έχουν αξιοσημείωτη υψηλή ποιότητα και πολλές έχουν χρησιμοποιηθεί για την εγγραφή και μίξη υλικού για διάθεση στην αγορά. Μάλιστα, αυτή η μορφοποίηση έχει αποδειχτεί τόσο δημοφιλής ώστε έχουν αρχίσει να εμφανίζονται και ψηφιακές εκδόσεις, προϊόντα που προσφέρουν την ευκολία μουσικού σημειωματάριου με παραδειγματική ποιότητα ήχου. Ενα τέτοιο προϊόν φαίνεται στο Σχ. 9.10.

Ψηφιακά μαγνητόφωνα

Υπάρχουν ψηφιακές μορφοποιήσεις ταινίας τόσο για mastering όσο και για πολλά κανάλια. Τα ψηφιακά μαγνητόφωνα διακρίνονται ανάλογα με την βασική τους τεχνολογία. Το ένα είδος χρησιμοποιεί ακίνητες κεφαλές όπως ένα αναλογικό μαγνητόφωνο και ονομάζεται Ψηφιακής Ακουστικής Ακίνητης Κεφαλής, DASH (Digital

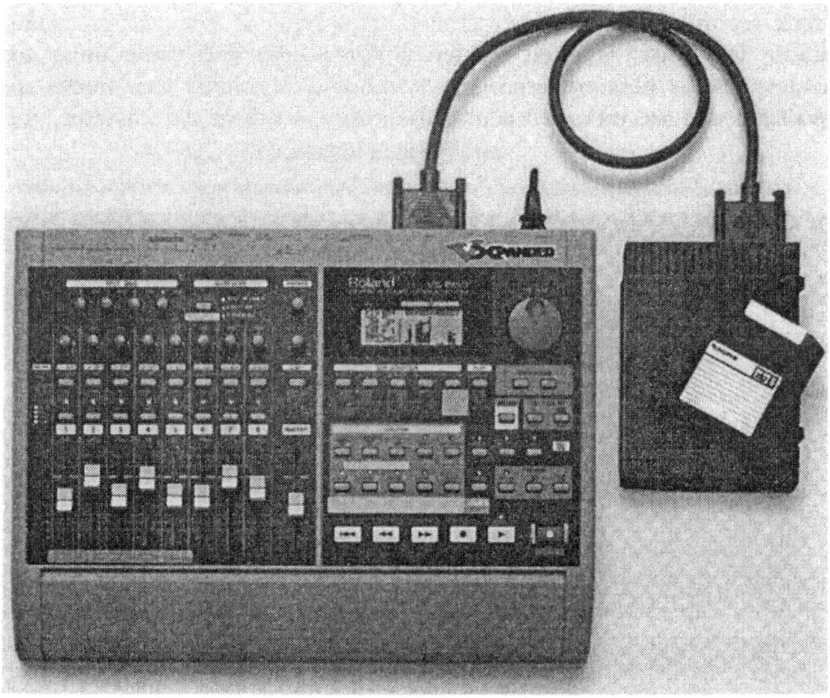

Σχ. 9.10 *Ψηφιακή συσκευή πολλών καναλιών της Roland*

Audio Stationary Head). Το άλλο χρησιμοποιεί περιστρεφόμενες κεφαλές όπως σε μηχανήματα βιντεοταινίας. Στο επόμενο κεφάλαιο εξηγείται η τεχνολογία. Εδώ εξετάζουμε στις διαφορετικές διαθέσιμες μορφοποιήσεις.

Ψηφιακό mastering

Η μορφοποίηση Ψηφιακής Ακουστικής Ταινίας, DAT (Digital Audio Tape) ταινίας δύο καναλιών σε κασέτα, που αρχικά αναπτύχθηκε από την Sony αλλά πλέον είναι πολύ διαδεδομένη, είναι σήμερα παγκόσμια σαν μορφοποίηση mastering. Η μέθοδος DASH έδινε μορφοποιήσεις mastering που επέτρεπαν τη μηχανική διόρθωση της ψηφιακής ταινίας, μια ιδιότητα που θεωρούνταν σημαντική τις πρώτες μέρες της ψηφιακής εγγραφής. Σήμερα, ωστόσο, με την έλευση της διόρθωσης με σκληρό δίσκο, η απαίτηση αυτή δεν χρειάζεται πλέον.

Η τεχνολογία DAT χρησιμοποιεί μια μικρή κασέτα ταινίας που μοιάζει με βιντεοκασέτα και ένα μικρό συγκρότημα περιστρεφόμενης κεφαλής. Η γωνία περιέλιξης στην ταινίας είναι, ωστόσο, κατά πολύ μικρότερη από την γωνία που χρησιμοποιείται στις περισσότερες μορφοποιήσεις video και το γεγονός αυτό έχει μερικά πλεονεκτήματα: περιορίζει το σύρσιμο και την φθορά της ταινίας (πράγμα που κάνει την μορφοποίηση καταλληλότερη για φορητές εφαρμογές) και κάνει λιγότερο πολύπλοκη την διεργασία περιέλιξης απ' ότι σε μηχάνημα βιντεοκασέτας. Η απλοποίηση αυτή είναι δυνατή επειδή, αν και το εύρος ζώνης συχνοτήτων που χρειάζεται για ψηφιακό audio είναι, πράγματι, μεγαλύτερο από το εύρος ζώνης συχνοτήτων που χρειάζεται για το αναλογικό του αντίστοιχο, δεν είναι τόσο μεγάλο όσο χρειάζεται για αναλογικό video. Επιπλέον, επειδή το σήμα είναι ψηφιακό η απαίτηση για λόγο σήματος προς θόρυβο είναι και αυτή πολύ λιγότερο αυστηρή, και έτσι η Sony, κατά τη σχεδίαση αυτής της κατά παραγγελία μορφοποίησης ψηφιακής ταινίας audio, εκμεταλλεύτηκε τις διάφορες απλοποιήσεις που μπορούν να γίνουν στον μηχανισμό που μοιάζει με μηχανισμό video. Το DAT πετυχαίνει αξιόλογα μεγάλη χωρητικότητα δεδομένων ξοδεύοντας 8.15 mm ταινίας ανά δευτερόλεπτο, ταχύτητα που είναι περίπου έξη φορές βραδύτερη από την γραμμική ταχύτητα ταινίας σε ένα συνηθισμένο αναλογικό κασετόφωνο! Οι τεχνικές λεπτομέρειες της μορφοποίησης DAT καλύπτονται στο επόμενο Κεφάλαιο. Στο Σχ. 9.11 φαίνεται μια κασέτα DAT και στο Σχ. 9.12 ένα συνηθισμένο ημιεπαγγελματικό μηχάνημα.

Πίνακας 9.3 *Μορφοποιήσεις ψηφιακής εγγραφής*

Κανάλια	Κεφαλή	Μορφοποίηση	Μέσο /Ταχύτητα	Εφαρμογή
2	Περι/φόμενη	1610/1630	60FPS U-matic	Διόρθωση / Mastering CD
2	Περι/φόμενη	PCM-F1	NTSC Betamax	Ημιεπαγγελματική εγγραφή
2	Περι/φόμενη	DAT	Ταινίας DAT	Mastering υψηλής ποιότητας
2	-	Mini Disk	Mini Disk	Αναπαραγωγή υψηλής ποιότητας
2	-	Σκληρού Δίσκου	Δίσκου Winchester	Διόρθωση / Mastering CD
2-4	Ακίνητη	DASH	1/4" 7.5 ips	Mastering υψηλής ποιότητας
4-16	Ακίνητη	DASH	1/4" 30 ips	Υψηλής ποιότητας πολλών καναλιών
8	Περι/φόμενη	ADAT	S-VHS	Υψηλής ποιότητας πολλών καναλιών
8	Περι/φόμενη	DA-88	Βιντεοταινίας Hi-8mm	Υψηλής ποιότητας πολλών καναλιών
24-48	Ακίνητη	DASH	1/2" 30 ips	Υψηλής ποιότητας πολλών καναλιών

Σχ. 9.11 *Κασέτα DAT*

Σχ. 9.12 *Μαγνητόφωνο DAT*

Ψηφιακά μηχανήματα πολλών καναλιών

Μορφοποίηση ψηφιακού audio πολλών καναλιών με σταθερή κεφαλή (DASH)

Τα μαγνητόφωνα DASH χρησιμοποιούν κατασκευές κεφαλών πολλών καναλιών για εγγραφή πολλών καναλιών ψηφιακού audio σε ταινία. Με την έλευση φτηνών μηχανημάτων πολλών καναλιών με περιστρεφόμενη κεφαλή, το DASH γίνεται όλο και σπανιότερο εκτός επαγγελματικών στούντιο. Το Σχ. 9.13 είναι η φωτογραφία ενός μηχανήματος DASH με πολλά κανάλια της Sony, του PCM-3324S. Στο Σχ. 9.14 φαίνεται η μορφή πολλών καναλιών της μορφοποίησης δεδομένων σε μηχάνημα DASH.

Μορφοποιήσεις πολλών ψηφιακών καναλιών με περιστρεφόμενη κεφαλή

Οι δύο περισσότερο συνηθισμένες μορφοποιήσεις για εργασία με πολλά ψηφιακά κανάλια είναι στα μηχανήματα με περιστρεφόμενη κεφαλή Alesis ADAT τύπου

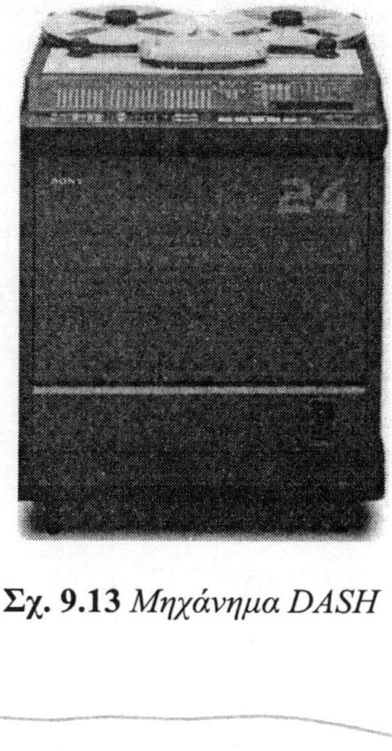

Σχ. 9.13 *Μηχάνημα DASH*

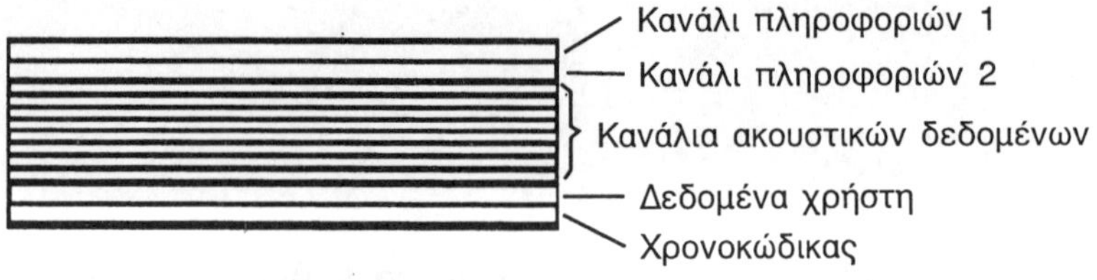

Σχ. 9.14 *Μορφοποίηση καναλιών DASH*

βιντεοκασέτας (Σχ. 9.15) και Tascam DA-88. Η μορφοποίηση ADAT καταγράφει σε βιντεοκασέτες S-VHS που βρίσκονται εύκολα, και μπορούν να συνδεθούν μέχρι και 16 κασετόφωνα ADAT για να έχουμε 128 κανάλια χωρίς να χρειάζεται εξωτερικό μηχάνημα συγχρονισμού και χωρίς να θυσιαστεί ένα κανάλι για χρονοκώδικα. Το νέο ADAT-XT έχει σύστημα κίνησης που λειτουργεί μέχρι και τέσσερεις φορές ταχύτερα απ' ότι το αρχικό ADAT, με νέο δυναμικό σύστημα ελέγχου πέδησης για ακριβέστερους εντοπισμούς και μικρότερους χρόνους κλειδώματος. Ενα εσωτερικό ψηφιακό κύκλωμα διόρθωσης δίνει τη δυνατότητα σε μουσικούς με τεχνικές γνώσεις να πραγματοποιούν άψογες ψηφιακές διορθώσεις αντιγραφής – επικόλλησης μεταξύ καναλιών σε μια μονάδα, ή και μεταξύ πολλών μηχανημάτων. Το XT διαθέτει Offset Ταινίας, Αντιγραφή Καναλιού, Καθυστέρηση Καναλιού, και δέκα πλήκτρα αυτόματου εντοπισμού για ευφυή ευελιξία και έλεγχο της παραγωγής. Για ευέλικτη σύνδεση υπάρχουν ισοσταθμισμένη σύνδεση +4 dBu και μη ισοσταθμισμένη σύνδεση –10 dBV καθώς και η οπτική ψηφιακή διασύνδεση ADAT. Ενας πλήρης πίνακας με φθορίζουσες ενδείξεις παρέχει όλες τις κρίσιμες πληροφορίες.

Σχ. 9.15 *ADAT της Alesis*

Προδιαγραφές ADAT-XT

Ακουστική μετατροπή:	Εγγραφή (A/D): Γραμμικό audio 18 bit, ένας μετατροπέας ανά κανάλι
Αναπαραγωγή (D/A):	Γραμμική 20 bit, οκταπλή υπερδειγματοληψία, ένας μετατροπέας ανά κανάλι
Ταχύτητα δειγματοληψίας:	44.1/48 kHz (επιλεγόμενη), μεταβλητή από τον χρήστη μέσω ελέγχου τονικότητας
Απόκριση συχνότητας:	20 Hz - 20 kHz ± 0.5 dB
Δυναμική περιοχή:	Μεγαλύτερη από 92 dB, 20 Hz - 20 kHz
Παραμόρφωση:	0.009% THD + θόρυβος @ 1 kHz
Διαφωνία:	Καλύτερη από -90 dB @ 1kHz
Wow και Flutter:	Μη μετρήσιμα
Σύνθετη αντίσταση εισόδου:	10 k
Σύνθετη αντίσταση εξόδου:	600 Ω
Ονομαστικές στάθμες εισόδου:	Ισοσταθμισμένη: +4 dB, μη ισοσταθμισμένη: −10 dB
Μέγιστη στάθμη εισόδου:	Ισοσταθμισμένη: +19 dB, μη ισοσταθμισμένη: +5 dB
Έλεγχος τονικότητας:	+100 cents /-300 cents (48k), ±200 cents (44.1k)
Ψηφιακή I/O:	Ψηφιακή οπτική διασύνδεση πολλών καναλιών ADAT, καλώδιο οπτικής ίνας
Συγχρονισμός In /Out:	Διασύνδεση συγχρονισμού ADAT, υποσυνδετήρας D 9 ακροδεκτών
Υποδοχές ποδοδιακοπτών:	Εντοπισμού/αναπαραγωγής/τηλεχειρισμού LCR, υποδοχή In/Out
Ισχύς:	90-250 VAC, 50-60 Hz, μέγιστη 50 W
Διαστάσεις:	(ΥΝΠΝΒ): 133.3 mm Ν 482 mm Ν 279.5 mm, ανάρτηση σε ράφια 3U
Βάρος:	20 lb (περίπου 9 κιλά)

Ψηφιακό μαγνητόφωνο πολλών καναλιών DA-88

Η περισσότερο συνηθισμένη εναλλακτική λύση για το ADAT είναι το DA-88, που χρησιμοποιεί μικρές κασέτες 8 mm Hi-Band (hi-8mm) αντί για τις ταινίες S-VHS που έχει επιλέξει η Alesis. Το ακριβές σύστημα κίνησης ταινίας 8mm του DA-88 έχει αποκλειστικά σχεδιαστεί και κατασκευαστεί από την Tascam για ψηφιακό audio. Η Tascam επέλεξε να δημιουργήσει ένα σύστημα κίνησης ταινίας πολλών καναλιών με βάση την μορφοποίηση βιντεοκασέτας Hi-8 επειδή πίστευε ότι διαθέτει μερικά σημαντικά πλεονεκτήματα.

Το DA-88 προσφέρει επιλογή της βιομηχανικής προδιαγραφής ταχύτητας δειγματοληψίας 44.1 KHz ή 48 kHz. Το γεγονός αυτό επιτρέπει μεταφορά στην περιοχή συχνοτήτων από και προς κυκλώματα δειγματοληψίας, μαγνητόφωνα DAT, μηχανήματα CD, συστήματα ψηφιακής διόρθωσης και ψηφιακά μηχανήματα πολλών καναλιών μεγαλύτερης μορφοποίησης. Επειδή το DA-88 είναι σχεδιασμένο για χρήση σε περιβάλλοντα επαγγελματικής εγγραφής και αναπαραγωγής, μπορεί να μεταφέρεται απευθείας μεταξύ μηχανημάτων. Υπάρχει, ακόμη, προαιρετική ψηφιακή διασύνδεση AES / EBU που επιτρέπει άμεση σύνδεση με άλλα μηχανήματα ψηφιακού audio που υποστηρίζουν αυτή την προδιαγραφή. Το ψηφιακό audio μπορεί να μεταφερθεί από το DA-88 σε ψηφιακά μαγνητόφωνα ανοικτής μπομπίνας, σε ψηφιακές κονσόλες μίξης, ή σε άλλα μηχανήματα ψηφιακού audio, χωρίς να χρειάζεται μετατροπή D/A και A/D κατά τη διεργασία μεταφοράς και έτσι δεν υπάρχει απώλεια ποιότητας ήχου. Προσφέρονται, ακόμη, ψηφιακοί σύνδεσμοι SPDIF στις προαιρετικές διασυνδέσεις IF έτσι ώστε το DA-88 να μπορεί να λειτουργεί σε μεγάλη περιοχή συστημάτων. Εκτός από την ψηφιακή I/O, το AD-88 προσφέρει τόσο μη ισοσταθμισμένες όσο και ηλεκτρονικά ισοσταθμισμένες αναλογικές εισόδους και εξόδους για να υπάρχει συμβατότητα με τη μεγαλύτερη δυνατή ποικιλία αναλογικών μηχανημάτων.

Η προαιρετική βυσματούμενη κάρτα αναζήτησης – κλειδώματος συγχρονισμού SY-88 παρέχει χρονοκώδικα SMPTE για χρήση σαν master ή slave, συν Video Sync, MMC και θύρα 9 ακροδεκτών Sony συμβατή με RS-422, έτσι ώστε να μπορούμε να ελέγχουμε το SY-88 άμεσα από μηχάνημα video editor. Επειδή το DA-88 χρησιμοποιεί το εσωτερικό σύστημα για κλείδωμα πολλών DA-88 μεταξύ τους, χρειάζεται μόνο μια κάρτα αναζήτησης – κλειδώματτος συγχρονισμού στο κύριο DA-88 για συγχρονισμό σε video.

Ψηφιακό μαγνητόφωνο πολλών καναλιών DA-38

Το DA-38 μικρού κόστους χρησιμοποιεί την ίδια μορφοποίηση κασέτας Hi-8 mm για εγγραφή οκτώ καναλιών ψηφιακού audio όπως και το DA-88. Ταινίες που έχουν εγγραφεί σε DA-38 είναι 100% συμβατές με το DA-88 και άλλα μηχανήματα μορφοποίησης Hi-8 mm. Το DA-38 χειρίζεται την ταινία με ίδιο τρόπο και, για εύκολο, ακριβή εντοπισμό, υπάρχει ένας κινούμενος παλινδρομικά τροχός. Το DA-38 προσφέρει μια ποικιλία νέων χαρακτηριστικών, συμπεριλαμβανομένου και MIDI, γεγονός που το κάνει ιδανικό για ενσωμάτωση σε στούντιο που λειτουργεί με sequencer. Το DA-38 προσφέρει, επίσης, δυνατότητες αντιγραφής ψηφιακών καναλιών, με ενσωματωμένο σύστημα ηλεκτρονικής διασύνδεσης για υπερταχείες διορθώσεις χωρίς να χρειάζεται η χρήση πολλών μαγνητοφώνων. Βλ. Σχ. 9.16.

Δημιουργικές χρήσεις της μαγνητικής ταινίας

Τα μαγνητόφωνα, πέρα από τον αρχικό τους ρόλο της όσο το δυνατό περισσότερο αξιόπιστης σύλληψης ζωντανού ήχου, πολύ γρήγορα ενέλαβαν υπηρεσία σαν εργαλεία τροποποίησης ήχου. Ιδιαίτερα από τους πρωτοποριακούς μεταπολεμικούς συν-

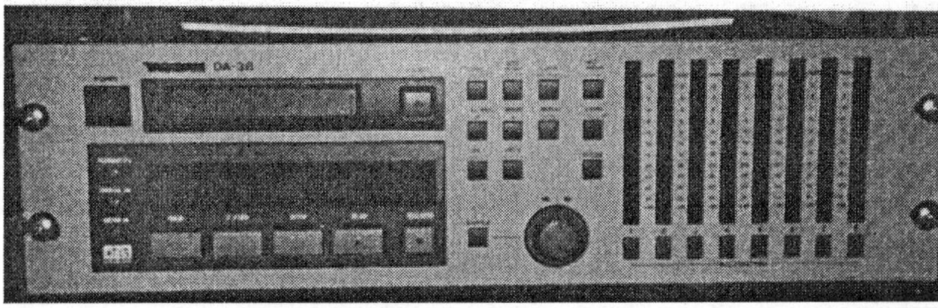

Σχ. 9.16 *Το DA-38 της Tascam*

θέτες. Μέχρι σήμερα, ακόμη και σ' ένα κόσμο που εξουσιάζεται από την ηλεκτρονική μουσική, οι τεχνικές μαγνητικής ταινίας κυριαρχούν στον κόσμο της μουσικής pop με τις φωνητικές τεχνικές. Το τμήμα αυτό επικεντρώνεται σε μερικές από τις τεχνικές ταινίας που χρησιμοποιούνται από συνθέτες, παραγωγούς και τεχνικούς. Ας σημειωθεί ότι πολλές από τις τεχνικές ισχύουν μόνο σε αναλογική ταινία!

Διπλή ιχνηλάτηση

Η διπλή ιχνηλάτηση, ένα δημιουργικό εφφέ που αρχικά αποδόθηκε στον Les Paul, αφορά στην μίξη δύο ή περισσότερων φωνητικών εκτελέσεων (ή εκτελέσεων από μουσικό όργανο) από τον ίδιο μουσικό. Ο όρος διπλή ιχνηλάτηση μερικές φορές προκαλεί σύγχυση όταν αναφέρεται σε δύο ή περισσότερες λήψεις όπου τα φωνητικά ή οι ήχοι από μουσικό όργανο είναι ανόμοιοι (πχ η εγγραφή καναλιού με αρμονία), αλλά στην περίπτωση αυτή η τεχνική αποτελεί μόνο ειδική περίπτωση γενικότερου σεναρίου πολλών καναλιών. Η διπλή ιχνηλάτηση σήμερα υποδηλώνει μια συγκεκριμένη τεχνική ηχογράφησης όπου η αρχική φωνητική γραμμή διπλασιάζεται με ταυτοφωνία σε δεύτερο κανάλι. Πρόκειται για μια ελκυστική τεχνική, όχι τόσο επειδή η διπλασιασμένη γραμμή αναπόφευκτα αναμειγνύεται τόσο καλά με το αρχικό φωνητικό κανάλι, όσο επειδή (και εδώ βρίσκεται η ικανότητα που πρέπει να αποκτήσουν οι τραγουδιστές), αν ο τραγουδιστής διπλασιάσει την αρχική εκτέλεση όσο το δυνατό πλησιέστερα, η εντύπωση που δίνεται δεν είναι για δύο εκτελέσεις αλλά για μια μόνο πλουσιότερη, απαλότερη φωνή.

ADT (ή flanging)

Η ακριβής διαδικασία ταιριάγματος μιας προηγούμενης εκτέλεσης είναι απροσδόκητα δύσκολη, ιδιαίτερα να έχουμε εκδηλωτικό ή νευρικό εκτελεστή. Η Αυτόματη Διπλή Ιχνηλάτηση, (ADT, Automatic Double Tracking) αναπτύχθηκε από τον Μηχανικό της EMI Ken Townsend (Macdonald 1994) και χρησιμοποιήθηκε αρχικά (και σε μεγάλο βαθμό!) από τους Beatles. Η ADT επιτυγχάνεται με λήψη φωνητικού σήματος από την κεφαλή συγχρονισμού μαγνητοφώνου πολλών καναλιών, εγγραφή του σε άλλο βρόχο ταινίας της οποίας η ταχύτητα μεταβάλλεται με αργή ταλάντωση και νέα εγγραφή στο μαγνητόφωνο πολλών κεφαλών με καθυστέρηση περίπου ενός πέμπτου του δευτερολέπτου μετά το αρχικό σήμα. Υπάρχουν πολλά παραδείγματα ιδιαίτερα στο άλμπουμ *The Beatles* (πρόκειται για το άλμπουμ που μερικές φορές αναφέρεται και σαν *White Album*). Η τεχνική αυτή αρχικά ονομάζονταν flanging (βλ. Κεφάλαιο 6).

Βρόχοι ταινίας

Οι πρώτοι εγγράψιμοι βρόχοι ταινίας ξεκίνησαν με την δουλειά των Brian Eno και Robert Fripp στις αρχές της δεκαετίας του 1970. Στο Σχ. 9.17 φαίνεται η ιδέα που βρίσκεται πίσω από το βρόχο ταινίας. Στην ουσία εγγράφονται πολλές φορές ήχοι (στην περίπτωση του Fripp, συνήθως ήχοι κιθάρας) σε βρόχο μαγνητικής ταινίας σε μαγνητόφωνο που έχει την κρίσιμη τροποποίηση ότι έχει αχρηστευθεί η κεφαλή διαγραφής και υπάρχει μια ηλεκτρική διαδρομή έτσι ώστε να μπορούν να ανακυκλοφορούν ήχοι με τον τρόπο που γίνεται σε συσκευή echo ταινίας (βλ. Σχ. 6.1). Ετσι οι ήχοι εγγράφονται "ο ένας επάνω στον άλλο" και ένα μουσικό όργανο μπορεί και δημιουργήσει πελώριες, πυκνές, μουσικές δομές. Είναι σημαντικό το γεγονός ότι τα διαδοχικά σήματα δεν προστίθενται απλώς επειδή η δράση του ρεύματος πόλωσης κατά τη διάρκεια της εγγραφής διαγράφει εν μέρει το ηχητικό σήμα. (Αυτό είναι αρκετά φυσικό, διαφορετικά θα χρειαζόμασταν άπειρη δυναμική περιοχή!)

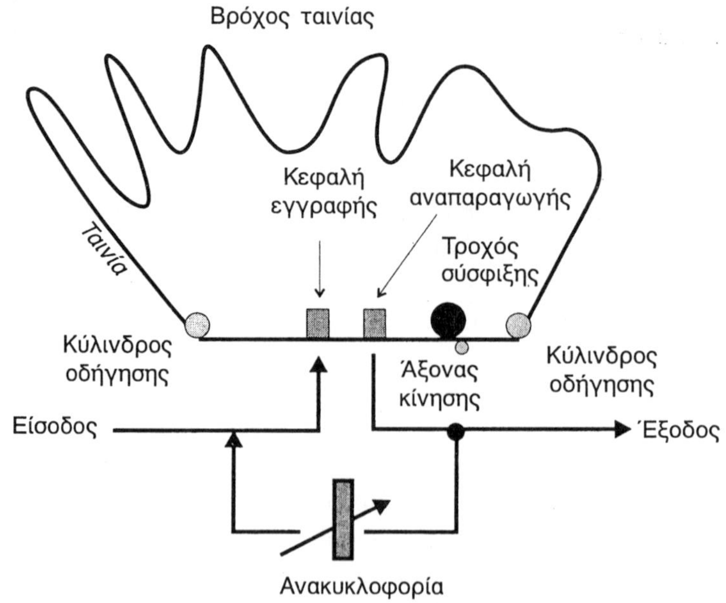

Σχ. 9.17 *Αρχή λειτουργίας βρόχου ταινίας*

Από καλλιτεχνική άποψη αυτό είναι εξαιρετικά πολύτιμο επειδή σημαίνει ότι, χωρίς συνεχή "τροφοδότηση" της διαδικασίας βρόχου με νέα σήματα, – ή με παλαιά σήματα που ανακυκλοφορούν ηλεκτρικά, η "διαφυγή ήχου" βαθμιαία σβήνει. Με τον τρόπο αυτό, ο καλλιτέχνης μπορεί να ελέγχει τον δυναμικό και τονικό "χάρτη" του μουσικού κομματιού. Ωστόσο ο έλεγχος αυτής της διαδικασίας δεν είναι πλήρης και πολλά από τα αποτελέσματα είναι εν μέρει τυχαία. Η εφεύρεση αυτής της διεργασίας αναπτύχθηκε από το μακροχρόνιο ενδιαφέρον του Eno για αυτοεξελισσόμενες συνθέσεις, ένα ύφος που το ονόμασε "περιβαλλοντικό", ένα ύφος που μπορούμε να το δούμε σαν να φέρνει τις ιδέες του John Cage σε ακροατήριο pop.

"Ειδικά εφφέ" σε ταινία

Χρησιμοποιούνται και άλλες τεχνικές σε ταινία για να δίνουν περισσότερο εντυπωσιακή τονική τροποποίηση. Αυτές μπορούν να ονομαστούν "ειδικά εφφέ". Περισσότερο συνηθισμένη είναι η χρονική παραμόρφωση. Η χρονική παραμόρφωση καλύπτει μια ευρεία περιοχή εφφέ από απλή μεταβολή ταχύτητας, αύξηση ή μείωση, μέχρι αντιστροφή κίνησης της ταινίας, παράγοντας έτσι έναν ήχο όπου έχει αντιστραφεί η δυναμική περιβάλλουσα, και μέχρι ανακύκλωση κομματιών ήχου. Αλλα εφφέ είναι το "κομμάτιασμα" και η ανασυγκρότηση ήχου ή η αντικατάσταση της μεταβατικής ενός ήχου με τη συνεχιζόμενη διατήρηση άλλου, για παράδειγμα ενός τόνου που έχει παραχθεί με χωρισμό της εισόδου Γαλλικού κόρνου στην διατήρηση και έξοδο καμπάνας. Τέλος, με συνδυασμό αυτών των μέσων, είναι δυνατές ολόκληρες συρραφές ήχων των οποίων οι συνιστώσες προέρχονται από "μπουκιές" (που ίσως έχουν δανειστεί από ραδιοφωνικά ρεπορτάζ ή από οικιακές ηχογραφήσεις) που έχουν τροποποιηθεί με τα μέσα που αναφέρονται παραπάνω και στη συνέχεια συνενώνονται με άλλο ήχο (τροποποιημένο και μη τροποποιημένο) για να δώσουν κάτι που ίσως δεν αναγνωρίζεται αμέσως σαν μουσική αλλά που, ωστόσο, έχει την ικανότητα να δημιουργεί μια μοναδική και διασκεδαστική "διαφυγή ήχου" με δυνατότητα να συγκινεί και να εμπνέει τον ακροατή. (*Revolution 9* των Beatles και *Non Consumiamo Marx* του Luigi Nono.)

Εγγραφή σε σκληρό δίσκο

Η διάδοση της τεχνολογίας των υπολογιστών σ' όλους τους τομείς της σύγχρονης ζωής είναι τόσο φανερή ώστε να μη χρειάζεται παρουσίαση. Μια συνέπεια του γεγονότος αυτού είναι η μετάπτωση της εγγραφή κυματομορφών ήχου (αν και με ψηφιακή κωδικοποίηση) σε σκληρούς δίσκους υπολογιστή, είτε μέσα στον ίδιο τον υπολογιστή, όπου το λειτουργικό σύστημα του μηχανήματος ασχολείται με τη διαχείριση του δίσκου είτε σε κατά παραγγελία μηχανήματα εγγραφής που χρησιμοποιούν τεχνολογία δίσκου. Πρώτα, όμως, μια ερώτηση: για ποιό λόγο δίσκοι και όχι ταινία;

Σχ. 9.18 *Κατασκευή συσκευής οδήγησης σκληρού δίσκου*

Η βιομηχανία υπολογιστών έχει σταματήσει εδώ και πολλά χρόνια να χρησιμοποιεί τεχνολογία ταινίας. Η αιτία είναι απλή. Ενώ η ταινία είναι ικανή να αποθηκεύει τεράστιες ποσότητες δεδομένων, δεν έχει εύκολο μηχανισμό ανάκτησης των δεδομένων παρά μόνο με τη σειρά με την οποία έχουν εγγραφεί. Το θέμα εκφράζεται με τον υπολογιστικό όρο χρόνος πρόσβασης (ή προπέλασης). Ο εντοπισμός πληροφοριών που βρίσκονται κάπου σε ταινία διαρκεί αρκετά λεπτά ακόμη και αν η ταινία περιτυλίγεται με μεγάλη ταχύτητα από την παρούσα θέση στην επιθυμητή θέση. Το γεγονός αυτό δεν αποτελεί πρόβλημα για την ακουστική διασκέδαση επειδή, συνήθως, η μουσική προορίζεται να ακούγεται με τη σειρά με την οποία έχει εγγραφεί. Είναι, ωστόσο, πρόβλημα για τους τεχνικούς ηχογράφησης και για τους μουσικούς επειδή, κατά τη διάρκεια εκτέλεσης με πολλά κανάλια, η ταινία θα πρέπει να ξετυλιχθεί εκατοντάδες, ίσως και χιλιάδες, φορές, ελαττώνοντας με τον τρόπο αυτό την παραγωγικότητα και καταπνίγοντας την δημιουργική διαδικασία. Είναι πολύ καλύτερο να απολαμβάνουμε τα ωφέλη των δίσκων υπολογιστών όπου, επειδή τα δεδομένα είναι διαθέσιμα οποιαδήποτε χρονική στιγμή σαν να τα είχαμε "στο πιάτο" (κυριολεκτικά, βλ. Σχ. 9.18), όλα τα εγγεγραμμένα σήματα είναι ουσιαστικά διαθέσιμα στη στιγμή.

Τεχνολογία συσκευών οδήγησης δίσκου

Θεωρούμε την τεχνολογία των συσκευών οδήγησης δίσκου σαν μίγμα των τεχνολογιών ταινίας και δίσκου. Από πολλές πλευρές συνδυάζει τα πλεονεκτήματα και των δύο σε ένα αξιόπιστο, φτηνό μηχάνημα. Σε μηχάνημα οδήγησης δίσκου, τα δεδομένα εγγράφονται σε σειρά από κυκλικά ίχνη, κάπως σαν σε CD ή σε αναλογικό δίσκο LP. Οχι, όμως, σαν ελικοειδές ίχνος (όπως συμβαίνει στα LP) ή σαν σειρά από φυσικές εξάρσεις (όπως συμβαίνει στα CD) αλλά σαν μια σειρά μαγνητικών μορφών.

Οπως συμβαίνει στην περίπτωση του CD και του δίσκου, αυτό συνεπάγεται ότι η κεφαλή εγγραφής και αναπαραγωγής πρέπει να έχει τη μορφή βραχίονα που θα μπορεί να κινείται κατά μήκος της επιφάνειας του δίσκου. Συνεπάγεται, ακόμη, και αυτό το έχει κοινό με το CD, την παρουσία συστήματος σερβοελέγχου έτσι ώστε το σύστημα κεφαλής εγγραφής / αναπαραγωγής να μπορεί να ιχνηλατεί με ακρίβεια τις μορφές δεδομένων. Καθώς και ένα λειτουργικό σύστημα δίσκου για να εξασφαλίζει ότι στον δίσκο θα έχει γραφεί πριν από τη χρήση ένα αρχικό ίχνος (μια διαδικασία γνωστή σαν μορφοποίηση – formatting. Οπως συμβαίνει σε δίσκο LP, τα δεδομένα σε μαγνητικό δίσκο είναι γραμμένα και στις δύο πλευρές. Σε μαλακό δίσκο αυτό το μέσο μπορεί να λυγίζει (πραγματικά μαλακό!) και έχει αίσθηση που μοιάζει πολύ με μαγνητική ταινία. Οι κεφαλές, επειδή υπάρχουν δύο, μια κάτω από τον δίσκο και μια επάνω σ' αυτόν, εγγράφουν στον δίσκο μπαίνοντας στο σώμα του μαλακού δίσκου μέσα από τα δύο παράθυρα που εμφανίζονται όταν τραβηχτεί το μεταλλικό κλείστρο. Η διαδικασία αυτή πραγματοποιείται αυτόματα σαν τμήμα της φόρτωσης μαλακού δίσκου. Το μέσο είναι ευλύγιστο έτσι ώστε να εξασφαλίζεται φυσική επαφή μεταξύ κεφαλής και μαγνητικού μέσου. Η διαδικασία μορφοποίησης δίσκου περιλαμβάνει την εγγραφή μιας μορφής δεδομένων σε νέο δίσκο έτσι ώστε οι κεφαλές να μπορούν να ανιχνεύσουν αυτή τη μορφή με σκοπό την εγγραφή νέων δεδομένων. Το βασικότερο τμήμα αυτής της διεργασίας είναι η διάσπαση του δίσκου σε μια σειρά ομόκεντρων κυκλικών ιχνών. Ας σημειωθεί ότι σε συσκευή οδήγησης δίσκου τα δεδομένα δεν βρίσκονται με μορφή σπείρας όπως συμβαίνει σε δίσκο CD ή σε δίσκο LP. Αυτά τα ομόκεντρα κυκλικά ίχνη είναι γνωστά σαν "ίχνη" και διαιρούνται σε τμήματα γνωστά σαν "τομείς".

Σε συσκευή οδήγησης σκληρού δίσκου, το μαγνητικό μέσο δεν είναι ευλύγιστο αλλά άκαμπτο και είναι γνωστό σαν "πιάτο". Πολλοί δίσκοι είναι στοιβαγμένοι μαζί και όλοι περιστρέφονται γύρω από κοινό άξονα, μαζί με τα αντίστοιχα συγκροτήματα κεφαλών τα οποία, επίσης, κινούνται όλα μαζί (βλ. Σχ. 9.18). Από πλευράς σύλληψης, η διεργασία ανάγνωσης και εγγραφής στον δίσκο με τη βοήθεια κινητής κεφαλής εγγραφής/αναπαραγωγής είναι ίδια. Υπάρχουν, ωστόσο, μερικές σημαντικές διαφορές. Σαν υλικό, ο σκληρός δίσκος κατασκευάζεται με πολύ αυστηρότερες ανοχές απ' ότι ο μαλακός δίσκος, και περιστρέφεται δέκα φορές ταχύτερα. Ακόμη, το συγκρότημα κεφαλών δεν ακουμπά φυσικά στο μέσο του δίσκου αλλά, αντίθετα, επιπλέει επάνω σε ένα μικροσκοπικό στρώμα αέρα. Αν μεταξύ κεφαλής και δίσκου μπούν σωματίδια σκόνης ή καπνός τσιγάρου τότε χάνονται δεδομένα, και το φαινόμενο είναι γνωστό σαν κατάρρευση (crash) κεφαλών. Για να αποτραπεί κάτι τέτοιο τα μηχανήματα οδήγησης σκληρού δίσκου κατασκευάζονται σαν ερμητικά κλειστές μονάδες.

Βιβλιογραφία

Macdonald, I. (1994) *Revolution in the Head,* Pimlico.

ΚΕΦΑΛΑΙΟ 10

Ψηφιακό audio

Για ποιό λόγο ψηφιακό;

Μετά το 332 πΧ, όταν οι Έλληνες, υπό τον Μέγα Αλεξάνδρο, κατέλαβαν την Αίγυπτο, τα Ελληνικά αντικατέστησαν τα αρχαία Αιγυπτιακά σαν επίσημη γλώσσα της χώρας του Νείλου και σιγά-σιγά η γνώση του τρόπου γραφής και ανάγνωσης των ιερογλυφικών χάθηκε. Μόνο το 1799, μετά από δύο χιλιάδες χρόνια, βρέθηκε το κλειδί αποκρυπτογράφησης αυτής της αρχαίας γραπτής γλώσσας με την ανακάλυψη της πλάκας της Ροζέττας. Για ποιό λόγο χάθηκε αυτή η γνώση; Φαίνεται εντελώς αδιανόητο ότι ένας ολόκληρος πολιτισμός θα μπορούσε απλά να εξαφανιστεί. Υποθέτω ότι οι Αιγύπτιοι γραφείς γνώριζαν ότι είχαν νικηθεί. Η Ελληνική γραφή βασίζονταν σε γραπτό αλφάβητο, δηλαδή μερικά σύμβολα που εξυπηρετούσαν ολόκληρη γλώσσα, κάτι πολύ καλύτερο από τα επτακόσια περιγραφικά σύμβολα της αρχαίας Αιγυπτιακής γραφής. Αυτό στο οποίο είμαστε μάρτυρες στο σημερινό κόσμο είναι ότι αυτό το κομματάκι ιστορίας επαναλαμβάνεται καθώς τα αναλογικά συστήματα και σήματα αντικαθίστανται με ψηφιακά. Κάθε αναλογικό σύστημα είναι ένα αντιπροσωπευτικό σύστημα, το κυματικό ρεύμα παριστάνει κυματική πίεση ήχου κοκ. Αν θέλουμε, ιερογλυφικά ηλεκτρονικά! Η διαχείριση και επεξεργασία συνεχών σημάτων που μεταβάλλονται με τον χρόνο (όπως είναι οι κυματομορφές audio και video) σε ψηφιακή μορφή έχει όλα τα πλεονεκτήματα ενός ακριβούς συμβολικού κώδικα (που είναι το αλφάβητο) σε σχέση με ένα παλαιότερο προσεγγιστικό παραστατικό κώδικα (που είναι τα ιερογλυφικά).

Τα πλεονεκτήματα δεν σταματούν απλά εδώ. Ενα σήμα, που προηγουμένως ήταν ανυπεράσπιστο, από τη στιγμή που θα παρασταθεί με ένα μικρό αριθμό αφηρημένων συμβόλων, προστατεύεατι με την αποστολή ειδικών επιπλέον κωδίκων (των bit ομοτιμίας) έτσι ώστε ο ψηφιακός αποκωδικοποιητής να μπορεί να αντιληφθεί πότε έχουν εμφανιστεί σφάλματα. Για παράδειγμα, αν ένας αναλογικός δίσκος έχει γραμμές ή είναι κατεστραμένος, οι παλμοί θα αναπαραχθούν (με τη μορφή ακουστικών “κλίκ”) από τα μεγάφωνα. Αυτό δεν μπορούμε να το αποφύγουμε επειδή το μηχάνημα που παίζει τον αναλογικό δίσκο δεν μπορεί να “γνωρίζει” ποιά διαμόρφωση είναι επιθυμητή και ποιά όχι. Από την άλλη πλευρά, μια συσκευή CD, επειδή ο συρμός των δεδομένων CD περιέχει αρκετές κατάλληλες πληροφορίες, μπορεί να ξεχωρίζει τις παρεμβολές με μορφή παλμών από το επιθυμητό σήμα.

Στην πράξη, τα ψηφιακά συστήματα δεν χρειάζεται να είναι δυαδικά (δηλ. να χρησιμοποιούν δύο στάθμες), αλλά αυτό προτιμάται, και αυτή η επιλογή αυτή καθ' εαυτή εξασφαλίζει μεγάλη αντίσταση σε θόρυβο και σε παραμόρφωση από το κύκλωμα. Το άλλο πλεονέκτημα που έχουν τα ψηφιακά συστήματα είναι ότι η δυαδική συμβολική προσέγγιση διευκολύνει τη χρήση τυποποιημένων ηλεκτρονικών στοιχείων μνήμης. Το γεγονός αυτό επιτρέπει την αποθήκευση και διαχείριση των σημάτων με ευκολία που δεν θα μπορούσαμε να φανταστούμε την εποχή της αναλογικής επεξεργασίας σημάτων. Βέβαια, υπάρχουν και μειονεκτήματα και αυτά είναι η σημαντικά μεγαλύτερη χωρητικότητα, ή εύρος ζώνης συχνοτήτων, που χρειάζονται τα συστήματα ψηφιακής αποθήκευσης και μετάδοσης σε σχέση με τα αναλογικά αντίστοιχά τους. Οπως θα δούμε παρακάτω στο Κεφάλαιο, ακόμα και αυτά τα μειονεκτήματα ξεπερνιούνται με τη βαθμιαία πρόοδο σε τεχνικές ελάττωσης δεδομένων ή τεχνικές συμπίεσης που χρησιμοποιούν με καλύτερο τρόπο μικρότερα εύρη ζώνης συχνοτήτων.

Θεωρία δειγματοληψίας και μετατροπής

Υπάρχουν τρεις θεμελιώδεις διαφορές μεταξύ αναλογικής παράστασης σήματος σε συνεχή χρόνο και ψηφιακής περιγραφής με παλμοκωδική διαμόρφωση (PCM). Πρώτο, ένα ψηφιακό σήμα είναι παράσταση δειγματοληψίας διάκριτη σε χρόνο και δεύτερο, είναι κβαντοποιημένο. Τέλος, όπως έχουμε ήδη σημειώσει, αποτελεί συμβολική παράσταση αυτού του κβαντοποιημένου σήματος σε ασυνεχή χρόνο. Στην πραγματικότητα είναι αρκετά εύκολο να έχουμε δειγματοληψία αναλογικού σήματος. (Υπάρχουν πολλά, για παράδειγμα το κινηματογραφικό φιλμ αποτελεί σύστημα δειγματοληψίας στο χρόνο). Και είναι φανερό ότι είναι δυνατό να έχουμε κβαντοποιημένο σύστημα σε συνεχή χρόνο όπου το ηλεκτρικό ρεύμα ή η τάση θα μπορούσαν να αλλάζουν τιμή όποτε θέλαμε αλλά μόνο μεταξύ ορισμένων (επιτρεπομένων) καταστάσεων. Ενα τέτοιο κύκλωμα είναι η έξοδος πολυδονητή. Το κύκλωμα που εκτελεί τη λειτουργία μετατροπής σήματος συνεχούς χρόνου με άπειρο αριθμό δυνατών καταστάσεων (αναλογικού σήματος) σε δυαδικό (δύο καταστάσεων) συμβολικό, κβαντοποιημένο σήμα δειγματοληψίας (PCM) είναι γνωστό σαν αναλογικός σε ψηφιακό μετατροπέας (ADC), ενώ η αντίστροφη διεργασία εκτελείται από ψηφιακό σε αναλογικό μετατροπέα (DAC).

Θεωρία

Η διεργασία αναλογικής σε ψηφιακή μετατροπής και ψηφιακής σε αναλογική μετατροπής φαίνεται στο Σχ. 10.1. Οπως βλέπουμε, μια αρχική βαθμίδα της μετατροπής αφορά στην δειγματοληψία. Μπορεί να αποδειχτεί με μαθηματικό τρόπο ότι όλες οι πληροφορίες που περιέχονται σε αναλογικό σήμα με περιορισμένο εύρος ζώνης συχνοτήτων μπορούν να σταλλούν με μια σειρά πολύ σύντομων, περιοδικών "στιγ-

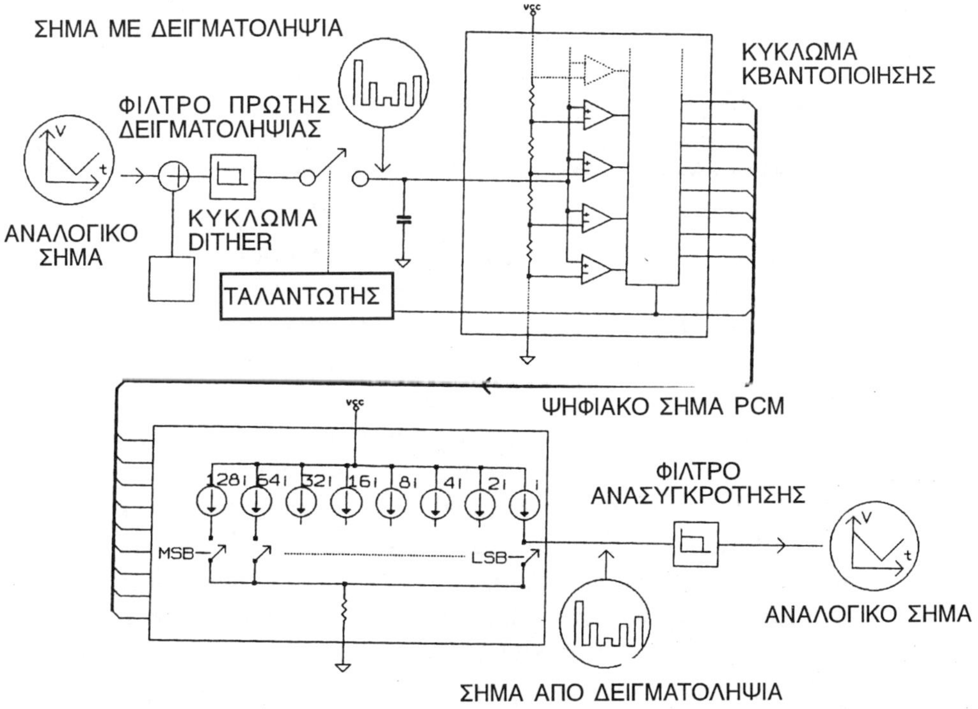

Σχ. 10.1 *Αναλογική σε ψηφιακή μετατροπή και ψηφιακή σε αναλογική μετατροπή*

μιότυπων" (δειγμάτων). Η ταχύτητα με την οποία πρέπει να σταλλούν τα δείγματα αυτά έχει σχέση με το εύρος ζώνης συχνοτήτων του αναλογικού σήματος, όπου η ελάχιστη ταχύτητα πρέπει να είναι 1 / (2 × *Ft*), όπου *Ft* είναι η μέγιστη συχνότητα στο αρχικό σήμα. Ετσι, για παράδειγμα, ένα ακουστικό σήμα (audio) (που έχει περιοριστεί από το φίλτρο που βρίσκεται πρίν από το κύκλωμα δειγματοληψίας στα 15 kHz) θα χρειάζεται την αποστολή παλμών κάθε 1 / (2 × 15000) δευτερόλεπτα, ή κάθε 33 microsec. Αν η δειγματοληψία των αναλογικών σημάτων γίνεται με όχι επαρκή ταχύτητα, το αποτέλεσμα είναι ένα φαινόμενο γνωστό σαν δημιουργία ψευδωνύμων όπου οι υψηλές συχνότητες "αναδιπλώνονται" στο χώρο συχνοτήτων και αναδύονται σαν χαμηλές συχνότητες. Παράξενο και όμως αληθινό! Η περισσότερο συνηθισμένη εμπειρία αυτού του φαινομένου είναι στον κινηματογράφο. Επειδή η κινηματογραφική ταινία στην πραγματικότητα δεν "κινείται" αλλά είναι μια πολύ γρήγορη προβολή διαφανειών, όπου κάθε νέα εικόνα ακολουθεί την τελευταία μετά από 1/24 του δευτερολέπτου, μπορούμε να δούμε ότι η πολύ γρήγορη κίνηση παρουσιάζει το ίδιο φαινόμενο δημιουργίας ψευδωνύμων. Τα περισσότερο κοινά παραδείγματα είναι οι ρόδες βαγονιών και οι έλικες αεροπλάνων που φαίνονται να αυξάνουν ταχύτητα μέχρι ένα σημείο και μετά σταδιακά να γυρίζουν προς τα πίσω. Για να εξασφαλίσουμε ότι εξαιτίας της δημιουργίας ψευδωνύμων οι πολύ υψηλές συχνότητες από μουσικά όργανα δεν θα παράγουν ακουστά σφυρίγματα και κελαϊδίσματα, πριν από το κύκλωμα δειγματοληψίας υπάρχει ένα ειδικό κύκλωμα που ονομάζεται φίλτρο αντιδημιουργίας ψευδωνύμων, όπως φαίνεται στο Σχ. 10.1.

Μετά τη δειγματοληψία, τα αναλογικά στιγμιότυπα προχωρούν προς το κύκλωμα κβαντοποίησης που εκτελεί τη λειτουργία διαχωρισμού της περιοχής του αναλογικού σήματος εισόδου σε προκαθορισμένες στάθμες κβαντοποίησης. Η λειτουργία αυτή μοιάζει πολύ σαν το κύκλωμα να μετρά το σήμα με μετροταινία όπου κάθε υποδιαίρεση της μετροταινίας είναι μια στάθμη κβαντοποίησης. Το σημαντικό πράγμα που πρέπει να συνειδητοποιήσουμε είναι ότι το αποτέλεσμα είναι πάντοτε μια προσέγγιση. Οσο μικρότερες είναι οι υποδιαιρέσεις στην μετροταινία τόσο καλύτερη γίνεται η προσέγγιση. Αλλά η μέθοδος δεν είναι ποτέ εντελώς αλάνθαστη επειδή το μικρότερο διάστημα που μπορεί να αναλυθεί περιορίζεται από την ακρίβεια και τη λεπτότητα της μέτρησης. Τα σφάλματα μπορεί να είναι πολύ μικρά για μεγάλο σήμα αλλά για πολύ μικρά σήματα αυτά τα σφάλματα μπορεί να γίνουν ευδιάκριτα. Αυτό το σφάλμα κβαντοποίησης υπάρχει από τη φύση της στην ψηφιακή διεργασία. Κάποιοι λανθασμένα ονομάζουν αυτό το σφάλμα κβαντοποίησης θόρυβο κβαντοποίησης. Μετά το κύκλωμα κβαντοποίησης, το σήμα είναι, για πρώτη φορά, πραγματικά ψηφιακό σήμα. Συχνά, όμως, βρίσκεται σε μορφή κάθε άλλο παρά κατάλληλη. Για παράδειγμα, σε μετατροπέα video ADC ο κώδικας ίσως είναι παράλληλη αρτηρία 255 bit! Έτσι η τελευταία βαθμίδα στον ADC είναι η μετατροπή κώδικα που μορφοποιεί τα δεδομένα σε δυαδική αριθμητική παράσταση. Η επιλογή του αριθμού των σταθμών κβαντοποίησης καθορίζει τη δυναμική περιοχή του ψηφιακού συστήματος PCM. Σε πρώτη προσέγγιση η δυναμική περιοχή σε dB είναι το πλήθος των ψηφίων, στην τελική δυαδική αριθμητική παράσταση, επί 6. Ετσι ένα σήμα των 8 bit έχει δυναμική περιοχή $(8 \times 6) = 48$ dB.

Η αντίστροφη διεργασία ψηφιακής σε αναλογική μετατροπής (που, επίσης, φαίνεται στο Σχ. 10.1) αφορά στην αναδημιουργία των κβαντοποιημένων παλμών τάσης που ζητούνται από τον ψηφιακό κώδικα που ίσως θα πρέπει πρώτα να υποστεί μια διεργασία μετατροπής κώδικα. Οι παλμοί αυτοί μετασχηματίζονται πίσω σε συνεχή αναλογικά σήματα στο τμήμα που ονομάζεται φίλτρο ανασυγκρότησης.

Διάταξη dither

Στην κοινή ομιλία η λέξη θόρυβος είναι πολύ αόριστη αλλά στην ηλεκτρονική έχει μια πολύ ειδική σημασία επειδή αναφέρεται στο άχρηστο και ανεπιθυμητό σήμα μετάδοσης ή εγγραφής που έχει εντελώς τυχαία φύση. Οταν ένα κύκλωμα κβαντοποίησης μετατρέπει ένα πολύ μεγάλο σήμα που περνά από πολλές στάθμες κβαντοποίησης, τα σφάλματα που προκύπτουν από κυριολεκτικά χιλιάδες πολύ μικρών λανθασμένων τιμών, πράγματι, δημιουργούν ένα σήμα θορύβου που έχει τυχαία φύση. Από εδώ προκύπτει και η λανθασμένη ονομασία θόρυβος κβαντοποποίησης. Οταν, όμως, το ψηφιακό σύστημα καταγράφει πολύ μικρό σήμα, που περνά μόνο μερικά κατώφλια κβαντοποίησης, τα σφάλματα κβαντοποίησης παύουν να είναι τυχαία. Αυτό μοιάζει λίγο με τον τροχό ρουλέττας, που αν τον περιστρέψουμε πάρα πολλές φορές η μικρή σφαίρα θα πέσει εξ ίσου σε όλες τις τρύπες, δεν υπάρχει δηλαδή κάποιο κρυφό σχέδιο. Μιλώντας με τεχνικούς όρους, τα αποτελέσματα δεν συσχετίζονται. Αν όμως γυρίσουμε τον τροχό της ρουλέττας μερικές μόνο φορές, ίσως βρούμε το σχέδιο ότι εμφανίζονται μόνο κόκκινοι αριθμοί, ή μόνο μαύροι αριθμοί ή αριθμοί που όλοι τελειώνουν σε τέσσερα. Αν πάρουμε ένα αρκετά μικρό δείγμα κάποιας τυχαίας ακολουθίας ίσως δούμε κάποιο σχέδιο. (Πολλές περιουσίες έχουν χαθεί στον τροχό της ρουλέττας καθαρά γι' αυτό το λόγο!) Το γεγονός ότι σαν άνθρωποι γρήγορα βλέπουμε σχέδια μας λέει πολλά για την ανθρώπινη αντίληψη. Μας αρέσουν τα σχέδια, τα βλέπουμε παντού και κάθε κύκλωμα στο μυαλό μας είναι απασχολημένο με το να τα ψάχνει. Αυτή είναι και η αιτία που, μέσα στην τυμπανοκρουσία της βροχής στην στέγη, μπορούμε να ακούσουμε την αμυδρή, μακρινή καμπάνα της εκκλησίας. Το ίδιο συμβαίνει και με τα σφάλματα κβαντοποίησης χαμηλής στάθμης. Επειδή συσχετίζονται (ή έχουν σχέση) με το ίδιο το ακουστικό σήμα, είναι ακουστά πολύ περισσότερο από μια εξίσου έντονη τυχαία πηγή θορύβου. Μόνο όταν τα σφάλματα κβαντοποίησης είναι τυχαία μπορεί το μυαλό να "αποβάλλει" τον θόρυβο.

Το 1984 οι Vanderkooy και Lipshitz πρότειναν μια ευφυή και εμπνευσμένη απάντηση στο πρόβλημα αυτό. Εδειξαν ότι είναι δυνατό να αποφύγουμε τελείως τα σφάλματα κβαντοποίησης, αν προσθέσουμε μια πολύ μικρή ποσότητα θορύβου στο αρχικό αναλογικό σήμα πριν από το ολοκληρωμένο κύκλωμα του αναλογικού σε ψηφιακό μετατροπέα. Εδειξαν ότι μια μικρή ποσότητα θορύβου είναι αρκετή για να διασπάσει τυχόν σχέδια που σε αντίθετη περίπτωση θα μπορούσε να εντοπίσει το μυαλό μετατοπίζοντας το σήμα σταθερά πάνω και κάτω από τα χαμηλότερα κατώφλια κβαντοποίησης. Αυτό εξηγεί το κουτάκι στο Σχ. 10.1 που σημειώνεται σαν γεννήτρια θορύβου dither και το οποίο φαίνεται σαν να προστίθενται με το σήμα εισόδου πριν από το κύκλωμα δειγματοληψίας. Στις μέρες των πρωτοπόρων του ψηφιακού audio και video, η σχεδίαση των ADC και DAC κατανάλωνε ένα μεγάλο μέρος της διαθέσιμης μηχανολογικής προσπάθειας. Ο σημερινός τεχνικός είναι πολύ περισσότερο τυχερός. Υπάρχουν πολλές λύσεις "του ενός chip" που αναλαμβάνουν τα πάντα εκτός από μερικές δευτερεύουσες εργασίες φιλτραρίσματος. Στα Σχ. 10.2a-c φαίνονται τα κυκλώματα ακουστικού ADC και DAC υψηλής ποιότητας του εμπορίου που χρησιμοποιούν λύσεις "του ενός chip" της Crystal Semiconductor.

Ψηφιακές διασυνδέσεις audio

Πολλά από τα πλεονεκτήματα της ψηφιακής επεξεργασίας σήματος χάνονται αν τα σήματα μετατρέπονται επανειλημμένα μεταξύ του ψηφιακού και του αναλογικού χώρου. Για να διατηρηθεί ελάχιστος ο αριθμός των μετατροπών, ήδη από τη δεκαετία του 1970, οι κατασκευαστές άρχισαν να εισάγουν δικά τους πρότυπα ψηφιακής

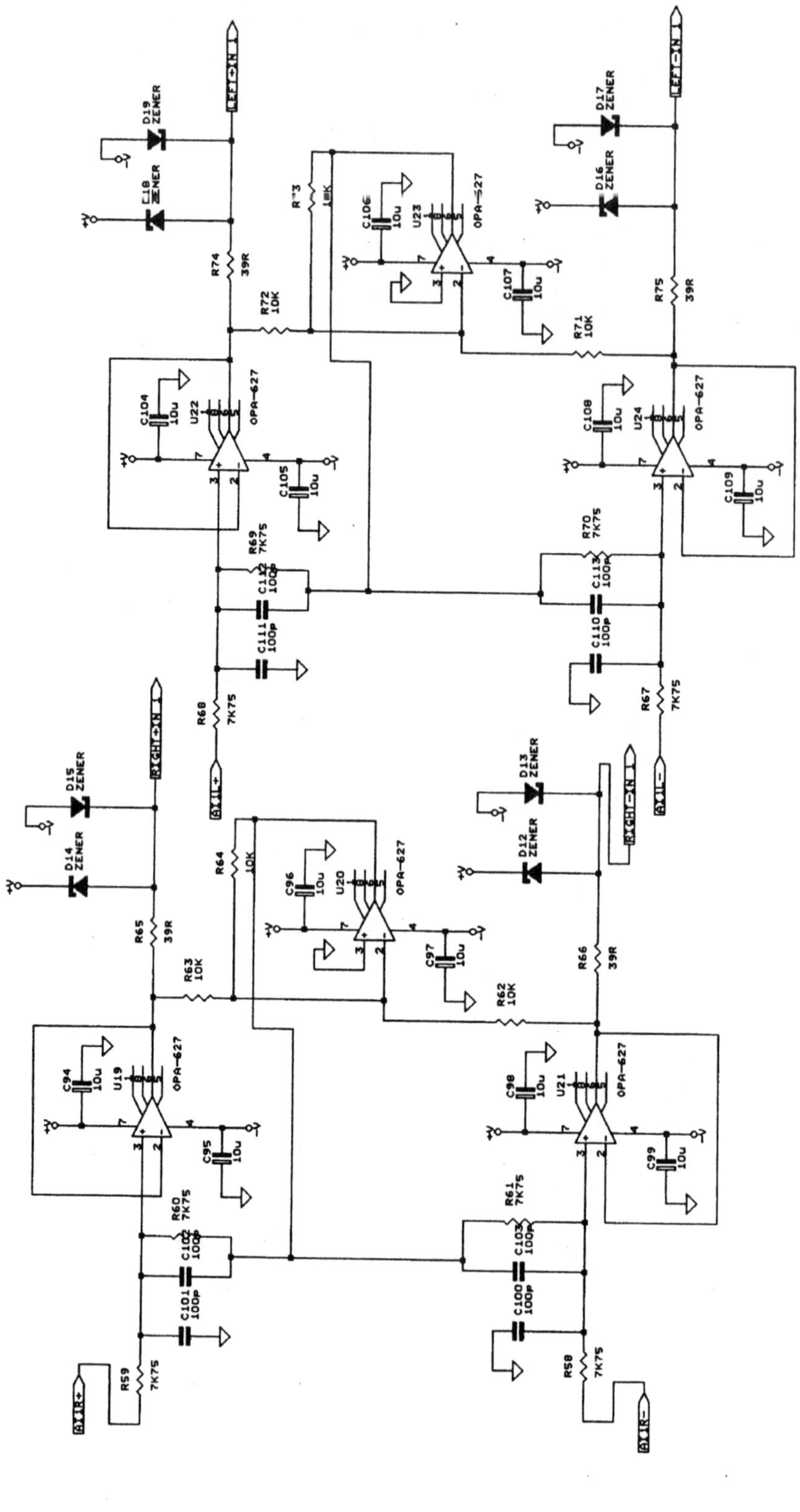

Σχ. **10.2a-c** *Κυκλώματα ADC και DAC*

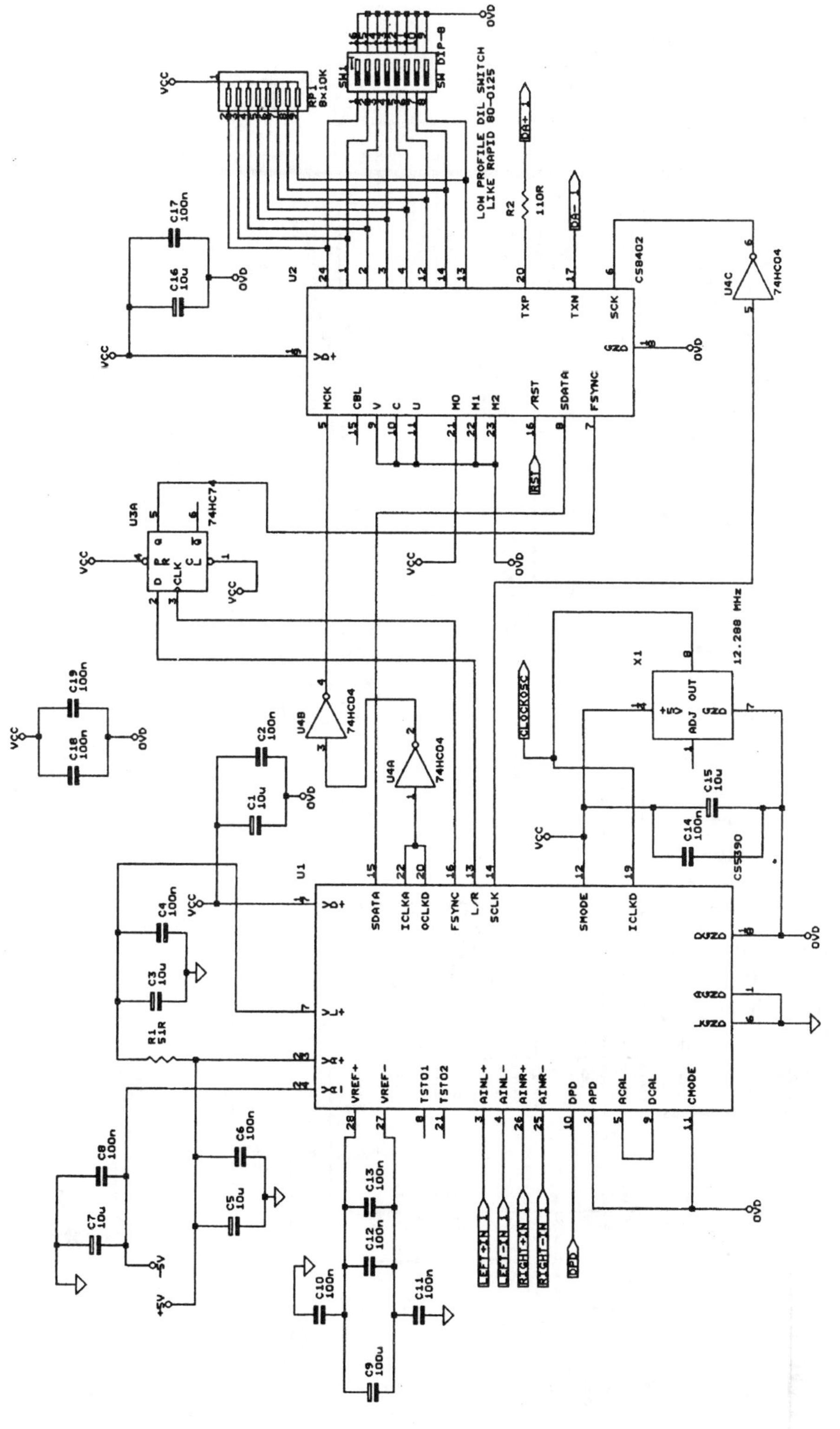

Σχ. 10.2 Συνέχεια

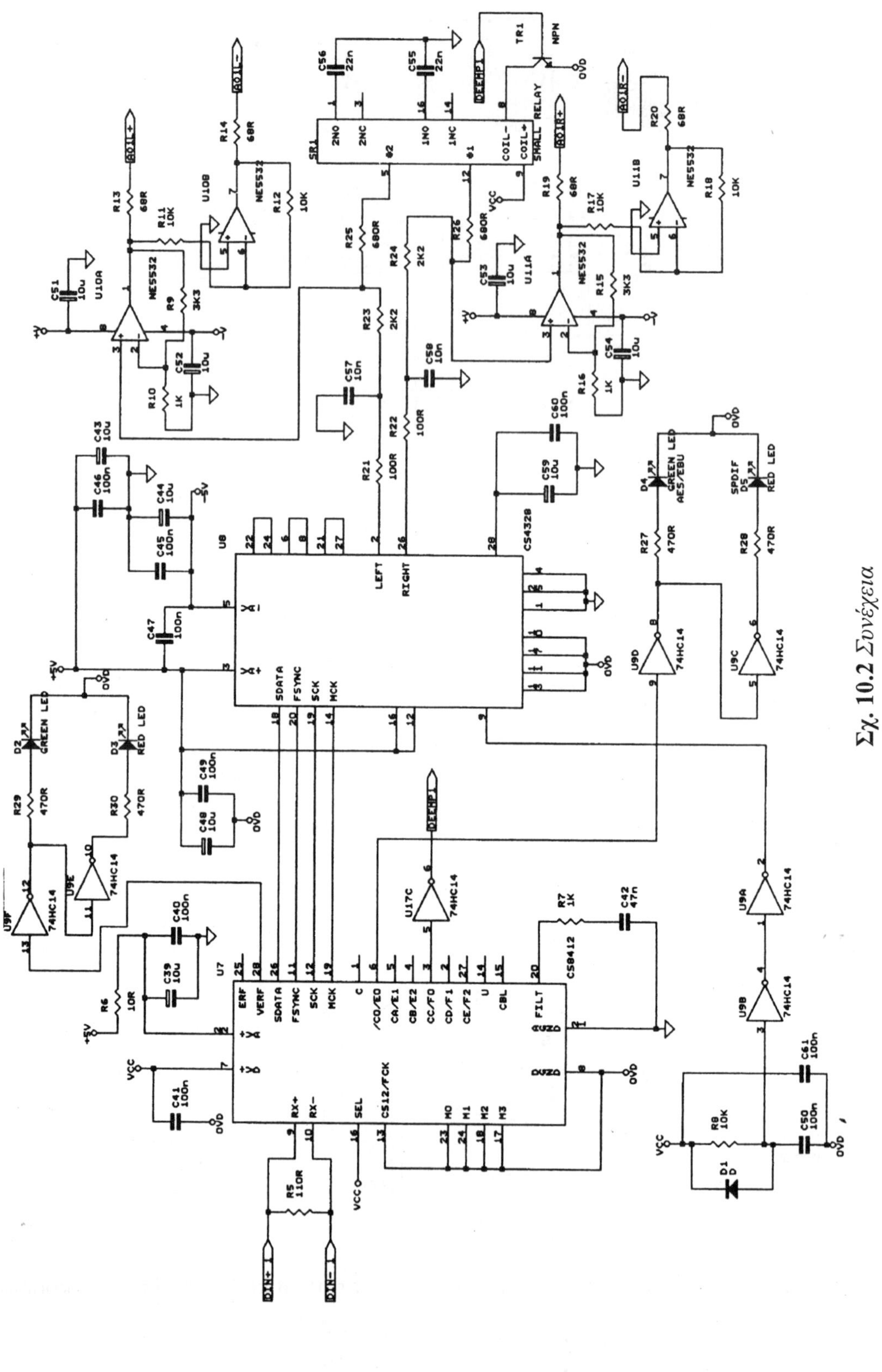

Σχ. 10.2 Συνέχεια

διασύνδεσης δίνοντας τη δυνατότητα σε διάφορα μηχανήματα ψηφιακού audio να περνούν ψηφιακές ακουστικές πληροφορίες απ' ευθείας χωρίς τη βοήθεια πρότυπων αναλογικών συνδέσεων. Δυστυχώς ο κάθε κατασκευαστής υιοθέτησε το δικό του πρότυπο και μάρτυρες αυτής της πρώτης εποχής της ψηφιακής ακουστικής τεχνολογίας που η συμβατότητα μεταξύ διαφόρων μηχανημάτων ήταν πολύ μικρή, αποτελούν το Digital Interface (SDIF) της Sony και η διασύνδεση της Mitsubishi. Πολύ σύντομα οι πελάτες ζητούσαν μια διασύνδεση με βιομηχανική τυποποίηση έτσι ώστε να μπορούν "να ανακατεύουν και να ταιριάζουν" μηχανήματα από διαφορετικούς κατασκευαστές για να ικανοποιούν τις δικές τους ιδιαίτερες απαιτήσεις. Η πίεση αυτή οδήγησε στην εισαγωγή ευρέως διαδεδομένων, τυποποιημένων διασυνδέσεων για τη σύνδεση μηχανημάτων ψηφιακού audio και για καταναλωτές και για επαγγελματίες.

Οι απαιτήσεις προτυποποίησης ψηφιακής διασύνδεσης προχωρούν πέρα από τις απαιτήσεις αναλογικής διασύνδεσης στο ότι, εκτός από τον ορισμό των τιμών τάσης και της μορφής του συνδετήρα, χρειάζεται να οριστεί η μορφοποίηση δεδομένων που θα χρησιμοποιεί η διασύνδεση. Τα δύο πρότυπα ψηφιακής ακουστικής διασύνδεσης που περιγράφονται εδώ είναι:

1. Η επαγγελματική σειριακή, ισοσταθμισμένη διασύνδεση δύο καναλιών, (που ονομάζεται διασύνδεση AES / EBU ή IEC958 τύπου 1).
2. Η καταναλωτική σειριακή, μη-ισοσταθμισμένη διασύνδεση δύο καναλιών (που ονομάζεται διασύνδεση SPDIF ή IEC958 τύπου 2).

Στην πραγματικότητα αυτές οι δυο διασυνδέσεις μοιάζουν πολύ, και η διαφορά τους οφείλεται περισσότερο σε ηλεκτρικές διαφορές παρά σε διαφορές μορφοποίησης δεδομένων.

Διασύνδεση AES / EBU ή IEC958 τύπου 1

Αυτή η ηλεκτρικά ισοσταθμισμένη εκδοχή της πρότυπης ψηφιακής διασύνδεσης ορίστηκε αρχικά σε έγγραφα της Audio Engineering Society (AES, Εταιρείας Ακουστικής Μηχανολογίας) και της European Broadcasting Union (EBU, Ραδιοφωνικής Ευρωπαϊκής Ενωσης) και γι' αυτό συνήθως ονομάζεται πρότυπο AES / EBU. Πρόκειται για το πρότυπο που έχει υιοθετηθεί κύρια από επαγγελματικές και ραδιοφωνικές εγκαταστάσεις. Από μηχανικής πλευράς η διασύνδεση αυτή χρησιμοποιεί τον συνδετήρα XLR που βρίσκεται παντού και υιοθετεί την κανονική σύμβαση θηλυκών και αρσενικών συνδέσεων για εισόδους και εξόδους, αντίστοιχα. Από ηλεκτρικής πλευράς, ο ακροδέκτης 1 καθορίζεται σαν ακροδέκτης προστασίας και οι ακροδέκτες 2 και 3 για ισοσταθμισμένο σήμα. Ενα από τα πλεονεκτήματα της ψηφιακής ακουστικής διασύνδεσης σε σχέση με τον αναλογικό της προκάτοχο είναι ότι η πολικότητα δεν είναι σημαντική και έτσι δεν χρειάζεται[1] να καθοριστεί ποιός ακροδέκτης από τους 2 και 3 είναι "ενεργός". Το ισοσταθμισμένο σήμα πρέπει να μεταφέρεται με ισοσταθμισμένο καλώδιο συνεστραμμένου ζεύγους που έχει προστασία όπως το καλώδιο μικροφώνου και οι τιμές τάσης επιτρέπεται να βρίσκονται μεταξύ 3V και 8V p-t-p (ΗΕΔ, μετρούμενη διαφορικά). Και η είσοδος και η έξοδος καθορίζονται με σύζευξη μετασχηματιστή και χωρίς γείωση. Η σύνθετη αντίσταση εξόδου της διασύνδεσης ορίζεται στα 110 Ω και μια συνηθισμένη είσοδος πρέπει πάντα να τερματίζει σε 110 Ω. Στο Σχ. 10.3 φαίνεται ένα σχέδιο του ηλεκτρικού πρότυπου αυτής της διασύνδεσης.

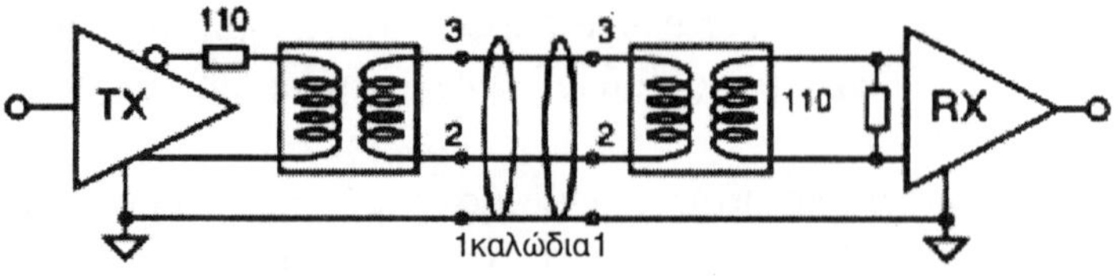

Σχ. 10.3 *Διασύνδεση AES/EBU*

Διασύνδεση SPDIF ή IEC985 τύπου 2

Η καταναλωτική εκδοχή της σειριακής ψηφιακής διασύνδεσης δύο καναλιών είναι πολύ διαφορετική από ηλεκτρικής πλευράς από την διασύνδεση AES / EBU που περιγράφτηκε παραπάνω. Είναι μια διασύνδεση 75 Ω με προσαρμογή τερματισμού που προορίζεται για χρήση με ομοαξονικό καλώδιο. Για το λόγο αυτό έχει περισσότερα κοινά σημεία με αναλογική διασύνδεση σήματος video παρά με οποιοδήποτε αντίστοιχό της αναλογικό ακουστικό σήμα. Από μηχανικής πλευράς το είδος συνδετήρα που συνιστάται για την διασύνδεση SPDIF είναι ακουστικού τύπου RCA με υποδοχές πάντα μονωμένου τύπου. Οι τιμές τάσης ορίζονται σε 1V p-t-p, χωρίς τερματισμό. Η σύζευξη με μετασχηματιστή δεν χρησιμοποιείται πάντοτε με τη διασύνδεση αυτή, αλλά συνιστάται τουλάχιστον στο ένα άκρο. Στο Σχ. 10.4 φαίνεται ένα σχήμα μιας κοινής χρήσης της διασύνδεσης SPDIF.

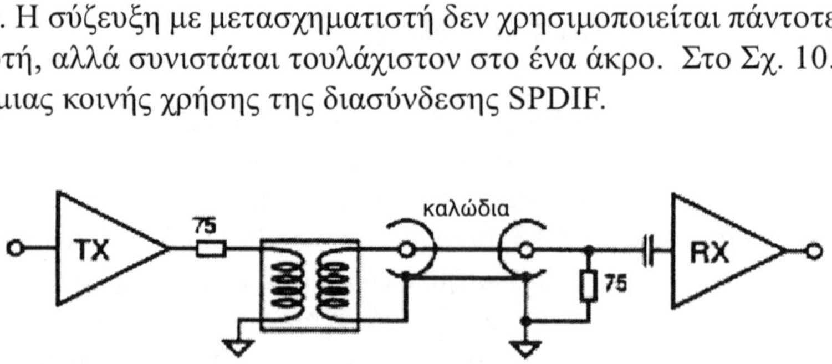

Σχ. 10.4 *Διασύνδεση SPDIF*

Δεδομένα

Παρά τις σημαντικές ηλεκτρικές διαφορές μεταξύ της διασύνδεσης AES / EBU και της διασύνδεσης SPDIF, οι μορφοποιήσεις δεδομένων τους μοιάζουν πολύ. Και οι δύο διασυνδέσεις έχουν δυνατότητα για την επικοινωνίας πραγματικού χρόνου 20-24 bit των ακουστικών πληροφοριών stereo με ταχύτητες δειγματοληψίας μεταξύ 32 και 48 kHz καθώς και πρόβλεψη για επιπλέον πληροφορίες που μπορεί δίνουν ένδειξη στη συσκευή λήψης για διάφορες σημαντικές παραμέτρους σχετικά με τα δεδομένα που μεταφέρονται (όπως για το αν στο αρχικό αναλογικό σήμα χρησιμοποιήθηκε προέμφαση πριν από την ψηφιακοποίηση). Υπάρχει, επιπλέον, μικρή επιβάρυνση για περιορισμένο έλεγχο σφαλμάτων και για συγχρονισμό.

Κάποιες από τις πρώτες ψηφιακές ακουστικές διασυνδέσεις, όπως η SDIF της SONY και η διασύνδεση Mitsubishi έστελναν ψηφιακά ακουστικά δεδομένα και δεδομένα παλμών συγχρονισμού σε ξεχωριστά καλώδια. Τέτοια πρότυπα είναι φανερό ότι απαιτούσαν πολύκλωνα καλώδια και συνδετήρες πολλών ακροδεκτών που ήταν εντελώς διαφορετικά από κάθε προηγούμενη αναλογική διασύνδεση. Η πρόθεση των σχεδιαστών των διασυνδέσεων AES / EBU και SPDIF ήταν να δημιουργήσουν πρότυπα που θα έφερναν όσο το δυνατό μικρότερο "πολιτισμικό σόκ" στην επαγγελματική και καταναλωτική αγορά και γι' αυτό επέλεξαν τύπους συνδετήρων που ήταν και διαθέσιμοι εύκολα και εύκολοι στη χρήση τους. Η επιλογή αυτή απέκλειε τη χρήση πολύκλωνων καλωδίων και συνδετήρων πολλών ακροδεκτών και είχε αποτέλεσμα τη χρήση ψηφιακού σχήματος κωδικοποίησης που κρύβει τα ψηφιακά σήματα συγχρονισμού μέσα στο σήμα δεδομένων. Αυτός ο κώδικας είναι γνωστός σαν "σειριακός και αυτοχρονισμού". Το είδος κώδικα που υιοθετήθηκε για τα AES / EBU και SPDIF είναι κωδικοποίηση σημείου, δύο φάσεων. Το σχήμα αυτό είναι μερικές φορές γνωστό σαν κώδικας Manchester και είναι του ίδιου τύπου με τον σειριακό κώδικα αυτοχρονισμού που χρησιμοποιείται στον χρονοκώδικα SMPTE και EBU. Ο κώδικας αυτός, στην απλούστερη μορφή του, παριστάνει τα 1 και 0 ενός ψηφιακού σήματος με δύο διαφορετικές συχνότητες όπου η συχνότητα *Fn* παριστάνει το 0 και η συχνότητα *2Fn* το 1. Ενα τέτοιο σήμα απαλείφει σχεδόν όλο το περιεχόμενο σε DC, δίνοντάς του τη δυνατότητα να έχει σύζευξη μετασχηματιστή και επιτρέπει, ακόμη, αναστροφή φάσης επειδή χρειάζεται η ανίχνευση μόνο της συχνότητας (και όχι της φάσης της). Το σήμα που προκύπτει έχει πολλά κοινά σημεία με αναλογικό σήμα FM και επειδή οι δύο συχνότητες έχουν αρμονική σχέση (έχουν απόσταση μια οκτάβα) είναι απλή η αφαίρεση του bit χρονισμού από τον σύνθετο εισερχόμενο συρμό δεδομένων.

Από πλευράς μορφοποίησης δεδομένων το ψηφιακό ακουστικό σήμα διαιρείται σε πλαίσια. Κάθε ψηφιακό ακουστικό πλαίσιο περιέχει ένα πλήρες ψηφιακό ακουστικό δείγμα τόσο για το αριστερό όσο και το δεξιό κανάλι. Αν χρησιμοποιείται δειγματοληψία 48 kHz είναι φανερό ότι κάθε δευτερόλεπτο περνούν από τη ζεύξη 48000 πλαίσια, γεγονός που δίνει τελική ταχύτητα baud 3.072 Mbits/sec. Αν χρησιμοποιείται δειγματοληψία 44.1 kHz, μεταδίδονται 44100 πλαίσια ανά δευτερόλεπτο, με τελική ταχύτητα baud 2.8224 Mbits/sec. Η μικρότερη επιτρεπτή ταχύτητα μεταφοράς είναι 2.084 Mbits/sec όταν χρησιμοποιούνται 32 kHz. Οπως, ακριβώς, κάθε πλήρες πλαίσιο περιέχει ένα δείγμα αριστερού και δεξιού καναλιού, έτσι και κάθε πλαίσιο μπορεί να διαιρεθεί παρακάτω σε ξεχωριστά ακουστικά δείγματα γνωστά σαν υποπλαίσια. Στο Σχ. 10.5 φαίνεται ένα διάγραμμα πλήρους πλαισίου που αποτελείται από δύο υποπλαίσια.

Είναι, προφανώς, εξαιρετικά σημαντικό ότι κάθε κομμάτι εξοπλισμού που δέχεται το ψηφιακό ακουστικό σήμα που φαίνεται στο Σχ. 10.5 πρέπει να γνωρίζει σε ποιο σημείο βρίσκονται τα όρια μεταξύ πλαισίων και υποπλαισίων. Αυτός είναι ο σκοπός του τμήματος "εισαγωγής συγχρονισμού" κάθε πλαισίου και υποπλαισίου. Το τμήμα εισαγωγής συγχρονισμού του ψηφιακού ακουστικού σήματος διαφέρει από όλα τα άλλα δεδομένα που στέλνονται μέσω της ψηφιακής διασύνδεσης στο γεγονός ότι παραβιάζει τους κανόνες σήματος κωδικοποίησης σημείου δύο φάσεων. Με όρους της αντιστοιχίας με FM που δώσαμε παραπάνω μπορούμε να θεωρήσουμε ότι η εισαγωγή συγχρονισμού περιέχει μια τρίτη συχνότητα που δεν σχετίζεται αρμονικά η οποία, όταν ανιχνευθεί, καθορίζει την αρχή κάθε υποπλαισίου. Υπάρχει μια οικογένεια τριών ελαφρά διαφορετικών εισαγωγών συγχρονισμού, μιας που σημειώνει την αρχή ενός υποπλαισίου αριστερού καναλιού και μιας που σημειώνει την αρχή ενός υποπλαισίου δεξιού καναλιού. Το σχήμα της τρίτης εισαγωγής συγχρονισμού χρησιμοποιείται μόνο μία φορά σε κάθε 192 πλαίσια (ή μία φορά κάθε 4 msec στην περίπτωση δειγματοληψίας 48 kHz) και χρησιμοποιείται για τον καθορισμό ενός επαναλαμβανόμενου σχήματος των 192 bit στο bit κατάστασης καναλιού, που στο Σχ. 10.5 ονομάζεται C.

Το επαναλαμβανόμενο σχήμα των 192 bit του bit C σχηματίζει έναν πίνακα των 24 byte πληροφοριών κατάστασης καναλιού για το μεταδιδόμενο σήμα. Σε αυτό, ακριβώς, το bit δεδομένων σε κάθε υποπλαίσιο είναι εξαιρετικά σημαντική η διαφορά μεταξύ της μορφοποίησης διασύνδεσης δεδομένων AES / EBU και της μορφοποίησης δεδομένων SPDIF. Τα bit κατάστασης καναλίου τόσο στην μορφοποίηση AES / EBU όσο και στην μορφοποίηση SPDIF μεταδίδουν στη συσκευή λήψης σημαντικές παραμέτρους όπως η ταχύτητα δειγματοληψίας, αν κατά την εγγραφή χρησιμοποιήθηκε προέμφαση συχνότητας κλπ.

Τα δεδομένα κατάστασης καναλιού αποτελούν, κανονικά, την περισσότερο ενοχλητική πλευρά της διασύνδεσης στην πράξη που χρησιμοποιεί την διασύνδεση SPDIF και AES / EBU, ειδικά εκεί όπου οι χρήστες προσπαθούν να αναμείξουν τα

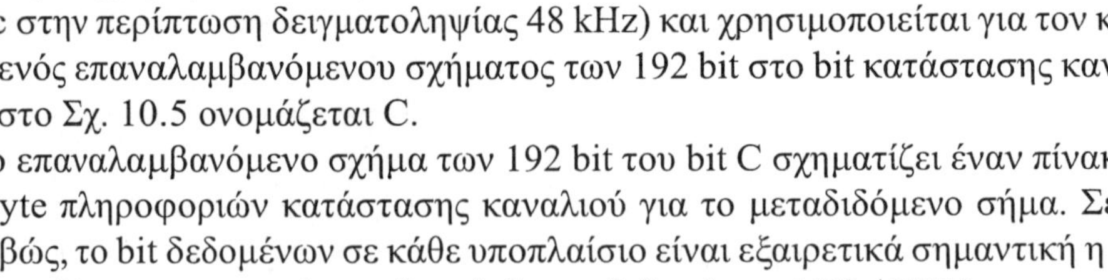

Σχ. 10.5 *Μορφοποίηση ψηφιακών ακουστικών δεδομένων*

δύο πρότυπα διασύνδεσης. Αυτό συμβαίνει επειδή η χρήση κατάστασης καναλιού μεταξύ καταναλωτικών και επαγγελματικών συσκευών είναι σχεδόν εντελώς διαφορετική.

Πρέπει να γίνει κατανοητό ότι η διασύνδεση AES / EBU και η διασύνδεση SPDIF είναι, έτσι, αυστηρά ασύμβατες από πλευράς μορφοποίησης δεδομένων και ο μόνος σωστός τρόπος μεταφοράς δεδομένων από SPDIF σε AES / EBU και από AES / EBU σε SPDIF είναι μέσω ενός κατάλληλα σχεδιασμένου μετατροπέα μορφοποίησης ο οποίος θα αποκωδικοποιεί και θα επανακωδικοποιεί τα ψηφιακά ακουστικά δεδομένα στο κατάλληλο πρότυπο.

Αλλα χαρακτηριστικά της μορφοποίησης δεδομένων μένουν σταθερά μεταξύ των δύο προτύπων διασύνδεσης. Το bit εγκυρότητας, που στο Σχ. 10.5 ονομάζεται V, τίθεται 0 σε κάθε υποπλαίσιο αν το σήμα στη ζεύξη είναι κατάλληλο για μετατροπή σε αναλογικό σήμα. Το bit χρήστη, που ονομάζεται U, έχει πολλές χρήσεις που ορίζονται από τους συγκεκριμένους χρήστες και κατασκευαστές. Συχνότερα χρησιμοποιείται στην οικιακή διασύνδεση PDIF. Και το bit ομοτιμίας, που ονομάζεται P, τίθεται έτσι ώστε ο αριθμός των 1 σε ένα υποπλαίσιο να είναι πάντα άρτιος. Μπορεί να χρησιμοποιηθεί για ανίχνευση σφαλμάτων σε διάκριτα bit, αλλά όχι και να τα συγκαλύψει.

Είναι σημαντικό να τονίσουμε ότι τόσο η διασύνδεση AES / EBU όσο και ο αδερφός της SPDIF έχουν σχεδιαστεί για να χρησιμοποιούνται σε περιβάλλον χωρίς σφάλματα. Σε ψηφιακές ζεύξεις δεν αναμένονται σφάλματα και δεν υπάρχει τρόπος να διορθώνονται.

Πρακτική ψηφιακή ακουστική διασύνδεση

Υπάρχουν πολλοί τρόποι κατασκευής ψηφιακής ακουστικής διασύνδεσης και υπάρχουν πολλές παραλλαγές από διάφορους κατασκευαστές. Ισως η απλούστερη αποτελείται από έναν αναστροφέα IC της οικογένειας HC, που πολώνεται στο μέσο σημείο του με μια αντίσταση ανάδρασης και προστατεύεται με διόδους στην είσοδο έτσι ώστε να αποφευχθεί βλάβη από στατικό ηλεκτρισμό ή από συνθήκες υπερβολικής τάσης. (Το μόνο πραγματικό προσόν αυτού του κυκλώματος είναι η απλότητα!). Προτιμάται απεριόριστα η σύζευξη με μετασχηματιστή. Ευτυχώς, ενώ οι αναλογικοί ακουστικοί μετασχηματιστές είναι πολύπλοκοι και ακριβοί, το ψηφιακό audio, επειδή δεν περιέχει συνιστώσα DC και πολύ μικρή συνιστώσα χαμηλής συχνότητας, μπορεί να έχει σύζευξη με μετασχηματιστές που είναι πολύ μικροί και φτηνοί! Ετσι, η παράλειψή τους στη σχεδίαση ψηφιακών διασυνδέσεων θα ήταν αντιοικονομική. Οι απομονωτές αρτηρίας δεδομένων της Newport είναι πολύ κατάλληλοι. Σε μία συσκευασία τύπου IC περιέχονται δύο ή τέσσερεις μετασχηματιστές. Κάθε μετασχηματιστής κοστίζει περίπου 1.50 λίρα Αγγλίας, πολύ λιγότερο από τις 15 λίρες Αγγλίας ή περίπου τόσο που χρειάζονται για αναλογικούς μετασχηματιστές. Αξίζει να θυμηθούμε ότι “στα ψηφιακά” χρειάζεται μόνο ένας μετασχηματιστής για τη σύζευξη και των δύο καναλιών του σήματος stereo. Από το κυκλωματικό διάγραμμα (Σχ. 10.6) παρατηρούμε ότι τα chip δέκτη RS422 (RS485) εγγράφουν προσωρινά σε μνήμη και επανατέμνουν τα ψηφιακά ακουστικά δεδομένα. Ο SN75173J, ένας τετραπλός δέκτης σε συσκευασία 16 ακροδεκτών κοστίζει μόνο μερικές λίρες Αγγλίας. Το εξάρτημα έχει το πρόσθετο πλεονέκτημα ότι, για προσαρμογή της διασύνδεσης μεταξύ SPDIF και AES, το μόνο που χρειάζεται είναι η αλλαγή της αντίστασης τερματισμού στο δευτερεύον του μετασχηματιστή εισόδου. Η οδήγηση της ψηφιακή εξόδου επιτυγχάνεται με τη χρήση δύο αναστροφέων που χρησιμοποιού-

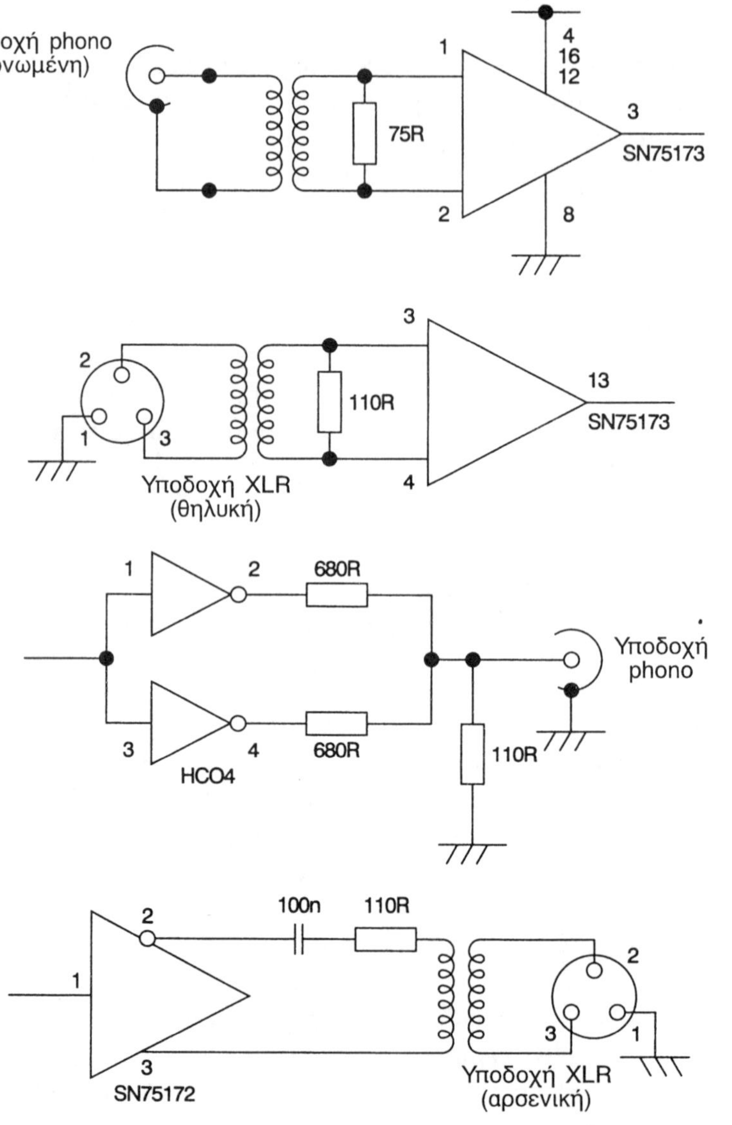

Σχ. 10.6 *Πρακτικές ψηφιακές ακουστικές διασυνδέσεις*

νται σε σειρά για να αυξηθεί η οδήγηση εξόδου. Αν χρειάζεται έξοδος AES / EBU τότε αυτό γίνεται με ένα IC οδήγησης RS422.

Οπτική διασύνδεση

Με πολλούς τρόπους μια οπτική ζεύξη φαίνεται ότι είναι η ιδανική λύση για τη σύνδεση δύο ψηφιακών ακουστικών μηχανημάτων. Είναι φανερό ότι μια ζεύξη που δεν έχει ηλεκτρική επαφή δεν εισάγει προβλήματα βόμβου βρόχου γείωσης. Ακόμη, επειδή το εύρος ζώνης συχνοτήτων οπτικής ζεύξης είναι πολύ μεγάλο, με μια πρόχειρη εξέταση θα φαινόταν ότι μια οπτική ζεύξη θα έδινε την ταχύτερη (και συνεπώς "καθαρότερη") δυνατή διαδρομή σήματος. Και όμως, η οπτική ζεύξη TOSLink θεωρείται από πολλούς ότι ακούγεται λιγότερο καθαρά από την αντίστοιχή της ομοαξονική ηλεκτρική. Γι'αυτό υπάρχουν πολλές δυνατές αιτίες: πρώτο, η ταχύτητα της ζεύξης υποβιβάζεται από τον σχετικά αργό πομπό με φωτοδίοδο και δέκτη με φωτοτρανζίστορ που βρίσκονται μέσα στους συνδετήρες. Δεύτερο, οι φτηνές οπτικές ίνες που επιτρέπουν στο οπτικό σήμα περισσότερες από μια απ' ευθείας διαδρομές μεταξύ πομπού και δέκτη (ο τεχνικός όρος είναι πολυτροπισμός), προκαλούν παροδική ρύπανση των ακουστικών παλμών, με αποτέλεσμα ένα φαινόμενο γνωστό σαν διασπορά διάδοσης. Αυτό μπορεί να προκαλέσει κάποια χρονική αστάθεια στα ψηφιακά ακουστικά κυκλώματα (jitter) πράγμα επηρεάζει την ποιότητα του ήχου. Κατά συνέπεια, το μόνο πλεονέκτημα που προσφέρει η οπτική ζεύξη είναι η, εξαιτίας της φύσης της, ανεξαρτησία από σήματα παρεμβολής που προκαλούνται από διαδρομές γείωσης, όπως βόμβος και θόρυβος RF. Παρ' όλα αυτά, σε ψηφιακές ακουστικές συχνότητες η μόνωση από τη γη, αν χρειάζεται, επιτυγχάνεται πολύ καλύτερα μέσω μετασχηματιστή. Στο Σχ. 10.7 φαίνεται μια τροποποίηση,

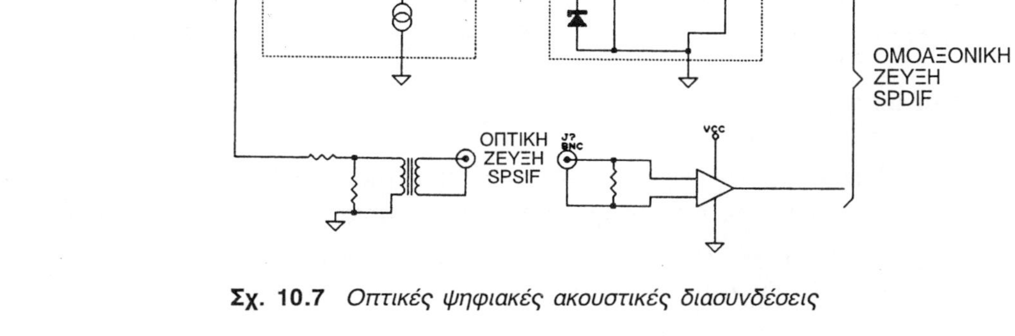

Σχ. 10.7 *Οπτικές ψηφιακές ακουστικές διασυνδέσεις*

αν θέλουμε να τροποποιήσουμε ένα μηχάνημα με οπτική διασύνδεση έτσι ώστε να περιλαμβάνει μια ομοαξονική έξοδο SPDIF.

Μετάδοση μορφοποιημένων δεδομένων AES3 με μη ισοσταθμισμένο ομοαξονικό καλώδιο

Τον Οκτώβριο του 1995, η AES ετοίμασε ένα πληροφοριακό έγγραφο (το AES-3id-1995) σχετικό με την μετάδοση ψηφιακών ακουστικών πληροφοριών (με επαγγελματική μορφοποίηση δεδομένων) σε ηλεκτρική διασύνδεση που έχει πολλά κοινά με τα πρότυπα αλληλοσύνδεσης που χρησιμοποιούνται σε αναλογικό video. Οι περιορισμοί δεδομένων AES που κινούνται σε συνεστραμμένα ζεύγη και τερματίζουν σε XLR είναι η κακή απόδοση της ακτινοβολίας RF και περιορισμός της μέγιστης απόστασης μετάδοσης στα 100 μέτρα. Η προτεινόμενη μη ισοσταθμισμένη διασύνδεση είναι κατάλληλη για αποστάσεις μετάδοσης μέχρι 1000 μέτρα.

Επιπλέον, με μια φρόνιμη επιλογή της σύνθετης αντίστασης και της τιμής της τάσης λειτουργίας μαζί με λογικό καθορισμό του ελάχιστου χρόνου ανόδου, το σήμα είναι κατάλληλο για όδευση μέσα από υπάρχοντα αναλογικά καλώδια video, μεταγωγείς και ενισχυτές κατανομής.

Τα κυριώτερα τμήματα της προδιαγραφής σήματος και διασύνδεσης δίνονται στον Πίνακα 10.1.

Πίνακας 10.1

Γενικά	
Μορφοποίηση δεδομένων μετάδοσης	Ισοδύναμη με AES
Σύνθετη αντίσταση	75Ω
Μηχανική σύνδεση	Συνδετήρας BNC
Χαρακτηριστικά σήματος	
Τάση εξόδου	1V, μετρούμενη σε τερματισμό 75Ω
Αντιστάθμιση DC	<50 mV
Χρόνος ανόδου/καθόδου	30 μέχρι 40 nsec
Εύρος bit (στα 48 kHz)	162.8 nsec

Ψηφιακά μαγνητόφωνα

Το εύρος ζώνης συχνοτήτων ψηφιακού ακουστικού σήματος PCM είναι πολύ μεγαλύτερο από το αναλογικό αντίστοιχό του, μάλιστα αρκετά megahertz μεγαλύτερο. Από πολλές πλευρές, το ψηφιακό ακουστικό σήμα PCM έχει περισσότερα κοινά με αναλογικό σήμα τηλεόρασης παρά με αναλογικό ακουστικό σήμα. Ετσι δεν αποτελεί έκπληξη ότι αρκετές από τις πρώτες προσπάθειες καταγραφής ψηφιακού ακουστικού σήματος PCM οικειοποιήθηκαν την τεχνολογία video για τη σύλληψη του σήματος PCM. Τα καταγραφικά βιντεοταινίας πάντοτε αντιμετώπιζαν την ανάγκη εγγραφής σήματος μεγάλου εύρους ζώνης συχνοτήτων, επειδή το σήμα τηλεόρασης εκτείνεται από το DC μέχρι 4 ή 5 MHz.[2] Η συνιστώσα DC σε σήμα τηλεόρασης υπάρχει για να παριστάνει την ολική λαμπρότητα της εικόνας ενώ σε ψηφιακό ακουστικό σήμα PCM οι συχνότητες κοντά στο μηδέν πρέπει να παραμένουν για να διατηρούνται οι μεγάλοι συρμοί όμοιων συμβόλων (0 ή 1).

Υπάρχουν δύο θεμελιώδεις περιορισμοί στο εύρος ζώνης συχνοτήτων που μπορεί να αναπαραχθεί από αναλογικό μαγνητόφωνα από αυτά που εξετάσαμε μέχρι τώρα. Ο πρώτος οφείλεται στη μέθοδο επαγωγής σήματος εξόδου, που με τη σειρά του οφείλεται στην ταχύτητα μεταβολής της μαγνητικής ροής στην κεφαλή ταινίας. Είναι φανερό ότι ποτέ δεν μπορεί να εγγραφεί και να αναπαραχθεί σήμα μηδενικής συχνότητας επειδή εξ ορισμού δεν υπάρχει μεταβολή μαγνητικής ροής και κατά συνέπεια σήμα εξόδου. Στην πραγματικότητα, η απόκριση συχνότητας μη ισοσταθμισμένου μαγνητοφώνου μεταβάλλεται γραμμικά με τη συχνότητα. Οσο μεγαλύτερη είναι η συχνότητα, τόσο μεγαλύτερη θα είναι η ταχύτητα μεταβολής της μαγνητικής ροής και τόσο μεγαλύτερη η επαγόμενη ηλεκτρική έξοδος. Το φαινόμενο αυτό φαίνεται στο Σχ. 10.8. Σε ακουστικά μαγνητόφωνα ο φυσικός περιορισμός της αδυναμίας καταγραφής μηδενικής συχνότητας δεν είναι σημαντικός παράγοντας επειδή, συνήθως, τα 20 Hz θεωρούνται σαν η μικρότερη συχνότητα που χρειάζεται να αναπαραχθεί σε ακουστικό σύστημα. Ομοίως, η απόκριση μεταβαλλόμενης συχνότητας έχει "μαγειρευτεί" με την εφαρμογή της συμπληρωματικής ισοστάθμισης. Σε καταγραφικά βιντεοταινίας, όμως, όπου πρέπει να διατηρηθεί η συνιστώσα DC, αυτό επιτυγχάνεται με τη χρήση διαμόρφωσης συχνότητας, που είναι ένας τρόπος διαμόρφωσης όπου στις κεφαλές υπάρχει μια συνεχής συχνότητα διαμόρφωσης, ακόμη και αν δεν υπάρχει σήμα πληροφορίας ή είναι πολύ μικρό ή όπου οι πληροφορίες του σήματος μεταβάλλονται πολύ αργά.

Ο δεύτερος περιορισμός είναι συνάρτηση του καταγραφόμενου μήκους κύματος και του διάκενου κεφαλής. Στην ουσία, όταν το καταγραφόμενο μήκος κύματος

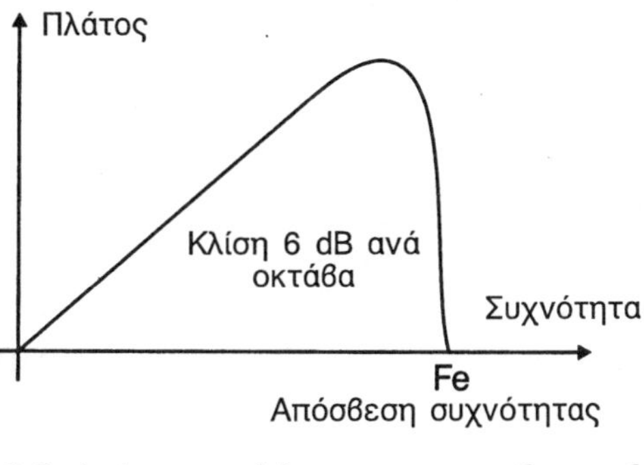

Σχ. 10.8 *Απόκριση πλάτους μαγνητικής ταινίας*

πλησιάζει τις διαστάσεις του διάκενου της κεφαλής, η απόκριση του συστήματος εγγραφής - αναπαραγωγής πέφτει σημαντικά, όπως φαίνεται στο Σχ.10.8. (Η απόκριση μηδενίζεται στη συχνότητα όπου το εγγραφόμενο μήκος κύματος είναι ίσο με το μήκος του διάκενου κεφαλής.) Βέβαια, το εγγραφόμενο μήκος κύματος είναι συνάρτηση της γραμμικής ταχύτητας της ταινίας, δηλ. όσο ταχύτερα κινείται η ταινία τόσο μεγαλύτερο θα είναι το εγγραφόμενο μήκος κύματος, και έτσι, θεωρητικά, το εύρος ζώνης συχνοτήτων μαγνητοφώνου μπορεί να επεκταθεί απεριόριστα με αύξηση της ταχύτητας της ταινίας. Είναι, βέβαια, φανερό ότι σε μια τέτοια προσέγγιση υπάρχουν κάποια τεράστια πρακτικά και εμπορικά εμπόδια.

Η εναλλακτική προσέγγιση που αναπτύχθηκε για πρώτη φορά από την Ampex στα καταγραφικά βιντεοταινίας VR-1000, ήταν η περιστροφή ενός αριθμού κεφαλών με εγκάρσιο τρόπο κατά το πλάτος της ταινίας, αυξάνοντας έτσι την ταχύτητα εγγραφής της κεφαλής στην ταινία χωρίς να αυξάνεται η γραμμική ταχύτητα της ταινίας. Αυτή η τεχνολογία video ονομάστηκε από την Ampex Quadruplex από τις τέσσερεις κεφαλές που περιστρέφονταν σε ένα τύμπανο κατά μήκος ταινίας πλάτους 2 ιντσών. Κάθε πεδίο video εγγράφονταν σε μια περιστροφή του τυμπάνου, έτσι ώστε κάθε πεδίο video να χωρίζεται σε τέσσερα τμήματα. Αυτό οδήγησε σε ένα από τα προβλήματα που βασάνισαν το “Quad”, όπως συχνά ονομάζεται αυτή η μορφοποίηση ταινίας, όπου η εικόνα εμφανίζεται χωρισμένη σε τέσσερεις διακριτές ζώνες εξαιτίας διαφορετικής απόκρισης από κάθε μία από τις κεφαλές. Στη δεκαετία του 1950 πολλές εταιρίες εργάστηκαν σε παραλλαγές της μεθόδου Ampex που χρησιμοποιούσε την, σήμερα σχεδόν γενική, μορφοποίηση ελικοειδούς εγγραφής, μια μέθοδο, που φαίνεται στο Σχ. 10.9, όπου η ταινία διπλώνεται γύρω από περιστρεφόμενο τύμπανο, το οποίο περιέχει δύο μόνο κεφαλές. Η μια κεφαλή εγγράφει (ή διαβάζει) ένα ολόκληρο πεδίο video σε κεκλιμένη διαδρομή κατά μήκος του πλάτους της κεφαλής. Με τον τρόπο αυτό η εναλλαγή κεφαλών μπορεί να πραγ-

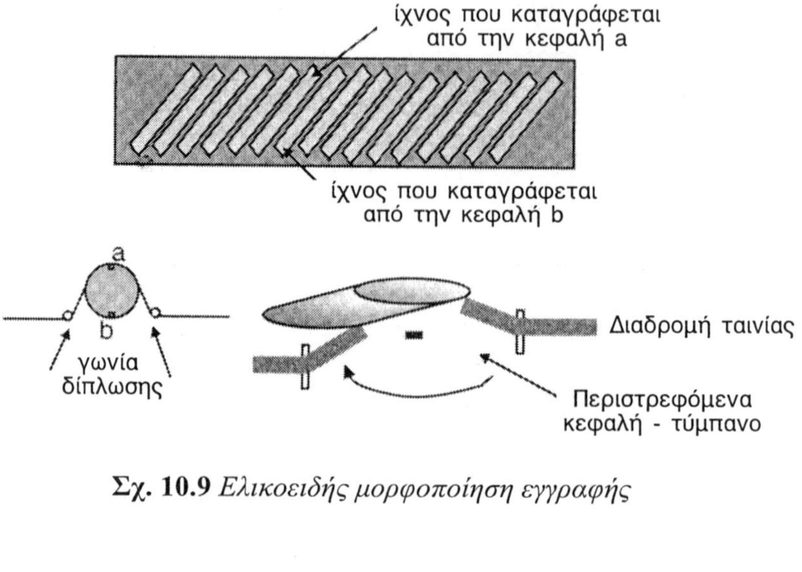

Σχ. 10.9 *Ελικοειδής μορφοποίηση εγγραφής*

ματοποιηθεί αόρατα, ακριβώς πριν από την κατακόρυφη αμαύρωση (βλ. Κεφάλαιο 15). Σχεδόν όλες οι μορφοποιήσεις βιντεοταινίας και οι σύγχρονες μορφοποιήσεις εγγραφής ψηφιακού audio χρησιμοποιούν κάποια παραλλαγή αυτής της τεχνικής.

Η τεχνολογία περιστρεφόμενων κεφαλών είναι ιδιαίτερα κατάλληλη για εφαρμογές ψηφιακού audio, και όχι μόνο εξαιτίας της οικονομικής υιοθέτησης της ώριμης τεχνολογίας video. Μάλιστα τόσο κατάλληλη που τα πρώτα μαγνητόφωνα PCM δεν ήταν τίποτα περισσότερο από ελαφρά τροποποιημένα καταγραφικά βιντεοκασέτας μαζί με οπτικό κωδικοποιητή - αποκωδικοποιητή (βλ. Σχ. 10.10). Δύο διάσημα παραδείγματα είναι το 1610/1630 και το PCM-F1 της SONY. Το πρώτο ήταν (και εξακολουθεί να είναι!) η πρότυπη μορφοποίηση mastering για CD και ουσιαστικά είναι ένα CODEC συναρμολόγησης ακουστικού σήματος PCM σε μορφοποίηση ημι-video κατάλληλου για εγγραφή σε ελαφρά τροποποιημένο ημιεπαγγελματικό μαγνητόφωνο U-matic. Το δεύτερο, το PCM-F1, ήταν "καταναλωτικό" μηχάνημα αλλά, όπως συνέβη σε τόσο πολλά μηχανήματα της Sony, απέτυχε στον αρχικό του στόχο αγοράς, για να γίνει ιδιαίτερα αγαπητό από τους επαγγελματίες. Ηταν ένα CODEC κατάλληλο να συνδυάζεται με καταναλωτικό μαγνητόφωνο BETAMAX.

Παρά το γεγονός ότι ο εξοπλισμός video βρίσκεται παντού, η υιοθέτησή του σαν βάσης ακουστικών εγγραφών φέρνει πολλές σημαντικές επιπλοκές. Πρώτο, η ταινία δεν μπορεί να διορθωθεί μηχανικά όπως συνηθίζεται στις αναλογικές μορφοποιήσεις ταινίας (οι ταινίες video ποτέ δεν ενώνονται όταν κοπούν). Αντίθετα, η διόρθωση πετυχαίνεται με εγγραφή νέου σήματος (το οποίο πρέπει να προέρχεται από δεύτερο καταγραφικό video) στην ταινία ακριβώς στο σωστό σημείο. Αυτή η διεργασία ελέγχεται με αναφορά σε επιπλέον ίχνη γραμμικού ελέγχου που είναι καταγραμμένα κατά μήκος της ταινίας στην περιοχή όπου οι εγκάρσιες κεφαλές δεν σαρώνουν την ταινία από φόβο για καταστροφή της. Αυτά τα κανάλια χρησιμο-

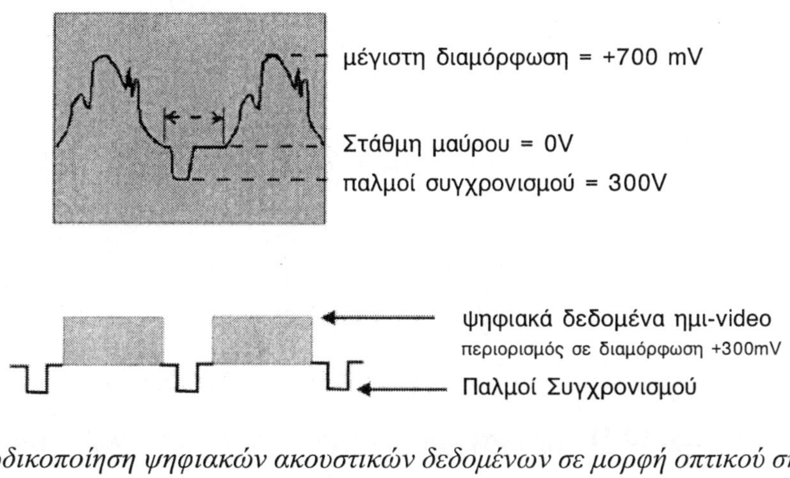

Σχ. 10.10 *Κωδικοποίηση ψηφιακών ακουστικών δεδομένων σε μορφή οπτικού σήματος*

ποιούνται για έλεγχο της στιγμής που γίνεται η μεταγωγή και για να διατηρείται ακριβώς ίδια η ταχύτητα των VCR (σε συγχρονισμό). Κάθε ψηφιακό ακουστικό σύστημα που χρησιμοποιεί τεχνολογία video, πρέπει να χρησιμοποιεί μια εξ ίσου πολύπλοκη διαδικασία διόρθωσης. Πράγματι, οι διορθώσεις στο 1610/1630 της Sony δεν ήταν τίποτα περισσότερο από τροποποιημένες διορθώσεις video. Δεύτερο, η διάταξη περιστρεφόμενων κεφαλών στα περισσότερα καταγραφικά βιντεοταινίας είναι μάλλον πολύπλοκη και βαριά και έχει προβλήματα εξαιτίας διάφορων γυροσκοπικών φαινομένων όταν το μαγνητόφωνο πρόκειται να χρησιμοποιηθεί σαν φορητό. Παρ' όλα αυτά η τροποποιημένη τεχνολογία video παραμένει η τεχνολογική βάση που στηρίζει το ψηφιακό audio.

Μορφοποίηση Ακίνητης Κεφαλής σε Ψηφιακό Audio (DASH)

Μια εναλλακτική προσέγγιση (και προσέγγιση που υιοθετήθηκε στην ανάπτυξη ενός πρωτότυπου μαγνητόφωνου PCM του BBC) χρησιμοποίησε ένα αναλογικό ακουστικό μαγνητόφωνο πολλών καναλιών όπου η κάθε μια από τις ψηφιακές λέξεις εγγράφονταν κατά πλάτος της ταινίας, ανά ένα bit της πλήρους λέξης σε κάθε κεφαλή. Αυτή η προσέγγιση δεν χρειάζεται πολύπλοκα κυκλώματα κωδικοποίησης και αποκωδικοποίησης (αν και εξακολουθεί να χρειάζεται η προστασία από σφάλματα) και ακόμη δεν χρειάζεται την απαίτηση υπερηχητικής πόλωσης επειδή το μόνο που απαιτείται είναι η εγγραφή της μεταβολής κατάστασης του προσήμου κάθε bit, όπως φαίνεται στο Σχ. 10.11. Με προσεκτική σχεδίαση, μπορούν να κατασκευαστούν κυκλώματα προστασίας από σφάλματα, που εμφανίζονται στις διορθώσεις που γίνονται με λεπίδες από ξυραφάκια, και έτσι να επιτρέπεται τη μηχανική διόρθωση ψηφιακών ταινιών. Αυτή η απαίτηση, που τον πρώτο καιρό της ψηφιακής εγγραφής θεωρούνταν πολύ σημαντική, σήμερα, και ιδιαίτερα με την έλευση της διόρθωσης με σκληρό δίσκο, δεν θεωρείται τίποτα ιδιαίτερο, και αυτό το είδος ψηφιακού μαγνητοφώνου χρησιμοποιείται όλο και λιγότερο.

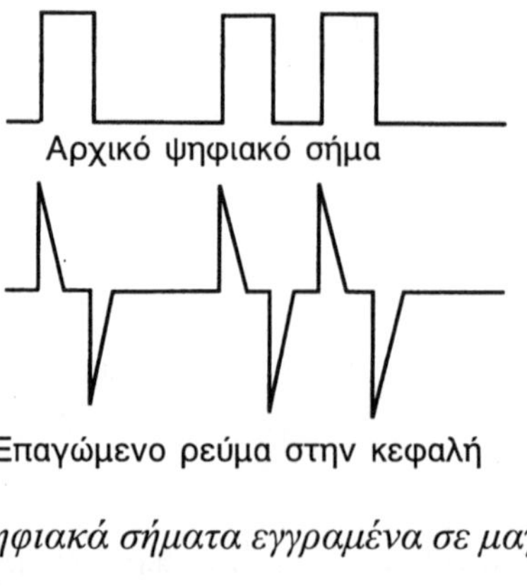

Σχ. 10.11 *Ψηφιακά σήματα εγγραμένα σε μαγνητική ταινία*

Τεχνικές συμπίεσης δεδομένων

Οι τεχνικές ελάττωσης δεδομένων ή συμπίεσης είναι σημαντικές επειδή οι παγκόσμιοι κανόνες δίνουν προτεραιότητα στις πληροφορίες. Δεν είναι δυνατόν να διαβάσουμε όλα τα βιβλία στον κόσμο ούτε μπορεί να τα αποθηκεύσουμε. Θα μπορούσαμε να ξεκινήσουμε το διάβασμα όλων των βιβλίων αν το κάνουμε ομαδική προσπάθεια. Με άλλα λόγια, μπορούμε να καταπιαστούμε με το πρόβλημα με περισσότερα από ένα μυαλά και ένα ζευγάρι μάτια. Σε διατύπωση της θεωρίας επικοινωνίας η προσέγγιση είναι γνωστή σαν αύξηση της χωρητικότητας καναλιού με διεύρυνση του εύρους ζώνης συχνοτήτων. Δεν μπορούσε, όμως, να έχουμε στη διάθεσή μας άπειρους ανθρώπους εκτός και έχουμε απεριόριστη ποσότητα χρημάτων για να τους πληρώσουμε! Με τον ίδιο τρόπο, κανείς δεν έχει στη διάθεσή του άπειρη χωρητικότητα καναλιού ούτε απεριόριστο εύρους ζώνης συχνοτήτων. Το ίδιο ισχύει και για την αποθήκευση. Σε διατύπωση υπό μορφή αξιώματος: η πληροφορία, σε όλες τις μορφές της, χρησιμοποιεί χρήσιμους πόρους, και έτσι όσο αποδοτικότερα την μεταδίδουμε και την αποθηκεύουμε, τόσο το καλύτερο. Εδώ εμφανίζεται η συμπίεση.

Αν μας έλεγαν, "Πέρασα άσχημη νύχτα, το μωρό έκλαιγε από τις 3 μέχρι τις 6!" καταλαβαίνουμε τέλεια τι εννοούν επειδή γνωρίζουμε πως ακριβώς ακούγεται το κλάμα του μωρού. Εναλλακτικά, θα μπορούσαν να μας πουν "Πέρασα άσχημη νύχτα, το μωρό έκανε ουά, ουά, ουά, ουά, ..." και να συνέχιζαν για 3 ώρες. Αν το δοκιμάσουμε θα χάσουμε πολλούς φίλους επειδή σε κανένα δεν αρέσει αυτή η επίδειξη. Το μεγαλύτερο τμήμα της αναπαράστασης των τριών ωρών είναι περιττό. Σε διατύπωση της θεωρίας επικοινωνιών, λέμε ότι το δεύτερο μήνυμα έχει μεγάλο βαθμό πλεονασμού. Το τέχνασμα κάθε συστήματος συμπίεσης είναι η εξαγωγή του περιεχομένου των απαραίτητων πληροφοριών, που μερικές φορές ονομάζεται εντροπία, από τον πλεονασμό. (Αν, όπως και ο συγγραφέας, δυσκολευόμαστε να αντιληφθούμε την χρήση της έννοιας της εντροπίας, ας δούμε τα παρακάτω: η εντροπία αναφέρεται εδώ σε έλλειψη σχεδίου ή μορφής, στην αταξία. Καθετί μέσα σε σήμα που έχει κάποιο σχέδιο είναι, εξ ορισμού, προβλέψιμο και κατά συνέπεια πλεονάζον. Μόνο τα τμήματα του σήματος που δεν έχουν σχήμα είναι απρόβλεπτα και κατά συνέπεια παριστάνουν πληροφορίες που είναι απαραίτητες).

Ολες οι τεχνικές συμπίεσης διαιρούνται σε συστήματα χωρίς απώλειες και σε συστήματα με απώλειες. Η συμπίεση χωρίς απώλειες χρησιμοποιεί απολαβές απόδοσης με τον τρόπο κωδικοποίησης των δεδομένων. Το μόνο που χρειάζεται για την ακριβή ανάκτηση των αρχικών δεδομένων είναι ένας αποκωδικοποιητής που εκτελεί την αντίστροφη διεργασία που έκανε ο κωδικοποιητής. Ενα τέτοιο σύστημα δεν συγχέει την εντροπία με τον πλεονασμό και άρα δεν απορρίπτει σημαντικές πληροφορίες. Ωστόσο, ούτε ο κωδικοποιητής χωρίς απώλειες διαχωρίζει τέλεια την εντροπία από τον πλεονασμό. Ενα μεγάλο τμήμα πλεονασμού παραμένει και έτσι ένα σύστημα χωρίς απώλειες μπορεί να έχει σχετικά μικρές απολαβές συμπίεσης. Οι τεχνικές συμπίεσης με απώλειες επιχειρούν μια περισσότερο πλήρη διάκριση μεταξύ εντροπίας και πλεονασμού στηριζόμενες στη γνώση των δυνατοτήτων πρόβλεψης των ανθρώπινων συστημάτων αντίληψης. Ετσι εξηγείται για ποιό λόγο τα συστήματα αυτά αναφέρεται ότι χρησιμοποιούν τεχνικές κωδικοποίησης της αντίληψης. Δυστυχώς, τα συστήματα αυτά είναι όχι μόνο από τη φύση τους περισσότερο πολύπλοκα, αλλά, επιπλέον, είναι πιθανότερο να κάνουν λάθη και να δημιουργούν λανθασμένα αποτελέσματα.

Συμπίεση χωρίς απώλειες

Ας εξετάσουμε την ακόλουθη συνεχή ροή ακουστικών byte που έχει ληφθεί από ακουστικό δείγμα:

00101011
00101011
00101011
00101011
00101011
00101011
00101100
00101100
00101100
00101100
00101100

Θα πρέπει να υπάρχει ένας περισσότερο αποδοτικός τρόπος κωδικοποίησής τους! Μας έρχεται στο νου το "έξη ομάδες 00101011 που ακολουθούνται από πέντε ομάδες 00101100". Οπως το:

00000110
00101011
00000101
00101100

Αυτή είναι η ουσία μιας τεχνικής συμπίεσης γνωστής σαν κωδικοποίηση run – length (RLE). Η RLE λειτουργεί πολύ καλά, αλλά έχει ένα πρόβλημα. Αν ένα αρχείο δεδομένων αποτελείται από δεδομένα που είναι, κυρίως, μη επαναλαμβανόμενα, η RLE κάνει το αρχείο μεγαλύτερο! Ετσι, η RLE πρέπει να γίνει προσαρμοστική για να εφαρμόζεται μόνο σε σειρές όμοιων δεδομένων (όπου ο πλεονασμός είναι μεγάλος) και, όταν ο κωδικοποιητής ανιχνεύει συνεχώς μεταβαλλόμενα δεδομένα (όπου η εντροπία είναι μεγάλη), απλά να επιστρέφει στην αποστολή byte με μη συμπιεσμένη μορφή. Ακόμη, θα πρέπει να εισάγει κάποια μικρή πληροφορία στην αρχή για να καθοδηγεί τον αποκωδικοποιητή για το πότε (και πότε δεν) εφαρμόζει τον αλγόριθμο συμπίεσης.

Μια άλλη τεχνική συμπίεσης χωρίς απώλειες είναι γνωστή σαν κωδικοποίηση Huffman και είναι κατάλληλη για χρήση με σήματα όπου οι τιμές των δειγμάτων εμφανίζονται με γνωστή στατιστική συχνότητα. Συχνά αναφέρεται η αντιστοιχία με τον κώδικα Morse, όπου γράμματα που εμφανίζονται συχνά έχουν απλούς συνδυασμούς και γράμματα που εμφανίζονται όχι συχνά έχουν περισσότερο πολύπλοκους συνδυασμούς. Μια παρόμοια τεχνική, γνωστή με το λαμπρό όνομα αλγόριθμος Lempel-Ziv-Welch (LZW), βασίζεται στην κωδικοποίηση επαναλαμβανόμενων αλυσσίδων ή σχεδίων δεδομένων. Ο LZW, που μοιάζει λίγο με την κωδικοποίηση Huffman, δημιουργεί έναν πίνακα κοινών σχεδίων και κωδικοποιεί ειδικές στιγμές σχεδίων με "δείκτες" που αναφέρονται σε ακολουθίες στον πίνακα με πολύ μεγαλύτερο μήκος. Ο αλγόριθμος δεν χρησιμοποιεί μια προκαθορισμένη ομάδα σχεδίων αλλά, αντίθετα, δημιουργεί έναν πίνακα σχεδίων που "βλέπει" από τα εισερχόμενα δεδομένα. Η τεχνική LZW είναι πολύ αποτελεσματική, καλύτερη ακόμη και από την RLE. Αλλά για τους πραγματικά μεγάλους λόγους συμπίεσης που χρειάζονται για την μετάδοση και αποθήκευση του audio υψηλής ποιότητας με ζεύξεις μικρού εύρους ζώνης συχνοτήτων, χρειάζονται διαφορετικές προσεγγίσεις, που βασίζονται στην κατανόηση των λειτουργιών της ανθρώπινης αντίληψης.

Από πλευράς αρχής, το μηχανολογικό πρόβλημα που παρουσιάζεται με τις μικρές ταχύτητες δεδομένων, και κατά συνέπεια στην μειωμένη ψηφιακή ανάλυση, δεν είναι διαφορετικό από το πανάρχαιο αναλογικό πρόβλημα της μειωμένης δυναμικής περιοχής. Στα αναλογικά συστήματα, έχουν χρησιμοποιηθεί εδώ και πολλά χρόνια συστήματα ελάττωσης θορύβου (είτε συμπληρωματικά, δηλ. που αφορούν σε κωδικοποίηση και συμπληρωματική αποκωδικοποίηση όπως το Dolby B και το dbx1, είτε μονοτερματικά όπως το σύστημα που περιγράφεται με λεπτομέρειες στο Κεφάλαιο 6) για να ενισχύσουν τη δυναμική περιοχή συστημάτων μετάδοσης που από τη φύση του περιέχουν θόρυβο όπως η αναλογική μαγνητική ταινία. Ολα αυτά τα αναλογικά συστήματα στηρίζονται σε μια μέθοδο που ονομάζεται "συστολοδιαστολή", μια λέξη που προέρχεται από σύντμηση των λέξεων συστολή και διαστολή. Η δυναμική περιοχή ελαττώνεται εσκεμμένα (συστολή) κατά την επεξεργασία στο στάδιο εγγραφής και ανακτάται (διαστέλλεται) στα ηλεκτρονικά αναπαραγωγής. Σε μερικά συστήματα αυτή η συστολοδιαστολή ενεργεί σε όλη την περιοχή συχνοτήτων (το dbx είναι ένα τέτοιο είδος). Αλλα ενεργούν σε επιλεγμένη περιοχή συχνοτήτων (τα Dolby A, B, C και SR). Θα δούμε ότι η αρχή της συστολοδιαστολής ισχύει ακριβώς με τον ίδιο τρόπο σε ψηφιακά συστήματα ελάττωσης δεδομένων. Επιπλέον ισχύει και η διάκριση για ψηφιακές εφαρμογές μεταξύ συστημάτων που ενεργούν σε όλο το φάσμα ακουστικών συχνοτήτων και συστημάτων που δρούν επιλεκτικά σε περιοχές συχνοτήτων (υποζώνες). Βέβαια, τα ψηφιακά συστήματα έχουν προχωρήσει την αρχή λειτουργίας των υποζωνών σε επίπεδα που κανείς δεν θα μπορούσε να φανταστεί σε αναλογικές εφαρμογές.

Ενδιάμεσα συστήματα συμπίεσης

Ας εξετάσουμε τις εξής ψηφιακές τιμές των 8 bit: 00001101, 00011010, 00110100, 0110100 και 11010000. (Χρησιμοποιούνται παραδείγματα των 8 bit επειδή είναι ευκολότερα αλλά οι παρακάτω αρχές ισχύουν με τον ίδιο ακριβώς τρόπο και σε ψηφιακά ακουστικά δείγματα των 16 bit ή και σε οποιοδήποτε μήκος λέξης.) Οι τιμές αυτές μπορούν να γραφούν το ίδιο σωστά σαν:

$$00001101 = 1101 \times 1$$
$$00011010 = 1101 \times 10$$
$$00110100 = 1101 \times 100$$
$$01101000 = 1101 \times 1000$$
$$11010000 = 1101 \times 10000$$

Αν θεωρήσουμε τους πολλαπλασιαστές 1, 10, 100 κοκ σαν δυνάμεις του 2, τότε είναι πολύ εύκολο να αντιληφθούμε ότι η παραπάνω παράσταση είναι μία λογαριθμική περιγραφή (λογαρίθμων με βάση το 2) με δεκαδικό μέρος λογαρίθμου των 4 bit και εκθέτη 3 bit. Ετσι, ήδη έχουμε σώσει 1 bit στα 8 (ελάττωση δεδομένων κατά 20%). Βέβαια έχουμε πληρώσει κάποιο τίμημα επειδή έχουμε θυσιάσει την ακρίβεια στις μεγαλύτερες τιμές περικόπτοντας τα δεκαδικά μέρη σε 4 bit. Αυτό, πάντως, είναι δυνατό σε όλες τις περιπτώσης audio εξαιτίας της αρχής της επικάλυψης η οποία βρίσκεται κάτω από τη λειτουργία όλων των συστημάτων ελάττωσης θορύβου (βλ. Κεφάλαιο 2). Με απλά λόγια η επικάλυψη είναι η αιτία για την οποία κάνουμε μεγάλο κόπο για να ακούσουμε μια συνομιλία σε πολυσύχναστο δρόμο για την οποία δεν μπορούμε να ακούσουμε το χτύπο ωρολογιού όταν παίζει η τηλεόραση: οι δυνατοί ήχοι επικαλύπτουν τους αδύνατους. Ετσι η λογαριθμική παράσταση έχει νόημα επειδή η ανάλυση διατηρείται σε χαμηλές στάθμες αλλά θυσιάζεται σε υψηλές στάθμες όπου το σήμα προγράμματος επικαλύπτει τα σχετικά μικρά σφάλματα κβαντοποίησης που προκύπτουν.

NICAM

Μπορούν να γίνουν και άλλες μειώσεις επειδή τα πραγματικά ακουστικά σήματα δεν μεταβάλλονται στιγμιαία από πολύ μεγάλες σε πολύ μικρές τιμές, έτσι ώστε η τιμή του εκθέτη να μεταδίδεται λιγότερο συχνά από το δεκαδικό μέρος. Αυτή είναι η αρχή της τεχνικής τηλεόρασης stereo NICAM που προέρχεται από τα αρχικά των λέξεων Near Instantaneous Companded Audio Multiplex (Σχεδόν Στιγμιαία Πολύπλεξη Συμπιεσμένου Audio). Στο NICAM 782, δείγματα των 14 bit μετατρέπονται σε δεκαδικά μέρη των 10 bit σε ομάδες των 32 δειγμάτων με ένα κοινό εκθέτη των 3 bit. Πρόκειται για μια θαυμάσια και άμεση τεχνική που, όμως, εξασφαλίζει μικρές μόνο ελαττώσεις δεδομένων περίπου 30%.

Ψυχοακουστικά σήματα επικάλυψης

Τα συστήματα συστολοδιαστολής ευρείας ζώνης συχνοτήτων βλέπουν πολύ απλά το φαινόμενο επικάλυψης, και στηρίζονται κυρίως στο γεγονός ότι το υλικό προγράμματος θα καλύπτει το θόρυβο του συστήματος. Η πραγματική, όμως, επικάλυψη, είναι ένα περισσότερο πολύπλοκο φαινόμενο. Στην ουσία λειτουργεί σε ζώνες συχνοτήτων και σχετίζεται με τον τρόπο με τον οποίο το ανθρώπινο αυτί εκτελεί μηχανική ανάλυση Fourier του εισερχόμενου ακουστικού σήματος. Αποδεικνύεται (Κεφάλαιο 2) ότι ένας δυνατός ήχος επικαλύπτει έναν αδύνατο μόνο όταν ο δυνατός ήχος έχει μικρότερη συχνότητα από τον αδύνατο, και μόνο όταν και τα δύο σήματα είναι σχετικά παραπλήσιας συχνότητας. Σ' αυτό το φαινόμενο οφείλεται το γεγονός ότι όλα τα συστήματα συστολοδιαστολής ευρείας ζώνης συχνοτήτων πετυχαίνουν μικρές μόνο σχετικές απολαβές. Οσο περισσότερα δεδομένα θέλουμε να απορρίψουμε τόσο περισσότερο ευφυής πρέπει να είναι ο αλγόριθμός μας ελάττωσης δεδομένων κατά την εκτίμηση του φαινομένου ανθρώπινης επικάλυψης. Αυτά τα συστήματα συστολής ονομάζονται ψυχοακουστικά συστήματα και, όπως θα δούμε, μερικά είναι πολύ ευφυή.

PASC

Δεν είναι μεγάλο ψέμα να πούμε ότι το αποτυχημένο σύστημα της Philips Digital Compact Cassette (DCC) ήταν η πρώτη μη επαγγελματική μορφοποίηση ψηφιακής ακουστικής ταινίας. Οπως είδαμε, και άλλες ψηφιακές ακουστικές εξελίξεις χάθηκαν στα βάθη της τεχνολογίας video. Το CD ανυψώθηκε από τις στάχτες των μηχανημάτων Laserdisc της Philips και τα μηχανήματα DAT χρησιμοποιούν την τεχνική περιστρεφόμενης κεφαλής καταγραφής ταινίας που αρχικά αναπτύχθηκε για μηχανήματα video μορφοποίησης B και C 1 ίντσας, και αργότερα έτυχε εκμετάλλευσης σε καταγραφικά βιντεοταινίας U-matic και σε οικιακά μηχανήματα video. Είναι τιμητικό για την Philips το γεγονός ότι, κατά την ανάπτυξη της Digital Compact Cassette, επέλεξε να μη ακολουθήσει τόσο πολλούς άλλους κατασκευαστές στο δρόμο της τροποποιημένης τεχνολογία video. Μέσα σε ένα μηχάνημα DCC, δεν υπάρχει κεφαλή δίπλωσης, δεν υπάρχει περιστρεφόμενη κεφαλή και υπάρχουν λίγα κινούμενα εξαρτήματα ακριβείας. Μέχρι να εμφανιστεί η DCC, για την αποθήκευση του τεράστιου όγκου πληροφοριών που χρειάζονται για ψηφιακό ακουστικό σήμα υψηλής ποιότητας έπρεπε να χρησιμοποιηθεί μέσο κατάλληλο για εγγραφή του πολύπλοκου σήματος εικόνας έγχρωμης τηλεόρασης. Το αξιοσημείωτο τεχνολογικό επίτευγμα της Philips της συμπίεσης δύο ψηφιακών ακουστικών καναλιών stereo υψηλής ποιότητας σε τελική ταχύτητα δεδομένων 384 kBaud έγινε δυνατό, απλά, με απαλλαγή από την πλειονότητα (75%) των ψηφιακών ακουστικών δεδομένων! Η Philips ονόμασε αυτή την τεχνική της, ελάττωση ταχύτητας των bit ή συμπίεση ταχύτητας των δεδομένων, Precision Adaptive Sub-band Coding (PASC).

Στην PASC, όλη η ακουστική ζώνη διαιρείται σε 32 υποζώνες συχνότητας, με τη βοήθεια ψηφιακού κυματικού φίλτρου. Με μια πρώτη ματιά, φαίνεται ότι η διεργασία αυτή θα αυξήσει τρομακτικά την ποσότητα δεδομένων που πρέπει να τύχουν επεξεργασίας, ή τουλάχιστο κατά 32 φορές! Αυτό όμως δεν συμβαίνει, επειδή η έξοδος της συστοιχίας φίλτρων, για κάθε ζώνη συχνοτήτων, έχει ταχύτητα το 1/32 της αρχικής ταχύτητας δειγματοληψίας. Αν αυτό δεν γίνεται κατανοητό εύκολα, ας δούμε ακόμη μια φορά τον μετασχηματισμό Fourier στο Κεφάλαιο 2, όπου δίνονται οι λεπτομέρειες του διάκριτου μετασχηματισμού Fourier και θα παρατηρήσουμε ότι εδώ εκτελείται μια πολύ παρόμοια διεργασία. Παρατηρούμε ότι όταν γίνεται δειγματοληψία μίας περιοδικής κυματομορφής n φορές, και αυτή μετασχηματίζεται, το αποτέλεσμα αποτελείται από n συνιστώσες συχνοτήτων. Ας φανταστούμε ότι υπολογίζουμε το μετασχηματισμό για μία περίοδο 32 δειγμάτων: 32 διαφορετικοί υπολογισμοί θα δώσουν 32 τιμές. Με άλλα λόγια η ταχύτητα δεδομένων είναι ίδια στην περιοχή συχνοτήτων με την ταχύτητα στην περιοχή χρόνου. Στην πραγματικότητα αυτό δεν πρέπει να μας κάνει εντύπωση αφού και τα δύο περιγράφουν ακριβώς το ίδιο πράγμα με τον ίδιο απολύτως βαθμό ακρίβειας. Οι τιμές των δειγμάτων, από τη στιγμή που έχουν σπάσει σε υποζώνες, εκφράζονται με το δεκαδικό μέρος και με τον εκθέτη όπως ακριβώς εξηγήσαμε παραπάνω. Ετσι, το audio ομαδοποιείται σε διάκριτες χρονικές περιόδους και η μέγιστη τιμή σε κάθε ομάδα χρησιμοποιείται για τον καθορισμό του “προφίλ” επικάλυψης σε κάθε χρονική στιγμή και έτσι για να προβλέπει την ακρίβεια του δεκαδικού μέρους με την οποία μπορούν να ελαττωθούν τα δείγματα αυτής της υποζώνης χωρίς να γίνουν αντιληπτά τα σφάλματά τους κβαντοποίησης.

Παρά την εμπορική αποτυχία της DCC, οι τεχνικές που χρησιμοποιήθηκαν στο PASC είναι ενδεικτικές για τις τεχνικές που σήμερα χρησιμοποιούνται ευρέως στη βιομηχανία ψηφιακής ακουστικής. Για παράδειγμα, το PASC μοιάζει πολύ με το σχήμα ακουστικής συμπίεσης που χρησιμοποιείται σαν τμήμα του προτύπου κινούμενου video και audio MPEG. Πρέπει να σημειωθεί η ομοιότητα των κωδικοποιημένων δεδομένων με την παράσταση μετασχηματισμού Fourier. Μάλιστα, σε μια διεργασία που αναπτύχθηκε για μια παρόμοια εφαρμογή, το σχήμα συμπίεσης για Mini Disc της Sony χρησιμοποιεί μια παράσταση περιοχής συχνοτήτων με χρήση μιας παραλλαγής της μεθόδου DFT γνωστής σαν διάκριτου μετασχηματισμού συνημιτόνου (DCT).

Ο διάκριτος μετασχηματισμός συνημιτόνου

Ο DCT εκμεταλλεύεται ένα ξεχωριστό χαρακτηριστικό της συνάρτησης συνημιτόνου, η οποία φαίνεται στο Σχ. 10.12, δηλαδή ότι η συνάρτηση συνημιτόνου είναι συμμετρική ως προς της αρχή των χρόνων. Στην πραγματικότητα, αληθεύει ότι κάθε κυματομορφή που είναι συμμετρική ως προς μια αυθαίρετη “αρχή συντεταγμένων” αποτελείται αποκλειστικά από συναρτήσεις συνημιτόνου. Ισως αυτό γίνεται δύσκο-

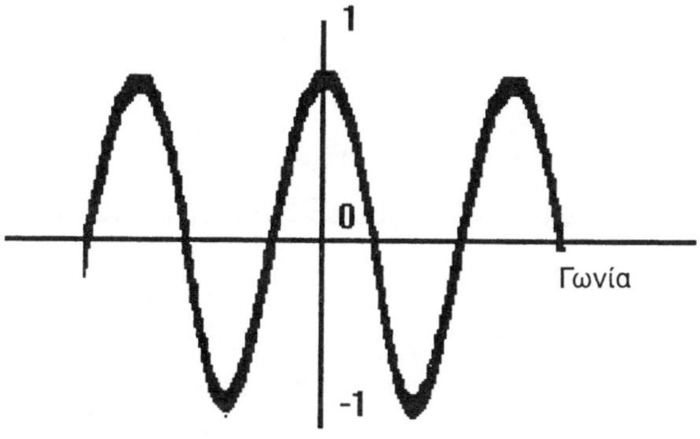

Σχ. 10.12 *Συνάρτηση συνημιτόνου*

λα πιστευτό, αλλά ας προσπαθήσουμε να προσθέσουμε και άλλες συναρτήσεις συνημιτόνου στην καμπύλη που φαίνεται στο Σχ. 10.12. Δεν έχει σημασία το μέγεθος και η περίοδος των κυμάτων που προσθέτουμε, η καμπύλη θα είναι πάντοτε συμμετρική ως προς την αρχή συντεταγμένων. Οταν πρόκειται να εκτελέσουμε μετασχηματισμό Fourier, το να γνωρίζουμε ότι η συνάρτηση που θα μετασχηματιστεί αποτελείται μόνο από συνημίτονα, σίγουρα αποτελεί σημαντική βοήθεια, επειδή το γεγονός αυτό μειώνει τις μαθηματικές πράξεις στο μισό (βλ. Κεφάλαιο 2). Αυτό ακριβώς συμβαίνει στον DCT. Μια ακολουθία δειγμάτων της εισερχόμενης κυματομορφής αποθηκεύεται και κατοπτρίζεται σε κάποια αρχή συντεταγμένων και στη συνέχεια εκτελείται το ένα δεύτερο του μετασχηματισμού Fourier. Οταν εκτελείται ο αντίστροφος μετασχηματισμός της κυματομορφής, απλά αγνοείται το πρώτο μισό της κυματομορφής, και εμφανίζεται η αρχική δομή της.

Ψηφιακή παραγωγή audio

Εχουμε, ήδη, εξετάσει τα τεχνικά πλεονεκτήματα της επεξεργασίας και εγγραφής ψηφιακών σημάτων σε σχέση με το παλαιότερο αναλογικό τους αντίστοιχο. Θα εξετάσουμε, τώρα, την λειτουργική επίδραση της τεχνολογίας αυτής, που έχει φέρει μαζί της μια σειρά νέων εργαλείων και μερικά νέα προβλήματα.

Ψηφιακοί ακουστικοί σταθμοί εργασίας (DAW)

Μια πλατφόρμα μηχανημάτων υπολογιστή, όταν χρησιμοποιούνται σε ψηφιακή ακουστική εφαρμογή ονομάζονται ψηφιακός ακουστικός σταθμός εργασίας ή DAW (Digital Audio Workstation). Τα δύο πανταχού παρόντα πρότυπα στο στίβο της ακουστικής είναι η οικογένεια υπολογιστών Macintosh της Apple (ή “Mac”) που χρησιμοποιούν επεξεργαστές Motorola, και ο PC της IBM και οι συμβατοί (PC) που χρησιμοποιούν επεξεργαστές της Intel. Ο Macintosh ήταν πάντα “ακουστικά έτοιμος” επειδή ήταν σχεδιασμένος με ακουστική δυνατότητα πέρα από το ανόητο “μπιπ” του PC. Και άλλοι μικροί προσωπικοί υπολογιστές (ιδιαίτερα ο Atari ST) έγιναν δημοφιλείς σε μουσικές εφαρμογές. Ο υπολογιστής Atari ST (Σχ. 10.13) ήταν άλλος ένας υπολογιστής που βασιζονταν στον επεξεργαστή 68000 (όπως ο Mac της Apple). Ο Atari, που είχε ένα ισχυρό λειτουργικό σύστημα βασισμένο σε μνήμες ROM και επιφάνεια εργασίας που έμοιαζε πολύ με την σημερινή πολύ συνηθισμένη επιφάνεια εργασίας των Windows, ήταν πριν από την εποχή του στην αρχή της δεκαετίας του 1980. Ωστόσο, ο Atari ST οφείλει την εκπληκτική του επιτυχία, και τη συνεχιζόμενη εκπρόθεσμη προ πολλού ύπαρξή του σε πολλά στούντιο ηχογράφησης, στην απόφαση των σχεδιαστών να συμπεριλάβουν υποδοχές MIDI IN και OUT στο πλευρό του μηχανήματος. Το γεγονός αυτό έκανε τον Atari τη μοναδική έτοιμη πλατφόρμα sequencer MIDI με "plug and play", ένα γεγονός που φαίνεται από το πλήθος των προϊόντων λογισμικού που σχεδιάστηκαν γι' αυτόν.

Οι Power PC και Power Mac είναι μηχανήματα κατασκευασμένα με επεξεργαστή υπολογισμών με ελαττωμένο σύνολο εντολών (RISC) το οποίο αναπτύχθηκε από κοινού από τις IBM, Apple και Motorola. Είναι σχεδιασμένο να λειτουργεί με λογισμικό που υποστηρίζει εφαρμογές και για PC και για Mac και να είναι ιδιαίτερα καλό στη διαχείριση μεγάλων αρχείων δεδομένων που είναι τυπικά σε εξαρτήματα μέσων επικοινωνίας. Η τεχνολογία RISC χρησιμοποιείται ιδιαίτερα σε υπολογιστές σταθμών εργασίας. Οι υπολογιστές που έχουν σχεδιαστεί και κατασκευαστεί από την Αμερικάνικη εταιρία υπολογιστών υψηλής τεχνολογίας Silicon Graphics, Inc. (SGI), χρησιμοποιούν την τεχνολογία RISC σε μεγάλη έκταση. Η θυγατρική της SGI, MIPS Technologies, Inc., σχεδιάζει την τεχνολογία επεξεργαστών RISC στα μηχανήματα της SGI. Ο νέος επεξεργαστής RISC, R5000 της MIPS, δίνει μέγιστο 480 εκατομμυρίων πράξεων κινητής υποδιαστολής ανά δευτερόλεπτο (MFLOPS), μέχρι και δύο φορές ταχύτερα από τον Pentium Pro 200 MHz της Intel και πάνω από επτά φορές ταχύτερα από τον Pentium 133 MHz! Οι σταθμοί εργασίας της Silicon Graphics χρησιμοποιούνται και στην ακουστική παραγωγή υψηλής ποιότητας.

Σχ. 10.13 *Υπολογιστής Atari ST*

Η SGI είναι ο κυριότερος κατασκευαστής συστημάτων οπτικών υπολογισμών υψηλής απόδοσης. Η εταιρία διαθέτει γραφικά τριών διαστάσεων με αλληλεπίδραση, ψηφιακά μέσα και υπερυπολογιστικές τεχνολογίες πολυεπεξεργασίας σε επαγγελματίες τεχνικούς, επιστήμονες και καλλιτέχνες. Η Silicon Graphics κατασκευάζει μερικά από τα καλύτερα εργαλεία για δημιουργία πολυμέσων, καθώς και πακέτα video, audio και γραφικών. Διαθέτει, επίσης, εξειδικευμένα εργαλεία για HTML, δημιουργία και υπηρεσίες σελίδων υπερμέσων για δημιουργία πολυμέσων στο Internet / WWW. Η Silicon Graphics έχει την έδρα της στο Mountain View της Καλιφόρνιας. Στα προϊόντα της SGI συγκαταλέγεται και το Indy, που είναι ένας "πολύτιμος" σταθμός εργασίας RISC με αρχιτεκτονική συστήματος των 64 bit και επεξεργαστές MIPS. Στην πλευρά audio έχει ψηφιακές I/O audio καθώς και αναλογικές θύρες. Επίσης, το Indigo 2, που προορίζεται σαν οικονομική επιτραπέζια λύση στη θέση παλαιότερων μηχανήματων παραγωγής video. Το Onyx είναι ένας υπερυπολογιστής με ειδικότητα στα γραφικά! Η SGI κατασκευάζει και τον CHALLENGE Media Server για περιβάλλον εκπομπών τηλεόρασης. Ο Πίνακας 10.2 είναι η προδιαγραφή του ακουστικού υποσυστήματος για το Onyx και το CHALLENGE και αντιπροσωπεύει την τυπική ψηφιακή ακουστική λειτουργία επιτραπέζιου audio. Προβλέπεται είσοδος μικροφώνου και έξοδος ακουστικών αλλά αυτές οι τιμές δεν αναφέρονται.

Επεξεργασία με σκληρό δίσκο

Μέχρι πρόσφατα, το mastering των περισσότερων ηχογραφήσεων πραγματοποιούνταν σε αναλογική μαγνητική ταινία δύο καναλιών. Ανεξάρτητα αν η εκτέλεση γίνονταν είτε από σολίστα, είτε από μικρό κλασσικό ανσάμπλ ή ανσάμπλ ροκ, είτε από πλήρη ορχήστρα, τα καλά "σημεία" μιας ηχογράφησης διαχωρίζονταν από τα κακά και ενώνονταν με διόρθωση λεπίδας ξυραφιού. Στην τεχνική αυτή, η ταινία κόβονταν με λεπίδα ξυραφιού και ενώνονταν με ειδική κολλητική ταινία. Η ακριβής διόρθωση με την τεχνική αυτή ήταν δυνατή επειδή στις επαγγελματικές εγγραφές χρησιμοποιούνταν μεγάλες ταχύτητες ταινίας, και πολλές εξαιρετικές ηχογραφήσεις έγιναν με τον τρόπο αυτό. Κάθε τεχνικός που έχει ασχοληθεί με διόρθωση λεπίδας ξυραφιού γνωρίζει ότι η εμπειρία είναι ικανοποιητική αλλά πάντοτε δύσκολη και κουραστική. Η αιτία είναι ότι μια διόρθωση σε λάθος χρόνο και με λάθος κρίση είναι δύσκολο να διορθωθεί μετά το πρώτο "κόψιμο"! Μάλιστα, μερικές φορές γίνονταν αντίγραφο διόρθωσης από τις αρχικές κύριες ταινίες για την περίπτωση που αυτές θα καταστρέφονταν ανεπανόρθωτα εξαιτίας κακής διόρθωσης. Δυστυχώς, επειδή η αναλογική εγγραφή ποτέ δεν είναι τέλεια, αυτό σήμαινε ότι με τη διόρθωση υπήρχε απώλεια μιάς βαθμίδας ποιότητας πριν η κύρια ταινία φύγει από το στούντιο για παραγωγή. Η έλευση του ψηφιακού audio έφερε νέες δυνατότητες στη διόρθωση ήχου. Εκτός από τα φανερά πλεονεκτήματα της ψηφιακής αποθήκευσης, ότι δηλαδή από τη στιγμή που το ακουστικό σήμα βρεθεί σε στιβαρή ψηφιακή

Πίνακας 10.2

Αριθμός καναλιών	**4 αναλογικά (των 16 bit), 2 ψηφιακά (των 24 bit)**
Διαδρομή αναλογικής εισόδου	
Σύνθετη αντίσταση εισόδου Z	**20 KΩ**
Πλάτος εισόδου	**από 0.63 Vp-t-p μέχρι 8.4 p-p για πλήρη διαμόρφωση (αυτή η τιμή ρυθμίζεται με λογισμικό)**
Απόκριση συχνότητας	**±0.81 dB από 20 Hz μέχρι 20 kHz**
THD + θόρυβος	**λιγότερα από 0.007% από 20 Hz μέχρι 20 kHz**
Παραμένων θόρυβος	**–86 dB μη ισοσταθμισμένος**
Διαφωνία	**–82 dB σε 1 kHz, -67 dB σε 20 kHz**
Είδος ADC	**delta-sigma των 16-bit**
Διαδρομή αναλογικής εξόδου	
Σύνθετη αντίσταση εξόδου Z	**600 Ω**
Στάθμη εξόδου	**4.7 Vp-t-p (4.4 dBV) για 0 dBFS**
Ταχύτητες δειγματοληψίας	**32 kHz, 44.1 kHz, 48 kHz ή επιλεγόμενες υποδιαιρέσεις**
Απόκριση συχνότητας	**±1.2 dB από 20 Hz μέχρι 20 kHz**
THD + θόρυβος	**λιγότερα από 0.02% από 20 Hz μέχρι 20 kHz**
Παραμένων θόρυβος	**–81 dB μη ισοσταθμισμένος**
Διαφωνία	**–80 dB σε 1 kHz, –71 dB σε 20 kHz**
Ψηφιακή σειριακή I/O	
Είδος	**μόνο ομοαξονικό**
Σύνθετη αντίσταση εισόδου Z	**75 Ω, με σύζευξη μετασχηματιστή**
Στάθμη εισόδου	**0.5 Vp-t-p στα 75 Ω**
Ταχύτητες δειγματοληψίας	**30 kHz μέχρι 50 kHz**
Σύνθετη αντίσταση εξόδου Z	**75 Ω, με σύζευξη μετασχηματιστή**
Στάθμη εξόδου	**0.5 V όταν τερματίζει σε 75 Ω**
Κωδικοποίηση	**AES-3, IEC 958**

Παρατηρούμε ότι οι θύρες εισόδου για audio (αναλογικές και ψηφιακές) συμμορφώνονται με τις καταναλωτικές στάθμες και πρακτικές, αν και η ίδια η SGI ονομάζει τις ψηφιακές εισόδους AES/EBU.

μορφή μπορεί να αντιγράφεται άπειρες φορές παρέχοντας με τον τρόπο αυτό μία ίδια ταινία “κλώνο” για διόρθωση, ο ερχομός της ικανότητας επεξεργασίας ψηφιακού audio με επιτραπέζια PC έφερε επανάσταση στον τρόπο σκέψης της ακουστικής διόρθωσης παρέχοντας μια ευελιξία που, στις μέρες των αναλογικών μηχανημάτων mastering, κανείς δεν είχε ονειρευτεί.

Η διόρθωση ψηφιακού audio με επιτραπέζιο μικροϋπολογιστή έχει δύο κύρια πλεονεκτήματα:

1. Μπορεί να γίνει διόρθωση με ακρίβεια δείγματος, μια διακοπή μπορεί να γίνει

με ακρίβεια 1/40.000 του δευτερολέπτου!

2. Μία διόρθωση μπορεί να πραγματοποιηθεί χωρίς καταστροφή, πράγμα που σημαίνει ότι όταν ο υπολογιστής πάρει εντολή να ενώσει δύο ξεχωριστές λήψεις, δεν δημιουργεί ένα νέο αρχείο με ένωση στο καθορισμένο σημείο, αλλά, αντίθετα, καταγράφει δύο δείκτες θέσης που καθοδηγούν σε επόμενη αναπαραγωγή σε άλμα προς άλλη θέση δεδομένων και παίξιμο από νέο αρχείο στο σημείο εκείνο.

Με άλλα λόγια, ο υπολογιστής κάνει "κατάλογο" των διορθώσεων σε νέο αρχείο αποθηκευμένων εντολών άλματος. Το αρχείο αυτό είναι γνωστό σαν κατάλογος αποφάσεων διόρθωσης. (Υπενθυμίζουμε ότι ο σκληρός δίσκος δεν χρειάζεται να πηδά στιγμιαία σε άλλη θέση επειδή ο υπολογιστής διατηρεί μερικά δευτερόλεπτα ακουστικών δεδομένων σε μνήμη cache της RAM). Το γεγονός αυτό ανοίγει δυνατότητα για σχεδόν απεριόριστες διορθώσεις έτσι ώστε να συναρμολογηθεί μια "τέλεια" εκτέλεση. Οι διορθώσεις είναι δυνατόν να εξεταστούν και να ακουστούν πολλές φορές χωρίς ποτέ να "λερωθούν" τα αρχικά αρχεία ήχου.

Διόρθωση audio μικρού κόστους

Οι περισσότερες κάρτες ήχου υπολογιστή, όπως η Soundblaster της Creative Labs, περιέχουν ένα πρωτόγονο λογισμικό επιδιόρθωσης αρχείων ήχου. Συνήθως αυτό επιτρέπει μία "διόρθωση συνένωσης" (την ακριβή αντιστοιχία της σύνδεσης λάμας ξυραφιού) μεταξύ διαφορετικών αρχείων ήχου ή μεταξύ δεδομένων που βρίσκονται στο clipboard του υπολογιστή με περίπου τον ίδιο τρόπο που ένας επεξεργαστής κειμένου εργάζεται στα αρχεία κειμένου. Το πρόγραμμα Wave Studio της Creative Lab είναι αρκετά ισχυρό και δέχεται κάποιους χειρισμούς (όπως η ικανότητα ξεχωριστής λειτουργίας του αριστερού και δεξιού καναλιού σήματος stereo) που ξεπερνούν τις δυνατότητες κάποιων φτηνών επαγγελματικών προγραμμάτων διόρθωσης. Πάντως, ένα μεγάλο μειονέκτημα του Wave Studio είναι ότι δεν επιτρέπει μη καταστροφική διόρθωση. Ενα φτηνό και πραγματικά θαυμάσιο πρόγραμμα έχει γραφεί από την Minnetonka Software, Inc και είναι γνωστό σαν FastEddie. Αυτό το "πολύτιμο" πρόγραμμα επιτρέπει διόρθωση χωρίς καταστροφή με ακρίβεια δείγματος, προακρόαση των διορθωμένων σημείων, ικανότητα μίξης αρχείων, χρονική "επιμήκυνση" ή συμπίεση του αρχείου WAV και κανονικοποίηση απολαβής, έτσι ώστε η απολαβή αρχείου WAV να μπορεί να αυξηθεί αρκετά ώστε η μακρύτερη απομάκρυνση στο αρχείο να μπορεί να έλθει σχεδόν σε στάθμη ψαλλιδισμού, πράγμα που θα μεγιστοποιήσει την δυναμική περιοχή. Το πρόγραμμα μπορεί, ακόμη, να χρησιμοποιηθεί για την δημιουργία ακουστικών εφφέ, όπως ηχούς και αντήχησης και αναστροφής του αρχείου ήχου, έτσι ώστε να παίζεται προς τα πίσω. Για να διευκολυνθεί η κρίση των σημείων διόρθωσης, τα περισσότερα λογισμικά επιδιόρθωσης προσφέρουν απεικόνιση κυματομορφών στην οθόνη, η οποία μπορεί να μεγεθυνθεί για εξέταση δειγμάτων ή να σμικρυνθεί για να φανούν μουσικά τμήματα ή και όλο το αρχείο.

Στο Σχ. 10.14 φαίνεται ένα παράδειγμα που είναι εικόνα ενός παράθυρου του FastEddie. Τα έντονα φωτισμένα τμήματα στο χαμηλότερο μέρος του παράθυρου που είναι μόνο για ανάγνωση είναι έτοιμα για διόρθωση στο επάνω τμήμα διόρθωσης του παραθύρου. Ανάλογα με την τιμή του, το FastEddie έχει μερικά πολύ επαγγελματικά χαρακτηριστικά, και μεταξύ τους την ικανότητα διασταυρούμενης εξασθένησης στα σημεία διόρθωσης αντί για διόρθωση συνένωσης (Σχ. 10.15). Το πλεονέκτημα αυτού του χαρακτηριστικού οφείλεται στην πολύπλοκη φύση των μουσικών ήχων. Ακόμη και αν η διόρθωση γίνει σε ακριβές σημείο μουσικού κομματιού στην ακουστική κυματομορφή δημιουργείται μια ασυνέχεια. Συνήθως, αυτή η ασυνέχεια εμφανίζεται σαν ακουστό κλικ ή "κτύπημα". Η χρήση διασταυρούμενης εξασθένησης βελτιώνει αυτά τα φαινόμενα. Το FastEddie προσφέρει δυνατότητα βαθμιαίας μείωσης και βαθμιαίας αύξησης σε όλα τα δεδομένα αρχείου ήχου.

Επαγγελματική ακουστική διόρθωση

Για επαγγελματική διόρθωση μουσικής, υπάρχουν έξυπνα συστήματα διόρθωσης, από λογικές τιμές μέχρι πολύ ακριβά. Στην ακριβή πλευρά, τα προγράμματα βασίζονται κύρια στον Mac. Η αφρόκρεμα στο πεδίο αυτό είναι το Sonic Solutions, το

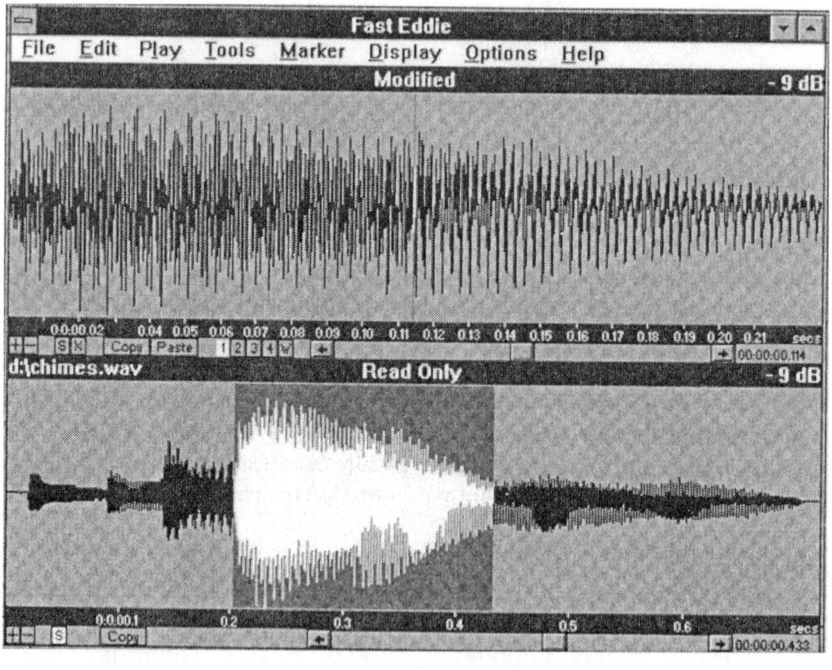

Σχ. 10.14 *Πρόγραμμα FastEddie ψηφιακής ακουστικής διόρθωσης*

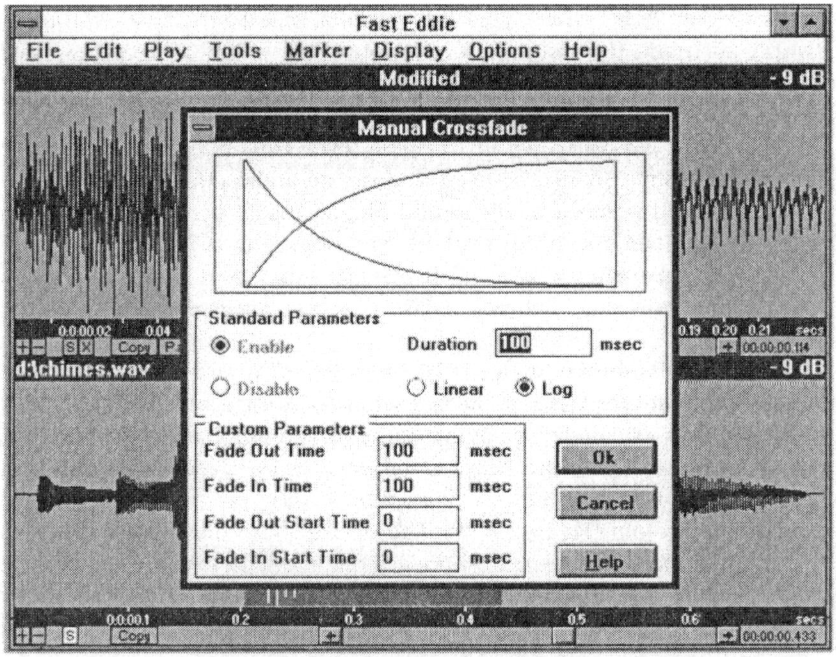

Σχ. 10.15 *Το FastEddie επιτρέπει διασταυρούμενη εξασθένηση στα σημεία διόρθωσης*

οποίο επιλέγουν οι περισσότεροι παραγωγοί μουσικής για σύστημα διόρθωσης μουσικής. Τα ακριβά συστήματα συνοδεύονται από τα δικά τους μηχανήματα, και στο σημείο αυτό, όπως και στο λογισμικό, αυτά τα συστήματα υπερτερούν σε σχέση με τα επιτραπέζια συστήματα PC που έχουν κάρτα ήχου των 16 bit. Συνήθως, οι επαγγελματικές μονάδες προσφέρουν καλύτερη ποιότητα μετατροπής A σε D και D σε A και περισσότερο διαφανή επεξεργασία σήματος.

Πρόσθετα προγράμματα

Επειδή η ακουστική παραγωγή όλο και περισσότερο πραγματοποιείται με πλατφόρμες υπολογιστών, ή σε επιφάνεια γραφείου, οι κατασκευαστές μηχανημάτων κατασκευάζουν σήμερα προγράμματα λογισμικού που μιμούνται τα εξωτερικά μηχανήματά τους με πρόγραμμα DSP (επεξεργασίας ψηφιακού σήματος). Αυτό το λογισμικό διασυνδέεται με προγράμματα μίξης και διόρθωσης (μέσω προτύπων ανταλλαγής δεδομένων που έχουν συμφωνηθεί αμοιβαία) έτσι ώστε να προσφέρουν μεταφορά εξωτερικών μηχανημάτων στην επιφάνεια γραφείου. Τα προγράμματα αυτά είναι γνωστά σαν πρόσθετα (plug-in).

Αρχεία ακουστικών δεδομένων

Η ψηφιακές παραστάσεις ήχου, όταν αποθηκεύονται σε υπολογιστή, αποθηκεύονται όπως κάθε άλλο είδος δεδομένων, δηλαδή σαν αρχεία. Υπάρχουν πολλές διαφορετικές μορφοποιήσεις αρχείων σε κοινή χρήση. Τα περισσότερα αρχεία ήχου αρχίζουν με μια επικεφαλίδα που αποτελείται από πληροφορίες που περιγράφουν τη μορφοποίηση του αρχείου. Καθορίζονται χαρακτηριστικά όπως το μήκος λέξεων, ο αριθμός καναλιών και η συχνότητα δειγματοληψίας έτσι ώστε οι ακουστικές εφαρμογές να μπορούν να διαβάσουν το αρχείο σωστά. Ενα πολύ κοινό είδος μορφοποίησης αρχείου είναι η μορφοποίηση WAV (ή Wave). Πρόκειται για καλό παράδειγμα επειδή δείχνει όλα τα τυπικά χαρακτηριστικά ενός τυπικού ακουστικού αρχείου.

Αρχεία WAV

Τα αρχεία WAV αποτελούν μια έκδοση της γενικής μορφοποίησης αρχείων RIFF. Αναπτύχθηκε με τη συνεργασία της Microsoft και της IBM. Το RIFF παρουσιάζει πληροφορίες σε προκαθορισμένες ενότητες, ενώ προηγείται μια επικεφαλίδα που καθορίζει ακριβώς τι είναι τα δεδομένα. Η μορφοποίηση αυτή μοιάζει πολύ με την μορφοποίηση AIFF που αναπτύχθηκε από την Apple (βλ. παρακάτω) στο ότι υποστηρίζει μονοκαναλικά και πολυκαναλικά δείγματα και μια ποικιλία ταχυτήτων δειγματοληψίας. Τα αρχεία WAV, όπως τα AIFF, είναι μεγάλα και χρειάζονται περίπου 10 Mbytes ανά δειγμάτων stereo των 16 bit με ταχύτητα δειγματοληψίας 44.1 kHz. Παρακάτω δίνεται μια δεκαεξαδική παράσταση των πρώτων 128 byte ενός αρχείου WAV.

```
26B7:0100 52 49 46 46 28 3E 00 00-57 41 56 45 66 6D 74 20 RIFF(>..WAVEfmt
26B7:0110 10 00 00 00 01 00 01 00-22 56 00 00 22 56 00 00 ......."V.."V..
26B7:0120 01 00 08 00 64 61 74 61-04 3E 00 00 80 80 80 80 ....data.>......
26B7:0130 80 80 80 80 80 80 80 80-80 80 80 80 80 80 80 80 ................
26B7:0140 80 80 80 80 80 80 80 80-80 80 80 80 80 80 80 80 ................
26B7:0150 80 80 80 80 80 80 80 80-80 80 80 80 80 80 80 80 ................
26B7:0160 80 80 80 80 80 80 80 80-80 80 80 80 80 80 80 80 ................
26B7:0170 80 80 80 80 80 80 80 80-80 80 80 80 80 80 80 80 ................
```

Η επικεφαλίδα δίνει στο Windows όλες τις πληροφορίες που χρειάζεται. Ορίζει το είδος του αρχείου RIFF, στην περίπτωσή μας WAVEfmt. Ας προσέξουμε τα byte που είναι υπογραμισμένα. Τα πρώτα δύο, το 22 και το 56, έχουν σχέση με τη συχνότητα δειγματοληψίας audio. Η σειρά τους πρέπει να αναστραφεί για να διαβαστεί 5622 δεκαεξαδικό, που ισοδυναμεί με το 22050 στο δεκαδικό, με άλλα λόγια δειγματοληψία 22 kHz. Τα δύο επόμενα πληροφορούν τον παίκτη μουσικής ότι το αρχείο ήχου είναι 1 byte ανά δείγμα (μονοφωνικό) και 8 bit ανά δείγμα.

Αρχεία AU

Τα αρχεία AU (ή αρχεία κανόνα μ) χρησιμοποιούν ένα διεθνές πρότυπο για τη συμπίεση ακουστικών δεδομένων. Ο λόγος συμπίεσης είναι 2:1. Η τεχνική συμπίεσης βελτιστοποιείται για ομιλία (στις Ηνωμένες Πολιτείες αποτελεί πρότυπη τεχνική συμπίεσης για τηλεφωνικά συστήματα. Στην Ευρώπη χρησιμοποιείται ο κανόνας A). Αυτή η μορφοποίηση αρχείου συναντάται πολύ συχνά στο Internet όπου χρησιμοποιείται για μορφοποιήσεις αρχείων ".au", και είναι γνωστή και σαν μορφοποίηση "Sun audio" ή "NeXT". Αν και δεν αποτελεί την μορφοποίηση ακουστικού αρχείου της υψηλότερη διαθέσιμης ποιότητας, το μη γραμμικό, λογαριθμικό σχήμα κωδικοποίησής της έχει σαν αποτέλεσμα σχετικά μικρό μεγέθος αρχείου, ιδανικό για εφαρμογές όπου ο χρόνος μεταφοράς δεδομένων αποτελεί πρόβλημα.

AIFF και AIFC

Η Μορφοποίηση Αρχείων Ακουστικής Ανταλλαγής (AIFF) επιτρέπει την αποθήκευση μονοκαναλικών και πολυκαναλικών ήχων δειγμάτων με ποικιλία ταχυτήτων δειγματοληψίας. Η μορφοποίηση AIFF βρίσκεται συχνά σε ακριβές εφαρμογές ακουστικής εγγραφής. Η μορφοποίηση αυτή, που αρχικά αναπτύχθηκε από την Apple, χρησιμοποιείται κυρίως από εφαρμογές της Silicon Graphics και του Macintosh. Οπως συμβαίνει με τα αρχεία WAV, τα αρχεία AIFF μπορούν να είναι αρκετά μεγάλα. Ενα λεπτό ακουστικού stereo των 16 bit με δειγματοληψία 44.1 kHz συνήθως καταλαμβάνει περίπου 10 Mbyte. Η Apple, για να μπορεί το αρχείο να δέχεται συμπιεσμένα ακουστικά δεδομένα, εισήγαγε τη νέα μορφοποίηση AIFF-C, ή AIFC, που επιτρέπει την αποθήκευση συμπιεσμένων ή μη συμπιεσμένων ακουστικών δεδομένων. Η AIFC υποστηρίζει λόγους συμπίεσης μέχρι έως 6 : 1. Οι περισσότερες εφαρμογές που υποστηρίζουν αναπαραγωγή AIFF υποστηρίζουν και το AIFC.

MPEG

Η Moving Picture Expert Group (MPEG, Ομάδα Ειδικών Κινούμενης Εικόνας) του International Standards Organization (ISO, Διεθνούς Οργανισμού Προτυποποίησης) είναι υπεύθυνη για ένα από τα δημοφιλέστερα πρότυπα συμπίεσης που χρησιμοποιούνται σήμερα στο Internet. Η ακουστική συμπίεση MPEG-I, που είναι σχεδιαμένη τόσο για ακουστική όσο και για οπτική συμπίεση αρχείων, προδιαγράφει τρείς στάθμες και κάθε στάθμη προδιαγράφει τη δική της μορφοποίηση. Οι περισσότερο πολύπλοκες στάθμες χρειάζονται περισσότερο χρόνο για κωδικοποίηση αλλά παράγουν μεγαλύτερους λόγους συμπίεσης ενώ διατηρούν το μεγαλύτερο μέρος της αρχικής πιστότητας ακουστικού αρχείου. Η στάθμη I χρειάζεται το μικρότερο χρόνο συμπίεσης, αλλά η στάθμη III δίνει μεγαλύτερους λόγους συμπίεσης για αρχεία συγκρίσιμης ποιότητας.

VOC

Η Creative Voice (.voc) είναι η αποκλειστική μορφοποίηση ηχητικού αρχείου που εγγράφεται με τις κάρτες ήχου SoundBlaster και SoundBlaster Pro της Creative Lab. Η μορφοποίηση αυτή υποστηρίζει μόνο μονοφωνικά ακουστικά αρχεία των 8 bit με ταχύτητες δειγματοληψίας 44.1 kHz, και αρχεία stereo μέχρι 22 kHz.

Ακατέργαστα δεδομένα PCM

Τα ακατέργαστα δεδομένα PCM αναγνωρίζονται μερικές φορές με την επέκταση .pcm, μερικές φορές, όμως, δεν έχουν καθόλου επέκταση. Επειδή στο αρχείο δεν υπάρχουν πληροφορίες επικεφαλίδας, πρέπει να καθορίσουμε την ταχύτητα δειγματοληψίας της κυματομορφής, την ανάλυση και τον αριθμό καναλιών στα οποία θα φορτωθεί.

Κάρτες ήχου

Για σοβαρή ακουστική δουλειά, μόνο οι κάρτες των 16 bit είναι κατάλληλες, και αυτές υπάρχουν σε μια τεράστια σειρά διαφορετικών μορφών. Πρέπει, όμως, να είμαστε προσεκτικοί για πολύ άσχημα επίπεδα θορύβου. Οι υπολογιστές διαφέρουν πολύ από πλευράς καταλληλότητας σαν ακουστικές συσκευές υψηλής ποιότητας. Η οικογένεια καρτών Sound Blaster της Creative Technology Ltd είναι μια από τις περισσότερο διαδεδομένες κάρτες ήχου στον κόσμο των PC. Η Creative Labs, εκτός από το ότι με την κάρτα αυτή προσφέρει και ένα chip παραγωγής ήχου FM τεσσάρων τελεστών για σύνθεση ήχου, προσφέρει και αναβάθμιση που βασίζεται σε πίνακες κυματομορφών. Η SoundBlaster συνοδεύεται από λογισμικό διόρθωσης αρχείων ήχου. Περιλαμβάνει ένα βοηθητικό πρόγραμμα για έλεγχο του αναλογικού μίκτη της κάρτας όπου συνδυάζονται και κατευθύνονται οι διάφορες πηγές ήχου. Το πρόγραμμα αυτό ονομάζεται Creative Mixer και φαίνεται στο Σχ. 10.16. Ας σημειωθεί

Σχ. 10.16 *Βοηθητικό πρόγραμμα Creative Mixer της Creative Labs*

ότι τα πλήκτρα τύπου ολίσθησης υπάρχουν στο λογισμικό έτσι ώστε η διασύνδεση χρήστη να είναι οικεία. Υπάρχει έλεγχος για CD, για synthesizer MIDI, για αναπαραγωγή αρχείων WAV, καθώς και είσοδοι για γραμμή και μικρόφωνο. Παρέχεται και γενική εξισορρόπηση (για όλες τις πηγές).

Αρτηρία PCI εναντίον αρτηρίας ISA

Μέχρι την εμφάνιση του Pentium, τα περισσότερα PC ήταν εφοδιασμένα με αρτηρία PC / AT (η αρτηρία ISA) για σύνδεση περιφερειακών συσκευών (όπως καρτών ήχου, εξαρτημάτων πλαισίων κλπ). Η αρτηρία ISA λειτουργεί με αρτηρία δεδομένων των 16 bit, αρτηρία διευθύνσεων των 16 bit, και διαιρεμένο χρονισμό. Η αρτηρία ISA περιορίζει τις πραγματικές ταχύτητες μεταφοράς περίπου στα 1-2 Mbyte/sec, που μόλις επαρκούν για audio δύο καναλιών υψηλής ποιότητας. Η αρτηρία PCI (Peripheral Component Interconnect) είναι ενσωματωμένη στα νεώτερα PC της IBM με Pentium. Η PCI είναι τοπικός δίαυλος, που ονομάζεται έτσι επειδή είναι αρτηρία που βρίσκεται πολύ "πλησιέστερα" στην CPU. Οι τοπικοί δίαυλοι λειτουργούν με πολύ μεγαλύτερη ταχύτητα και η PCI προσφέρει σημαντικά πλεονεκτήματα λειτουργίας σε σχέση με την παραδοσιακή αρτηρία ISA, γεγονός που δίνει στα δεδομένα που μεταδίδονται μεταξύ 5 και 70 Mbyte/sec, την δυνατότητα ακουστικών εφαρμογών πραγματικού χρόνου, πολλών καναλιών. Η αρτηρία PCI είναι προδιαγραφή αρτηρίας ανεξάρτητη από τον επεξεργαστή που επιτρέπει στα περιφερειακά να προσεγγίσουν τη μνήμη του συστήματος απ' ευθείας (υπό τον έλεγχο ενός ελεγκτή τοπικού δίαυλου) χωρίς την άμεση χρήση της CPU, χρησιμοποιώντας αρτηρία δεδομένων των 32 bit και αρτηρία διευθύνσεων των 64 bit με πλήρη ταχύτητα ωρολογίου. Η εγκατάσταση και η διαμόρφωση των καρτών σύνδεσης της αρτηρίας PCI είναι πολύ περισσότερο απλή από την αντίστοιχη εγκατάσταση της αρτηρίας ISA. Αυτή η διεπιφάνεια που δεν φαίνεται από τον χρήστη, και που συνήθως ονομάζεται χαρακτηριστικό "plug-and-play" της αρτηρίας PCI, επιτυγχάνεται από το BIOS του PC το οποίο διαμορφώνει την διεύθυνση βάσης και την στάθμη διακοπών κατά την αρχική τροφοδοσία του μηχανήματος. Επειδή όλες οι κάρτες διαμορφώνονται αυτόματα, απαλείφονται οι μεταξύ τους συγκρούσεις. Η παραπάνω διεργασία στις κάρτες της αρτηρίας ISA μπορεί να γίνει μόνο με το χέρι. Η αρτηρία PCI δεν περιορίζεται στους PC. Αποτελεί την κύρια περιφεριακή αρτηρία στους PowerPC και PowerMac της Apple. Σχεδιάζεται η ενσωμάτωση της αρτηρίας PCI και σε άλλες πλατφόρμες επεξεργαστών RISC.

Δίσκοι και άλλα περιφερειακά μηχανήματα

Σήμερα υπάρχουν μονάδες CD-R ανάγνωσης / εγγραφής σε τιμές προσιτές για μικρά στούντιο ηχογράφησης, και τα μέσα εγγραφής κοστίζουν λιγότερο από 10 λίρες Αγγλίας. Οι οδηγοί CD-R συνήθως βασίζονται στο SCSI, και έτσι τα PC διαθέτουν εγκατεστημένη μία επιπλέον κάρτα επέκτασης που να δίνει αυτή τη διασύνδεση (βλ. παρακάτω). Τα εγγράψιμα CD βασίζονται σε ένα μαγνητο-οπτικό σύστημα λέϊζερ το οποίο εγγράφει με "κάψιμο" του υλικού της επιφάνειας του μέσου εγγραφής. Τα δεδομένα, από την στιγμή που εγγραφούν, δεν μπορούν να σβηστούν. Υπάρχει λογισμικό (που συνήθως περιλαμβάνεται στην αγορά του οδηγού) που δίνει τη δυνατότητα στον οδηγό να χρησιμοποιείται σαν μέσο δεδομένων ή σαν φορέας audio (ή μερικές φορές και τα δύο). Υπάρχουν πολλές διαφορετικές παραλλαγές του τυποποιημένου κατά ISO CD-ROM 9600. Οι δύο σημαντικότερες είναι ο υβριδικός δίσκος (HFS / ISO) που παρέχει υποστήριξη για CD-ROM σε Mac και PC χρησιμοποιώντας διαφορετικές διαμερίσεις και ο δίσκος μικτής λειτουργίας που έχει ένα ίχνος πληροφοριών είτε HFS (Mac) είτε ISO 9600 και στη συνέχεια ίχνη audio.

Υπάρχουν και άλλα κινητά μέσα κατάλληλα για χρήση audio, που μερικά βασίζονται σε μαγνητική αποθήκευση (όπως ο μαλακός δίσκος ή ο σκληρός οδηγός Winchester) και μερικά σε μαγνητο-οπτικές τεχνικές, που είναι πλησιέστερα στην τεχνολογία CD: Οι κασέτες Bernoulli βασίζονται στον μαλακό δίσκο και μαγνητική τεχνολογία αποθήκευσης.Υπάρχουν δίσκοι μέχρι και 150 Mbyte. Οι χρόνοι προσπέλασης είναι μικροί, περίπου 20 millisec. Οι δίσκοι SyQuest είναι παρόμοιοι. Σήμερα υπάρχουν σύγχρονες κασέτες και οδηγοί SyQuest με χωρητικότητα μέχρι και 1.3 Gbyte και χρόνους προσπέλασης 11 millisec, γεγονός που κάνει τα SyQuest το πλησιέστερο πράγμα σε φορητό σκληρό δίσκο. Οι μαγνητο-οπτικοί οδηγοί χρησιμοποιούν παρόμοια τεχνολογία με τα CD, γράφονται και διαβάζονται με χρήση λέϊζερ (η Sony είναι ο κύριος κατασκευαστής οπτικών οδηγών). Υπάρχουν μεγέθη μέχρι 1.3 Gbytes με χρόνους προσπέλασης μεταξύ 20 και 30 millisec.

Προδιαγραφές διασύνδεσης σκληρού οδηγού

Υπάρχουν πολλές προδιαγραφές διασύνδεσης για μεταφορά δεδομένων μεταξύ σκληρού δίσκου και υπολογιστή. Οι περισσότερο συνηθισμένες είναι: η SCSI (Small Computer System Interface), η πρότυπη διασύνδεσης για τους Mac της Apple, η IDE (Integrated Drive Interface) που δεν είναι τόσο γρήγορη όσο η SCSI, και η διασύνδεση Enhanced (Ενισχυμένη) IDE, που είναι νέα έκδοση της διασύνδεσης IDE η οποία υποστηρίζει μεταφορές δεδομένων συγκρίσιμες με της SCSI.

Οδηγοί IDE

Η διασύνδεση IDE ήταν σχεδιασμένη για συσκευές μαζικής αποθήκευσης όπου ο ελεγκτής είναι ενσωματωμένος στο δίσκο ή στον οδηγό CD-ROM. Ετσι αποτελεί μια εναλλακτική λύση μικρού κόστους στην διασύνδεση SCSI στην οποία η διαχείριση της διασύνδεσης είναι ξεχωριστή από τα ηλεκτρονικά του οδηγού. Η αρχική διασύνδεση IDE υποστηρίζει ταχύτητες μεταφοράς δεδομένων από περίπου 3.3 Mbyte/sec και έχει όριο 538 Mbyte ανά συσκευή. Πάντως, μια πρόσφατη έκδοση της IDE, που ονομάζεται Enhanced IDE (EIDE), ή Fast IDE υποστηρίζει ταχύτητες μεταφοράς δεδομένων περίπου 12 Mbyte/sec και συσκευές αποθήκευσης μέχρι 8.4 Gbyte. Οι αριθμοί αυτοί είναι συγκρίσιμοι με εκείνους που προσφέρει η SCSI. Ομως, επειδή η διαχείριση της διασύνδεσης γίνεται από τον οδηγό δίσκου, η IDE είναι μια πολύ απλή διασύνδεση και δεν υπάρχει σαν πρότυπο μεταξύ συσκευών, δηλ. δεν μπορούμε να συνδέσουμε εξωτερικό οδηγό με χρήση IDE. Εξαιτίας των απαιτήσεων για χωρητικότητα μνήμης εύκολα αναβαθμίσιμη, και για σύνδεση με εξωτερικές συσκευές όπως οι εγγράψιμοι οδηγοί CD, η SCSI έχει γίνει η προτιμώμενη προδιαγραφή αρτηρίας σε εφαρμογές audio.

SCSI

Η SCSI, που είναι συντομογραφία του Small Computer System Interface, είναι προδιαγραφή παράλληλης διασύνδεσης που χρησιμοποιείται από τους υπολογιστές Macintosh της Apple (και από μερικά PC) για σύνδεση περιφερειακών συσκευών σε υπολογιστές. Ολοι οι υπολογιστές Macintosh της Apple, αρχίζοντας από τον Macintosh Plus, διαθέτουν θύρα SCSI για σύνδεση συσκευών όπως μονάδων δίσκου και εκτυπωτών. Οι διασυνδέσεις SCSI προσφέρουν μεγάλες ταχύτητες μετάδοσης δεδομένων, μέχρι 40 Mbyte/sec. Επιπλέον, η SCSI είναι διασύνδεση multi-drop, πράγμα που σημαίνει ότι σε μια θύρα SCSI μπορούν να συνδεθούν πολλές συσκευές.

Αν και η SCSI είναι πρότυπο ANSI, δυστυχώς, εξαιτίας των όλο και μεγαλύτερων απαιτήσεων σε διακίνηση δεδομένων, η SCSI υπάρχει σε μια ποικιλία "γεύσεων"! Η κάθε μια χρησιμοποιείται σε διάφορες εφαρμογές στούντιο και mastering και, σαν τεχνικοί μουσικής, θα πρέπει να γνωρίζουμε τις διαφορές. Σήμερα χρησιμοποιούνται οι παρακάτω ποικιλίες SCSI:

SCSI-1: Χρησιμοποιεί αρτηρία των 8 bit, και υποστηρίζει ταχύτητες δεδομένων των 4 Mbyte/sec.
SCSI-2: Οπως η SCSI-1, αλλά χρησιμοποιεί συνδετήρα 50 ακροδεκτών αντί για συνδετήρα 25 ακροδεκτών. Αυτό εννοούν οι περισσότεροι όταν αναφέρονται σε απλή SCSI.
Fast SCSI: Χρησιμοποιεί αρτηρία των 8 bit και υποστηρίζει ταχύτητες δεδομένων των 10 Mbyte/sec.
Ultra SCSI: Χρησιμοποιεί αρτηρία των 8 bit και υποστηρίζει ταχύτητες δεδομένων των 20 Mbyte/sec.
Fast Wide SCSI: Χρησιμοποιεί αρτηρία των 16 bit και υποστηρίζει ταχύτητες δεδομένων των 20 Mbyte/sec.
Ultra Wide SCSI: Χρησιμοποιεί αρτηρία των 16 bit και υποστηρίζει ταχύτητες δεδομένων των 40 Mbyte/sec. Ονομάζεται και SCSI-3.
Κανάλι οπτικών ινών

Το Fibre Channel είναι μια αρχιτεκτονική μεταφοράς δεδομένων που αναπτύχθηκε από μια ομάδα κατασκευαστών υπολογιστών και συσκευών μαζικής αποθήκευσης. Η σημαντικότερη προδιαγραφή Fibre Channel είναι η Fibre Channel Arbitrated Loop (FC-AL) που σχεδιάστηκε για νέες συσκευές μαζικής αποθήκευσης και για άλλες περιφεριακές συσκευές που χρειάζονται πολύ μεγάλο εύρος ζώνης συχνοτήτων. Η FC-AL, με χρήση οπτικής ίνας για σύνδεση συσκευών, υποστηρίζει πλήρως αμφίδρομες ταχύτητες μεταφοράς δεδομένων 100 Mbit/sec. Αυτή η ταχύτητα μεταφοράς είναι πολύ μεγάλη για να θεωρείται πρότυπο μόνο για audio. Ωστόσο, σε εφαρμογές πολλών καναλιών και σε εφαρμογές πολυμέσων (για παράδειγμα με video), το Fibre Channel θα βρει τη θέση του στα σύγχρονα στούντιο. Μάλιστα, αναμένεται ότι η FC-AL τελικά θα αντικαταστήσει την SCSI για συστήματα αποθήκευσης υψηλής απόδοσης.

Διασύνδεση Firewire (IEEE 1394)

Η διασύνδεση “Firewire” (IEEE 1394) είναι διεθνές πρότυπη ψηφιακή διασύνδεση μικρού κόστους που έχει σαν σκοπό την ενιοποίηση της διασκέδασης, των επικοινωνιών, και των υπολογιστών στα καταναλωτικά πολυμέσα. Η Firewire, που προήλθε από την Apple Computer σαν επιτραπέζιο LAN, έχει αναπτυχθεί από την ομάδα εργασίας IEEE 1394. Η Firewire υποστηρίζει 63 συσκευές σε μια αρτηρία (η SCSI υποστηρίζει επτά, η SCSI Wide υποστηρίζει 15) και επιτρέπει τη γεφύρωση αρτηριών (σύνδεση μεταξύ τους) έτσι ώστε να δίνουν ένα θεωρητικό μέγιστο χιλιάδων συσκευών. Χρησιμοποιεί ένα λεπτό, ευκολομεταχείριστο καλώδιο που μπορεί να απλωθεί σε μεγαλύτερο μήκος μεταξύ διάφορων συσκευών απ’ ότι επιτρέπει η SCSI, η οποία υποστηρίζει μέγιστο μήκος “αλυσίδας” μόνο 7 μέτρα. Η Firewire υποστηρίζει διευθυνσιοδότηση των 64 bit με αυτόματη επιλογή διεύθυνσης και έχει σχεδιαστεί από την αρχή σαν διασύνδεση “plug-and-play”. Η Firewire μπορεί να διαχειρίζεται 10 Mbyte/sec συνεχών δεδομένων με βελτίωση της σχεδίασης, γεγονός που υπόσχεται συνεχή όγκο δεδομένων 20-40 Mbyte/sec στο πολύ κοντινό μέλλον και μακροπρόθεσμο δυναμικό πάνω από 100 Mbyte/sec. Οπως συμβαίνει στα LAN και WAN, η IEEE 1394 ορίζεται από τις διασυνδέσεις εφαρμογών υψηλής ποιότητας που την χρησιμοποιούν, και όχι από μια φυσική εφαρμογή. Ετσι, καθώς οι νέες τεχνολογίες πυριτίου θα επιτρέπουν μεγαλύτερες ταχύτητες και μεγαλύτερες αποστάσεις, η IEEE 1394 θα βελτιώνεται ώστε να γίνεται δυνατή η ανάπτυξη νέων εφαρμογών.

Παραγωγή ψηφιακού θορύβου – γεννήτριες συνεχούς κώδικα

Η δυαδική ακολουθία που παράγεται από γεννήτρια συνεχούς κώδικα φαίνεται να μην έχει λογική μορφή. Είναι, για κάθε πρόθεση και σκοπό, μια τυχαία ακολουθία δυαδικών αριθμών. Ο κώδικας παράγεται από έναν καταχωρητή μετατόπισης που είναι χρονισμένος σε μια προκαθορισμένη συχνότητα και του οποίου η είσοδος προέρχεται από δίκτυο που παράγει μια συνάρτηση των εξόδων του καταχωρητή.

Στο Σχ. 10.17 φαίνεται μια βασική μορφή γεννήτριας συνεχούς κώδικα η οποία αποτελείται από έναν καταχωρητή μετατόπισης των 4 bit που η είσοδός του προέρχεται από την έξοδο μιας πύλης Exclusive-OR, που η ίδια τροφοδοτείται από την προτελευταία και την τελευταία έξοδο του καταχωρητή μετατόπισης. Η έξοδος της γεννήτριας συνεχούς κώδικα μπορεί να ληφθεί σε σειριακή μορφή (από οποιαδήποτε από τις εξόδους μάνδαλου δεδομένων) ή σε παράλληλη μορφή (από όλες τις εξόδους μάνδαλου δεδομένων). Σε λειτουργία, ας φανταστούμε ότι η έξοδος της βαθμίδας Β ξεκινά με ένα 1 καθώς εφαρμόζεται η τροφοδοσία, αλλά ότι όλες οι άλλες έξοδοι ξεκινούν με ένα 0. Ας σημειωθεί ότι η έξοδος της πύλης XOR θα είναι 1 μόνον όταν οι είσοδοί της βρίσκονται σε διαφορετική κατάσταση (δηλ. δεν είναι ταυτόσημες). Μπορούμε, τώρα, να προβλέψουμε τη μορφή που ακολουθεί, που λαμβάνεται καθώς ο καταχωρητής μετατόπισης λαμβάνει παλμούς χρόνου:

Κατάσταση	Εξοδος
0 (αρχικό)	0,1,0,0
1	0,0,1,0
2	1,0,0,1
3	1,1,0,0
4	0,1,1,0
5	1,0,1,1
6	0,1,0,1
7	1,0,1,0
8	1,1,0,1
9	1,1,1,0
10	1,1,1,1
11	0,1,1,1
12	0,0,1,1
13	0,0,0,1
14	1,0,0,0
15	0,1,0,0
16	0,0,1,0
17	1,0,0,1
18	1,1,0,0
κ.λ.π	

Παρατηρούμε ότι, στην κατάσταση 15, η μορφή αρχίζει να επαναλαμβάνεται. Η ακολουθία αυτή είναι γνωστή σαν ακολουθία μέγιστου μήκους. Το γεγονός ότι οι καταστάσεις εξόδου είναι προβλέψιμες φανερώνει ότι η έξοδος της γεννήτριας κώδικα στην πραγματικότητα δεν είναι καθόλου τυχαία αλλά ότι είναι μια ψευδο τυχαία δυαδική ακολουθία (PRBS). Ωστόσο, η ακολουθία αυτή έχει μερικές πολύ "τυχαίες" ιδιότητες, όπως σχεδόν τον ίδιο αριθμό 1 και 0 (ας θεωρήσουμε ότι είναι μηχάνημα για κορώνα / γράμματα)! Πρακτικά, αυτή η έλλειψη του πραγματικά τυχαίου δεν έχει σημασία με την προϋπόθεση ότι η ακολουθία έχει αρκετά μεγάλο μήκος έτσι ώστε να εμφανίζεται τυχαία σε κάθε συγκεκριμένη εφαρμογή. Σε κάθε περίπτωση γεννήτριας συνεχούς κώδικα με n βαθμίδες, η ακολουθία μέγιστου μήκους από 1 και 0 επαναλαμβάνεται μετά από (2e n – 1) καταστάσεις. Ας σημειωθεί ότι, όπως φαίνεται και στο Σχ. 10.17, μπορεί να παρουσιαστεί μια παθολογική κατάσταση αν οι έξοδοι δώσουν όλες κατάσταση 0 κατά την τροφοδοσία, οπότε τα 0 θα κυκλοφορούν επ' άπειρο στην γεννήτρια συνεχούς κώδικα, με αποτέλεσμα απουσία εξόδου. Τα πραγματικά κυκλώματα πρέπει να προβλέπουν να αποτρέπεται πάντοτε η εμφάνιση μιας τέτοιας κατάστασης. Μάλιστα, ακριβώς εξαιτίας της ανάγκης να αποφεύγονται όλα αυτά τα "απαγορευμένα" μηδενικά, η έξοδος της γεννήτριας συνεχούς κώδικα, που φαίνεται στο Σχ. 10.17, αποτελείται από έναν κύκλο 15 καταστάσεων (αντί για τις 16 που περιμένουμε από διαίσθηση). Μπορεί να αποδειχτεί με μαθηματικό τρόπο ότι η δυαδική ακολουθία εξόδου από την γεννήτρια συνεχούς κώδικα έχει φάσμα συχνοτήτων που εκτείνεται από τη συχνότητα επανάληψης ολόκληρης της ακολουθίας μέχρι και πέρα από τη συχνότητα ωρολογίου. Ο θόρυβος είναι πραγματικά επίπεδος (σε όρια 0.1 dB) σε περίπου 0.12 της συχνότητας ωρολογίου (F_c). Η πηγή θορύβου είναι –3 dB στα 0.44 F_c και στη συνέχεια πέφτει γρήγορα. Για τις περισσότερες εφαρμογές (συμπεριλαμβανομένου του audio), το απλό φιλτράρισμα χαμηλής διέλευσης της ψηφιακής ακολουθίας μεγίστου μήκους έχει σαν αποτέλεσμα λευκό θόρυβο Gauss, με την προϋπόθεση ότι το σημείο διακοπής του φίλτρου χαμηλής διέλευσης είναι αρκετά χαμηλότερα από την συχνότητα ωρολογίου του καταχωρητή (έστω 0.05 F_c μέχρι 0.1 F_c) δηλαδή στην περιοχή όπου το φάσμα του ψηφιακού θορύβου είναι σταθερό. Το αναλογικό φίλτρο μπορεί να είναι ένα απλό κύκλωμα RC των 6 dB/οκτάβα, αλλά θέλουμε ένα οξύτερο ενεργό φίλτρο.

Επιπλέον ανάγνωση

Watkinson J. (1995) *Compression in Video and Audio,* Focal Press.
Watkinson J. (1994) *The Art of Digital Video.* Focal Press.
Watkinson J. (1994) *The Art of Digital Audio.* Focal Press.

Σημειώσεις

1. Παρόλα αυτά, η AES συνιστά ο ακροδέκτης 3 να είναι "φάση" ή "ενεργός" και ο ακροδέκτης 2 "επιστροφή" ή "ανενεργός".
2. Ας σημειωθεί ότι στο Κεφάλαιο 15 δίνεται μια περιγραφή των σημάτων και εννοιών video.

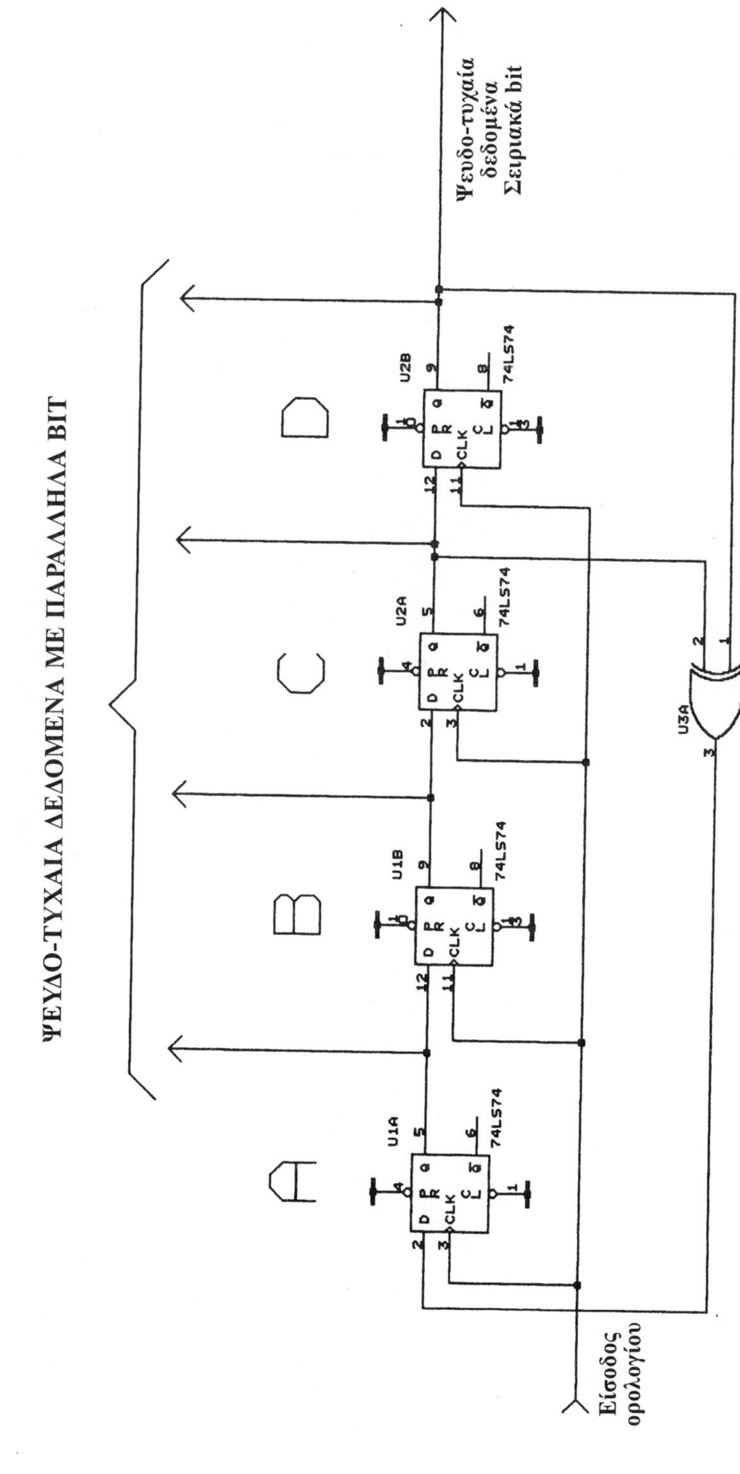

Σχ. 10.17 Γεννήτρια συνεχούς κώδικα

ΚΕΦΑΛΑΙΟ 11

Στερεοφωνικός ήχος και ήχος χώρου

Στερεοφωνία

Όταν ακούμε μουσική από στερεοφωνικό ακουστικό σύστημα δυό καναλιών, μια "εικόνα" ήχου απλώνεται στο χώρο μεταξύ των δύο μεγαφώνων. Ετσι η αναπαραγόμενη εικόνα έχει μερικά κοινά χαρακτηριστικά με τον τρόπο που η ίδια μουσική ακούγεται στην πραγματικότητα, όπου δηλαδή κάθε μουσικό όργανο ή φωνές καταλαμβάνουν, σε μεγαλύτερη ή μικρότερη έκταση, μια συγκεκριμένη και διάκριτη θέση στο χώρο. Μέχρι εδώ, σε ότι αφορά στη δημιουργία και αναπαραγωγή ενός "ηχητικού γεγονότος" με αυτή τη διεργασία, αυτή είναι θλιβερά ανεπαρκής. Πρώτο, η εικόνα είναι επίπεδη και καταλαμβάνει μόνο το χώρο που περιορίζεται από τα μεγάφωνα. Δεύτερο, ακόμη και αυτή η περιορισμένη εικόνα είναι παραμορφωμένη σε σχέση με τη συχνότητα. (Υπάρχει αντιστοιχία με τη χρωματική παρεκτροπή στην Οπτική.) Ευτυχώς, υπάρχουν σχετικά απλές τεχνικές και για τη βελτίωση των υπαρχουσών στερεοφωνικών εικόνων και για τη δημιουργία συνθετικών ηχητικών πεδίων σε κύκλο 360° γύρω από τη θέση ακρόασης. Παρακάτω στο Κεφάλαιο αυτό θα καλύψουμε τις βασικές τεχνικές στερεοφωνίας και τις νεώτερες τεχνικές, αλλά πρώτα δίνουμε μια σύντομη ανασκόπηση της ακοής χώρου, δηλαδή της ικανότητάς μας να εντοπίζουμε (να καθορίζουμε τη θέση) ήχου στο περιβάλλον μας.

Ακοή χώρου

Ο εντοπισμός ήχου στους ανθρώπους είναι αξιοπρόσεκτα οξύς. Ατομα που παίρνουν μέρος σε πειράματα, εκτός από την ικανότητα να κρίνουν την κατεύθυνση του ήχου με ακρίβεια μερικών μοιρών, μπορούν μερικές φορές να υπολογίζουν και την απόσταση της ηχητικής πηγής. Ας δούμε την περίπτωση που φαίνεται στο Σχ. 11.1, όπου ένα άτομο με το οποίο πειραματιζόμαστε βλέπει μια πηγή σταθερού ήχου σε κάποια απόσταση από την πλευρά του κεφαλιού. Οι δύο σημαντικότερες ενδείξεις που χρησιμοποιεί ο εγκέφαλος για να προσδιορίσει την κατεύθυνση ενός ήχου οφείλονται στη φύση του ήχου και στη διάδοσή του μέσα από την ατμόσφαιρα και γύρω από στερεά αντικείμενα. Μπορούμε να κάνουμε δύο αξιόπιστες παρατηρήσεις:

1. σε υψηλές συχνότητες, η σχετική ένταση ήχου στα δύο αυτιά είναι διαφορετική, επειδή το πλησιέστερο αυτί λαμβάνει εντονότερο σήμα σε σύγκριση με το απο-

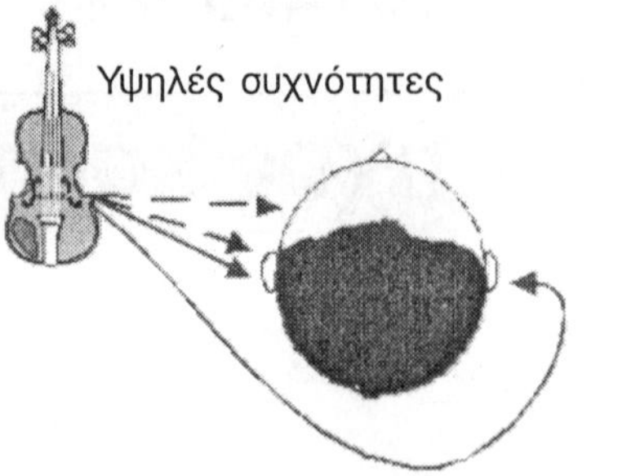

Σχ. 11.1 *Κεφάλι και ηχητική πηγή*

μακρυσμένο αυτί, και

2. σ' όλες τις συχνότητες, υπάρχει καθυστέρηση μεταξύ του ήχου που φτάνει στο πλησιέστερο αυτί και στο απομακρυσμένο αυτί.

Μπορεί να δειχτεί ότι και τα δύο φαινόμενα βοηθούν το νευρικό σύστημα στην κρίση του σχετικά με τη θέση της ηχητικής πηγής: στις υψηλές συχνότητες, το κεφάλι ρίχνει μια ενεργή ακουστική "σκιά" που λειτουργεί σαν χαμηλοπερατό φίλτρο και εξασθενεί τις υψηλές συχνότητες που φτάνουν στο μακρινό αυτί, δίνοντας έτσι την ικανότητα στο νευρικό σύστημα να χρησιμοποιήσει διαωτικές (interaural - μεταξύ αυτιών) διαφορές έντασης για καθορισμό της κατεύθυνσης. Σε χαμηλές συχνότητες, ο ήχος διαθλάται και λυγίζει γύρω από το κεφάλι και φτάνει ουσιαστικά στο μακρινό αυτί. Ετσι, όταν δεν υπάρχουν κατευθυντικές ενδείξεις εντάσεως, το νευρικό σύστημα συγκρίνει τη σχετική καθυστέρηση των σημάτων σε κάθε αυτί. Το φαινόμενο αυτό ονομάζεται διαωτική διαφορά καθυστέρησης. Στην περίπτωση σταθερών ήχων ή καθαρών τόνων, η καθυστέρηση σε χαμηλές συχνότητες εκδηλώνεται σαν διαφορά φάσης μεταξύ των σημάτων που φτάνουν σε κάθε αυτί. Η ιδέα ότι ο εντοπισμός ήχου βασίζεται σε διαωτικές χρονικές διαφορές σε χαμηλές συχνότητες και σε διαωτικές διαφορές έντασης στις υψηλές συχνότητες έχει ονομαστεί θεωρία Duplex και ξεκίνησε από τον Λόρδο Rayleigh στις αρχές του 20ου αιώνα.1

Διπλοωτικές τεχνικές

Το 1881, ο Clement Ader τοποθέτησε δύο μικρόφωνα σε απόσταση περίπου οκτώ ιντσών (περίπου 20 εκατοστών), την μέση απόσταση μεταξύ των αυτιών που είναι γνωστή σαν διαωτική απόσταση, στη σκηνή της Οπερας του Παρισιού κατά την εκτέλεση κοντσέρτου και μετέφερε αυτά τα σήματα μέσω τηλεφωνικών γραμμών σε δύο ακουστικά τηλεφώνου στην Εκθεση Ηλεκτρισμού του Παρισιού. Οι έκπληκτοι ακροατές μπόρεσαν να έχουν, κρατώντας ανά ένα ακουστικό σε κάθε αυτί, μια εντυπωσιακά αληθοφανή εντύπωση ότι και αυτοί βρίσκονταν στο ακροατήριο της

Οπερας του Παρισιού. Επρόκειτο για την πρώτη δημόσια επίδειξη διπλοωτικής (binaural) στερεοφωνίας, όπου η λέξη binaural προέρχεται από τα Λατινικά και σημαίνει για δύο αυτιά.

Οι τεχνικές της διπλοωτικής στερεοφωνίας, που είναι λίγο διαφορετικές από την αρχική, έχουν αξιοποιηθεί πολλές φορές μέσα στον 20ο αιώνα μετά την πρώτη επίδειξη. Οι ψυχοφυσικοί και οι ακουστικολόγοι, ωστόσο, αντιλήφθηκαν σιγά-σιγά ότι μπορούν να γίνουν σημαντικές βελτιώσεις στο απλό σύστημα μικροφώνων που βρίσκονται σε απόσταση μεταξύ τους αν τοποθετήσουμε τα δύο μικρόφωνα μέσα σε τεχνητό κεφάλι και κορμό. Η ψευδαίσθηση ενισχύεται ακόμη περισσότερο αν το ψεύτικο κεφάλι αποκτήσει τεχνητά ακουστικά ανοίγματα (εξωτερικά αυτιά ή πτερύγια, βλ. Κεφάλαιο 2). Η διπλοακουστική στερεοφωνική ψευδαίσθηση βελτιώνεται με την πρόσθεση τεχνητών αυτιών και κορμού και εξωτερικών αυτιών επειδή σήμερα είναι γνωστό ότι ο ήχος αλληλεπιδρά με αυτές τις κατασκευές πριν μπεί στο ακουστικό κανάλι. Αν, σε ηχογράφηση, τα μικρόφωνα αλληλεπιδρούν με παρόμοιες κατασκευές, η ψευδαίσθηση βελτιώνεται από πλευράς ρεαλισμού και ακρίβειας όταν τα σήματα αναμεταδίδονται μέσα από ακουστικά. Αυτό συμβαίνει επειδή τα ακουστικά τοποθετούνται ακριβώς πάνω στα αυτιά και έτσι δεν αλληλεπιδρούν κατά την τελική αναπαραγωγή με την ανατομία του ακροατή.

Το σημαντικότερο αποτέλεσμα της πρόσθεσης τεχνητών πτερυγίων είναι η τάση των φασματικά τροποποιημένων ηχητικών γεγονότων να εντοπίζονται έξω από το κεφάλι του ακροατή όπως ακριβώς συμβαίνει στην πραγματικότητα. Χωρίς αυτά τα πρόσθετα η ηχητική εικόνα έχει την τάση να πηγαίνει πλάγια, ή να παραμένει τεχνητά μέσα στο κεφάλι. Τα πτερύγια παίζουν και ένα ακόμα ρόλο: στο Σχ. 11.1 είδαμε ότι οι κυριώτερες ενδείξεις ακοής χώρου έγκεινται στα διαφορετικά πλάτη και φάσεις των σημάτων σε κάθε αυτί. Ενα τέτοιο σύστημα είναι φανερό ότι δεν έχει την ικανότητα να ξεχωρίσει ήχο που προέρχεται ακριβώς από εμπρός ή ήχο που προέρχεται ακριβώς από πίσω (επειδή, και στις δύο περιπτώσεις, δεν υπάρχει διαφορά ούτε πλάτους ούτε φάσης των ήχων στα αυτιά, βλ.Σχ. 11.2). Λίγη σκέψη απο-

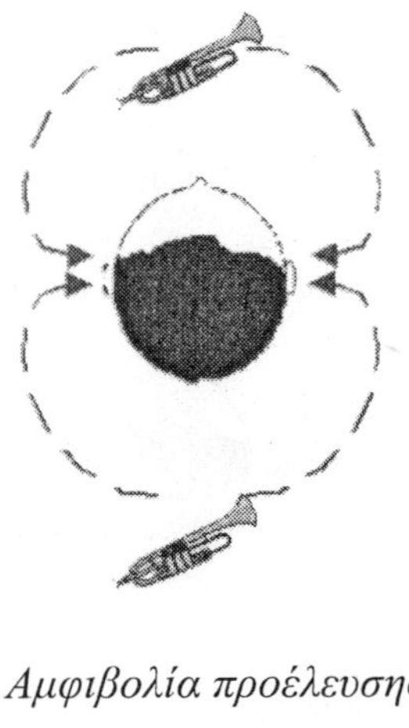

Σχ. 11.2 *Αμφιβολία προέλευσης ήχου*

καλύπτει ότι το ίδιο ισχύει για ήχο από οποιαδήποτε κατεύθυνση, πάντα είναι δυνατό να συγχέουμε ήχο από το εμπρός τόξο 180° με ήχο από το κατοπτρικό του είδωλο στο πίσω τόξο 180°. Μια συνηθισμένη αποτυχία της διπλοωτικής στερεοφωνικής εγγραφής (που γίνεται χωρίς ψεύτικα πτερύγια) είναι η λανθασμένη εντύπωση, κατά την αναπαραγωγή, ότι ο ήχος που έχει εγγραφεί βρισκόταν πίσω από το κεφάλι και όχι εμπρός. Οπως φαίνεται, το πτερύγιο πρέπει να εμπλέκεται στην ελάττωση αυτής της λανθασμένης εντύπωσης και υπάρχουν πολλές θαυμάσιες πειραματικές εργασίες που περιγράφουν αυτό το ρόλο, γνωστές σαν έρευνες στην εμπρός-πίσω εντύπωση (Blauert 1983).

Στερεοφωνία δύο μεγαφώνων

Αν τα σήματα που είναι ηχογραφημένα με ψεύτικο κεφάλι παιχτούν σε δύο μεγάφωνα τοποθετημένα με τη συμβατική στερεοφωνική διάταξη ακρόασης (όπως φαίνεται στο Σχ. 11.3), τα αποτελέσματα είναι πολύ απογοητευτικά. Η αιτία είναι τα δύο ανεπιθύμητα σήματα διαφωνίας: Το σήμα που προέρχεται από το δεξιό μεγάφωνο και φτάνει στο αριστερό αυτί και το σήμα που προέρχεται από το αριστερό μεγάφωνο και φτάνει στο δεξιό αυτί (που φαίνονται στο Σχ. 11.4). Τα σήματα αυτά έχουν

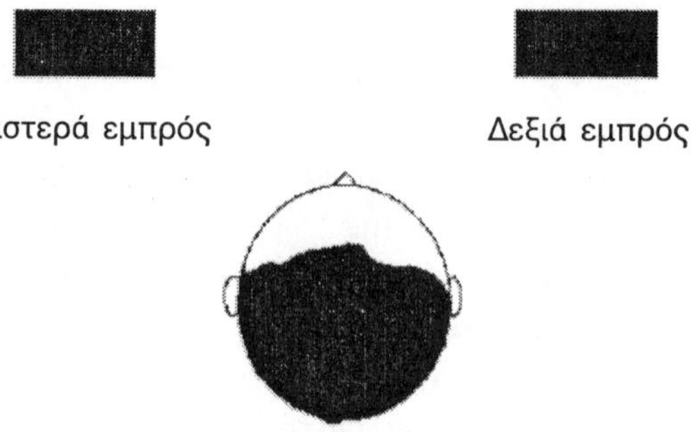

Σχ. 11.3 *"Κλασσική" στερεοφωνική διάταξη*

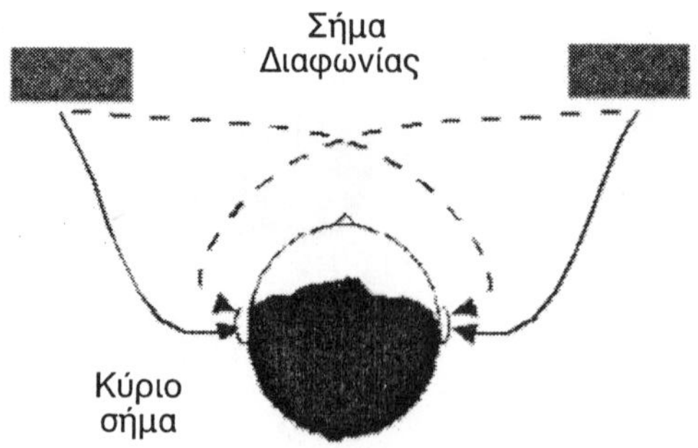

Σχ. 11.4 *Διπλοωτικά σήματα διαφωνίας*

σαν αποτέλεσμα αποτυχία αναπαραγωγής των σωστών ενδείξεων διαωτικής χρονικής καθυστέρησης σε χαμηλές συχνότητες. Επιπλέον, οι επιδράσεις φιλτραρίσματος των πτερυγίων (που είναι τόσο ζωτικές στον εντοπισμό έξω από το κεφάλι όταν γίνεται ακρόαση με ακουστικά) δεν είναι μόνο υπερβολικές, αλλά προσδίδουν στον ήχο μια δυσάρεστη και αφύσικη τονική αστάθεια. Εξαιτίας αυτών των περιορισμών οι διπλοωτικές ηχογραφήσεις γίνονται μόνο σε ειδικές περιπτώσεις. Στην παραγωγή των περισσότερων στερεοφωνικών δίσκων και CD χρησιμοποιείται μια διαφορετική τεχνική. Το 1928 εφευρέθηκε από τον Alan Blumlein, ένα άσημο ιδιοφυή Βρεταννό, ένα σύστημα. Δυστυχώς, η λύση του Blumlein είναι τόσο πλήρης, και τόσο κομψή, που και σήμερα εξακολουθεί να είναι πολύ παρεξηγημένη ή να θεωρείται υπεραπλουστευμένη.

Αθροιστική εντόπιση

Ας εξετάσουμε πάλι τη διάταξη του Σχ. 11.3. Μια σύντομη σκέψη ίσως μας οδηγήσει σε μερικά πολύ φανερά συμπεράσματα: αν όλος ο ήχος προέρχεται από το αριστερό μεγάφωνο, ο ακροατής θα αντιληφθεί καθαρά τον ήχο "από αριστερά". Το ίδιο συμβαίνει δεξιά. Αν και τα δύο μεγάφωνα παράγουν ακριβώς ίδιους ήχους με ακριβώς ίδια ένταση, είναι λογικό να συμπεράνουμε ότι ο εγκέφαλος του ακροατή θα αντιλαμβάνεται την ύπαρξη ήχου "φαντάσματος", που προέρχεται κατευθείαν από εμπρός, επειδή στην φύση αυτή η περίπτωση θα έχει σαν αποτέλεσμα ο ήχος και στα δύο αυτιά να είναι ακριβώς ο ίδιος. Και πράγματι αυτό γίνεται, όπως έχουν επιβεβαιώσει πειράματα. Επιπλέον, αναλογικά μεταβαλλόμενες εντάσεις σήματος έχουν σαν αποτέλεσμα την αντίληψη συνεχών θέσεων "φανταστικής" εικόνας μεταξύ των μεγαφώνων. Αλλά με ποιό τρόπο ένα σύστημα που λειτουργεί μόνο με την ένταση μπορεί να ξεγελά τον εγκέφαλο ώστε να νομίζει ότι υπάρχει φανταστική ηχητική πηγή άλλη εκτός από πηγή στις τρεις ειδικές θέσεις που είδαμε παραπάνω; Ενώ είναι αρκετά φανερό ότι οι διαφορές έντασης μεταξύ καναλιών θα έχουν σαν αποτέλεσμα κατάλληλες διαωτικές διαφορές έντασης σε υψηλές συχνότητες, τι θα συμβαίνει σε χαμηλές συχνότητες όπου ο ήχος μπορεί να διαθλάται γύρω από το κεφάλι και να φτάνει στο άλλο αυτί; Από που προέρχεται η απαραίτητη συνιστώσα χρονικής καθυστέρησης σε χαμηλές συχνότητες;

Οταν δύο μεγάφωνα που βρίσκονται σε απόσταση μεταξύ τους παράγουν ήχους χαμηλής συχνότητας με ακριβώς την ίδια φάση σε διαφορετικές εντάσεις, τα ηχητικά κύματα και από τα δύο μεγάφωνα κινούνται στις διαφορετικές αποστάσεις προς τα δύο αυτιά και φτάνουν σε κάθε αυτί σε διαφορετικούς χρόνους. Στο Σχ. 11.5 φαίνεται αυτή η αρχή: το σήμα με τη μεγαλύτερη ένταση κινείται στην μικρότερη απόσταση προς το δεξιό αυτί και στην μεγαλύτερη απόσταση προς το αριστερό αυτί. Αλλά το σήμα με την μικρότερη ένταση κινείται στην μικρότερη απόσταση προς το αριστερό αυτί και στην μεγαλύτερη απόσταση προς το δεξιό αυτί. Το αποτέλεσμα είναι ότι οι ήχοι προστίθενται διανυσματικά με την ίδια ένταση αλλά με

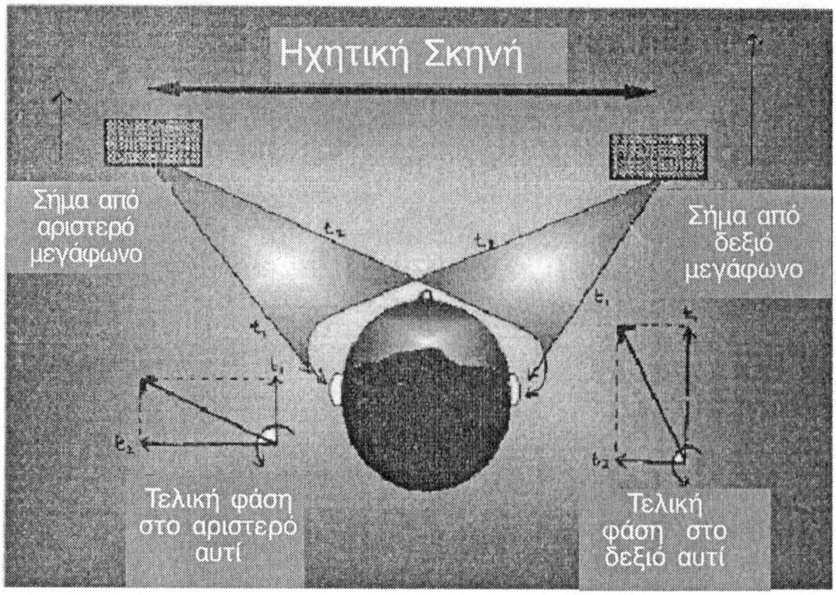

Σχ. **11.5** *Αποτελέσματα διανυσματικής πρόσθεσης των διαφορών φάσης στα αυτιά*

διαφορετική φάση σε κάθε αυτί. Ο εγκέφαλος ερμηνεύει αυτή την πληροφορία φάσης σαν διαωτική καθυστέρηση. Ας θυμηθούμε ότι η στερεοφωνική αναπαραγωγή από μεγάφωνα το μόνο που χρειάζεται είναι η μεταφορά πληροφοριών stereo με τη βοήθεια διαφοράς έντασης μεταξύ των καναλιών. Παρά τον ισχυρισμό πολύ μεγάλου όγκου βιβλιογραφίας για το αντίθετο, δεν χρειάζεται η κωδικοποίηση της διαφοράς καθυστέρησης μεταξύ καναλιών. Αν δεν ήταν έτσι, ο πανοραμικός έλεγχος, τον οποίο χρησιμοποιεί ο τεχνικός ήχου για να "κατευθύνει" τα μουσικά όργανα σε θέσεις στην στερεοφωνική "ηχητική σκηνή", δεν θα ήταν το απλό ποτενσιόμετρο που περιγράφεται στο επόμενο Κεφάλαιο.

Τεχνική FRANCINSTIEN ενίσχυσης στερεοφωνικής εικόνας

Μέχρι τώρα έχουμε εξετάσει μόνο μεμονωμένους ήχους. Ωστόσο, η στερεοφωνία λειτουργεί προκαλώντας, μέσα στο μυαλό του ακροατή, μια συνέχεια ταυτόχρονων και συνυπαρχουσών στερεοφωνικών εικόνων για κάθε φωνή και/ή μουσικό όργανο. Οπως έχουμε δει, σε υψηλές συχνότητες, η στερεοφωνική εικόνα παράγεται κυρίως από την ένταση και, σε χαμηλές συχνότητες η εικόνα παράγεται κυρίως από την καθυστέρηση. Δυστυχώς, το συμβατικό stereo δύο μεγαφώνων που παράγεται από την ένταση δεν μπορεί να δημιουργήσει τέλεια εικόνα, επειδή το πρόβλημα είναι ότι οι ταυτόχρονες στερεοφωνικές εικόνες (η μια με επικρατούσες τις υψηλές συχνότητες και η άλλη με επικρατούσες τις χαμηλές συχνότητες) δεν βρίσκονται σε ακριβή ισορροπία αντίληψης χώρου. Στο τμήμα αυτό, περιγράφονται κυκλώματα που χειρίζονται τα σήματα υπάρχουσας στερεοφωνικής εγγραφής με ηλεκτρικό τρόπο, έτσι ώστε να φέρουν βελτίωση στον ρεαλισμό της στερεοφωνικής αναπαραγωγής με δύο μεγάφωνα. Μια αναδρομή της βιβλιογραφίας αποκαλύπτει ότι η τεχνική αυτή δεν είναι νέα. Παρ' όλα αυτά η περιγραφόμενη υλοποίηση είναι ταυτόχρονα ριζοσπαστική και νέα και παρακάμπτει πολλά από τα προβλήματα καθώς και την αδεξιότητα των προηγούμενων προσπαθειών για την επίλυση αυτού του εξαρτώμενου από την συχνότητα "λερώματος" της στερεοφωνικής εικόνας που περιγράφεται εδώ.

Ενα σημαντικό ποιοτικό γεγονός που πρέπει να λάβουμε υπόψη είναι ότι, για δεδομένη διαφορά έντασης μεταξύ καναλιών, η κατεύθυνση του ακουστικού συμβάντος που αντιλαμβανόμαστε βρίσκεται μακρύτερα από ένα κεντρικό σημείο μεταξύ των μεγαφώνων όταν αναπαράγεται σήμα υψηλής συχνότητας παρά όταν αναπαράγεται σήμα χαμηλής συχνότητας. Επειδή η μουσική είναι σήμα ευρείας ζώνης συχνοτήτων, όταν δύο μεγάφωνα αναπαράγουν μια στερεοφωνική εικόνα από στερεοφωνικό μουσικό σήμα που προκαλείται από διαφορά έντασης μεταξύ καναλιών, οι συνιστώσες υψηλών συχνοτήτων κάθε μουσικού οργάνου ή φωνής θα υποτείνουν μεγαλύτερη γωνία απ' ότι οι συνιστώσες χαμηλών συχνοτήτων. Το πρόβλημα αυτό αναγνωρίστηκε ακόμη και από τις πρώτες μέρες της έρευνας στη στερεοφωνία που σχετίζεται με την διαφορά έντασης μεταξύ καναλιών και, με την πάροδο των χρόνων, έχουν προταθεί πολλές διαφορετικές λύσεις.

To Shuffler

O Blumlein ανέφερε το 1931 στην αίτηση του για ευρεσιτεχνία ότι υπήρχε δυνατότητα ελέγχου του πλάτους στερεοφωνικής εικόνας με μετατροπή των σημάτων αριστερού και δεξιού καναλιού σε ζεύγος σημάτων αθροίσματος και διαφοράς και έλεγχο της απολαβής του σήματος διαφοράς πριν τη νέα μετατροπή πίσω σε κανονικά αριστερό και δεξιό σήματα. Πρότεινε ακόμη ότι, σε περίπτωση που χρειάζονταν η μεταβολή του πλάτους της στερεοφωνικής εικόνας με τρόπο που να εξαρτάται από τη συχνότητα, το μόνο που χρειάζονταν ήταν η εισαγωγή ενός φίλτρου με τις κατάλληλες χαρακτηριστικές σ' αυτό το κανάλι διαφοράς. Μετά τον πρόωρο θάνατό του, η μεταπολεμική ομάδα της EMI που δούλευε σε ένα πρακτικό στερεοφωνικό σύστημα και προσπαθούσε να διορθώσει αυτό το εξαρτώμενο από τη συχνότητα "λέρωμα" της στερεοφωνικής εικόνας, κατασκεύασε μια τέτοια διάταξη και εισήγαγε ένα φίλτρο της μορφής:

$$H(s) = A\left[\frac{\left(1+s/a^2\right)}{1+s/a^1}\right]$$

στο κανάλι διαφοράς. Το Σχ. 11.6 είναι σχεδίαση του πραγματικού κυκλώματος

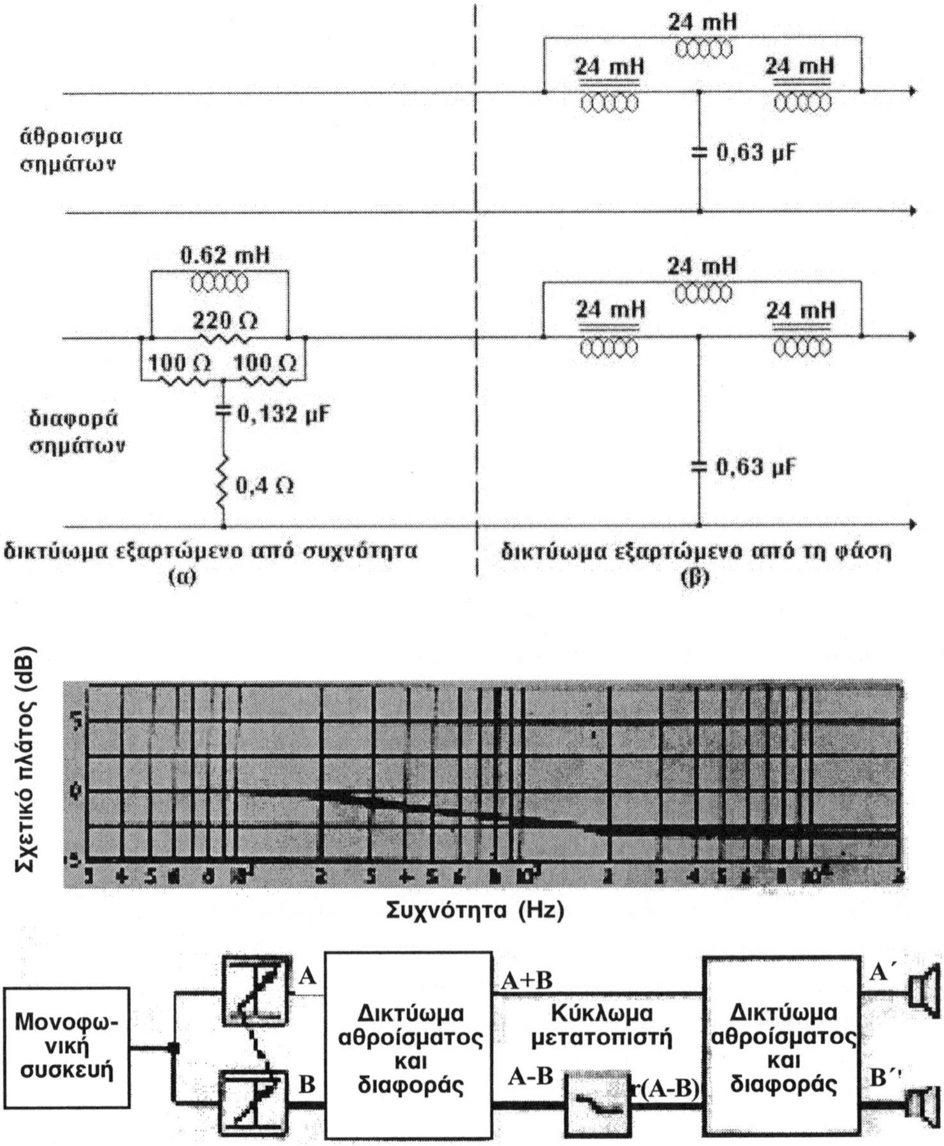

Σχ. 11.6 *Πραγματικό κύκλωμα Shuffler*

Shuffler (όπως το ονόμασαν, από το shuffle = ανακατεύω) και η εφαρμογή του στο κανάλι διαφοράς. Δυστυχώς, βρέθηκε ότι το κύκλωμα αυτό εισάγει παραμόρφωση και τονικό χρωματισμό και τελικά εγκαταλείφθηκε. (Δείχτηκε ότι οι σταθερές χρόνου και οι λόγοι εξασθένησης του αρχικού κυκλώματος Shuffler δεν ήταν, σε καμμιά περίπτωση, επιλεγμένα σωστά.) Παρ' όλα αυτά αξίζει η έρευνα της τεχνικής Shuffler επειδή δείχνει ιδιαίτερα καθαρά τις απαιτήσεις από κάθε μηχανισμό που έχει σχεδιαστεί να αντιμετωπίσει το πρόβλημα θολώματος της εικόνας.

Προφανώς, υπάρχει μόνο μια συγκεκριμένη χαρακτηριστική φίλτρου που θα εξισορροπήσει το σήμα διαφοράς έντασης μεταξύ καναλιών με τον κατάλληλο τρόπο. Αν γράψουμε πάλι την παραπάνω εξίσωση, οι χαρακτηριστικές ενός τέτοιου φίλτρου γίνονται αντιληπτές ευκολότερα:

$$\mathrm{H(s)=A}\left\{\frac{a^1}{a^2}\left[\frac{(a^2+s)}{(a^1+s)}\right]\right\}$$

Αυτό ισχύει επειδή η μεταβλητή *A* παριστάνει συνολική απολαβή καναλιού διαφοράς και δείχνει τον τρόπο χειρισμού του συνολικού πλάτους εικόνας, και άλλο, επειδή η

$$\left[\frac{(a^2+s)}{(a^1+s)}\right]$$ τείνει στη μονάδα όταν το s τείνει στο άπειρο.

Ο όρος α^1/α^2 ορίζει το στένεμα του σήματος σε υψηλές συχνότητες και δείχνει το φιλτράρισμα που χρειάζεται έτσι ώστε να ταιριάξουν η προερχόμενη από συχνότητα διαωτική εικόνα υψηλών συχνοτήτων με την προερχόμενη από καθυστέρηση διαωτική εικόνα χαμηλών συχνοτήτων. Θα μπορούσαμε να ονομάσουμε τις α^1 και α^2 ψυχοακουστικές σταθερές. Αυτές, ακριβώς, οι σταθερές ήταν λάθος στο αρχικό κύκλωμα Shuffler.

Εχουν παρουσιαστεί και άλλα παράγωγα του κυκλώματος Shuffler, με τεχνικές τελεστικών ενισχυτών, αλλά η λειτουργία μετατροπής, φιλτραρίσματος και νέας μετατροπής είναι γεμάτη προβλήματα επειδή χρειάζεται η εισαγωγή αντισταθμιστικών καθυστερήσεων στο κανάλι άθροισης οι οποίες, αν θέλουμε να αποφύγουμε φαινόμενα χρωματισμού φίλτρου χτένας, πρέπει να προσαρμόζουν επακριβώς την προερχόμενη από συχνότητα καθυστέρηση που προκαλείται από τα φίλτρα στο κανάλι διαφοράς. Επιπλέον, είναι κρίσιμη η πάρα πολύ ακριβής επιλογή των σωστών σταθερών. Στο κάτω-κάτω, το υπάρχον stereo με δύο μεγάφωνα θεωρείται γενικά ανεκτά καλό σύστημα στο οποίο ο απαιτούμενος χειρισμός σήματος είναι μικρός και η χρήση λανθασμένων σταθερών, όχι μόνο δεν βελτιώνει την οξύτητα της στερεοφωνικής εικόνας, αλλά μπορεί να χειροτερέψει την καθαρότητα ήχου που εξαρτάται από την συχνότητα! Αλλες διατάξεις επέλεξαν προσεγγίσεις με μεγαλύτερη φαντασία και λιγότερο συνηθισμένες.

Edeko

Μια θεμελιώδες ιδιότητα του προβλήματος θολώματος είναι ότι ο εγκέφαλος αντιλαμβάνεται την προερχόμενη από ένταση εικόνα υψηλών συχνοτήτων γενικά ευρύτερη από την προερχόμενη από καθυστέρηση εικόνα χαμηλών συχνοτήτων. Ο Dr Edeko, έχοντας υπόψη τα παραπάνω, συνέλαβε ένα τρόπο ακουστικής λύσης του προβλήματος (και κατά συνέπεια παραμέρισε τα προβλήματα που κατατρέχουν τις ηλεκτρονικές λύσεις).

Ο Edeko (1988) πρότεινε μια ειδικά σχεδιασμένη διάταξη μεγαφώνων, όπως φαίνεται στο Σχ. 11.7, στην οποία η γωνία που σχημάτιζαν με τη θέση ακρόασης οι μονάδες οδήγησης των μεγαφώνων υψηλών συχνοτήτων ήταν μικρότερη από την γωνία που σχημάτιζαν οι μονάδες οδήγησης μέσων συχνοτήτων και αυτή, με τη σειρά της, ήταν μικρότερη από τη γωνία που σχημάτιζαν οι μονάδες χαμηλών συχνοτήτων. Η συσκευή αυτή, σε συνδυασμό με ακριβή σχεδίαση του ηλεκτρικού δικτύου crossover έδινε τη δυνατότητα χειρισμού του πλάτους εικόνας με τη συχνότητα.

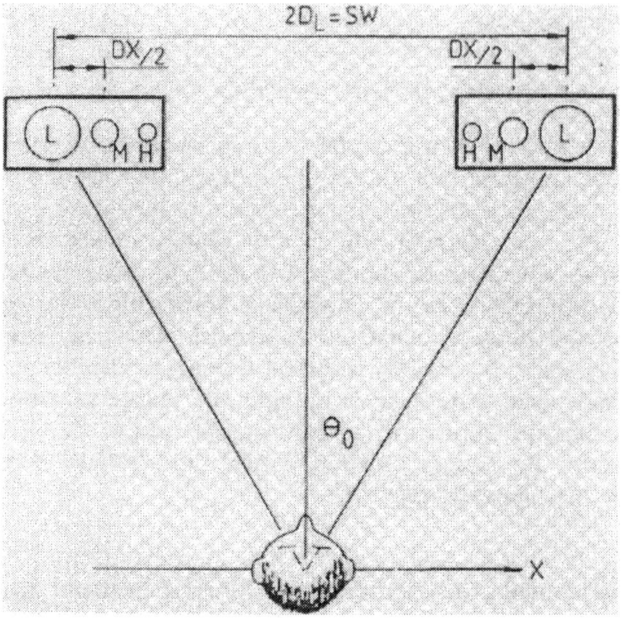

Σχ. 11.7 ***Διάταξη μεγαφώνων του Edeko***

Βελτίωση της οξύτητας εικόνας με τη βοήθεια διαφωνίας μεταξύ καναλιών

Για το στένεμα στερεοφωνικής εικόνας σε υψηλές συχνότητες, υπάρχει μια πολύ απλούστερη τεχνική, και αυτή είναι η εφαρμογή περιοδικής διαφωνίας μεταξύ καναλιών (Brice 1997). Είναι ενδιαφέρον το γεγονός ότι έρευνες αποκαλύπτουν ότι μηχανισμοί παραμόρφωσης κατά την αναπαραγωγή από δίσκους βινυλίου και από άλλα αντίστοιχα μέσα, μπορεί να είναι ακριβώς μηχανισμοί που χρειάζονται για τη βελτίωση του ρεαλισμού της αναπαραγόμενης στερεοφωνικής εικόνας.[2] Το γεγονός αυτό υποδηλώνει ότι ίσως να υπάρχει κάτι στην προτίμηση των "επαϊόντων" του hi-fi στους δίσκους βινυλίου σε σχέση με τα CD και στην προτίμηση πολλών μουσικών που κάνουν ηχογραφήσεις σε αναλογικές εγγραφές σε σχέση με την (φαινομενικά καλύτερη) ψηφιακή εναλλακτική λύση, αν και αυτό δεν οφείλεται, όπως όλοι νομίζουν, στο ότι το ψηφιακό απομακρύνει κάτι με μυστηριώδη τρόπο αλλά στο ότι τα αναλογικά μηχανήματα προσθέτουν ωφέλιμη παραμόρφωση. Αυτή η τεχνική διαφωνίας χρησιμοποιείται στην σειρά συστημάτων ενίσχυσης στερεοφωνικής εικόνας FRANCINSTIEN της Perfect Pitch Music Ltd. Στα Σχ. 11.8 και 11.9. φαίνονται μηχανήματα του εμπορίου για χρήση σε συστήματα hi-fi και σε στούντιο

Σχ. 11.8 *Οικιακή μονάδα FRANCINSTIEN*

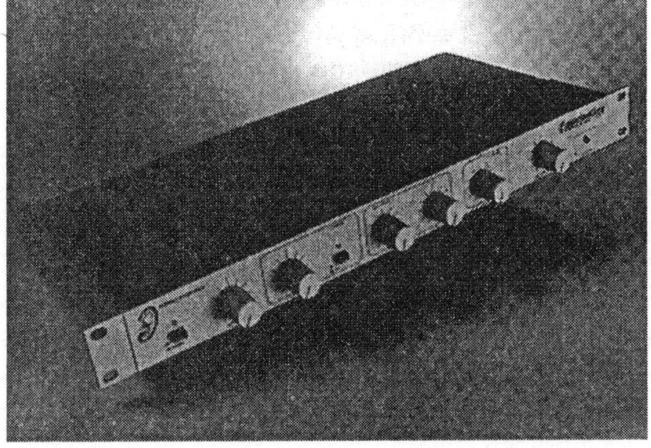

Σχ. 11.9 *Μονάδα FRANCINSTIEN για στούντιο*

ηχογραφήσεων. Η απλούστερη δυνατή υλοποίηση του φαινομένου FRANCINSTIEN επιτυγχάνεται πολύ εύκολα. Στο Σχ. 11.10 δίνεται το σχηματικό διάγραμμα. Το κύκλωμα αυτό μπορεί να συμπεριληφθεί στην αλυσσίδα εγγραφής ή αναπαραγωγής όχι, όμως, και στις δύο.

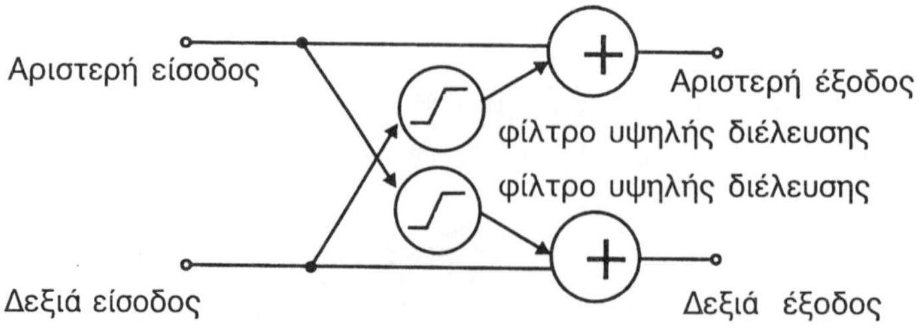

Σχ. 11.10 *Σύστημα FRANCINSTIEN*

Ηχητικά πεδία τριών διαστάσεων (3D)

Ισως η περισσότερο χονδροκομμένη μέθοδος παραγωγής ακουστών εφφέ χώρου είναι τα περισσότερα κανάλια audio και περισσότερα μεγάφωνα!

Dolby Surround

Το κινηματογραφικό φίλμ *Fantasia* της Walt Disney Studios ήταν το πρώτο φίλμ στις αίθουσες με στερεοφωνικό ήχο. Αυτό συνέβη το 1941. Το οικιακό stereo αποτελεί πραγματικότητα από την δεκαετία του 1950. Μετά από μισό αιώνα, είναι λογικό το ότι ο κόσμος θέλει "κάτι περισσότερο". Με την εμφάνιση των μηχανημάτων βιντεοκασέτας, η παρακολούθηση κινηματογραφικών έργων στο σπίτι έχει γίνει τρόπος ζωής. Το Dolby Surround αρχικά αναπτύχθηκε σαν μέθοδος για να έλθει ένα τμήμα της κινηματογραφικής εμπειρίας στο σπίτι όπου, από το 1976, χρησιμοποιούνταν ένα παρόμοιο σύστημα με την ονομασία Dolby Stereo. Το Dolby Surround, όπως και το Dolby Stereo, είναι στην ουσία ένα ακουστικό σύστημα με τέσσερα κανάλια που είναι κωδικοποιημένα ή ενσωματωμένα στα συνηθισμένα δύο στερεοφωνικά κανάλια. Επειδή αυτά τα τέσσερα διάκριτα κανάλια κωδικοποιούνται μέσα στα στερεοφωνικά κανάλια χρειάζεται επιπλέον εξοπλισμός και στο σημείο παραγωγής και στο σπίτι. Οι αποκωδικοποιητές είναι σήμερα πολύ διαδεδομένοι εξαιτίας της ανάπτυξής των οικακών συστημάτων κινηματογράφου. Τα επιπλέον μηχανήματα που χρειάζονται, εκτός από το κανονικό stereo, είναι μερικά επιπλέον μεγάφωνα (στην ιδανική περίπτωση τρία), ένας αποκωδικοποιητής και ένας επιπλέον στερεοφωνικός ενισχυτής ισχύος. Μερικοί κατασκευαστές διαθέτουν τον αποκωδικοποιητή και τέσσερεις ενισχυτές ισχύος σε μια ενισχυτική μονάδα AV. Επιπλέον μπορεί να προστεθεί και ένα κανάλι sub-woofer. (Το sub-woofer είναι μια μονάδα μεγαφώνου που χειρίζεται αποκλειστικά τις πολύ μικρές ακουστικές συχνότητες, πχ κάτω από 100 Hz.) Οι συχνότητες σ' αυτή την περιοχή προσθέτουν δυσανάλογη στάθμη ρεαλισμού στον αναπαραγόμενο ήχο. Εχοντας υπόψη τις πολύ λίγες πληροφορίες (εύρος ζώνης συχνοτήτων) το γεγονός αυτό δεν αποτελεί έκπληξη. Είναι, ωστόσο, πιθανό ότι οι άνθρωποι βγάζουν συμπεράσματα για την κλίμακα ακουστικού περιβάλλοντος από αυτές τις υποηχητικές ενδείξεις. (Ας θυμηθούμε τον βροντερό ήχο χαμηλής συχνότητας στο εσωτερικό καθεδρικού ναού).

Προκειμένου ένα στούντιο ακουστικής , πολυμέσων ή στούντιο VR (εικονικής πραγματικότητας) να παράγει υλικό με Dolby urround, και να ισχυρίζεται ότι είναι τέτοιο υλικό, πρέπει να δοθεί άδεια από την εταιρεία Dolby η οποία παρέχει τη μονάδα κωδικοποίησης και ένα σύμβουλο σε ημερήσια βάση. (Θα πρέπει, βέβαια, να εγκαταστήσουμε το στούντιό μας έτσι ώστε να έχει τις απαραίτητες εγκαταστάσεις αποκωδικοποίησης με αγορά επιπλέον μεγαφώνων, αποκωδικοποιητή και ενισχυτών.) Ολα αυτά είναι καλά αν είμαστε κινηματογραφική εταιρεία του Holywood αλλά όχι τόσο καλά αν είμαστε ανεξάρτητοι παραγωγοί υλικού video, audio ή πολυμέσων. Ευτυχώς, παρόλο που δεν θα έχουμε τη δυνατότητα να χαρακτηρίσουμε τις παραγωγές του στούντιό μας σαν να έχουν κωδικοποίηση Dolby Surround, δεν υπάρχει λόγος να μην κωδικοποιήσουμε τις πληροφορίες έτσι ώστε να εκμεταλλευτούμε τα αποτελέσματα της αποκωδικοποίησης Dolby Surround. Στην πραγματικότητα η κωδικοποίηση είναι πολύ απλούστερη από την αποκωδικοποίηση και αυτό εξετάζουμε στο τμήμα αυτό. Πρώτα, όμως, μια περιγραφή της διεργασίας Dolby Surround.

Στο Σχ. 11.11 φαίνεται μια τυπική εγκατάσταση ακρόασης surround. Παρατηρούμε τα δύο επιπλέον κανάλια, κέντρου και surround, και την ορολογία για τα τελικά ενσωματωμένα σήματα δύο καναλιών Lt και Rt, που σημαίνουν αριστερό συνολικό (left-total) και δεξιό συνολικό (right-total), αντίστοιχα. Η απλούστερη μορφή αποκωδικοποιητή (που σίγουρα δεν ανταποκρίνεται στα κριτήρια της Dolby, αλλά, παρ' όλα αυτά είναι αρκετά αποτελεσματικός) είναι να τροφοδοτήσουμε τον ενισχυτή κεντρικού καναλιού με ένα σήμα αθροίσματος (Lt + Rt) και τον ενισχυτή

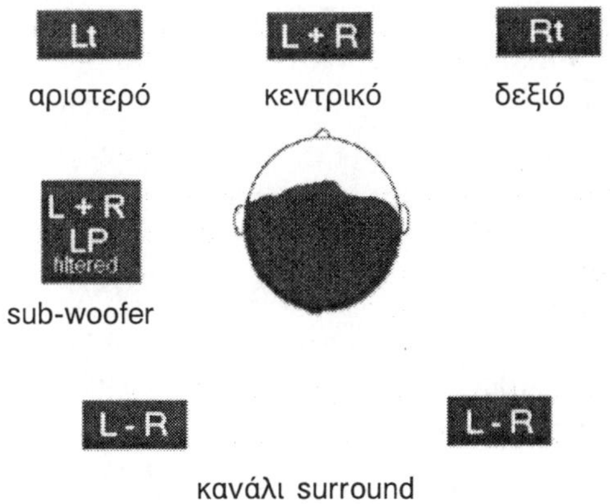

Σχ. 11.11 *Τυπική διάταξη ακρόασης ήχου surround*

του καναλιού surround με ένα σήμα διαφοράς (Lt - Rt). Αυτός ο απλούστατος αποκωδικοποιητής λειτουργεί επειδή συμπληρώνει (σε πρώτη προσέγγιση) τον τρόπο με τον οποίο ο κωδικοποιητής Dolby Surround αναμιγνύει τα τέσσσερα κανάλια στο αριστερό και στο δεξιό κανάλι: το κεντρικό κανάλι διαχωρισμένο μεταξύ αριστερού και δεξιού, το κανάλι surround διαχωρισμένο μεταξύ αριστερού και δεξιού με αντεστραμμένη τη φάση ενός καναλιού. Αν ονομάσουμε τα αρχικά αριστερό/δεξιό σήματα L και R μπορούμε να περιγράψουμε τυπικά την θεμελιώδη διεργασία:

Κανάλια εισόδου

Αριστερό (μερικές φορές ονομάζεται αριστερό μουσικό κανάλι):	*L*
Δεξιό (μερικές φορές ονομάζεται δεξιό μουσικό κανάλι):	*R*
Κεντρικό κανάλι (μερικές φορές ονομάζεται κανάλι διαλόγου):	*C*
Κανάλι περιβάλλοντος (για μεταφορά ηχητικών εφφέ, ατμόσφαιρας κλπ):	*S*

Κανάλια εξόδου (κωδικοποίησης διεργασία)

$Lt = i(L + jC + kS)$
$Rt = i(R + jC - kS)$

όπου i, j και k είναι απλά σταθερές. Και η διεργασία αποκωδικοποίησης δίνει:

Αριστερό $(L') = e(Lt)$
Δεξιό $(R') = f(Rt)$
Κεντρικό $(C') = u(Lt + Rt) = u[i(L + jC + kS + R + jC - kS)] = u[i(L + R + 2jC)]$
Surround $(S') = \upsilon(Lt - Rt) = \upsilon[i(L + jC + kS - R - jC + kS)] = \upsilon[i(L - R + 2kS)]$

όπου τα e, f, u και υ είναι σταθερές.

Πράγμα που δείχνει ότι έχουμε διεργασία που απέχει πολύ από τέλεια διεργασία κωδικοποίησης και αποκωδικοποίησης. Ωστόσο, εκπληρώνονται πολλές σημαντικές απαιτήσεις ακόμη και από αυτό το πολύ απλό σύστημα ανάμιξης και, μέχρι κάποιο σημείο, οι μηχανισμοί αποτυχίας καλύπτονται από λειτουργικά πρότυπα κινηματογραφικής παραγωγής. Η Dolby έχει τροποποιήσει έξυπνα αυτό το βασικό σύστημα έτσι ώστε να βελτιώνει την αντιληπτή ενόχληση από αυτά τα ανεπιθύμητα σήματα διαφωνίας. Παρατηρώντας το σύστημα σαν σύνολο, σαν διεργασία κωδικοποίησης και αποκωδικοποίησης, παρατηρούμε, πρώτο και σημαντικότερο, ότι στο αποκωδικοποιημένο πίσω μέρος, σήμα surround (S΄) δεν εμφανίζεται το αρχικό κεντρικό κανάλι (C). Παρατηρούμε, ακόμη, ότι στο αποκωδικοποιημένο κεντρικό κανάλι (C΄) δεν εμφανίζεται το αρχικό σήμα surround (S). Η απαίτηση αυτή είναι σημαντική εξαιτίας του τρόπου με τον οποίο χρησιμοποιούνται αυτά τα κανάλια στην παραγωγή ταινιών. Το κεντρικό κανάλι (C) πάντοτε κρατιέται για μονοφωνικό διάλογο. Ισως αυτό να ακούγεται παράξενο αλλά είναι απόλυτα τυποποιημένο στην κινηματογραφική ακουστική παραγωγή. Το αριστερό (L) και το δεξιό (R) κανάλια συνήθως μεταφέρουν μουσική. Το κανάλι surround (S) μεταφέρει ηχητικά εφφέ και ηχητικό περιβάλλον. Κατά συνέπεια, έχοντας υπόψη τη διαφωνία, τουλάχιστον δεν θα εμφανίζεται διάλογος στο πίσω κανάλι, κάτι που θα ήταν πολύ παράξενο! Παρόμοια, αν και οι πληροφορίες του κεντρικού καναλιού (C) εισέρχονται στα κανάλια αριστερού και δεξιού μεγαφώνων (L΄ και R΄), αυτό μόνο ενισχύει το κεντρικό κανάλι διαλόγου. Η περισσότερο ενοχλητική διαφωνία είναι ο όρος $v(i\mathrm{L} - i\mathrm{R})$ στο σήμα S΄ ο οποίος αποτελεί το τμήμα της αριστερής / δεξιάς μουσικής μίξης που τροφοδοτεί το αποκωδικοποιημένο κανάλι surround, ιδιαίτερα αν η μίξη περιέχει πανοραμικό υλικό (με μεγάλο λόγο έντασης μεταξύ καναλιών). Για να λειτουργήσει επαρκώς το σύστημα, θα πρέπει να γίνει κάτι, και αυτή είναι η σημαντικότερη τροποποίηση της απλής διεργασίας μίξης που αναφέραμε παραπάνω και η οποία υπάρχει μέσα σε όλους τους αποκωδικοποιητές Dolby Surround. Ολοι οι αποκωδικοποιητές καθυστερούν το σήμα S΄ κατά περίπου 20 msec τα οποία, εξαιτίας ενός φαινομένου γνωστού σαν Νόμου του πρώτου μετώπου κύματος ή φαινομένου Haas, εξασφαλίζουν ότι το αυτί και ο εγκέφαλος έχουν την τάση να αγνοούν τις κατευθυντικές πληροφορίες οι οποίες περιέχονται σε σήματα που έχουν ισχυρή συσχέτιση με σήματα που λαμβάνονται από άλλη κατεύθυνση αλλά νωρίτερα. Το φαινόμενο αυτό είναι σίγουρα εξελικτική προσαρμογή για να αποφεύγεται σύγχυση της κατεύθυνσης σε συνθήκες αντήχησης και εξαναγκάζει τον ακροατή, υπό τις συνθήκες αυτές, να αγνοεί ανεπιθύμητα φαινόμενα διαφωνίας. Το πλεονέκτημα ενισχύεται και άλλο με περιορισμό της ζώνης του καναλιού surround περίπου στα 7 kHz και με τη χρήση μικρού βαθμού επέκτασης υψηλών συχνοτήτων (όπως εξηγήσαμε στο Κεφάλαιο 6). Το Pro Logic της Dolby ενισχύει και άλλο το σύστημα με δυναμικό έλεγχο των σταθερών e, f, u και v που αναφέρονται παραπάνω, με βάση πληροφορίες από πρόγραμμα. Η τεχνική αυτή είναι γνωστή σαν προσαρμοστική μίξη.

Ενα πολύ σημαντικό σημείο που πρέπει να θυμόμαστε σχετικά με το Dolby Surround είναι ότι αποτυγχάνει να εμφανίσει εικόνες γύρω από την θέση ακρόασης. Αντίθετα, το κανάλι surround είναι αφιερωμένο στο να προσφέρει περιβάλλον ή ατμόσφαιρα διάχυτου ήχου. Ενώ αυτό είναι αποτελεσματικό, το σύστημα δεν απασχολείται με τη δημιουργία ρεαλιστικών (εικονικών) ηχητικών πεδίων. Παρ' όλα αυτά τα συστήματα Dolby Surround με Pro Logic γίνονται ένα διαδεδομένο χαρακτηριστικό σε οικιακά περιβάλλοντα ακρόασης και οι έξυπνοι τεχνικοί μουσικής καλό θα ήταν να εκμεταλλεύονται τη συναισθηματική δύναμη που σίγουρα έχει αυτή η τεχνολογία. Με ποιό τρόπο, όμως;

Μίξη surround από εμάς τους ίδιους

Από την κατανόησή μας της αναπαραγωγής Dolby είναι φανερό ότι η κωδικοποίηση (για κατοπινή αποκωδικοποίηση με αποκωδικοποιητές Dolby Surround) μπορεί να πραγματοποιηθεί πολύ απλά. Βέβαια, πρώτα – πρώτα, ο χρυσός κανόνας είναι η εγκατάσταση στο στούντιο ενός καλού συστήματος εποπτείας surround. Υπάρχουν αρκετά φτηνά συστήματα. Οταν το σύστημα εποπτείας έχει εγκατασταθεί και έχει ρυθμιστεί να ακούγεται καλά με γνωστά υλικά, μπορούν να αρχίσουν οι μίξεις αρκετά απλά: η πανοραμική μουσική αναμιγνύεται σαν κανονική, αλλά πρέπει να αποφεύγονται ακραίες θέσεις. Θα εξασφαλίσουμε ότι οι αφηγήσεις (αν είναι κατάλληλες) πραγματοποιούνται ακριβώς στο κέντρο. Τα εφφέ surround εισάγονται σαν μονοφωνικά σήματα που τροφοδοτούν δύο κανάλια που βρίσκονται τελείως αριστερά και δεξιά. Αναστρέφουμε τη φάση του ενός από αυτά τα κανάλια. (Μερικές φορές αυτό είναι πολύ απλό και γίνεται με την πίεση του πλήκτρου αναστροφής φάσης καναλιού, αν βέβαια ο μίκτης μας διαθέτει τέτοιο πλήκτρο). Αν δεν υπάρχει τέτοιο πλήκτρο, θα πρέπει να επινοήσουμε μια απλή βαθμίδα τελεστικού ενισχυτή αναστροφής με απολαβή ίση με 1. Εξισορροπούμε τα "πίσω" κανάλια για να βγάζουν περίπου 7 kHz, μπορούμε, όμως, να προσθέσουμε κάποια ενίσχυση γύρω στα 5 kHz για να κρατηθεί ξεκάθαρος ο ήχος παρά τη δράση της επέκτασης υψηλών συχνοτήτων που πραγματοποιεί ο αποκωδικοποιητής.

Ambisonics (αμφιηχία)

Την εποχή που η μονοφωνική εγγραφή ήταν ο κανόνας, το ιδεώδες του τεχνικού ηχογράφησης εκφραζόταν με την επιθυμία η αλυσσίδα εγγραφής να εξασφαλίζει εκεί όπου βρίσκονταν το μεγάφωνο αναπαραγωγής ένα ακουστικό "παράθυρο", μέσα από το οποίο ο ακροατής θα μπορούσε να ακούσει το αρχικό μουσικό γεγονός, κάτι σαν "μια οπή στον τοίχο της αίθουσας συναυλιών" (Malham 1995). Εξακολουθεί να συνηθίζεται να δίνονται εξηγήσεις για τη στερεοφωνία η οποία θεωρείται σαν επέκταση αυτής της πρώτης θεωρίας, σαν να προσφέρει δύο οπές στον τοίχο της αίθουσας συναυλιών! Στην πραγματικότητα, αυτή η τυποποίηση (γνωστή σαν θεωρία ανακατασκευής μετώπου κύματος) είναι αρκετά ακατάλληλη, εκτός και αν χρησιμοποιείται πολύ μεγάλος αριθμός ξεχωριστών καναλιών. Σαν αποτέλεσμα, η στερεοφωνία μεγαφώνων με δύο κανάλια που βασίζεται στην τεχνική αυτή, δηλαδή δύο μικρόφωνα σε μεγάλη απόσταση που τροφοδοτούν δύο μεγάφωνα που απέχουν την ίδια απόσταση μεταξύ τους, παράγει πολύ ανακριβή στερεοφωνική εικόνα. Οπως είδαμε, ο Blumlein είχε την άποψη ότι αυτό που πραγματικά χρειάζονταν ήταν η "σύλληψη" όλων των ηχητικών πληροφοριών σε ένα μοναδικό σημείο και η επαναδημιουργία αυτού του τοπικού ηχητικού πεδίου στον τελικό προορισμό, δηλαδή στο σημείο όπου βρίσκεται ο ακροατής. Εδειξε ότι για να συμβεί κάτι τέτοιο χρειάζονταν τα σήματα που συλλέγονται από τα μικρόφωνα και εκπέμπονται από τα μεγάφωνα να είναι διαφορετικής μορφής από τα σήματα που θα περιμέναμε να φτάσουν στα αυτιά του ακροατή, επειδή πρέπει να έχουμε υπόψη τα φαινόμενα διαφωνίας. Ο Blumlein εξέτασε την αναδημιουργία των πληροφοριών ύψους (περιφωνία) αλλά δεν εξέτασε την αναδημιουργία φανταστικών ηχητικών πηγών σε πλήρες αζιμούθιο

360° (παντοφωνία). Οι τεχνικές εγγραφής των τετραφωνικών[3] συστημάτων του εμπορίου (που άνθισαν στην δεκαετία του 1970), στηρίχθηκαν κυρίως σε μια αδικαιολόγητη επέκταση των ήδη λανθασμένων στερεοφωνικών τεχνικών ανακατασκευής μετώπου κύματος και έτσι έδωσαν σήματα αριστερά-εμπρός, αριστερά πίσω κοκ. Αυτό δεν συμβαίνει με το Ambisonics, πνευματικό παιδί του Michael Gerzon, που αν και αυτό είναι παιδί της δεκαετίας του 1970 και, σαν αρχή, είναι σύστημα τεσσάρων καναλιών, στηρίζεται στην εργασία του Blumlein έτσι ώστε να δημιουργηθεί ένα πλήρες σύστημα πρόσκτησης, σύνθεσης και αναπαραγωγής ηχητικών πεδίων περιβάλλοντος από περιορισμένο αριθμό μεγαφώνων.

Ας θεωρήσουμε ότι έχουμε ένα ηχητικό πεδίο που διαταράσσεται από μια ηχητική πηγή. Ο ήχος διαδίδεται σαν διάμηκες κύμα που προκαλεί σωματιδιακή κίνηση κατά μήκος συγκεκριμένου άξονα που διέρχεται από μικρόφωνο πίεσης τοποθετημένο μέσα σ' αυτό το ηχητικό πεδίο. Το μικρόφωνο θα αποκριθεί με την παραγωγή τάσης εξόδου η οποία είναι ανάλογη με την ένταση του ήχου, ανεξάρτητα από την κατεύθυνση της ηχητικής πηγής. Το μικρόφωνο αυτό ονομάζεται πανκατευθυντικό επειδή δεν μπορεί να διακρίνει την κατεύθυνση της ηχητικής πηγής. Αν το μικρόφωνο πίεσης αντικατασταθεί από μικρόφωνο ταχύτητας, το οποίο αποκρίνεται στην σωματιδιακή κίνηση και που, κατά συνέπεια, έχει τη ικανότητα διάκρισης της κατεύθυνσης, η έξοδός του θα είναι ανάλογη με την ένταση του ήχου πολλαπλασιασμένη με $\cos I$, όπου I είναι η γωνία μεταξύ προσπίπτοντος ήχου και του μεγάλου άξονα της απόκρισης του μικροφώνου.

Υπάρχει, όμως, μια αμφιβολία ως προς την κατεύθυνση της ηχητικής πηγής, αν εξεταστεί μόνο η ένταση του σήματος που προέρχεται από μικρόφωνο ταχύτητας. Καθώς η I μεταβάλλεται από από 0° μέχρι 359°, επαναλαμβάνεται δύο φορές το ίδιο σχέδιο ευαισθησίας. Πρακτικά αυτό σημαίνει ότι το μικρόφωνο αποκρίνεται εξίσου σε δύο συμμετρικούς λοβούς, γεγονός γνωστό σαν απόκριση σχήματος οκτώ που είδαμε στο Κεφάλαιο 3. Από μαθηματικής άποψης αυτό συμβαίνει επειδή η τιμή κάθε ημιπεριόδου της συνάρτησης συνημιτόνου είναι ίδια. Οχι όμως και το πρόσημο. Η συνάρτηση συνημιτόνου είναι αρνητική στο δεύτερο και τρίτο τεταρτημόρια. Ετσι, αυτή η επιπλέον κατευθυντική πληροφορία δεν χάνεται, αλλά κωδικοποιείται διαφορετικά, σαν πληροφορία φάσης και όχι σαν πληροφορία έντασης. Αυτό που χρειάζεται για να διαλυθεί η αμφιβολία αυτή είναι ένα μέτρο της φάσης αναφοράς με την οποία θα συγκριθεί η έξοδος του μικροφώνου ταχύτητας. Μια τέτοια αναφορά θα μπορούσε να δοθεί από ένα μικρόφωνο πίεσης που έχει μια θέση, που στην ιδανική περίπτωση θα συμπίπτει αλλά στην πράξη θα είναι πολύ κοντά, με το μικρόφωνο ταχύτητας. (Αυτή η εξήγηση είναι ακριβέστερη απόδοση της ποιοτικής εικόνας, που φαίνεται στο Σχ. 3.1, του συνδυασμού μικροφώνου σχήματος οκτώ με πανκατευθυντικό μικρόφωνο που "προστιθέμενα" δημιουργούν ένα μονοκατευθυντικό μικρόφωνο καρδιοειδούς κατευθυντικής απόκρισης).

Σε περισσότερο ελεύθερη διατύπωση: ένα μικρόφωνο ταχύτητας τοποθετημένο σε ένα ηχητικό πεδίο θα διαχωρίσει τα ηχητικά κύματα κατά μήκος (για παράδειγμα) αριστερού - δεξιού άξονα, αλλά δεν θα μπορεί να ξεχωρίσει διαφορετικά αριστερό ήχο από δεξιό ήχο. Η προσθήκη μικροφώνου πίεσης θα επέτρεπε να γίνει η τελευταία διάκριση είτε με αφαίρεση είτε με πρόσθεση των σημάτων. Ας εξετάσουμε, τώρα, την περιστροφή του μικροφώνου πίεσης έτσι ώστε να βλέπει εμπρός – πίσω. Αυτή τη φορά θα διαχωρίζει τη σωματιδιακή κίνηση κατά μήκος αυτού του νέου άξονα αλλά θα έχει την ίδια απόκριση για τους ήχους από εμπρός ή από πίσω. Το ίδιο μικρόφωνο πίεσης θα διαχώριζε αυτήν την περίπτωση. Ας περιστρέψουμε πάλι το μικρόφωνο, έτσι ώστε, αυτή τη φορά να βλέπει επάνω – κάτω. Θα εμφανιστεί η ίδια αμφιβολία που θα λυθεί και πάλι με την κατάλληλη προσθήκη ή αφαίρεση του σήματος του μικροφώνου πίεσης.

Ας τοποθετήσουμε, τώρα, τρία μικρόφωνα ταχύτητας σε ορθές φωνίες μεταξύ τους (ορθοφωνικά) και, όσο το δυνατό πλησιέστερα στην ίδια θέση χώρου. Ο συνδυασμός σημάτων από αυτά τα τρία μικρόφωνα μαζί με την απόκριση πανκατευθυντικού μικροφώνου αναφοράς φάσης, θα επέτρεπε το διαχωρισμό ήχου από οποιαδήποτε κατεύθυνση. Με άλλη διατύπωση, ήχος σε μοναδική θέση στο χώρο θα μεταφράζεται σε μοναδικό συνδυασμό εξόδων από τα τέσσερα μικρόφωνα. Τα τέσσερα αυτά σήματα (από τα τρία ορθογωνικά μικρόφωνα ταχύτητας και το ένα μικρόφωνο πίεσης) είναι τα τέσσερα σήματα που κινούνται στα τέσσερα κύρια κανάλια εγγραφής Ambisonics. Στην πράξη, συχνά αγνοείται η συνιστώσα επάνω – κάτω, οπότε το σύστημα περιορίζεται σε τρία κύρια κανάλια. Τα τρία αυτά κανάλια συνδυάζονται με τη μορφή συμβατού στερεοφωνικού σήματος δύο καναλιών με μιά διεργασία που ονομάζεται κωδικοποίηση UHJ, αν και αυτή η διεργασία προκαλεί απώλειες. Το Ambisonics προβλέπει αρκετές διαφορετικές διατάξεις μεγαφώνων για αναπαραγωγή.

Αν εξετάσουμε τη διάταξη τεσσάρων μεγαφώνων και περιορίσουμε την εξέταση της εγγραφής Ambisonics μόνο στο οριζόντιο επίπεδο (Ambisonics τριών καναλιών), μπορούμε να περιστρέψουμε τα μικρόφωνα ταχύτητας έτσι ώστε, αντί να βλέπουν εμπρος – πίσω, αριστερά-δεξιά όπως περιγράψαμε παραπάνω, να βλέπουν όπως φαίνεται στο Σχ. 11.12. Αυτή είναι μια διάταξη ίδια με το διασταυρωμένο ζευγάρι "Blumlein".

Αν ονομάσουμε το ένα μικρόφωνο L, το άλλο R, και το τρίτο μικρόφωνο πίεσης P, όπως στο σχήμα, από το συνδυασμό αυτών των τριών μικροφώνων λαμβάνουμε, με μια διεργασία απλής πρόσθεσης και αφαίρεσης, τέσσερα σήματα:

$$(L + P), (L - P), (R + P) \text{ και } (R - P)$$

που καθένα ισοδυναμεί με καρδιοειδές μικρόφωνο που βλέπει διαγώνια αριστερά - εμπρός, διαγώνια αριστερά - πίσω, δεξιά –εμπρός και δεξιά - πίσω, με άλλα λόγια προς τις τέσσερεις κύριες θέσεις που καταλαμβάνονται από τα μεγάφωνα κατά την αναπαραγωγή. Η προσέγγιση αυτή είναι ισοδύναμη με την τακτική του BBC ως προς την τετραφωνική εγγραφή (Nisbett 1979). Η θεωρία Ambisonics έχει κάνει

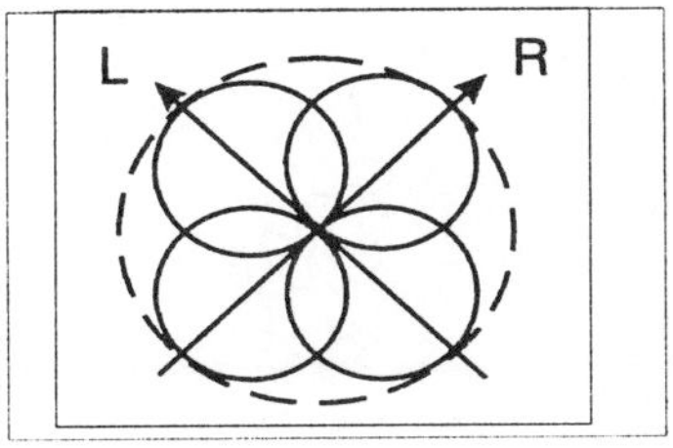

Σχ. 11.12 *Διάταξη μικροφώνων Ambisonics*

δυνατή την κατασκευή ειδικών συσκευών Ambisonics με τις οποίες γίνεται δυνατή η τεχνητή τοποθέτηση ήχων οπουδήποτε μέσα σε ηχητική σκηνή 360° με βάση απλούς λόγους έντασης καναλιών.

Συστήματα RSS της Roland και Sensaura της Thorn EMI

Οποιος έχει ακούσει καλή διπλωτική ηχογράφηση με ακουστικά γνωρίζει πόσο καταπληκτική εμπειρία είναι, μια εμπειρία πολύ περισσότερο ρεαλιστική από οποιαδήποτε εμπειρία με χρήση συμβατικής στερεοφωνίας σε μεγάφωνα. Οπως σημειώσαμε παραπάνω οι διπλωτικές εγγραφές "αποτυγχάνουν" στα μεγάφωνα εξαιτίας των σημάτων διαφωνίας που φαίνονται στο Σχ. 11.4. Μια σύγχρονη λύση αυτής της δυσκολίας, γνωστής σαν ακύρωσης διαφωνίας, προτάθηκε αρχικά από τους Schroeder και Atal (Begault 1994). Η τεχνική αφορά στην πρόσθεση, στο σήμα του δεξιού μεγαφώνου, μιάς εκδοχής εκτός φάσης του σήματος του αριστερού καναλιού που αναμένεται να φτάσει στο δεξιό αυτί μέσω διαφωνίας, και στην πρόσθεση, στο σήμα του αριστερού μεγαφώνου, μιάς εκδοχής εκτός φάσης του σήματος του δεξιού καναλιού που αναμένεται να φτάσει στο αριστερό αυτί μέσω διαφωνίας. Η ιδέα είναι ότι αυτά τα επιπλέον εκτός φάσης σήματα ακυρώνουν τα ανεπιθύμητα σήματα διαφωνίας, με αποτέλεσμα το ισοδύναμο των αρχικών διπλωτικών σημάτων να φτάνει στα κατάλληλα αυτιά. Δυστυχώς, χωρίς σταθεροποίηση του κεφαλιού σε πολύ ακριβή θέση σχετικά με τα μεγάφωνα, αυτή η τεχνική πολύ δύσκολα λειτουργεί στην πράξη (Blauert 1985, Begault 1994) αν και υπάρχουν αρκετά εμπορικά παραδείγματα, μεταξύ των οποίων το RSS System της Roland και το Sensaura της Thorn EMI.

Το σύστημα RSS (Roland Sound Space) της Roland Corporation παρουσιάστηκε γύρω στο 1990 και απευθύνονταν κυρίως στην βιομηχανία εμπορικής μουσικής. Το αρχικό σύστημα αποτελούνταν από μια επιτραπέζια μονάδα ελέγχου και ένα επεξεργαστή σε ράφια. Το σύστημα RSS, που φαίνεται στο Σχ. 11.13, επέτρεπε την περιστροφή σε αζιμούθιο 360° και σε ανύψωση μέχρι τεσσάρων μονοφωνικών σημάτων χρησιμοποιώντας οκτώ πλήκτρα ελέγχου που βρίσκονταν στην μονάδα ελέγχου. Στην ουσία η μονάδα υλοποιούσε μια διεργασία δύο βαθμίδων. Το πρώτο στάδιο αποτελούνταν από την δημιουργία συνθετικών διπλωτικών σημάτων που ακολουθούνταν από δεύτερη βαθμίδα ακύρωσης της διπλωτικής διαφωνίας. Η μονάδα

Σχ. 11.13 *Ηχητικό σύστημα τριών διαστάσεων RSS της Roland*

προέβλεπε και είσοδο MIDI έτσι ώστε οι ηχητικές πηγές να μπορούν να ελέγχονται από απόσταση. Η Roland χρησιμοποίησε ένα παράγωγο αυτής της τεχνολογίας σε διάφορες μονάδες αντήχησης (βλ. Σχ. 11.14).

Το σύστημα Sensaura της Thorn EMI χρησιμοποίησε και αυτό ένα σύστημα ακύρωσης διπλωτικής διαφωνίας, αυτή τη φορά σε σήματα να είχαν εγγραφεί από ψεύτικο κεφάλι. Υπάρχουν λίγες τεχνικές πληροφορίες σχετικά με την εφαρμογή αυτή και σε τι διαφέρει από την αρχική εφαρμογή που προτάθηκε από τους Schroeder και Aral (Begault 1994).

Επεξεργαστής ήχου OM 3D

Το σύστημα RSS και το Sensaura είναι γοητευτικά συστήματα επειδή παρέχουν τη δυνατότητα ήχων από όλες τις κατευθύνσεις (παντοφωνία) χωρίς τη χρήση επιπλέον μεγαφώνων. Το ηχητικό σύστημα OM 3D, που αναπτύχθηκε από την Perfect Pitch Music Ltd. στο Farnham της Αγγλίας, αναπτύχθηκε με τη σκέψη σε παρόμοιο στόχο. Η προσέγγιση του συστήματος OM στη δημιουργία "ήχου surround" δύο μεγαφώνων ήταν επέκταση της αθροιστικής στερεοφωνίας. Το σύστημα OM προσέφερε τέσσερεις μονοφωνικές εισόδους, δύο από τις οποίες μπορούσαν να περιστραφούν σε τόξο 180° που εκτεινόταν πέρα από το όριο των συμβατικών μεγαφώνων. Υπήρχαν δύο επιπλέον κανάλια που επέτρεπαν την περιστροφή των ηχητικών πηγών κατά 300° από μεγάφωνο σε μεγάφωνο σε τόξο στο πίσω μέρος της θέσης στερεοφωνικής ακρόασης. Στο Σχ. 11.15 φαίνονται οι δύο περιπτώσεις περιστροφής. Η μονάδα ήταν ενσωματωμένη ιδανικά σε σύστημα μίκτη με τέσσερεις βοηθητικές εξόδους

Σχ. 11.14 *Εξέλιξη της μονάδας του Σχ. 11.13 που κυκλοφόρησε αργότερα*

εκπομπής. Το σήματα τριών διαστάσεων που προέκυπταν με την περιστροφή αθροίζονταν σε κοινή αρτηρία και έβγαιναν σαν ένα στερεοφωνικό ζευγάρι. Η ιδέα ήταν ότι το σήμα εξόδου θα μπορούσε να κατευθυνθεί πίσω στο μίκτη σαν ένα στερεοφωνικό σήμα επιστροφής. Δεν υπήρχε πρόβλεψη για ρύθμιση της ευαισθησίας εισόδου κάποιου από τα τέσσερα κανάλια εισόδου αλλά υπήρχαν όργανα VU που επέτρεπαν εποπτεία έτσι ώστε αυτό να γίνεται στα κυκλώματα εκπομπής του μίκτη. Στο Σχ. 11.16 φαίνονται τα μηχανήματα του ΟΜ, και στο Σχ. 11.17 ένα διάγραμμα του συστήματος. Το Σχ. 11.18 εμφανίζει τη συνδεσμολογία του συστήματος για μίξη 3D. Αν δούμε πρώτα τα κανάλια 1 και 2, με ποιό τρόπο πετυχαίνουμε την εμπρός περιστροφή 180°; Το ΟΜ αναπτύ-

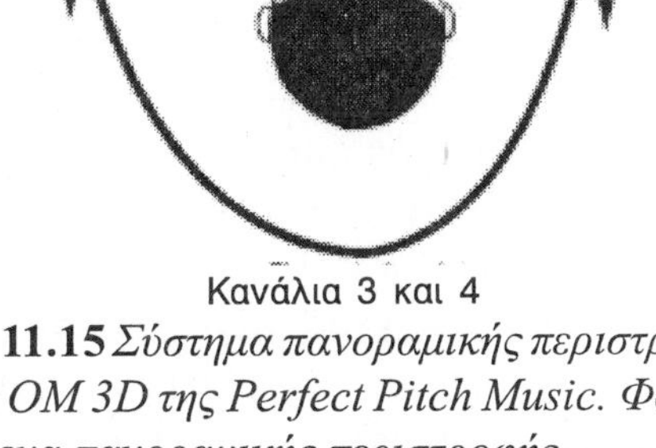

Σχ. 11.15 *Σύστημα πανοραμικής περιστροφής ΟΜ 3D της Perfect Pitch Music. Φαινόμενα πανοραμικής περιστροφής*

Σχ. 11.16 *Μηχάνημα ΟΜ*

χθηκε με χρήση μιάς θεωρίας ακοής στον χώρο, που βασίστηκε στην θεωρία Duplex. Η προσέγγιση αυτή λέει ότι κάθε επέκταση της παραγωγής ήχου στο χώρο διασπάται καλύτερα με υψηλές και χαμηλές συχνότητες. Ας πάρουμε πρώτα τις χαμηλές συχνότητες.

Στο Σχ. 11.19 φαίνεται η μέγιστη διαωτική χρονική διαφορά που μπορεί να δημιουργηθεί από ισχυρό σήμα στραμμένο δεξιά σε συμβατική στερεοφωνική διάταξη. Το σήμα φαίνεται καθυστερημένο στο δεξιό αυτί κατά *t*1 και καθυστερημένο στο αριστερό αυτί κατά *t*2. Το πρόβλημα έγκειται στην προσπάθεια να κάνουμε έναν ήχο να εμφανίζεται σαν να είναι στην θέση P. Αν ήταν, τα σήματα θα ήταν όπως στο σχήμα με το αριστερό αυτί να αντιλαμβάνεται σήμα καθυστερημένο κατά *t*3. Στο Σχ. 11.10 φαίνεται ο τρόπος με τον οποίο μπορούμε να το πετύχουμε. Με την πρόσθεση εκδοχής εκτός φάσης του σήματος στο αριστερό μεγάφωνο, μπορεί να αυξηθεί η διαωτική διαφορά φάσης, δημιουργώντας με τον τρόπο αυτό την αντίληψη που χρειάζεται. Δυστυχώς, αν επιτρέπονταν η εκπομπή υψηλών συχνοτήτων από το αριστερό μεγάφωνο αυτές θα είχαν την τάση να επανακεντρίσουν την εικόνα επειδή το αυτί δεν είναι ευαίσθητο σε φάση για σήματα πάνω από 700 Hz. Ετσι, πρέπει να πάρουμε άλλη προσέγγιση. Αυτή μπορεί να φανεί σε σύγκριση με τις μονοωτικές (monoaural) συναρτήσεις μεταφοράς ήχου που πλησιάζει από 30° από εμπρός (την πραγματική θέση μεγαφώνου) και από την επιθυμητή θέση (90° από εμπρός). Στο Σχ. 11.21 φαίνονται οι μονοωτικές συναρτήσεις μεταφοράς γι' αυτές τις δύο κατευθύνσεις στο οριζόντιο επίπεδο.

Η φασματική τροποποίηση που χρειάζεται (που πρέπει να γίνει στα σήματα υψηλών συχνοτήτων που εκπέμπονται μόνο από το δεξιό μεγάφωνο, ενώ το άλλο κανάλι παραμένει βωβό), βρίσκεται με αφαίρεση της μιας απόκρισης από την άλλη.

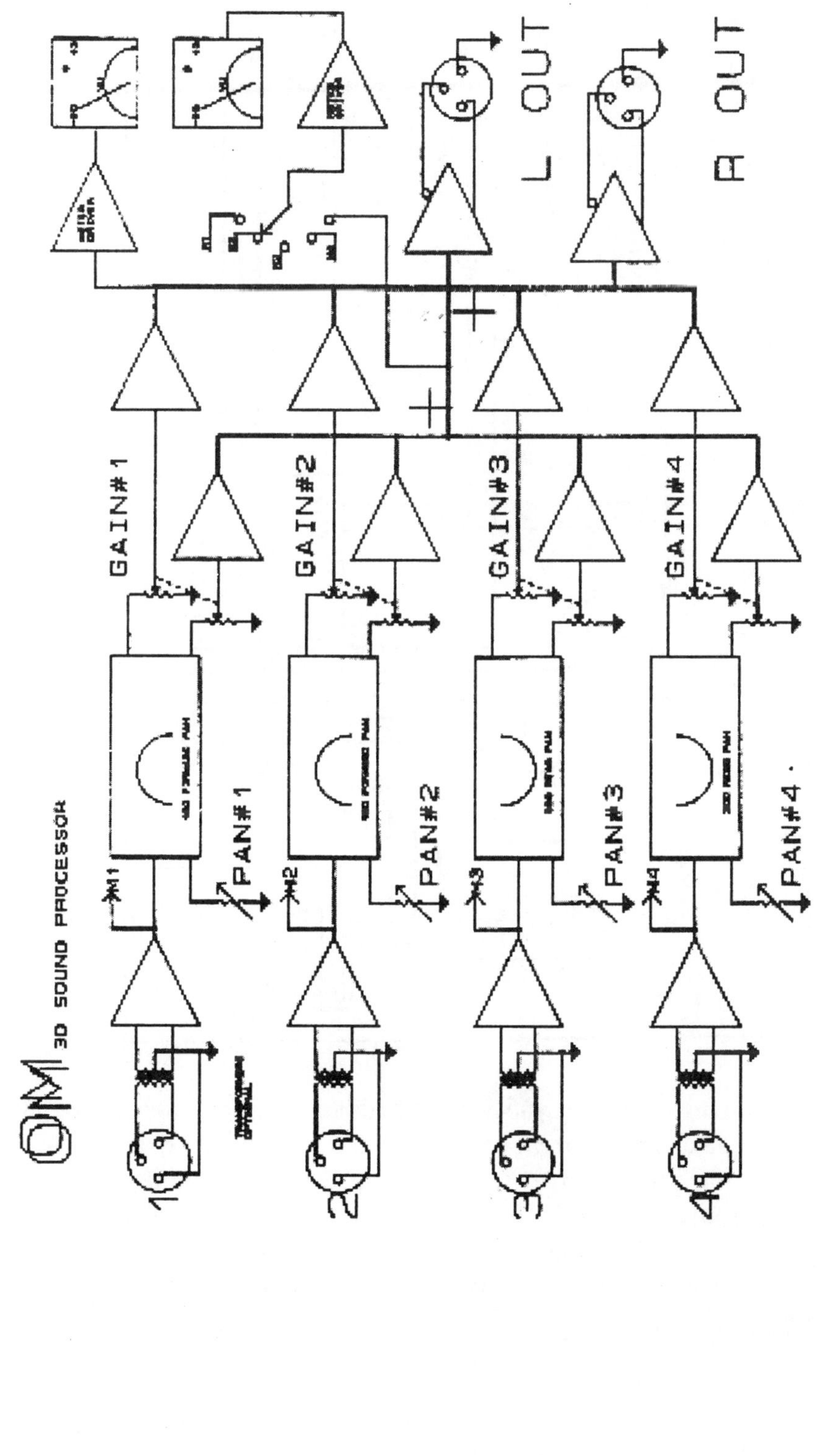

Σχ. 11.17 Διάγραμμα συστήματος OM

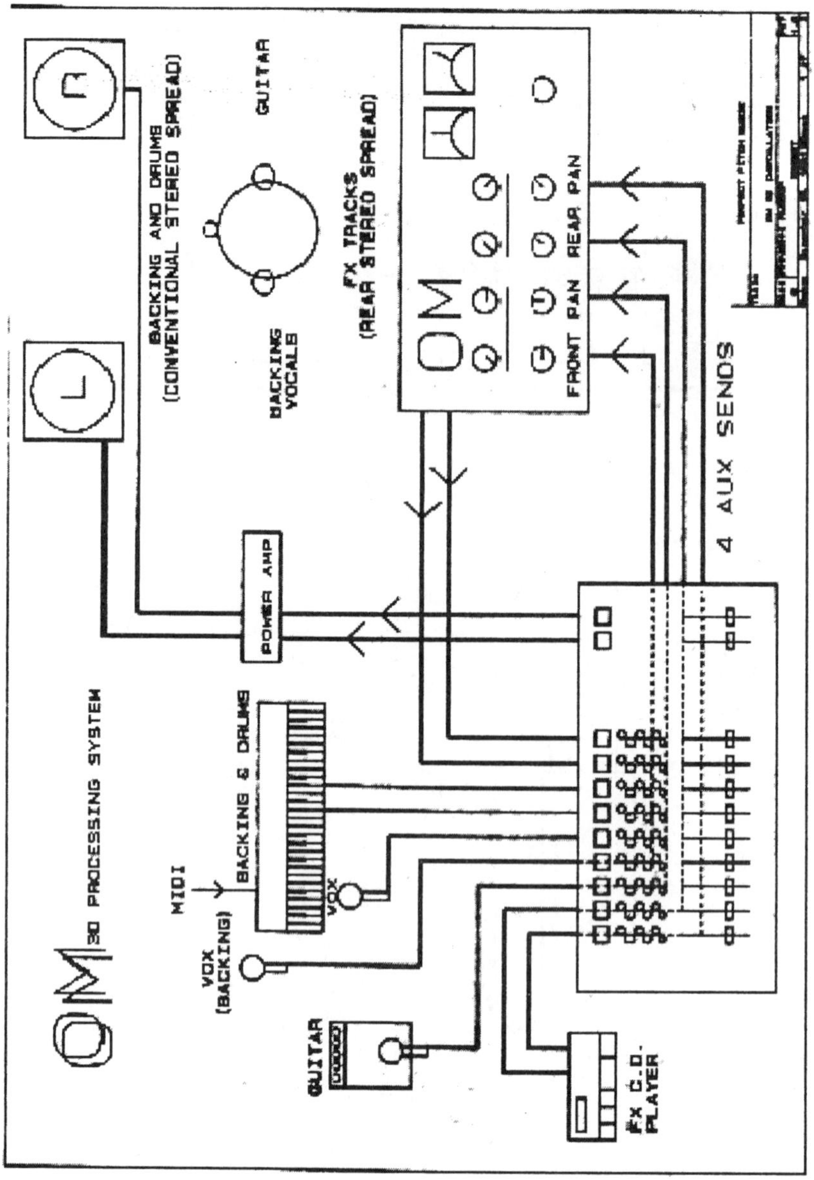

Σχ. 11.18 Τυπική συνδεσμολογία για μίξη 3D

Η καθαρότερη συνιστώσα είναι γύρω στα 7 kHz που δείχνει μια εμφανή βύθιση στις 30° και μια σημειωμένη κορυφή στις 90°. Παρατηρούμε ότι στις 60° υπάρχει μια ενδιάμεση κορυφή στάθμης στην ίδια συχνότητα, πράγμα που σημαίνει ότι δικαιολογείται γραμμική παρεμβολή. Παραπέρα υπάρχει βαθμιαία άνοδος σε υψηλές συχνότητες στην θέση 90° και ένα άλλο φαινόμενο μεγάλου Q περίπου στα 10 kHz. Είναι φανερό ότι οι συνθήκες του παραδείγματος μπορούν να γενικευθούν σε ακραίες αριστερές θέσεις.

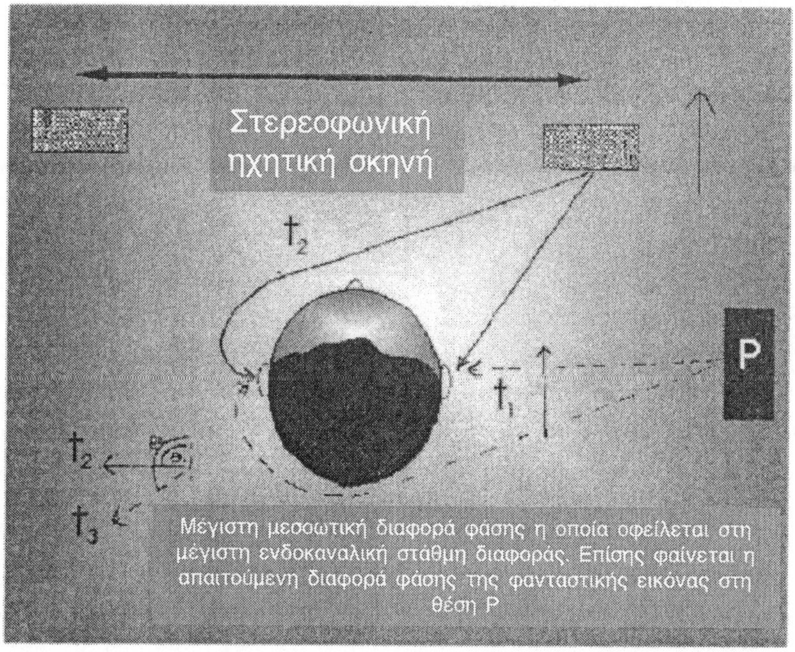

Σχ. 11.19 *Η μέγιστη διαωτική διαφορά χρόνου που μπορεί να δημιουργηθεί από ισχυρό σήμα στραμμένο στα δεξιά σε συμβατική στερεοφωνική διάταξη.*

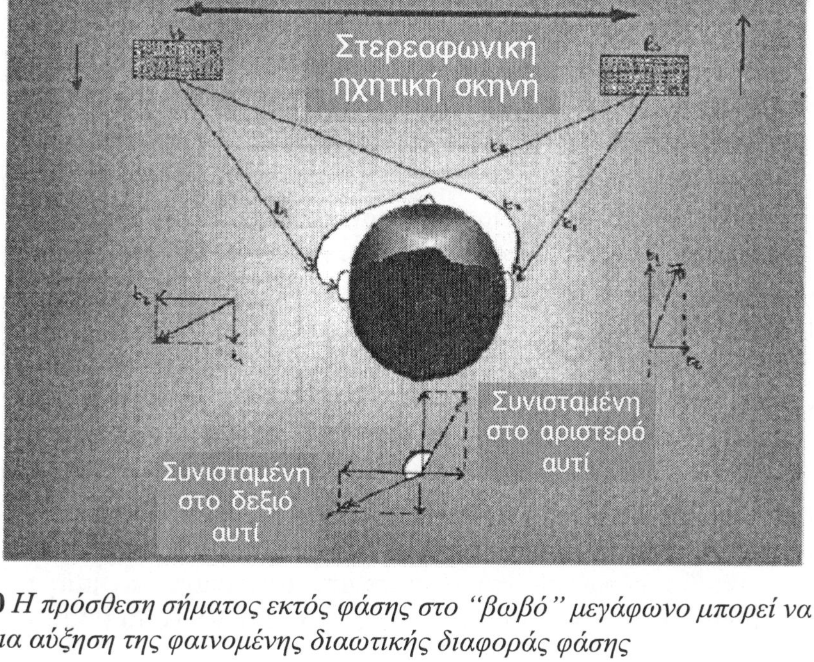

Σχ. 11.20 *Η πρόσθεση σήματος εκτός φάσης στο "βωβό" μεγάφωνο μπορεί να χρησιμοποιηθεί για αύξηση της φαινομένης διαωτικής διαφοράς φάσης*

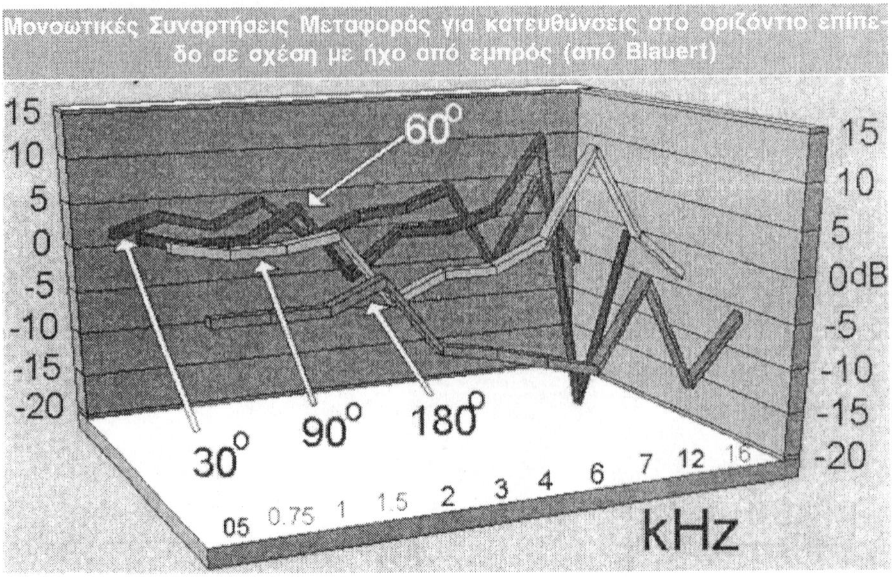

Σχ. 11.21 *Μονοωτικές συναρτήσεις μεταφοράς*

Για εφαρμογή αυτής της τεχνικής με ηλεκτρονικό τρόπο χρειαζόμαστε ένα κύκλωμα περιστροφής που λειτουργεί στην μεγαλύτερη περιοχή του σαν υπάρχων έλεγχος περιστροφής και ύστερα, σε ορισμένο σημείο διαμοιράζει το σήμα σε συνιστώσες υψηλών και χαμηλών συχνοτήτων και παρέχει σήματα εκτός φάσης στο μεγάφωνο και τροποποιεί φασματικά τα σήματα που εκπέμπονται από το μεγάφωνο που βρίσκεται πλησιέστερα στην επιθυμητή φανταστική θέση. Αυτό είναι γενικά εύκολο να πραγματοποιηθεί ψηφιακά αλλά στην ανάπτυξη του ΟΜ έγινε αναλογική προσέγγιση έτσι ώστε η μονάδα να μπορεί να τοποθετηθεί εύκολα σε υπάρχουσες κονσόλες μίξης. Στο Σχ. 11.22 φαίνεται το κύκλωμα για τη μονάδα περιστροφής ΟΜ. Το κύκλωμα μπορεί να διασπαστεί σε τέσσερα στοιχεία: μια βαθμίδα μεταβλητού εξισορροπητή. Μια βαθμίδα κυματοδηγού gyrator. Μια συμβατική μονάδα ελέγχου περιστροφής (βλ. επόμενο Κεφάλαιο). Και σε ένα διαφορικό ενισχυτή χαμηλής συχνότητας.

Το σήμα που εισέρχεται στον A1 ενισχύεται από τον σύνθετο λόγο $1 + (R_x / Z_1)$. Είναι φανερό ότι αυτή η ενίσχυση έχει σχέση με την τιμή του VR1a, που έχει την μέγιστη τιμή αντίστασης στην μεσαία θέση και την ελάχιστη στις ακραίες θέσεις κίνησης. Εξαιτίας της σύνθετης αντίστασης στον δρομέα της $VR1_A$, η απόκριση συχνότητας αυτού του κυκλώματος αλλάζει ανάλογα με τη θέση ελέγχου. Η λειτουργία του C_A είναι να παρέχει γενική αύξηση στις υψηλές συχνότητες. Αν δεν υπήρχε η προρυθμισμένη αντίσταση PR1, το κύκλωμα θα παρουσίαζε αστάθεια όταν η $VR1_A$ θα βρισκόταν σε οποιοδήποτε από τα τέρματα κίνησής της. Η PR1 επιτρέπει τη ρύθμιση του βαθμού ενίσχυσης καθώς η $VR1_A$ μετακινείται από τη

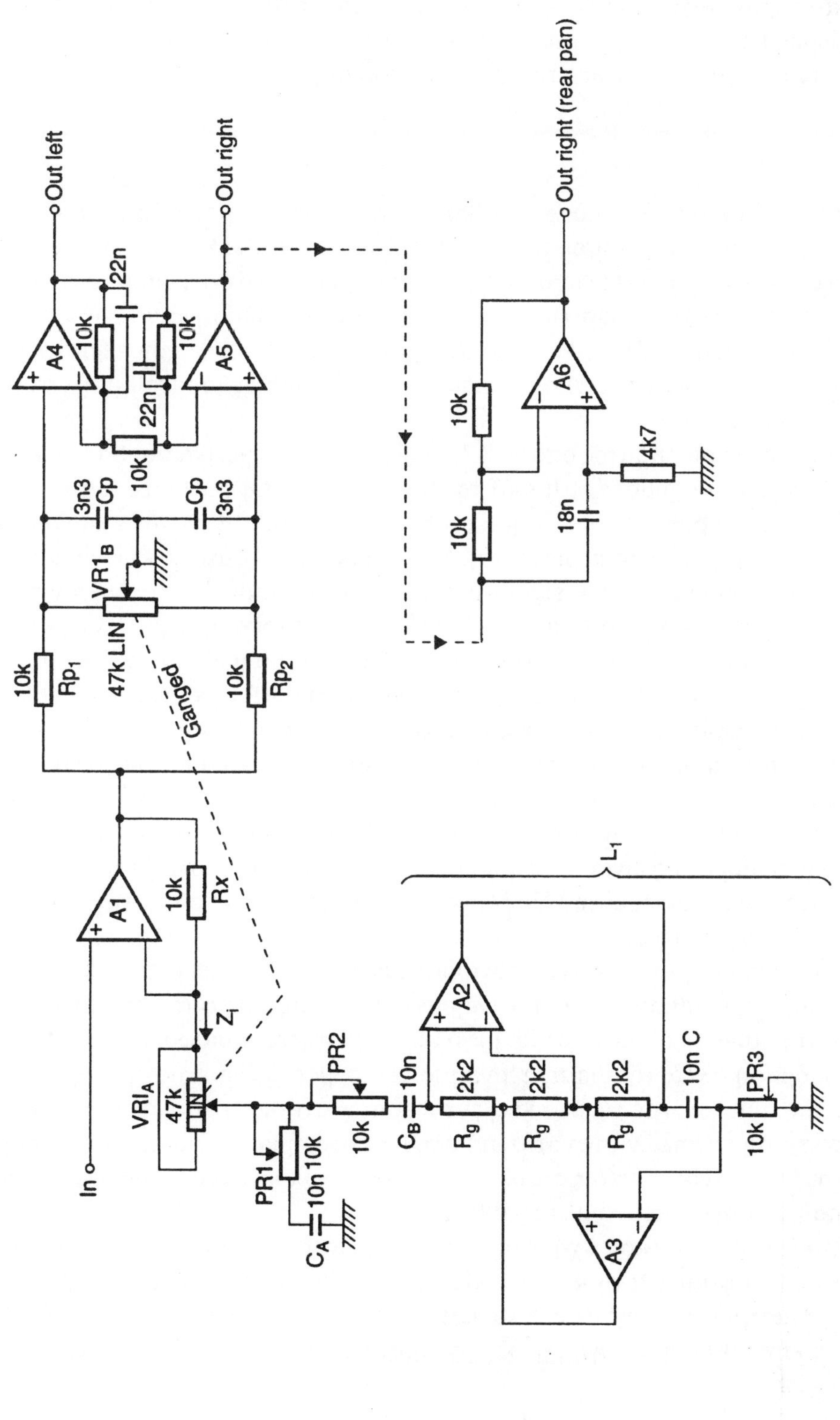

Σχ. **11.22** *Κύκλωμα μονάδας περιστροφής OM 3D*

μεσαία θέση της. Τα C_B, A2 και A3 και τα εξαρτήματα που τα συνοδεύουν σχηματίζουν ένα συντονισμένο κύκλωμα που συντονίζεται στη συχνότητα που έχει το προσομοιωμένο επαγωγικό gyrator (L1) όταν έχει την ίδια τιμή φανταστικής αντίστασης με το C_B. Όπου η L1 δίνεται από την έκφραση:

$$C \times R_g \times PR_3$$

Η PR2 καθορίζει με τον ίδιο τρόπο που έκανε η PR1 προηγούμενα, το βαθμό αύξησης στην συχνότητα συντονισμού των C_B και L1, που είναι 7 kHz κατά την διάρκεια της δοκιμής, όπως εξηγήσαμε παραπάνω. Ετσι το σήμα που βγαίνει από το A1 είναι εξισορροπημένη εκδοχή της εισόδου που έχει και γενική ρύθμιση μπάσσων και ειδική ενίσχυση γύρω στα 7 kHz καθώς περιστρέφεται το κομβίο ελέγχου περιστροφής και προς τις δύο κατευθύνσεις από τη μεσαία θέση. Ο βαθμός ισοστάθμισης ρυθμίζεται με τα PR1 και PR2.

Μετά την έξοδο του σήματος από το A1, εισάγεται στον σχετικά συμβατικό έλεγχο περιστροφής που σχηματίζεται από τα Rp και $VR1_B$. Οι σύνθετες αντιστάσεις έχουν διαταχθεί με τρόπο ώστε το σήμα εξόδου να είναι –3 dB σε κάθε κανάλι στη μεσαία θέση ώς πρός ακραία περιστροφή. Μια επιπλοκή γι' αυτό το κύκλωμα περιστροφής είναι οι πυκνωτές που είναι συνδεμένοι σε κάθε μισό του ελέγχου περιστροφής (C_p). Αυτοί προκαλούν κάποιο βαθμό γενικής αποκοπής υψηλών συχνοτήτων που ενεργεί κυρίως γύρω από την μεσαία θέση και βοηθά στην αντιστάθμιση της επίδρασης της σύνθετης αντίστασης στον δρομέα της $VR1_A$ που εξακολουθεί να προκαλεί κάποια εξισορρόπηση, ακόμη και στη μεσαία του θέση.

Στη συνέχεια το σήμα περνά στα A4 και A5, και στα σχετικά εξαρτήματα. Πρόκειται για ενισχυτή με απολαβή κοινής λειτουργίας DC ίση με 1 και διαφορική απολαβή DC ίση με 2. Η δράση των πυκνωτών 22 nF γύρω στο επάνω σκέλος των αντιστάσεων ανάδρασης είναι να περιορίζει την διαφορική απολαβή υψηλών συχνοτήτων στο 1 ενώ διατηρεί την διαφορική απολαβή χαμηλών συχνοτήτων όσο το δυνατό πλησιέστερα στο 2.

Ετσι, καθώς το κομβίο ελέγχου περιστροφής περιστρέφεται σε άκρα θέση, ο διαφορικός ενισχυτής βαθμιαία παρέχει πληροφορίες αντίθετης φάσης χαμηλών συχνοτήτων στο "σιωπηλό" κανάλι. Σε μεγάλες συχνότητες ο διαφορικός ενισχυτής δεν έχει επίδραση αλλά, αντίθετα, περνά μια εξισορροπημένη εκδοχή υψηλών συχνοτήτων του σήματος (με τις μερικές, έντονες συχνότητες προσομοίωσης χρωματισμού, ενίσχυσης υψηλών συχνοτήτων) στην αριστερή και δεξιά εξόδους. Τα Σχ. 11.23 μέχρι 11.26 είναι οι εικόνες παλμογράφου από τυπικές κυματομορφές εξόδου για διέγερση τετραγωνικού κύματος 400 Hz.

Το βοηθητικό κύκλωμα (που σχηματίζεται γύρω από το A6) ακολουθεί τα κυκλώματα που περιγράψαμε για τα κανάλια πίσω περιστροφής. Σχεδιάστηκε κυρίως για να εκτελεί αναστροφή φάσης σε ένα κανάλι σε χαμηλές συχνότητες. Η τεχνική αυτή διευκόλυνε κάποιο βαθμό μονοφωνικής συμβατότητας. Στην πράξη, η πίσω περι-

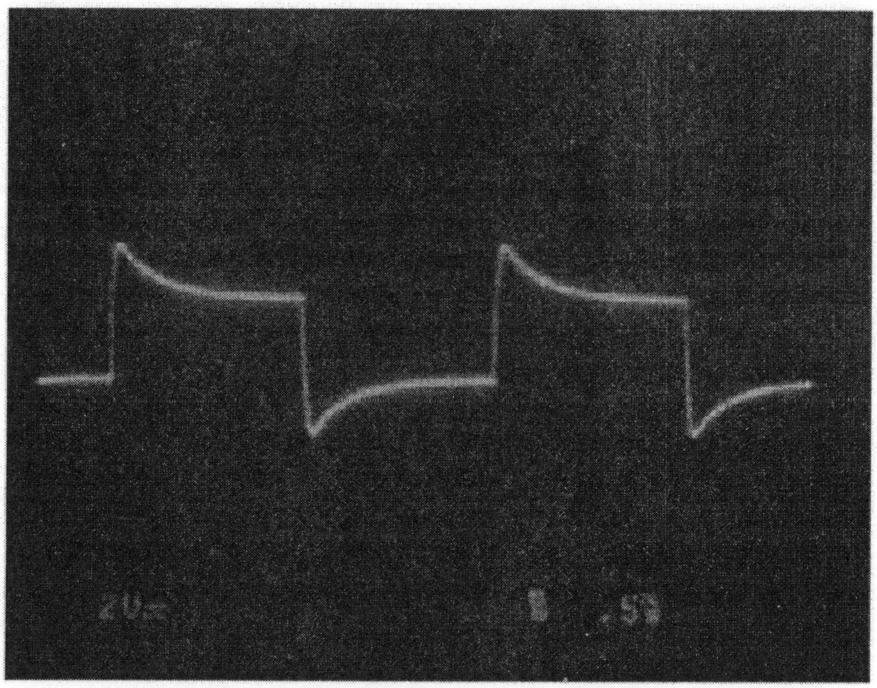

Σχ. 11.23 *ΟΜ, κάθε κανάλι, μεσαία θέση*

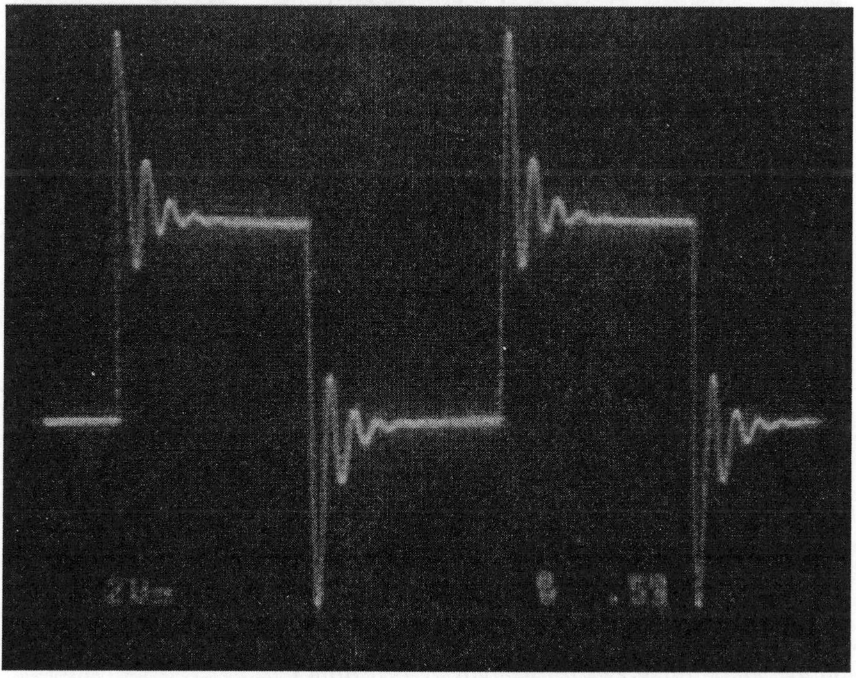

Σχ. 11.24 *ΟΜ, ενεργό κανάλι, ακραία περιστροφή*

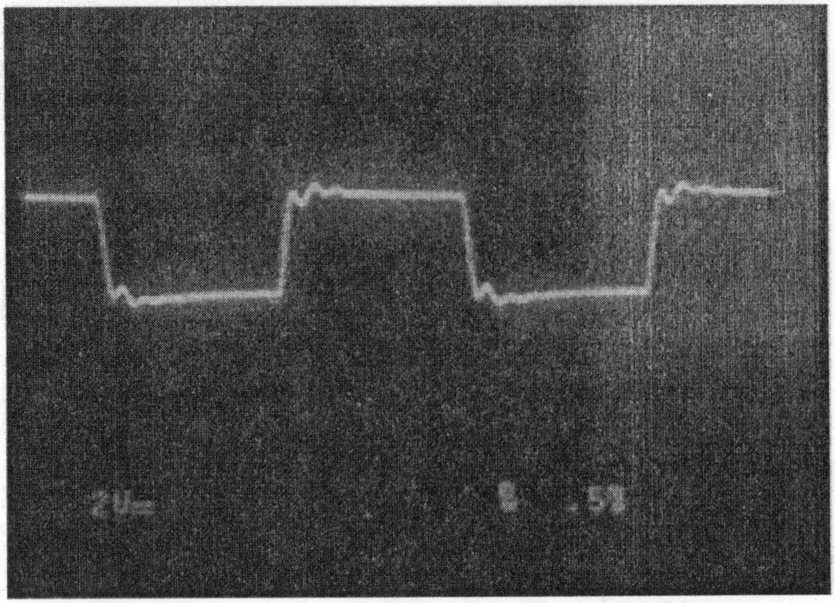

Σχ. 11.25 *ΟΜ, νεκρό κανάλι, ακραία περιστροφή (παρατηρούμε την αντίθετη φάση στην κυματομορφή του Σχ. 11.24)*

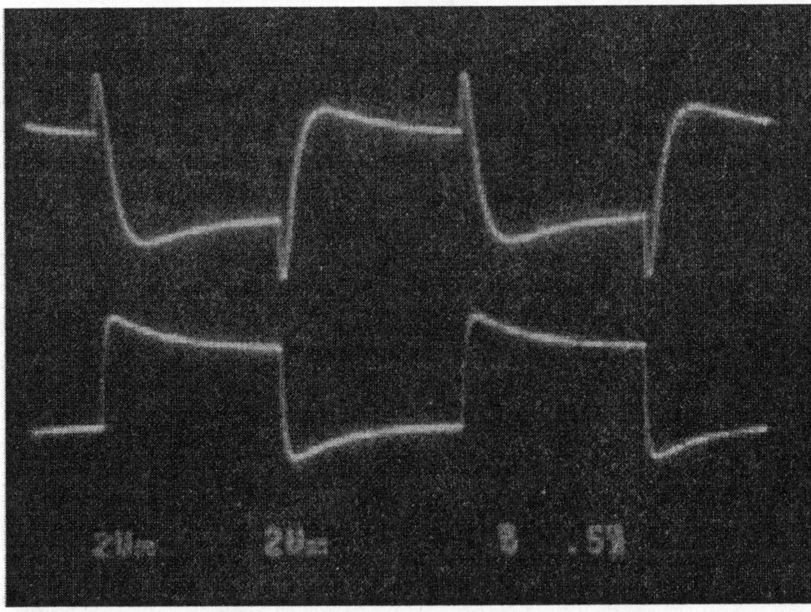

Σχ. 11.26 *ΟΜ, και τα δύο κανάλια, κέντρο πίσω (παρατηρούμε ότι η πλειονότητα των πληροφοριών χαμηλών συχνοτήτων είναι εκτός φάσης)*

στροφή στο σύστημα ΟΜ πραγματοποιήθηκε με μια απλή τεχνική λόγων μεταξύ καναλιών σε σήμα που αποτελούνταν κυρίως από πληροφορίες εκτός φάσης σε χαμηλές συχνότητες. Με την κατάλληλη ρύθμιση των ποτενσιομέτρων που έλεγχαν τις υψηλές συχνότητες και την ενίσχυση μεγάλου Q ήταν δυνατή η περαιτέρω δημιουργία κατάλληλης εξασθένησης των υψηλών συχνοτήτων στο πίσω τόξο, πράγμα που είναι αυτό που χρειάζεται από τα ψυχοακουστικά δεδομένα. Ο τρόπος που λειτουργεί αυτή η τεχνική εξακολουθεί να μην είναι εντελώς γνωστός, και η ανακάλυψή του θα είναι μάλλον τυχαία. Εκείνο που είναι γνωστό είναι ότι κινήσεις που έχουν σχέση με το κεφάλι ενισχύουν μια πίσω εικόνα που παράγεται με τον τρόπο αυτό και το γεγονός αυτό αποτελεί ένα από τα ισχυρά χαρακτηριστικά του συστήματος ΟΜ.

Βιβλιογραφία

Bergault, D.R. (1994) *3-D sound for virtual reality and multimedia.* Academic Press Inc.

Blauert, J. (1983) *Spatial Hearing.* MIT Press.

Brice, R. (1997) *Multimedia and Virtual Reality Engineering.* Newnes.

Edeko, F.O. (1988) Improving stereophonic image sharpness. *Electronics and Wireless World,* Vol. 94, No. 1623 (Jan.).

Malham, D.G. (1995) *Basic Ambisonics.* York University Web pages.

Nisbett, A. (1979) *The Techniques of the Sound Studio.* Focal Press.

Σημειώσεις

1. Για τον τεχνικό που αναπτύσσει συστήματα ήχου χώρου, αυτή η απλή, περιεκτική θεωρία έχει πολλά θέλγητρα. Ωστόσο, τα πειράματα για έρευνα του εντοπισμού παροδικών ήχων (αντίθετα με τους καθαρούς τόνους) φαίνονται να δείχνουν στους περισσότερους ψυχολόγους ότι η κατάσταση είναι λίγο περισσότερο πολύπλοκη απ' ότι είχε νομίσει ο Lord Rayleigh. Μπορεί, πάντως, να δειχτεί ότι τα ευρήματά τους υποστηρίζουν την θεωρία Duplex σαν εξήγηση για την αντίληψη της εντόπισης των παροδικών (Brice 1997).
2. Η προσωπική μου εκτίμηση για αυτό το απλό γεγονός προέρχεται από ένα πείραμα σκέψης που έχει σχεδιαστεί να ερευνήσει τη λογική ισχύ της, συχνά αναφερόμενης, προτίμησης των επαϊόντων με τα χρυσά αυτιά ότι οι δίσκοι βινυλίου (και ο εξοπλισμός αναλογικών εγγραφών) μπορούν ακόμα να προσφέρουν μια "ζωντανή" ποιότητα που δεν φτάνεται από τον τεχνικά ανώτερο δίσκο CD. Σκέφτηκα ότι αν μετρούσα τις διαφορές μεταξύ των σημάτων που παράγονται από την κεφαλή πικάπ και από μονάδα CD, τα σήματα θα διέφεραν κατά πολλούς τρόπους:

(i) Η αναπαραγωγή από βινύλιο θα είχε μεγαλύτερη παραμόρφωση και μικρότερο λόγο σήματος προς θόρυβο απ' ότι το ψηφιακό της αντίστοιχο. Δεν υπήρχε λόγος παραπέρα έρευνας αυτής της πλευράς ηχογράφησης και αναπαραγωγής επειδή έχει γίνει τόσο πολλή δουλειά στις υποκειμενικές επιδράσεις της δυναμικής περιοχής και της γραμμικότητας, που όλα δείχνουν, με πολύ μικρό περιθώριο σφάλματος, ότι η αυξημένη δυναμική περιοχή και η βελτιωμένη γραμμικότητα έχουν θετική σχέση με τη βελτιωμένη πιστότητα και την υποκειμενική προτίμηση.
(ii) Η αναπαραγωγή από βινύλιο θα είχε απόκριση συχνότητας που ήταν περιορισμένη σε σχέση με την ψηφιακή αναπαραγωγή. Αυτό μπορεί να παίζει ρόλο στην προτίμηση για αναπαραγωγή από βινύλιο. Είναι γνωστό από την δεκαετία του 1940 ότι "το ευρύ κοινό" προτιμά υπερβολικά τα κυκλώματα περιορισμένου εύρους ζώνης συχνοτήτων από την μονοωτική αναπαραγωγή ήχου.
(iii) Η διαφωνία μεταξύ καναλιών θα ήταν πολύ υψηλότερα στην περίπτωση εξοπλισμού αναλογικής εγγραφής και αναπαραγωγής. Επιπλέον, επειδή η διαφωνία είναι συνήθως το αποτέλεσμα αρνητικής φανταστικής αντίστασης (ηλεκτρικής ή μηχανικής) αυτή η διαφωνία θα είχε την τάση να αυξάνει ανάλογα με την αύξηση της συχνότητας σήματος.

Ενώ προσπαθούσα να φανταστώ την υποκειμενική επίδραση αυτής της απεριοδικής διαφωνίας, ξαφνικά κατάλαβα ότι αυτός ο μηχανισμός θα προκαλούσε προοδευτική στένωση της στερεοφωνικής εικόνας σε σχέση με τη συχνότητα, η οποία (αν αυτό συνέβαινε με τη σωστή ταχύτητα) θα τοποθετούσε την προερχόμενη από ένταση υψηλών συχνοτήτων στερεοφωνική εικόνα πάνω από την προερχόμενη από διαωτική καθυστέρηση χαμηλών συχνοτήτων εικόνα, πετυχαίνοντας με τον τρόπο αυτό το ίδιο αποτέλεσμα με τα μεγάφωνα του Edeco και το κύκλωμα Shuffler του Blumlein.

3. Ο όρος τετραφωνία οφείλεται μόνο στο γεγονός ότι τα συστήματα είχαν τέσσερα μεγάφωνα. Σαν συνέπεια θα είχαμε την στερεοφωνική διπλοφωνία!

ΚΕΦΑΛΑΙΟ 12

Κονσόλες εγγραφής

Εισαγωγή

Το Κεφάλαιο αυτό αφορά σε κονσόλες εγγραφής, που είναι η καρδιά του στούντιο εγγραφής. Οπως και η ανθρώπινη καρδιά, της οποίας η δράση είναι αισθητή σε όλο μας το σώμα, η εξέταση κονσόλας εγγραφής αφορά σε ευρεία εξέταση άλλων στοιχείων μέσα στο σύστημα του στούντιο. Τα στοιχεία αυτά καλύπτονται, επίσης, σ' αυτό το Κεφάλαιο.

Στην μουσική pop και rock, όπως και στις περισσότερες εγγραφές jazz, κάθε μουσικό όργανο εγγράφεται σχεδόν πάντα σε ένα κανάλι ταινίας που έχει πολλά κανάλια και το αποτέλεσμα της "μίξης" όλων των μουσικών οργάνων συνδυάζεται με ηλεκτρικό τρόπο στον ακουστικό μίκτη και εγγράφεται σε (στερεοφωνική) ταινία master δύο καναλιών για αναπαραγωγή και αρχειοθέτηση. Παρόμοια, στην περίπτωση ενίσχυσης ήχου για μουσική rock και pop και για συναυλίες jazz, κάθε μουσική συνεισφορά πραγματοποιείται με ξεχωριστό μικρόφωνο και ο συνολικός ήχος αναμιγνύεται με ηλεκτρικό τρόπο. Δουλειά του τεχνικού εγγραφής είναι να ελέγχει τη διεργασία αυτή, που αφορά σε πολλές αισθητικές κρίσεις κατά τη διάρκεια της εγγραφής κάθε καναλιού και της μίξης μέχρι το τελικό αποτέλεσμα. Ωστόσο, οι παράμετροι που βρίσκονται υπό τον έλεγχό του είναι σχετικά λίγες. Πάνω και πέρα από την λειτουργία της σωστής ρύθμισης του ελέγχου της απολαβής εισόδου έτσι ώστε να εξασφαλιστεί ο καλύτερος λόγος σήματος προς θόρυβο και ο έλεγχος εξισορρόπησης καναλιών, κύριο καθήκον είναι η εκτίμηση και η ρύθμιση κάθε οργάνου διάλειψης απολαβής καναλιού και κατά συνέπεια της στάθμης κάθε συνεισφοράς μέσα στη μίξη σημάτων. Ενα επιπλέον καθήκον, κατά τη διάρκεια στερεοφωνικής μίξης, είναι η δημιουργία στερεοφωνικής εικόνας με έλεγχο της σχετικής συνεισφοράς κάθε καναλιού εισόδου στους δύο στερεοφωνικούς ενισχυτές μίξης. Στην περίπτωση που έχουμε και μίξη πολλών καναλιών και μίξη πολλών μικροφώνων, η φαινομενική θέση κάθε παίκτη μουσικού οργάνου μέσα στη στερεοφωνική εικόνα ελέγχεται από ειδικό στερεοφωνικό πανοραμικό ποτενσιόμετρο (ή pan pot).

Πρότυπες στάθμες και όργανα μέτρησης στάθμης

Ας υποθέσουμε ότι μας ζητούν να συναρμολογήσουμε μια συσκευή που αποτελείται από εξαρτήματα τα οποία είχαμε μαζέψει από διαφορετικές πηγές. Και υποθέτουμε ότι είχαμε προσέξει πολύ λίγο στο αν τα εξαρτήματα θα ταίριαζαν μεταξύ τους (ίσως άλλα να μετρούσαν στο Βρεττανικό και άλλα στο μετρικό σύστημα). Γρήγορα θα απαγοητευόμασταν επειδή η συναρμολόγηση θα ήταν αδύνατη. Το ίδιο θα συνέβαινε και με τον ακουστικό μίκτη, αν τα σήματα που δέχονταν δεν θα ήταν τυποποιημένα, τουλάχιστον σε κάποιο βαθμό. Η λογική πίσω από αυτά τα πρότυπα και από τα εργαλεία που χρησιμοποιούνται για να πετύχουμε αυτόν το βαθμό τυποποίησης, είναι τα αντικείμενα των πρώτων μερικών τμημάτων του Κεφαλαίου αυτού.

Η υιοθέτηση τυποποιημένης στάθμης σε στούντιο (και των αντίστοιχων καταστάσεων) εξασφαλίζει την ικανότητα αλληλοσύνδεσης διαφορετικού εξοπλισμού που προέρχονται από διαφορετικούς κατασκευαστές και εξασφαλίζει ότι ταινίες που έχουν εγγραφεί σε ένα στούντιο θα είναι κατάλληλες για παίξιμο και/ή για επεξεργασία σε άλλο. Δυστυχώς, αυτά τα "πρότυπα" έχουν αναπτυχθεί στη διάρκεια πολλών χρόνων και κάποιοι οργανισμοί έχουν πάρει διαφορετικές αποφάσεις οι οποίες, με τη σειρά τους, αντανακλούν στην επιλογή τους σχετικά με τη στάθμη λειτουργίας. Υπάρχουν, ακόμα, εθνικά και βιομηχανικά σύνορα, έτσι ώστε το αντικείμενο των μέγιστων σταθμών και συμμόρφωσης στις στάθμες λειτουργίας να μαστίζεται από πολυπλοκότητα.

Κατ' ουσία, υπάρχουν μόνο δύο απόλυτες στάθμες σε κάθε ηλεκτρονικό σύστημα, η μέγιστη στάθμη και το κάτω όριο θορύβου. Και τα δύο φαίνονται στο Σχ. 12.1. Κάθε σήμα μικρότερο από το κάτω όριο θορύβου θα εξαφανίζεται επειδή πνίγεται από τον θόρυβο και κάθε σήμα μεγαλύτερο από την μέγιστη στάθμη θα παραμορφωθεί. Ολα τα σήματα που έχουν εγγραφεί καλά πρέπει να βρίσκονται μεταξύ της "Σκύλλας" της παραμόρφωσης και της "Χάρυβδης" του θορύβου. Στην πραγματικότητα, αυτή είναι η βασική δουλειά κάθε τεχνικού ηχογράφησης!

Θεωρητικά, η μέγιστη στάθμη θα ήταν μια καλή στάθμη λειτουργίας. Δυστυχώς, θα αναπαραγόταν και από τα μεγάφωνα σαν πολύ έντονος θόρυβος και κατά συνέπεια, είτε αυτό μας αρέσει είτε όχι, θα "έσπαζε τα νεύρα" αυτών που εργάζονται κάθε μέρα σε στούντιο ηχογραφήσεων! Αντίθετα χρησιμοποιείται χαμηλότερη στάθμη για λειτουργία γεγονός που στην πραγματικότητα δεν έχει καμμία φυσική δικαιολογία. Απλά έχει σχεδιαστεί έξυπνα να συσχετίζει την μέγιστη στάθμη σήμα-

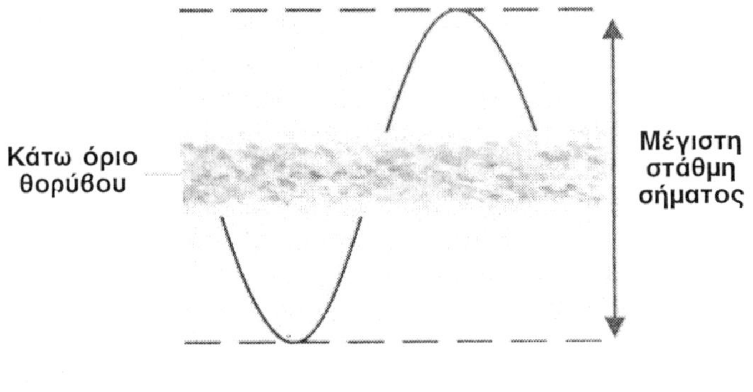

Σχ. 12.1 *Δυναμική περιοχή συστήματος*

τος με τον μηχανισμό αντίληψης της ανθρώπινης ακοής και της ανθρώπινης όρασης, όπως θα δούμε. Για ποιό λόγο της όρασης; Επειδή στην πραγματικότητα δεν είναι καθόλου πρακτική η εποπτεία της έντασης ακουστικού σήματος μόνο με τον ήχο. Πέρα από κάθε άλλο, οι άνθρωποι δεν είναι καθόλου καλοί σ' αυτό το είδος υποκειμενικής κρίσης. Αντίθετα, από τις πολύ πρώτες ημέρες της μηχανολογίας ήχου χρησιμοποιούνται οπτικές ενδείξεις για την ακουστική στάθμη, πράγμα που απαλλάσσει τον χειριστή από το να παίρνει υποκειμενικές ακουστικές αποφάσεις. Υπάρχουν δύο σπουδαίες και ξεχωριστές αιτίες εποπτείας της ακουστικής στάθμης.

Η πρώτη είναι να βελτιστοποιηθεί το μηχάνημα, η απολαβή ή η ευαισθησία συγκεκριμένου ακουστικού κυκλώματος, έτσι ώστε το σήμα που περνά από αυτό να βρίσκεται σε στάθμη όπου θα έχει την πλήρη δυναμική περιοχή που διαθέτει το κύκλωμα. Αν κάποιο σήμα κινείται μέσα σε κύκλωμα με πολύ μικρή στάθμη, χωρίς να το χρειάζεται, κατά τη διεργασία συλλέγει θόρυβο. Αν είναι πολύ μεγάλο, ίσως παραμορφωθεί ή "ψαλλιδιστεί" επειδή η βαθμίδα δεν έχει την δυνατότητα να προσφέρει την απαραίτητη εναλλαγή τάσης, όπως φαίνεται στο Σχ. 12.1.

Η δεύτερη αιτία εποπτείας των ακουστικών μετρήσεων υπάρχει, για παράδειγμα, σε ραδιοφωνικό ή τηλεοπτικό στούντιο συνεχείας όπου ενώνονται οι διάφορες ακουστικές πηγές για μίξη και για μεταγωγή. Οι ακροατές είναι δικαιολογημένοι να περιμένουν μια λογικά σταθερή στάθμη όταν παρακολουθούν ένα ραδιοφωνικό (ή τηλεοπτικό) σταθμό και δεν περιμένουν ένα πρόγραμμα ανυπόφορα δυνατό (ή αδύνατο) σε σχέση με ένα προηγούμενο. Στην περίπτωση αυτή, χρησιμοποιούνται οι ακουστικές μετρήσεις για εκτίμηση της φαινομένης έντασης ενός σήματος και με τον τρόπο αυτό λαμβάνονται οι κατάλληλες αποφάσεις για το αν η στάθμη της επόμενης εκπομπής θα πρέπει να ελαττωθεί (ή να αυξηθεί) σε σχέση με το παρόν σήμα.

Οι δύο απαιτήσεις λειτουργίας που περιγράφηκαν παραπάνω απαιτούν διαφορετικά κριτήρια για το όργανο. Αυτή η πίεση οδήγησε στην εξέλιξη δύο τύπων οργάνων εποπτείας σήματος, του οργάνου VU (μονάδων έντασης) και του οργάνου PPM (μέγιστης τιμής προγράμματος).

Το όργανο VU

Στο Σχ. 12.2 φαίνεται ένα συνηθισμένο όργανο VU. Το VU είναι μονάδα που σκοπό έχει την έκφραση της στάθμης σύνθετου κύματος σε dB πάνω ή κάτω από μια ένταση αναφοράς. Με τον όρο σύνθετο κύμα εννοούμε κυματομορφή προγράμματος με μεγάλες κορυφές. Κατά συνέπεια η στάθμη αναφοράς 0 VU αναφέρεται σε ένδειξη ισχύος σύνθετου κύματος σε συνηθισμένο όργανο VU. Στο Σχ. 12.3 φαίνεται ένα κύκλωμα οδήγησης οργάνου VU κινητού πηνίου. Παρατηρούμε ότι οι ανορθωτές και το όργανο τροφοδοτούνται από τον συλλέκτη του TR_a που είναι πηγή ρεύματος παράλληλα με την Re. Επειδή η Re έχει μεγάλη τιμή σε σύγκριση με το φορτίο εκπομπού του TR_a η απολαβή τάσης κατά τη διάρκεια του τμήματος του κύκλου εισόδου όταν δεν άγουν οι δίοδοι ανόρθωσης, θα είναι πολύ μεγάλη. Αυτό μετριάζει

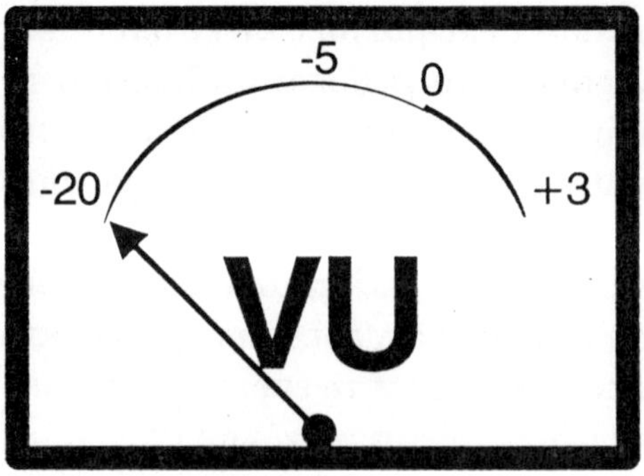

Σχ. 12.2 *Οργανο VU*

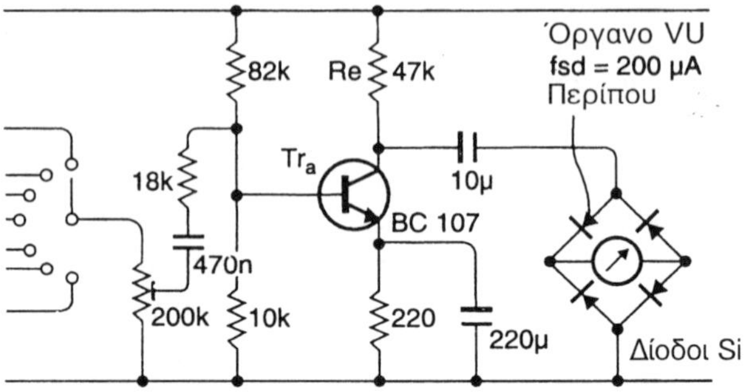

Σχ. 12.3 *Κύκλωμα οργάνου VU*

το μεγαλύτερο μέρος του προβλήματος της τάσης offset των διόδων πυριτίου. Από το κύκλωμα είναι φανερό ότι το όργανο VU αποτελεί δείκτη της μέσης ισχύος κυματομορφής. Κατά συνέπεια παριστάνει με ακρίβεια την φαινομένη ένταση σήματος επειδή και το αυτί κάνει μαθηματική ολοκλήρωση ακουστικών κυματομορφών ως προς το χρόνο. Αλλά, εξαιτίας αυτού, το VU δεν είναι ένα όργανο ενδείξεων κορυφής. Αν αυτό δεν συνειδητοποιηθεί, και στην πράξη αυτό σημαίνει ότι η βελόνα του οργάνου σε παροδικές κυματομορφές θα κινείται στην κόκκινη περιοχή, τότε ο μίκτης λειτουργεί με ανεπαρκές απόθεμα συστήματος. Η ιδιότητα αυτή έκανε το VU να βλέπεται με υποψία από μερικούς οργανισμούς.

Μέχρι ένα σημείο αυτό δεν δικαιολογείται, επειδή το VU μπορεί να χρησιμοποιηθεί για να εποπτεύει μέγιστες στάθμες με την προϋπόθεση ότι η λειτουργία της συσκευής κατανοείται σωστά. Η συνηθισμένη σύμβαση είναι να θεωρούμε ότι οι κορυφές του σύνθετου κύματος θα είναι 10 ή 14 dB πάνω από την μέγιστη τιμή ημιτονοειδούς κύματος που έχει ρυθμιστεί να δίνει την ίδια ένδειξη αναφοράς στο όργανο VU. Με άλλα λόγια, αν σήμα μουσικής ή ομιλίας ρυθμιστεί να δίνει ένδειξη 0 VU σε όργανο VU, τότε το σύστημα θα πρέπει να έχει περιθώριο τουλάχιστο 14 dB , πάνω από την στάθμη ημιτονοειδούς κύματος ρυθμισμένου να δίνει την ίδια ένδειξη, έτσι ώστε το σύστημα να μη ψαλλιδίζει το ακουστικό σήμα του προγράμματος. Κατά τη λειτουργία οι βελόνες του οργάνου μόνο πολύ περιστασιακά θα πρέπει να ξεπερνούν την στάθμη αναφοράς 0 VU σε σύνθετο πρόγραμμα.

Το όργανο PPM

Ενώ το όργανο VU απεικονίζει το μηχανισμό αντίληψης του ανθρώπινου ακουστικού συστήματος, και κατά συνέπεια αποτελεί ένδειξη έντασης σήματος, το όργανο PPM είναι σχεδιασμένο για να δείχνει την τιμή των κορυφών ακουστικής κυματομορφής. Εχει τους δικούς του ισχυρούς υποστηρικτές, όπως το BBC και άλλους Ευρωπαϊκούς ραδιοφωνικούς οργανισμούς. Το PPM είναι κατάλληλο για εφαρμογές όπου ο τεχνικός ισορρόπησης τοποθετεί τις στάθμες έτσι ώστε να βελτιστοποιεί μια στάθμη σήματος για να είναι κατάλληλη για τη δυναμική περιοχή που διατίθεται από ένα κανάλι εκπομπής (ή εγγραφής). Για το λόγο αυτό υιοθετείται από ραδιοσταθμούς οι οποίοι εξαιτίας της νομοθεσίας πρέπει να ελέγχουν το βάθος της διαμόρφωσής τους και κατά συνέπεια να ελέγχουν σχολαστικά τις μέγιστες κορυφές των σημάτων τους. Σ' αυτό το είδος εφαρμογής, ο τεχνικός ισοστάθμισης δεν χρειάζεται να γνωρίζει την "ένταση" του σήματος, αλλά μάλλον χρειάζεται να γνωρίζει την μέγιστη εκτροπή (την μέγιστη τιμή) του σήματος.

Στην πραγματικότητα δεν είναι δύσκολη η κατασκευή ενός οργάνου μέτρησης τιμών κορυφών (μεγίστου). Η κανονική προσέγγιση είναι ένα όργανο που οδηγείται από εξομαλυμένη τάση που βρίσκεται αποθηκευμένη σε πυκνωτή, και η οποία παρέχεται από το ανορθωμένο σήμα πού θα μετρηθεί [βλ.Σχ. 12.4(a)]. Ο κυριώτερος περιορισμός αυτής της προσέγγισης είναι η αδράνεια του ίδιου του οργάνου το οποίο, αν δεν ρυθμιστεί, οδηγεί σε διαφορετικές ενδείξεις. Το πρότυπο PPM ζητά συγκεκριμένο και συνεπή χρόνο φυσικής απόκρισης του συστήματος κίνησης του οργάνου. Δυστυχώς, η απλή διάταξη είναι στην πραγματικότητα ακατάλληλη για εποπτεία έντασης εξαιτίας της εξαιρετικά μεταβλητής φύσης του λόγου μεγίστης προς μέση τιμών των πραγματικών ακουστικών κυματομορφών, ενός λόγου γνωστού σαν

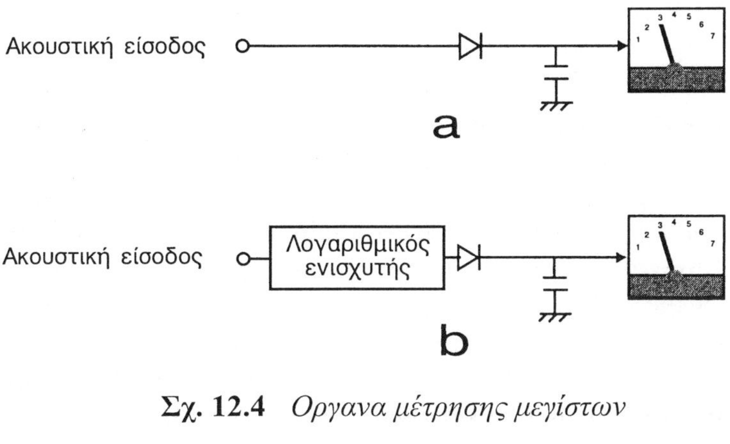

Σχ. 12.4 *Οργανα μέτρησης μεγίστων*

λόγου κορυφής. Αυτός ο πολύ μεγάλος λόγος προκαλεί την ακανόνιστη κίνηση της βελόνας του οργάνου σε τέτοιο βαθμό που είναι δύσκολο να ερμηνεύσουμε οτιδήποτε! Για την αιτία αυτή, στην απλή διάταξη που φαίνεται στο Σχ. 12.4(a), συνδέεται ένας λογαριθμικός ενισχυτής, όπως φαίνεται στο Σχ. 12.4 (b). Το γεγονός αυτό συμπιέζει αποτελεσματικά την δυναμική περιοχή του σήματος πριν από την απεικόνισή του. Πρόκειται για μια τροποποίηση η οποία (μαζί με ελεγχόμενη σταθερά χρόνου) ενισχύει σε μεγάλο βαθμό την ικανότητα ανάγνωσης του PPM, σε βάρος όμως της πολυπλοκότητας του οργάνου.

Στο Σχ. 12.5 φαίνεται το όργανο μέτρησης μεγίστου προγράμματος, όπως αυτό που χρησιμοποιεί το BBC. Παρατηρούμε την κλίμακα από το 1 μέχρι το 7, όπου κάθε βήμα αντιπροσωπεύει 4 dB (εκτός από την περιοχή μεταξύ 1 και 2 που παριστάνει 6 dB). Αυτή η σταθερή απόκλιση ανά δεκάδα επιτυγχάνεται με τον λογαριθμικό ενισχυτή. Οι τόνοι στην γραμμή μπαίνουν στο PPM4 και τα σήματα ισοσταθμίζονται έτσι ώστε οι κορυφές να φτάνουν στο PPM6, δηλαδή 8 dB πάνω από τη στάθμη αναφοράς. (Η πρακτική του BBC είναι η μέγιστη στάθμη στο στούντιο να είναι 8 dB πάνω από τη στάθμη ρύθμισης). Η έρευνα του BBC έδειξε ότι τα πραγματικά μέγιστα είναι περίπου 3 dB περισσότερο από τα μέγιστα που φαίνονται σε όργανο PPM του BBC, και ότι σφάλματα των χειριστών προκαλούν την περιστασιακή μετακίνηση του σήματος κατά 3 dB πάνω από το επιτρεπτό μέγιστο της ένδειξης, δηλ. συνολικά 14 dB πάνω από την τιμή ρύθμισης.

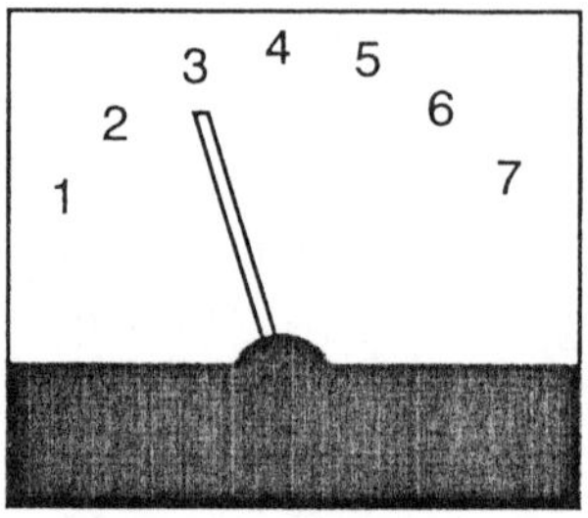

Σχ. 12.5 *Οργανο PPM τύπου BBC*

Οπτοηλεκτρονική ένδειξη στάθμης

Οι ηλεκτρονικοί δείκτες στάθμης εκτείνονται από επαγγελματικά όργανα απεικόνισης με ράβδους που είναι σχεδιασμένα να μιμούνται την ρύθμιση και την κίνηση βελόνας των VU ή των PPM μέσω των διαφόρων απεικονίσεων ένδειξης μεγίστου που συνηθίζονται σε καταναλωτικά προϊόντα (που συχνά έχουν τρομερές ρυθμίσεις) μέχρι απλά LED ένδειξης μεγίστου. Τα τελευταία λειτουργούν εκπληκτικά καλά, και μάλιστα διευκολύνουν κάποια ρύθμιση ακρίβειας η οποία βρίσκεται σε αντίθεση με την υπερβολική τους απλότητα.

Στην πραγματικότητα, η διαφορά μεταξύ εποπτείας με VU και με PPM δεν είναι τόσο ξεκάθαρη όπως διατυπώνεται. Και τα δύο όργανα εκφράζουν μια διαφορά απεικόνισης: το όργανο VU δείχνει ένταση, αφήνοντας στον χειριστή να βλέπει τα μέγιστας με βάση τη γνωστή, πιθανολογική φύση των πραγματικών ακουστικών σημάτων. Το PPM, από την άλλη πλευρά, δείχνει μέγιστα, αφήνοντας στον χειριστή να βασίζει τις αποφάσεις του για την φαινόμενη στάθμη στην γνωστή στοχαστική φύση των ακουστικών κυματομορφών. Το δεύτερο, ωστόσο, παρουσιάζει μια επιπλοκή επειδή, αν και το PPM μπορεί να χρησιμοποιηθεί για κρίση στάθμης, χρειάζεται εμπειρία. Αυτό συμβαίνει επειδή ο λόγος κορυφής κάποιων ειδών υλικού προγραμμάτων διαφέρει αισθητά από άλλα είδη ιδίως όταν μεταξύ διαφόρων συνεισφορών χρησιμοποιούνται διαφορετικές στάθμες συμπίεσης. Για το λόγο αυτό, ιδρύματα που χρησιμοποιούν το PPM εφαρμόζουν εκ των προτέρων κανόνες για να εξασφαλίσουν συνέχεια στάθμης μεταξύ συνεισφορών και/ή τμημάτων προγραμμάτων. Για παράδειγμα, το BBC συνηθίζει να ισοσταθμίζει διαφορετικό υλικό προγραμμάτων σε μέγιστα που έχουν διαφορετικές στάθμες σε πρότυπο όργανο PPM.

Ενα πρότυπο VU, παρά τους ισχυρούς Ευρωπαίους αντιπάλους του, σε συνδυασμό με LED ανίχνευσης μεγίστων είναι πολύ δύσκολο να νικηθεί σαν συσκευή εποπτείας, επειδή δείχνει και ένταση και, από κατασκευής, το μέσο λόγο κορυφής. Οποιεσδήποτε κυματομορφές που έχουν ασυνήθιστα μεγάλο λόγο μέγιστου προς μέση τιμή υποδεικνύονται με τον φωτισμό των LED μεγίστου. Δυστυχώς τα PPM δεν δείχνουν ένταση και η ευρεία υιοθέτησή τους στην ραδιοφωνία είναι η αιτία των πολλών δυσάρεστων ελλείψεων προσαρμογής στάθμης μεταξύ διαφορετικών συνεισφορών, ιδίως μεταξύ προγραμμάτων και διαφημίσεων.

Πρότυπες λειτουργικές στάθμες και τόνοι ρύθμισης γραμμής

Ανεξάρτητα από το είδος οργάνου που χρησιμοποιείται, είναι φανερό ότι ένα όργανο είναι εντελώς άχρηστο αν δεν είναι βαθμονομημένο σε σχέση με συγκεκριμένη στάθμη σήματος (ας σκεφτούμε τι θα γινόταν αν οι διάφοροι χάρακες είχαν χαραγμένα διαφορετικά εκατοστά!).

Υπάρχουν τρεις σημαντικές στάθμες γραμμής (βλ. Σχ.12.6):

PPM4 = 0 dBu = 0.775V RMS, χρησιμοποιείται από τη ραδιοφωνία του Ην. Βασιλείου.
0 VU = +4 dBu = 1.23V RMS, χρησιμοποιείται στον τομέα εμπορικής μουσικής.
0 VU = −10 dBV = 316 mV RMS, χρησιμοποιείται σε καταναλωτικό εξοπλισμό.

Ψηφιακή ρύθμιση γραμμής

Η ερώτηση σχετικά με τον τρόπο συσχέτισης των 0 VU και PPM4 στην ψηφιακή μέγιστη στάθμη των 0 dBFS (0 dB σε σχέση με Πλήρη Κλίμακα) υπήρξε αντικείμε-

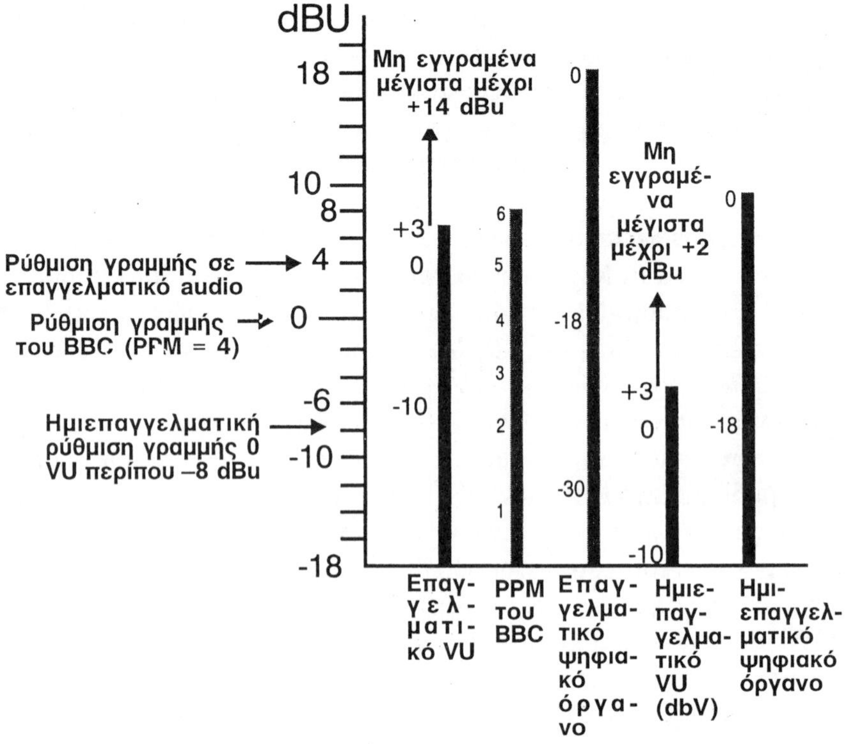

Σχ. 12.6 *Σύγκριση προτύπων σταθμών*

νο έντονων συζητήσεων. Ευτυχώς, τα τελευταία μερικά χρόνια η κατάσταση έχει ξεκαθαρίσει σε βαθμό που σήμερα είναι δυνατό να την περιγράφουμε στη βάση της ευρείας εφαρμογής της από ραδιοφωνίες των ΗΠΑ και της Ευρώπης. Στην ουσία, είναι:

0 VU = +4 dBu = –20 dBFS (SMPTE RP155)
PPM4 = 0 dBu = –18 dBFS (EBU R 64-1992)

Είναι λυπηρό ότι αυτές οι συστάσεις δεν είναι συμβατές. Και ενώ η σύσταση της EBU φαίνεται λίγο απαισιόδοξη επιτρέποντας επιπλέον περιθώριο 4 dB πάνω από το σενάριό της για τη χειρότερη περίπτωση, η υπόδειξη SMPTE φαίνεται θετικά ευχάριστη επιτρέποντας 20 dB πάνω από τη στάθμη ρύθμισης. Ωστόσο, το γεγονός αυτό αντανακλά την διαδεδομένη (αν και τεχνικά λανθασμένη) μεθοδολογία, κατά την εποπτεία με VU, να τίθενται οι στάθμες έτσι ώστε τα μέγιστα συχνά να οδηγούν το όργανο πολύ μέσα στην κόκκινη περιοχή.

Αρχιτεκτονική για μίκτες ήχου και τμήματα κυκλωμάτων

Το μεγαλύτερο και ακριβότερο κομμάτι τού κύριου ηλεκτρονικού εξοπλισμού σε κάθε επαγγελματικό στούντιο είναι ο κεντρικός μίκτης ήχου. Μάλιστα στα διαφημιστικά των στούντιο ηχογραφήσεων αυτό το εξάρτημα πάντοτε είναι εκείνο που φαίνεται περισσότερο! Ισως αυτό συμβαίνει επειδή έχει τόσο πολλά ονόματα: μίκτης, τράπεζα μίξης, ή απλά τράπεζα, ακουστική κονσόλα, κονσόλα, και απλά "ο πίνακας", για να αναφέρουμε μερικά. Για πολύ κόσμο έξω από τη βιομηχανία ηχογραφήσεων, ο ακουστικός μίκτης αντιπροσωπεύει την ουσία της εγγραφής ήχου. Αυτό είναι εν μέρει σωστό, επειδή στην κονσόλα λαμβάνονται πολλές από τις σημαντικές καλλιτεχνικές αποφάσεις για τη μίξη ζωντανής ορχήστρας ή δίσκου. Ωστόσο, σε μηχανολογική ορολογία, αυτή η εντύπωση είναι παραπλανητική. Η ακουστική κονσόλα αποτελεί πολύπλοκο εξοπλισμό αλλά, από ηλεκτρονικής πλευράς, τα καθήκοντά της είναι σχετικά απλά. Με άλλα λόγια, ο σχεδιαστής ενός ακουστικού μίκτη απασχολείται περισσότερο με την βελτιστοποίηση σχετικά απλών κυκλωμάτων, που στην συνέχεια επαναλαμβάνονται πάρα πολλές φορές, παρά με την σχεδίαση έξυπνης ή επινοητικής επεξεργασίας σήματος. Αλλά πριν ερευνήσουμε τα ξεχωριστά κυκλωματικά στοιχεία ακουστικού μίκτη, είναι σημαντικό να κατανοήσουμε τον τρόπο με τον οποίο συνδέονται μεταξύ τους αυτά τα τμήματα. Αυτό συνήθως ονομάζεται αρχιτεκτονική συστήματος.

Αρχιτεκτονική συστήματος

Δεν υπάρχει απλή περιγραφή της αρχιτεκτονικής συστήματος ακουστικής κονσόλας. Αυτό συμβαίνει επειδή υπάρχουν διαφορετικά είδη από κονσόλες για διαφορετικά καθήκοντα και επειδή κάθε κατασκευαστής (και υπάρχουν πολλοί) έχει τις δικές του ιδέες για τον καλύτερο τρόπο διαμόρφωσης των απαραίτητων χαρακτηριστικών με τρόπο που θα είναι και ευέλικτος και εργονομικός από λειτουργικής πλευράς και να διατηρεί την "καθαρότερη" διαδρομή σήματος από την είσοδο στην έξοδο. Ομως, όπως ακριβώς όλα τα σπίτια έχουν διαφορετικά σχήματα και μεγέθη, αλλά παρ' όλα αυτά όλα χτίζονται πάνω στις ίδιες προϋποθέσεις και αρχές, έτσι και οι περισσότεροι ακουστικοί μίκτες, διαμοιράζονται ορισμένες τοπολογίες συστημάτων.

Λωρίδα εισόδου

Ο "δομικός λίθος" που κτυπά περισσότερο στο μάτι σε ακουστική κονσόλα και το περισσότερο εντυπωσιακό με την πρώτη ματιά είναι η λωρίδα εισόδου καναλιών. Κάθε κανάλι του μίκτη έχει από μια τέτοια λωρίδα που όλες μαζί αποτελούν και την πλειονότητα της πρόσοψης σε μια μεγάλη κονσόλα. Στο Σχ. 12.6 φαίνεται τυπική λωρίδα εισόδου μικρής κονσόλας εγγραφής. Αν σκεφτούμε ότι μια μεγάλη κονσόλα μπορεί να έχει 24, 32 ή ίσως 48 κανάλια, που το καθένα είναι αντίγραφο της λωρίδας που φαίνεται στο Σχ. 12.6, δεν μας κάνει εντύπωση ότι οι μεγάλες εμπορικές κονσόλες για στούντιο φαίνονται τόσο επιβλητικές. Πάντοτε, όμως, πρέπει να θυμόμαστε ότι, όσο "τρομακτική" κι αν είναι η εμφάνιση μιάς κονσόλας, εκείνο που δίνει αυτή την εντύπωση είναι μόνο ο μεγάλος όγκος. Το μεγαλύτερο μέρος της πρόσοψης οφείλεται στην επανάληψη, και από την στιγμή που θα κατανοήσουμε την μια λωρίδα καναλιού, θα έχουμε κατανοήσει και όλες τις άλλες!

Πολύ δυσκολότερο να αντιληφθούμε, όταν έχουμε εμπρός μας μια άγνωστη κονσόλα, είναι οι διατάξεις αρτηριών και οδεύσεων που τροφοδοτούν τις μονάδες ομάδας, δηλαδή την μονάδα εποπτείας και την κεντρική μονάδα. Αυτά τα "κρυφά" χαρακτηριστικά έχουν σχέση με τον τρόπο κατά τον οποίο κάθε μονάδα εισόδου αντιστοιχίζεται με τους διάφορους ενισχυτές πρόσθεσης μέσα στην κονσόλα. Και εδώ ακριβώς βρίσκεται το σημαντικότερο πράγμα που πρέπει να αντιληφθούμε σχετικά με μια επαγγελματική ακουστική κονσόλα: ότι μέσα σε μια κονσόλα υπάρχουν πολλοί μίκτες. Ας δούμε πρώτα τις ομάδες.

Ομάδες

Εστω ότι θέλουμε να κάνουμε μίξη μιας ζωντανής ορχήστρας rock. Υποθέτουμε ότι αυτή είναι κουιντέτο, δηλαδή ένας μπασσίστας που τραγουδά, ένας κιθαρίστας, ένας χειριστής οργάνου πληκτρολογίου, ένας σαξοφωνίστας και έναν ντραμίστας. Οι είσοδοι του μίκτη θα κάπως έτσι:

Κανάλι 1	Μικρόφωνο φωνής
Κανάλι 2	Μικρόφωνο για ενισχυτή μπάσσων
Κανάλι 3	Μικρόφωνο ενισχυτή κύριας κιθάρας
Κανάλι 4	Εφεδρικό μικρόφωνο (για το όργανο πληκτρολογίου)
Κανάλι 5	Εφεδρικό μικρόφωνο (για τον δεύτερο κιθαρίστα)
Κανάλι 6	Μικρόφωνο σαξοφωνίστα
Κανάλι 7	Μικρόφωνο χώρου στο ύψος των κεφαλών των παικτών
Κανάλι 8	Κοινό μικρόφωνο
Κανάλι 9	Μικρόφωνο για μπάσσα τύμπανα
Κανάλι 10 & 11	Μικρόφωνο χώρου για τύμπανα
Κανάλι 12 και 13	Είσοδος στερεοφωνικής γραμμής πιάνου
Κανάλι 14 και 15	Είσοδος γραμμής μονάδας ήχου εισόδου

Είναι φανερό ότι οι είσοδοι 7 μέχρι 11 έχουν όλες σχέση με τύμπανα. Από τη στιγμή που αυτά τα κανάλια έχουν ρυθμιστεί έτσι ώστε να δίνουν καλή ισοστάθμιση μεταξύ κάθε τυμπάνου, είναι προφανώς εξυπηρετικό να ομαδοποιηθούν αυτοί οι διαλείπτες έτσι ώστε τα τύμπανα να μπορούν να ρυθμιστούν σε σχέση με τα υπόλοιπα μουσικά όργανα. Αυτός είναι ο ρόλος κάθε ενισχυτή άθροισης σε μια ενεργή κονσόλα, να ομαδοποιεί διάφορα όργανα. Αυτή είναι και η αιτία για την οποία αυτοί οι μικρότεροι "μίκτες μέσα σε μίκτες" ονομάζονται ομάδες. Αυτά τα σήματα ομάδων με τη σειρά τους τροφοδοτούν τον κύριο στερεοφωνικό ενισχυτή μίξης, το κεντρικό τμήμα. Κατά συνέπεια, η ροή του σήματος στην αρχιτεκτονική μίκτη είναι κανάλια σε ομάδες και ομάδες στον κεντρικό μίκτη εξόδου, όπως φαίνεται στο Σχ. 12.7. Στο Σχ. 12.8 φαίνεται ένα σχηματικό διάγραμμα τμημάτων απλοποιημένου μίκτη ζωντανής μουσικής όπου είναι φανερή αυτή η τοπολογία.

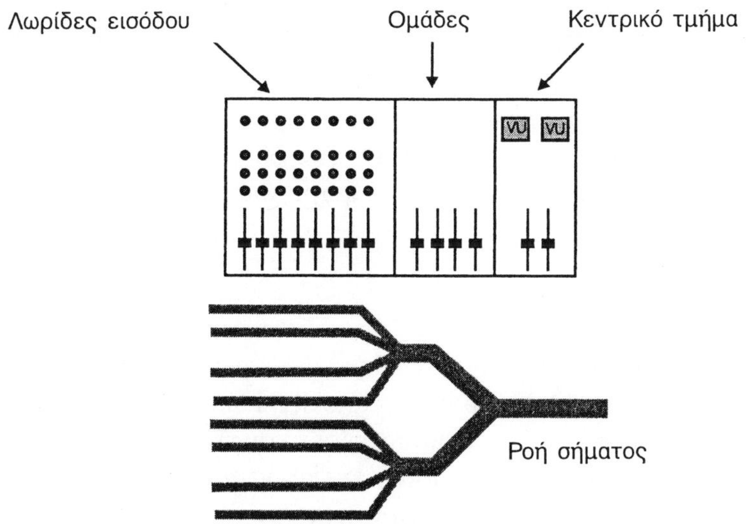

Σχ. 12.7 Ροή σήματος

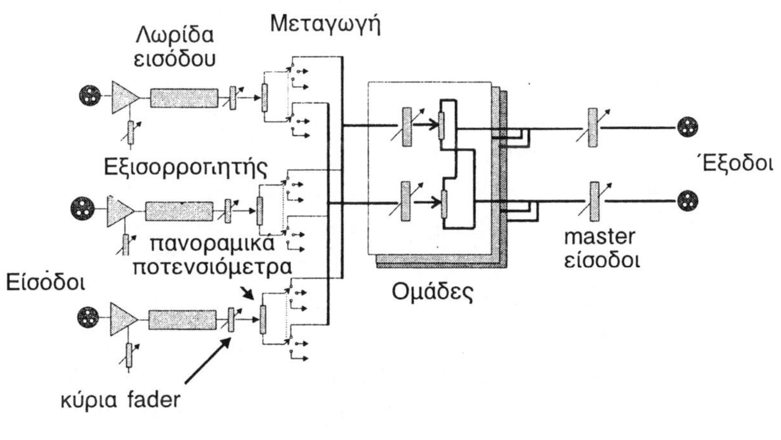

Σχ. 12.8 *Σχηματικό διάγραμμα κονσόλας ζωντανής μουσικής*

Ελεγχος περιστροφής

Οπως είδαμε στο προηγούμενο Κεφάλαιο, η στερεοφωνική αναπαραγωγή από μεγάφωνα απαιτεί οι στερεοφωνικές πληροφορίες να μεταφέρονται μόνο με διαφορές έντασης μεταξύ καναλιών, χωρίς να υπάρχει απαίτηση διαφορών καθυστέρησης μεταξύ καναλιών. Ο έλεγχος περιστροφής (ή πανοραμικός έλεγχος) προοδευτικά εξασθενεί το ένα κανάλι ενώ προοδευτικά ενισχύει το άλλο καθώς στρέφεται το πλήκτρο χειρισμού. Οταν το πλήκτρο χειρισμού βρίσκεται στην μεσαία του θέση (ώρα 12) η είσοδος διαμοιράζεται εξίσου μεταξύ των δύο καναλιών. Στον μίκτη ήχου που φαίνεται στο Σχ. 12.8 παρατηρούμε ότι ο έλεγχος περιστροφής καναλιού λειτουργεί με περισσότερο ευέλικτο τρόπο, σαν έλεγχος που μπορεί να χρησιμοποιηθεί για "κατεύθυνση" του σήματος εισόδου σε οποιοδήποτε από τα ζεύγη αρτηριών έχει επιλεγεί από τους μεταγωγικούς διακόπτες όδευσης. Η ευελιξία αυτής της προσέγγισης γίνεται φανερή όταν μια κονσόλα χρησιμοποιείται σε εγγραφή πολλών καναλιών.

Εκπομπή και λήψη εφφέ

Ολες οι λειτουργίες που χρειάζεται ο τεχνικός ισοστάθμισης δεν μπορούν να είναι ενσωματωμένες μέσα στον ακουστικό μίκτη. Για τη διευκόλυνση αλληλοσύνδεσης με μηχανήματα εκτός κονσόλας, οι περισσότεροι ακουστικοί μίκτες έχουν εξειδικευμένους ενισχυτές μίξης και σημεία εισαγωγής σημάτων που ονομάζονται εκπομπή και λήψη εφφέ τα οποία κάνουν δυνατή την όσο το δυνατό περισσότερο άμεση ενσωμάτωση άλλου εξοπλισμού στη διαδρομή σήματος.

Αναθεώρηση των ομάδων

Σε περίπτωση εγγραφής, οι ομάδες μίξης μπορούν τελικά να χρησιμοποιηθούν με τον ίδιο τρόπο που περιγράψαμε σε σχέση με την ενεργή κονσόλα, σε τμήματα ομάδων της διάταξης έτσι ώστε η εργασία μίξης να υφίσταται διαχείριση περισσότερο εύκολα. Αλλά οι ομάδες χρησιμοποιούνται με εντελώς διαφορετικό τρόπο κατά τη διάρκεια εγγραφής ή ιχνηλάτησης. Κατά διάρκεια αυτής της φάσης, οι ομάδες χρησιμοποιούνται για την όδευση σημάτων προς τα κανάλια μαγνητοφώνου που έχει πολλά κανάλια. Από ηλεκτρονικής άποψης, η ουσιώδης διαφορά στο σημείο αυτό είναι ότι, σε περίπτωση εγγραφής, οι έξοδοι των ομάδων χρησιμοποιούνται άμεσα σαν σήματα και για να έχουμε πρόσβαση στα σήματα αυτά χρειάζεται μίκτης εγγραφής. Συνήθως τα μηχανήματα με πολλά κανάλια είναι συρματωμένα έτσι ώστε κάθε έξοδος ομάδας να τροφοδοτεί ένα ξεχωριστό κανάλι του μαγνητοφώνου πολλών καναλιών. Συχνά δεν υπάρχουν αρκετές ομάδες για να γίνει αυτό, οπότε, στην περίπτωση αυτή, κάθε ομάδα τροφοδοτεί μερικές εισόδους μαγνητοφώνου, συνήθως είτε γειτονικά κανάλια είτε "ομάδες ομάδων", έτσι ώστε, για παράδειγμα, οι ομάδες 1 μέχρι 8 να τροφοδοτούν τις εισόδους 1 μέχρι 8 και 9 μέχρι 16 κοκ.

Η κονσόλα εγγραφής

Μέχρι εδώ ήταν σχετικά εύκολα. Ομως, κατά τη διάρκεια της ιχνηλάτησης εγγραφών πολλών καναλιών εμφανίζεται μια σοβαρή επιπλοκή, επειδή τα σήματα όχι μόνο πρέπει να οδεύσουν προς το μαγνητόφωνο μέσω των ομάδων, αλλά και οι επιστροφές ταινίας πρέπει να οδεύσουν πίσω στο μίκτη για να καθοδηγήσουν τους μουσικούς για το τι θα παίξουν στη συνέχεια. Και αυτά πρέπει να γίνουν ταυτόχρονα! Μάλιστα, είναι δυνατό ένας καλός τεχνικός ήχου να ανταπεξέλθει σ' αυτό με την απευθείας χρήση τράπεζας ζωντανής μίξης. Ομως είναι πάρα πολύ δύσκολο. Αυτό που πραγματικά χρειάζεται είναι ένας ξεχωριστός μίκτης που θα αντιμετωπίσει τη βαθμιαία αύξηση του αριθμού των επιστροφών αναπαραγωγής ταινίας, κρατώντας με τον τρόπο αυτό ελεύθερο τον κύριο μίκτη από καθήκοντα εγγραφής. Διάφοροι σχεδιαστές μικτών έχουν λύσει αυτό το πρόβλημα με διαφορετικούς τρόπους. Παλαιότερες κονσόλες (ιδιαίτερα Αγγλικής προέλευσης) είχαν την τάση να προσφέρουν έναν εντελώς ξεχωριστό μίκτη (συνήθως στα δεξιά των ομάδων και των κυρίων διαλειπτών) που ήταν αφιερωμένος στην απασχόληση με τα σήματα επιστροφής. Αυτή η αρχιτεκτονική μικτών είναι γνωστή σαν διχασμένη κονσόλα. Η εναλλακτική προσέγγιση, που σήμερα είναι πολύ διαδεδομένη, είναι γνωστή σαν κονσόλα σε σειρά, που ονομάζεται έτσι επειδή τα πλήκτρα ελέγχου επιστροφής της ταινίας βρίσκονται μέσα σε κάθε λωρίδα καναλιού, σε σειρά με τον κύριο διαλείπτη. Αυτός το είδος κονσόλας εξετάζεται λεπτομερειακά παρακάτω. Από ηλεκτρονική άποψη υπάρχει πολύ μικρή διαφορά μεταξύ αυτών των προσεγγίσεων, που μάλλον είναι φιλοσοφική και εργονομική.

Και η διχασμένη κονσόλα και η κονσόλα σειράς είναι ένα ακόμα παράδειγμα "μίκτη μέσα σε μίκτη". Στην πράξη, στην κονσόλα σειράς, οι επιστροφές ταινίας τροφοδοτούν ένα εντελώς ξεχωριστό μίκτη έτσι ώστε κάθε σήμα επιστροφής ταινίας να κινείται μέσω ξεχωριστού διαλείπτη (μερικές φορές γραμμικού, μερικές φορές περιστροφικού) και ελέγχου περιστροφής πριν την άθροιση σε βοηθητική στερεοφωνική αρτηρία μίξης που είναι γνωστή σαν αρτηρία εποπτείας. Στο Σχ. 12.9 φαίνεται η λωρίδα εισόδου καναλιού κονσόλας σειράς. Η αρτηρία εποπτείας είναι εξαιρετικά σημαντική σε κονσόλα εγγραφής επειδή αυτή η έξοδος του στερεοφωνικού ενισχυτή μίξης είναι εκείνη που παρέχει το σήμα το οποίο τροφοδοτεί τον ενισχυτή ισχύος της αίθουσας ελέγχου κατά τη φάση ιχνηλάτησης της διεργασίας εγγραφής. (Συνήθως, για το σκοπό αυτό, υπάρχουν αποκλειστικές έξοδοι αίθουσας ελέγχου στους πίσω πίνακες κονσόλας εγγραφής.) Η αρχιτεκτονική φαίνεται στο Σχ. 12.10. Κατά τη διάρκεια της μίξης, ο τεχνικός θέλει να εργάζεται με χρήση των πλήκτρων κύριων διαλειπτών και πλήκτρων περιστροφής, επειδή αυτά είναι τα πλήκτρα που εξυπηρετούν περισσότερο στη λειτουργία, αφού είναι πλησιέστερα στην άκρη του μίκτη που είναι κοντύτερα στον χειριστή. Από αυτή την άποψη, η κονσόλα σειράς έχει την δυνατότητα να μετάγει πίσω τις επιστροφές ταινίας μέσα από την διαδρομή σήματος της κύριας λωρίδας εισόδου. Η λειτουργία αυτή ονομάζεται "αναστροφή" των διαλειπτών. Στο Σχ. 12.11 φαίνονται τα κυκλώματα γι' αυτό.

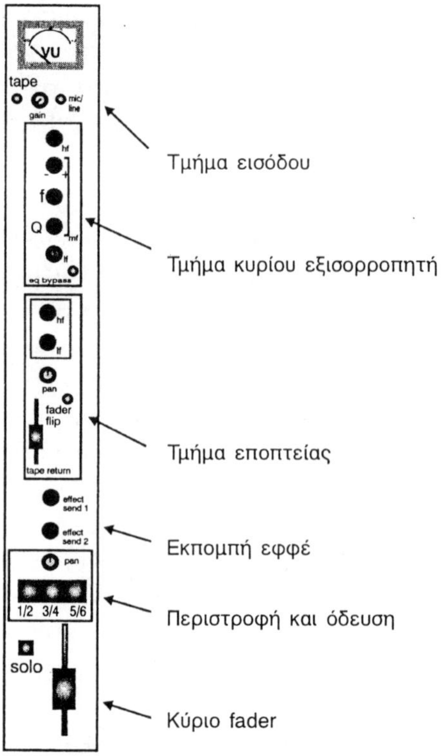

Σχ. 12.9 *Λωρίδα εισόδου κονσόλας σειράς*

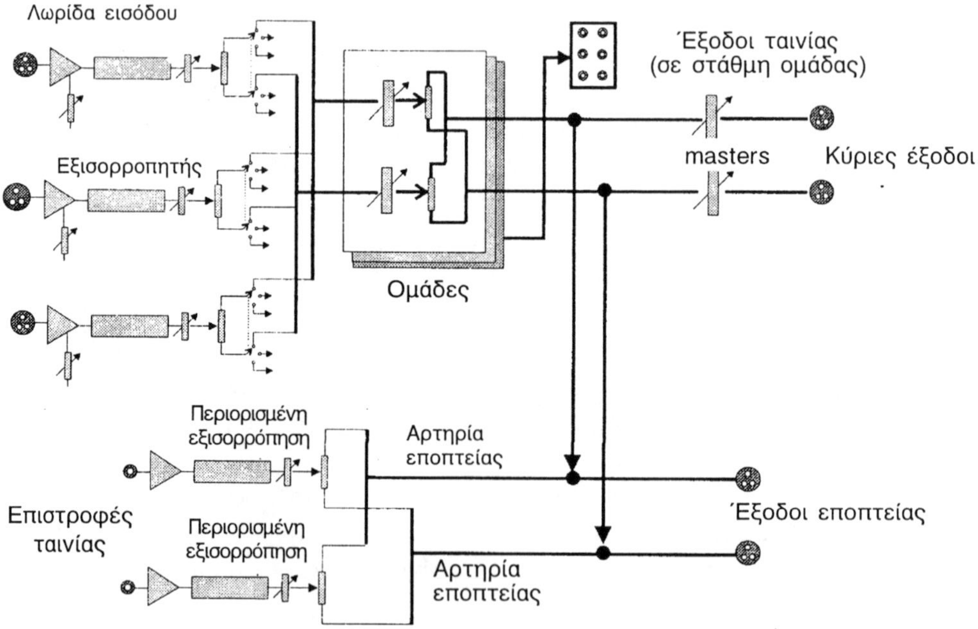

Σχ. 12.10 *Αρχιτεκτονική κονσόλας σειράς*

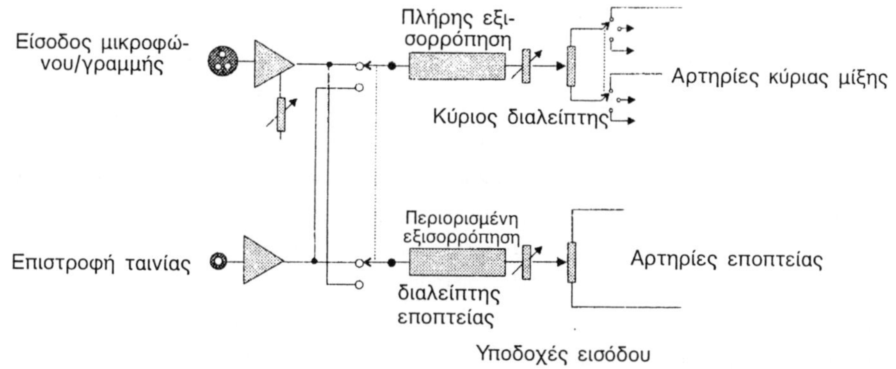

Σχ. 12.11 *Μηχανισμός "αναστροφής" διαλειπτών*

Ενδοεπικοινωνία

Η ενδοεπικοινωνία υπάρχει για να μπορούν οι άνθρωποι στην αίθουσα ελέγχου, να επικοινωνούν με τους εκτελεστές μέσα στο στούντιο. Για να αποφευχθεί το "άπλωμα" του ήχου από μεγάφωνα σε ανοιχτά μικρόφωνα (και για την ελαχιστοποίηση του κινδύνου κυκλοφορίας θορύβων), οι εκτελεστές μέσα στο στούντιο πάντα φορούν ακουστικά και άρα χρειάζονται ένα αποκλειστικό σήμα που να μπορεί να ενισχυθεί και να τροφοδοτήσει ειδικούς ενισχυτές ακουστικών. Στις περισσότερες περιστάσεις αυτό το σήμα είναι ίδιο με το σήμα που χρειάζεται στην αίθουσα ελέγχου κατά τη διάρκεια της εγγραφής (πχ την αρτηρία εποπτείας). Επιπλέον συνήθως στην τράπεζα υπάρχει ενισχυτής μικρόφωνου του οποίου το σήμα προστίθεται στο σήμα αρτηρίας εποπτείας και οδηγείται στους ενισχυτές ακουστικών του στούντιο. Αυτός ο ενισχυτής μικροφώνου συνήθως ενεργοποιείται με τη βοήθεια στιγμιαίου διακόπτη και επιτρέπει στον παραγωγό ή στο τεχνικό να επικοινωνεί με τον τραγουδιστή ή με τον παίκτη μουσικού οργάνου, που, όμως, δεν μπορεί να μείνει ανοικτός για να μην αποσπασθεί η προσοχή του τραγουδιστή ή για να μη μπορεί να ακούσει κάποιο σχόλιο στην αίθουσα ελέγχου που θα κάνει κακό στον εγωισμό του!

Εξισορροπητές

Για πολλούς λόγους, τα σήματα που φτάνουν στην κονσόλα εγγραφής ίσως χρειάζονται φασματική τροποποίηση. Μερικές φορές αυτό οφείλεται στα αποτελέσματα επιλογής ακατάλληλου μικροφώνου ή λανθασμένης θέσης μικροφώνου. Μερικές φορές οφείλεται σε ατυχή τόνο μουσικού οργάνου (ίσως μη ευχάριστο συντονισμό). Συχνότερα, ο εξισορροπητής (ή απλά EQ) χρησιμοποιείται δημιουργικά για ενίσχυση ή εξασθένηση ζώνης (ή ζωνών) συχνοτήτων έτσι ώστε να συγχωνεύσει ένα μουσικό όργανο στην συνολική μίξη, ή να ενισχύσει ένα συγκεκριμένο στοιχείο ώστε η συνεισφορά του να είναι περισσότερο έντονη.

Αυτό το δημιουργικό στοιχείο στην χρήση της εξισορρόπησης έχει δημιουργήσει την κατάσταση που υπάρχει σήμερα, ότι δηλαδή η ποιότητα του EQ είναι συχνά καθοριστικός παράγοντας στην επιλογή της μιάς ή της άλλης κονσόλας από τεχνικό ηχογράφησης. Από τη στιγμή που από τους περισσότερους καλούς κατασκευαστές έχουν λυθεί οι μηχανολογικές προκλήσεις της ευέλικτης όδευσης, της μικρής διαφωνίας μεταξύ καναλιών, του χαμηλού θορύβου και του καλού περιθωρίου, η μοναδική ποιότητα κάθε ηχητικής τράπεζας συχνά βρίσκεται στη σχεδίαση των εξισορροπητών. Δυστυχώς, αυτή η κατάσταση πραγμάτων εισάγει ένα υποκειμενικό (ακόμη και ατομικιστικό) στοιχείο στο αντικείμενο της εξισορρόπησης, γεγονός που καθιστά πολύ δύσκολη την πλήρη κάλυψή του. Μερικές φορές φαίνεται ότι κάθε σχεδιαστής κυκλωμάτων, τεχνικός ήχου και παραγωγός έχουν τη δική τους ιδέα σχετικά με το τι αποτελεί έναν αποδεκτό, έναν μέσο και έναν εξαιρετικό εξισορροπητή! Στο Σχ. 12.12. φαίνεται ένα απλό τμήμα εξισορροπητή, και η επίδραση κάθε πλήκτρου ελέγχου του.

Κυκλώματα ακουστικών μικτών

Τώρα που έχει γίνει κατανοητή η βασική αρχιτεκτονική του μίκτη, είναι καιρός να

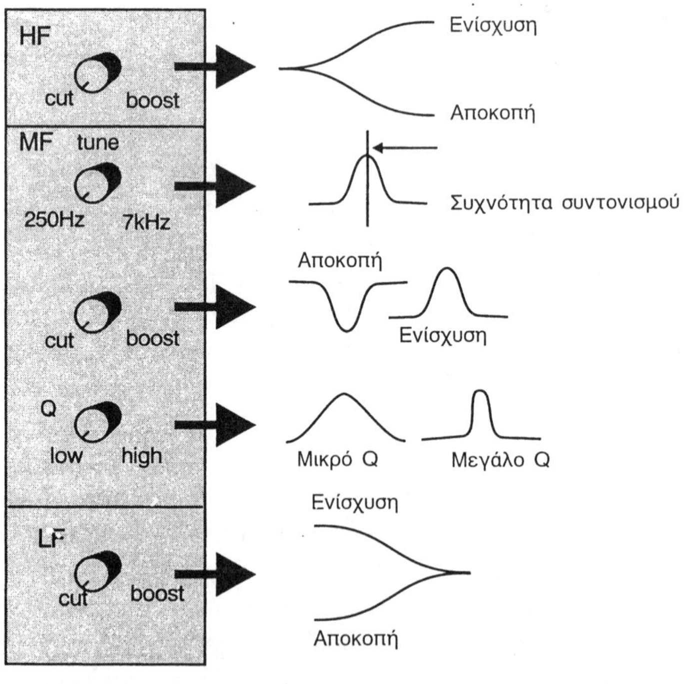

Σχ. 12.12 *Πλήκτρα ελέγχου εξισορροπητή*

δούμε πάλι κάθε τμήμα και να καταλάβουμε τη λειτουργία των ηλεκτρικών κυκλωμάτων σε κάθε βαθμίδα με λεπτομέρειες.

Στο Σχ. 12.9 είδαμε τη λωρίδα εισόδου. Παρατηρούμε ότι κάτω από το VU, το πλήκτρο ελέγχου που βρίσκεται υψηλότερα είναι η μικρομετρική ρύθμιση απολαβής καναλιού. Αυτή συνήθως μπορεί να μετάγεται μεταξύ δύο θέσεων: μιας διαμόρφωσης μεγάλης απολαβής για μικρόφωνα και μιας διαμόρφωσης στάθμης γραμμής μικρότερης απολαβής. Ο έλεγχος αυτός ρυθμίζεται με αναφορά στο αντίστοιχο όργανο VU. Κάτω από το πλήκτρο απολαβής καναλιού είναι τα πλήκτρα ελέγχου εξισορρόπησης. Η λειτουργία αυτών των πλήκτρων περιγράφεται με λεπτομέρειες παρακάτω.

Προενισχυτές μικροφώνων

Παρά την ενίσχυση της τάσης που παρέχεται από μετασχηματιστή ή προενισχυτή, το σήμα που αφήνει ένα μικρόφωνο είναι, το πολύ, μόνο μερικά millivolt. Η τιμή αυτή είναι πολύ μικρή για να είναι κατάλληλη να προστεθεί στις εξόδους άλλων μικροφώνων μέσα σε ακουστικό μίκτη. Ετσι, η πρώτη βαθμίδα κάθε ακουστικού μίκτη είναι ένας επονομαζόμενος προενισχυτής μικροφώνου που ενισχύει το σήμα που μπαίνει στον μίκτη από το μικρόφωνο σε κατάλληλη στάθμη λειτουργίας. Το παράδειγμα που δίνεται παρακάτω έχει ληφθεί από μια σχεδίαση (Brice 1990) για φορητό μίκτη με μπαταρίες, και γι' αυτό πάρθηκε η απόφαση χρήσης διάκριτων τρανζίστορ και όχι τελεστικών ενισχυτών που χρειάζονται πολύ ρεύμα. Ο καθένας από τους ενισχυτές μικροφώνου της βαθμίδας εισόδου σχηματίζεται με δακτύλιο τριών τρανζίστορ. Οι απαιτήσεις σχεδίασης είναι καλό περιθώριο και πολύ λίγος θόρυβος. Η τελική σχεδίαση φαίνεται στο Σχ. 12.13.1 Η κατανάλωση ρεύματος για κάθε προενισχυτή μικροφώνου είναι μικρότερη από 1 mA.

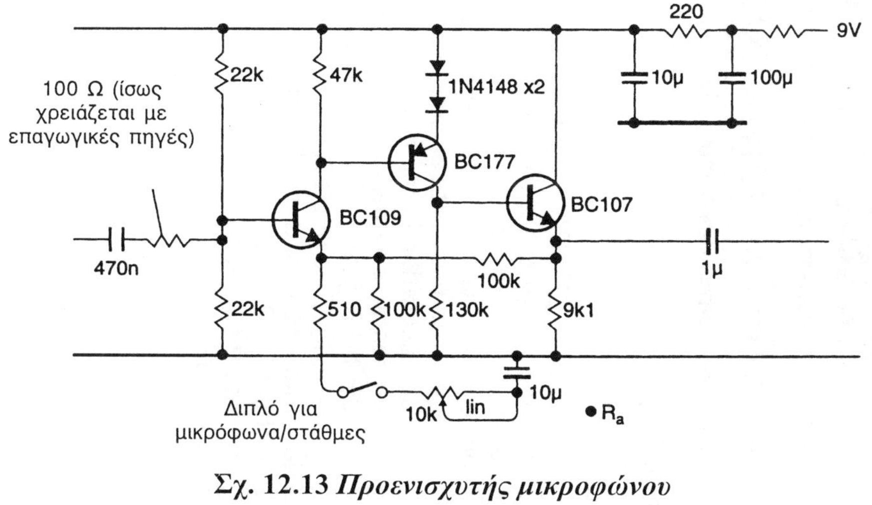

Σχ. 12.13 ***Προενισχυτής μικροφώνου***

Data Sheet

jensen transformers
INCORPORATED

JE-110K-HPC Μετασχηματιστής μικροφώνου εισόδου

The JE-110K-HPC is a printed circuit type 150/10K with a winding similar to the JE-115K-E. The multiple interleaved layer winding exhibits very low leakage inductance requiring no series RC network across the 100K ohm secondary load resistor when used with an amplifier incorporating 2μS phase lead compensation in the feedback circuit. Since the PC bobbin contains a smaller stack of laminations than the wire lead JE-115K-E, the JE-110K-HPC uses more total turns of smaller wire. The result is higher maximum level capability at low frequencies and the distortion is the lowest of all types in this size (0.11% @ 20Hz), but the higher series losses increase the noise by 0.9dB, compared to the wire lead version JE-115K-E.

The pin pattern is compatible with the JE-6110K-APC.

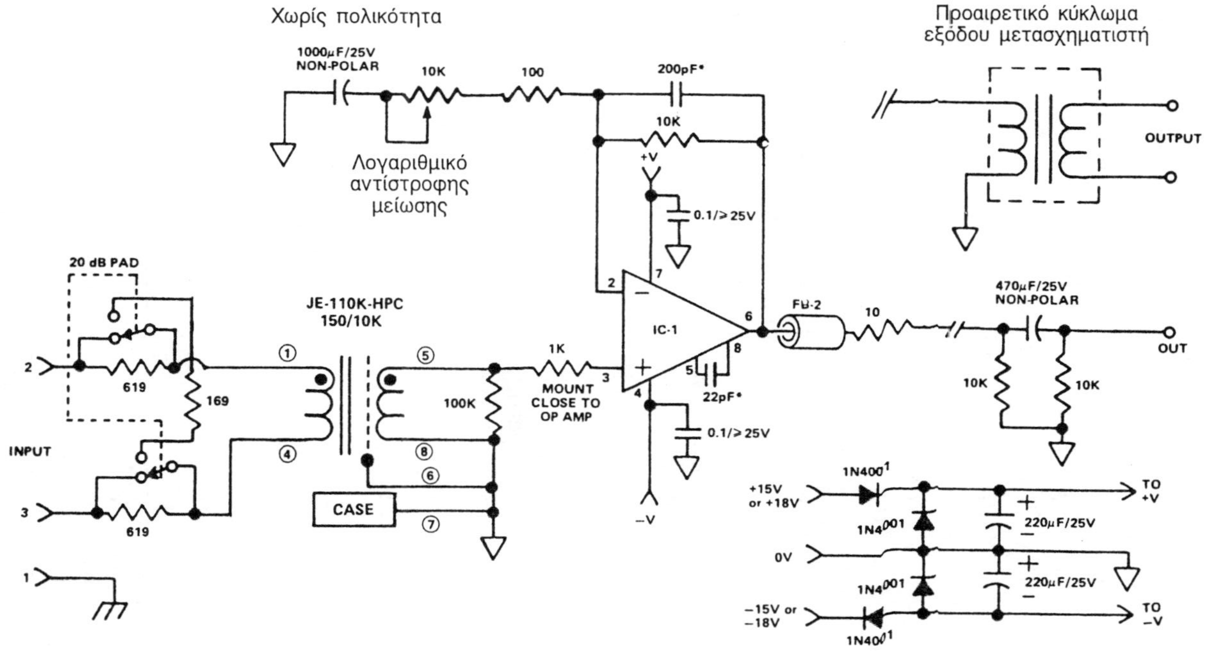

Σχηματικό διάγραμμα ενός τυπικού προενισχυτή μικροφώνου που χρησιμοποιεί τον JE-110K-HPC

Σημειώσεις:

1. Το IC-1 είναι τύπου MA-332 ή NE-5534
2. Περιοχή ενίσχυσης +24 dB ά +58 dB
3. Μικρή απόσταση μεταξύ Μ/Σ και OP-AMP
4. Όλες οι αντιστάσεις 1% μεταλλικής ταινίας
5. 200pF στην ανάδραση κάνει αντιστάθμιση 2μs
6. FB2= χάνδρα φερίτη της Jensen
7. Οι πυκνωτές με * είναι πολυστερίνης ή πολυκαρβονικοί

Σχ. 12.14 *Μετασχηματιστής μικροφώνου*

Για περισσότερο απαιτητικές εφαρμογές σε στούντιο χρειάζεται πολυπλοκότερος προενισχυτής μικροφώνου. Πρώτο, η βαθμίδα που φαίνεται στο Σχ. 12.13 είναι κατάλληλη μόνο για μη ισοσταθμισμένα μικρόφωνα και η πλειονότητα των μικροφώνων υψηλής ποιότητας χρησιμοποιεί ισοσταθμισμένη σύνδεση, επειδή, αν δεν χρησιμοποιηθεί αυτό το είδος κυκλώματος, είναι ιδιαίτερα ευαίσθητα σε βόμβο. Δεύτερο, τα μικρόφωνα υψηλής ποιότητας είναι σχεδόν πάντοτε πυκνωτικά και κατά συνέπεια χρειάζονται τάση πόλωσης για τροφοδοσία των οπλισμών και για λειτουργία των εσωτερικών ηλεκτρονικών κυκλωμάτων. Αυτή η τροφοδοσία (γνωστή σαν φανταστική ισχύς, όπως αναφέραμε παραπάνω) προσφέρεται μέσω των ακροδεκτών του μικροφώνου και γι' αυτό πρέπει να απομονωθεί από τον προενισχυτή μικροφώνου. Πρόκειται για ένα τομέα όπου εξακολουθούν να χρησιμοποιούνται ακουστικοί μετασχηματιστές (Σχ. 12.14) και στο Σχ. 12.15 φαίνεται ένα παράδειγμα βαθμίδας εισόδου μικροφώνου με μετασχηματιστή, αν και υπάρχουν πολλά παραδείγματα στην πράξη όπου χρησιμοποιούνται βαθμίδες μετασχηματιστή για λόγους κόστους.

Παρατηρούμε ότι η φανταστική ισχύς παρέχεται με αντιστάσεις που τροφοδοτούν και τις δύο φάσεις της πλευράς πρωτεύοντος του μετασχηματιστή, ενώ η επιστροφή ρεύματος πραγματοποιείται μέσα από την θωράκιση του καλωδίου. Ο ίδιος ο μετασχηματιστής δίνει μια μικρή απολαβή τάσης σε βάρος της εμφάνισης πολύ μεγαλύτερης σύνθετης αντίστασης εξόδου στον ενισχυτή που ακολουθεί. Ωστόσο, ο ενισχυτής έχει εξαιρετικά μεγάλη σύνθετη αντίσταση εισόδου (και ιδιαίτερα όταν εφαρμόζεται η αρνητική ανάδραση), άρα αυτό το γεγονός δεν έχει συνέπειες. Στο Σχ. 12.14, η απολαβή του ενισχυτή γίνεται μεταβλητή για να επιτρέπει χρήση μεγάλης ποικιλίας ευαισθησιών μικροφώνων και εφαρμογών. Υπάρχει και ένα βοηθητικό κύκλωμα που δίνει την δυνατότητα στο σήμα που μπαίνει στο κύκλωμα να εξασθενήσει κατά 20 dB, έτσι ώστε τα μικρόφωνα με πολύ μεγάλη έξοδο να μη υπερφορτώνουν τα ηλεκτρονικά.

Σημεία εισόδου

Μετά τον ενισχυτή εισόδου καναλιού, συνήθως υπάρχουν σημεία εισόδου. Αυτά

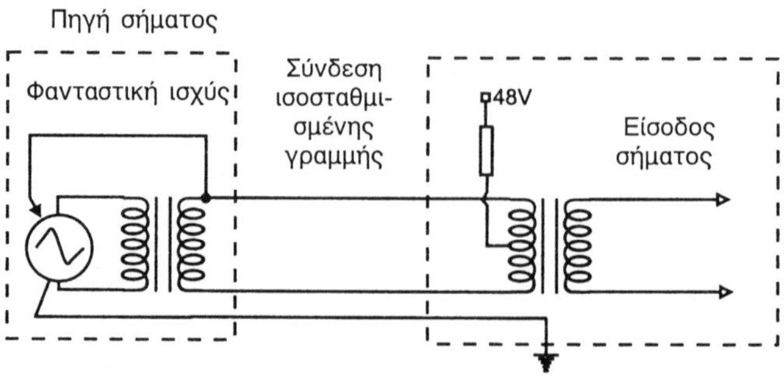

Σχ. 12.15 *Βαθμίδα εισόδου με μετασχηματιστή*

επιτρέπουν την παρεμβολή εξωτερικού εξοπλισμού στην διαδρομή σήματος. Ας σημειωθεί ότι αυτή η πρόβλεψη συνήθως γίνεται με βυσματούμενους συνδετήρες, οι οποίοι, όταν δεν υπάρχει βύσμα, είναι κανονικοποιημένοι (Σχ. 12.16).

Εξισορροπητές και έλεγχοι τόνου

Μια σύγχρονη κονσόλα εγγραφής διαθέτει, τουλάχιστον, βασική λειτουργία ελέγχου τόνου σε κάθε είσοδο καναλιού, όπως φαίνεται στο Σχ. 12.17. Αυτό όμως το είδος κυκλώματος παρέχει χονδρική ρύθμιση των περιοχών μπάσσων και πρίμων, έτσι ώστε στην λειτουργία πάντοτε συνδέεται ένας εξισορροπητής μεσαίων συχνοτήτων που μπορεί να συντονιστεί σε μια περιοχή συχνοτήτων, δίνοντας με τον τρόπο αυτό στον τεχνικό ήχου τη δυνατότητα ρύθμισης της μεσαίας ζώνης συχνοτήτων σε σχέση με όλο το φάσμα (βλ. Σχ. 12.12). Μια τέτοια επέμβαση στο σήμα χρειάζεται συντονισμένο κύκλωμα που συνδέεται μέσα σε βαθμίδα ενισχυτή ο οποίος μπορεί να ρυθμιστεί σε μια πολύ μεγάλη περιοχή εξασθένησης και απολαβής (ίσως μέχρι ±20 dB). Στο Σχ.12.18 φαίνεται μια κατάλληλη μορφή κυκλώματος.

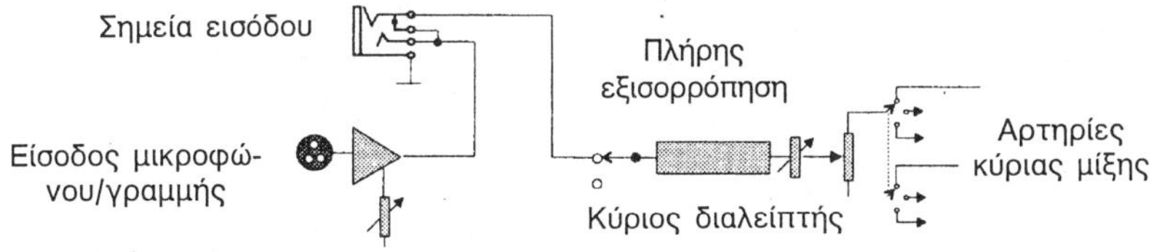

Σχήμα 12.16 Σημεία εισόδου

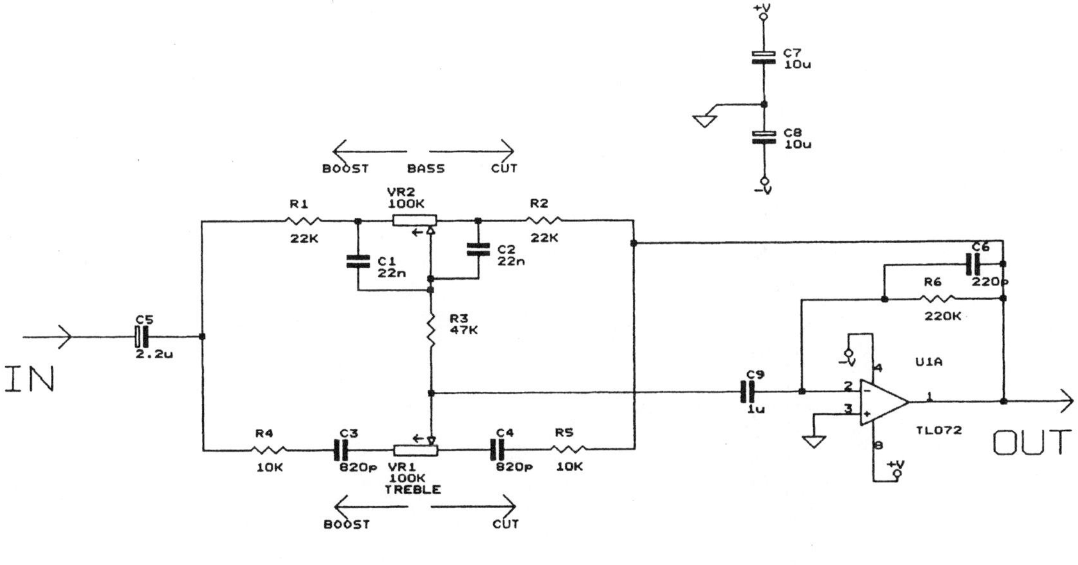

Σχ. 12.17 *Απλό κύκλωμα ελέγχου τόνου*

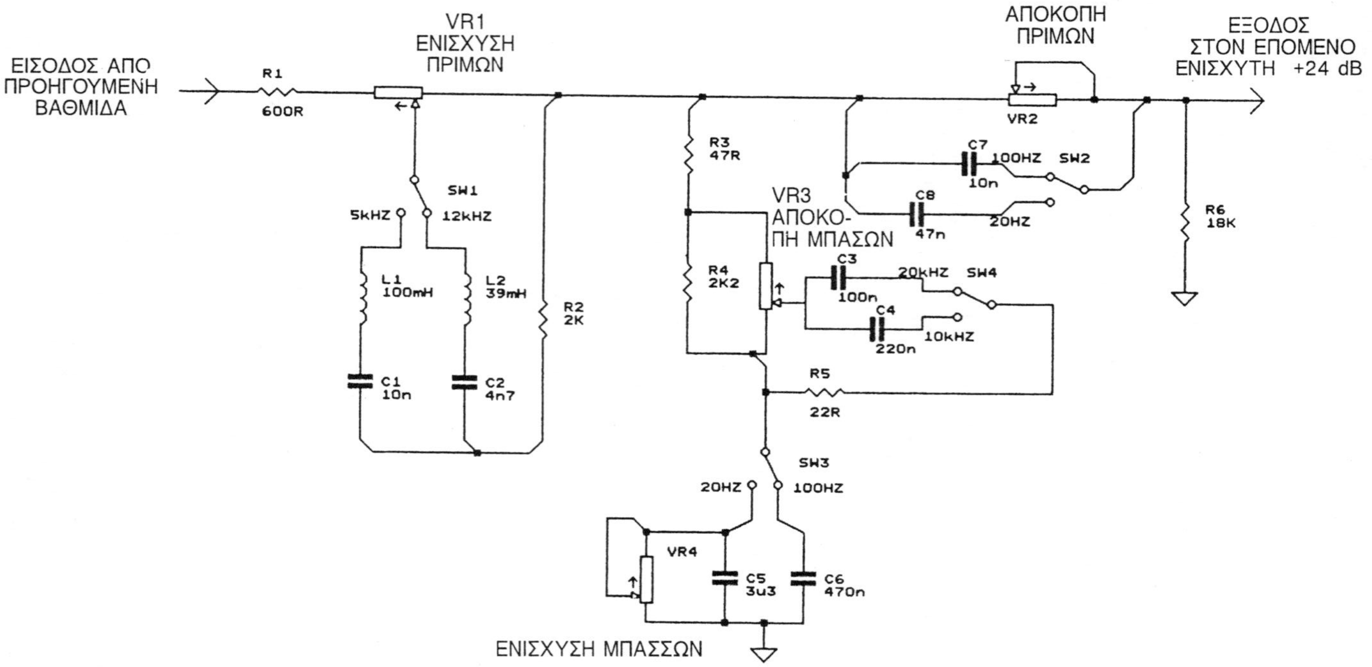

Σχ. 12.18 *Περισσότερο πολύπλοκο κύκλωμα εξισορροπητή*

Οπως φαίνεται στο σχήμα, τα εξαρτήματα προσαρμογής συχνότητας είναι επαγωγές και είναι ακριβά. Επιπλέον, οι επαγωγές που χρειάζονται για εξισορρόπηση χαμηλής συχνότητας θα ήταν ογκώδη και ακριβά εξαρτήματα. Για τους λόγους αυτούς οι επαγωγές στους περισσότερους εξισορροπητές του εμπορίου είναι gyrator, κυκλώματα που προσομοιώνουν την συμπεριφορά επαγωγικών εξαρτημάτων με τη βοήθεια ενεργών κυκλωμάτων με αντιστάσεις, πυκνωτές και τελεστικούς ενισχυτές. Συχνά είναι χρήσιμος και ο έλεγχος του Q του συντονισμένου κυκλώματος έτσι ώστε να μπορεί να επηρεάζεται, ανάλογα, κάποια πολύ πλατειά ή κάποια πολύ στενή περιοχή συχνοτήτων. Για το λόγο αυτό υπάρχει και ο έλεγχος του Q, όπως φαίνεται στο Σχ. 12.12.

Αποστολή και επιστροφή εφφέ

Το κομβιό ελέγχου αποστολής εφφέ τροφοδοτεί έναν ξεχωριστό ενισχυτή μίξης. Η έξοδος αυτού του κυκλώματος δευτερεύουσας μίξης διατίθεται στον χρήστη μέσω μια εξόδου αποστολής εφφέ που βρίσκεται στο πίσω μέρος του μίκτη. Συνήθως υπάρχει και μια διαδρομή επιστροφής εφφέ, έτσι ώστε η δευτερεύουσα μίξη (που έχει "πειραχτεί" κατάλληλα, συνήθως με ψηφιακή αντήχηση) να μπορεί να εισαχθεί πάλι στον ενισχυτή σε στάθμη γραμμής απευθείας στους ενισχυτές κύριας μίξης.

Διαλείπτες και έλεγχοι περιστροφής

Κάτω από τα πλήκτρα αποστολής εφφέ είναι το πλήκτρο περιστροφής και ο κύριος διαλείπτης. Κάθε διαλείπτης καναλιού χρησιμοποιείται για να ελέγχει τη συνεισφορά κάθε καναλιού στην συνολική μίξη όπως περιγράφηκε παραπάνω. Στο Σχ. 12.19 φαίνεται μια σχεδίαση για διαλείπτη και για ποτενσιόμετρο περιστροφής. Το μόνο μειονέκτημα του κυκλώματος είναι ότι εισάγει απώλεια. Ωστόσο, η χρήση του περιορίζεται σε τμήμα του κυκλώματος όπου το σήμα έχει υψηλή τιμή και όπου ο θόρυβος Johnson που παράγεται στο δίκτυο είναι πολύ χαμηλός επειδή όλες οι αντι-

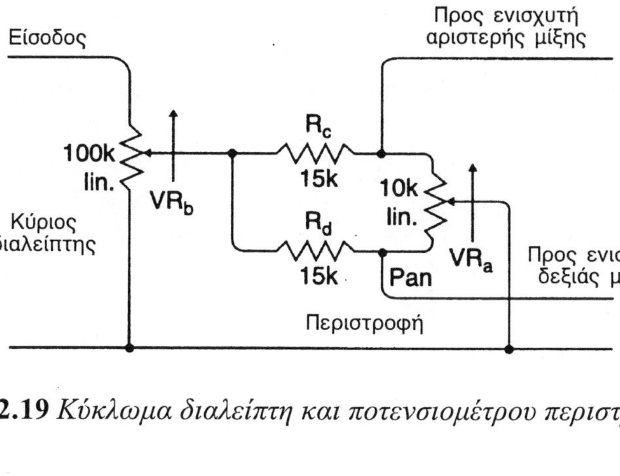

Σχ. 12.19 *Κύκλωμα διαλείπτη και ποτενσιομέτρου περιστροφής*

στάσεις είναι μικρές. Το κύκλωμα ξεκινά αν θεωρήσουμε ότι μπορούμε να πάρουμε ημιλογαριθμικό ακουστικό διαλείπτη με χρήση γραμμικού ποτενσιομέτρου όταν η λήψη του δρομέα του και το "γειωμένο" του άκρο παραλληλιστούν με αντίσταση τιμής ίσης με το ένα δέκατο της τιμής της συνολικής αντίστασης του ποτενσιομέτρου. Οι αντιστάσεις R_c, R_d και VR_a, δηλαδή το ποτενσιόμετρο περιστροφής, σχηματίζουν αυτό το δικτύωμα ενός δεκάτου της τιμής. Επειδή ο δρομέας του ποτενσιομέτρου περιστροφής είναι γειωμένος και το σήμα εξόδου λαμβάνεται και από τα δύο άκρα του ποτενσιομέτρου περιστροφής είναι φανερό ότι σε οποιαδήποτε ακραία θέση της VR_a, όλο το σήμα θα εμφανίζεται στο ένα κανάλι και καθόλου στο άλλο. Ετσι είναι θέμα απόφασης αν η σχέση ελέγχου του ποτενσιομέτρου περιστροφής είναι του είδους που θέλουμε. Ο υπολογισμός της σχέσης ελέγχου που λαμβάνεται από το κύκλωμα είναι πολύπλοκος επειδή η τιμή του σήματος που τροφοδοτεί το αριστερό και το δεξιό κανάλια δεν είναι ανάλογη με την ωμική τιμή κάθε τμήματος της VR_a. Αυτό συμβαίνει επειδή η συνολική τιμή του δικτυώματος R_c, R_d και VR_a, αν και είναι λογικά σταθερή, δεν είναι η ίδια, άσχετα από την θέση της VR_a και έτσι ο ωμικός εξασθενητής που αποτελεί το ανώτερο τμήμα της VR_b και το κατώτερο τμήμα του, που παραλληλίζεται από το δικτύωμα του ποτενσιομέτρου περιστροφής, δεν είναι σταθερός καθώς ρυθμίζεται η VR_a. Επιπλέον καθώς μεταβάλλεται η VR_a, μεταβάλλεται η αντίσταση εξόδου του δικτυώματος και, επειδή αυτό το δικτύωμα τροφοδοτεί έναν ενισχυτή άθροισης εικονικής γείωσης, αυτό το φαινόμενο επηρεάζει και το σήμα που βγαίνει στην έξοδο επειδή αλλάζει τιμή η αντίσταση μετατροπής τάσης σε ρεύμα που τροφοδοτεί τον κόμβο εικονικής γείωσης. Η σχέση ελέγχου του τελικού κυκλώματος είναι μη γραμμική: το άθροισμα δεξιού και αριστερού καναλιού, όταν η πηγή είναι στο μέσον, είναι μεγαλύτερο από το άθροισμα των σημάτων σε κάθε κανάλι όταν η πηγή βρίσκεται σε ακρότατη θέση του ποτενσιομέτρου. Αυτή η σχέση ελέγχου μπορεί να χρησιμοποιηθεί πολύ με πηγή που φαίνεται να έχει σπουδαιότητα καθώς κινείται στην στερεοφωνική σκηνή.

Ενισχυτές μίξης

Ο ενισχυτής μίξης είναι η καρδιά του ακουστικού μίκτη. Εδώ προστίθενται τα διάφορα ακουστικά σήματα με όσο το δυνατό μικρότερη αλληλεπίδραση. Η υιοθέτηση του ενισχυτή μίξης με εικονική γείωση είναι παγκόσμια αποδεκτή. Στο Σχ. 12.20 φαίνεται ένα παράδειγμα πραγματικού στερεοφωνικού ενισχυτή μίξης. Εδώ, ο τελεστικός ενισχυτής άθροισης βασίζεται σε συμβατικό κύκλωμα ζεύγους τρανζίστορ. Η μόνη δύσκολη απόφαση στο σημείο αυτό είναι η επιλογή της τιμής της R_b. Αυτή η τιμή σε συνδυασμό με τις αντιστάσεις εισόδου καθορίζει την συνολική συνεισφορά κάθε εισόδου στην τελική έξοδο.

Βαθμίδες στάθμης γραμμής

Οι ακουστικές βαθμίδες στάθμης γραμμής είναι σχετικά απλές. Τα σήματα έχουν

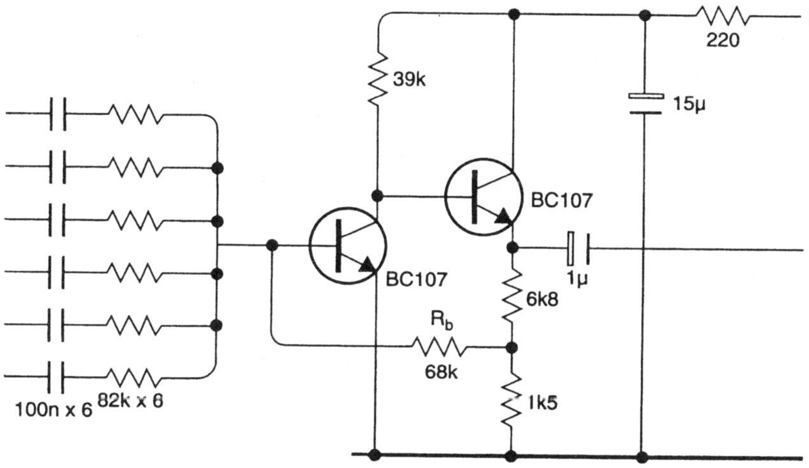

Σχ. 12.20 *Ενισχυτής μίξης*

μεγάλη τιμή, οπότε σπάνια αντιμετωπίζονται θέματα θορύβου. Οι σημαντικές παράμετροι σχεδίασης είναι: γραμμικότητα, περιθώριο και ευστάθεια. Ενα άλλο θέμα με κάποια σπουδαιότητα είναι η ισοστάθμιση σήματος. Από αυτά, η ευστάθεια της βαθμίδας εισόδου είναι το θέμα που συχνότερα δεν λαμβάνεται υπόψη από νέους σχεδιαστές.

Στις σύγχρονες ακουστικές βαθμίδες στάθμης γραμμής επιτυγχάνεται μεγάλος βαθμός γραμμικότητας με χρήση τελεστικών ενισχυτών μεγάλης απολαβής ανοικτού βρόχου και πολύ μεγάλων συντελεστών ανάδρασης. Από τη στιγμή που έχει γίνει η επιλογή του τελεστικού ενισχυτή, το μόνο θέμα που παραμένει είναι το διαθέσιμο περιθώριο. Αυτό σχεδόν πάντοτε καθορίζεται με την επιλογή της τροφοδοσίας. Αν πάρουμε έναν συνηθισμένο ακουστικό τελεστικό ενισχυτή (για παράδειγμα, τον TLO72), η μέγιστη διακύμανση εξόδου συνήθως περιορίζεται σε μερικά Volt. Ετσι, ένας τελεστικός ενισχυτής, εφοδιασμένος με θετικό και αρνητικό τροφοδοτικά 12 V, θα μπορούσε να έχει διακύμανση 18V p-t-p. Αυτό ισοδυναμεί με 6.3 V RMS, ή 16 dBV, που επαρκεί άνετα για κάθε κύκλωμα που πρόκειται να λειτουργήσει σε 0VU = −10 dBV. Σε επαγγελματικό κύκλωμα γραμμής εξόδου, όπως αυτό που φαίνεται στο Σχ. 12.21, αυτή η διακύμανση τάσης διπλασιάζεται επειδή το σήμα εμφανίζεται κατά “μήκος” των δύο αντίθετων φάσεων. Κατά συνέπεια η συνολική διακύμανση είναι 12.6 V RMS που ισοδυναμεί με 24 dBu. Για συσκευές που πρόκειται να λειτουργήσουν σε 0 VU = +4 dBu, ένα τέτοιο κύκλωμα προσφέρει περιθώριο 20 dB που είναι αρκετό. Ωστόσο, τα τροφοδοτικά ±12V στην πραγματικότητα αντιπροσωπεύουν την χαμηλότερη επιλογή τάσης για επαγγελματικό εξοπλισμό και μερικοί σχεδιαστές, γι’ αυτό το λόγο, προτιμούν να χρησιμοποιούν τροφοδοσία 15 V.

Αν δούμε πάλι το κύκλωμα της βαθμίδας εξόδου που φαίνεται στο Σχ. 12.21, παρατηρούμε ότι στο κύκλωμα εξόδου των τελεστικών ενισχυτών υπάρχουν αντιστάσεις μικρής τιμής. Αυτές προσθέτουν αποτελεσματικά κάποιο πραγματικό μέ-

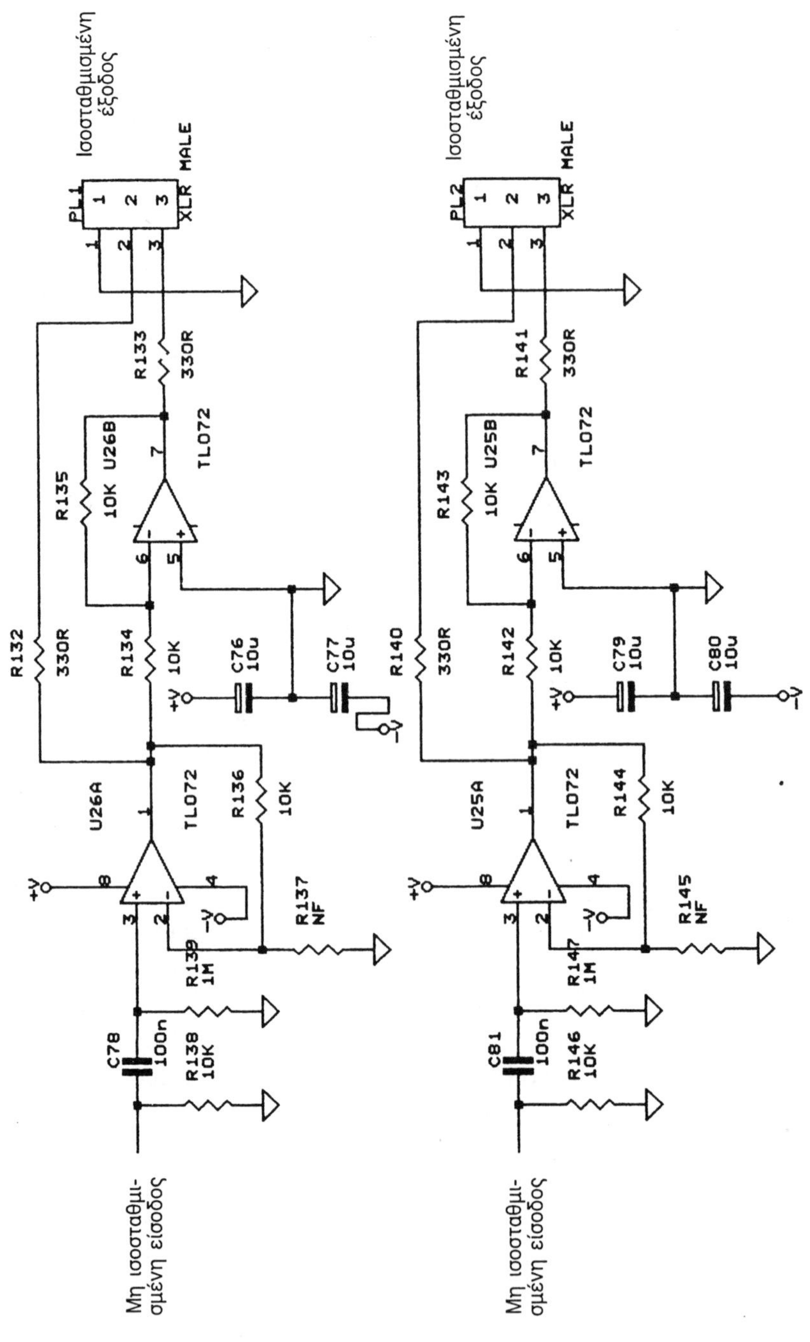

Σχ. 12.21 Κύκλωμα εξόδου γραμμής

ρος στη σύνθετη αντίσταση που "βλέπει" ο τελεστικός ενισχυτής όταν χρειάζεται να οδηγήσει ακουστικά καλώδια μεγάλου μήκους. Σε ακουστικές συχνότητες, το καλώδιο διασύνδεσης μηχανημάτων "βλέπει" την βαθμίδα εξόδου σαν απλή, αλλά σχετικά μεγάλη, χωρητικότητα. Και μια μεγάλη αρνητική φανταστική αντίσταση είναι, σχεδόν πάντα, εξαιρετικός τρόπος αποσταθεροποίησης κυκλωμάτων εξόδου. Οι συμπληρωματικές αντιστάσεις εξόδου, όπως οι R132 και R133, βοηθούν πολύ στην εξασφάλιση σταθερής λειτουργίας σε πραγματικά φορτία.

Οι βαθμίδες εισόδου σε στάθμη γραμμής παρουσιάζουν διαφορετικά προβλήματα. Παρατηρούμε ότι η λειτουργία που εκτελείται από το κύκλωμα του Σχ. 12.21, πέρα και πάνω από την υποχρέωσή του να οδηγεί τα καλώδια εξόδου, είναι να δίνει ίσο και αντίθετο σήμα έτσι ώστε να παρέχει ισοσταθμισμένη ακουστική έξοδο από μονοτερματικό μη ισοσταθμισμένο σήμα εισόδου. Αυτό είναι ένα κοινό χαρακτηριστικό των επαγγελματικών ακουστικών συσκευών επειδή, αν και τα ισοσταθμισμένα σήματα αποτελούν τον κανόνα εκτός μηχανημάτων, εσωτερικά τα περισσότερα σήματα υφίστανται μεταχείριση σαν μονοτερματικά. Οι αιτίες γι' αυτό είναι φανερές: χωρίς αυτή την απλούστευση όλα τα κυκλώματα μέσα, για παράδειγμα, σε κονσόλα, θα ήταν δύο φορές πολυπλοκότερα και δύο φορές ακριβότερα.

Κατά συνέπεια, η βαθμίδα εισόδου στάθμης γραμμής σε επαγγελματικό εξοπλισμό πρέπει να εκτελεί μια συμπληρωματική λειτουργία στην βαθμίδα εξόδου, να δίνει ένα μονοτερματικό σήμα από το ισοσταθμισμένο σήμα που υπάρχει στο μηχάνημα. Σαν έννοια, το απλούστερο κύκλωμα είναι μετασχηματιστής, όπως φαίνεται στο Σχ. 12.22. Από πολλές πλευρές αυτό αποτελεί εξαιρετική λύση για τις ακόλουθες αιτίες: παρέχει ηλεκτρική μόνωση, έχει χαμηλό θόρυβο και παραμόρφωση και προσφέρει καλό περιθώριο, με την προϋπόθεση ότι ο πυρήνας του δεν είναι κορεσμένος. Το σημαντικότερο όλων, όμως, είναι ότι έχει εξαιρετική απόρριψη κοινής λειτουργίας (CMR, common-mode rejection). Αυτό σημαίνει ότι κάθε σήμα που είναι κοινό (δηλ. σε φάση) και στις δύο φάσεις του σήματος απορρίπτεται και δεν περνά στο επόμενο μηχάνημα. Αν καταφέρουμε οι δύο αγωγοί σήματος μέσα στο καλώδιο σημάτων να καταλαμβάνουν, όσο το δυνατό περισσότερο, την ίδια θέση, συστρέφοντάς τους, κάθε σήμα δυνατής παρεμβολής θα επάγεται εξίσου και στις δύο φάσεις. Αυτό το σήμα στη συνέχεια ακυρώνεται στην βαθμίδα μετασχηματιστή επειδή ένα κοινό σήμα δεν μπορεί να προκαλέσει ρεύμα στο πρωτεύον κύκλωμα και, γι' αυτό, δεν μπορεί να προκαλέσει ρεύμα στο δευτερεύον κύκλωμα. Αυτό φαίνεται και στο Σχ. 12.22.

Ενα άλλο πλεονέκτημα διασύνδεσης ισοσταθμισμένου σήματος είναι ότι το κύκλωμα σήματος δεν περιέχει γη. Κατά συνέπεια έχει ανοσία σε σήματα θορύβου που προέρχονται από γη. Από πρακτικής πλευράς σημαίνει και ότι μπορούν να γειώνονται διαφορετικά σασσί μηχανημάτων, για λόγους ασφαλείας, χωρίς την τιμωρία πολλών διαδρομών επιστροφής σήματος και τους αναπόφευκτους "βρόχους θορύβου" που αυτό δημιουργεί. Οι μετασχηματιστές, ωστόσο, δεν είναι κατάλληλοι σε πολλές εφαρμογές για μερικούς λόγους. Πρώτο, είναι πολύ ακριβοί. Δεύτερο, είναι

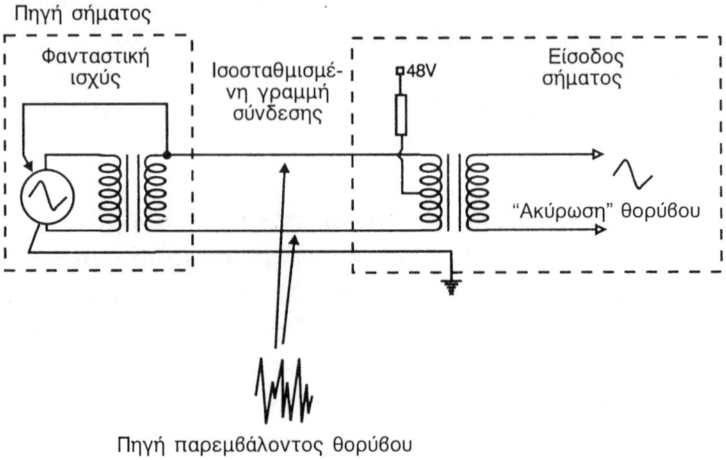

Σχ. 12.22 *Ισοσταθμισμένο κύκλωμα εισόδου και CMR*

βαρείς, ογκώδεις και έχουν την τάση να μικροφωνίζουν (δηλ. έχουν την τάση να μετατρέπουν τις μηχανικές ταλαντώσεις σε ηλεκτρική ενέργεια!) και για το λόγο αυτό στη θέση τους χρησιμοποιούνται σε μεγάλο βαθμό ηλεκτρονικά ισοσταθμισμένες βαθμίδες εισόδου. Αυτές έχουν σκοπό να προσφέρουν όλα τα πλεονεκτήματα του μετασχηματιστή, φτηνά, ήσυχα και σε μικρή κλίμακα. Σε κάποιο βαθμό, μια ηλεκτρονική βαθμίδα ποτέ δεν θα μπορέσει να προσφέρει τον ίδιο βαθμό CMR, καθώς και την πλήρη γαλβανική μόνωση που προσφέρει ο μετασχηματιστής.

Αυτοματοποίηση μίκτη

Η αυτοματοποίηση μίκτη αποτελείται (στην βασικότερη στάθμη της) από έλεγχο υπολογιστή του κάθε διαλείπτη καναλιού κατά τη διάρκεια της μίξης. Ακόμη και ο περισσότερο επιδέξιος και με καθαρή σκέψη τεχνικός ισοστάθμισης είναι φανερό ότι θα έχει προβλήματα όταν ελέγχει ταυτόχρονα ίσως μέχρι 24 ή ακόμη και 48 διαλείπτες καναλιών. Για να λειτουργήσει η αυτοματοποίηση μίκτη, πρέπει να συμβούν πολλά πράγματα. Πρώτον, ο υπολογιστής ελέγχου πρέπει να γνωρίζει ακριβώς σε πιο σημείο τραγουδιού ή μουσικού κομματιού βρισκόμαστε, έτσι ώστε να μπορεί να εφαρμόσει τις κατάλληλες κινήσεις διαλείπτη. Δεύτερο, ο υπολογιστής ελέγχου πρέπει να έχει, υπό τας διαταγάς του, μηχανήματα που να μπορούν να ελέγχουν την ακουστική στάθμη κάθε καναλιού του μίκτη, γρήγορα και αθόρυβα. Αυτή η τελευταία απαίτηση ικανοποιείται με πολλούς τρόπους, αλλά συχνότερα χρησιμοποιείται ενισχυτής ελεγχόμενος από τάση (VCA).

Μια τρίτη απαίτηση για σύστημα αυτοματοποίησης διαλείπτη είναι ότι οι διαλείπτες πρέπει να "μπορούν να διαβάζονται" από τον υπολογιστή ελέγχου έτσι ώστε οι κινήσεις του διαλείπτη που χρειάζονται να μπορούν να πραγματοποιηθούν από τον ανθρώπινο χειριστή και να απομνημονεύονται από τον υπολογιστή για μελλοντική ανάκληση.

Στο Σχ. 12.23 φαίνεται ένα πλήρες σύστημα αυτοματοποίησης διαλείπτη σε σχηματική μορφή. Παρατηρούμε ότι ο διαλείπτης δεν αφήνει καθόλου τη διέλευση του ακουστικού σήματος. Αντίθετα, ο διαλείπτης λειτουργεί απλά σαν ποτενσιόμετρο που οδηγείται από σταθεροποιημένη τροφοδοσία. Το δυναμικό δρομέα λειτουργεί τώρα σαν τάση ελέγχου που, θεωρητικά, θα μπορούσε να τροφοδοτεί απευθείας τον ελεγχόμενο από τάση ενισχυτή VCA1. Η ουσία, όμως, βρίσκεται αλλού. Κάνοντας ψηφιακή την τάση ελέγχου, και δίνοντας αυτή την τιμή στην αρτηρία δεδομένων του μικροεπεξεργαστή, η "θέση" του διαλείπτη μπορεί να αποθηκευτεί για κατοπινή ανάκληση. Οταν αυτό συμβεί, αναδημιουργείται η τάση (στον δρομέα του ποτενσιομέτρου) με την βοήθεια ενός DAC και εφαρμόζεται στον VCA, οπότε αναπαράγονται οι αρχικές προθέσεις του χειριστή.

Ενα μειονέκτημα αυτού του είδους συστήματος είναι η έλλειψη ανάδρασης στον χειριστή, από τη στιγμή που η λειτουργία του διαλείπτη υπερπηδάται από τη δράση του VCA: όταν βρισκόμαστε σε λειτουργία ανάκλησης, είναι σημαντικό το γεγονός ότι οι διαλείπτες, εξαιτίας της φυσικής τους θέσης, δεν πληροφορούν τον χειριστή (με μια ματιά του) για την κατάσταση των καναλιών και των σχετικών τιμών τους. Μερικά συστήματα αυτοματισμού προσπαθούν να εξομοιώσουν αυτή τη χρήσιμη οπτική πληροφόρηση με τη δημιουργία παρουσίασης του μίκτη με εικονίδιο στην

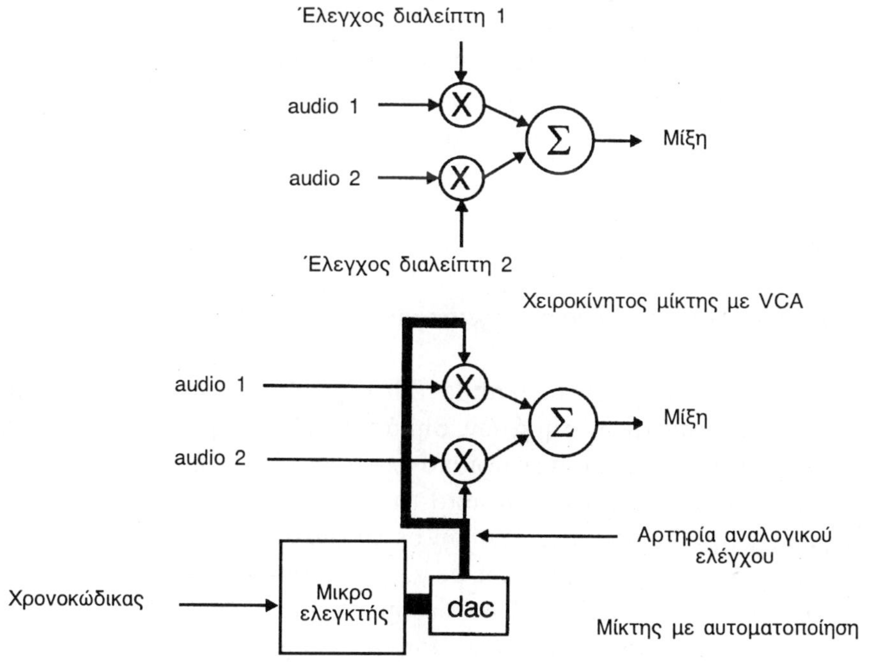

Σχ. 12.23 *Σύστημα αυτοματοποίησης διαλείπτη*

οθόνη του υπολογιστή. Μερικοί υπολογιστές, μάλιστα, έχουν την δυνατότητα κίνησης στην οθόνη αυτών των εικονικών διαλειπτών με σύρσιμο του ποντικιού. Μια άλλη αποτελεσματικότερη λύση που έχει πολλούς υποστηρικτές μόνο για λόγους ποιότητας ήχου, είναι η χρήση διαλειπτών με κινητήρα που αποτελούν τμήμα του συστήματος ελέγχου. Σ' αυτή την περίπτωση οι διαλείπτες ενεργούν ηλεκτρικά όπως σε μη αυτοματοποιημένο μίκτη, μεταφέροντας το ακουστικό σήμα. Ο βρόχος του συστήματος ελέγχου περιορίζεται στην ανάγνωση και στην "αναδημιουργία" των φυσικών κινήσεων του χειριστή του διαλείπτη. Το πλεονέκτημα αυτού του είδους συστήματος αυτοματοποίησης, εκτός από το ότι προσφέρει απαράμιλλη πληροφόρηση στον χειριστή (και βέβαια το φανταστικό θέαμα από σειρές διαλειπτών που κινούνται σαν να βρίσκονται υπό τον έλεγχο αόρατων χεριών!) είναι η έλλειψη VCA στην διαδρομή σήματος. Τα κυκλώματα VCA είναι αναγκαστικά πολύπλοκα και η λειτουργία τους βασανίζεται από διάφορες ατέλειες, περισσότερο στον τομέα της ανεπαρκούς δυναμικής περιοχής και της διέλευσης του σήματος ελέγχου. Αυτές οι αιτίες έχουν κάνει τους διαλείπτες με κίνηση αγαπητούς στους καλύτερους κατασκευαστές μικτών, και αυτό παρά την φανερή τους πολυπλοκότητα και το μεγάλο κόστος.

Χρονοκώδικας

Ο χρονοκώδικας είναι το μέσο με το οποίο ένα σύστημα αυτοματοποίησης διατηρείται σε ρυθμό με τη μουσική που εγγράφεται σε ταινία. Κανονικά, ένα κανάλι της ταινίας πολλών καναλιών κρατιέται εκτός ακουστικής χρήσης και χρησιμοποιείται για την εγγραφή ψευδοακουστικού σήματος που αποτελείται από σειριακό ψηφιακό κώδικα. Αυτός ο κώδικας περιγράφεται με λεπτομέρειες στο Κεφάλαιο 15.

Ψηφιακές κονσόλες

Εισαγωγή στην ψηφιακή επεξεργασία σημάτων (DSP)

Η ψηφιακή επεξεργασία σημάτων περιλαμβάνει τον χειρισμό πραγματικών σημάτων (για παράδειγμα, ακουστικών σημάτων, σημάτων video, σημάτων ιατρικών και γεωφυσικών δεδομένων κλπ) μέσα σε ψηφιακό υπολογιστή. Για ποιό λόγο θα θέλαμε κάτι τέτοιο; Επειδή, αυτά τα σήματα, από τη στιγμή που έχουν μετατραπεί σε ψηφιακή μορφή (με την βοήθεια αναλογικού σε ψηφιακό μετατροπέα, βλ. Κεφάλαιο 10) μπορούν να υποστούν χειρισμούς με χρήση μαθηματικών τεχνικών για να ενισχύουν, να αλλάζουν ή να απεικονίζουν δεδομένα με συγκεκριμένο τρόπο. Για παράδειγμα, ο υπολογιστής θα μπορούσε να χρησιμοποιήσει πληροφορίες ύψους ή βάθους από γεωφυσική μελέτη έτσι ώστε να δημιουργήσει έγχρωμο χάρτη περιγραμμάτων ή θα μπορούσε να χρησιμοποιήσει σειρά ιατρικών εικόνων δύο διαστάσεων έτσι ώστε να κατασκευάσει εικονική απεικόνιση τριών διαστάσεων άρρωστων ιστών ή οστών. Μια άλλη εφαρμογή, αυτή τη φορά ακουστική, θα ήταν η απομάκρυνση θορύβου από μουσικό σήμα με προσεκτική μέτρηση του φάσματος του σήματος παρεμβαλλόμενου θορύβου κατά τη διάρκεια μιας στιγμής σιωπής (για παράδειγμα, κατά τη διάρκεια του αρχικού χρόνου βελόνας μέσα στο αυλάκι δίσκου) και στη συνέχεια με αφαίρεση αυτού του φάσματος από όλο το σήμα, απομακρύνοντας με τον τρόπο αυτό μόνο τον θόρυβο, και όχι την μουσική, από θορυβώδη δίσκο.

Τα συστήματα DSP υπάρχουν εδώ και πολλά χρόνια αλλά, σ' αυτά τα παλαιότερα συστήματα, ο υπολογιστής ίσως θα χρειάζονταν χρόνο πολλές φορές μεγαλύτερο από την διάρκεια του χρόνου πρόσκτησης του σήματος για να επεξεργαστεί την πληροφορία. Για παράδειγμα, στην περίπτωση του παραδείγματος ελάττωσης θορύβου, θα χρειάζονταν πολλές ώρες για επεξεργασία ενός σύντομου μουσικού κομματιού. Αυτό οδηγεί σε μια σημαντική διάκριση που πρέπει να γίνει στην σχεδίαση, στον καθορισμό και στην κατανόηση συστημάτων DSP: στην διάκριση συστημάτων μη πραγματικού χρόνου (όπου ο χρόνος επεξεργασίας ξεπερνά τον χρόνο πρόσκτησης ή παρουσίασης) και πραγματικού χρόνου τα οποία συμπληρώνουν όλες τις απαραίτητες μαθηματικές πράξεις τόσο γρήγορα, ώστε ο παρατηρητής να μη αντιλαμβάνεται οποιαδήποτε καθυστέρηση στην επεξεργασία. Οταν μιλούμε για DSP στο ψηφιακό audio πάντοτε είναι σημαντικό να γίνεται η διάκριση μεταξύ DSP πραγματικού χρόνου και DSP μη πραγματικού χρόνου. Οι εξωτερικές ακουστικές συσκευές που χρησιμοποιούν τεχνικές DSP είναι, πάντοτε, πραγματικού χρόνου και έχουν αποκλειστικά τσιπ DSP που είναι σχεδιασμένα να συμπληρώνουν γρήγορα την επεξεργασία δεδομένων. Τα DSP μη πραγματικού χρόνου βρίσκονται σε επεξεργασία audio υπολογιστών PC ή Mac της Apple, όπου μερικές σύνθετες ακουστικές εργασίες ίσως χρειάζονται πολλαπλάσιο χρόνο από την διάρκεια συμπλήρωσης του μουσικού δείγματος.

Ψηφιακοί χειρισμοί

Τι είδος , λοιπόν, ψηφιακών χειρισμών περιμένουμε; Ας σκεφτούμε τις λειτουργίες που θα περιμέναμε να εκτελέσουμε μέσα σε ψηφιακό μίκτη ήχου. Πρώτο, υπάρχει η πρόσθεση. Είναι φανερό, σε θεμελιώδη στάθμη, ότι αυτό το μηχάνημα είναι ο μίκτης, ένας προσθέτης σημάτων. Δεύτερο, γνωρίζουμε ότι θέλουμε να μπορούμε να ελέγχουμε την απολαβή κάθε σήματος πριν υποστεί μίξη. Αρα, ίσως χρειάζεται και πολλαπλασιασμός. Μέχρι εδώ, η λειτουργία του τμήματος ψηφιακής επεξεργασίας σημάτων είναι αντίστοιχη με την λειτουργία του αναλογικού. Στο Σχ. 12.24 φαίνεται η απλούστερη μορφή ψηφιακού ακουστικού μίκτη. Στην περίπτωση αυτή, δύο ψηφιακά ακουστικά σήματα πολλαπλασιάζονται με συντελεστές (k1 και k2) που προέρχονται από τη θέση ενός ζεύγους πλήκτρων ελέγχου διαλείπτη. Ο ένας διαλείπτης αντιστοιχεί στο ένα σήμα. Τα σήματα που βγαίνουν από αυτά τα στάδια πολ-

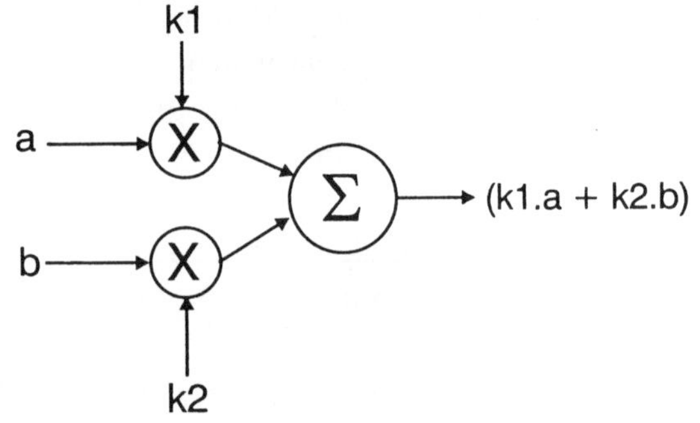

Σχ. 12.24 *Απλός ψηφιακός ακουστικός μίκτης*

λαπλασιασμού προστίθενται, στη συνέχεια, σε βαθμίδα άθροισης. Ολοι οι ακουστικοί μίκτες έχουν αυτήν τη βασική αρχιτεκτονική, αν και αυτή μπορεί να επαναλαμβάνεται πολλές φορές.

Στην πράξη, οι δύο λειτουργίες πρόσθεσης και πολλαπλασιασμού, μαζί με τη ικανότητα εύκολης καθυστέρησης σημάτων μέσα σε ψηφιακά συστήματα, μας επιτρέπουν να εκτελούμε όλες τις λειτουργίες που χρειάζονται μέσα σε ψηφιακό ακουστικό μίκτη, ακόμη και τις λειτουργίες εξισορρόπησης. Αυτό συμβαίνει επειδή η εξισορρόπηση είναι μια μορφή φιλτραρίσματος σημάτων σε διαδοχικά ακουστικά δείγματα, πράγμα που απλά είναι μια άλλη απλή μορφή μαθηματικού χειρισμού, αν και συνήθως δεν θεωρείται κάτι τέτοιο στα αναλογικά κυκλώματα.

Ψηφιακό φιλτράρισμα

Στο Σχ. 12.25 φαίνεται η απλούστερη μορφή αναλογικού φίλτρου χαμηλής διέλευσης. Φαίνεται, ακόμη, και η επίδρασή του σε σήμα μετώπου κύματος μικρού χρόνου ανόδου ("ακμής"). Παρατηρούμε ότι το σήμα που προκύπτει έχει τις "ακμές" του στρογγυλεμένες σε σχέση με το εισερχόμενο σήμα. Φαίνεται, επίσης, η απόκρισή του συχνότητας, με την συχνότητά του αναστροφής. Δυστυχώς, στα ψηφιακά κυκλώματα δεν υπάρχουν εξαρτήματα όπως πυκνωτές ή επαγωγές που μπορούν να χρησιμοποιηθούν για να αλλάζουν την απόκριση συχνότητας κυκλώματος. Ωστόσο, αν θυμόμαστε, έχουμε συναντήσει παραπάνω σε θέματα διαφορετικά από μικρόφωνα μέχρι το flanging, όπου η απόκριση συχνότητας άλλαξε με την αλληλεπίδραση σημάτων που είχαν καθυστέρηση το ένα ως προς το άλλο. Αυτή η αρχή αποτελεί την βάση πίσω από το ψηφιακό φιλτράρισμα και μπορεί να επεκταθεί έτσι ώστε να συμπεριλάβει πολλές βαθμίδες καθυστέρησης, όπως φαίνεται στο Σχ. 12.26. Με τη χρήση συνδυασμού παραγόντων πρόσθεσης και μεταβλητού πολλαπλασιασμού (μεταξύ της λειτουργίας πρόσθεσης και των σημείων εισόδου σήματος), είναι δυνατό να πετύχουμε μια πολύ ευέλικτη μέθοδο φιλτραρίσματος σήματος όπου μπορεί να μεταβάλλεται η μορφή της καμπύλης του φίλτρου σε μια πολύ μεγάλη περιο-

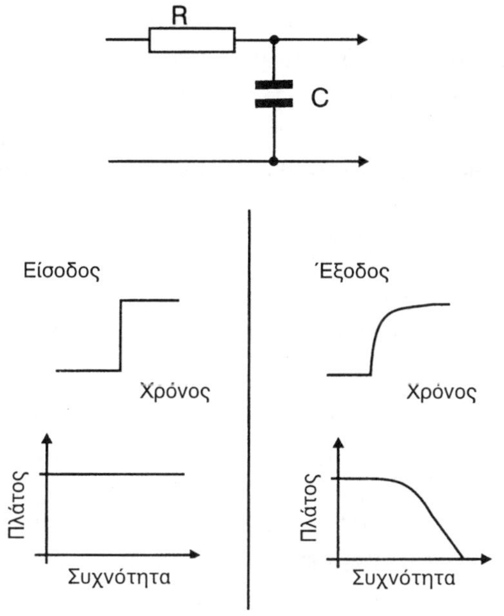

Σχ. 12.25 ***Φίλτρο RC χαμηλής διέλευσης***

χή σχημάτων και χαρακτηριστικών. Αν και μια τέτοια τεχνική είναι δυνατή σε αναλογικά κυκλώματα, παρατηρούμε ότι το "κύκλωμα" (που φαίνεται στο Σχ. 12.26) δεν είναι καθόλου πραγματικό κύκλωμα, αλλά ένα θεωρητικό διάγραμμα block. Αυτή η τεχνική φιλτραρίσματος συμβαίνει μόνο στον κόσμο της ψηφιακής επεξεργασίας σημάτων: ο προγραμματιστής DSP το μόνο που πρέπει να κάνει είναι να μεταφράζει αυτές τις διεργασίες σε κώδικα μικροεπεξεργαστή ο οποίος θα εκτελεστεί από IC μικροελεγκτή που έχει σχεδιαστεί ειδικά για ακουστικές εφαρμογές, το επονομαζόμενο IC DSP. Εδώ ακριβώς βρίσκεται το μεγαλύτερο ώφελος της ψηφια-

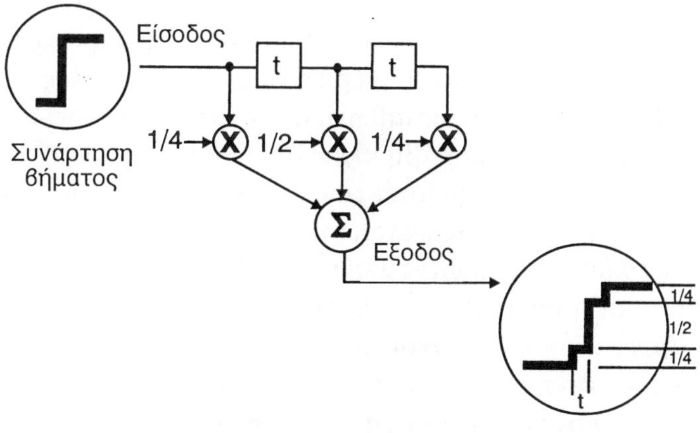

Σχ. 12.26 *Αρχή ψηφιακού φίλτρου*

κής επεξεργασίας σημάτων: ότι με απλό επαναπρογραμματισμό των συντελεστών των βαθμίδων πολλαπλασιασμού, μπορούμε να πάρουμε ένα εντελώς διαφορετικό φίλτρο. Και όχι μόνο. Αν αυτό γίνει και σε πραγματικό χρόνο, το φίλτρο μπορεί να γίνει προσαρμοστικό, να ρυθμίζεται στις ανάγκες της συγκεκριμένης στιγμής με τρόπο που θα ήταν χρήσιμος για συμπίεση σήματος ή για ελάττωση θορύβου.

Αρχιτεκτονική ψηφιακών μικτών

Εξαιτίας της απίστευτης ευελιξίας και "δυνατότητας προγραμματισμού" στους μίκτες που βασίζονται σε ψηφιακή επεξεργασία σημάτων, η αρχιτεκτονική είναι πολύ δυσκολότερη (λιγότερο απαραίτητη!) για να καθοριστεί. Αυτό, από μόνο του, είναι μεγάλο πλεονέκτημα. Για παράδειγμα, η ψηφιακή επεξεργασία έχει καταστήσει ασαφή την παραδοσιακή διάκριση ανάμεσα σε διχασμένες κονσόλες και σε κονσόλες σε σειρά επειδή, με τη βοήθεια συνδεσμολογημένων διαδρομών σήματος και διαλειπτών με κίνηση, μπορεί να χρησιμοποιηθεί η ίδια μικρή ομάδα διαλειπτών για να γίνεται η "μεταγωγή" ρόλων μεταξύ μίκτη εγγραφής και μίκτη αναπαραγωγής.

Βιβλιογραφία

Brice, R (1990) Audio mixer design. *Electronics and Wireless World,* July

Σημείωση

1. Ο ενισχυτής του σχήματος έχει πυκνότητα θορύβου εισόδου 3 nV ανά ρίζα συχνότητας και πυκνότητα ρεύματος θορύβου εισόδου 3 pA ανά ρίζα συχνότητας, χωρίς να λαμβάνουμε υπόψη το θόρυβο flicker. Η απόκριση συχνότητας και η απόκριση φάσης παραμένουν περίπου ίδιες, ανεξάρτητα από την ρύθμιση απολαβής. Αυτό φαίνεται να είναι αντίθετο με τους ατίθασους νόμους του γινομένου απολαβής – εύρους ζώνης συχνοτήτων: καθώς αυξάνουμε την απολαβή πρέπει να περιμένουμε μείωση της απόκρισης συχνότητας και αντίστροφα. Στην πραγματικότητα, το κύκλωμα "δακτυλίου των τριών" είναι μια πρώτη μορφή ενισχυτή "ανάδρασης ρεύματος", που σήμερα είναι πολύ δημοφιλής σε εφαρμογές video. Η εξήγηση βρίσκεται στην μεταβλητή αντίσταση ρύθμισης απολαβής R_a. Αυτή, όχι μόνο καθορίζει την απολαβή κλειστού βρόχου με έλεγχο της αναλογίας της τάσης εξόδου που ανατροφοδοτεί την είσοδο αναστροφής, αλλά σχηματίζει και το κύριο τμήμα του φορτίου εκπομπού του πρώτου τρανζίστορ και, κατά συνέπεια, την απολαβή της πρώτης βαθμίδας. Καθώς ελαττώνεται η τιμή της Ra, ελαττώνεται και η ανάδραση και αυξάνει η απολαβή κλειστού βρόχου. Ταυτόχρονα, αυξάνει η απολαβή ανοικτού βρόχου του κυκλώματος επειδή πέφτει η τιμή του φορτίου εκπομπού του TR1. Κατά συνέπεια, παραμένει η απόδοση του κυκλώματος ως προς απόκριση φάσης και συχνότητας, και άρα και η ευστάθεια, ανεξάρτητα από την ρύθμιση απολαβής.

ΚΕΦΑΛΑΙΟ 13

Ενισχυτές

Δύο διαφορετικές φιλοσοφίες

Η σχεδίαση ενισχυτών διέπεται από δύο διαφορετικές φιλοσοφίες. Πρόκειται για τις φιλοσοφίες που είδαμε στο Κεφάλαιο 1. Η μια είναι κατάλληλη για μουσικές εφαρμογές, η άλλη για εποπτεία και αναπαραγωγή υψηλής ποιότητας. Το πρόβλημα έγκειται στο γεγονός ότι πολλές εντελώς ειδικές και χρονοβόρες συζητήσεις επικεντρίζονται στην αποτυχία να γίνει μια ικανοποιητική διάκριση μεταξύ τους.

Ενα "ευθύγραμμο σύρμα με απολαβή"

Οταν έχουμε εποπτεία υψηλής ποιότητας μόνο μια φιλοσοφία είναι η κατάλληλη: η φιλοσοφία ότι ο πρακτικός ενισχυτής θα έπρεπε να πλησιάζει, όσο το δυνατό περισσότερο, τον τέλειο ενισχυτή. Κάτι που ο Peter Walker της Acoustical Manufacturing Company Ltd., η οποία παλαιότερα ήταν κατασκευαστής της μάρκας Quad, εξέφρασε σαν "ένα ευθύγραμμο σύρμα με απολαβή"! Οπως συμβαίνει και στον τέλειο τελεστικό ενισχυτή, έτσι και ο τέλειος ακουστικός ενισχυτής θα πρέπει να έχει: πολύ μεγάλη σύνθετη αντίσταση εισόδου, έτσι ώστε να αποφεύγεται φόρτιση συσκευών προς τα πίσω, πολύ μικρή σύνθετη αντίσταση εξόδου, έτσι ώστε να αποσβέννει ταλαντώσεις στα μεγάφωνα (βλ. Κεφάλαιο 4), τέλεια γραμμικές χαρακτηριστικές μεταφοράς, και απόλυτα επίπεδη απόκριση συχνότητας. Επιπλέον θα πρέπει να έχει ισχύ εξόδου κατάλληλη για αναπαραγωγή πραγματικής δυναμικής περιοχής, τουλάχιστο ισοδύναμη με την ισχύ ψηφιακού audio των 16 bit. Παρά την διαδεδομένη πεποίθηση για το αντίθετο, οι περισσότεροι σύγχρονοι ενισχυτές με ημιαγωγούς έχουν όλες τις παραπάνω ιδιότητες εκτός, ίσως, από την τελευταία. Υπάρχουν αποδείξεις ότι πραγματικά είναι πολύ δύσκολο, αν όχι εντελώς αδύνατο, να ανιχνευθούν μόνο με ακρόαση τυχόν διαφορές μεταξύ σύγχρονων ενισχυτών ισχύος με ημιαγωγούς παρά την τεράστια ποικιλία σε τεχνολογία και τιμές.

Τέλειο!

Η άλλη φιλοσοφία, που έχει υιοθετηθεί από τους κατασκευαστές μουσικών οργάνων και ενισχυτών μουσικών οργάνων, είναι η σχεδίαση και κατασκευή ενισχυτή για συγκεκριμένο "ήχο". Αυτό είναι απόλυτα δικαιολογημένο. Μπορεί, για παράδειγμα, να περιλαμβάνει τη συνέχιση της τεχνολογίας λυχνιών προκειμένου να ληφθεί χαρακτηριστική μεταφοράς που παραμορφώνει σκόπιμα ή που "κολακεύει" ένα τονικό χαρακτηριστικό. (Στο Κεφάλαιο 4 εξετάσαμε μερικούς τρόπους με τους οποίους οι ενισχυτές ισχύος με λυχνίες γίνονται αρεστοί χάρη σε ορισμένα τεχνικά χαρακτηριστικά). Η "αδελφότητα του hi-fi" έχει συμβάλλει πολύ στη σύγχυση σχετικά με αυτά τα δύο με τον ισχυρισμό ότι υπάρχει μεγαλύτερη ακρίβεια και αντικειμενικότητα σε προϊόντα που προτιμώνται αποκλειστικά για υποκειμενικούς λόγους.

Ενισχυτές ισχύος

Δουλειά του ενισχυτή ισχύος είναι να μετασχηματίζει τα ηλεκτρικά σήματα λειτουργικής στάθμης μερικών Volt p-t-p στα άκρα αντίστασης 600 Ω σε σήμα ίσως μερικών εκατοντάδων Volt p-t-p στα άκρα όσο το δυνατόν μικρότερης σύνθετης αντίστασης, σίγουρα μικρότερης από 1 Ω, τιμής που είναι τυπική για το σήμα που χρειάζεται να οδηγήσει μεγάφωνο κινητού πηνίου. Οι τιμές αυτές δείχνουν την πολύ σημαντική απολαβή ισχύος που πραγματοποιείται από την τελική βαθμίδα της διαδικασίας ακουστικής ενίσχυσης και εξηγούν τον όρο ενισχυτής ισχύος. Οι ενισχυτές ισχύος διαιρούνται σε δύο κύριες τάξεις: την Τάξη Α και την Τάξη Β. Ενα τρίτο είδος ενισχυτή ισχύος, που δεν ανήκει σε καμιά τάξη, είναι γνωστό σαν ενισχυτής *απαγωγής ρεύματος*. Και οι τρεις τάξεις περιγράφονται παρακάτω.

Είναι δυνατό να έχουμε δύο είδη ενισχυτών εξαιτίας της ευκολοαπόδεικτης ιδιότητας που έχουν όλοι οι μουσικοί ήχοι: όλοι αφορούν σε φυσικό μηχανισμό στον οποίο πραγματοποιούνται μικροσκοπικές δονήσεις προς τα πίσω και προς τα εμπρός με φύσημα, με χτύπημα ή με διέγερση από δοξάρι. Οταν ένα μεγάφωνο παράγει τους ήχους καθενός από αυτά τα όργανα, και αυτό πρέπει να δονείται πίσω - εμπρός ακριβώς (ή όσο το δυνατό περισσότερο ακριβώς) ακολουθώντας τα περιγράμματα του αρχικού ήχου. Με τον ίδιο τρόπο, το ρεύμα στους ακροδέκτες εξόδου του ενισχυτή πρέπει να δονείται πίσω - εμπρός για να οδηγεί το μεγάφωνο.

Οταν ο σχεδιαστής επιλέγει μεταξύ σχεδίασης ενισχυτή Τάξης Α και Τάξης Β επιλέγει τον τρόπο με τον οποίο ο ενισχυτής θα χειρίζεται την ίση και αντίθετη φύση των μουσικών σημάτων. Σε απλή διατύπωση, ο ενισχυτής Τάξης Α έχει ένα μόνο κύκλωμα με προορισμό την παραγωγή του θετικού μισού και του αρνητικού μισού των μουσικών ήχων. Ο ενισχυτής Τάξης Β έχει δύο κυκλώματα, το ένα για να χειρίζεται τα θετικά μισά κάθε περιόδου, το άλλο για να χειρίζεται τα αρνητικά τμήματα του σήματος. Κάθε τύπος ενισχυτή έχει τα προσόντα του και τα ελαττώματά του. Ο ενισχυτής Τάξης Α έχει το πλεονέκτημα της απλότητας επειδή έχει ένα κύκλωμα εξόδου. Πληρώνει, όμως, για την απλότητά του με την έλλειψη απόδοσης. Ο ενισχυτής Τάξης Α εργάζεται το ίδιο σκληρά όταν αναπαράγει σιωπή όσο και όταν αναπαράγει το περισσότερο επιβλητικό ορχηστρικό κρεσέντο. Και, όπως συμβαίνει στο μεγαλύτερο μέρος της Φύσης, η έλλειψη απόδοσης οδηγεί στην παραγωγή θερμότητας. Πραγματικά, το ένα σίγουρο διακριτικό ενισχυτή Τάξης Α είναι η θερμότητα.

Τάξη A

Οι θερμιονικές λυχνίες είναι ιδανικές για ενίσχυση Τάξης A επειδή δεν ενοχλούνται από τη θερμότητα και επειδή το απλό κύκλωμα είναι κατάλληλο για τεχνολογία όπου οι ενισχυτικές συσκευές παραμένουν σχετικά ακριβές και ογκώδεις. Τα τρανζίστορ, από την άλλη πλευρά, είναι λιγότερο κατάλληλα και η απαγωγή θερμότητας στα τρανζίστορ εξόδου ακουστικού ενισχυτή ισχύος Τάξης A πρέπει να ελέγχεται με προσοχή αν θέλουμε να μη αυτοκαταστραφούν από τη θερμότητα. Η Τάξη B ποτέ δεν διακρίνονταν για ενίσχυση υψηλής ποιότητας μέχρι την εμφάνιση των ενισχυτών ισχύος με τρανζίστορ όπου η απειλή της θερμότητας υπαγορεύσε αυτή την περισσότερο πολύπλοκη τοπολογία.

Τάξη B

Οι ενισχυτές Τάξης B είναι περισσότερο αποδοτικοί επειδή περιέχουν δύο κυκλώματα, το ένα για χειρισμό του θετικού μισού και το άλλο για χειρισμό του αρνητικού μισού κάθε περιόδου σήματος. Σχεδόν όλοι, εκτός από πολύ λίγους, οι ενισχυτές ισχύος με τρανζίστορ χρησιμοποιούν κυκλώματα Τάξης B. Το σπουδαιότερο χαρακτηριστικό αυτού του είδους κυκλωμάτων είναι ότι ενώ λειτουργεί το ένα κύκλωμα (έστω το κύκλωμα της θετικής ημιπεριόδου) το άλλο δεν λειτουργεί. Το ένα δεν έχει δουλειά όταν το άλλο λειτουργεί. Ετσι ο μισός ενισχυτής πάντοτε παραμένει σε ηρεμία, χωρίς κατανάλωση. Και, όταν ο ενισχυτής παράγει σιωπή, και τα δύο μισά μπορούν να διακόψουν τη λειτουργία τους! Ισως θα ήταν ανόητη υπερβολή να πούμε ότι το μεγαλύτερο μέρος της μουσικής αποτελείται από σιωπή, σίγουρα, όμως, είναι αλήθεια (όπως μπορεί να πει ο καθένας που έχει ενισχυτή με όργανο ένδειξης ισχύος) ότι για το μεγαλύτερο χρονικό διάστημα, η ισχύς εξόδου που παράγεται από ενισχυτή είναι, πράγματι, πολύ μικρή. Με τον τρόπο αυτό, ο ενισχυτής Τάξης B υπερτερεί από τον αντίπαλό του, την Τάξη A. Ενώ ο ενισχυτής Τάξης A έχει κατανάλωση ισχύος όλο τον χρόνο περιμένοντας να δώσει μια συγχορδία fortissimo, ο ενισχυτής Τάξης B αποβάλλει θερμότητα μόνο όταν κληθεί να παράγει ηλεκτρική ισχύ και αυτό ισχύει για πολύ μικρό κλάσμα του χρόνου. Βέβαια, υπάρχει κόλπο. Οπως γνωρίζουν όλοι όσοι έχουν σπάσει στα δύο κάτι πολύπλοκο, από τη στιγμή που αυτό έσπασε είναι πολύ δύσκολο να συναρμολογηθεί χωρίς να φαίνεται το σημείο όπου ενώνονται τα δύο μέρη. Το ίδιο συμβαίνει με τους ενισχυτές Τάξης B. Ο ηλεκτρικός μας σχιζοφρενής πρέπει να αλλάξει εντελώς προσωπικότητες και αμέσως, για να λειτουργήσει σωστά. Ο Mr Hyde πρέπει να κοιμηθεί ακριβώς τη στιγμή που ξυπνά ο Dr Jekyll. Το ένα κύκλωμα δεν πρέπει να καθυστερεί, καθώς μισοκοιμάται, ενώ το άλλο ξυπνά. Ούτε και πρέπει να κοιμηθεί πριν το άλλο ξυπνήσει εντελώς. Αν δεν εκπληρωθούν αυτές οι συνθήκες, ο ενισχυτής Τάξης B παράγει μια πολύ δυσάρεστη μορφή παραμόρφωσης γνωστή, όχι απρόσμενα, σαν παραμόρφωση διασταύρωσης (crossover).

Ενισχυτές υψηλής ποιότητας για εποπτεία

Οι ακουστικοί ενισχυτές είναι περισσότερο κατανοητοί αν γίνει "διάσπαση" της σχεδίασής τους σε ξεχωριστές βαθμίδες. Θα δούμε ότι όλοι οι ακουστικοί ενισχυτές (ακόμη και ενισχυτές με λυχνίες) μπορεί να θεωρηθούν ότι αποτελούνται από τρείς διάκριτες βαθμίδες: βαθμίδα εισόδου (συνήθως συνδυάζεται με το μηχανισμό εφαρμογής ανάδρασης βρόχου), βαθμίδα ενίσχυσης τάσης, και βαθμίδα εξόδου. Για λόγους όχι διαστροφής είναι πρακτικό να εξετάζουμε ένα ενισχυτή ισχύος "ανάποδα" δηλαδή να εξετάζουμε πρώτα την βαθμίδα εξόδου, μετά την βαθμίδα ενίσχυσης τάσης, και μετά την βαθμίδα εισόδου. Αυτό συμβαίνει επειδή η απαίτηση για μεγάφωνο καθορίζει τις σημαντικές παράμετρους της βαθμίδας εξόδου. Η βαθμίδα εξόδου ορίζει την βαθμίδα ενίσχυσης τάσης, κοκ.

Ενισχυτές με λυχνίες

Οι σύνθετες αντιστάσεις ανόδου της λυχνίας είναι πολύ μεγάλες (όπως είδαμε στο Κεφάλαιο 4) και έτσι το κύκλωμα ανόδου είναι ακατάλληλο για οδήγηση χαμηλής σύνθετης αντίστασης, όπως είναι το μεγάφωνο. Αντίθετα, χρησιμοποιείται σχεδόν πάντοτε μετασχηματιστής για να τροποποιεί τη σύνθετη αντίσταση που βλέπει η λυχνία με το τετράγωνο του λόγου μετασχηματισμού του μετασχηματιστή. Ο ενισχυτής με λυχνία κατασκευάζεται, στην απλούστερη μορφή του, με μια μόνο λυχνία, όπως φαίνεται στο Σχ. 13.1. Η μορφή αυτή έχει μερικά ουσιαστικά μειονεκτήματα, από τα οποία το σοβαρότερο είναι η απαίτηση για κίνηση του ρεύματος ηρεμίας της βαθμίδας προς τον μετασχηματιστή. Το γεγονός αυτό έχει σαν αποτέλεσμα σταθερό ρεύμα μαγνήτισης το οποίο, με τη σειρά του, ζητά τη χρήση μεγάλου μετασχηματιστή ικανού να δέχεται την απαραίτητα μεγάλη πυκνότητα (μαγνητικής) ροής.

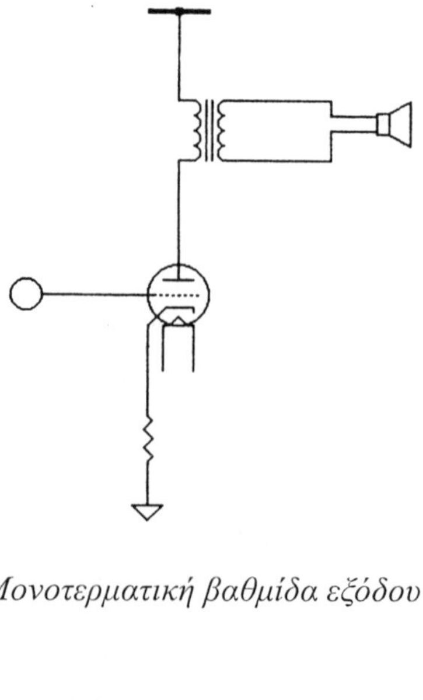

Σχ. 13.1 *Μονοτερματική βαθμίδα εξόδου λυχνίας*

Στο Σχ. 13.2 φαίνεται μια πολύ καλύτερη διάταξη που είναι το είδος κυκλώματος που χρησιμοποιείται σχεδόν παντού σε ενισχυτές υψηλής ποιότητας με λυχνίες. Αυτή η επονομαζόμενη διάταξη "push-pull" έχει το πλεονέκτημα ότι το ρεύμα ηρεμίας διαχωρίζεται μεταξύ των δύο κυκλωμάτων λυχνιών (τα οποία λειτουργούν με αντίθετες φάσεις) και κατά συνέπεια αναιρεί το μαγνητικό φαινόμενο μέσα στον πυρήνα του μετασχηματιστή.

Με την υιοθέτηση βαθμίδας εξόδου push – pull εμφανίζεται μια περιπλοκή επειδή υπάρχει η απαίτηση τροφοδοσίας κάθε μιάς από τις λυχνίες εξόδου με σήμα αντίθετης φάσης. Αυτό σημαίνει ότι η βαθμίδα ενίσχυσης τάσης κατ' ανάγκη συνδυάζεται με βαθμίδα γνωστή σαν διαχωριστή φάσης. Ενα τέτοιο κύκλωμα φαίνεται στο Σχ. 13.3. Ισως είναι η απλούστερη μορφή διαχωριστή φάσης αλλά πάσχει από

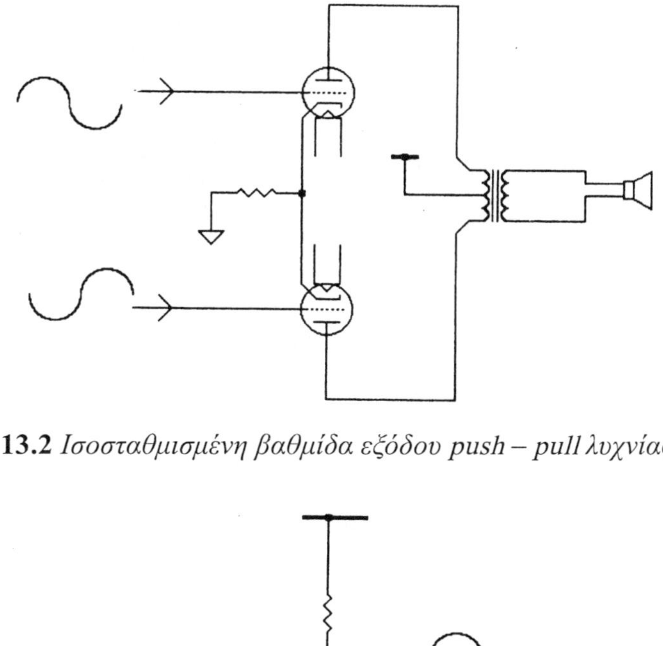

Σχ. 13.2 *Ισοσταθμισμένη βαθμίδα εξόδου push – pull λυχνίας*

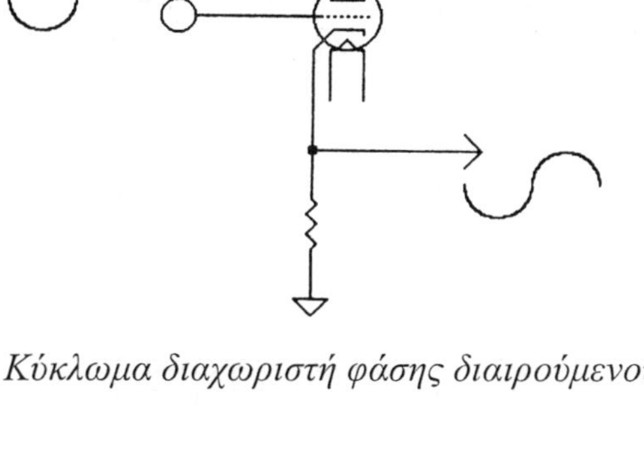

Σχ. 13.3 *Κύκλωμα διαχωριστή φάσης διαιρούμενου φορτίου*

το μειονέκτημα ότι δεν έχει απολαβή τάσης. Πολύ καλύτερο είναι το κύκλωμα που φαίνεται στο Σχ. 13.4 που συνδυάζει την λειτουργία διαχωρισμού φάσης με την ενίσχυση τάσης.

Η βαθμίδα εισόδου τυπικού ενισχυτή με λυχνίες συνδυάζει ενίσχυση τάσης στο σημείο εισαγωγής της ανάδρασης βρόχου. Στο Σχ. 13.5 δίνεται ένα τυπικό κύκλωμα.

Το σχήμα δείχνει μια παραδοσιακή βαθμίδα ενίσχυσης με τρίοδο όπου το σήμα εισόδου εφαρμόζεται στο πλέγμα και η έξοδος λαμβάνεται από το κύκλωμα ανόδου. Να σημειώσουμε, όμως, την προσθήκη του δικτυώματος ανάδρασης στο καθοδικό κύκλωμα της λυχνίας. Με τον τρόπο αυτό η λυχνία "βλέπει" την διαφορά τάσης μεταξύ του σήματος εισόδου πλέγματος και μιάς εκδοχής τάσης, που έχει διαι-

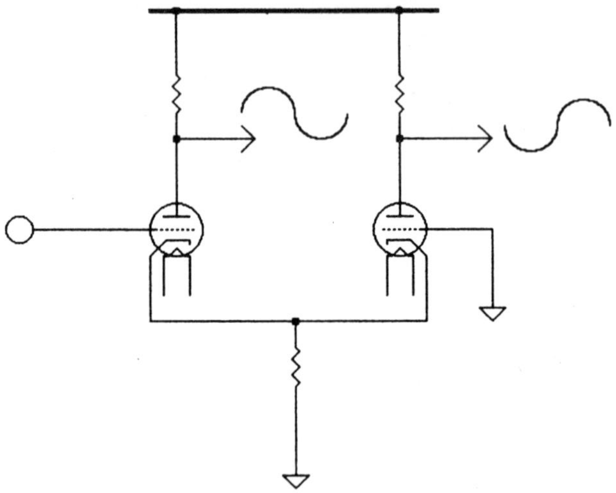

Σχ. 13.4 *Κύκλωμα διαχωριστή φάσης συζευγμένης καθόδου*

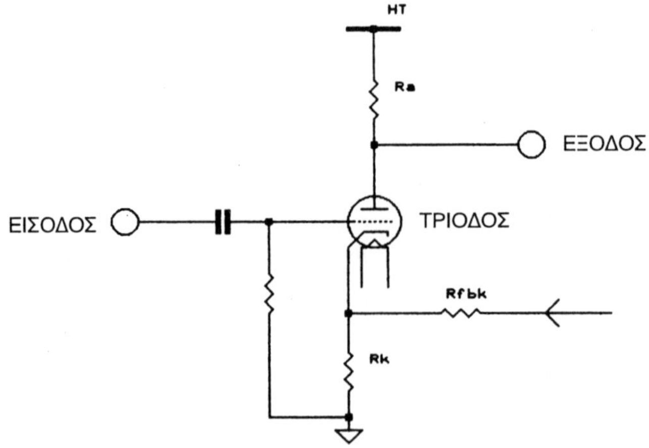

Σχ. 13.5 *Βαθμίδα εισόδου με τρίοδο*

ρεθεί με ωμική αντίσταση, του σήματος εξόδου στην κάθοδό της. Ετσι, σχηματίζει το κύκλωμα αφαίρεσης που χρειάζεται σε κάθε ενισχυτή ανάδρασης.

Μετασχηματιστές εξόδου

Ισως ήδη μαντεύουμε ότι ο μετασχηματιστής που μετατρέπει την σύνθετη αντίσταση του μεγαφώνου σε κάτι που μπορούν να οδηγήσουν οι λυχνίες εξόδου δεν είναι συνηθισμένο εξάρτημα. Η σχεδίαση των μετασχηματιστών εξόδου (επειδή έτσι ονομάζονται αυτά τα εξαρτήματα) αποτελεί ιδιαίτερες τέχνη και επιστήμη. Στην ουσία, συγκρούονται δύο απαιτήσεις: η απαίτηση για μεγάλη σύνθετη αντίσταση πρωτεύοντος, η οποία θα εξασφαλίζει καλή απόδοση σε χαμηλές συχνότητες, και η απαίτηση για μικρή χωρητικότητα πρωτεύοντος, η οποία θα εξασφαλίζει καλή απόδοση σε υψηλές συχνότητες (και καλό περιθώριο ευστάθειας). Δυστυχώς, η πρώτη χρειάζεται πολλές σπείρες πρωτεύοντος και αυτό καταστρέφει την δεύτερη. Οι πρακτικοί μετασχηματιστές κατασκευάζονται με πολλές σπείρες στο πρωτεύον που χωρίζονται σε τμήματα έτσι ώστε να ελαττωθεί στο ελάχιστο η επίδραση της παράλληλης χωρητικότητα του πρωτεύοντος. Παραμένει, ωστόσο, το γεγονός ότι ο μετασχηματιστής υψηλής ποιότητας στην έξοδο λυχνίας αποτελεί ένα πολύπλοκο και ακριβό εξάρτημα. Στο Σχ. 13.6 φαίνονται οι προδιαγραφές μετασχηματιστή εξόδου υψηλής ποιότητας σε ενισχυτή με λυχνίες.

Τρίοδος ή πέντοδος

Στο Σχ. 13.7 φαίνεται το κύκλωμα του ενισχυτή Williamson. Από πλευράς απόδοσης ο ενισχυτής Williamson ήταν αξιοπρόσεκτος. Κατά πολλούς τρόπους, η σχεδίασή του καθόρισε τις τιμές απόδοσης της ενίσχυσης υψηλής ποιότητας για μια γενιά, ίσως και για πάντα. Από το 1947, οι ενισχυτές ίσως έγιναν φτηνότεροι, περισσότερο ψυχροί, ελαφρύτεροι και περισσότερο αξιόπιστοι (και σήμερα υπάρχουν τιμές ισχύος που θα φτάνονταν πολύ δύσκολα με λυχνίες) αλλά οι ουσιώδεις τιμές ηλεκτρονικής απόδοσης ως προς γραμμικότητα, ευστάθεια και απόκριση συχνότητας δεν έχουν αλλάξει από την εποχή του Williamson. Ενα ενδιαφέρον χαρακτηριστικό των ενισχυτών Williamson είναι ο τρόπος με τον οποίο έχουν διαταχθεί οι λυχνίες εξόδου για να λειτουργούν σαν τρίοδοι. Οι λυχνίες KT88 που χρησιμοποιούνται είναι στην πραγματικότητα τέτροδοι δέσμης. Πάντως οι λυχνίες αυτές, και μάλιστα κάθε τέτροδος δέσμης ή πέντοδος, μπορούν να αναγκαστούν να συμπεριφέρονται σαν τρίοδοι, με σύνδεση (“βραχυκύκλωση”) του πλέγματος με την άνοδο, όπως φαίνεται στο Σχ. 13.8. Οι τρίοδοι, παρά τα πλεονεκτήματα τους, είναι σχετικά μη αποδοτικές. Για παράδειγμα, η σύγκριση ενισχυτή λυχνίας που χρησιμοποιεί δύο λυχνίες EL34 που λειτουργούν σαν τρίοδοι ή πέντοδοι δίνει τις τιμές του Πίνακα 13.1.

Technical Data Sheet, No. 1

Quality Range of Output Transformers PPO/0, PPO/1, PPO/2

General.

This range of push-pull output transformers is intended for use in equipment reproducing the full audio frequency range with the lowest distortion.

Power Rating.

12 watts for 0.5% harmonic distortion at 50 cps.

Anode to Anode Load.

PPO/0	5,000 to 6,000 ohms	for loading triodes, tetrodes or pentodes
PPO/1	8,000 ohms	
PPO/2	10,000 ohms	

Permissible d.c. Unbalance.

10%.

Secondary Load.

All secondary windings are brought out in two equal sections which can be connected in series to match a 15 ohms load or in parallel for a 3.75 ohms load.

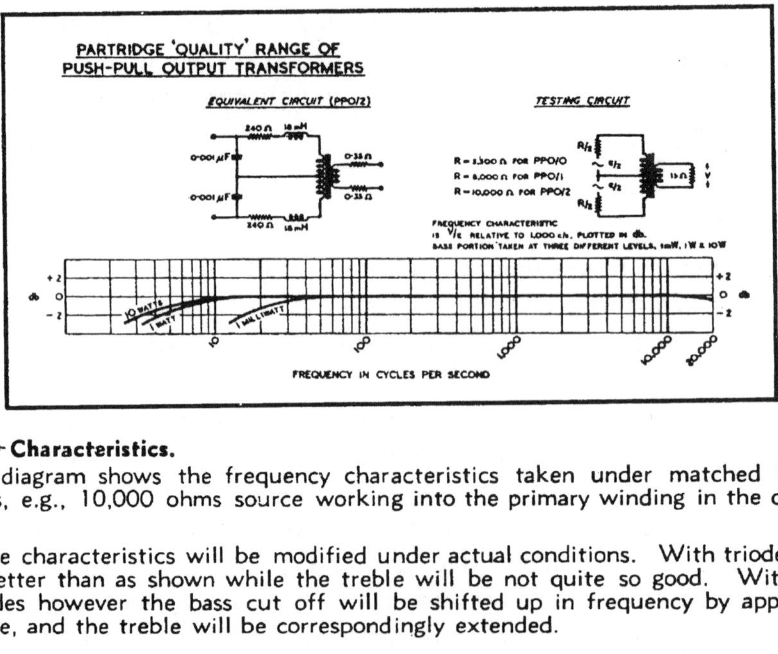

Frequency Characteristics.

The diagram shows the frequency characteristics taken under matched impedance conditions, e.g., 10,000 ohms source working into the primary winding in the case of the PPO/2.

These characteristics will be modified under actual conditions. With triodes the bass will be better than as shown while the treble will be not quite so good. With tetrodes or pentodes however the bass cut off will be shifted up in frequency by approximately one octave, and the treble will be correspondingly extended.

Leakage Inductances, Winding Self Capacity, d.c. Resistance, etc.

Figures are given on the diagram and they vary between types in direct proportion to the anode to anode load impedance.

Primary Induction at 50 c.p.s.

Primary inductance at very low levels of flux density is 45 H. rising to about 600 H. at 12 watts. These figures are for the PPO/2, those for the other types being directly proportional to the appropriate anode to anode load.

PARTRIDGE TRANSFORMERS LTD.,
LONDON.

Σχ. 13.6 *Μετασχηματιστής εξόδου υψηλής ποιότητας*

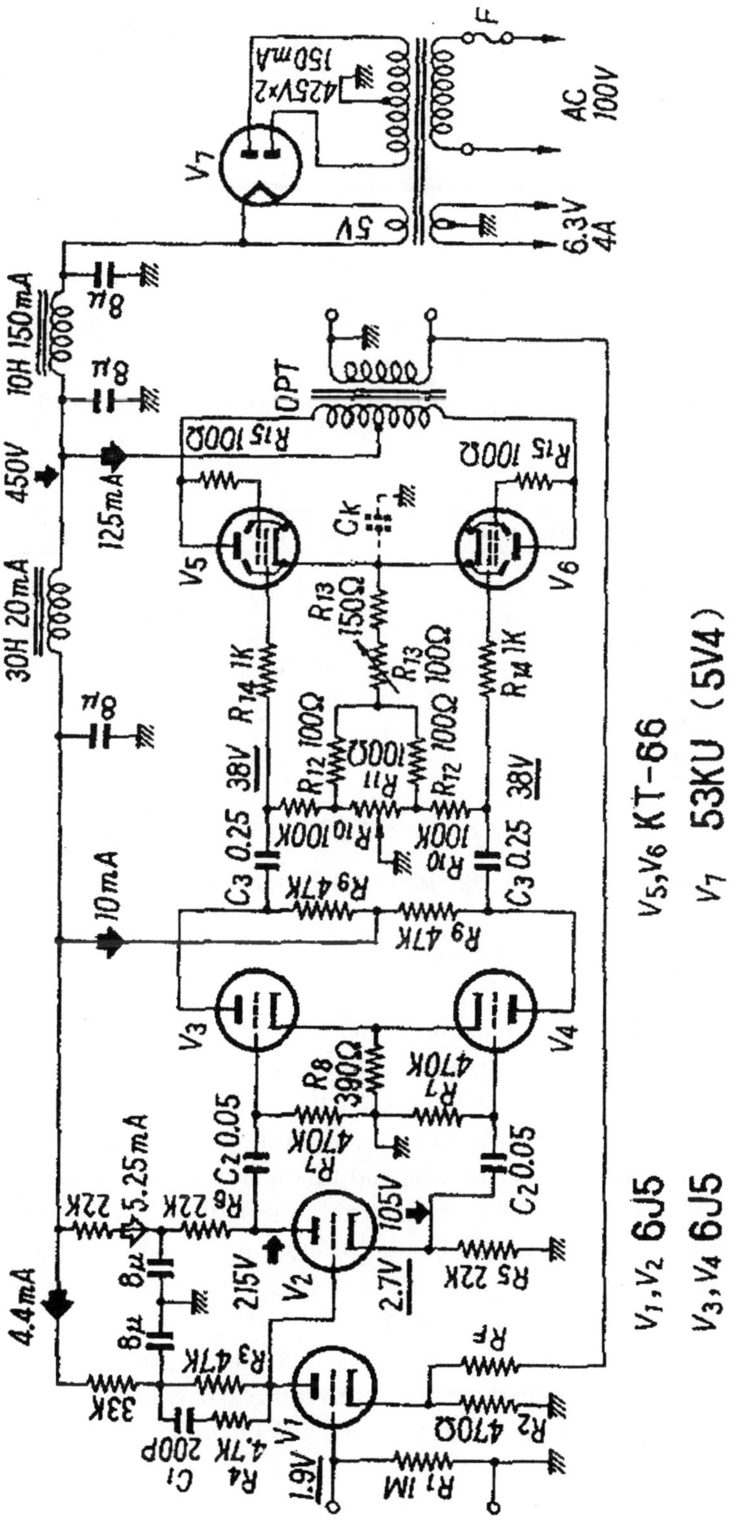

Σχ. 13.7 *Ο ενισχυτής "Classic" του Williamson*

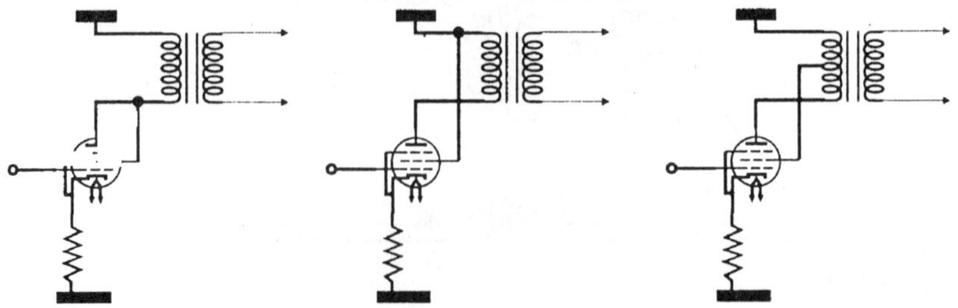

Σχ. 13.8 *Σύγκριση κυκλωμάτων τριόδου, πεντόδου και υπεργραμμικού*

Πίνακας 13.1

	Τρίοδος (σε Push-Pull)	Πέντοδος (σε Push-Pull)
Υψηλή τάση	430 V	450 V
Τάση ανόδου	400 V	
Rg2	100 R (για κάθε λυχνία)	1 k (κοινή και στις δύο)
Rk (ανά λυχνία)	440 R	465 R
Ra-a	5 k	6.5 k
Τάση οδήγησης	48 V	54 V
Ισχύς εξόδου	19 W	40 W
Παραμόρφωση	1.8%	5.1%

Υπεργραμμικοί ενισχυτές και ενισχυτές με σύζευξη καθόδου

Μια ενδιαφέρουσα προσέγγιση στο πρόβλημα αυτό έγινε από τον Blumlein που ανακάλυψε ότι τέτροδος ή πέντοδος λυχνία θα μπορούσε να αναγκαστεί να λειτουργεί σε ενδιάμεση θέση μεταξύ τριόδου και πεντόδου και να απολαμβάνει τα πλεονεκτήματα και των δύο. Στο Σχ. 13.8 φαίνεται η γενική αρχή λειτουργίας. Αν το πλέγμα συνδεθεί όπως φαίνεται στο (a), η λυχνία λειτουργεί σαν τρίοδος. Αν συνδεθεί όπως φαίνεται στο (b), λειτουργεί σαν πέντοδος. Αν, όμως, συνδεθεί όπως φαίνεται στο (c), λέμε ότι η τρίοδος λειτουργεί υπεργραμμικά, σαν κύκλωμα που έχει την απόδοση της πεντόδου με τα χαρακτηριστικά παραμόρφωσης της τριόδου. Πολλές κλασσικές σχεδιάσεις ενισχυτών ισχύος υψηλής απόδοσης με λυχνίες χρησιμοποίησαν αυτή την κυκλωματική διάταξη, και ιδιαίτερα ο Βρεταννός κατασκευαστής Leak. Στο Σχ. 13.9 φαίνεται ο ενισχυτής Leak 25 Plus.

Μια άλλη διάταξη, η οποία χρησιμοποίησε μια παρόμοια τεχνική για να συνδυάσει τμήμα του καθοδικού κυκλώματος στον μετασχηματιστή εξόδου, αναπτύχθηκε από την Quad και στο Σχ. 13.10 φαίνεται το κλασσικό Quad 2.

Σχ. 13.9 *Ενισχυτής Leak 15 Plus*

Ενισχυτές με ημιαγωγούς

Ακόμη μια φορά θα εξετάσουμε ανάποδα τους ενισχυτές με ημιαγωγούς, ξεκινώντας πρώτα από τη βαθμίδα εξόδου. Το μεγάφωνο χρειάζεται οδήγηση με μικρή σύνθετη αντίσταση, οπότε η απλούστερη μορφή ενισχυτή με τρανζίστορ είναι ο ακόλουθος εκπομπού. Δυστυχώς, το κύκλωμα αυτό έχει πολύ μικρή απόδοση και, συνήθως, δεν χρησιμοποιείται. Ωστόσο, ένα κύκλωμα που αντικαθιστά το φορτίο εκπομπού με έναν επιπλέον συμπληρωματικό ακόλουθο εκπομπού αποτελεί την βάση σχεδόν όλων των ακουστικών ενισχυτών με ημιαγωγούς, και το κύκλωμα αυτό φαίνεται στο Σχ. 13.11. Μερικές φορές (ιδιαίτερα σε ενισχυτές παλαιότερης σχεδίασης) δεν υπάρχουν πραγματικά προσαρμοσμένα, συμπληρωματικά διπολικά τρανζίστορ και έτσι συνδέονται τρανζίστορ εξόδου με την ίδια πολικότητα με συμπληρωματικά δευτερεύοντα τρανζίστορ σε μορφή συμπληρωματικών ζευγών Darlington-Esaki. Η τοπολογία αυτή είναι γνωστή σαν ημισυμπληρωματική σχεδίαση και φαίνεται στο Σχ. 13.12.

Ας σημειωθεί ότι το κύκλωμα εξόδου με ημιαγωγούς έχει πολλά πλεονεκτήματα σε σχέση με το αντίστοιχό του με λυχνίες. Πρώτο, και σημαντικότερο απ' όλα, δεν χρειάζεται μετασχηματιστή εξόδου. Δεύτερο, χρειάζεται μόνο ένα σήμα εισόδου μιας πολικότητας. Κατά συνέπεια μπορεί να τροφοδοτηθεί από μονοτερματική βαθμίδα. Υπάρχει ένα μικρό μειονέκτημα στο γεγονός ότι η βαθμίδα εξόδου συμπληρωματικού εκπομπού δεν έχει απολαβή τάσης, και γι' αυτό όλη η απολαβή τάσης πρέπει να παρέχεται από τη βαθμίδα ενίσχυσης τάσης. Ας σημειώσουμε, ακόμη, την γεννήτρια τάσης πόλωσης μεταξύ των βάσεων των δύο τρανζίστορ. Η ρύθμιση αυτής της τάσης ελέγχει τη γωνία αγωγής της βαθμίδας εξόδου. Αν αυτή η τάση ρυθμιστεί έτσι ώστε και τα δύο τρανζίστορ εξόδου να παραμένουν σε αγωγή και για τα δύο μισά της κυματομορφής εξόδου, τότε η βαθμίδα λειτουργεί σε Τάξη Α (όπως εξηγήθηκε παραπάνω). Αν, ωστόσο, η τάση πόλωσης ρυθμιστεί στο μηδέν, υπάρχει

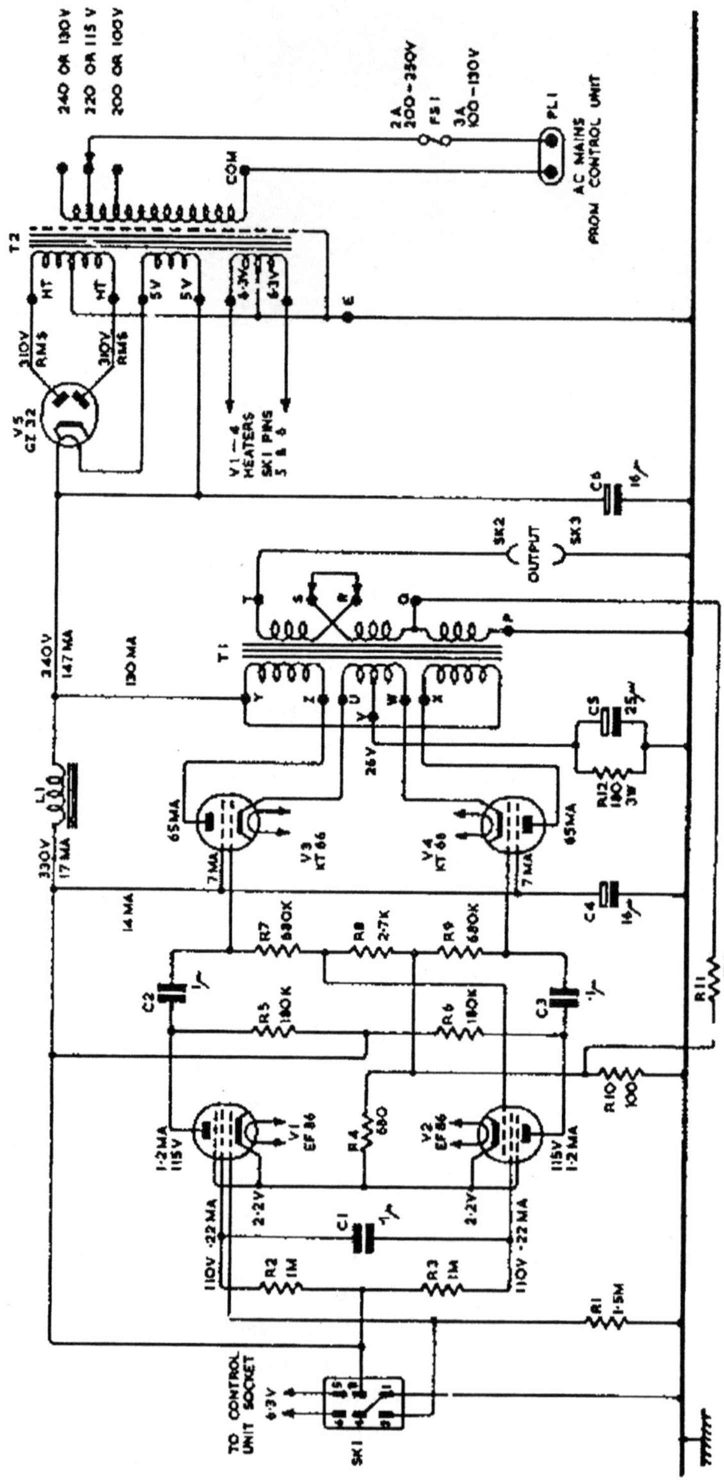

Σχ. 13.10 Κύκλωμα του ενισχυτή εποπτείας Quad 2

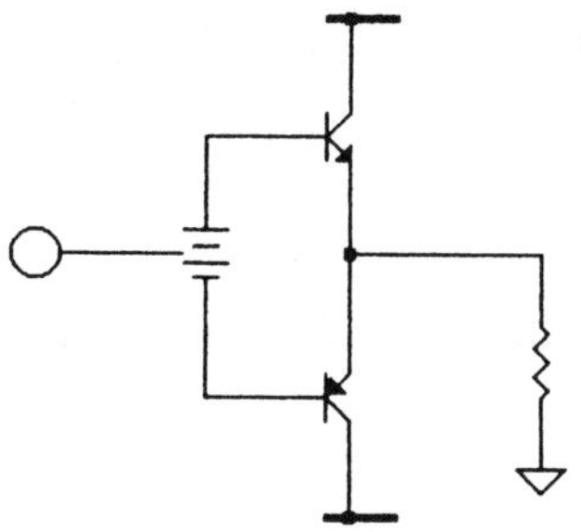

Σχ. 13.11. *Συμπληρωματικό κύκλωμα εξόδου ακόλουθου εκπομπού*

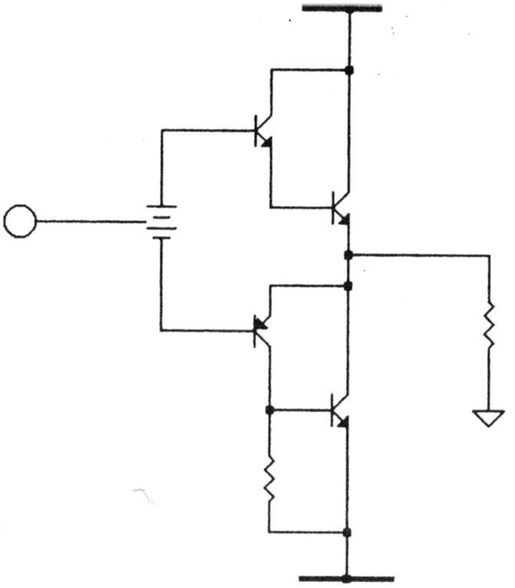

Σχ. 13.12 *Ημισυμπληρωματική βαθμίδα εξόδου*

ένα τμήμα του κύκλου αγωγής όπου κανένα από τα τρανζίστορ δεν θα μεταφέρει ρεύμα. Η κατάσταση αυτή δεν είναι συνηθισμένη για ακουστικό ενισχυτή εκτός από έναν ή δύο ειδικούς τύπους, ένας από τους οποίους περιγράφεται παρακάτω. Συνήθως αυτή η τάση πόλωσης ρυθμίζεται έτσι ώστε το ένα τρανζίστορ να σταματά να άγει μόλις το άλλο αρχίσει να άγει. Στην πράξη ο έλεγχος ρυθμίζεται έτσι ώστε να ελαττώνει την παραμόρφωση διασταύρωσης σε υψηλές συχνότητες.

Εμφανίζεται ένα σημαντικό θέμα αν η πόλωση ρυθμιστεί έτσι ώστε αυτή η βαθμίδα εξόδου να λειτουργεί σαν ενισχυτής Τάξης Β επειδή, αντίθετα με ότι συμβαίνει σε ενίσχυτή Τάξης Α, η σύνθετη αντίσταση εισόδου ζεύγους τρανζίστορ αλλάζει ριζικά ανάλογα με το ρεύμα εκπομπού που περνά μέσα από τη συσκευή. Επειδή πάντοτε αλλάζει όταν ρυθμιστεί σε συνθήκες Τάξης Β, αυτό το είδος κυκλώματος προκαλεί μεγάλη παραμόρφωση αν τροφοδοτείται από πηγή τάσης. Αντίθετα, πρέπει να τροφοδοτείται με πηγή ρεύματος (δηλ. με πολύ μεγάλη σύνθετη αντίσταση εξόδου). Ευτυχώς μια τέτοια απαίτηση συμβαδίζει με την απαίτηση για μεγάλη απολαβή τάσης.

Η απολαβή τάσης για βαθμίδα ενίσχυσης κοινού εκπομπού, όπως την βαθμίδα που φαίνεται στο Σχ. 13.13, δίνεται από την:

$$g_m \cdot R_C$$

Είναι φανερό ότι όσο μεγαλύτερο είναι το φορτίο συλλέκτη, τόσο μεγαλύτερη θα είναι η απολαβή της βαθμίδας, όμως υπάρχει μια πρακτικά μέγιστη τιμή της αντίστασης συλλέκτη για δεδομένο ρεύμα ηρεμίας και τάση. Ευτυχώς, υπάρχουν διάφοροι τρόποι αύξησης της σύνθετης αντίστασης εξόδου της βαθμίδας και της απολαβής τάσης, που χρησιμοποιούνται συχνά σε πρακτικούς ακουστικούς ενισχυτές. Ο πρώτος αποτελείται από την εφαρμογή θετικής ανάδρασης από την άλλη πλευρά των συσκευών εξόδου, όπως φαίνεται στο Σχ. 13.14. Αυτό διατηρεί σταθερή τάση

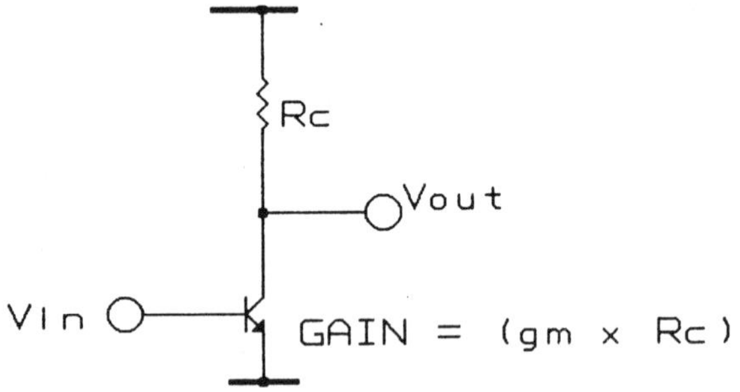

Σχ. 13.13 *Απλός ενισχυτής κοινού εκπομπού*

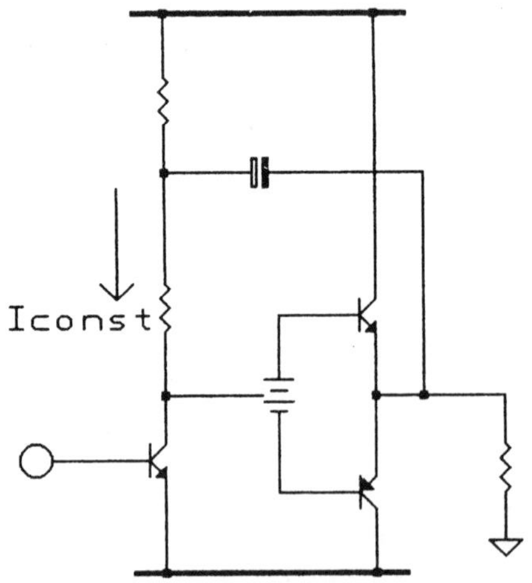

Σχ. 13.14 *Βαθμίδα απολαβής τάσης με αυτοδιέγερση*

στα άκρα της Rc και το γεγονός αυτό αυξάνει, υπερβολικά, τη σύνθετη αντίσταση στον συλλέκτη του Tr1. (Επειδή, αν το ρεύμα φαίνεται να μεταβάλλεται ελάχιστα για δεδομένη μεταβολή της τάσης συλλέκτη, έχει το ίδιο αποτέλεσμα η σύνδεση πολύ μεγάλης ωμικής αντίστασης μεταξύ του συλλέκτη και τροφοδοσίας πολύ μεγάλης τάσης.) Μια άλλη διάταξη αφορά στην υιοθέτηση ενεργού φορτίου σταθερού ρεύματος, όπως αυτού που φαίνεται στο Σχ. 13.15. Το κύκλωμα αυτό, ή παραλλαγή του, συνηθίζεται πολύ στους σύγχρονους ακουστικούς ενισχυτές. Στο διάγραμμα αυτό βλέπουμε και τον τρόπο με τον οποίο χρησιμοποιείται ένα απλό ποτενσιόμετρο για παραγωγή τάσης πόλωσης μεταξύ των δύο αρτηριών των συσκευών εξόδου.

Η βαθμίδα εισόδου σύγχρονου ακουστικού ενισχυτή πάντοτε σχηματίζεται με ζεύγος, πράγμα που μας θυμίζει τον διαχωριστή φάσης στον ενισχυτή με λυχνίες. Εδώ, όμως αυτό γίνεται για διαφορετικούς λόγους. Σίγουρα προσφέρει ένα εξυπηρετικό σημείο για την είσοδο ανάδρασης βρόχου, όπως φαίνεται στο Σχ. 13.16, όπου το σήμα εισόδου φαίνεται να εφαρμόζεται στο Tr1, η ανάδραση στο Tr2, και το σήμα εξόδου να λαμβάνεται από τον συλλέκτη του Tr1.

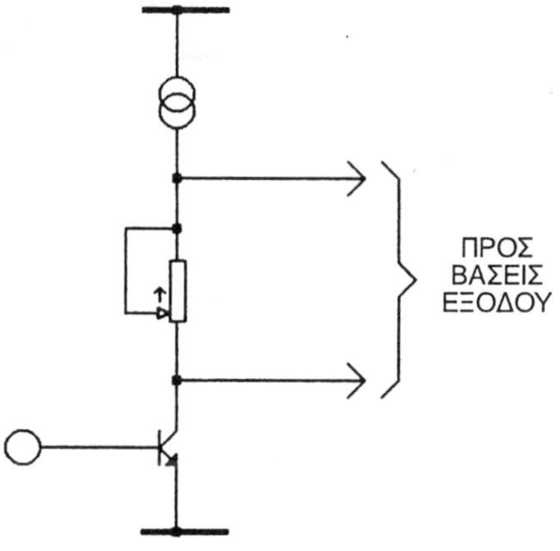

Σχ. 13.15 *Βαθμίδα απολαβής τάσης με ενεργό φορτίο*

Απόσβεση ρεύματος

Απόσβεση ρεύματος είναι ο όρος που χρησιμοποιείται για να περιγράφει την τοπολογία ενισχυτών που ανακαλύφθηκαν και αξιοποιήθηκαν αρχικά από την Acoustical Manufacturing Company στον Quad 405, και αφορά στην σχετικά απλή λειτουργία που αναλαμβάνουν τα τρανζίστορ εξόδου σε ενισχυτή που ονομάζεται έτσι. Στο Σχ. 13.17 φαίνεται ένας απλός ενισχυτής ισχύος με βαθμίδα ενίσχυσης τάσης (A1) και μια συμπληρωματική βαθμίδα εξόδου με διπολικά τρανζίστορ. Από πολλές πλευρές μοιάζει με κάθε άλλο συμπληρωματικό ενισχυτή ισχύος εκτός από το ότι δεν εφαρμόζεται στατική πόλωση στα τρανζίστορ εξόδου (σύγκριση με το Σχ. 13.11). Στο κύκλωμα υπάρχει αρνητική ανάδραση η οποία προσπαθεί να διατηρήσει την γραμ-

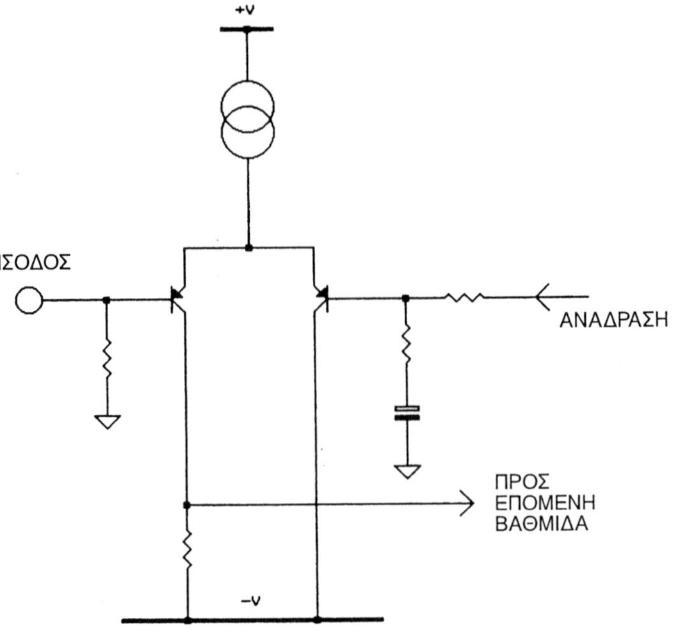

Σχ. 13.16 *Βαθμίδα εισόδου ζεύγους*

μικότητα παρά την μεγάλη ασυνέχεια της χαρακτηριστικής μεταφοράς που έχει εισαχθεί από τη βαθμίδα εξόδου χωρίς πόλωση. Το σήμα εξόδου είναι αξοσημείωτα χωρίς παραμόρφωση, με την προϋπόθεση ότι τα απολαβή / εύρος ζώνης συχνοτήτων του A1 είναι αρκετά μεγάλα, ιδίως σε χαμηλές συχνότητες. Στην ουσία, η διάταξη αυτή θα ήταν απόλυτα αποδεκτή αν ήταν δυνατή η τέλεια κατασκευή του ενισχυτή A1, έτσι ώστε να "περιστρέφεται" άπειρα γρήγορα στη "νεκρή ζώνη" διασταύρωσης. Ο τρόπος με τον οποίο συμπεριφέρεται ο A1 φαίνεται στο σκαρίφημα της κυματομορφής σήματος στις βάσεις των δύο τρανζίστορ. Βέβαια, δεν είναι δυνατή η κατασκευή τέλειου ενισχυτή για τον A1 και, στην πράξη, καθώς αυξάνει η συχνότητα, αρχίζει να γίνεται αντιληπτή η παραμόρφωση διασταύρωσης. Η ουσία της ιδέας πίσω από την απόσβεση ρεύματος φαίνεται με την πρόσθήκη της Rd (που στο Σχ. 13.17 φαίνεται με εστιγμένη γραμμή). Η Rd τροφοδοτεί απευθείας με ρεύμα το φορτίο κατά τη διάρκεια του τμήματος της περιόδου εξόδου όταν και τα δύο τρανζίστορ εξόδου δεν λειτουργούν. Στην πράξη, η Rd ελαττώνει το "άνοιγμα" κατά το οποίο χρειάζεται να περιστραφεί ο A1 και επιτρέπει την χρήση ενός πρακτικού ενισχυτή αντί ενός μυθικού, τέλειου ενισχυτή. Από τα τρανζίστορ εξόδου, που είναι χωρίς καθήκοντα κατά τη διάρκεια της ουσιώδους και εύθραυστης περιοχής διασταύρωσης, το μόνο που ζητείται είναι να δώσουν οδήγηση στο φορτίο σε ισχείς πάνω από 100 mW περίπου ενώ ο A1 κάνει όλες τις έξυπνες δουλειές ενδιάμεσα, και απ' εδώ βγαίνει ο όρος "απόσβεση ρεύματος" για να περιγραφεί η απλή εργασία που γίνεται. Στο τελικό κύκλωμα της Quad, η αντίσταση αυξάνεται με πυκνωτή και επαγωγή που λειτουργούν σαν διάταξη γέφυρας φανταστικής αντίστασης για να αυξηθεί η επίδραση της Rd σε όλο το ακουστικό εύρος ζώνης συχνοτήτων. Στο Σχ. 13.18 φαίνεται ο ενισχυτής Quad 405.

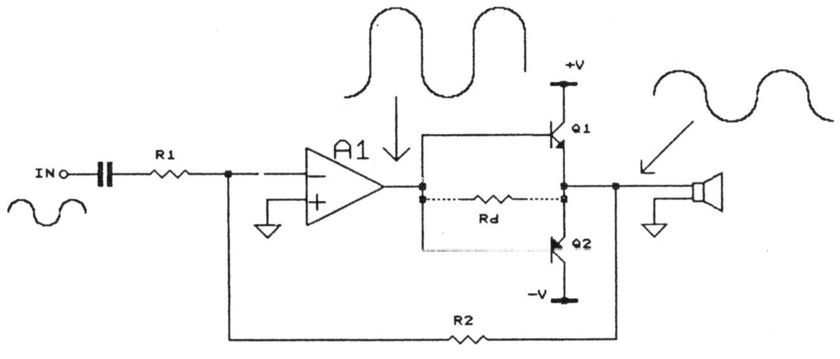

Σχ. 13.17 *Απλοποιημένη βαθμίδα απόσβεσης ρεύματος*

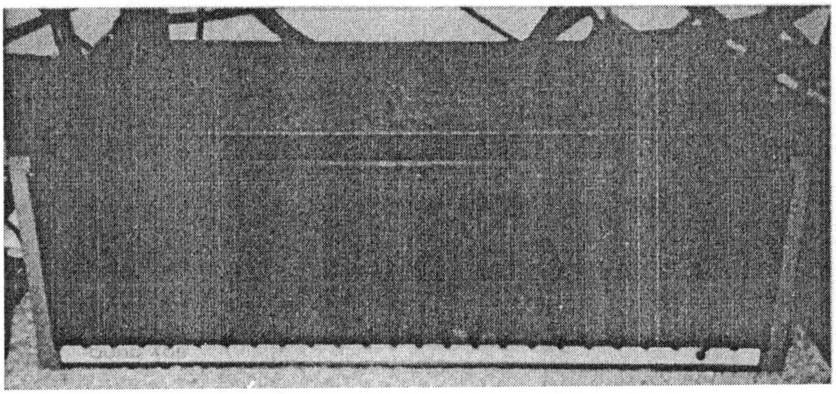

Σχ. 13.18 *Ενισχυτής Quad 405*

MOSFET

Τα MOSFET αντιπροσωπεύουν μια εναλλακτική λύση για τα τρανζίστορ διπολικής επαφής (BJT) στην σχεδίαση ενισχυτών ισχύος του εμπορίου και υπάρχει μεγάλη συζήτηση σχετικά με τη χρήση MOSFET στους σύγχρονους ενισχυτές ισχύος στερεάς κατάστασης. Μεγάλο τμήμα της συζήτησης κινείται γύρω από την έμφυτη γραμμικότητα των BJT σε σχέση με τα FET. Ειδικότερα, ότι η χαρακτηριστική μεταφοράς ανοικτού βρόχου της περιοχής διασταύρωσης σε ενισχυτή MOSFET είναι λιγότερο “τακτοποιημένη” από την αντίστοιχη περιοχή σε ενισχυτή BJT όταν ο δεύτερος έχει ρυθμιστεί για άριστη πόλωση. Οταν εξετάζουμε, όμως, τις επιλογές σχεδίασης, σημαντικότερο είναι το σχετικό κόστος. Μια συσκευή εξόδου MOSFET κοστίζει χιλιάδες σε σχέση με τις δεκάρες για συσκευή BJT, ακόμη και σε σχετικά μεγάλες ποσότητες. Επιπλέον, τα MOSFET έχουν το μειονέκτημα ότι έχουν καθορισμένη, και σχετικά μεγάλη, αντίσταση λειτουργίας που είναι σπάταλη σε ενέργεια και κάνει απαραίτητη τη χρήση παραλληλισμένων συσκευών για να οδηγούνται μεγάφωνα μικρής σύνθετης αντίστασης. Οι δύο αυτές αιτίες επηρεάζουν αισθητά τους υπολογισμούς "Watt ανά δολλάριο" και φαίνεται ότι είναι υπεύθυνες για την σχετική έλλειψη ενισχυτών MOSFET στην αγορά, περισσότερο από την αιτία της έμφυτης γραμμικότητας της συσκευής. Ωστόσο, οι ενισχυτές MOSFET έχουν μερικά ευνοϊκά χαρακτηριστικά, κυρίως την έμφυτη προστασία από θερμότητα και δευτερεύουσα κατάρρευση (πράγμα που, με τη σειρά, επιτρέπει απλούστερα κυκλώματα προστασίας από υπερβολικά ρεύματα) και συχνότητα μετάβασης που παραμένει ίδια ανεξάρτητα από το ρεύμα απαγωγής. Αυτά και μόνο τα χαρακτηριστικά δικαιολογούν στο MOSFET μια θέση στις σχεδιάσεις ενισχυτών ισχύος εκτός από τις περιπτώσεις όπου το μικρό κόστος αποτελεί κύριο παράγοντα στα κριτήρια σχεδίασης. Στο Σχ. 13.19 δίνεται το κύκλωμα τυπικού ενισχυτή ισχύος Τάξης Β με MOSFET.

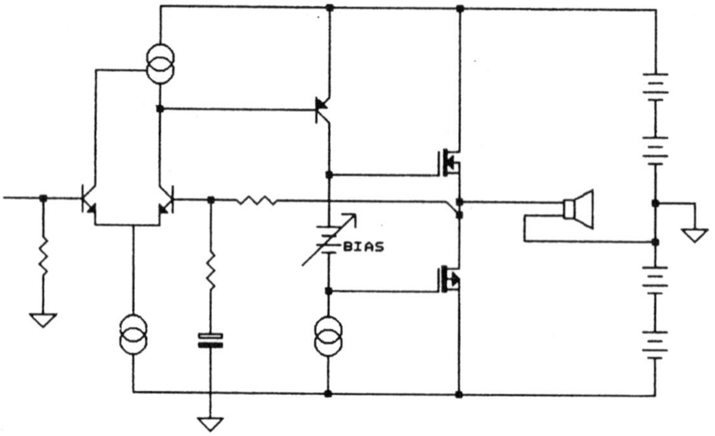

Σχ. 13.19 *Ενισχυτής MOSFET*

Προενισχυτές

Οι προενισχυτές δεν εμφανίζονται πολύ στο επαγγελματικό audio, και ο ρόλος τους διατηρείται για οικιακές εφαρμογές όπου οι προενισχυτές είναι η μονάδα ελέγχου πριν από τον ενισχυτή ισχύος. Σε επαγγελματικές εφαρμογές όλες οι λειτουργίες που εκτελούνται από τους προενισχυτές αναλαμβάνονται από τον μίκτη. Μερικές φορές οι προενισχυτές είναι ξεχωριστοί από τον ενισχυτή ισχύος αλλά αυτό είναι σχετικά σπάνιο. Οι προενισχυτές, με σύγχρονες πηγές υψηλής στάθμης όπως η μαγνητική ταινία και το CD, μπορεί να είναι απλοί όσο ένας επιλογικός διακόπτης και διπλό ταυτόχρονο χειριστήριο ελέγχου έντασης, ένας συνδυασμός που κάπως υπερβολικά ονομάζεται παθητικός προενισχυτής. Εναλλακτικά μπορεί να περιέχει κομβία ελέγχου τόνου, φίλτρα υψηλής και χαμηλής διέλευσης και άλλες λειτουργίες επεξεργασίας σημάτων όπως άθροιση σημάτων για μονοφωνική μεταγωγή, βώβαση, εξασθένηση έντασης κοκ. Ενα σπουδαίο χαρακτηριστικό των παλιότερων προενισχυτών ήταν τα κυκλώματα ενίσχυσης και εξισορρόπησης που είναι απαραίτητα για την αναπαραγωγή δίσκων βινυλίου. Η εγγραφή σε δίσκους, εξαιτίας της εύθραυστης κατασκευής τους, ήταν προεξισορροπημένη, όπου τα μπάσσα κόβονταν και τα πρίμα ενισχύονταν κατά την διάρκεια της κατασκευής του δίσκου master. Γι' αυτό χρειάζονταν από τα ηλεκτρονικά κυκλώματα αναπαραγωγής να έχουν ένα συμπληρωματικό χαρακτηριστικό και να ενισχύουν το σήμα μέχρι μια χρήσιμη τιμή πριν εφαρμοστεί στον ενισχυτή ισχύος. Αυτή η χαρακτηριστική εξισορρόπησης ήταν καθορισμένη από το Recording Industries Association of America (RIAA) και το κύκλωμα αναπαραγωγής ονομάστηκε γενικά προενισχυτής RIAA. Στο Σχ. 13.20 φαίνεται το κύκλωμα απλού προενισχυτή για οικιακές εφαρμογές. Ας σημειωθεί ότι οι προενισχυτές RIAA είναι κατασκευασμένοι γύρω από τον τελεστικό ενισχυτή OP-27 χαμηλού θορύβου.

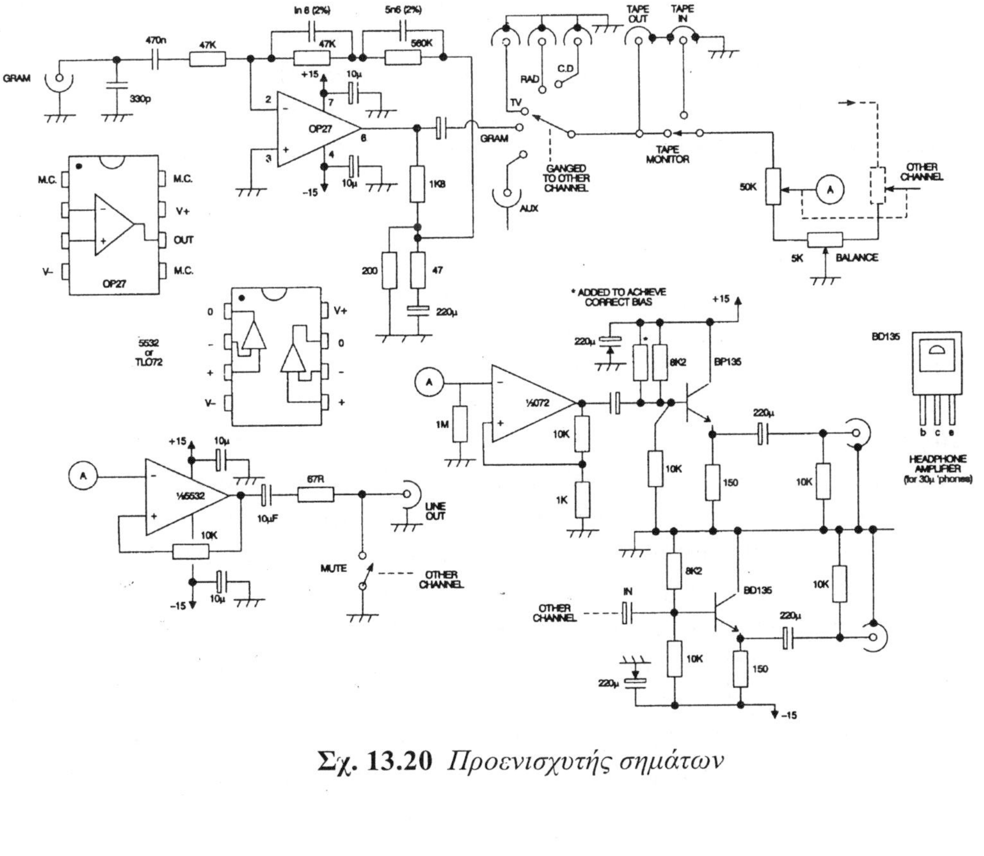

Σχ. 13.20 *Προενισχυτής σημάτων*

Ενισχυτές μουσικών οργάνων

Ενα από τα θέματα που συνδέονται στο βιβλίο αυτό είναι η διάκριση μεταξύ της βασικά γραμμικής τεχνολογίας εγγραφής και αναπαραγωγής και της μη γραμμικής τεχνολογίας κατασκευής δημιουργικής μουσικής. Ετσι δε θα ήταν παράξενο αν ανακαλύπταμε ότι πολλοί ενισχυτές μουσικών οργάνων "συμπεριφέρονται" λιγότερο καλά από τους αντίστοιχούς τους σε στούντιο. Δηλαδή, ένας ενισχυτής μουσικών οργάνων ίσως προσέχει λιγότερο την γραμμικότητα και την ευστάθεια από ένα ενισχυτή εποπτείας. Ομως αυτή η διάκριση απαιτεί κάποιο προσεκτικό χαρακτηρισμό. Με τόσα πολλά καθαρά ηλεκτρονικά όργανα να σχηματίζουν τη ραχοκοκαλιά των ηχητικών πηγών της σημερινής μουσικής παραγωγής, η μη γραμμική ενίσχυση δεν είναι κατάλληλη. Η δουλειά του ενισχυτή, όταν χρησιμοποιείται με τα όργανα αυτά, είναι απλά θέμα παραγωγής "φωνής" από τον έμφυτο ήχο του μουσικού οργάνου. Και πρακτικά συχνά αυτό αποτελεί τμήμα του ενισχυτή ισχύος (σε ζωντανές εφαρμογές) ή παρέχεται μέσω της τράπεζας ήχου και του ενισχυτή εποπτείας (στην περίπτωση εγγραφής σε στούντιο). Ο όρος ενισχυτές μουσικών οργάνων είναι έτσι μάλλον ειδικός και αναφέρεται (τουλάχιστον εδώ) σε ενισχυτές που αποτελούν "τμήμα" του ήχου των μουσικών οργάνων. Με άλλα λόγια "χρωματίζουν" τον ήχο.Το κυριώτερο παράδειγμα είναι οι ενισχυτές κιθάρας.

Αρχικά ο ρόλος του ενισχυτή δεν ήταν να αποτελεί χαρακτηριστικό του ήχου. Μάλιστα πολλοί από τους ενισχυτές προορίζονταν να είναι "χωρίς παραμόρφωση". Ωστόσο, οι κιθαρίστες έφταναν τα μηχανήματα στα όρια αναζητώντας εκφραστικό δυναμικό και έτσι αποκάλυψαν όρια της περιβάλλουσας λειτουργίας που δεν είχαν προβλεφθεί από τους σχεδιαστές των μηχανημάτων. Είναι αστείο το ότι συχνά ακριβώς σ' αυτά τα όρια βρίσκεται το μεγαλύτερο δυναμικό καλλιτεχνικής έκφρασης, δημιουργώντας την ηχητική υπογραφή του περιορισμού μιας συγκεκριμένης εκτέλεσης σαν *εκ των πραγμάτων* πρότυπο για συνοδούς και μιμητές. Οι κατασκευαστές, με τη σειρά τους, υποχρεώθηκαν να συνεχίσουν να κατασκευάζουν μηχανήματα που επίτηδες είναι σχεδιασμένα να φανερώνουν κάποιο περιορισμό της σχεδίασης ή να βρούν κάποιο τρόπο προσομοίωσης του εφφέ με περισσότερο σύγχρονο εξοπλισμό. Ισως η ισχυρότερη απόδειξη αυτού του γεγονότος βρίσκεται στη διαιώνιση του ενισχυτή με λυχνίες.

Η ενίσχυση μουσικών οργάνων, απαλλαγμένη από την υποχρέωση να είναι ακριβής, είναι πολύ δύσκολο να αναλυθεί αντικειμενικά! Μπορούν, όμως, να γίνουν μερικές παρατηρήσεις με κάποια βεβαιότητα. Πρώτο, το μεγαλύτερο μέρος της ενίσχυσης δεν σχεδιάζεται συνήθως με επίτηδες τροποποιημένη απόκριση συχνότητας. Αυτό είναι περισσότερο συνάρτηση της επιλογής του σχεδιαστή για μεγάφωνα και κιβώτια. Οι ενισχυτές (μικρής ισχύος και μεγάλης ισχύος) συνήθως σχεδιάζονται για τα χαρακτηριστικά τους παραμόρφωσης. (Οπως αναφέραμε παραπάνω, σχεδόν σίγουρα προτιμάται η ενίσχυση με λυχνίες εξαιτίας της μεγαλύτερής της ζώνης μετάβασης από περιοχές "μη παραμόρφωσης" σε περιοχές "παραμόρφωσης".

Αυτό δίνει στον παίκτη του οργάνου ευρύτερη και περισσότερο ελεγχόμενη τονική και εκφραστική παλέττα.) Αυτό το χαρακτηριστικό ενισχύεται με πολύ περιορισμένα ποσά αρνητικής ανάδρασης.

Εχουν γίνει έρευνες για να συνδέσουν τις διάφορες χαρακτηριστικές καμπύλες μεταφοράς με υποκειμενικές αντιλήψεις. Ακόμη μια φορά το αυτί αποδεικνύεται ότι είναι πολύ αξιόλογη συσκευή διάκρισης. Ετσι, παρά το γεγονός ότι όλοι οι μηχανισμοί παραμόρφωσης εκτελούν περίπου την ίδια "λειτουργία", κάθε ενισχυτής που υπάρχει στο εμπόριο έχει το δικό του ξεχωριστό ήχο και πιστούς υποστηρικτές, μερικά μηχανήματα είναι σχεδόν αντικείμενα λατρείας. Αν και πολλές από αυτές τις διαφορές ίσως είναι δύσκολο, αν όχι αδύνατο, να αναλυθούν, είναι αρκετά φανερά μερικά ξεχωριστά χαρακτηριστικά. Πρώτο, η ορθή απολαβή του ενισχυτή έχει επίδραση στην ταχύτητα ασυνέχειας μεταξύ γραμμικών και μη γραμμικών τμημάτων της χαρακτηριστικής μεταφοράς. Μονάδα με μικρή ορθή απολαβή και με μικρή ή καθόλου αρνητική ανάδραση θα εμφανίσει μια αργή μετάβαση στην περιοχή υπερφόρτισης. Η μονάδα αυτή θα παράγει παραμόρφωση σε ημιτονοειδή είσοδο σαν αυτή που φαίνεται στο Σχ. 13.21(b). Ενώ μονάδα με μεγάλη ορθή απολαβή και αρκετή αρνητική ανάδραση, που θα έχει ταχύτερη μετάβαση στην μη γραμμική περιοχή, θα παράγει κυματομορφή εισόδου σαν κι αυτήν που φαίνεται στο Σχ. 13.21(c). Δεύτερο, και ίσως αυτό είναι το σημαντικότερο διακριτικό χαρακτηριστικό, ο χαρακτήρας του παραμορφωμένου ήχου εξαρτάται κατά μεγάλο ποσοστό από το βαθμό ασυμμετρίας που μεταβιβάζεται στην κυματομορφή εξόδου από την υπε-

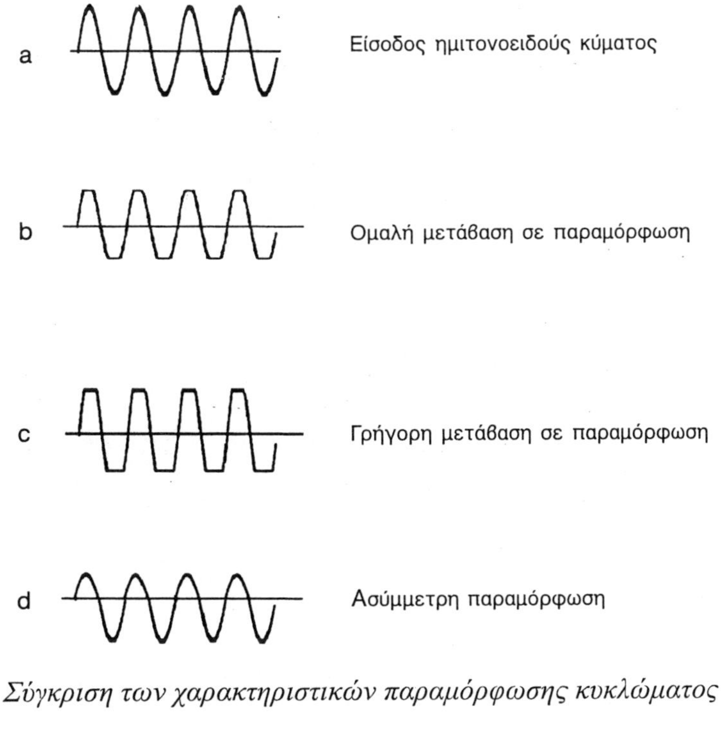

Σχ. 13.21 *Σύγκριση των χαρακτηριστικών παραμόρφωσης κυκλώματος*

ροδηγούμενη βαθμίδα ενισχυτή. Μια ασύμμετρα παραμορφωμένη κυματομορφή [όπως η κυματομορφή που φαίνεται στο Σχ. 13.21(d)] έχει πολύ μεγαλύτερη αναλογία άρτιων αρμονικών απ' ότι η κυματομορφή που φαίνεται στο Σχ. 13.21(c), που έχει μεγάλη αναλογία περιττών αρμονικών. Οπως αναφέραμε στο Κεφάλαιο 2, οι άρτιες αρμονικές έχουν την τάση να σχετίζονται μουσικά με τον αρχικό τόνο εισόδου, ενώ περιττές αρμονικές μεγάλης τάξης δεν σχετίζονται μουσικά με το αρχικό σήμα της κιθάρας. Αυτό υποδηλώνει ότι ενισχυτής που δίνει συμμετρική χαρακτηριστική υπερφόρτισης έχει την τάση να ηχεί "σκληρότερος" από μια μονάδα που δίνει ασύμμετρη παραμόρφωση, και υποκειμενικά αυτό πράγματι συμβαίνει. Η απαραίτητα μικρή απολαβή και η ασύμμετρη χαρακτηριστική ενισχυτών με λυχνίες είναι σχεδόν σίγουρα η αιτία για την οποία προτιμούνται αντί για τους περίπλοκους ενισχυτές με ημιαγωγούς οι οποίοι, εξαιτίας μεγάλου βαθμού έμφυτης και πολύ μεγάλης ορθής απολαβής, έχουν την τάση να βγάζουν οξείς και διαπεραστικούς τόνους όταν βρίσκονται σε κατάσταση υπερφόρτισης. Δυστυχώς, ο σχεδιαστής δεν έχει επιλογές όταν αντιμετωπίζει τη σχεδίαση ενισχυτή στερεάς κατάστασης. Οι ενισχυτές αυτοί, που ουσιαστικά έχουν σχεδίαση Τάξης Β, δεν μπορούν να λειτουργήσουν χωρίς μεγάλη ποσότητα αρνητικής ανάδρασης και ο σχεδιαστής ενός τέτοιου ενισχυτή είναι αναγκασμένος να υιοθετήσει ηλεκτρονικά κυκλώματα στην προσπάθειά του να μιμηθεί τις χαρακτηριστικές βαθμιαίας παραμόρφωσης ενισχυτή με λυχνίες! Με την εμφάνιση των ψηφιακών ηλεκτρονικών, αυτή η φιλοσοφία έχει ανθίσει, όπως δείχνει το επόμενο Κεφάλαιο.

DSP και ενίσχυση

Τα τελευταία λίγα χρόνια έχει εμφανιστεί μια άλλη προσέγγιση στην ενίσχυση μουσικών οργάνων με τη διαθεσιμότητα της τεχνολογία DSP μεσαίου κόστους. Αυτό φαίνεται στο Σχ. 13.22 όπου φαίνεται ένας σύγχρονος ενισχυτής υψηλής ποιότητας "χωρίς χαρακτήρα" να οδηγεί ένα μεγάφωνο υψηλής ποιότητας μέσω μηχανής DSP, εξομοιώνοντας με τον τρόπο αυτό την εικονική αλυσσίδα σχεδίασης υποκειμενικά επιλεγμένου ενισχυτή και μεγαφώνου.Το πλεονέκτημα στην περίπτωση είναι ότι, με αναπρογραμματισμό του DSP, μπορεί να επιλεγεί οποιοσδήποτε συνδυασμός ενισχυτή και μεγάφωνου, κυριολεκτικά, με το γύρισμα ενός διακόπτη.

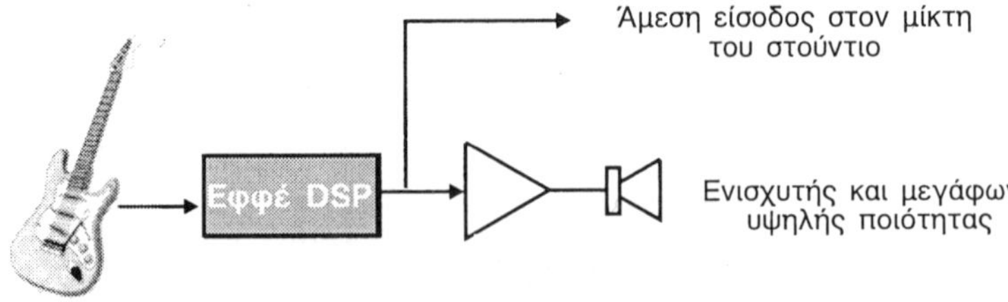

Σχ. 13.22 *Σύγχρονη προσέγγιση στην ενίσχυση μουσικών οργάνων*

ΚΕΦΑΛΑΙΟ 14

Μεγάφωνα

Θεωρία μεγαφώνων κινητού πηνίου

Τα μεγάφωνα μετατρέπουν ηλεκτρική ενέργεια σε ακουστική ενέργεια. Κανονικά, αυτό το κάνουν σε μια διάταξη όπου το ταλαντούμενο ηλεκτρικό ρεύμα από τον ενισχυτή ισχύος εισέρχεται σε ένα πηνίο. Το πηνίο αυτό είναι τυλιγμένο σε ένα καλούπι στην κορυφή χάρτινου κώνου ο οποίος μπορεί να δονείται προς τα εμπρος και προς τα πίσω επειδή στηρίζεται στα άκρα και στην κορυφή του με ελαστική ανάρτηση. Η προσθήκη μεγάλου μαγνήτη πολύ κοντά στό πηνίο ολοκληρώνει την κατασκευή. Το ταλαντούμενο μαγνητικό πεδίο που παράγεται καθώς το ηλεκτρικό ρεύμα κινείται εμπρός – πίσω στο πηνίο αλληλεπιδρά με το πεδίο που παράγεται από τον μόνιμο μαγνήτη και δημιουργεί εναλλασσόμενες ελκτικές και απωστικές δυνάμεις που ωθούν τον κώνο του μεγαφώνου προς τα μέσα και προς τα έξω, δημιουργώντας, με τον τρόπο αυτό, ήχο. Ο μηχανισμός φαίνεται στο Σχ. 14.1. Κάθε μεγάφωνο είναι κλεισμένο σε κιβώτιο. Η αιτία γι' αυτό είναι απλή.

Κιβώτια μεγαφώνων

Ας υποθέσουμε προς στιγμή ότι το μεγάφωνο αναπαράγει τον ήχο κρουόμενου τυμπάνου και ότι το σήμα από τον ενισχυτή αναγκάζει τον κώνο του μεγαφώνου να κινηθεί προς τα εμπρός. Η κίνηση προς τα εμπρός παράγει ένα κύμα πίεσης μπροστά από το μεγάφωνο και, αν θέλουμε να αντιληφθούμε τον ήχο του αρχικού τυμπάνου, τα αυτιά μας πρέπει να ανιχνεύσουν αυτό το κύμα. Δυστυχώς η ίδια κίνηση προς τα εμπρός που παράγει πίεση στην εμπρός πλευρά του μεγαφώνου θα δημιουργήσει και ένα μικρό κενό πίσω από αυτό. Αν θέλουμε το κύμα πίεσης να κινηθεί μέχρι τα αυτιά μας έτσι ώστε να ακούσουμε το κρουόμενο τύμπανο, πρέπει να παρεμποδιστεί να κινηθεί γύρω από το μεγάφωνο για να εξουδετερώσει το κενό από πίσω. Αυτό ακριβώς θα συνέβαινε σε όλους του ήχους χαμηλών συχνοτήτων αν δεν υπήρχε το φαινόμενο αποτροπής κιβωτίου. (Αν έχουμε ποτέ ακούσει τον ήχο μεγαφώνου χωρίς κιβώτιο, γνωρίζουμε ότι αυτό ισχύει επειδή από τον ήχο απουσιάζουν σχεδόν εντελώς οι χαμηλές συχνότητες και ο ήχος ακούγεται "λεπτός" ή "μικρός".)

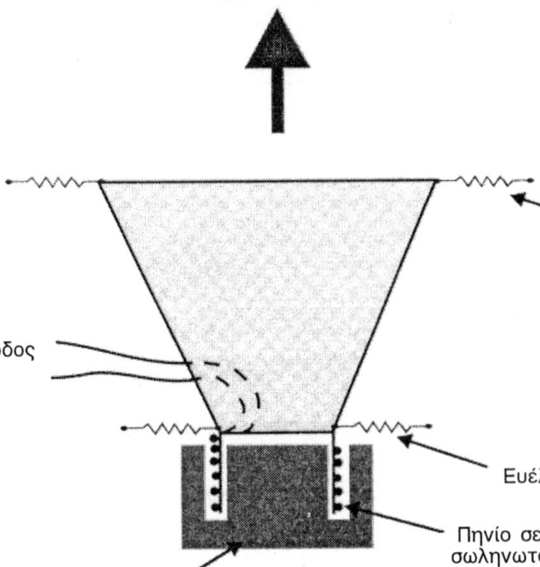

Σχ. 14.1 *Μεγάφωνο κινητού πηνίου*

Κλειστό κιβώτιο

Για να έχουμε καλή απόκριση μπάσσων από οποιοδήποτε μεγάφωνο, πρέπει να απομονώσουμε την ακτινοβολία της πίσω πλευράς του κώνου από την ακτινοβολία της εμπρός πλευράς και ο ευκολότερος για να το πετύχουμε είναι να το τοποθετήσουμε μέσα σε κιβώτιο. Από τεχνικής πλευράς αυτό είναι γνωστό σαν άπειρο αντηχείο ή, απλούστερα, κλειστό κιβώτιο. Πολλές εκατοντάδες πετυχημένων σχεδιάσεων από το μέγεθος ραφιού βιβλιοθήκης μέχρι το τεράστιο έχουν εκμεταλλευτεί αυτή την απλή αρχή. Στο Σχ. 14.2 φαίνεται ένα ζευγάρι εντελώς κλειστών μεγαφώνων εποπτείας. Ας σημειωθεί ότι, στην σχεδίαση αυτή, το υλικό του κώνου είναι στριμμένο αλουμίνιο και όχι, το περισσότερο συνηθισμένο, πλαστικό ή χαρτί. Το τελείως κλειστό κιβώτιο μεγαφώνου, παρά τη δημοτικότητα και την εκτεταμένη χρήση του, δεν στερείται μηχανολογικών προβλημάτων. Αυτό συμβαίνει επειδή παγιδευμένος μέσα στο φαινομενικά άδειο κιβώτιο μεγαφώνου βρίσκεται αέρας. Και, παρ' όλο που αυτό είναι κοινοτυπία, ο αέρας, αν και αόρατος, περιέχει περισσότερα από αυτά που φαίνονται.

Αν προσπαθήσουμε να περπατήσουμε μέσα σε πισίνα, η αντίσταση του νερού είναι πολύ φανερή. Από την άλλη πλευρά, όταν κινούμαστε μέσα σε αέρα αυτό γίνεται χωρίς σχεδόν καθόλου αντίσταση, οπότε είναι εύκολο να θυμόμαστε έστω και ότι υπάρχει. Ομως ο αέρας πάντοτε υπάρχει, η βαρύτητα τον κρατάει στον πλα-

Σχ. 14.2 *Μεγάφωνα εποπτείας, άπειρου αντηχείου*

νήτη μας και γι' αυτό έχει και βάρος και πυκνότητα. (Στο κάτω – κάτω, είναι αρκετά πυκνός για να κρατά τα αεροπλάνα ψηλά!) Ο σχεδιαστής μεγαφώνων πρέπει πάντοτε να θυμάται ότι ο αέρας έχει μάζα και να εκτιμά, επίσης, ότι ένας κλειστός όγκος αέρα, όπως ο όγκος που είναι παγιδευμένος μέσα σε κιβώτιο μεγαφώνου, έχει ενδοτικότητα ή "ελαστικότητα". Είναι δύσκολο να πιστέψουμε ότι ο αόρατος και άπιαστος ωκεανός μέσα στον οποίο κινούμαστε καθημερινά έχει και ιδιότητες. Ας σκεφτούμε την εποχή που φουσκώναμε τα λάστιχα του ποδηλάτου και τι συνέβαινε όταν βάζαμε το δάχτυλό μας στην έξοδο της τρόμπας. Σίγουρα θυμόμαστε ότι το έμβολο πίεζε το αόρατο ελατήριο του αέρα που ήταν παγιδευμένος μέσα στην κλειστή τρόμπα.

Οπως συμβαίνει με τον αέρα, έτσι και η μονάδα μεγαφώνου έχει μάζα και υποχωρητικότητα. Σε όρους ακουστικής, η μάζα του μεγαφώνου δεν είναι η μάζα του μεγάλου μαγνήτη και της κατασκευής του πλαισίου αλλά η μάζα του χάρτινου, αλουμινένιου ή πλαστικού κώνου. Η υποχωρητικότητα παρέχεται από τον περιβάλλοντα και υποστηρικτικό ιστό που βρίσκεται στην κορυφή του κώνου. Οπως μπορούν να μας πούν όσοι πηδούν από γέφυρες με ελαστικούς ιμάντες στα πόδια, ιδιότητα κάθε υποχωρητικότητας και μάζας είναι ότι ταλαντώνονται με τη φυσική τους συχνότητα ή συχνότητα συντονισμού. Η υποχωρητικότητα του στηρίγματος και η μάζα του κώνου προσδιορίζουν έναν από θεμελιώδεις περιορισμούς στην λειτουργία κάθε μεγαφώνου, την συχνότητα συντονισμού μπάσσων (βλ. Σχ. 14.3). Κοντά στη συχνότητα συντονισμού μπάσσων η ακουστική έξοδος παραμορφώνεται με πολλούς τρόπους. Πρώτο, επειδή το μεγάφωνο "επιθυμεί" να ταλαντώνεται στη φυσική του

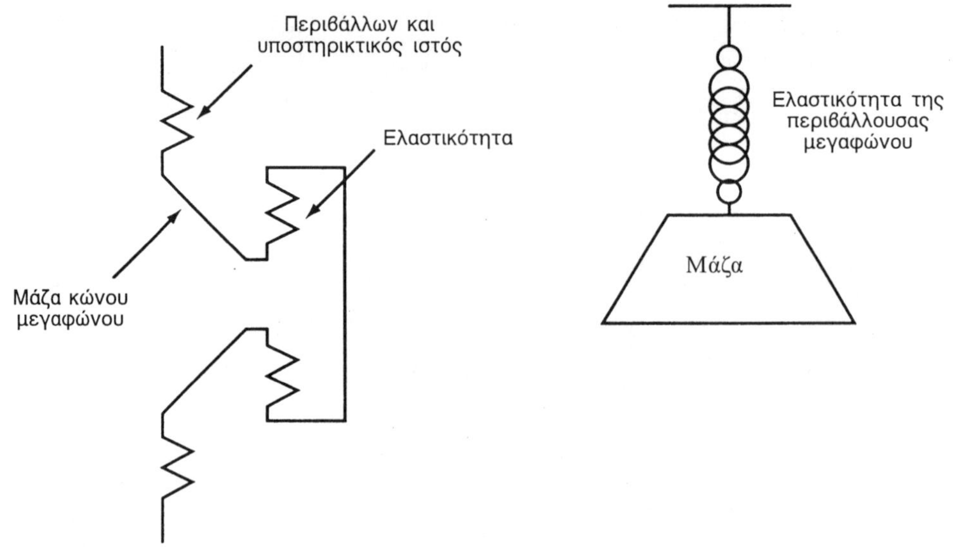

Σχ. 14.3 *Μηχανισμός συντονισμού μπάσσων*

συχνότητα, υπάρχει μεγάλη αύξηση της ακουστικής εξόδου όταν αυτό προσπαθεί να αναπαράγει νότες κοντά στην συχνότητα συντονισμού του (βλ. Κεφάλαιο 3). Δεύτερο, επειδή ο κώνος του μεγαφώνου είναι πολύ ελεύθερος να κινείται στις συχνότητες αυτές, η κίνηση του κώνου γίνεται μη γραμμική, προκαλώντας αρμονική παραμόρφωση ή παραμόρφωση ενδοδιαμόρφωσης. Τρίτο, το μεγάφωνο γίνεται τόσο εύκολο να οδηγηθεί, όσον αφορά στον ενισχυτή, ώστε μπορεί να "βλέπει" τόν ενισχυτή σαν να μην υπήρχε καθόλου μεγάφωνο συνδεδεμένο μ' αυτόν. Ετσι ο ενισχυτής χάνει τον έλεγχο της κίνησης του μεγαφώνου.

Κιβώτιο ανάκλασης μπάσσων

Η προσθήκη κλειστού κιβωτίου δεν κάνει τίποτα για να βελτιώνει τους περιορισμούς λειτουργίας που επιβάλλονται στον φυσικό συντονισμό του μεγαφώνου. Στην πραγματικότητα, πολύ συχνά η κατάσταση χειροτερεύει επειδή η ελαστικότητα του αέρα που βρίσκεται κλεισμένος στο κιβώτιο ενισχύει την υποχωρητικότητα του μεγαφώνου και αυξάνει τη συχνότητα συντονισμού μπάσσων του μεγαφώνου και κιβωτίου μαζί, με αποτέλεσμα ακόμη μεγαλύτερο περιορισμό της χρήσιμης απόκρισης μπάσσων. Οτι καλό έχει κάνει το κιβώτιο με την αύξηση των μπάσσων, το αναιρεί εν μέρει με την αύξηση της συχνότητας συντονισμού μπάσσων (βλ. Σχ. 14.4). Η χρήση θύρας ή σήραγγας (τούνελ) σε σχεδίαση ανάκλασης μπάσσων (bass reflex) μπορεί να βελτιώσει και τις τρεις περιοχές λειτουργίας μεγαφώνου στην περιοχή της συχνότητας συντονισμού μπάσσων. Μπορεί να ελαττώσει την έξαρση στην ακουστική έξοδο, μπορεί να βελτιώσει το φορτίο που εμφανίζεται στον ενι-

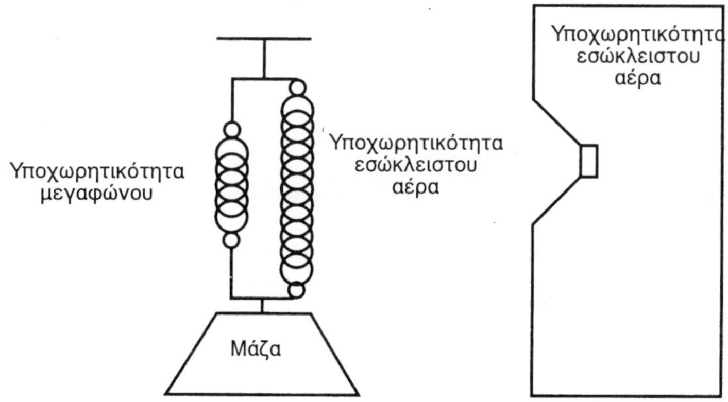

Σχ. 14.4 *Επίδραση κλειστού κιβωτίου στο συντονισμό*

σχυτή, και κατά συνέπεια να ενισχύσει τον έλεγχο που ασκείται από ένα καλό ενισχυτή, και μπορεί να ελαττώσει την παραμόρφωση. Στο Σχ. 14.5 φαίνεται ένα απλό μεγάφωνο ανάκλασης μπάσσων.

Με μια επιπόλαιη εξέταση του μεγαφώνου bass-reflex θα νομίζαμε ότι η θύρα, η οποία επιτρέπει την επικοινωνία του πίσω τμήματος της ακτινοβολίας του κώνου του μεγαφώνου με το εμπρός τμήμα, χάνει τα πλεονεκτήματα του κλειστού κιβωτίου. Ισως σκεφτόμασταν, για ποιό λόγο ένα κύμα πίεσης από το εμπρός τμήμα του μεγαφώνου απλά δεν εξαφανίζεται στην θύρα έτσι ώστε να εξουδετερώσει το κενό που σχηματίζεται μέσα στο κιβώτιο; Πράγματι, αυτό συμβαίνει σε πολύ χαμηλές

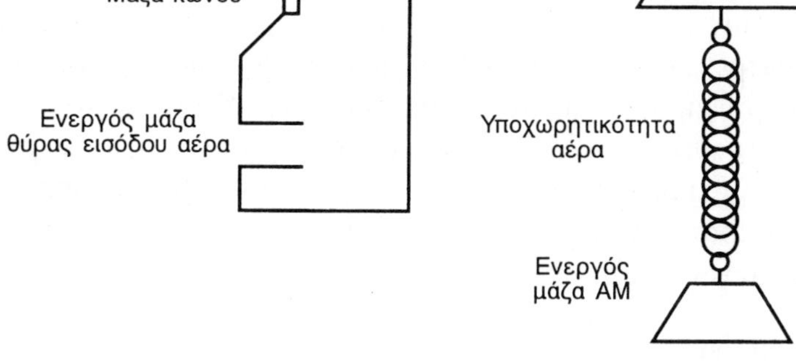

Σχ. 14.5 *Μηχανισμός μεγαφώνου bass-reflex*

συχνότητες και γι' αυτό τον λόγο η απόκριση πολύ χαμηλών συχνοτήτων κιβωτίου μεγαφώνου bass-reflex είναι λιγότερο καλή από την απόκριση κλειστού κιβωτίου. (Και μόνο αυτό το γεγονός έχει διατηρήσει το κλειστό κιβώτιο δημοφιλές μεταξύ μερικών σχεδιαστών.) Εκεί, όμως, που αναλαμβάνει η σχεδίαση bass-reflex είναι στην συχνότητα συντονισμού του μεγαφώνου. Ο σχεδιαστής του μεγαφώνου bass-reflex, υπολογίζοντας την υποχωρητικότητα του αέρα που είναι παγιδευμένος μέσα στο κιβώτιο και τη μάζα του αέρα που βρίσκεται μέσα στη θύρα, μπορεί να υπολογίσει έτσι ώστε η μάζα και η υποχωρητικότητα να συντονίζονται κοντά ή στην ίδια συχνότητα με τη συχνότητα συντονισμού μπάσσων μόνο της μονάδας μεγαφώνου.

Ας προσπαθήσουμε να δούμε με τα μάτια του μυαλού μας, στη συχνότητα αυτή, τη μάζα του αέρα να αναπηδά στην υποχωρητικότητα του αέρα μέσα στο κιβώτιο. Από μηχανικής πλευράς η διάταξη είναι παρόμοια με μάζα και ελατήριο που κρεμιούνται από άλλη μάζα και ελατήριο. Η πραγματικά θαυμαστή ιδιότητα που παρουσιάζει το μεγάφωνο bass-reflex είναι ότι στη συχνότητα συντονισμού μπάσσων ο αέρας στη θύρα κινείται προς τα έξω καθώς ο κώνος του μεγαφώνου κινείται προς τα έξω, και κινείται προς τα μέσα καθώς ο κώνος κινείται προς τα μέσα. Ετσι, το γεγονός αυτό σκληραίνει το άθροισμα της υποχωρητικότητας του περιβάλλοντος και στριμμένου στηρίγματος και του αέρα που βρίσκεται μέσα στο κιβώτιο. Ετσι περιορίζει την κίνηση του κώνου κοντά, και στην συχνότητα συντονισμού μπάσσων ελαττώνοντας το φορτίο που εμφανίζεται στον ενισχυτή, περιορίζοντας την κίνηση του κώνου και έτσι ελαττώνοντας την παραμόρφωση, όπως φαίνονται στο Σχ. 14.5.

Παράμετροι Theile-Small

Η ακριβής επιλογή της συχνότητας συντονισμού, καθώς και ο λόγος μάζας / υποχωρητικότητας που απαιτείται για να πετύχουμε αυτόν τον συντονισμό, είναι κρίσιμα ώστε σχεδίαση bass – reflex να πετύχει την επιθυμητή απόκριση χαμηλών συχνοτήτων. Οι παράμετροι αυτές, με τη σειρά τους, δεν είναι δυνατόν να επιλεγούν χωρίς τη γνώση σημαντικών λεπτομερειών σχετικά με την ίδια τη μονάδα μεγαφώνου χαμηλών συχνοτήτων. Ολο το αντικείμενο αναλύθηκε σε μια σημαντική εργασία από τον Theile (1961), ο οποίος προσδιόρισε τις απαραίτητες παραμέτρους που χρειάζονται για την σχεδίαση κιβωτίου bass – reflex. Μέχρι πρόσφατα, ο καθορισμός αυτών των παραμέτρων απαιτούσε ακριβή ηλεκτρονικό και μηχανικό εξοπλισμό δοκιμών. Σήμερα όμως η εργασία του Theile (και η εργασία ενός άλλου ερευνητή, του Small) είναι τόσο πολύ αναγνωρισμένη που ο σύγχρονος σχεδιαστής κιβωτίων να βοηθείται από την ευρεία αποδοχή αυτών των παραμέτρων Theile - Small, οι οποίες συνήθως δημοσιεύονται στα φύλλα τεχνικών δεδομένων των κατασκευαστών της μονάδας μεγαφώνου.

Δικτυώματα crossover

Ενα από τα σημαντικότερα κριτήρια σχεδίασης καλού μεγαφώνου είναι η επίπεδη απόκριση συχνοτήτων. Δυστυχώς οι φυσικές απαιτήσεις για μονάδα μεγαφώνου με καλή απόκριση υψηλών συχνοτήτων (HF) και καλή απόκριση χαμηλών συχνοτήτων (LF) και καλή απόκριση μέσων συχνοτήτων (MF) συγκρούονται. Για παράδειγμα, καλή, επίπεδη αναπαραγωγή υψηλών συχνοτήτων απαιτεί ελαφρύ διάφραγμα που θα καταστρέφονταν στην προσπάθεια να αναπαράγει χαμηλές συχνότητες. Η μόνη επιλογή για εξαιρετική αναπαραγωγή σε ακρότατα συχνοτήτων είναι η διαίρεση της ηλεκτρικής εισόδου μεταξύ δύο ή περισσοτέρων μονάδων μεγαφώνων, που η κάθε μια θα είναι κατασκευασμένη για την αναπαραγωγή μιας συγκεκριμένης περιοχής συχνοτήτων. Συνήθως λαμβάνουμε ικανοποιητική λειτουργία μόνο από δύο μονάδες. Σχεδίαση του τύπου αυτού είναι γνωστή σαν δύο δρόμων. Η διαίρεση της ηλεκτρικής εισόδου δεν γίνεται αναλογικά αλλά διαιρείται σε περιοχές συχνοτήτων όπου ένα, μεγαλύτερο μεγάφωνο χειρίζεται τις χαμηλές και μέσες συχνότητες (μέχρι περίπου 3 kHz) και μια μικρότερη μονάδα υψηλών συχνοτήτων διαχειρίζεται τις συχνότητες πάνω από εκεί. Ετσι η ιδέα είναι η σχεδίαση δικτυώματος συμπληρωματικών φίλτρων. Το δικτύωμα ηλεκτρικών φίλτρων ονομάζεται κύκλωμα crossover (διασταύρωσης). Στο Σχ. 14.6 φαίνεται ένα απλό παθητικό δικτύωμα crossover. Είναι παθητικό επειδή όλα τα εξαρτήματα μέσα στο δικτύωμα είναι παθητικά. Η φανταστική αντίσταση που αυξάνει με την αύξηση της συχνότητας της επαγωγής εξασθενεί τις υψηλές συχνότητες και τις εμποδίζει να φτάσουν στην μονάδα μεγαφώνου χαμηλών συχνοτήτων. Η φανταστική αντίσταση που ελαττώνεται με την αύξηση της συχνότητας του πυκνωτή εμποδίζει τις χαμηλές συχνότητες να φτάσουν και να καταστρέψουν την ευαίσθητη μονάδα υψηλών συχνοτήτων.

Τα δικτυώματα cross-over στην πράξη είναι συχνά πολύ περισσότερο πολύπλοκα από το κύκλωμα που φαίνεται στο Σχ. 14.6. Ενα τέτοιο παράδειγμα φαίνεται στο Σχ. 14.7, και τα μεγάφωνα για τα οποία σχεδιάστηκε το κύκλωμα αυτό φαίνονται στο Σχ. 14.8. Εδώ το cross-over χωρίζει τα ηχητικά σήματα με τρεις τρόπους (η σχεδίαση είναι γνωστή και σαν σχεδίαση τριών δρόμων) σε μονάδα χαμηλών συχνοτήτων, σε μονάδα μέσων συχνοτήτων και σε μονάδα υψηλών συχνοτήτων. Ας σημειωθεί, επίσης, ότι τα φίλτρα crossover είναι μεγαλύτερης τάξης, γεγονός που

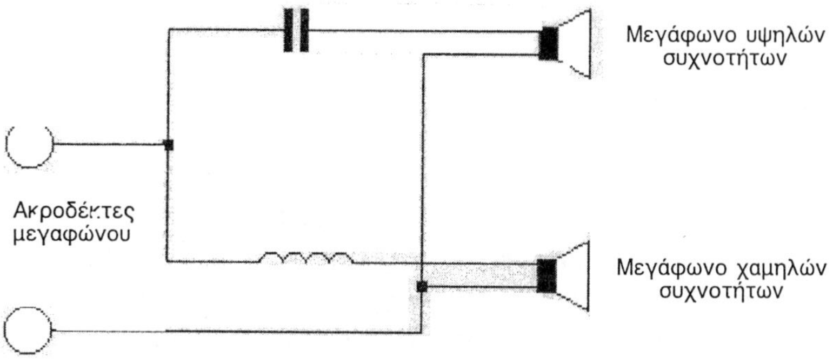

Σχ. 14.6 *Απλό παθητικό δίκτυο crossover*

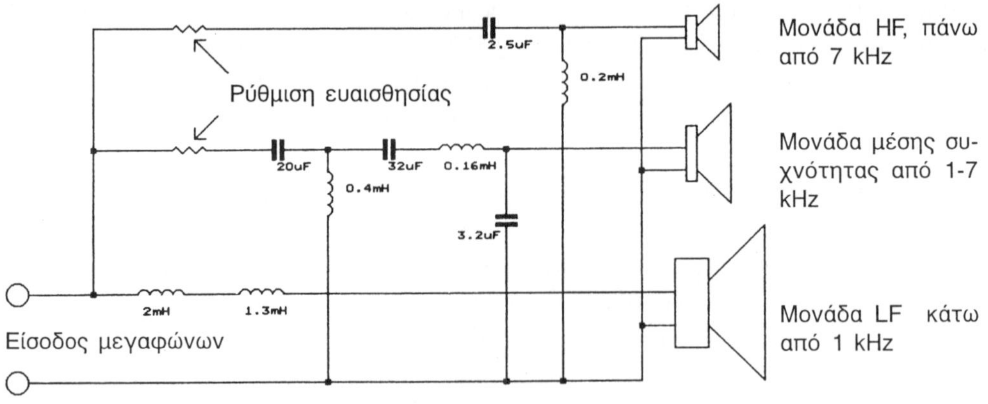

Σχ. 14.7 *Πρακτικό κύκλωμα crossover*

Σχ. 14.8 *Σχεδίαση μονάδας εποπτείας bass reflex τριών δρόμων*

αυξάνει την επιλεκτικότητα λειτουργίας κάθε μονάδας. Πολλά βιβλία περιέχουν εξισώσεις σχεδίασης για την σχεδίαση δικτυωμάτων cross-over. Αυτές πρέπει να εξετάζονται με εξαιρετική προσοχή. Οι περισσότερες, αν όχι όλες, υποθέτουν σχεδίαση φίλτρου που βασίζεται σε σύνθετη αντίσταση τερματισμού που είναι καθαρά ωμική. Αυτό, δυστυχώς, είναι ανοησία επειδή κάτι που μπορεί να ειπωθεί, χωρίς επιφύλαξη, για μεγάφωνο είναι ότι δεν εμφανίζει καθαρά ωμική σύνθετη αντίσταση, και ιδιαίτερα έξω από την περιοχή όπου προορίζεται να λειτουργεί. Αν δεν τα λάβουμε υπόψη μας, τα παραπάνω έχουν αποτέλεσμα πολύ ανώμαλες αποκρίσεις από τα φίλτρα καθώς, επίσης, και δώρο στον ενισχυτή ένα "δυσάρεστο" φορτίο.[1] Για να σχεδιάσουμε αποτελεσματικό crossover, πρώτα πρέπει να γνωρίζουμε τις χαρακτηριστικές σύνθετης αντίστασης κάθε μονάδας οδήγησης, και ύστερα να σχεδιάζουμε το φίλτρο γύρω από αυτές τις σύνθετες αντιστάσεις.

Ενεργά crossover

Παρά το γεγονός ότι βρίσκονται παντού, τα παθητικά crossover *LC* σπαταλούν θερμότητα (επειδή όλα τα εξαρτήματα φανταστικής αντίστασης δεν είναι ιδανικά) και σπαταλούν πόρους επειδή ιδιαίτερα τα επαγωγικά εξαρτήματα είναι ογκώδη και ακριβά. Οι αιτίες αυτές, μαζί με τις σημαντικές δυσκολίες σχεδίασης παθητικών δικτυωμάτων που προσαρμόζουν τις ιδιότροπες σύνθετες αντιστάσεις των πραγματικών μονάδων μεγαφώνων, οδήγησαν μερικούς σχεδιαστές να εγκαταλείψουν τα παθητικά δικτυώματα crossover προς όφελος της χρήσης ηλεκτρονικού φιλτραρίσματος σε προγενέστερο σημείο της διαδικασίας αναπαραγωγής. Για παράδειγμα, πριν από τους ενισχυτές ισχύος. Βέβαια αυτό σημαίνει ανάγκη περισσότερων ενισχυτών ισχύος. Αν η σχεδίαση είναι δύο δρόμων ο αριθμός τους είναι διπλάσιος, και αν η σχεδίαση είναι τριών δρόμων, τριπλάσιος (δηλ. σύνολο έξη ενισχυτών για stereo!). Παρ' όλα αυτά, η μηχανολογική υπεροχή αυτής της προσέγγισης είναι φανερή και οι σύγχρονοι ενισχυτές ισχύος με ημιαγωγούς είναι τόσο αποδοτικοί και φτηνοί ώστε να μην υπάρχουν οικονομικοί λόγοι για τη μη υιοθέτηση αυτής της προσέγγισης. Η περίπτωση ενεργών crossover γίνεται ακόμη ισχυρότερη με την έλευση του ψηφιακού audio και του ψηφιακού φιλτράρισματος που δίνουν την δυνατότητα πολύ προσεκτικά ελεγχόμενου φιλτραρίσματος στην ψηφιακή περιοχή πριν τη μετατροπή του σήματος σε αναλογικό και την στη συνέχεια ενίσχυση. Τα φίλτρα αυτά μπορούν να κατασκευαστούν έτσι ώστε να αντισταθμίζουν ακόμη και μειονεκτήματα στη σχεδίαση των ίδιων των μονάδων μεγαφώνων. Στο Σχ. 14.9 φαίνεται σχηματικό διάγραμμα ενεργού, ψηφιακού δικτυώματος crossover πριν από τα DAC και τους ενισχυτές ισχύος. Παρατηρούμε τον τρόπο με τον οποίο μπορούμε να πετύχουμε αληθινά συμπληρωματική απόκριση αν αφαιρέσουμε το ψηφιακό σήμα που έχει περάσει από φίλτρο χαμηλής διέλευσης από το αρχικό ψηφιακό σήμα. Το τελευταίο έχει καθυστερήσει κατάλληλα ώστε να υπάρχει καθυστέρηση διάδοσης μέσα από το ψηφιακό φίλτρο χαμηλής διεύλευσης.

Σχισμές

Η υιοθέτηση σχισμής δεν συνηθίζεται σε σχεδιάσεις μεγαφώνων αλλά η αποδοχή της προσφέρει πλεονεκτήματα στη μορφή ακουστικής ακτινοβολίας του μεγαφώ-

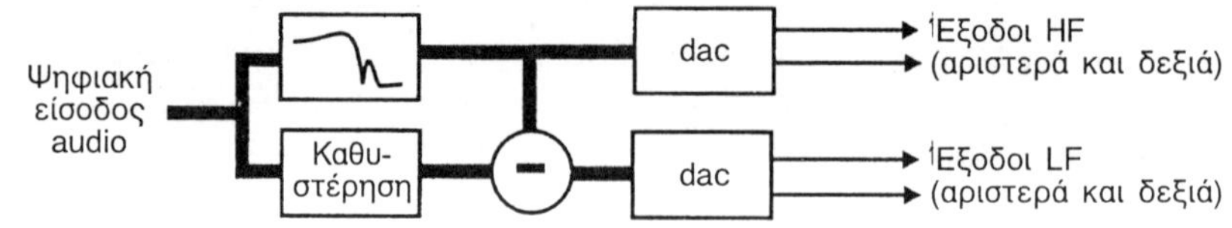

Σχ. 14.9 *Ψηφιακό κύκλωμα ενεργού crossover*

νου (Harwood 1968). Στο Σχ. 14.10 φαίνεται ένα σχέδιο του συγγραφέα που ενσωμάτωνε μια σχισμή στην μονάδα LF / MF. Στο Σχ. 14.11 φαίνεται η λειτουργία σχισμής που περιθλά αποτελεσματικά τον ήχο από το μεγάφωνο. Η περίθλαση από τη σχισμή γίνεται περισσότερο έντονη καθώς ο λόγος πλάτους / μήκους κύματος (*a*/*l*) τείνει προς το μηδέν. Πάντως, όπως σημείωσε ο Harwood:

> Εχει δειχθεί σε ποσοτικά πειράματα, ότι για μικρές τιμές του (*a*/*l*) οι προβλέψεις δεν ανταποκρίνονται στις πειραματικές ενδείξεις. Στην πραγματικότητα αυτό που φαίνεται να συμβαίνει είναι ότι για τιμές μέχρι *a*/*l* = 0.7 η σχισμή λειτουργεί αλλά, εξαιτίας αυτού η ενέργεια ήχου ρέει κατά μήκος της πρόσοψης του κιβωτίου και επανακτινοβολείται στην ακμή του.

Το φαινόμενο αυτό φαίνεται και στο Σχ. 14.11. Μόνο αυτή η αιτία ανάγκασε σχεδιαστές να προσπαθήσουν να διατηρήσουν το σχήμα των κιβωτίων των μεγαφώνων όσο στενότερο γίνεται. Οπου αυτό δεν είναι δυνατό, μια άλλη προσέγγιση είναι να

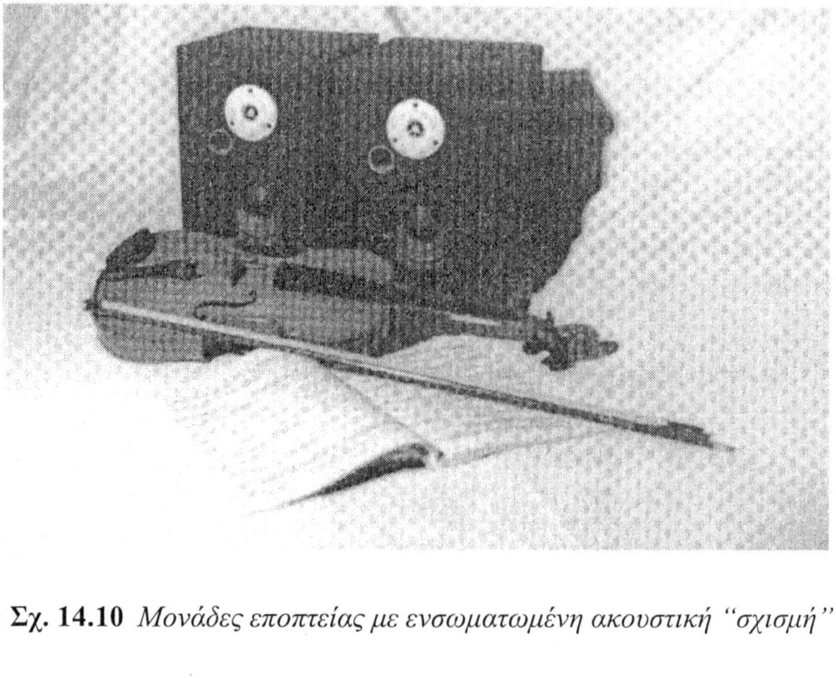

Σχ. 14.10 *Μονάδες εποπτείας με ενσωματωμένη ακουστική "σχισμή"*

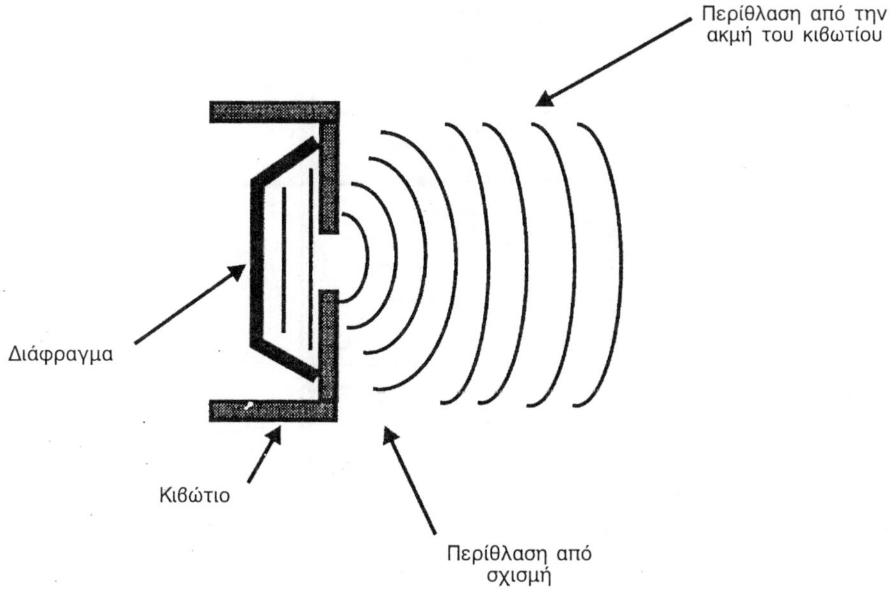

Σχ. 14.11 *Δράση σχισμής και κιβωτίου κατά την περίθλαση ήχου*

ανυψωθεί η μονάδα μέσων συχνοτήτων και υψηλών συχνοτήτων σε ανυψωμένο σχήμα ρόμβου όπως έγινε στα μεγάφωνα που φαίνονται στο Σχ. 14.8.

Μεγάφωνο Leslie

Το Σύστημα Μεγαφώνων Leslie (Leslie Speaker System), που ονομάστηκε έτσι από τον εφευρέτη του Don Leslie, λειτουργεί με περιστροφή κατευθυνόμενης πηγής ήχου γύρω από σταθερό σημείο περιστροφής, όπως φαίνεται στο Σχ. 14.12. Το γεγονός αυτό παράγει ένα χαρακτηριστικό διαμόρφωσης πλάτους που είναι γνωστό σαν tremolo ή vibrato. Επιπλέον, εξαιτίας του φαινομένου Doppler, το "Leslie" προκαλεί την φαινόμενη αύξηση τονικότητας καθώς πλησιάζει και πτώση καθώς απομακρύνεται. Αυτό παράγει ένα σύνολο πλευρικών ζωνών συχνοτήτων FM πολύπλοκης τονικότητας. Αυτό ακριβώς το φαινόμενο δίνει στο "Leslie" τον ξεχωριστό του ήχο. Είναι, κατά κάποιο τρόπο, το ακουστικό ανάλογο της ηλεκτρονικής χορωδίας (βλ. Κεφάλαιο 6) και ο "ήχος Leslie" μπορεί να αποδοθεί κατά προσέγγιση με ένα φαινόμενο ηλεκτρονικού vibrato συν χορωδίας.

Τα κλασικά μεγάφωνα Leslie (μοντέλα 145, 147 και 122) έχουν όλα την ίδια βασική κατασκευή (βλ. Σχ. 14.12), που αποτελείται από έναν ενισχυτή 40 watt με λυχνίες, ένα παθητικό κύκλωμα crossover 12 dB ανά οκτάβα (στα 800 Hz) και μια περιστρεφόμενη χοάνη πρίμων. Η μονάδα μεγαφώνου πρίμων βλέπει προς τα επάνω μέσα στην κατασκευή της χοάνης πρίμων που είναι ανοικτή μόνο στη μια πλευρά (η άλλη πλευρά λειτουργεί μόνο σαν αντίβαρο). Αυτή η διάταξη χοάνης περι-

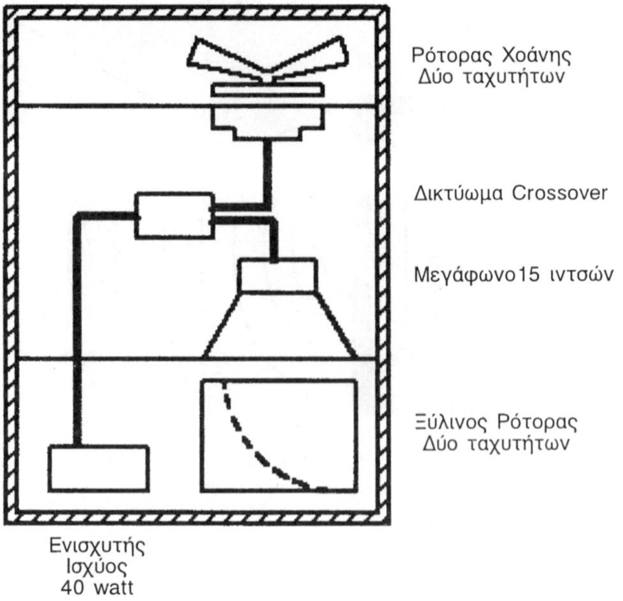

Σχ. 14.12 *Σύστημα Μεγαφώνων Leslie*

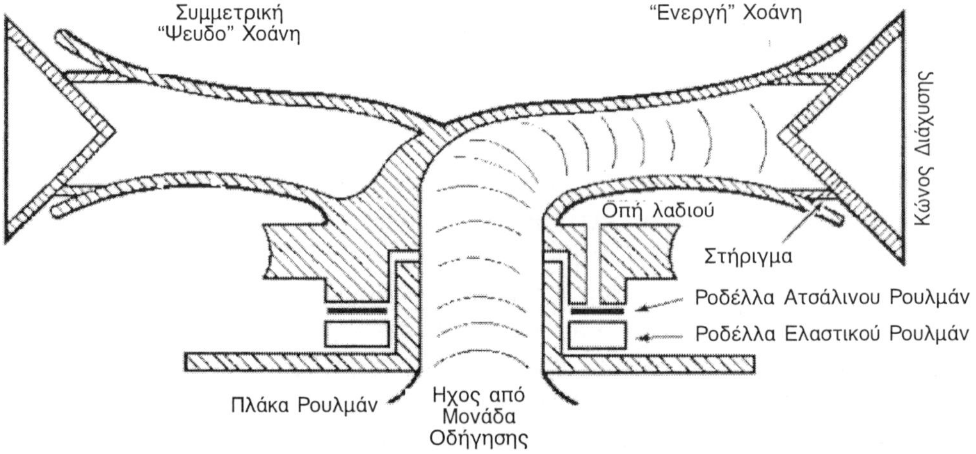

Σχ. 14.13 *Κατασκευή χοάνης Leslie*

στρέφεται με κινητήρα AC. Επιπλέον, υπάρχει περιστρεφόμενο φερόμενο τύμπανο κάτω από το μεγάφωνο μπάσσων, μέσα στο οποίο στέλνει τους ήχους το μεγάφωνο μπάσσων. Και τα δύο περιστρεφόμενα μεγάφωνα μπορούν να γυρίζουν γρήγορα ή αργά. Γρίλλιες που βρίσκονται στα επάνω και κάτω τμήματα αφήνουν να περνά ήχος πρίμων και μπάσσων αντίστοιχα, όπως φαίνεται στο Σχ. 14.14.

Το μεγάφωνο Leslie 145 πωλούνταν σαν εξάρτημα του οργάνου Hammond αλλά βρήκε πολύ ευρύτερη εφαρμογή κατά την ψυχεδελική δεκαετία του 1960 όπου ο

Σχ. 14.14 *Κιβώτιο Leslie*

στροβιλιζόμενος ήχος που παράγει η μονάδα ταίριαζε ακριβώς με την επιθυμία των συνθετών για μυστηριώδες γούστο ήχου. Παραδείγματα είναι το *Pet Sounds* των Beach Boyes και το *Tomorrow Never Knows* των Beatles, όπου χρησιμοποιείται στα φωνητικά! Ισως το περισσότερο διάσημο παράδειγμα του Leslie (σε συνδυασμό με το B3 της Hammond) είναι το *Whiter Shade of Pale* των Procul Harem. Αξίζει να προσέξουμε τη δουλειά του Billy Preston. Ο Preston χρησιμοποιεί μια ευρέως διαδεομένη τεχνική που αυξάνει την ταχύτητα του ρότορα στη μέγιστη ταχύτητα κατά τη διάρκεια ενός σόλο για να αυξήσει τη δραματική ένταση.

Μεγάφωνα χοάνης

Τα συνηθισμένα μεγάφωνα ανοιχτού κώνου, άμεσης ακτινοβολίας έχουν πολύ μικρή απόδοση. Οι πρακτικές αποδόσεις στην μετατροπή της ηλεκτρικής ισχύος σε ακουστική βρίσκονται στην περιοχή του 1%! Αυτό δεν είναι τόσο μεγάλο μειονέκτημα όσο ακούγεται επειδή οι ακουστικές δυνάμεις που συμμετέχουν στην παραγωγή πραγματικά πολύ ισχυρών θορύβων εξακολουθούννα είναι μικρές, ιδίως σε περιορισμένο :περιβάλλον όπως το καθιστικό δωμάτιο σε σπίτι, όπου ο συνδυασμός ισχυρού ενισχυτή και μεγαφώνου με κακή απόδοση είναι προτιμότερος από μικρό ενισχυτή και μεγάφωνο με καλή απόδοση. Παρ' όλα αυτά σε εφαρμογές όπως σε συστήματα δημοσίων ανακοινώσεων και ήχου για υπαίθριες συναυλίες rock χρειάζεται καλύτερη απόδοση από τα μεγάφωνα εκτός και αν οι ενισχυτές γίνουν γίγαντες! Η κακή απόδοση σε χαμηλές συχνότητες βοηθείται με την προσθήκη ενός φερόμενου κιβωτίου, όπως αυτού που περιγράφηκε παραπάνω, επειδή αυτό χρησιμοποιεί την ακτινοβολία τόσο από την εμπρός όσο και από την πίσω πλευρά της θύρας και, επίσης, ελέγχει τη σύνθετη αντίσταση μεγαφώνου που βλέπει ο ενισχυτής, καθιστώντας το μεγαλύτερο μέρος του φορτίου ωμικό και έτσι επιτρέποντας να αποδίδεται ισχύς στο μεγάφωνο από τον ενισχυτή.

Στις μέσες και υψηλές συχνότητες, ο κυριότερος περιοριστικός παράγων στην απόδοση των μεγαφώνων οφείλεται στην ασυμφωνία μεταξύ της πυκνότητας του αέρα και της πυκνότητας του ελαφρότερου υλικού από το οποίο μπορεί να κατασκευαστεί το διάφραγμα. Το χαρτί, για παράδειγμα, που πολύ συχνά χρησιμοποιείται σαν υλικό για διαφράγματα μεγαφώνων, είναι περίπου 700 φορές πυκνότερο από τον αέρα. Αυτό σημαίνει ότι ο ενισχυτής χρησιμοποιείται κυρίως για να κινεί την μάζα του κώνου παρά την μάζα του αέρα που πρόκειται να διεγείρει! Η απάντηση είναι να κάνουμε το φορτίο του αέρα να “φαίνεται” διαφορετικό στο μεγάφωνο δηλαδή να μετασχηματίσουμε τη σύνθετη αντίσταση του φορτίου του αέρα. Αυτό είναι ακριβώς εκείνο που κάνει η προσθήκη χοάνης, όπως φαίνεται στο Σχ. 14.15. Η χοάνη ενεργεί σαν είδος ακουστικού κιβωτίου ταχυτήτων που συζευγνύει το μεγάφωνο με το φορτίο του αέρα περισσότερο αποδοτικά.

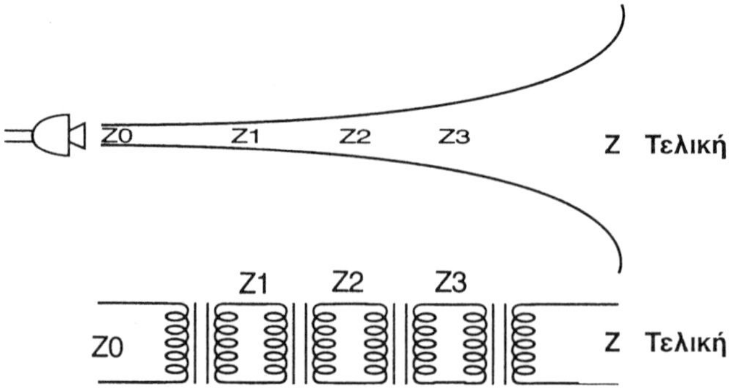

Σχ. 14.15 *Αρχή μεγαφώνου χοάνης*

Ηλεκτροστατικά μεγάφωνα

Οταν στην χωρητικότητα πυκνωτή C εφαρμοστεί τάση (V), το φορτίο (Q) που αποθηκεύεται στον πυκνωτή είναι ίσο με C φορές το V. Ή:

$$Q = CV$$

Σε κάθε πυκνωτή που βρίσκεται στην κατάσταση αυτή, υπάρχει ελκτική δύναμη μεταξύ των οπλισμών του πυκνωτή, που έχει σχέση με τη τιμή του πυκνωτή και την εφαρμοζόμενη τάση (V) επί το φορτίο (Q). Δηλαδή:

Ελκτική δύναμη = $k \neg QV/2$ ... (όπου k είναι μια σταθερά)

Αν ένας από τους οπλισμούς του πυκνωτή επιτραπεί να κινηθεί και στον πυκνωτή συνδεθεί μια πηγή τάσης AC, θα δημιουργηθεί ήχος. Η διάταξη, όμως, δεν είναι ακόμη κατάλληλη σαν μεγάφωνο επειδή ο εκπεμπόμενος ήχος θα έχει συχνότητα διπλάσια από την εφαρμοζόμενη συχνότητα, επειδή η ελκτική δύναμη προέρχεται από τάση κάθε πολικότητας. Αυτό το μειονέκτημα ξεπερνιέται με την παρουσία μόνιμης υψηλής τάσης DC πόλωσης, έτσι ώστε να εξασφαλιστεί ότι η τάση του σήματος ποτέ δεν θα αναστρέψει την πολικότητά της. Με την προσθήκη αυτή, η συσκευή λειτουργεί σαν πρωτόγονο μεγάφωνο, που είναι ελκυστικό εξαιτίας της ακραίας μηχανικής απλότητάς του.

Επειδή, ωστόσο, είναι $Q = CV$, η δύναμη που εξασκείται στους οπλισμούς έχει σχέση με το τετράγωνο της εφαρμοζόμενης τάσης, πράγμα που συνεπάγεται ότι το μεγάφωνο θα παράγει μεγάλες ποσότητες παραμόρφωσης δεύτερης αρμονικής εκτός και αν χρησιμοποιηθεί κάποιο μέσο που θα διατηρεί σταθερό το φορτίο Q ανεξάρτητα από την εφαρμοζόμενη τάση. Αυτό επιτυγχάνεται με την τροφοδοσία της τάσης πόλωσης μέσω ωμικής αντίσταση πολύ μεγάλης τιμής, έτσι ώστε το φορτίο του πυκνωτή να διαρρέει πολύ αργά. Ενα ακόμη μειονέκτημα αφορά στην μονοκατευθυντική τάση πόλωσης, που ζητά να ισοσταθμιστεί η μόνιμη ηλεκτρική ελκτική δύναμη με μια ομοίως μόνιμη μηχανική απωθητική δύναμη για να σταματήσει τον κινούμενο οπλισμό από το να πέσει στον ακίνητο οπλισμό. Αυτό το πρόβλημα μπορεί να ξεπεραστεί διατάσσοντας το μεγάφωνο με ισοσταθμιστικό τρόπο, όπως φαίνεται στο Σχ. 14.16. Το διαμορφώνον σήμα διοχετεύεται με αντίθετη φάση στους

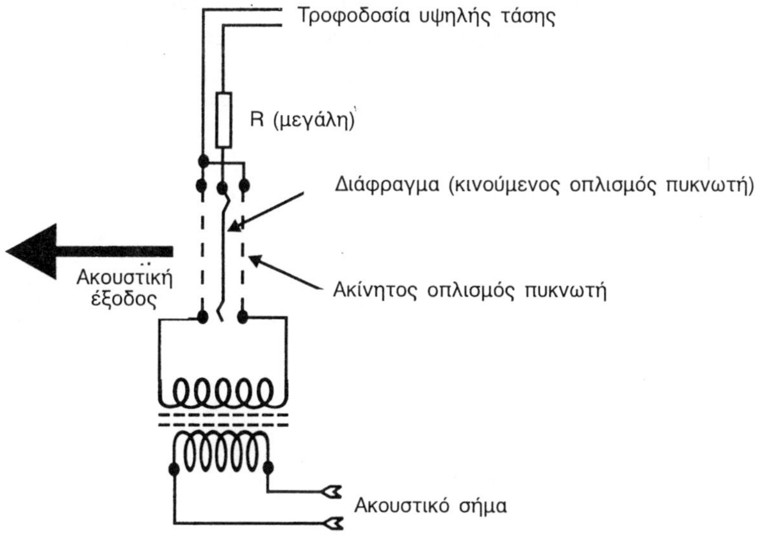

Σχ.14.16 *Ηλεκτροστατικό μεγάφωνο*

δύο ακίνητους οπλισμούς και η στατική δύναμη του ενός ακίνητου οπλισμού στην κινούμενη πλάκα (το διάφραγμα), ισοσταθμίζεται από την ίση και αντίθετη δύναμη του άλλου οπλισμού. Αυτή είναι η μηχανική διάταξη όλων των ηλεκτροστατικών μεγαφώνων του εμπορίου. Ας σημειωθεί ότι οι στατικές πλάκες πρέπει να κατασκευάζονται έτσι ώστε να είναι όσο το δυνατό περισσότερο ακουστικά διαφανείς. Τα ηλεκτροστατικά μεγάφωνα, εξαιτίας της γραμμικής τους σχέσης της τάσης του σήματος με τη δύναμη και της άκρας μηχανικής τους κομψότητας, είναι ικανά να έχουν απόδοση που ξεπερνά πολλές (αν όχι όλες) τις σχεδιάσεις κινητού πηνίου. Το μειονέκτημά τους βρίσκεται στη σύνθετη αντίστασή τους, που είναι μια σχεδόν καθαρή φανταστική αντίσταση, πράγμα που περιορίζει την απόδοσή τους και μπορεί να δημιουργήσει προβλήματα σε ενισχυτές οδήγησης οι οποίοι δεν έχουν απεριόριστα σταθερό φορτίο και στη μηχανική τους ευπάθεια που περιορίζει τη χρήση τους σε οικιακές εφαρμογές και σε παρακολούθηση κλασσικής μουσικής.

Βιβλιογραφία

Harwood, H.D (1968) The New BBC Monitoring Loudspeaker. *Wireless World,* April.

Theile, A.N. (1961) Loudspeakers in Vented Boxes. *Proceedings of the IRE Australia,* August

Σημείωση

1. Εχω κληθεί περισσότερες από μια φορές να "σώσω" σχεδίαση του εμπορίου όπου έχει γίνει ακριβώς αυτό το είδος λάθους από τον αρχικό σχεδιαστή.

ΚΕΦΑΛΑΙΟ 15

Video και συγχρονισμός

Εισαγωγή

Το audio, με όλη την καλλιτεχνική του δύναμη και την τεχνολογική του πολυπλοκότητα, δεν είναι παρά ένα μόνο στοιχείο στη σημερινή στρατιά τρόπων ψυχαγωγίας με πολυμέσα. Ο σημερινός τεχνικός εγγραφής είναι πιθανότερο να βρεθεί να εργάζεται σε στούντιο MIDI συνδεδεμένο σε χρονοκώδικα SMPTE παρά να χειρίζεται μικρόφωνα. Ο σημερινός συνθέτης έχει μεγαλύτερες πιθανότητες να κερδίζει τη ζωή του αναζητώντας δουλειά στην τηλεόραση και στον κινηματογράφο (όπου θα πρέπει να έχει κάποιες γνώσεις) παρά να περιμένει ανάθεση έργου για κάποια συμφωνία από πλούσιο προστάτη! Το Κεφάλαιο αυτό περιέχει μια περιγραφή των αρχών και των εννοιών που αποτελούν τα τεχνικά θεμέλια για κατανόηση της αναλογικής και της ψηφιακής τηλεόρασης.

Διατήρηση της όρασης

Το ανθρώπινο μάτι διαθέτει μια σημαντική ιδιότητα που έχει μεγάλη σχέση με τη βιομηχανία κινηματογράφου και video. Η ιδιότητα αυτή είναι γνωστή σαν διατήρηση της όρασης. Οταν μια εικόνα εντυπώνεται στο μάτι, η στιγμιαία διακοπή του ερεθίσματος δεν έχει αποτέλεσμα την αντίστοιχη στιγμιαία διακοπή των σημάτων μέσα στο οπτικό νεύρο και στα κέντρα οπτικής επεξεργασίας. Αντίθετα, πραγματοποιείται μια εκθετική "υστέρηση" με σχετικά μεγάλο χρόνο για συνολική εξαφάνιση. Ο κινηματογράφος έχει αξιοποιήσει το φαινόμενο αυτό για περισσότερο από 100 χρόνια. Εξαιτίας της διατήρησης της όρασης, αν στο μάτι εμφανιστεί μια ακολουθία ακίνητων εικόνων με αρκετά μεγάλη ταχύτητα, όπου κάθε εικόνα διαφέρει από την προηγούμενη μόνο στις θέσεις που κινούνται μέσα σε σταθερό πλαίσιο αναφοράς, δημιουργείται η εντύπωση κινούμενης εικόνας. Σε μια κινηματογραφική μηχανή προβολής κάθε ακίνητο πλαίσιο της ταινίας τοποθετείται μπροστά σε έντονη φωτεινή πηγή η οποία διακόπτεται με τη βοήθεια περιστρεφόμενου κλείστρου. Οταν το πλαίσιο της ταινίας ακινητοποιηθεί, αφήνεται το φως να περάσει, με άνοιγμα του κλείστρου, και η εικόνα στο πλαίσιο προβάλλεται σε οθόνη με μια διάταξη φακών. Με πειράματα αποδείχθηκε ότι η ταχύτητα παρουσίασης περίπου 12 ακίνητων πλαισίων ανά δευτερόλεπτο ήταν αρκετά γρήγορη για να δώσει καλή εντύπωση συνεχούς ρέουσας κίνησης, αλλά η διακοπή της πηγής φωτός με αυτή την ταχύτητα προκαλούσε ανυπόφορο τρεμούλιασμα. Ανακαλύφθηκε, ακόμη, ότι αυτό το φαινόμενο τρεμουλιάσματος είχε σχέση με το επίπεδο φωτισμού. Οσο εντονότερο ήταν το φως που διακόπτονταν επανειλημμένα, τόσο χειρότερο ήταν το τρεμούλιασμα. Το γεγονός αυτό, υποβοηθούμενο από την χαμηλή φωτεινή έξοδο των πρώτων προβολέων, οδήγησε στο πρώτο πρότυπο ταχύτητας πλαισίων κινηματογραφικής ταινίας των 16 πλαισίων ανά δευτερόλεπτο (fps, frames per second). Ενα πρότυπο αρκετά ψηλότερα από αυτό ζητούσε απλά να δίνεται η εντύπωση κίνησης αρκετά γρήγορης έτσι ώστε να εξασφαλίζεται ότι το τρεμούλιασμα θα ελαττώνεται σε ανεκτή στάθμη όταν χρησιμοποιούνταν οι πρώτες λάμπες προβολής. Καθώς οι λάμπες αυτές βελτιώνονταν, το τρεμούλιασμα γινόταν όλο και μεγαλύτερο πρόβλημα, έως ότου μια έξυπνη τροποποίηση του προβολέα το διόρθωσε. Η λύση αφορούσε σε μια τροποποίηση του περιστρεφόμενου κλείστρου έτσι ώστε να ανοίγει μόλις το πλαίσιο της ταινίας έφτανε στην θέση του, ύστερα να κλείνει, μετά να ανοίγει πάλι, πριν κλείσει για δεύτερη φορά για να έρθει στη θέση της η επόμενη εικόνα της ταινίας. Με άλλα λόγια η συχνότητα διακοπών του φωτός έγινε διπλάσια της ταχύτητας των πλαισίων. Οταν, τελικά, η ταχύτητα πλαισίων της ταινίας αυξήθηκε στο πρότυπο των 24 fps που εξακολουθεί να ισχύει και σήμερα, η συχνότητα διακοπών του φωτός αυξήθηκε σε 48 φορές το δευτερόλεπτο, που είναι μια ταχύτητα που δίνει τη δυνατότητα χρήσης μεγάλων τιμών φωτισμού χωρίς να προκαλείται τρεμούλιασμα.

Λυχνία καθοδικών ακτίνων και σάρωση ράστερ

Ολοι οι τεχνικοί γνωρίζουν τη λυχνία καθοδικών ακτίνων (CRT) από τον παλμογράφο. Το γυάλινο περίβλημα υπό κενό αέρος περιέχει μια διάταξη ηλεκτροδίων και τα άκρα τους στην βάση του περιβλήματος που σκοπό έχουν την εκπομπή δέσμης ηλεκτρονίων στην φωτεινή οθόνη που βρίσκεται στο άλλο άκρο της λυχνίας. Κάθε φορά που ηλεκτρόνια χτυπούν την φωτεινή οθόνη αυτή φθορίζει και παράγει φως. Σε παλμογράφο η απόκλιση αυτής της δέσμης επιτυγχάνεται με τη βοήθεια ηλεκτρικών πεδίων, οπότε η λυχνία ονομάζεται ηλεκτροστατική. Στην τηλεόραση η ηλεκτρονική δέσμη (ή δέσμες στην περίπτωση της έγχρωμης τηλεόρασης) αποκλίνουν με τη βοήθεια μαγνητικών πεδίων που προκαλούνται από ρεύματα σε πηνία εκτροπής που είναι τυλιγμένα γύρω από το λαιμό της λυχνίας όπου το τμήμα βάσης συνδέεται με τη χοάνη. Μια τέτοια λυχνία είναι γνωστή σαν ηλεκτρομαγνητική.

Οπως ακριβώς συμβαίνει σε παλμογράφο, η λυχνία τηλεόρασης, χωρίς ρεύματα σάρωσης, παράγει μια μικρή κηλίδα φωτός στο μέσο της οθόνης. Αυτή η κηλίδα φωτός μπορεί να αναγκαστεί να κινείται πολύ γρήγορα οπουδήποτε στην οθόνη με εφαρμογή του κατάλληλου ρεύματος στα πηνία εκτροπής. Η λαμπρότητα της κηλίδας ελέγχεται εξίσου γρήγορα με μεταβολή της ταχύτητας εκπομπής των ηλεκτρονίων από την κάθοδο του ηλεκτρονικού πολυβόλου. Αυτό συνήθως πετυχαίνεται με έλεγχο του δυναμικού μεταξύ του πλέγματος και των ηλεκτροδίων καθόδου του πολυβόλου. Οπως ακριβώς συμβαίνει σε ηλεκτρονική λυχνία, όταν το ηλεκτρόδιο πλέγματος γίνει αρνητικότερο σε σχέση με την κάθοδο, ελαττώνεται η ροή ηλεκτρονίων προς την άνοδο. Στην περίπτωση της CRT, η άνοδος σχηματίζεται από μεταλλική επικάλυψη στο εσωτερικό της χοάνης της λυχνίας. Ελάττωση της τάσης πλέγματος, άρα και του ανοδικού ρεύματος, έχει σαν αποτέλεσμα ελάττωση της φωτεινότητας της κηλίδας φωτός. Αντίστοιχα, αύξηση της τάσης πλέγματος έχει σαν αποτέλεσμα λαμπρότερη κηλίδα σάρωσης.

Στην τηλεόραση, η λαμπρή κηλίδα ρυθμίζεται έτσι ώστε να κινείται σταθερά κατά μήκος της οθόνης από αριστερά προς τα δεξιά (όπως φαίνεται από το εμπρός τμήμα της λυχνίας). Οταν έχει ολοκληρώσει αυτή την διαδρομή επιστρέφει πολύ γρήγορα για να ακολουθήσει άλλη μια διαδρομή κατά μήκος της οθόνης ακριβώς κάτω από την προηγούμενη τροχιά. (Σίγουρα δεν μας έχει ξεφύγει η αντιστοιχία με την κίνηση των ματιών καθώς "σαρώνουν" κείμενο όταν διαβάζουμε!) Αν αυτή η διεργασία αναγκάζεται να πραγματοποιείται αρκετά γρήγορα, η διατήρηση όρασης των ματιών, σε συνδυασμό με το φαινόμενο διατήρησης αίγλης των φθοριζουσών ουσιών της λυχνίας, συνωμοτούν για να ξεγελούν το μάτι, έτσι ώστε να μη αντιλαμβάνεται την κινούμενη κηλίδα αλλά, αντίθετα, βλέπει στην οθόνη μια ομάδα παράλληλων γραμμών. Αν αυξηθεί ο αριθμός των γραμμών, και το μάτι παύει να τις βλέπει σαν ξεχωριστές, τουλάχιστον από κάποια απόσταση, και αντίθετα αντιλαμβάνεται ένα φωτισμένο ορθογώνιο στην πρόσοψη της λυχνίας. Αυτό είναι γνωστό σαν ράστερ. Στο σύστημα εκπομπής προγραμμάτων τηλεόρασης που χρησιμοποιείται στην Ευρώπη, αυτό το ράστερ σαρώνεται δυο φορές σε 1/25 του δευτερολέπτου. Στο πρώτο 1/50 του δευτερολέπτου σαρώνεται μια ομάδα 312.5 γραμμών και μια δεύτερη εμπλεγμένη ομάδα, που δεν υπερτίθεται αλλά εισχωρεί στα διάκενα του προηγούμενου ίχνους, σαρώνεται στο δεύτερο 1/50. Ετσι ο συνολικός αριθμός γραμμών είναι 625. Στη Βόρειο Αμερική, σαρώνεται ένα σύνολο 525 γραμμών (σε δυο εμπλεγμένες των 262.5) σε 1/30 του δευτερολέπτου.

Ισως αυτός ο τρόπος να φαίνεται πολύπλοκος και η υιοθέτηση της έμπλεξης έχει προκαλέσει με τα χρόνια πολλά προβλήματα στους τεχνικούς τηλεόρασης. Η έμπλεξη υιοθετήθηκε για να πετύχουμε ελάττωση 2 προς 1 στο εύρος ζώνης συχνοτήτων που χρειάζεται στις εικόνες τηλεόρασης με πολύ μικρή αισθητή απώλεια ποιότητας. Ετσι αποτελεί μια μορφή αντιληπτικής κωδικοποίησης, αυτό που σήμερα θα λέγαμε τεχνική συμπίεσης δεδομένων. Εκεί όπου το εύρος ζώνης συχνοτήτων δεν είναι τόσο σημαντικό, όπως στις οθόνες υπολογιστών, χρησιμοποιείται σάρωση χωρίς έμπλεξη. Αξίζει, ακόμα, να σημειωθεί ότι η έμπλεξη είναι, κατά κάποιον τρόπο, το συνακολούθημα του συστήματος διπλής έκθεσης που χρησιμοποιείται στο σινεμά για αύξηση της συχνότητας τρεμουλιάσματος στο διπλάσιο της ταχύτητας εικόνας.

Σήμα Τηλεόρασης

Το σήμα τηλεόρασης πρέπει να κάνει δυο πράγματα, το πρώτο είναι φανερό το δεύτερο λιγότερο φανερό. Πρώτο, πρέπει να ελέγχει τη στιγμιαία λαμπρότητα της κηλίδας στην πρόσοψη της λυχνίας καθοδικών ακτίνων έτσι ώστε να αποδίδονται οι μεταβολές λαμπρότητας που συνιστούν την πληροφορία της εικόνας. Δεύτερο, πρέπει να ελέγχει τη σάρωση ράστερ έτσι ώστε η δέσμη να κινείται κατά μήκος της πρόσοψης της λυχνίας σε συγχρονισμό με τη λυχνία που βρίσκεται μέσα στην κάμερα εκπομπής. Διαφορετικά οι πληροφορίες από την επάνω αριστερή πλευρά της σκηνής που μεταδίδεται δεν θα εμφανιστούν στην επάνω αριστερή πλευρά της οθόνης, κοκ! Στο σήμα αναλογικής τηλεόρασης αυτή η διάκριση μεταξύ πληροφοριών εικόνας και πληροφοριών συγχρονισμού σάρωσης (γνωστή στη δουλειά σαν πληροφορία παλμού συγχρονισμού) διαιρείται με μια τιμή τάσης γνωστής σαν τιμής μαύρου. Ολες οι πληροφορίες πάνω από την τιμή μαύρου έχουν σχέση με τις πληροφορίες εικόνας, όλες οι πληροφορίες κάτω από την τιμή μαύρου έχουν σχέση με τις πληροφορίες συγχρονισμού. Με αυτόν τον έξυπνο τρόπο, όλες οι πληροφορίες συγχρονισμού είναι "κάτω" από την τιμή μαύρου. Κατά συνέπεια η δέσμη ηλεκτρονίων παραμένει σε αποκοπή, και η οθόνη παραμένει σκοτεινή, κατά τη διάρκεια των πληροφοριών συγχρονισμού. Στην ψηφιακή τηλεόραση η διάκριση μεταξύ δεδομένων που έχουν σχέση με τη διαμόρφωση εικόνας και του συγχρονισμού πραγματοποιείται με μια μοναδική κωδική λέξη η οποία προηγείται και που προσδιορίζει το επόμενο byte σαν byte συγχρονισμού.

Οριζόντιος και κατακόρυφος συγχρονισμός

Εχει, ήδη, επισημανθεί η αντιστοιχία μεταξύ της κίνησης του ματιού κατά μήκος της σελίδας κατά την ανάγνωση και της κίνησης της κηλίδας σάρωσης κατά τη σάρωση της πρόσοψης λυχνίας. Σίγουρα η κηλίδα σάρωσης δεν αλλάζει σελίδα, όπως τα μάτια, μόλις φτάσουν στο τέλος της σελίδας. Πρέπει, όμως, να επιστρέψει και να αρχίσει από την αρχή μόλις συμπληρώσει ένα ολόκληρο σύνολο γραμμών, από την κορυφή μέχρι το τέλος του ράστερ. Ετσι, η κηλίδα επιστρέφει με δύο δυνατούς τρόπους: μια οριζόντια επαναφορά, μεταξύ γραμμών και μια κατακόρυφη επαναφορά, μόλις συμπληρώσει ένα ολόκληρο σύνολο γραμμών και πρέπει να αρχίσει από την αρχή με ένα άλλο σύνολο. Είναι φανερό ότι ο δέκτης τηλεόρασης, για να παραμείνει σε συγχρονισμό με την κάμερα εκπομπής, πρέπει να πάρει εντολή να εκτελέσει και οριζόντια επαναφορά και κατακόρυφη επαναφορά σε κατάλληλους χρόνους, και επιπλέον να μη συγχέει τη μια οδηγία με την άλλη!

Γι' αυτό, ακριβώς, το λόγο υπάρχουν δύο είδη πληροφοριών συγχρονισμού, που λογικά είναι γνωστές σαν οριζόντιες και κατακόρυφες. Μέσα στο monitor της τηλεόρασης υφίστανται ξεχωριστή μεταχείριση και ξεκινούν και διακόπτουν τη λειτουργία, αντίστοιχα, των κυκλωμάτων γεννητριών οριζόντιας και κατακόρυφης σάρωσης. Τα κυκλώματα αυτά είναι παρόμοια, τουλάχιστον σαν αρχή λειτουργίας, με τα κυκλώματα γεννητριών ράμπας ή πριονωτής τάσης που εξετάσαμε στο Κεφάλαιο 5. Καθώς το ρεύμα αυξάνει βαθμιαία στα πηνία και οριζόντιας και κατακόρυφης σάρωσης, η κηλίδα αναγκάζεται να κινηθεί από αριστερά προς τα δεξιά και από επάνω προς τα κάτω, και το ρεύμα στο κύκλωμα από επάνω προς τα κάτω αυξάνει 312.5 φορές βραδύτερα απ' ότι στα πηνία οριζόντιας εκτροπής έτσι ώστε να σύρονται 312.5 γραμμές στο χρονικό διάστημα που χρειάζεται το κύκλωμα κατακόρυφης εκτροπής για να σύρει την δέσμη κατά μήκος της κατακορύφου της πρόσοψης της λυχνίας.

Στα Σχ. 15.1 και Σχ. 15.2 φαίνεται ολόκληρο το σήμα τηλεόρασης όπου παρουσιάζεται με χρήση δύο διαφορετικών βάσεων χρόνου. Ας σημειωθεί η τιμή πλάτους που διαχωρίζει μεταξύ πληροφοριών εικόνας και πληροφοριών συγχρονισμού. Αυτή η τάση, γνωστή σαν τιμή μαύρου, ρυθμίζεται σε τυποποιημένη τιμή 0 V. Η μέγιστη πληροφορία λευκού ορίζεται σαν η τιμή που δεν υπερβαίνει την τιμή 0.7 V πάνω από την τιμή αναφοράς. Η πληροφορία συγχρονισμού, δηλ. ο παλμός 4.7 microsec οριζόντιου συγχρονισμού ή συγχρονισμού γραμμής φαίνεται στο σχήμα και πρέπει να εκτείνεται 0.3 V κάτω από τη στάθμη αναφοράς μαύρου. Ας σημειωθεί, επίσης, ότι η πληροφορία εικόνας πέφτει στη στάθμη μαύρου πριν και μετά τον παλμό συγχρονισμού. Αυτό το χρονικό διάστημα χρειάζεται επειδή η ηλεκτρονική δέσμη δεν είναι δυνατόν να επανέλθει στιγμιαία στην αριστερή πλευρά της οθόνης για να αρχίσει πάλι ένα άλλο ίχνος. Χρειάζεται κάποιος χρόνος, περίπου 12 microsec. Αυτή η

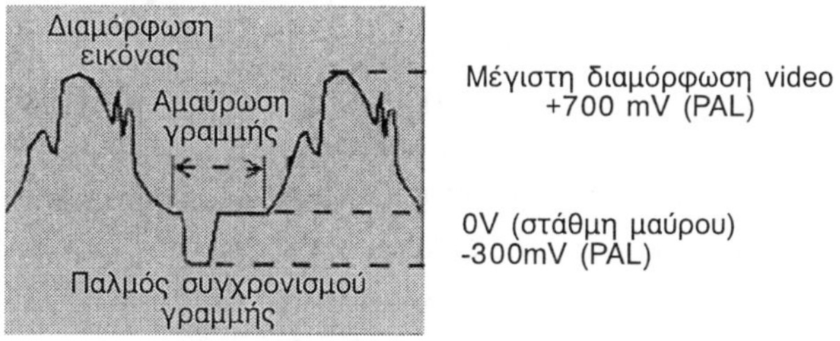

Σχ. 15.1 *Σήμα τηλεόρασης (σε ταχύτητα γραμμής)*

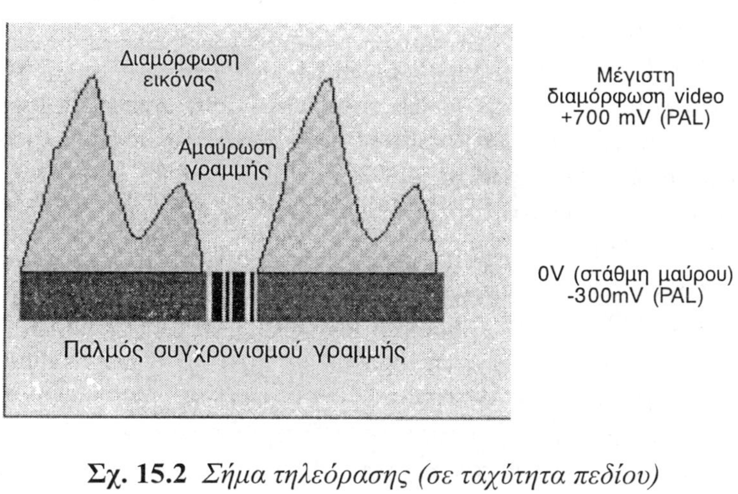

Σχ. 15.2 *Σήμα τηλεόρασης (σε ταχύτητα πεδίου)*

χρονική περίοδος, που περιλαμβάνει την διάρκεια του παλμού συγχρονισμού γραμμής των 4.7 microsec κατά τη διάρκεια του οποίου το ρεύμα της δέσμης ελέγχεται σαν "περισσότερο μαύρο από το μαύρο", είναι γνωστή σαν περίοδος αμαύρωσης γραμμής. Υπάρχει μια παρόμοια, πολύ μεγαλύτερη, χρονική περίοδος έτσι ώστε η κηλίδα σάρωσης να μπορέσει να επιστρέψει στο επάνω τμήμα της οθόνης όταν θα έχει επιτευχθεί ολόκληρη η κατακόρυφη σάρωση. Αυτό το χρονικό διάστημα είναι γνωστό σαν αμαύρωση πεδίου ή κατακόρυφο χρονικό διάστημα.

Στο Σχ. 15.2 φαίνονται όλες οι 625 γραμμές, σε δύο πεδία των 312.5 γραμμών. Παρατηρούμε τους πλατύτερους παλμούς συγχρονισμού που εμφανίζονται μεταξύ κάθε πεδίου. Για να μπορεί ένα monitor να διακρίνει μεταξύ οριζοντίου και κατακόρυφου συγχρονισμού, επεκτείνεται η χρονική διάρκεια των παλμών συγχρονισμού γραμμής κατά τη διάρκεια του κατακόρυφου χρονικού διαστήματος (το χάσμα στην πληροφορία εικόνας που επιτρέπει την επιστροφή πεδίου) και ένα κύκλωμα άντλησης φορτίων μαζί με κύκλωμα σύγκρισης μπορεί να ανιχνεύσει ότι αυτοί οι παλμοί μεγαλύτερης διάρκειας είναι διαφορετικοί από τους παλμούς συγχρονισμού γραμμής μικρότερης διάρκειας. Η πληροφορία αυτή στέλνεται στην γεννήτρια κατακόρυφης σάρωσης για να ελέγχει τον συγχρονισμό της κατακόρυφης σάρωσης.

Αντίληψη χρώματος

Ο Sir Isaac Newton ανακάλυψε ότι ηλιακό φως που διέρχεται μέσα από ένα πρίσμα διασπάται στη ζώνη πολυχρωματικού φωτός που σήμερα ονομάζουμε φάσμα. Αντιλαμβανόμαστε επτά διάκριτες ζώνες στο φάσμα, κόκκινη, πορτοκαλιά, κίτρινη, πράσινη, μπλε, λουλακιά, ιώδη. Βλέπουμε αυτές τις ζώνες ξεχωριστά επειδή κάθε μια αντιπροσωπεύει μια συγκεκριμένη ζώνη μηκών κύματος. Τα αντικείμενα που αντιλαμβανόμαστε σαν χρωματισμένα γίνονται αντιληπτά με αυτό τον τρόπο επειδή και αυτά ανακλούν μια συγκεκριμένη ζώνη μηκών κύματος. Για παράδειγμα, ο νάρκισσος φαίνεται κίτρινος επειδή ανακλά κυρίως μήκη κύματος στην περιοχή των 570 nm. Μπορούμε να αντιληφθούμε μήκη κύματος διαφορετικού χρώματος επειδή τα κωνία, στον αμφιβληστροειδή χιτώνα στο πίσω μέρος του ματιού, περιέχουν τρεις φωτοευαίσθητες χημικές ουσίες κάθε μια από τις οποίες είναι ευαίσθητη σε τρεις ευρείες περιοχές του φάσματος του φωτός. Είναι ευκολότερο να το σκεφτούμε σαν τρεις ξεχωριστές αλλά αλληλοκαλυπτόμενες φωτοχημικές διεργασίες: μια ΚΟΚΚΙΝΗ διεργασία χαμηλής συχνότητας (μεγάλων μηκών κύματος), μια ΠΡΑΣΙΝΗ διεργασία μέσων συχνοτήτων, και μια ΜΠΛΕ διεργασία υψηλών συχνοτήτων. (Οι ηλεκτρονικοί μηχανικοί ίσως προτιμούν να το βλέπουν σαν τρία φίλτρα διέλευσης ζώνης μικρής κλίσης!) Οταν στον αμφιβληστροειδή χιτώνα πέφτει φως συγκεκριμένης συχνότητας, η δράση του φωτός αντιδρά επιλεκτικά με αυτόν τον μηχανισμό διευκρίνησης συχνοτήτων. Οταν αντιλαμβανόμαστε ένα κόκκινο αντικείμενο αισθανόμαστε μεγάλο επίπεδο δραστηριότητας στην διεργασία μας μεγάλων μηκών κύματος (μικρών συχνοτήτων) και χαμηλά επίπεδα στις άλλες δύο. Ενα μπλε αντικείμενο ερεθίζει την διεργασία μικρών μηκών κύματος ή υψηλής συχνότητας, κοκ. Οταν αντιλαμβανόμαστε αντικείμενο με ενδιάμεσο χρώμα, έστω το κίτρινο του κρόκου αυγού, αισθανόμαστε ένα μίγμα δύο χημικών διεργασιών που προκαλούνται από την αλληλοκαλυπτόμενη φύση καθενός από τους μηχανισμούς επιλογής συχνοτήτων. Στην περίπτωση αυτή, το κίτρινο φως από το αυγό προκαλεί διέγερση και στην ΚΟΚΚΙΝΗ διεργασία μεγάλων μηκών κύματος και στην ΠΡΑΣΙΝΗ διεργασία μέσων μηκών κύματος (Σχ. 15.3). Επειδή οι ανθρώπινες υπάρξεις έχουν τρεις ξεχωριστές διεργασίες όρασης χρώματος, ταξινομούμαστε σαν τριχρωματικοί. Ατομα που πάσχουν από αχρωματοψία συνήθως δεν έχουν μια από τις τρεις χημικές αποκρίσεις του κανονικού ματιού. Είναι γνωστά σαν διχρωματικά αν και ορισμένα σπάνια άτομα είναι πραγματικοί μονοχρωματικά. Αυτό που δεν έχει ανακαλυφθεί ακόμα, μεταξύ ανθρώπων ή άλλων ζώων, είναι το σύστημα αντίληψης περισσοτέρων από τρια χρωμάτων. Οι τεχνικοί που ανέπτυξαν την έγχρωμη τηλεόραση ήταν τυχεροί από την πλευρά αυτή!

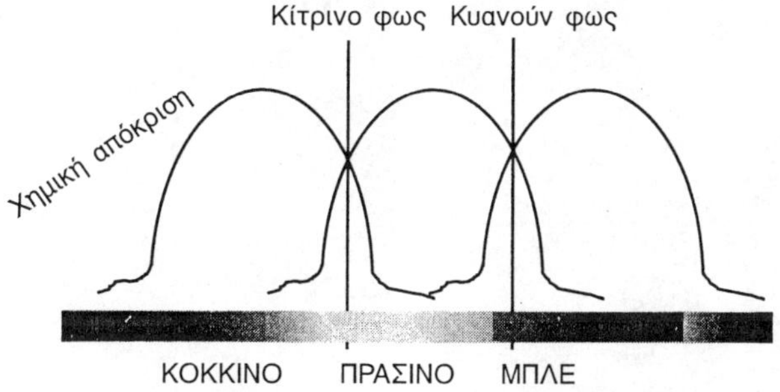

Σχ. 15.3 *Μηχανισμός έγχρωμης όρασης*

Το γεγονός ότι τα κωνία μας περιέχουν μόνο τρεις χημικές ουσίες είναι η αιτία που ξεγελιόμαστε και αισθανόμαστε μια ολόκληρη κλίμακα χρωμάτων με συνδυασμό μόνο τριών, που ονομάζονται κύρια χρώματα. Τα κύρια χρώματα της τηλεόρασης κόκκινο, πράσινο και μπλε, επιλέχθηκαν επειδή το καθένα ερεθίζει μόνο μια από τις φωτοευαίσθητες χημικές ουσίες που βρίσκονται στα κωνία. Η μεγάλη απάτη της τηλεόρασης είναι ότι μπορούμε, για παράδειγμα, να ξεγελαστούμε και να πιστέψουμε ότι βλέπουμε κίτρινο ενεργοποιώντας ταυτόχρονα τα κόκκινο και πράσινο στοιχεία της λυχνίας, όπως ακριβώς θα έκανε μια καθαρά κίτρινη πηγή. Ομοίως, μπορεί να εξαπατηθούμε ότι βλέπουμε ανοιχτό γαλάζιο με ταυτόχρονη ενεργοποίηση του πράσινου και του μπλέ. Μπορεί ακόμα να δούμε παράδοξα χρώματα όπως το magenta (πορφυρούν) με συνδυασμό κόκκινου και μπλε, κάτι που ποτέ δεν θα μπορούσε να κάνει καθαρή φωτεινή πηγή! Το τελευταίο αυτό γεγονός αποδεικνύει ότι το ανθρώπινο σύστημα αντίληψης χρωμάτων "περικλείεται", χαρτογραφώντας το γραμμικό φάσμα ηλεκτρομαγνητικών συχνοτήτων σε κύκλο χρωμάτων, ή χρωματικό χώρο. Και αυτός είναι ο τρόπος με τον οποίο συνήθως βλέπουμε την επιστήμη της αντίληψης χρωμάτων: μπορούμε να θεωρήσουμε ότι όλη η αίσθηση της όρασης συμβαίνει σε ένα χρωματικό χώρο τριών διαστάσεων. Το διανυσματοσκόπιο του στούντιο τηλεόρασης μας επιτρέπει να δούμε τον χρωματικό χώρο τριών διαστάσεων από τη μια πλευρά, και φαίνεται σαν εξάγωνο, Σχ. 15.4(a).

Παρατηρούμε ότι κάθε χρώμα εμφανίζεται σε διαφορετική γωνία, όπως οι αριθμοί στην πρόσοψη ωρολογιού. Ο όρος απόχρωση είναι αυτός που χρησιμοποιείται στην επεξεργασία εικόνων και στην τηλεόραση για να περιγράφει την ακριβή θέση χρώματος σε κάποιο σημείο. Ο όρος κορεσμός χρησιμοποιείται για να περιγράφει την ποσότητα καθαρού χρώματος που "αραιώνεται" από λευκό φως. Η διακεκομμένη γραμμή στο Σχ. 15.4(b) είναι ο άξονας καθαρής φωτεινότητας. Οσο περισσότερο μια συγκεκριμένη σκίαση κινείται προς αυτόν τον άξονα από μια θέση στα όρια του κύβου, τόσο περισσότερο λέμε ότι το χρώμα είναι αποκορεσμένο.

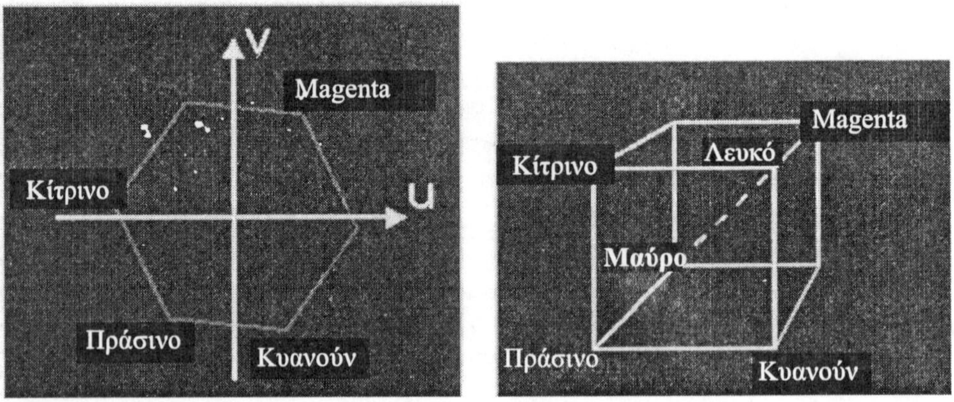

Σχ. 15.4 *(a) Οθόνη διανυσματοσκοπίου σε στούντιο (β) Χρωματικός χώρος τριών διαστάσεων*

Έγχρωμη τηλεόραση

Από την εξέταση της τριχρωματικής απόκρισης του ματιού και της διατήρησης της όρασης, είναι πλέον φανερό ότι μια έγχρωμη εικόνα μπορεί να αποδοθεί με γρήγορη διαδοχική εμφάνιση των κόκκινων, πράσινων και μπλε συνιστωσών έγχρωμης εικόνας. Δημιουργείται πραγματικά η εντύπωση πλήρους έγχρωμης εικόνας, με την προϋπόθεση ότι οι εικόνες αυτές απεικονίζονται εμφανίζονται αρκετά γρήγορα. Μια ίδια λογική οδήγησε στην ανάπτυξη των πρώτων επιδείξεων έγχρωμης τηλεόρασης από τον Baird το 1928 και στις πρώτες δημόσιες εκπομπές έγχρωμης τηλεόρασης στην Αμερική από το CBS το 1951. Στην ουσία η συσκευή, γνωστή σαν σύστημα ακολουθιακού πεδίου, αποτελούνταν από μονοχρωματικό σύστημα τηλεόρασης μεγάλης ταχύτητας πεδίου με οπτικά κόκκινα, πράσινα και μπλε φίλτρα που τοποθετούνταν εμπρός από το φακό της κάμερας και της οθόνης του δέκτη και τα οποία, όταν συγχρονίζονταν μεταξύ τους, δημιουργούσαν έγχρωμη εικόνα. Αυτό το ηλεκτρομηχανικό σύστημα ήταν όχι μόνο αναξιόπιστο και δυσκίνητο αλλά χρειαζόταν και το τριπλάσιο εύρος ζώνης συχνοτήτων απ' ότι το μονοχρωματικό σύστημα (επειδή έπρεπε να αναπαραχθούν τρία πεδία στο χρόνο που προηγούμενα καλύπτονταν από ένα). Μάλιστα, ακόμη και με την μεγάλη ταχύτητα πεδίου που υιοθετήθηκε από το CBS, το σύστημα υπέφερε από τρεμούλιασμα χρώματος σε κορεσμένα χρώματα και εγκαταλείφθηκε γρήγορα μετά την έναρξη των εκπομπών. Οι μηχανικοί, απτόητοι, έκαναν το αμέσως επόμενο λογικό βήμα για παραγωγή έγχρωμων εικόνων. Ισχυρίστηκαν ότι αντί να παρουσιάζουν ακολουθιακά πεδία κύριων χρωμάτων θα παρουσίαζαν ακολουθιακές κηλίδες κάθε κύριου χρώματος. Ενα τέτοιο σύστημα (ακολουθιακών κηλίδων) που χρησιμοποιεί τα δευτερογενή κύρια χρώματα κίτρινο, magenta (πορφυρούν), cyan (κυανούν) και μαύρο αποτελεί τη βάση της έγχρωμης εκτύπωσης. Σε σύστημα τηλεόρασης, ξεχωριστές κηλίδες φθοριζουσών ουσιών κόκκινου, πράσινου και μπλε, με την προϋπόθεση ότι εμφανίζονται με αρκετή συχνότητα χώρου, δίνουν την εντύπωση έγχρωμης εικόνας όταν τις κοιτούμε από κατάλληλη απόσταση.

Ας εξετάσουμε το οπτικό σήμα που έχει σχεδιαστεί να διεγείρει την πρόσοψη λυχνίας ακολουθιακών κηλίδων. Οταν παρουσιάζεται μονοχρωματική εικόνα, το σήμα τηλεόρασης δεν διαφέρει από το μαύροασπρο αντίστοιχό του. Κάθε pixel (κόκκινου, πράσινου και μπλε) διεγείρεται εξίσου, ανάλογα με την συνολική φωτεινότητα μιάς περιοχής οθόνης. Μόνο όταν αναπαράγεται χρώμα το σήμα αρχίζει να εκδηλώνει συνιστώσα υψηλής συχνότητας, που έχει σχέσει με την συχνότητα χώρου της φθορίζουσας ουσίας την οποία έχει σχεδιαστεί να διεγείρει διαδοχικά. Η ακριβής φάση της συνιστώσας υψηλής συχνότητας εξαρτάται, βέβαια, από το ποιές φθορίζουσες ουσίες πρόκειται να διεγερθούν. Οσο περισσότερο κορεσμένο είναι το χρώμα (δηλ. όσο περισσότερο απέχει από το γκρι), τόσο περισσότερο σήμα "χρωματισμού" υψηλής συχνότητας προστίθεται. Το σήμα αυτό είναι μαθηματικά όμοιο με σήμα μαυρόασπρης τηλεόρασης πάνω στο οποίο υπερτίθεται σήμα φέρουσας έγχρωμης πληροφορίας υψηλής συχνότητας (σήμερα είναι γνωστό σαν υποφέρουσα χρώματος), δηλαδή φέρουσα μιας συχνότητας της οποίας η στιγμιαία τιμή πλάτους και φάσης, αντίστοιχα, καθορίζει τον κορεσμό και την απόχρωση κάθε συγκεκριμένης περιοχής της εικόνας. Αυτή είναι η ουσία του συστήματος έγχρωμης τηλεόρασης NTSC1 που ξεκίνησε στις ΗΠΑ το 1953, αν και, για πρακτικούς λόγους, οι τεχνικοί στο τέλος κατέληξαν σε ηλεκτρονικό σήμα ακολουθιακών κηλίδων αντί να το πραγματοποιούν κατά την λειτουργία της λυχνίας. Στη συνέχεια εξετάζεται η τεχνική αυτή.

Εγχρωμα συστήματα NTSC και PAL

Αν ποτέ χρειάστηκε να ταιριάξουμε το χρώμα κλωστής από βαμβάκι ή από μαλλί, γνωρίζουμε ότι πρέπει να τυλίξουμε ένα κομμάτι νήματος σε ένα κομμάτι χαρτόνι πριν να κρίνουμε το χρώμα. Αυτό συμβαίνει επειδή το μάτι είναι σχετικά αναίσθητο σε λεπτομέρειες χρώματος. Είναι φανερό ότι αυτό αποτελεί ένα φαινόμενο που έχει μεγάλη σημασία για κάθε εφαρμογή αναπαραγωγής και κωδικοποίησης έγχρωμης εικόνας. Οτι, δηλαδή, οι πληροφορίες χρώματος ίσως είναι σχετικά χονδροειδείς σε σχέση με τις πληροφορίες φωτεινότητας. Οι καλλιτέχνες το γνωρίζουν από χιλιάδες χρόνια. Από τα σχέδια των σπηλαίων μέχρι τα σύγχρονα στούντιο κινούμενων σχεδίων μπορούμε να δούμε παραδείγματα περίτεχνων λεπτομερών μονοχρωματικών σχεδίων που έχουν χρωματιστεί αργότερα από κάποιο λιγότερο επιδέξιο χέρι.

Το πρώτο βήμα στην ηλεκτρονική κωδικοποίηση έγχρωμης εικόνας NTSC είναι η μετατροπή του χρωματικού χώρου σε μια μορφή όπου οι πληροφορίες φωτεινότητας είναι ξεχωριστές από τις πληροφορίες χρώματος έτσι ώστε οι δεύτερες να μπορούν να χρησιμοποιηθούν για έλεγχο της υποφέρουσας χρώματος υψηλής συχνότητας. Αυτός ο μετασχηματισμός αξόνων συνήθως ονομάζεται μετατροπή RGB σε YUV και επιτυγχάνεται με μαθηματικές πράξεις της μορφής:

$$Y = 0.3R + 0.59G + 0.11B$$
$$U = m(B - Y)$$
$$V = n(R - Y)$$

Το σήμα Y (παραδοσιακό σύμβολο της φωτεινότητας) δημιουργείται με τον τρόπο αυτό έτσι ώστε να ταιριάζει όσο είναι δυνατόν περισσότερο με το μονοχρωματικό σήμα από μηχανή λήψης ασπρόμαυρου σήματος που σαρώνει την ίδια εικόνα. (Το πράσινο χρώμα είναι περισσότερο φωτεινό είτε από το κόκκινο είτε από το μπλε και το κόκκινο περισσότερο φωτεινό από το μπλέ.) Από τα άλλα δύο σήματα, το U παράγεται με αφαίρεση του Y από το B: για ασπρόμαυρο σήμα είναι φανερό ότι αυτό παραμένει μηδέν για οποιαδήποτε απόχρωση του γκρι. Το ίδιο συμβαίνει για το R-Y. Ετσι τα σήματα αυτά δείχνουν την ποσότητα κατά την οποία έγχρωμο σήμα διαφέρει από το ασπρόμαυρο αντίστοιχό του. Για τον λόγο αυτό ονομάζονται σήματα διαφοράς χρώματος. (Κάθε σήμα διαφοράς χρώματος κλιμακώνεται με μια σταθερά.) Τα σήματα αυτά είναι δυνατό να έχουν πολύ μικρότερο εύρος ζώνης συχνοτήτων από το σήμα φωτεινότητας επειδή μεταφέρουν μόνο πληροφορίες χρώματος, στις οποίες το μάτι είναι σχετικά αναίσθητο. Μόλις τα σήματα υπολογιστούν, φιλτράρονται ως προς τις χαμηλές συχνότητες σε εύρος ζώνης συχνοτήτων 0.5 MHz.[2] Αυτά τα δύο σήματα χρησιμοποιούνται για τον έλεγχο του πλάτους και της φάσης υποφέρουσας υψηλής συχνότητας που υπερτίθεται στο σήμα φωτεινότητας. Αυτή η διεργασία διαμόρφωσης χρώματος επιτυγχάνεται με δύο ισοσταθμισμένους διαμορφωτές σε διάταξη διαμόρφωσης πλάτους καταπνιγμένης φέρουσας, μιας διεργασίας που μπορεί να θεωρηθεί σαν πολλαπλασιασμός. Χρησιμοποιείται μια έξυπνη τεχνική έτσι ώστε το U να διαμορφώνει ένα φέρον σήμα και το V να διαμορφώνει ένα άλλο φέρον ίδιας συχνότητας αλλά μετατοπισμένο ως προς τη φάση σε σχέση με το άλλο κατά 90°. Αυτά τα δύο φέροντα στη συνέχεια προστίθενται με αποτέλεσμα ένα σήμα υποφέρουσας που μεταβάλλεται ως προς τη φάση και το πλάτος του ανάλογα με την στιγμιαία τιμή των U και V. Ας σημειωθεί η ομοιότητα μεταξύ αυτού και της μορφής της πληροφορίας χρώματος σε σχέση με το σύστημα ακολουθιακής κηλίδας όπου το πλάτος της φέρουσας υψηλής συχνότητας εξαρτάται από το βάθος, ή κορεσμό, του χρώματος, και η φάση εξαρτάται από την απόχρωση του χρώματος. (Η διαφορά είναι ότι στο NTSC, το σήμα υποφέρουσας χρώματος κωδικοποιείται και αποκωδικοποιείται με χρήση ηλεκτρονικής πολύπλεξης και αποπολύπλεξης των σημάτων YUV αντί της πολύπλεξης χώρου των συνιστωσών RGB που γίνεται σε συστήματα ακολουθιακής κηλίδας.) Στο Σχ. 15.5 φαίνεται η διεργασία κωδικοποίησης χρώματος.

Αν και αυτή η απλή τεχνική κωδικοποίησης λειτουργεί καλά, υστερεί σε μερικά σημαντικά μειονεκτήματα. Ενα σοβαρό επακόλουθο είναι ότι αν εξασθενήσει η υποφέρουσα χρώματος υψηλής συχνότητας (για παράδειγμα, λόγω χαμηλής διέλευσης ομοαξονικού καλωδίου μεγάλου μήκους) το αποτέλεσμα είναι απώλεια του κορεσμού χρώματος. Ακόμη σοβαρότερα, αν η φάση του σήματος παρουσιάζει αυξανόμενη διατάραξη, τότε το χρώμα στο αναπαραγόμενο χρώμα είναι πιθανό να αλλάξει. Το γεγονός αυτό παραμένει πρόβλημα στο NTSC όπου δεν έχουν ληφθεί μέτρα για βελτίωση της επίδραση μιας τέτοιας διαταραχής. Το σύστημα PAL λαμβάνει μέτρα για πρόληψη τόσο καταστρεπτικής επίδρασης της παραμόρφωσης φάσης μετάγοντας την φάση της υποφέρουσας V σε εναλλακτικές γραμμές. Αυτό, στην πραγματ:κότητα, αφορά σε πολύ λίγα επιπλέον κυκλώματα μέσα στον κωδικοποιητή, αλλά έχει επιπτώσεις στην σχεδίαση πράγμα που σημαίνει ότι η σχεδίαση της αποκωδικοποίησης PAL αποκωδικοποιητή είναι ιδιαίτερα πολύπλοκο αντικείμενο. Η ιδέα πίσω από αυτή την τροποποίηση του συστήματος NTSC (επειδή αυτό είναι το PAL) είναι ότι εάν (υποθετικά) η εικόνα πάρει μια κόκκινη απόχρωση σε μια γραμμή, αυτό ακυρώνεται στην επόμενη όταν πάρει συμπληρωματική μπλε απόχρωση. Ο θεατής, βλέποντας αυτό από απόσταση, απλά συνεχίζει να βλέπει μια αδιατάρακτη έγχρωμη εικόνα. Στην πραγματικότητα, τα πράγματα δεν είναι στην πράξη τόσο απλά, αλλά η ιδέα ήταν αρκετά σημαντική ώστε να αξίζει να ονομασθεί όλο το σύστημα από αυτήν, Γραμμή Αλλαγής Φάσης, PAL (Phase Alteration Line).

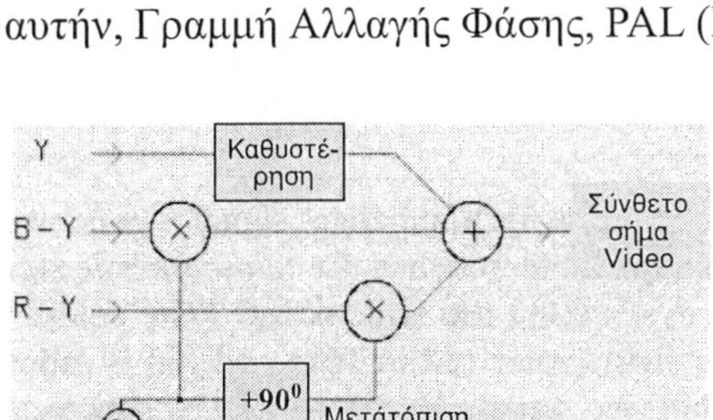

Σχ. 15.5 *Διεργασία κωδικοποίησης χρώματος NTSC*

Ενα άλλο μειονέκτημα της διεργασίας που φαίνεται στο Σχ. 15.5, οφείλεται στη ρύπανση της πληροφορίας φωτεινότητας από πληροφορίες χρώματος και αντίστροφα. Αν και αυτό μπορεί να περιοριστεί σε κάποιο βαθμό με συμπληρωματικό φιλτράρισμα διέλευσης ζώνης και αποκλεισμού ζώνης, πλήρης διαχωρισμός δεν είναι δυνατός και αυτό έχει σαν αποτέλεσμα περάσματα κινούμενων έγχρωμων ταινιών (διασταύρωση χρώματος) που εμφανίζονται στην τηλεόραση σε λεπτομέρειες εικόνας υψηλής συχνότητας, σαν ψαροκόκκαλα και αποδεικνύονται ιδιαίτερα στο να δείχνουν αυτή την παθολογία του συστήματος.

Στον έγχρωμο δέκτη, για αποκωδικοποίηση της υποφέρουσας χρώματος χρησιμοποιείται σύγχρονη αποδιαμόρφωση. Χρησιμοποιείται ένας τοπικός ταλαντωτής και η έξοδος είναι μετατοπισμένη ως προς φάση έτσι ώστε να παράγονται τα δυο ορθογώνια σήματα φέρουσας για τους σύγχρονους αποδιαμορφωτές (πολλαπλασιαστές). Στο Σχ. 15.6 φαίνεται το διάγραμμα block αποκωδικοποιητή χρώματος NTSC. Ο αποκωδικοποιητής PAL είναι πολύ περισσότερο πολύπλοκος.

Από μαθηματικής πλευράς μπορούμε να εξετάσουμε την διεργασία κωδικοποίησης PAL και NTSC ως εξής:

σήμα χρώματος NTSC = $Y + 0.49(B - Y)\sin \omega t + 0.88(R - Y)\cos \omega t$
σήμα χρώματος PAL = $Y + 0.49(B - Y)\sin \omega t \pm 0.88\,(R - Y)\cos \omega t$

Ας σημειωθεί ότι μετά τους αποκωδικοποιητές, τα σήματα U και V φιλτράρονται με χαμηλή διέλευση για απομάκρυνση της συνιστώσας διπλάσιας συχνότητας και ότι το σήμα Y έχει υποστεί καθυστέρηση ώστε να προσαρμοστεί στην καθυστέρηση επεξεργασίας της διεργασίας αποδιαμόρφωσης πριν προστεθεί στα σήματα U και V σε αντίστροφη μετατροπή χρώματος χώρου. Κατά την αποδιαμόρφωση της

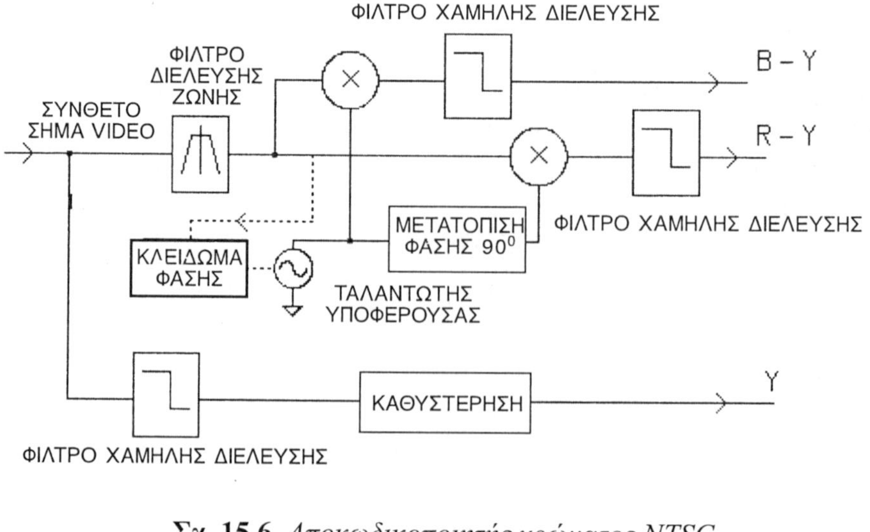

Σχ. 15.6 *Αποκωδικοποιητής χρώματος NTSC*

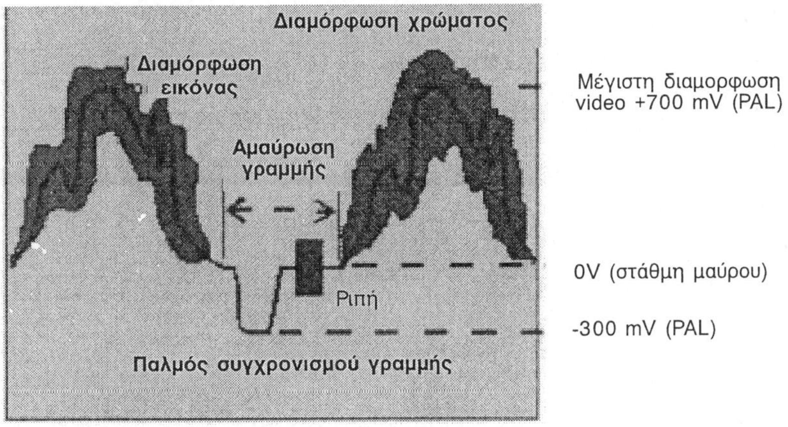

Σχ. 15.7 *Σήμα έγχρωμης τηλεόρασης*

υποφέρουσας χρώματος, οι αναγεννημένες φέρουσες πρέπει όχι μόνο να παραμένουν στην ακριβή συχνότητα, αλλά και να διατηρούν ακριβή σχέση φάσης με το εισερχόμενο σήμα. Για τους λόγους αυτούς ο τοπικός ταλαντωτής πρέπει να είναι κλειδωμένος ως προς φάση και για να γίνει αυτό είναι φανερό ότι ο ταλαντωτής πρέπει να τροφοδοτείται με σήμα αναφοράς σε κανονική και συνεχή βάση. Αυτή η απαίτηση εκπληρώνεται με την κυματομορφή ριπής χρώματος που φαίνεται στο σύνθετο σήμα έγχρωμης τηλεόρασης στο Σχ. 15.7.

Η ριπή αναφοράς χρώματος περιέχεται σε κάθε ενεργή γραμμή TV σε σημείο του αρχικού ασπρόμαυρου σήματος που δίνεται για την νέα κίνηση γραμμής. Ας σημειωθεί, ακόμη, ότι η πληροφορία χρώματος υψηλής συχνότητας που υπερτίθεται στην "λευκή και μαύρη" πληροφορία φωτεινότητας. Από τη στιγμή που τα αποδιαμορφωμένα σήματα υποστούν αντίστροφη μετατροπή χώρου χρώματος, και γίνουν για μια ακόμη φορά σήματα RGB, εφαρμόζονται στα πολυβόλα της έγχρωμης λυχνίας.

Καθώς βλέπουμε τηλεόραση, σαρώνονται ταυτόχρονα τρία χρώματα από τρεις παράλληλες ηλεκτρονικές δέσμες που εκπέμπονται από τρεις καθόδους στη βάση

Πίνακας 15.1

	NTSC	*PAL*
Συχνότητα πεδίου	50.94 Hz	50 Hz
Σύνολο γραμμών	525	625
Ενεργές γραμμές	480	575
Οριζόντια ανάλυση	440	572
Συχνότητα γραμμών	15.75 kHz	15.625 kHz

(**Σημείωση:** Οι οριζόντιες αναλύσεις υπολογίζονται για εύρος ζώνης συχνοτήτων NTSC 4.2 MHz και περίοδο γραμμής 52 μs. Για PAL, πλάτος εύρος συχνοτήτων 5.5 MHz και περίοδο 52 μs).

της λυχνίας και όλες σαρώνονται από ένα κοινό σύστημα μαγνητικής εκτροπής. Αλλά με ποιό τρόπο θα εξασφαλίσουμε ότι κάθε ηλεκτρονικό πολυβόλο θα διεγείρει μόνο την κατάλληλη φθορίζουσα ουσία; Η απάντηση είναι η μάσκα σκιών, ένα διάτρητο φράγμα από φύλλο χάλυβα που σκεπάζει τα φθορίζοντα υλικά από τη δράση ακατάλληλου ηλεκτρονικού πολυβόλου. Η διάταξη φαίνεται στο Σχ. 15.8. Σε έγχρωμη λυχνία, για να παραχθεί αποδεκτή εικόνα σε λογική απόσταση παρακολούθησης, υπάρχουν περίπου μισό εκατομμύριο κόκκινες, πράσινες και μπλε τριάδες φθοριζόντων υλικών στην εσωτερική επιφάνεια της οθόνης. Τα ηλεκτρονικά πολυβόλα είναι τοποθετημένα υπό μικρή γωνία μεταξύ τους και στοχεύουν έτσι ώστε να συγκλίνουν στην μάσκα σκιών. Οι δέσμες στη συνέχεια περνούν από μια οπή και αποκλίνουν ελαφρά ανάμεσα στη μάσκα σκιών και στην οθόνη, έτσι ώστε η κάθε μια να χτυπά μόνο την φθορίζουσα ουσία που αντιστοιχεί σ' αυτήν. Η σπατάλη ενέργειας αποτελεί ένα από τα πολύ πραγματικά μειονεκτήματα της έγχρωμης λυχνίας με μάσκα σκιών. Μόνο περίπου το ένα τέταρτο της ενέργειας κάθε ηλεκτρονικής δέσμης φτάνει στις φθορίζουσες ουσίες. Μέχρι και το 75% των ηλεκτρονίων δεν κάνουν τίποτα άλλο από το να θερμαίνουν το ατσάλι!

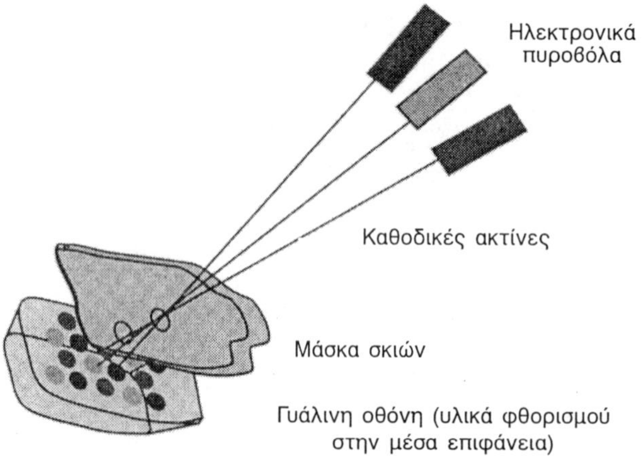

Σχ. 15.8 *Η λειτουργία της μάσκας σκιών*

Αναλογική διασύνδεση video

Τα σήματα της αναλογικής τηλεόρασης, εξαιτίας του μεγάλου εύρους ζώνης συχνοτήτων τους, πάντοτε διανέμονται με ομοαξονικά καλωδία. Εφαρμόζεται γενικά η τεχνική τερματισμού με προσαρμογή. Σ' αυτήν τόσο η σύνθετη αντίσταση πομπού όσο και η σύνθετη αντίσταση φορτίου ρυθμίζονται ώστε να είναι προσαρμοσμένες στη σύνθετη αντίσταση υπερέντασης της γραμμής. Το γεγονός αυτό ελαχιστοποιεί τις ανακλάσεις. Η πρότυπη σύνθετη αντίσταση στην τηλεόραση είναι 75 Ω. Στο Σχ. 15.9 φαίνεται μια τυπική διασύνδεση. Ας σημειωθεί ότι ο τερματισμός με προσαρμογή έχει ένα μειονέκτημα, ότι το σήμα τάσης που φτάνει στα άκρα τερματισμού του δέκτη είναι το μισό από το σήμα ΗΕΔ που δίνει ο πομπός. Οι πρότυπες τιμές τάσης (που αναφέρονται παραπάνω) πάντοτε έχουν σχέση με τάσεις που μετρούνται στα άκρα της σύνθετης αντίστασης τερματισμού.

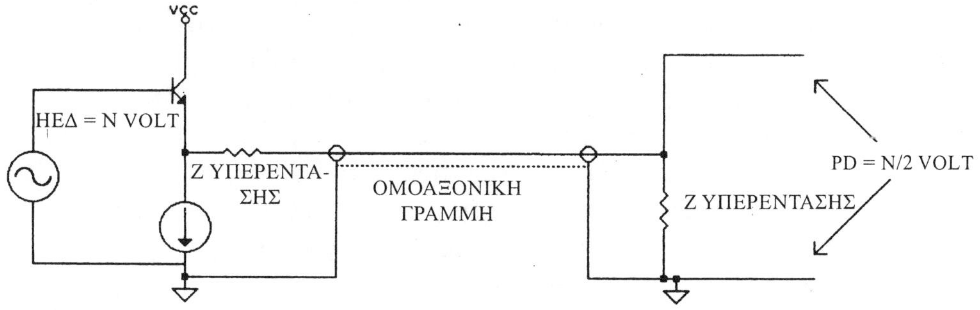

Σχ. 15.9 *Διασύνδεση video*

Ψηφιακό video

Για να δούμε τις δυνάμεις που οδήγησαν στη γρήγορη υιοθέτηση της ψηφιακής επεξεργασίας και διασύνδεσης video σε ολόκληρη τη βιομηχανία τηλεόρασης, πρέπει να αναφερθούμε σε ορισμένους από τους τεχνικούς νεωτερισμούς στην τηλεόραση κατά τα τελευταία χρόνια της δεκαετίας του 1970 και στις αρχές της δεκαετίας του 1980. Τα συστήματα τηλεόρασης NTSC και PAL που περιγράψαμε παραπάνω αναπτύχθηκαν κυρίως σαν πρότυπα μετάδοσης και όχι σαν πρότυπα παραγωγής τηλεόρασης. Οπως είδαμε, εξαιτίας της φύσης του σήματος NTSC και PAL, λεπτομέρειες φωτεινότητας υψηλής συχνότητας μπορούν εύκολα να μεταφραστούν σε λανθασμένες πληροφορίες χρώματος. Στην πραγματικότητα, αυτό το φαινόμενο διασταύρωσης χρώματος αποτελεί σχεδόν σταθερό χαρακτηριστικό των εικόνων τηλεόρασης με το πρότυπο εκπομπής και έχει σαν αποτέλεσμα μια μόνιμη γενική “εργασία” στην εικόνα. Μετά απ’ αυτό, αυτά τα σύνθετα πρότυπα TV (που ονομάζονται έτσι επειδή οι πληροφορίες χρώματος και φωτεινότητας κινούνται σε σύνθετη μορφή) έγιναν το κύριο πρότυπο παραγωγής κυρίως εξαιτίας του υπερβολικού κόστους του εξοπλισμού επεξεργασίας σήματος “τριών επιπέδων” (πχ μεταγωγικών διακοπτών όδευσης, μικτών κλπ) που λειτουργούσαν στο σήμα κόκκινου, πράσινου και μπλε ή στα σήματα φωτεινότητας και διαφοράς χρώματος ξεχωριστά. Ενα άλλο θέμα, πέρα από το κόστος, ήταν σε τέτοια συστήματα ότι παρέμεινε δύσκολη η διατήρηση σταθερής της απολαβής, της ενίσχυσης DC και της απόκρισης συχνότητας (άρα και της καθυστέρησης) αυτών των συστημάτων, ή τουλάχιστον αμετάβλητης για σχετικά μεγάλα χρονικά διαστήματα. Συστήματα που επεξεργάζονται τις συνιστώσες R, G και B χωριστά υπέφεραν ιδιαίτερα από μετατοπίσεις χρώματος καθ' όλη τη διάρκεια του προγράμματος. Παρ' όλα αυτά καθώς βελτιώνονταν η αναλογική τεχνολογία με χρήση ολοκληρωμένων κυκλωμάτων σε αντίθεση με τα διάκριτα κυκλώματα ημιαγωγών, οι κατασκευαστές άρχισαν την παραγωγή εξοπλισμού εξαρτημάτων τηλεόρασης τριών καναλιών που επεξεργάζονταν ξεχωριστά τα σήματα φωτεινότητας R-Y και B-Y. Η πίεση γι' αυτήν την επιπλέον ποιότητα προήλθε ιδιαίτερα από τον τομέα της γραφιστικής όπου βρέθηκε ότι η εργασία με σύνθετα πρότυπα είχε αποτέλεσμα εικόνες κακής ποιότητας με τις οποίες ήταν κουραστικό να δουλεύει κανείς, και όπου υπήρχε επιθυμία χρήσης λεπτής δομής σχεδίων, η οποία δημιουργούσε διασταυρούμενο χρώμα και πολύ κορεσμένα χρώματα που δεν αποδίδονται καλά σε σύνθετο σύστημα (ιδιαίτερα στο NTSC).

Ο επονομαζόμενος εξοπλισμός τηλεόρασης αναλογικών εξαρτημάτων είχε σύντομη παραμονή στον κόσμο των ακριβών μηχανημάτων κυρίως επειδή τα προβλήματα αλληλεπίδρασης των στοιχείων, μετατόπισης και απόκρισης συχνότητας δε λύθηκαν τελικά ποτέ. Βέβαια, ένα ψηφιακό σύστημα ποτέ δεν έχει τέτοια προβλήματα. Ο θόρυβος, η απόκριση πλάτους σε σχέση με τη συχνότητα και τον χρόνο αποτελούν αμετάβλητες παραμέτρους "σχεδιασμένες μέσα" στον εξοπλισμό, και όχι παραμέτρους που μετατοπίζονται όταν τα ρεύματα μεταβάλλονται κατά κλάσμα του mA σε κάποια ένωση βάσης – εκπομπού μέσα στο κύκλωμα! Από την αρχή η ψηφιακή τηλεόραση προσέφερε τη μόνη πραγματική εναλλακτική λύση στην αναλογική σύνθετη επεξεργασία και, καθώς οι εταιρείες παραγωγής ήταν δυσαρεστημένες από την ποιότητα των σύνθετων συσκευών, δόθηκε το τελειωτικό χτύπημα στην αναλογική επεξεργασία στην τηλεόραση.

Γενική περιγραφή πρωτοκόλλου 4:2:2

Οπως συμβαίνει στο audio, έτσι και με το video, καθώς όλο και περισσότερες συσκευές τηλεόρασης άρχισαν να επεξεργάζονται εσωτερικά τα σήματα σε ψηφιακή μορφή, έτσι και ο αριθμός των μετατροπών θα μπορούσε να κρατηθεί ελάχιστος αν οι κατασκευαστές προμήθευαν ένα πρότυπο ψηφιακής διασύνδεσης που θα επέτρεπε στα διάφορα κομμάτια μηχανημάτων ψηφιακού video να περνούν πληροφορίες ψηφιακού video απευθείας χωρίς να καταφεύγουν σε πρότυπες αναλογικές συνδέσεις. Το τμήμα αυτό αποτελεί μια βασική περιγραφή του πρωτοκόλλου 4:2:2 (γνωστού και σαν CCIR 601), που έχει γίνει αποδεκτό σαν το βιομηχανικό πρότυπο για ψηφιακοποιημένα σήματα εξαρτημάτων TV. Τα σήματα δεδομένων μεταφέρονται με τη μορφή δυαδικων πληροφοριών κωδικοποιημένα σε λέξεις των 8 bit ή των 10 bit. Τα σήματα αυτά αποτελούνται από τα σήματα video και από τα σήματα αναφοράς χρονισμού. Στο πρωτόκολλο περιλαμβάνονται και βοηθητικά δεδομένα και σήματα αναγνώρισης. Τα σήματα video λαμβάνονται με την κωδικοποίηση των συνιστωσών των αναλογικών σημάτων video. Οι συνιστώσες αυτές είναι τα σήματα φωτεινότητας (Y) και διαφοράς χρώματος (Cr και Cb) που παράγονται από τα πρωτογενή σήματα (R, G, B). Οι παράμετροι κωδικοποίησης καθορίζονται στην Σύσταση 601 της CCIR και οι κυριώτερες λεπτομέρειες δίνονται στον Πίνακα 15.2.

Σχέσεις χρονισμού

Η ψηφιακή ενεργή γραμμή αρχίζει στις 264 λέξεις από το άκρο αρχής του παλμού συγχρονισμού αναλογικής γραμμής. Ο χρόνος αυτός καθορίζεται μεταξύ σημείων μισού πλάτους. Η σχέση αυτή φαίνεται στο Σχ. 15.10. Η αρχή του πρώτου ψηφιακού πεδίου είναι σταθερή με την θέση που καθορίζεται για την αρχή της ψηφιακής ενεργής γραμμής: το πρώτο ψηφιακό πεδίο αρχίζει 24 λέξεις πριν από την αρχή της αναλογικής γραμμής No. 1. Το δεύτερο ψηφιακό πεδίο αρχίζει 24 λέξεις πριν από την αρχή της αναλογικής γραμμής No. 313.

Σήματα αναφοράς χρονισμού video

Δύο σήματα αναφοράς χρονισμού video πολυπλέκονται στην ροή δεδομένων σε κάθε γραμμή, όπως φαίνεται στο Σχ.15.10 και διατηρούν την ίδια μορφοποίηση σε όλο το χρονικό διάστημα αμαύρωσης πεδίου. Κάθε σήμα αναφοράς χρονισμού αποτελείται από ακολουθία τεσσάρων λέξεων όπου οι τρείς πρώτες λέξεις αποτελούν σταθερό προοίμιο και η τέταρτη περιέχει τις πληροφορίες που ορίζουν:

πρώτο και δεύτερο πεδίο αμαύρωσης,
κατάσταση πεδίου αμαύρωσης,
αρχή και τέλος αμαύρωσης γραμμής.

Αυτή η ακολουθία τεσσάρων λέξεων μπορεί να παρασταθεί, με δεκαεξαδική απεικόνιση, με τον ακόλουθο τρόπο:

FF 00 00 XY

όπου το XY παριστάνει μεταβλητή λέξη. Σε δυαδική μορφή αυτό μπορεί να παρασταθεί με την ακόλουθη μορφή:

Αριθμός δεδομένων	Πρώτη λέξη (FF)	Δεύτερη λέξη (00)	Τρίτη λέξη (00)	Τέταρτη λέξη (XY)
7	1	0	0	1
6	1	0	0	F
5	1	0	0	V
4	1	0	0	H
3	1	0	0	P3
2	1	0	0	P2
1	1	0	0	P1
0	1	0	0	P0

Πίνακας 15.2 Τιμές παραμέτρων κωδικοποίησης για την διασύνδεση 4:2:2 ψηφιακού video

Παράμετροι	Σύστημα 525 γραμμών, 60 πεδίων	Σύστημα 625 γραμμών, 50 πεδίων
1. Κωδικοποιημένα σήματα: Y, Cb, Cr. Τα σήματα αυτά λαμβάνονται από προδιορθωμένα σήματα gamma RGB		
2. Αριθμός δειγμάτων ανά συνολική γραμμή -Σήμα φωτεινότητας -Κάθε σήμα διαφοράς χρώματος (Cb, Cb)	 858 429	 864 432
3. Δομή δειγματοληψίας	Ορθογώνια γραμμή, επαναλαμβανόμενα δείγματα Cr και Cb πεδίου και εικόνας, παρατιθέμενα με περιττά (1^0, 3^0, 5^0κ.λ.π.) δείγματα Y σε κάθε γραμμή	
4. Συχνότητα δειγματοληψίας -Σήμα φωτεινότητας -Κάθε σήμα διαφοράς χρώματος Η ανοχή για τις συχνότητες δειγματοληψίας πρέπει να συμπίπτει με την ανοχή για την συχνότητα γραμμής του αντίστοιχου πρότυπου έγχρωμης τηλεόρασης	 13.5 MHz 6.75 MHz	
5. Μορφή κωδικοποίησης	Ομογενώς κβαντοποιημένο PCM, 8 bit ανα δείγμα, για το σήμα φωτεινότητας και για κάθε σήμα διαφοράς χρώματος	
6. Αριθμός δειγμάτων ανά ψηφιακή ενεργή γραμμή: -Σήμα φωτεινότητας -Κάθε σήμα διαφοράς χρώματος	 720 360	
7. Σχέση αναλογικού προς ψηφιακό οριζόντιου χρονισμού: -από το τέλος της ψηφιακής 16 περίοδοι χρονισμού ενεργής γραμμής έως 0 H	16 περίοδοι χρονισμού φωτεινότητας (NTSC)	12 περίοδοι χρονισμού φωτεινότητας (PAL)
8. Αντιστοιχία μεταξύ τιμών σήματος Video και τιμών κβαντοποίησης -κλίμακα -σήμα φωτεινότητας -σήμα διαφοράς χρώματος	0 έως 255 220 τιμές κβαντοποίησης με την στάθμη μαύρου να αντιστοιχεί στην τιμή 16 και την μέγιστη τιμή άσπρου να αντιστοιχεί σε τιμή 235. Η τιμή σήματος μπορεί περιστασιακά να υπερβεί την τιμή 235 225 τιμές κβαντοποίησης στο κεντρικό τμήμα της κλίμακας κβαντοποίησης με το μηδενικό σήμα να αντιστοιχεί στην τιμή 128	
9. Χρήση της κωδικοποιημένων λέξεων	Κωδικοποιημένες λέξεις που αντιστοιχούν σε τιμές κβαντοποίησης 0 και 255 χρησιμοποιούνται αποκλειστικά για συγχρονισμό. Διαθέσιμες για video οι τιμές 1 μέχρι 254	

(Ας σημειωθεί ότι οι συχνότητες δειγματοληψίας των 13.5 MHz (φωτεινότητας) και 6.75 MHz (διαφοράς χρώματος) είναι ακέραια πολλαπλάσια των 2.25 MHz, του ελάχιστου κοινού πολλαπλάσιου των συχνοτήτων γραμμής στα συστήματα 525/60 και 625/50, με αποτέλεσμα στατική ορθογώνια μορφή δειγματοληψίας και για τα δύο. Τα σήματα φωτεινότητας και διαφοράς χρώματος δειγματολαμβάνονται έτσι σε βάθος 8 (ή 10) bit με το σήμα φωτεινότητας να δειγματολαμβάνεται διπλάσιες φορές από το σήμα χρώματος (74 nsec αντί 148 nsec). οι τιμές αυτές πολυπλέκονται μαζί με την εξής δομή:

Cb, Y, Cr, Y, Cb, Y, Cr ... κλπ

όπου οι τρεις λέξεις (Cb, Cr, Y) αναφέρονται σε διπλανά δείγματα φωτεινότητας και διαφοράς χρώματος και η ακόλουθη λέξη Y αντιστοιχεί μόνο σε γειτονικό δείγμα γωτεινότητας. Η πρώτη λέξη δεδομένων video κάθε ενεργής γραμμής είναι Cb.)

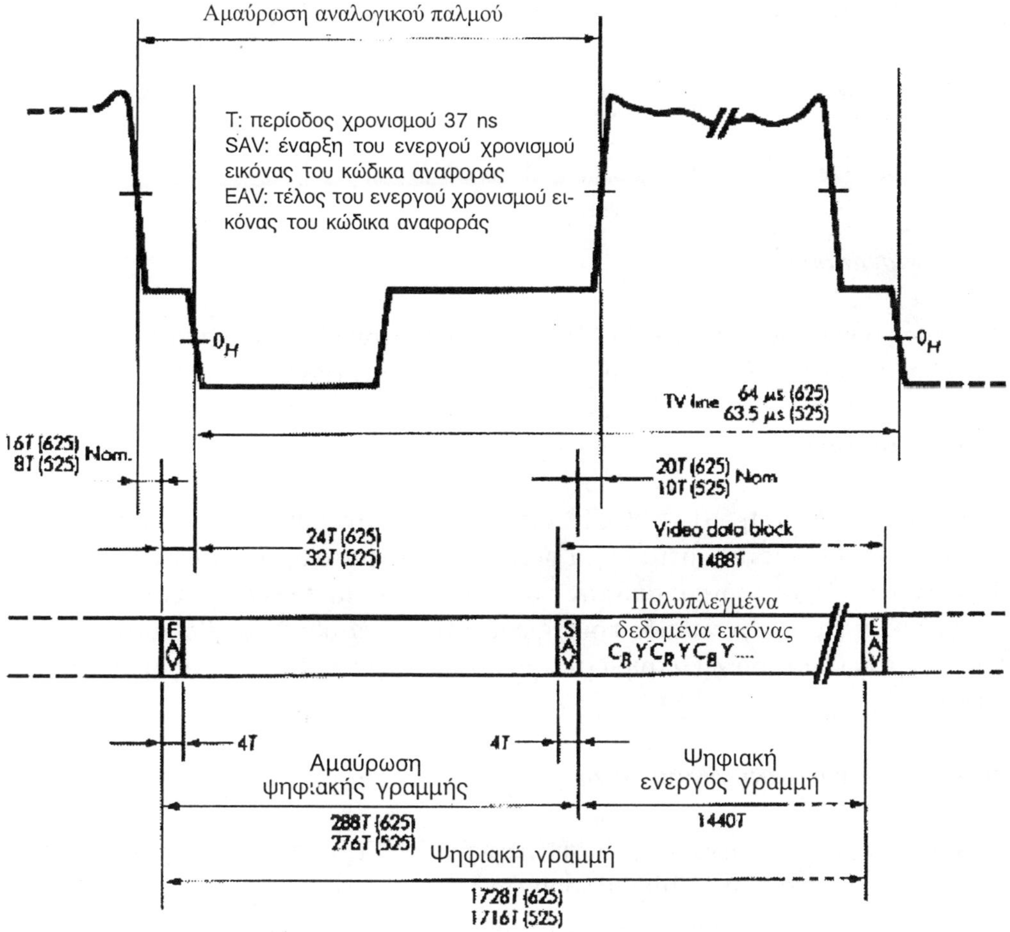

Σχ. 15.10 *Σχέσεις χρονισμού σε ψηφιακή και αναλογική TV*

Οι δυαδικές τιμές των F, V και H χαρακτηρίζουν τα τρία αντικείμενα πληροφοριών που έχουν δοθεί παραπάνω:

F = 0 για το πρώτο πεδίο,
V = 1 κατά το χρονικό διάστημα αμαύρωσης πεδίου
H = 1 στην αρχή του χρονικού διαστήματος αμαύρωσης γραμμής

Οι δυαδικές τιμές P0, P1, P2 και P3 εξαρτώνται από τις καταστάσεις των E, V και H σύμφωνα με τον ακόλουθο πίνακα, και χρησιμοποιούνται για ανίχνευση / διόρθωση σφαλμάτων δεδομένων χρονισμού:

F	V	H	P3	P2	F1	P0
0	0	0	0	0	0	0
0	0	1	1	1	0	1

0	1	0	1	0	1	1
0	1	1	0	1	1	0
1	0	0	0	1	1	1
1	0	1	1	0	1	0
1	1	0	1	1	0	0
1	1	1	0	0	0	1

Σήμα χρονισμού

Το σήμα χρονισμού είναι στα 27 MHz, όπου υπάρχουν 1728 διαστήματα χρονισμού κατά τη διάρκεια κάθε περιόδου οριζόντιας γραμμής (PAL).

Φόρμες φίλτρων

Η υπόλοιπη Σύσταση 601 της CCIR ασχολείται με τον ορισμό των γραφικών παραστάσεων απόκρισης συχνότητας για φίλτρα προδειγματοληψίας και ανακατασκευής. Τα φίλτρα που απαιτούνται από την Σύσταση 601 είναι πρακτικά δύσκολο να κατασκευαστούν και ο εξοπλισμός που χρειάζεται για να ικανοποιηθεί αυτή η προδιαγραφή πρέπει να περιέχει ακριβά φίλτρα έτσι ώστε να επιτυγχάνεται η απαιτούμενη λειτουργία.

Παράλληλη ψηφιακή διασύνδεση

Τα πρώτα πρότυπα ψηφιακής διασύνδεσης video είχαν παράλληλη μορφοποίηση. Αποτελούνταν από 8 ή 10 bit διαφορικών δεδομένων σε τιμές δεδομένων ECL και διαφορικό σήμα χρονισμού πάλι σαν σήμα ECL. Τα σήματα, μεταφερόμενα μέσω πολύκλωνου καλωδίου, τερμάτιζαν σε ένα από τα δύο άκρα πρότυπου βύσματος και υποδοχής D25. Από πολλές απόψεις η διάταξη αυτή ήταν εξαιρετική και είναι πολύ κατάλληλη για σύνδεση δύο τοπικών ψηφιακών μηχανημάτων βιντεοταινίας σε μικρή απόσταση. Το πρωτόκολλο για την ψηφιακή διασύνδεση video είναι ο Πίνακας 15.3. Καθορίζεται ότι οι μεταβάσεις ωρολογίου πραγματοποιούνται στο κέντρο κάθε στοιχείου bit δεδομένων.

Εμφανίστηκαν προβλήματα με την παράλληλη ψηφιακή διασύνδεση video σε μεσαίες / μεγάλες αποστάσεις με αποτέλεσμα λανθασμένο χρονισμό των δεδομένων εισόδου και εμφάνιση οπτικών "σπινθηρισμών" στην εικόνα. Επιπλέον, η παράλληλη διασύνδεση απαιτούσε ακριβά και μη τυποποιημένα πολύκλωνα καλώδια (αν και σε πολύ μικρές αποστάσεις μπορούσε να λειτουργεί με συνηθισμένο καλώδιο ταινίας) και το βύσμα και η υποδοχή D25 έχουν μεγάλο όγκο. Σήμερα, το πρότυπο παράλληλης διασύνδεσης έχει ξεπεραστεί σε μεγάλο βαθμό από το σειριακό ψηφιακό πρότυπο video που είναι σχεδιασμένο να μεταδίδεται σε σχετικά μεγάλες αποστάσεις με το ίδιο ομοαξονικό καλώδιο που χρησιμοποιούνταν στα αναλογικά

Πίνακας 15.3 *Η παράλληλη ψηφιακή διασύνδεση video*

Αριθμός ακροδέκτη	Λειτουργία
1	χρονισμός +
2	γείωση συστήματος
3	δεδομένα 7 (MSB) +
4	δεδομένα 6 +
5	δεδομένα 5 +
6	δεδομένα 4 +
7	δεδομένα 3 +
8	δεδομένα 2 +
9	δεδομένα 1 +
10	δεδομένα 0 +
11	δεδομένα -1 + Μόνο συστήματα των 10 bit
12	δεδομένα -2 + Μόνο συστήματα των 10 bit
13	θωράκιση καλωδίου
14	χρονισμός -
15	γείωση συστήματος
16	δεδομένα 7 (MSB) -
17	δεδομένα 6 -
18	δεδομένα 5 -
19	δεδομένα 4 -
20	δεδομένα 3 -
21	δεδομένα 2 -
22	δεδομένα 1 -
23	δεδομένα 0 -
24	δεδομένα -1 - Μόνο συστήματα των 10 bit
25	δεδομένα -2 - Μόνο συστήματα των 10 bit

σήματα video. Αυτό κάνει την υιοθέτηση και χρησιμοποίησή του όσο απλούστερη γίνεται για τις υπάρχουσες εγκαταστάσεις τηλεόρασης μετατρέποντας από αναλογικά σε ψηφιακά πρότυπα video..

Σειριακή ψηφιακή διασύνδεση video

Η SMPTE 259M καθορίζει τις παραμέτρους του σειριακού ψηφιακού πρότυπου. Αυτό το έγγραφο καθορίζει ότι τα παράλληλα δεδομένα με τη μορφοποίηση που δόθηκε στο προηγούμενο τμήμα μπορούν να γίνουν σειριακά και να μεταδοθούν με ταχύτητα δέκα φορές μεγαλύτερη από την παράλληλη συχνότητα χρονισμού. Για σήματα στα εξαρτήματα αυτή είναι:

$$27 \text{ Mbits/s} \times 10 = 270 \text{ Mbits/s}$$

Τα σειριακοποιημένα δεδομένα πρέπει να έχουν πλάτος p-t-p 800 μV (±10%) στα άκρα αντίστασης 75Ω, ονομαστικό χρόνο ανόδου 1 nsec και λειτουργία jitter ±250 psec. Στο άκρο λήψης, τα σήματα πρέπει να μετατραπούν πάλι σε παράλληλα για να παρουσιάσουν τα αρχικά παράλληλα δεδομένα στην εσωτερική επεξεργασία video. (Ας σημειωθεί ότι δεν υπάρχει μηχάνημα που να επεξεργάζεται video στη σειριακή του μορφή, αν και οι ψηφιακοί διακόπτες μεταγωγής όδευσης και τα DA (στα οποία δεν υπάρχει ανάγκη μετατροπής του σήματος, μόνο το αποθηκεύουν προσωρινά ή το κατευθύνουν) δεν αποκωδικοποιούν τον σειριακό συρμό των bit.

Η σειριακοποίηση επιτυγχάνεται με ένα σύστημα που δίνεται στο Σχ. 15.11. Παράλληλα δεδομένα και παράλληλος χρονισμός εισάγονται σε μάνδαλα εισόδου και κατά συνέπεια σε παράλληλο σε σειριακό κύκλωμα μετατροπής. Ο παράλληλος χρονισμός εισάγεται και αυτός σε βρόχο κλειδώματος φάσης που εκτελεί πολλαπλασιασμό (10 φορές) του παράλληλου χρονισμού. Ενας ανιχνευτής συγχρονισμού αναζητά την πληροφορία TRS και διασφαλίζει ότι αυτή θα κωδικοποιηθεί σωστά, ανεξάρτητα από την ανάλυση 8 ή 10 bit. Τα σειριακά δεδομένα βγαίνουν από το κύκλωμα σειριακοποίησης και πηγαίνουν στον περιπλέκτη (scrambler) και στο κύκλωμα μετατροπής NRZ σε NRZI. Το κύκλωμα περιπλέκτη χρησιμοποιεί καταχωρητή ολίσθησης γραμμικής ανάδρασης που χρησιμοποιείται για να κάνει ψευδοτυχαία τα εισερχόμενα σειριακά δεδομένα. Αυτό έχει σαν αποτέλεσμα την ελαχιστοποίηση της συνιστώσας DC του συρμού εξόδου σειριακών δεδομένων, το κύκλωμα μετατροπής NRZ σε NRZI μετατρέπει μεγάλες σειρές από 1 σε σειρές μεταβάσεων. Το σήμα που προκύπτει περιέχει αρκετές πληροφορίες σε ταχύτητα χρονισμού και είναι επαρκώς απαλλαγμένο από DC έτσι ώστε να μπορεί να σταλλεί μέσω υπαρχόντων καλωδίων video. Τότε μπορεί να επαναχρονιστεί, να αποκωδικοποιηθεί και να μετατραπεί πάλι σε παράλληλα δεδομένα στο μηχάνημα λήψης. Το σειριακό βίντεο, εξαιτίας της πολύ μεγάλης ταχύτητας δεδομένων πρέπει να μεταφέρεται από κυκλώματα ECL. Στο Σχ. 15.12 φαίνεται μια απεικόνιση τυπικής πύλης ECL. Ας σημειωθεί ότι οι πρότυπες τιμές video είναι ανάλογες με τις τιμές δεδομένων στην λογική ECL. Σίγουρα η χρήση διασύνδεσης με τόσο μεγάλη ταχύτητα αποτελεί εξαιρετικά εξειδικευμένη εργασία Ευτυχώς οι πρακτικοί τεχνικοί διαθέτουν όλα όσα χρειάζονται για κωδικοποιητές και αποκωδικοποιητές διασύνδεσης σχεδιασμένα γι' αυτούς από τρίτους κατασκευαστές ολοκληρωμένων κυκλωμάτων (Σχ. 15.13).

Ενσωματωμένο ψηφιακό audio στην ψηφιακή διασύνδεση video

Μέχρι τώρα έχουμε εξετάσει την διασύνδεση ψηφιακού audio και video ξεχωριστά. Προφανώς, υπάρχουν πολλοί καλοί λειτουργικοί λόγοι για συνδυασμό εικόνας τηλεόρασης με τον ήχο που τη συνοδεύει "στο ίδιο καλώδιο". Το πρότυπο που καθορίζει την ενσωμάτωση ψηφιακών δεδομένων audio, βοηθητικών δεδομένων και των συναφών πληροφοριών ελέγχου στο βοηθητικό χώρο δεδομένων της σειριακής ψηφιακής αλληλοσύνδεσης που υπακούει στην προδιαγραφή SMPTE 259M, είναι το προτεινόμενο πρότυπο SMPTE 272M.

Το πρότυπο για video έχει αρκετό "χώρο" για να απεικονίσει ένα ελάχιστο που αποτελείται από 1 στερεοφωνικό ψηφιακό ακουστικό σήμα (ή από δύο μονοφωνικά κανάλια) μέχρι ένα μέγιστο από 8 ζεύγη στερεοφωνικών ψηφιακών ακουστικών σημάτων (ή από 16 μονοφωνικά κανάλια). Τα 16 κανάλια διαιρούνται σε 4 ακουστικά σήματα 4 "ομάδων". Το πρότυπο προβλέπει 10 στάθμες λειτουργίας (προσθέμα-

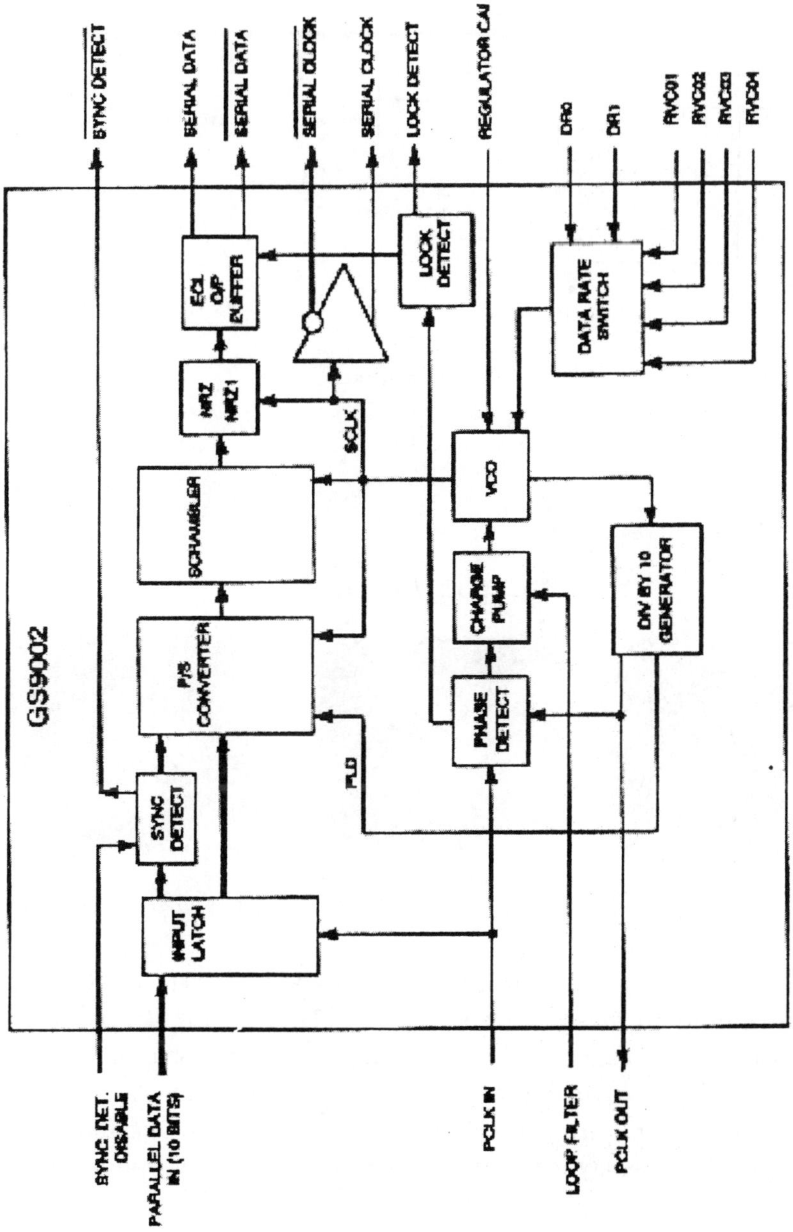

Σχ. 15.11 Σύστημα σειριακοποίησης που χρησιμοποιείται σε σήματα TV σειριακών bit

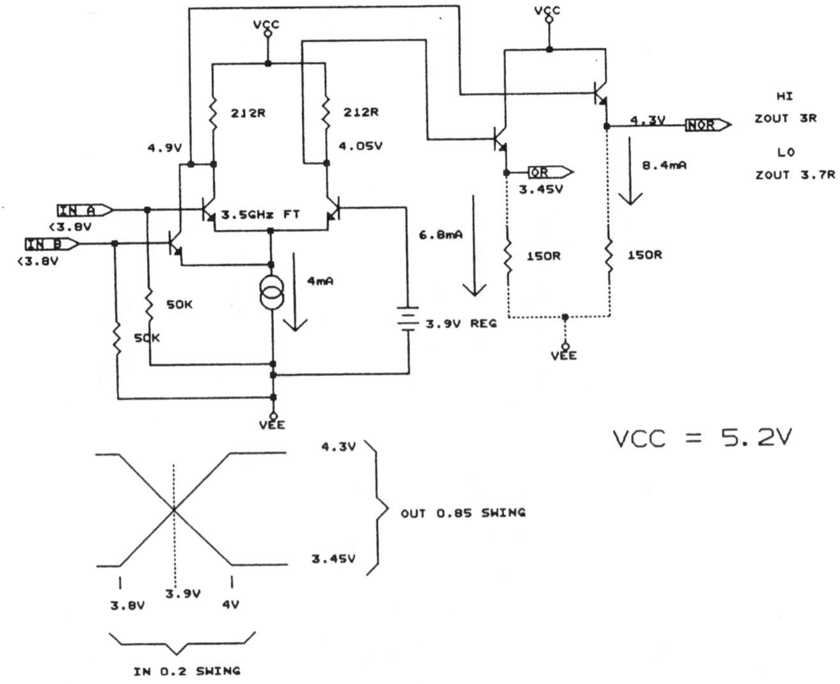

Σχ. 15.12 *Πύλη ECL*

Σχ. 15.13 *Chip σειριακοποίησης της Gennum Corp. (Προσφορά της Gennum Corp.)*

τα από Α έως J) που επιτρέπουν διάφορες διαφορετικές και εκτεταμένες λειτουργίες πέραν και πάνω από το σύγχρονο πρότυπο 48 kHz / 20 bit. Το ακουστικό σήμα μπορεί να εμφανίζεται σε κάποια και/ή σε όλες τις χρονικές περιόδους αμαύρωσης γραμμής και πρέπει να κατανέμεται εξίσου σε όλο το πεδίο. Ας εξετάσουμε την περίπτωση ακουστικού σήματος 48kHz που πολυπλέκεται με ψηφιακό οπτικό σήμα 625 / 50. Ο αριθμός των δειγμάτων που μεταδίδονται σε κάθε γραμμή είναι :

(48000)/(15625)

που ισοδυναμεί με 3.072 δείγματα ανά γραμμή. Η λογική προσέγγιση λαμβάνεται στο πρότυπο εκπομπής 3 δειγμάτων ανά γραμμή κατά τον περισσότερο χρόνο και εκπομπή περιστασιακά 4 δειγμάτων ανά γραμμή έτσι ώστε να δημιουργηθεί αυτή η μη ακέραια μέση ταχύτητα δεδομένων. Στην περίπτωση του 625 / 50 αυτό οδηγεί σε 1920 δείγματα ανά πλήρες πλαίσιο. (Είναι φανερό ότι μπορεί να γίνει παρόμοιος υπολογισμός για άλλες ταχύτητες δειγματοληψίες και πλαισίου.) Αυτό που χρειάζεται για να πετύχουμε αυτήν την "πακετοποίηση" του audio μέσα σε κάθε γραμμή video είναι ένα μικρό ποσό προσωρινής καταχώρησης σε κάθε άκρο και ένα μικρό περιθώριο δεδομένων που να "λέει" στον δέκτη αν θα πρέπει να περιμένει 3 ή 4 δείγματα σε δεδομένη γραμμή.

Στο Σχ. 15.14 δίνεται η δομή κάθε ψηφιακού πακέτου audio όπως εμφανίζεται κατά προτίμηση σε όλες, ή σχεδόν σε όλες, τις γραμμές του πεδίου. Το πακέτο αρχίζει αμέσως μετά την λέξη TRS για ΕΛV (end of active line – τέλος ενεργής γραμμής) με την επικεφαλίδα βοηθητικών δεδομένων 000, 3FF, 3FF. Αυτό ακολουθείται από ένα μοναδικό βοηθητικό δεδομένο ID που ορίζει ποιά ακουστική ομάδα εκπέμπεται. Αυτό ακολουθείται από ένα byte αριθμού των block δεδομένων. Πρόκειται για ελεύθερο μετρητή που μετρά από 1 έως 255 στα χαμηλότερα 8 bit. Αν τεθεί στο μηδέν, το κύκλωμα αποενσωμάτωσης θα θεωρήσει ότι η δυνατότητα αυτή δεν είναι ενεργή. Το ένατο δυαδικό ψηφίο είναι άρτια ομοτιμία για τα bit από 7 μέχρι 0 και το δέκατο είναι το αντίστροφο του ένατου. Με τη βοήθεια αυτής της λέξης αριθμού των block δεδομένων θα μπορούσε να ανακαλυφθεί και να συγκαλυφθεί μεταγωγή κατακορύφου χρονικού διαστήματος. Η επόμενη λέξη είναι μέτρηση δεδομένων που υποδεικνύει σε δέκτη τον αριθμό των λέξεων δεδομένων audio που θα ακολουθούν. Στη συνέχεια ακολουθούν υποπλαίσια audio σαν γειτονικά σύνολα τριών συ-

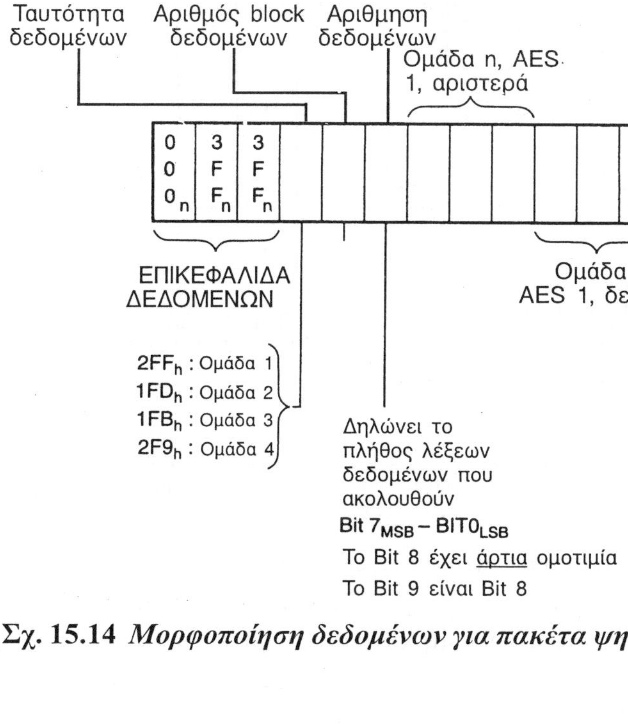

Σχ. 15.14 ***Μορφοποίηση δεδομένων για πακέτα ψηφιακού audio σε συρμό bit SDV***

νεχών λέξεων. Η μορφοποίηση με την οποία κωδικοποιείται κάθε υποπλαίσιο AES δίνεται στο Σχ. 15.15. Κάθε πακέτο ακουστικών δεδομένων τελειώνει σε μια λέξη ελέγχου αθροίσματος.

Το πρότυπο καθορίζει επίσης ένα προαιρετικό πακέτο ακουστικού ελέγχου. Αν το πακέτο ελέγχου δεν εκπέμπεται, ένας δέκτης παραλείπει τη σύγχρονη λειτουργία στα 48 kHz. Σε άλλα επίπεδα, ο έλεγχος της ψηφιολέξης πρέπει να εκπέμπεται σε διαστήματα πεδίου.

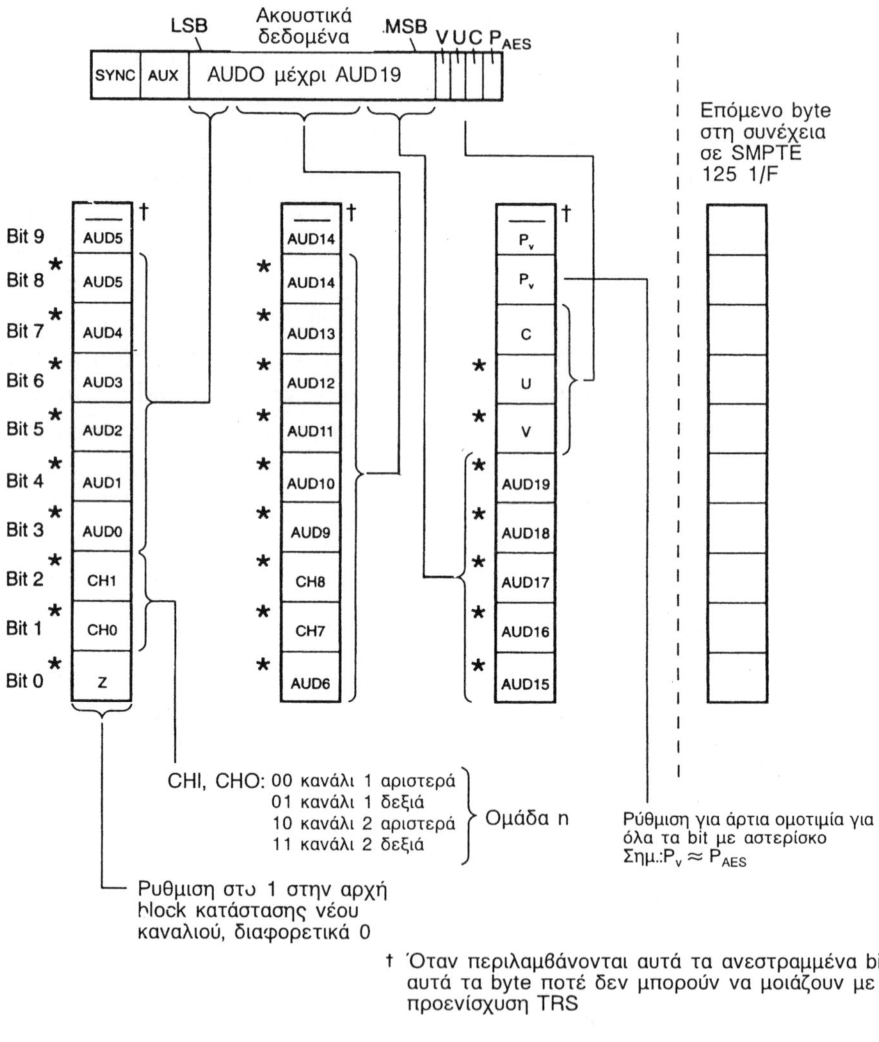

Σχ. 15.15 ***Κάθε υποπλαίσιο EAS κωδικοποιείται σαν τρία συνεχή πακέτα δεδομένων***

Χρονοκώδικας

Διαμήκης χρονοκώδικας (LTC)

Οπως είδαμε, η τηλεόραση (όπως η κινηματογραφική ταινία) δίνει την εντύπωση συνεχών κινουμένων εικόνων με τη διαδοχική, γρήγορη παρουσίαση ακίνητων εικόνων, ξεγελώντας έτσι το μάτι ώστε να πιστεύει ότι αντιλαμβάνεται κίνηση. Για το λόγο αυτό ίσως δεν αποτελεί έκπληξη ότι ο χρονοκώδικας (που προέρχεται από την τεχνολογία τηλεόρασης) λειτουργεί "σημειώνοντας" κάθε οπτικό πλαίσιο με έναν μοναδικό αριθμό αναγνώρισης που ονομάζεται διεύθυνση χρονοκώδικα. Η διεύθυνση περιέχει πληροφορίες που αφορούν σε ώρες, λεπτά, δευτερόλεπτα και πλαίσια. Η πληροφορία αυτή σχηματίζεται σε σειριακό ψηφιακό κώδικα που καταγράφεται σαν σήμα δεδομένων σε ένα από τα ακουστικά κανάλια του καταγραφέα βιντεοταινίας. (Μερικοί καταγραφείς βιντεοταινίας έχουν αποκλειστικό κανάλι για το σκοπό αυτό).

Η αξία των δεδομένων κάθε πλαισίου είναι γνωστή σαν λέξη χρονοκώδικα και αυτή η ψηφιακή λέξη σχηματίζεται από 80 bit κατανεμημένα εξ ίσου σε όλο το πλαίσιο. Παίρνοντας για παράδειγμα τον χρονοκώδικα 3 της EBU, η τελική ταχύτητα δεδομένων υπολογίζεται σε 80 bit$\times$25 πλαίσια ανά δευτερόλεπτο = 2000 bit ανά δευτερόλεπτο, πράγμα που ισοδυναμεί με θεμελιώδη συχνότητα 1 KHz, δηλαδή αρκετά χαμηλή ώστε να την μεταχειριστούμε σαν κανονικό ακουστικό σήμα. Στο Σχ. 15.16 φαίνεται η μορφοποίηση της λέξης δεδομένων χρονοκώδικα (μαζί με τη χρονική της σχέση σε πεδίο video). Η ακριβής μορφή του ηλεκτρικού κώδικα για χρονοκώδικα είναι γνωστή σαν διφασική διαμόρφωση Manchester. Ο χρονοκώδικας, όταν χρησιμοποιείται σε οπτικό περιβάλλον, πρέπει να είναι με ακρίβεια σε

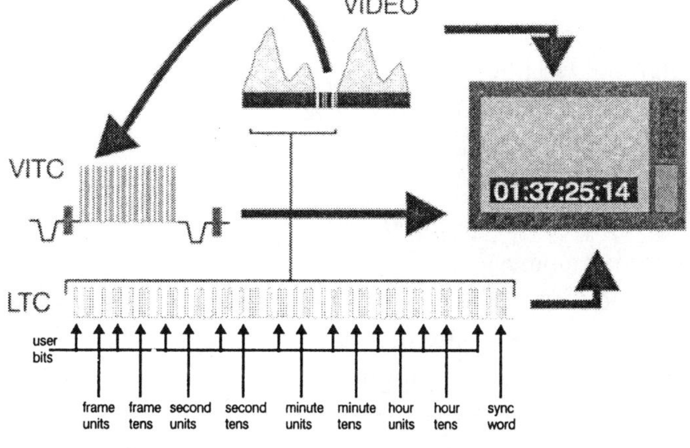

Σχ. 15.16 *Μορφοποίηση χρονοκώδικα LTC και VITC*

φάση με το οπτικό σήμα. Οπως ορίζεται στην προδιαγραφή, η ακμή αρχής του bit "0" πρέπει να ξεκινά στην αρχή της γραμμής 5 του πεδίου 1 (± 1 γραμμή). Τα δεδομένα χρονικής διεύθυνσης κωδικοποιούνται μέσα στα 80 bit σαν 8 λέξεις BCD (δυαδικές κωδικοποιημένες στο δεκαδικό) των 4 bit (δηλ. 1 αριθμός των 4 bit για δεκάδες και 1 για μονάδες). Οπως συμβαίνει στο ωρολόγι, τα δεδομένα χρονικής διεύθυνσης επιτρέπεται να πάνε μόνο από 00 ώρες, 00 λεπτά, 00 δευτερόλεπτα, 00 πλαίσια μέχρι 23 ώρες, 59 λεπτά, 59 δευτερόλεπτα, 24 πλαίσια.

Ωστόσο, ένας αριθμός BCD των 4 bit μπορεί να αντιπροσωπεύει κάθε αριθμό από 0 έως 9, και έτσι, θεωρητικά, ο χρονοκώδικας θα μπορούσε να χρησιμοποιηθεί για να παριστάνει 99 ώρες, 99 λεπτά κοκ. Αλλά, επειδή δεν υπάρχουν ώρες πάνω από 23, λεπτά ή δευτερόλεπτα πάνω από 59 και πλαίσια πάνω από 24 (στο PAL), ο χρονοκώδικας έχει δυναμικό πλεονασμό. Στην πραγματικότητα μερικοί από αυτούς τους επιπλέον χρονοκώδικες χρησιμοποιούνται με άλλους τρόπους. Τα βασικά δεδομένα χρονικής διεύθυνσης, και αυτά τα επιπλέον bit έχουν οριστεί να έχουν τη θέση τους στην πλήρη λέξη χρονοκώδικα λέξεων των 80 bit ως εξής:

0-3	Μονάδες πλαισίου
4-7	Πρώτη δυαδική ομάδα
8-9	Δεκάδες πλαισίου
10	Σημαία (ένδειξη) πτώσης πλαισίου
11	Σημαία χρώματος πλαισίου
12-15	Δεύτερη δυαδική ομάδα
16-19	Μονάδες δευτερολέπτων
20-23	Τρίτη δυαδική ομάδα
24-26	Δεκάδες δευτερολέπτων
27	Μη προσδιορισμένο
28-31	Τέταρτη δυαδική ομάδα
32-35	Μονάδες λεπτών
36-39	Πέμπτη δυαδική ομάδα
40-42	Δεκάδες λεπτών
43	Μη προσδιορισμένο
44-47	Έκτη δυαδική ομάδα
48-51	Μονάδες ωρών
52-55	Έβδομη δυαδική ομάδα
56-57	Δεκάδες ωρών
58-59	Μη προσδιορισμένο
60-63	Όγδοη δυαδική ομάδα
64-79	Ακολουθία συγχρονισμού

Χρονοκώδικας κατακόρυφου διαστήματος (VITC)

Ο διαμήκης χρονοκώδικας (LTC) είναι ένα ημιακουστικό σήμα που έχει εγγραφεί σε ακουστικό κανάλι (ή σε κρυφό ακουστικό κανάλι αποκλειστικά για χρονοκώδικα). Ο VITC, από την άλλη πλευρά, κωδικοποιεί την ίδια πληροφορία μέσα στο τμήμα κατακόρυφου διαστήματος του οπτικού σήματος με τρόπο παρόμοιο με σήμα Teletext. Ο καθένας έχει πλεονεκτήματα και μειονεκτήματα. Ο LTC δεν είναι δυνατόν να διαβαστεί όταν η συσκευή αναπαραγωγής / εγγραφής βρίσκεται σε παύση (pause), ενώ ο VITC δεν μπορεί να διαβαστεί όταν το μηχάνημα βρίσκεται λειτουργία FF ή rewind. Αν η βιντεοταινία έχει καταγραμμένα και τα δύο είδη χρονοκώδικα, και αυτό αποτελεί πλεονέκτημα. Ο VITC φαίνεται και στο Σχ. 15.16. Ας σημειωθεί ο τρόπος με τον οποίο ο χρονοκώδικας εμφανίζεται "καμμένος" στο μόνιτορ.

PAL και NTSC

Οπως είναι φυσικό, ο χρονοκώδικας διαφέρει ανάλογα με το χρησιμοποιούμενο σύστημα τηλεόρασης και για το NTSC υπάρχουν σε χρήση δύο εκδοχές χρονοκώδικα έτσι ώστε να τακτοποιείται η μικρή διαφορά μεταξύ της ονομαστικής ταχύτητας πλαισίων των 30 πλαισίων ανά δευτερόλεπτο και της πραγματικής ταχύτητας πλαισίων του NTSC των 29.97 πλαισίων ανά δευτερόλεπτο. Αν και κάθε πλαίσιο είναι αριθμημένο και στην πραγματικόητα δεν ξεφεύγουν ποτέ πλαίσια, οι δύο εκδοχές ονομάζονται χρονοκώδικας πλαισίων "Drop" και "Non-drop". Ο χρονοκώδικας πλαισίων non-drop θα έχει κάθε αριθμό για κάθε δευτερόλεπτο αλλά θα ξεφεύγει από τον χρόνο ωρολογίου κατά 3.6 δευτερόλεπτα κάθε ώρα. Ο χρονοκώδικας πλαισίων drop χάνει αριθμούς από το σύστημα αρίθμησης με προκαθορισμένη σειρά, οπότε ο χρόνος χρονοκώδικα και ο χρόνος ωρολογίου παραμένουν σε συγχρονισμό. Το πλαίσιο drop είναι σημαντικό για εργασίες ραδιοφωνικών εκπομπών, όπου είναι σημαντικός ο πραγματικός χρόνος προγράμματος.

Bit χρήστη

Μέσα στη λέξη χρονοκώδικα υπάρχει πρόβλεψη για ώρες, λεπτά, δευτερόλεπτα, πλαίσια και ID (ταυτότητα) πεδίου τα οποία συνήθως βλέπουμε, και "bit χρήστη" που ρυθμίζονται από τον χρήστη για πρόσθετη αναγνώριση. Η χρήση των bit χρήστη ποικίλλει. Κάποιοι οργανισμοί τα χρησιμοποιούν για αναγνώριση ημερομηνιών ή τοποθεσιών λήψης και άλλοι τα αγνοούν εντελώς.

Σημειώσεις

1. NTSC σημαίνει National Television Standards Committee (Εθνική Επιτροπή Προτύπων Τηλεόρασης) , δηλαδή το κυβερνητικό σώμα που έχει επιφορτιστεί για την επιλογή του Αμερικάνικου έγχρωμου συστήματος.
2. Σε συστήματα NTSC ή 1 MHz σε συστήματα PAL.
3. Ο χρονοκώδικας EBU (European Broadcasting Union, Ευρωπαϊκή Ενωση Εκπομπών) βασίζεται σε συχνότητα πεδίου 25 πλαισίων ανά δευτερόλεπτο.

ΠΑΡΑΡΤΗΜΑ

CD ΜΟΥΣΙΚΗΣ ΤΕΧΝΟΛΟΓΙΑΣ

Μέρος 1 Φυσική του ήχου και ψυχοακουστική

Εγγραφή 1 Τόνος αναφοράς ημιτονοειδούς κύματος *
1 kHz στα -18 dB κάτω από το ψηφιακό FS (-18 dBFS). Ο απλούστερος μουσικός ήχος, το ημιτονοειδές κύμα, παράγεται όταν ένα αντικείμενο (ή στην περίπτωση αυτή, το ρεύμα σε ηλεκτρικό κύκλωμα) δονείται πίσω - εμπρός, σε αυτό που οι φυσικοί ονομάζουν απλή αρμονική κίνηση.

Εγγραφή 2 Σάρωση συχνότητας*
5Hz μέχρι 22 kHz. Ο καθαρός τόνος, όπως δίνεται στην Εγγραφή 1, στην πραγματικότητα ηχεί μάλλον ανιαρά και χωρίς χαρακτήρα. Μπορούμε, όμως, να μεταβάλλουμε τον αριθμό περιόδων δόνησης που πραγματοποιούνται ανά δευτερόλεπτο. Οι μουσικοί ονομάζουν αυτή την μεταβλητή τονικότητα, οι φυσικοί την ονομάζουν συχνότητα. Η εγγραφή αυτή δείχνει και τη δυνατή περιοχή της ανθρώπινης ακοής, που στους περισσότερους ενήλικες περιορίζεται από 20 Hz μέχρι 15 kHz.

Εγγραφή 3 Τετραγωνικά κύματα σε διάφορες συχνότητες*
Ενα τετραγωνικό κύμα μπορεί να συντεθεί από απεριόριστο αριθμό ημιτονοειδών κυμάτων είναι, όμως, πολύ ευκολότερο να κατασκευαστεί ένα κύκλωμα γνωστό σαν ασταθής πολυδονητής. Ακριβώς ένα τέτοιο κύκλωμα χρησιμοποιήθηκε για την παραγωγή των ήχων στην εγγραφή αυτή.

Εγγραφή 4 Περιοχή πιάνου, από 27.5 Hz μέχρι 4.19 kHz.
Στο Σχ. 2.5 φαίνεται η σχέση μεταξύ της γραπτής μουσικής τονικότητας (σε πεντάγραμμο) και της συχνότητας (σε Hz). Ας θυμηθούμε ότι οι συνιστώσες συχνότητας του ήχου που παράγεται από κάθε ένα από αυτά τα μουσικά όργανα εκτείνεται πολύ υψηλότερα από τον θεμελιώδη τόνο. Ας πάρουμε, για παράδειγμα, την υψηλότερη νότα σε πιάνο συναυλιών. Η θεμελιώδης της είναι περίπου 4.19 kHz αλλά η τέταρτη αρμονική αυτής της νότας, που σίγουρα υπάρχει αν αναλυθεί ο ήχος αυτού του τόνου σε αναλυτή φάσματος, είναι πολύ πάνω από 16 kHz.

Εγγραφή 5 Η αρμονική σειρά, μέχρι την εικοστή αρμονική.
Η δόνηση της ανοιχτής χορδής παράγει νότες που ακολουθούν ένα ευκρινές και

επαναλαμβανόμενο σχήμα μουσικών χρονικών διαστημάτων πάνω από τη νότα της ανοικτής χορδής. Αυτά παρουσιάζονται στην εγγραφή αυτή. Ονομάζονται αρμονική σειρά. Λαμβάνεται ένα παρόμοιο σχήμα με διέγερση του αέρα μέσα σε σωλήνα όπως συμβαίνει σε όργανο με αυλούς, σε όμποε ή στο κλαρινέτο.

Εγγραφή 6 Αρτια αρμονική σειρά (παιγμένη δύο φορές με τη μορφή μουσικής συγχορδίας)

Οι άρτιες αρμονικές είναι όλες σύμφωνες, και συνεπώς το αποτέλεσμά τους είναι μουσικά "ευχάριστο". Δεν μπορεί να ειπωθεί το ίδιο για περιττές αρμονικές, όπως φαίνεται στην επόμενη εγγραφή.

Εγγραφή 7 Περιττή αρμονική σειρά
Παίζεται δύο φορές με τη μορφή "παράφωνης" συγχορδίας.

Μέρος 2 Μικρόφωνα και ακουστική εγγραφή

Εγγραφή 8 Εγγραφή πιάνου σε κοντικό πεδίο. Η ιδέα της τεχνικής μικροφώνου κοντινού πεδίου είναι να καταπιεστεί η επίδραση της ακουστικής του χώρου στο σήμα που λαμβάνεται από το μικρόφωνο. Αυτό επιτυγχάνεται με τοποθέτηση του μικροφώνου όσο το δυνατόν πλησιέστερα στην αρχική πηγή ήχου.

Εγγραφή 9 Εγγραφή πιάνου σε μακρυνό πεδίο
Η κλασική τεχνική μικροφώνου έχει "επισκιαστεί" από τη μέθοδο κοντινού πεδίου και για τον λόγο αυτό οι θέσεις εγγραφής κλασικής μουσικής πρέπει να επιλέγονται με περισσότερη προσοχή από τις θέσεις ηχογράφησης rock και pop.

Εγγραφή 10 Κλασσική στερεοφωνική ηχογράφηση διασταυρωμένου ζεύγους
Ενώ, θεωρητικά, είναι δυνατό να "μικροφωνίσουμε" κάθε μουσικό όργανο μιας ορχήστρας και μετά, με συνδυασμό πολλών καναλιών και ηλεκτρονικής περιστροφής, να δημιουργήσουμε στερεοφωνική εικόνα της ορχήστρας, αυτό συνήθως δε γίνεται. Αντίθετα, οι περισσότερες ηχογραφήσεις ορχηστρών και χορωδιών εξαρτώνται σχεδόν αποκλειστικά από την εφαρμογή απλών, ή "καθαρών", τεχνικών μικροφώνου όπου η πλειονότητα του σήματος που φτάνει στην ταινία master προέρχεται από μόνο δύο (ή πιθανόν τρία) μικρόφωνα. Στην εγγραφή αυτή χρησιμοποιήθηκε η τεχνική σύμφωνου διασταυρωμένου ζεύγους (που μερικές φορές ονομάζεται λανθασμένα ζεύγος Blumlein).

Εγγραφή 11 Ηχογράφηση με κοντινό μικρόφωνο και τεχνητή αντήχηση
Οι τραγουδιστές rock και pop έχουν την τάση να χρησιμοποιήσουν μικρότερες αποστάσεις από το μικρόφωνο έτσι ώστε να πετύχουν περισσότερο οικείο φωνητικό στύλ. Η εγγραφή αυτή παρουσιάζει και την τεχνική πολλών καναλιών.

Μέρος 3 Ηλεκτρικά μουσικά όργανα

Εγγραφή 12 Ηλεκτρικό πιάνο
Το διασημότερο ηλεκτρικό πιάνο είναι, χωρίς αμφιβολία, το Fender Rhodes. Αυτό και οι πολλές απομιμήσεις του είναι περισσότερο ηλεκτρονικό παιγνίδι με καμπάνες (ή Vibraphone) παρά ηλεκτρονικό πιάνο επειδή ο μηχανισμός παραγωγής ήχου αποτελείται από μεταλλικές ράβδους που κτυπιούνται με σφυριά τα οποία ενεργοποιούνται με συμβατικό μηχανισμό πληκτρολογίου. Χρησιμοποιείται μια προσαρμογή του είδους κεφαλής ηλεκτρικής κιθάρας για να είναι δυνατή η ενίσχυση του πιάνου.

Εγγραφή 13 Ηλεκτρικό εκκλησιαστικό όργανο και Clavinet
Υπάρχουν δύο βασικοί τύποι ηλεκτρονικού εκκλησιαστικού οργάνου. Το διαιρετικό χρησιμοποιεί ψηφιακή γεννήτρια υψηλών οκτάβων (ένας ταλαντωτής για κάθε ημιτόνιο) και σειρές δισταθών πολυδονητών διαίρεσης δια του δύο για να πάρουμε τις χαμηλότερες οκτάβες. Η προσέγγιση αυτή, ωστόσο, έχει την τάση να παράγει "στείρο" τόνο που δεν αρέσει στους μουσικούς. Ο άλλος τύπος είναι γνωστός σαν ηλεκτρονικό εκκλησιαστικό όργανο ελεύθερης φάσης. Θεωρητικά, το όργανο ελεύθερης φάσης έχει διαφορετικό ταλαντωτή για κάθε νότα του πληκτρολογίου. Στην περίπτωση του Hammond κάθε ταλαντωτής είναι μηχανικός.

Το Clavinet ήταν, εμπορικά και καλιτεχνικά, το περισσότερο πετυχημένο πληκτρολόγιο που κατασκευάστηκε από την Γερμανική εταιρεία Hohner, που το σχεδίασε για να αντιγράψει τον ήχο του Clavichord.

Μέρος 4 Ηλεκτρονικά εφφέ

Εγγραφή 14 Κιθάρα χωρίς επεξεργασία. Οι πρώτες ηλεκτρικές κιθάρες δημιουργήθηκαν με προσθήκη μικροφώνου επαφής στην επάνω επιφάνεια συμβατικής ακουστικής κιθάρας και το παραγόμενο σήμα τροφοδοτούσε εξωτερικό ενισχυτή. Ωστόσο, η σύγχρονη ηλεκτρική κιθάρα γεννήθηκε με την ανακάλυψη της ηλεκτρομαγνητικής κεφαλής και σ' αυτό και τα επόμενα παραδείγματα χρησιμοποιείται μια τυπική Fender Stratocaster.

Εγγραφή 15 Εφφέ ηχούς slap (50-100 msec)
Η ηχώ Slap (ή Slap-back) ακούστηκε για πρώτη φορά από τη μεταλλική κιθάρα του Scotty Moore στους πρώτους δίσκους του Elvis.

Εγγραφή 16 Εφφέ ατέρμονης ταινίας (βρόχου) σε κιθάρα
Οι εγγράψιμες ατέρμονες ταινίες εμφανίστηκαν με τη δουλειά των Brian Eno και Robert Flipp τα πρώτα χρόνια της δεκαετίας του 1970, όπου οι ήχοι εγγράφονται πολλές φορές σε βρόχο μαγνητικής ταινίας σε μαγνητόφωνο που περιέχει την κρί-

σιμη τροποποίηση ότι η κεφαλή διαγραφής έχει αχρηστευθεί και υπάρχει ηλεκτρική διαδρομή έτσι ώστε οι ήχοι να μπορούν να επανακυκλοφορούν όπως σε συσκευή ταινίας ηχούς. Ετσι, οι ήχοι εγγράφονται "ο ένας πάνω στον άλλο" και ένα μουσικό όργανο μπορεί να δημιουργήσει τεράστιες και πυκνές μουσικές δομές. Είναι σημαντικό το ότι τα επόμενα σήματα απλά δεν προστίθενται και από μια καλλιτεχνική άποψη αυτό είναι εξαιρετικά πολύτιμο επειδή σημαίνει ότι, χωρίς να γίνεται συνεχής "τροφοδοσία" της διεργασίας, η "διαφυγή ήχου" σταδιακά σβύνει. Κατά συνέπεια, ο καλλιτέχνης μπορεί να ελέγχει τον δυναμικό και τονικό "χάρτη" του κομματιού. Εν τούτοις, ο έλεγχος αυτής της διεργασίας δεν είναι απόλυτα κατανοητός και πολλά από τα αποτελέσματα είναι κατά ένα μέρος τυχαία.

Εγγραφή 17 Fuzz ή παραμορφωμένη κιθάρα
Σε κύκλωμα "fuzz", το σήμα της κιθάρας εφαρμόζεται σε κύκλωμα με αρκετό πλάτος ώστε να οδηγεί το κύκλωμα πέρα από τη διαθέσιμη διακύμανσή του τάσης. Ετσι η κυματομορφή "ψαλλιδίζεται". Στούς κιθαρίστες το φαινόμενο αυτό είναι μέρος του ρεπερτορίου τους. Σήμερα είναι κατανοητός ο τρόπος με τον οποίο οι υπερφορτώσεις του κυκλώματος επηρεάζουν την χροιά του ήχου.

Εγγραφή 18 Εφφέ κιθάρας wah-wah
Το wah-wah είναι ένα έντονο εφφέ που λαμβάνεται όταν το σήμα από την κεφαλή της ηλεκτρικής κιθάρας διέλθει από φίλτρο ζώνης διέλευσης μεγάλου Q, η συχνότητα του οποίου συνήθως ρυθμίζεται με την θέση του πεντάλ ποδιού. Ο παίκτης μπορεί να χρησιμοποιεί συνδυασμό συνηθισμένων τεχνικών κιθάρας μαζί με αντίστοιχες κινήσεις του πεντάλ έτσι ώστε να παράγονται πολλά ηχητικά χρώματα.

Εγγραφή 19 Εφφέ μετακίνησης τονικότητας - οκτάβα κάτω

Εγγραφή 20 Οκτάβα πάνω
Η μετατόπιση τονικότητας χρησιμοποιείται για πολλούς αισθητικούς λόγους από τους οποίους ο συνηθέστερος είναι η δημιουργία "στιγμιαίας" αρμονίας. Οι απλοί μετατοπιστές τονικότητας δημιουργούν ένα σταθερό χρονικό διάστημα πάνω ή κάτω από το σήμα εισόδου, όπως είναι αυτές "οι αρμονίες" στην οκτάβα.

Εγγραφή 21 Μετατόπιση τονικότητας. Κανονική 4η πάνω, κανονική 5η πάνω
Η αρμονία σε κανονική τετάρτη παράγει μόνο μια νότα που δεν υπάρχει στο αρχικό (πιεσμένο) πλήκτρο. Πάντως, αυτή η επιπλέον νότα είναι η προάρχουσα νότα "blue" της μικρής 7ης. Ετσι, αυτό είναι συχνά αποδεκτό στη μουσική rock. Η αρμονία σε κανονική πέμπτη μπορεί να χρησιμοποιηθεί εκτός από τη νότα κανονικής πέμπτης πάνω από τη νότα οδηγό της κλίμακας που σχηματίζει τριτόνιο με τη ριζική νότα της κλίμακας.

Εγγραφή 22 Κιθάρα με flanging
Ο George Martin ισχυρίζεται ότι η ανακάλυψη του flanging έγινε εξαιτίας της μικρής έλλειψης συγχρονισμού μεταξύ δύο "κλειδωμένων" μαγνητοφώνων. Το εφφέ αυτό προκαλούσε την εναλλακτική ενίσχυση και αποδυνάμωση διαφόρων ζωνών συχνοτήτων, αποδίδοντας στον ήχο μια παράξενη ρευστότητα, ένα είδος "σφυρικτής" περιστρεφόμενης αντήχησης. Βέβαια σήμερα το φαινόμενο αυτό δεν επιτυγχάνεται με χρήση μαγνητοφώνων αλλά χρησιμοποιούνται ηλεκτρονικές καθυστερήσεις.

Εγγραφή 23 Αερολογίες με δώδεκα ράβδους
Μίγμα από εφφέ κιθάρας για τη δημιουργία μεταβαλλόμενου συνόλου.

Εγγραφή 24 Αφήστε ένα δείγμα, κύριε!
Η εγγραφή αυτή επιδεικνύει κύκλωμα δειγματοληψίας που χρησιμοποιείται σαν συσκευή για εφφέ (FX).

Εγγραφή 25 Υμνος προς την Αθηνά, για σοπράνο, ορχήστρα και προεγγραμένη ταινία

Ο ύμνος προς την Αθηνά γράφτηκε για τη σοπράνο Jane Searle και για την Ορχήστρα Δωματίου Kingston και εκτελέστηκε για πρώτη φορά τον Φεβρουάριο του 1998. Από τεχνικής πλευράς το κομμάτι είναι σε δύο μισά. Το πρώτο μέρος (που είναι και το μόνο που έχει εγγραφεί εδώ) παρουσιάζει τα αρχέγονα και τελετουργικά στοιχεία μιας σύντομης σχισματικής θρησκείας που άνθισε στην Αίγυπτο περίπου το 1345 πΧ και βασιζόταν στην αγαθοεργή φυσική παρουσία του ήλιου. Το τμήμα αυτό είναι προηχογραφημένο και επεκτείνει την τεχνική που χρησιμοποιείται στο Κελάϊδημα πουλιών (εγγραφή 52) η οποία χρησιμοποιεί ηλεκτρονικά με εφφέ για την επεξεργασία φωνητικών ήχων. Μερικές φορές παράγει θορύβους (για παράδειγμα το μοτίβο σαν καμπάνες) που εμφανίζονται πολύ διαφορετικοί από το αρχικό υλικό. Από αρμονικής πλευράς το τμήμα αυτό είναι διτονικό (κάθε ομάδα συγχορδιών παράγεται από εναρμονιστή που ελέγχεται από MIDI) αλλά βαθμιαία μετατρέπεται σε συγχορδία Re-ελάσσονα για την είσοδο της ορχήστρας και της σοπράνο.

Εγγραφή 26 Μη συμπιεσμένη κιθάρα παιγμένη σκόπιμα με μεγάλη δυναμική αντίθεση. Για μηχανολογικούς λόγους, συχνά θέλουμε την συρρίκνωση της δυναμικής περιοχής σήματος έτσι ώστε να το "στριμώξουμε" ή να το συμπιέσουμε στην διαθέσιμη χωρητικότητα καναλιού. Η συσκευή του στούντιο που πετυχαίνει αυτό τον άθλο ονομάζεται συμπιεστής. Οταν χρησιμοποιούμε συμπιεστή οι μέγιστες τιμές σήματος ελαττώνονται με τον τρόπο που δίνεται στην επόμενη εγγραφή.

Εγγραφή 27 Συμπιεσμένη κιθάρα
Ας σημειωθεί ότι τα μέγιστα ελαττώνονται αλλά όχι η απολαβή. Είναι φανερό ότι

αυτό θα είχε μικρή χρήση αν το σήμα (τώρα με συμπιεσμένη δυναμική περιοχή) δεν ενισχυόταν έτσι ώστε να εξασφαλίσει ότι οι ελαττωμένες μέγιστες τιμές θα εξασκούσαν πλήρως την διαθέσιμη "διακύμανση" των επόμενων κυκλώματων. Για το λόγο αυτό, τοποθετείται βαθμίδα ενισχυτή μεταβλητής απολαβής μετά το κύκλωμα συμπίεσης για να αποκαταστήσει τις μέγιστες τιμές σήματος στην ονομαστική μέγιστη τιμή του συστήματος. Αυτό παρουσιάζεται στην επόμενη εγγραφή.

Εγγραφή 28 Το ίδιο εφφέ όπως στην εγγραφή 27 αλλά με απολαβή
Ας σημειωθεί ότι το αντιληπτό εφφέ του συμπιεστή, όταν ρυθμιστεί όπως περιγράψαμε, δεν είναι ασφαλώς η ελάττωση της τιμής του μέγιστου σήματος αλλά η ενίσχυση της τιμής των σημάτων μικρής τιμής. Με άλλα λόγια, το γεγονός ότι η κιθάρα είναι τώρα φανερά εντονώτερη από ότι στην εγγραφή 26.

Εγγραφή 29 Συμπιεσμένη κιθάρα με πολύ μεγάλη παραμόρφωση
Δυστυχώς, η συμπίεση φέρνει μαζί της το συνακόλουθο μειονέκτημα της ενίσχυσης μαζί με το επιθυμητό σήμα και του θορύβου (ηλεκτρικού και ακουστικού) χαμηλής στάθμης. Ας σημειωθεί ότι η κάτω στάθμη θορύβου είναι απαράδεκτα μεγάλη. Η λύση είναι ένα πρωτόγονο κύκλωμα διαστολής γνωστό σαν πύλη θορύβου, αποτέλεσμα του οποίου είναι η συμπίεση όλων των σημάτων κάτω από ορισμένο κατώφλι και "ανοιχτό" μόνο όταν υπάρχει επιθυμητή διαμόρφωση. Το αποτέλεσμα αυτού του κυκλώματος φαίνεται στην επόμενη εγγραφή.

Εγγραφή 30 Ιδιο εφφέ όπως στην εγγραφή 29, που παρουσιάζει, όμως, το αποτέλεσμα πύλης θορύβου μετά τον συμπιεστή

Μέρος 5 Συνθετικός ήχος

Εγγραφή 31 Λευκός θόρυβος
Στο λευκό θόρυβο υπάρχουν όλες οι συχνότητες (τουλάχιστον σαν πιθανότητα). Αρα υπάρχει αντιστοιχία με το λευκό φως.

Εγγραφή 32 Ρόζ θόρυβος

Εγγραφή 33 Κόκκινος θόρυβος
Συχνά οι συνθέτες χρειάζονται ένα θόρυβο κατά κάποιο τρόπο τροποποιημένο. Παραδείγματα είναι οι διακυμάνσεις θορύβου από φίλτρο χαμηλής διέλευσης. Ονομάζεται ροζ ή κόκκινος θόρυβος και πάλι σε αντιστοιχία με το φως.

Εγγραφή 34 Φιλτραρισμένος θόρυβος ζώνης διέλευσης
Ο φιλτραρισμένος θόρυβος ζώνης διέλευσης, όταν παράγεται από φίλτρο σάρωσης

ζώνης διέλευσης μπορεί να γίνει έτσι ώστε να ηχεί σαν κυλιόμενα κύματα ή σαν τον ήχο αέρα μέσα από δέντρα.

Εγγραφή 35 Απλή αλληλοσύνδεση σχεδόν ημιτονοειδών τόνων
Η δύναμη του αναλογικού synthesizer έγκειται στην ικανότητά του να προκαλεί αλληλεπίδραση των μεμονωμένων συνιστωσών του με θαυμαστά πολύπλοκους τρόπους. Θεμελιώδης παράγων σε όλη την ιδέα είναι ο ελεγχόμενος από τάση ταλαντωτής. Αυτός μπορεί να ελέγχεται από μεταγόμενη κλίμακα αντιστάσεων, ίσως με τη βοήθεια συμβατικού μουσικού πληκτρολογίου, όπως στο παράδειγμα αυτό, ή από σταθερά μεταβλητή τάση, παρέχοντας έτσι μια πηγή ήχου με ατέλειωτο portamento, όπως στο Ondes Martenot και στο Theremin. Εναλλακτικά μπορεί να ελέγχεται από την έξοδο άλλου ταλαντωτή με αποτέλεσμα πηγή κυματομορφών που διαμορφώνεται κατά συχνότητα από άλλη. Και ίσως η κυματομορφή αυτή να χρησιμοποιείται για να διαμορφώνει μια επόμενη πηγή! Με αυτόν τον τρόπο είναι δυνατή η παραγωγή πολύ πλούσιων κυματομορφών και ακριβώς εδώ έγκειται η ουσιώδης έννοια πίσω από τα αναλογικά synthesizer. Μερικά παραδείγματα δίνονται στις επόμενες εγγραφές.

Εγγραφή 36 Τυπική αναλογική αλληλοσύνδεση synthesizer μπάσσων

Εγγραφή 37 Αλληλοσύνδεση με υπερβολική δράση του LFO

Εγγραφή 38 Ηχος αλληλοσύνδεσης βομβώδους χορδής με γεννήτρια ASR που ελέγχει VCF

Εγγραφή 39 Αλληλοσύνδεση μπάσσων. Ας σημειώθεί το εφφέ VCF

Εγγραφή 40 Δειγματοληψία που χρησιμοποιείται για παραγωγή εφεδρικών ήχων
Τα ψηφιακά συστήματα δειγματοληψίας στηρίζονται στην αποθήκευση υψηλής ποιότητας ψηφιακών εγγραφών πραγματικών ήχων και στην αναπαραγωγή τους όταν αυτό ζητηθεί, όπως φαίνεται σ' αυτό το απλό παράδειγμα.

Εγγραφή 41 Δειγματοληψία τυμπάνων
Το δύσκολο πρόβλημα που παρουσιάζει η δειγματοληψία έγκειται στη τεράστια ποσότητα μνήμης που χρειάζεται. Η δειγματοληψία είναι κατάλληλη για επαναλαμβανόμενους ήχους (όπως τα τύμπανα και άλλα κρουστά όργανα) επειδή το δείγμα αποτελείται κυρίως από παροδικούς που ακολουθούνται από μια σχετικά σύντομη χρονική περίοδο διατήρησης (sustain). Αυτό μπορεί να χρησιμοποιείται πολλές φορές έτσι ώστε όλη η εγγραφή τυμπάνου να σχηματίζεται μόλις από έξη δείγματα.

Εγγραφή 42 Δείγματα σύγχρονων ηλεκτρονικών τυμπάνων

Εγγραφή 43 Δείγματα φωνών Γρηγοριανού μέλους
Η δειγματοληψία δεν παρουσιάζει προβλήματα μέχρι να χρειαστούν μακρές διατηρούμενες νότες, όπως οι ήχοι που παράγονται από ορχηστρικά έγχορδα ή φωνές. Η μνήμη που θα χρειαζόταν για να αποθηκεύσουμε μακρές διατηρούμενες νότες θα ήταν εξαιρετικά μεγάλη, και έτσι τα συστήματα σύνθεσης με δειγματοληψία βασίζονται σε "δημιουργία βρόχου" για να ξεπεράσουν τον περιορισμό ανυπαρξίας απεριόριστης μνήμης.

Εγγραφή 44 Πιάνο σύνθεσης SAS της Roland
Αυτή η συγκεκριμένη εγγραφή επιδεικνύει την Δομημένη Προσαρμοστική Σύνθεση (SAS, Structured Adaptive Synthesis) ιδιοκτησίας της Roland που είναι επιλεγμένο μίγμα από τεχνικές κατασκευασμένο για να παράγει τον όσο το δυνατό περισσότερο ρεαλιστικό ήχο πιάνου.

Εγγραφή 45 Miller of the Dee
Συνθετική εγγραφή για δημιουργία ελαφρά έξαλλου αλλά, ωστόσο, ήχου "κλασσικού συνόλου": Τσέμπαλο - SAS, Καταγραφικό και Φαγκότο – Σύνθεση Ηχου LS/ Πίνακας μνήμης κυματομορφών, Εγχορδα – Δυναμική Διανυσματική Σύνθεση Yamaha.

Εγγραφή 46 Χριστουγεννιάτικο δέντρο (Christmas tree)
Ενα ακόμη σύνθετο σύνολο με δειγματοληψία τυμπάνων που δείχνει μίγμα συμβατικής κιθάρας και φωνητικής εγγραφής. Πρόκειται για πολύ οικονομική τεχνική παραγωγής επειδή η πλειονότητα του συνόλου μπορεί να προετοιμαστεί εκ των προτέρων σε στούντιο προγραμματισμού MIDI, με αποτέλεσμα πολύ απλή και γρήγορη σκηνή ακουστικής εγγραφής.

Μέρος 6 Theremin

Αυτό το μονοφωνικό (ενός τόνου) μελωδικό όργανο, ένα από τα πρώτα ηλεκτρονικά μουσικά όργανα, αρχικά αναπτύχθηκε στη Ρωσσία περίπου το 1920 από τον Leon Theremin. Με μαγικό τρόπο, ο παίκτης του Theremin δεν αγγίζει το όργανο και το μόνο που πρέπει να κάνει είναι να φέρει το χέρι ή το σώμα του σε μικρή απόσταση από ειδική κεραία έτσι ώστε να ελέγχει την τονικότητα του ήχου που παράγεται από το όργανο. Ετσι το Theremin μπορεί να παράγει απεριόριστη περιοχή συχνοτήτων από υποηχητικές μέχρι μη ακουστά υψηλές σε μακρά διατηρούμενα glissando. Το Theremin, παρά το γεγονός ότι παίζεται πολύ δύσκολα, πέτυχε αναντίρρητη καλλιτεχνική επιτυχία. Μπορεί να ακουστεί σε αρκετά ορχηστρικά κομμάτια και έχει χρησιμοποιηθεί σε πολλές κινηματογραφικές ταινίες και παλαιάσ soundtrack της τηλεόρασης. Επιπλέον, το Theremin παραμένει το έμβλημα της πειραματικής ηλεκτρονικής μουσικής. Μιά θέση που ίσως απολαμβάνει επειδή αποτελεί, στην ιστορική μνήμη, ένα από τα πολύ λίγα μουσικά όργανα που σχεδιάστηκαν για να χρησιμοποιούν μια πραγματικά νέα τεχνική παιξίματος.

Εγγραφή 47 Μη επεξεργασμένο Theremin. Εχει προστεθεί λίγη αντήχηση κατά την εγγραφή
Το Theremin που χρησιμοποιήθηκε στην εγγραφή αυτή έχει καθαρή (περίπου ημιτονοειδή) έξοδο εξαιτίας της καθαρότητας των ταλαντωτών RF και γραμμικής βαθμίδας μίξης και αποδιαμόρφωσης. Το αρχικό Theremin είχε έξοδο πλησιέστερα στον ήχο βιολιού (δηλ. με μεγάλο βαθμό άρτιας αρμονικής παραμόρφωσης). Η παραμόρφωση κυματομορφής μπορεί να επιτευχθεί με διάφορους τρόπους, όπως η ελάττωση της καθαρότητας των αρχικών κυματομορφών RF ή η διάταξη μη γραμμικού κυκλώματος ανίχνευσης. Πάντως, η τεχνική που προτιμάται (που χρησιμοποιήθηκε, για παράδειγμα, από τον Bob Moog) είναι η έναρξη με γραμμικό Theremin και στη συνέχεια η παραμόρφωση της κυματομορφής στην ακουστική περιοχή. Μια τέτοια τεχνική χρησιμοποιήθηκε στην επόμενη εγγραφή.

Εγγραφή 48 Ήχος Theremin που έχει υποστεί μη γραμμική παραμόρφωση μετά την αποδιαμόρφωση

Εγγραφή 49 Στην εγγραφή αυτή, η είσοδος του Theremin χρησιμοποιήθηκε για την οδήγηση ευφυούς εναρμονιστή (Digitech Vocalist Workstation) με καταπιεσμένη την αρχική είσοδο. Τα δεδομένα MIDI μπήκαν στον εναρμονιστή για προγραμματισμό της αρμονικής προόδου και το Theremin έλεγχε το arpeggio.

Εγγραφή 50 Βαθύ glissando
Μικρό κομμάτι για Theremin χωρίς συνοδεία και εφφέ. Στα εφφέ περιλαμβάνεται μετατόπιση τονικότητας (πάνω από δύο οκτάβες), flanging, χορωδία και αντήχηση καθώς και μη γραμμική παραμόρφωση, συμπίεση και χρήση πύλης.

Μέρος 7 Μίξη και παραγωγή μουσικής

Εγγραφή 51 Hey Bulldozer
Το Hey Bulldozer είναι αποτέλεσμα μιας παραγγελίας του Ιδρύματος Rainforest για την παραγωγή χορευτικού κομματιού για παιδιά, που περιέχει, μεταξύ άλλων, ομιλία, παιδική χορωδία, ηχητικά εφφέ και μια πρότυπη διάταξη μπάντας μουσικής rock, δείγματα περιστρεφόμενου αυλού και Ισπανική κιθάρα. Είναι ενδιαφέρον ότι καμμία από τις συνιστώσες του κομματιού, η χορωδία, η μουσική μπάντα, οι αφηγητές κλπ, δεν μπόρεσαν να βρίσκονται στο ίδιο μέρος την ίδια ώρα!

Το πρώτο βήμα αφορούσε στην κατασκευή μιάς βαθιάς μίξης από τα αρχικά αρχεία MIDI και εγγραφή της σε ταινία πολλών καναλιών σαν εγγραφής λειτουργίας. Στη συνέχεια η πολλαπλή εγγραφή φορτώθηκε σε αυτοκίνητο μαζί με μικρόφωνα, μίκτες, ενισχυτές ισχύος και μεγάφωνα και οδηγήθηκε στην χορωδία. Τα παιδιά έγγραψαν αρκετές διαφορετικές “λήψεις” ενώ άκουγαν την αναπαραγωγή μέσω πολλών μεγαφώνων που ήταν ρυθμισμένα προσεκτικά ώστε να έχουν αρκετή ένταση για να ακούγονται, αλλά όχι τόση ώστε η ένταση να προκαλεί μεγάλο “λέρωμα” αυτού του σήματος στα τελικά σήματα μικροφώνου της χορωδίας. Μια βδομάδα αργότερα, αφού ολοκληρώθηκαν οι τελικές διορθώσεις στα δεδομένα του sequencer MIDI και στα δείγματα, σχηματίστηκαν οι πλήρεις φωνητικές εγγραφές με επιλογή των καλύτερων τμημάτων από τις διάφορες “λήψεις”. Στη συνέχεια έγινε η προσεκτική διόρθωση των αποσπασμάτων αφήγησης και χορωδιακής ομιλίας (που είχαν εγγραφεί πριν από ένα μήνα σε ένα χορευτικό στούντιο του Λονδίνου μαζί με τους θορύβους της κυκλοφορίας!) και “προστέθηκαν και ράφτηκαν” με τη χρήση συστήματος διόρθωσης ψηφιακού ακουστικού σκληρού δίσκου και προστέθηκαν με το χέρι (ή μήπως με το ποντίκι;) σε πολλαπλή εγγραφή. Στη συνέχεια, προστέθηκαν τα δύο κανάλια ακουστικής κιθάρας, μετά η εγγραφή ηλεκτρικής κιθάρας και ύστερα μία ηλεκτρική κιθάρα προς τα πίσω πράγμα που έγινε με ανάστροφο γύρισμα στο μαγνητόφωνο της εγγραφής ηλεκτρικής κιθάρας ενώ ο κιθαρίστας έπαιζε προς τα πίσω στις άλλες εγγραφές (κάτι που μπορεί να γίνει μόνο σε αναλογικό μηχάνημα πολλών καναλιών!) Και το μόνο που έμενε να γίνει ήταν η προσθήκη ηχητικών εφφέ που ήταν συνδυασμός πραγματικών ήχων ζούγκλας (που ήρθαν αεροπορικά απευθείας από τη Νότιο Αμερική και σε αναλογική κασέτα, ώχ!) και της βιβλιοθήκης FX. Το Hey Bulldozer παίχτηκε αρκετές φορές το καλοκαίρι του 1991 και στη συνέχεια σε διάφορες παραστάσεις σε διαφορετικές παραλλαγές.

Εγγραφή 52 Κελάϊδημα πουλιών
Το κελάϊδημα δείχνει το τρόπο με τον οποίο είναι δυνατό να κοπούν οι ήχοι και να αναδιαταχθούν με χρήση λογισμικού διόρθωσης ψηφιακού audio. Εδώ, χρησιμοποιείται η τεχνική παραγωγής μουσικής σύνθεσης με βάση την μινιμαλιστική τεχνική λήψης ελάχιστων ηχητικών “κομματιών” και κατασκευής τους σε μεγαλύτερες δομές. Στην περίπτωση αυτή οι δομικοί “λίθοι” λαμβάνονται από μια εγγραφή της σύνθεσης της αναγεννησιακής χορωδίας Victoria’s Responses. Μπαίνουν σε σειρά, αναστρέφονται και αναμιγνύονται για έτσι ώστε να δώσουν μια συρραφή ήχου. Ο τίτλος προέρχεται από το βιβλίο του Sebastian Faulks.

Μέρος 8 Στερεοφωνικές τεχνικές και επεξεργασία ήχου χώρου

Εγγραφή 53 Κλασσική στερεοφωνική εγγραφή διασταυρωμένου ζεύγους
Οταν ακούμε μουσική από στερεοφωνικό ακουστικό σύστημα δυο καναλιών, στο χώρο μεταξύ των δυο μεγαφώνων απλώνεται μια “εικόνα” ήχου. Ετσι η αναπαραγόμενη εικόνα έχει μερικά κοινά χαρακτηριστικά με τον τρόπο που η ίδια μουσική

ακούγεται στην πραγματική ζωή, δηλαδή όπου κάθε μουσικό όργανο ή φωνή καταλαμβάνει, σε μεγαλύτερη ή μικρότερη έκταση, μια συγκεκριμένη και διάκριτη θέση στον χώρο. Στο βαθμό που η διεργασία αυτή έχει να κάνει με δημιουργία και αναδημιουργία ενός "ηχητικού συμβάντος", είναι απελπιστικά ανεπαρκής. Πρώτο, η εικόνα είναι επίπεδη και καταλαμβάνει μόνο τον χώρο που περιορίζεται από τα μεγάφωνα. Δεύτερο, ακόμη και αυτή η περιορισμένη εικόνα, είναι παραμορφωμένη ως προς την συχνότητα. (Υπάρχει αντιστοιχία με την χρωματική παρεκτροπή στην οπτική.)

Εγγραφή 54 Εγγραφή 53, με επεξεργασία FRANKINSTIEN
Υπάρχουν, ευτυχώς, απλές τεχνικές τόσο για τη βελτίωση των υπαρχουσών στερεοφωνικών εικόνων γνωστές σαν τεχνικές FRANKINSTIEN όσο και για τη δημιουργία συνθετικών ηχητικών πεδίων σε κύκλο 360 μοιρών γύρω από τη θέση ακρόασης (επεξεργασία OM). Οι τεχνικές αυτές φαίνονται σ' αυτή και στην επόμενη εγγραφή.

Εγγραφή 55 Αντικαταστάτης Ηχούς
Το κομμάτι γράφτηκε κατά τη διάρκεια των σπουδών μου με την Ομάδα Εξελιγμένης Μουσικής Τεχνολογίας (Advanced Music Technology Group) του Πανεπιστημίου του Surrey και ήταν για μένα η ευκαιρία να ξαναγράψω ιστορία και να ξαναενορχηστρώσω μερικές από τις αγαπημένες μου στιγμές από μερικές κλασσικές κινηματογραφικές ταινίες "Noir".

Από τεχνικής πλευράς, η μουσική περιλαμβάνει την διάκριτη τεχνική φάσης (discrete phasing technique) που ο Steve Reich παρουσίασε στο Clapping Music το 1972. Και τα τέσσερα οργανικά κομμάτια προέρχονται από την ομάδα σχεδίων που παίζονται από το πιάνο 1. Το πιάνο 2 αντιγράφει αυτά τα σχέδια αλλά παραλείπει ένα χτύπο ογδόου κάθε 30 όγδοα, το φλάουτο παραλείπει ένα όγδοο κάθε 20 όγδοα και το marimba παραλείπει ένα όγδοο κάθε 9 όγδοα. Η διεργασία έχει επεκταθεί έτσι ώστε να περιλαμβάνει αρκετά "σιωπηλά" μέτρα πριν αρχίσει κάποιο όργανο. Με άλλα λόγια, το phasing "αρχίζει ήδη" πριν αρχίσει η μουσική. Πάνω στα όργανα επικάθονται "ηχητικά κομματάκια" που έχουν ληφθεί από κινηματογραφικές ταινίες βιβλίων των Dashiell Hammett και Raymond Chandler. Αυτές οι μονοωτικές ηχητικές πηγές υφίστανται κατεργασία με τη βοήθεια του επεξεργαστή OM ήχου χώρου έτσι ώστε να εμφανίζονται έξω από την περιοχή που περιορίζεται από τα μεγάφωνα, ακόμη και πίσω από την θέση ακρόασης, χωρίς τη χρήση επιπλέον μεγαφώνων. Ο τίτλος έχει παρθεί από μια σημείωση σε ένα από τα σημειωματάρια του Channdler: "Φώναξα και κανείς δεν απάντησε, ούτε καν αντικαταστάτης ηχούς."

* Οι τόνοι αυτοί δεν δημιουργήθηκαν ψηφιακά και δεν προορίζονται για μέτρηση ακριβείας.

ΑΓΓΛΙΚΟ ΕΥΡΕΤΗΡΙΟ

ΕΛΛΗΝΙΚΟ ΕΥΡΕΤΗΡΙΟ

Ε

Η

Θ

Ι

Κ

Λ

Μ

Ν

Ο

Π